Giuseppe Valitutti Niccolò Taddei
Giovanni Maga Maddalena Macario

Carbonio, metabolismo, biotech

Chimica organica, biochimica e biotecnologie

PER IL COMPUTER E PER IL TABLET

L'eBook multimediale

1 REGÌSTRATI A MYZANICHELLI

Vai su **my.zanichelli.it** e registrati come studente

2 SCARICA BOOKTAB

- Scarica **Booktab** e installalo
- Lancia l'applicazione e fai login

3 ATTIVA IL TUO LIBRO

- Clicca su **Attiva il tuo libro**
- Inserisci il **codice di attivazione** che trovi sul **bollino argentato adesivo** in questa pagina

4 CLICCA SULLA COPERTINA

Scarica il tuo libro per usarlo offline

SCIENZE ZANICHELLI

Realizzazione editoriale:
- Coordinamento redazionale: Elena Bacchilega, Martina Mugnai
- Revisione e redazione esecutiva: Lara Rossi/Studio qb
- Contributi redazionali: Chiara Lambertini
- Redazione dei capitoli A: Silvia Cacciari
- Segreteria di redazione: Deborah Lorenzini, Rossella Frezzato
- Progetto grafico: Studio Emme Grafica +, Granarolo dell'Emilia (BO)
- Impaginazione e composizione dei testi: Preparé Italia, Battipaglia (SA)
- Ricerca iconografica: Lara Rossi, Silvia Cacciari
- Ufficio iconografico: Claudia Patella, Chiara Presepi
- Disegni: Thomas Trojer; Studio Emme Grafica +; Grafie di Luca Tible, Preparè Italia
- Indice analitico: Raffaella Mazzuca

Contributi:
- Revisione creativa: Lorenzo Tucci (capitoli A), Maddalena Macario, Michela Zanella
- Stesura e revisione esercizi: Maddalena Macario
- Risoluzione esercizi capitoli A: Il Nove, Bologna
- Pagine *A scuola di lavoro*: Riccardo Falcinelli (progetto grafico e impaginazione); Chiara Ghigliazza (disegni)

Le fonti delle illustrazioni si trovano su online.scuola.zanichelli.it/carboniometabolismobiotech

Copertina:
- Progetto grafico: Miguel Sal & C., Bologna
- Ideazione: Studio 8vo, Bologna
- Realizzazione: Roberto Marchetti e Francesca Ponti
- Immagine di copertina: Anna Ivanova/123RF

Prima edizione: marzo 2018

Ristampa:
9 8 7 6 2021 2022 2023 2024

Zanichelli garantisce che le risorse digitali di questo volume sotto il suo controllo saranno accessibili, a partire dall'acquisto dell'esemplare nuovo, per tutta la durata della normale utilizzazione didattica dell'opera. Passato questo periodo, alcune o tutte le risorse potrebbero non essere più accessibili o disponibili: per maggiori informazioni, leggi my.zanichelli.it/fuoricatalogo

File per sintesi vocale
L'editore mette a disposizione degli studenti non vedenti, ipovedenti, disabili motori o con disturbi specifici di apprendimento i file pdf in cui sono memorizzate le pagine di questo libro.
Il formato del file permette l'ingrandimento dei caratteri del testo e la lettura mediante software screen reader. Le informazioni su come ottenere i file sono sul sito
http://www.zanichelli.it/scuola/bisogni-educativi-speciali

Grazie a chi ci segnala gli errori
Segnalate gli errori e le proposte di correzione su **www.zanichelli.it/correzioni**.
Controlleremo e inseriremo le eventuali correzioni nelle ristampe del libro.
Nello stesso sito troverete anche l'errata corrige, con l'elenco degli errori e delle correzioni.

Zanichelli editore S.p.A. opera con sistema qualità
certificato CertiCarGraf n. 477
secondo la norma UNI EN ISO 9001:2015

Questo libro è stampato su carta che rispetta le foreste.
www.zanichelli.it/chi-siamo/sostenibilita

Stampa: Grafiche Zanini s.r.l.
Via Emilia 41/E, 40011 Anzola Emilia (Bologna)
per conto di Zanichelli editore S.p.A.
Via Irnerio 34, 40126 Bologna

Realizzazione eBook:
- Coordinamento redazionale: Claudio Dutto, Martina Mugnai
- Redazione: Lara Rossi
- Segreteria di redazione: Deborah Lorenzini, Rossella Frezzato
- Progettazione esecutiva e sviluppo software: duDAT Srl, Bologna

Video *LabOr*
- Coordinamento redazionale: Martina Mugnai,
- Produzione: formicablu srl, Bologna
- Sceneggiatura e supervisione scientifica: Opificio Golinelli, Bologna
- Regia: Giulia Rocco - formicablu srl, Bologna
- Attore: Christian Biasco

Video di chimica organica
- Coordinamento redazionale: Elena Bacchilega
- Sceneggiatura, regia e narrazione: Christian Biasco
- Testi e supervisione scientifica: Ludovico De Padova, Massimo Dellavalle, Gianluigi Broggini

Video *Un minuto di biologia*
- Coordinamento redazionale: Claudio Dutto, Sara Urbani
- Testi e animazioni: Lisa Lazzarato, formicablu srl, Bologna
- Voce: Ilaria Garaffoni
- Produzione audio: Enrico Bergianti, formicablu srl, Bologna

Video esperimenti in 3D
- Redazione: Claudio Dutto, Sara Urbani
- Ideazione e modellazione 3D: Pasqualino Anziano
- Testi e post-produzione: Francesca Cammilli - formicablu srl, Bologna
- Coordinamento: Lisa Lazzarato, formicablu srl, Bologna
- Attore: Christian Biasco
- Fotografia: Christian Caiumi
- Fonico: Enrico Bergianti, formicablu srl, Bologna

Tavola periodica interattiva
- Ideazione e redazione: Martina Mugnai, Beppe Chia, Manuel Zanettin, Edoardo Cavazza
- Progetto generale, interfaccia grafica e sviluppo: Chialab, Bologna
- Stesura testi: Massimo Dellavalle, Laura Moroni
- Consulenza e revisione: Massimo Dellavalle, Elisa Zini

***Guarda!*:**
- Coordinamento editoriale: Enrico Poli
- Progettazione esecutiva e sviluppo software dell'applicazione *Guarda!*: Yoomee Technologies, Bologna | Ravenna

Sommario

CAPITOLO
A1

Dal carbonio agli idrocarburi

IN DIGITALE

VIDEO con GUARDA!
- Che cos'è la stereoisomeria?
- Come si riconoscono gli alcani e i cicloalcani?
- Qual è l'ibridazione del carbonio?
- Come si riconoscono gli alcheni?
- Come vanno nominati gli idrocarburi alifatici?
- Che cosa sono i composti aromatici?

TAVOLA PERIODICA INTERATTIVA

LO SAI? RIPASSA CON LO SMARTPHONE

ZTE Esercizi interattivi

CAPITOLO
A2

Dai gruppi funzionali ai polimeri

IN DIGITALE

Per saperne di più
- I polimeri biologici

Storia della chimica
- Giulio Natta, chimico da Nobel

VIDEO con GUARDA!
- Come si riconoscono gli alcoli?
- Come si distinguono alcoli primari, secondari e terziari?
- Come si riconoscono i fenoli?
- Come si riconoscono aldeidi e chetoni?
- Come si distinguono aldeidi e chetoni?
- Come si riconoscono gli acidi carbossilici?
- Come si riconoscono gli esteri?
- Come si esegue una cromatografia a scambio ionico?
- Come si riconoscono le ammine?
- Come si distinguono ammine primarie, secondarie e terziarie?
- Come si ottiene il nylon in laboratorio?

TAVOLA PERIODICA INTERATTIVA

LO SAI? RIPASSA CON LO SMARTPHONE

ZTE Esercizi interattivi

SOMMARIO

CAPITOLO **B1**

Le biomolecole: struttura e funzione

IN DIGITALE

Per saperne di più
- Gli amminoacidi che non costituiscono le proteine
- Il glutatione è un tripeptide antiossidante
- Il folding delle proteine e le malattie amiloidi
- L'emoglobina glicata

VIDEO con GUARDA!
- Che cosa sono i carboidrati?
- Che cosa sono i lipidi?
- Che cosa sono le proteine?
- Che cosa causa l'anemia falciforme?
- How does sickle cell anemia work?

LO SAI? RIPASSA CON LO SMARTPHONE

ZTE Esercizi interattivi

CAPITOLO **B2**

Il metabolismo energetico: dal glucosio all'ATP

IN DIGITALE

VIDEO con GUARDA!
- Come avviene la glicolisi?
- Come avviene la fermentazione?
- Come funziona l'enzima alcol deidrogenasi?
- How does the alcohol dehydrogenase work?
- Come avviene la respirazione cellulare?
- Che cos'è la forza proton-motrice?
- Come funziona la catena respiratoria?
- How does the respiratory chain work?
- Che cos'è il diabete?

LO SAI? RIPASSA CON LO SMARTPHONE

ZTE Esercizi interattivi

CAPITOLO B3

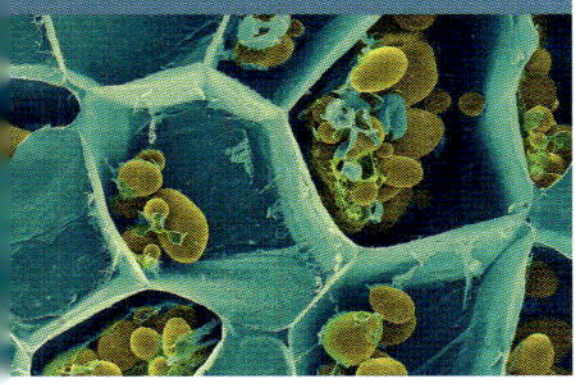

La fotosintesi clorofilliana

IN DIGITALE

VIDEO con GUARDA!
- Come avviene la fotosintesi?
- Come avviene la fase luminosa della fotosintesi?
- How does the light phase of photosynthesis work?

LO SAI? RIPASSA CON LO SMARTPHONE

ZTE Esercizi interattivi

CAPITOLO B4

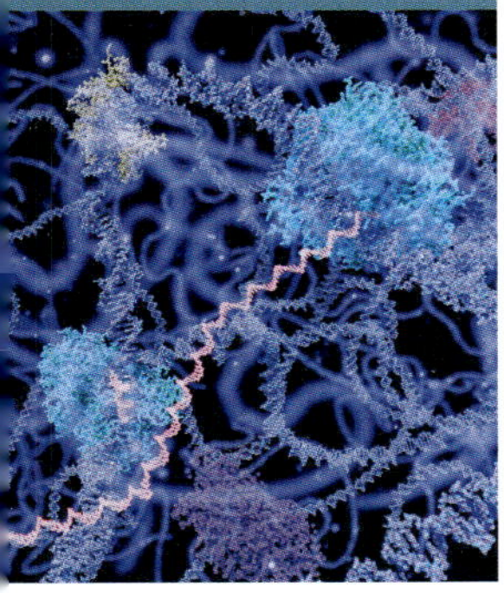

Dal DNA alla genetica dei microrganismi

IN DIGITALE

VIDEO con GUARDA!
- Che cosa sono gli acidi nucleici?
- Come è stato scoperto il ruolo del DNA?
- Come è stato confermato che il DNA è il materiale genetico?
- Come avviene la replicazione del DNA?
- Come avviene la replicazione?
- How does DNA replication work?
- Come avviene la trascrizione?
- Come avviene la trascizione del DNA?
- How does DNA transcription work?
- Come avviene la traduzione?
- Come avviene la sintesi proteica?
- How does protein synthesis work?
- Come è stato decriptato il codice genetico?
- Come funziona l'operone *lac*?
- How does the *lac* operon work?
- Come funziona l'operatore *trp*?
- Come avviene lo splicing dell'RNA?
- How does RNA splicing work?
- Quali sono le differenze tra ciclo litico e ciclo lisogeno?
- Che cos'è la trasduzione batterica?
- Che cos'è la trasformazione batterica?
- Che cos'è la coniugazione batterica?

LO SAI? RIPASSA CON LO SMARTPHONE

ZTE Esercizi interattivi

SOMMARIO

CAPITOLO

B5

Manipolare il genoma: le biotecnologie

IN DIGITALE

VIDEO con GUARDA!
- Come si fa il clonaggio molecolare?
- Come si coltivano i batteri in laboratorio?
- Come funziona CRISPR?
- How does CRISPR biotechnology work?
- Come si diagnostica una malattia genetica?
- Che cos'è il DNA fingerprinting?
- Come avviene il sequenziamento del DNA?
- How does DNA sequencing work?
- Come si distinguono le proteine cellulari?
- Perché si donano le cellule staminali?

LO SAI? RIPASSA CON LO SMARTPHONE

ZTE **Esercizi interattivi**

Il menu delle competenze

Asse scientifico-tecnologico	Indicazioni nazionali	Nel libro
Osservare, descrivere e analizzare fenomeni appartenenti alla realtà naturale e artificiale e riconoscere nelle varie forme i concetti di sistema e di complessità.	Saper **effettuare connessioni** logiche.	COLLEGA (per esempio es. 104, pag. A94)
	Riconoscere e **stabilire relazioni**.	COLLEGA E CLASSIFICA (per esempio es. 98, pag. B105)
	Formulare ipotesi in base ai dati forniti.	IPOTIZZA (per esempio es. 112, pag. A53)
	Trarre conclusioni basate sui risultati ottenuti e sulle ipotesi verificate.	ANALIZZA E DEDUCI (per esempio es. 87, pag. B156)
Analizzare qualitativamente e quantitativamente fenomeni legati alle trasformazioni di energia a partire dall'esperienza.	**Risolvere situazioni problematiche** utilizzando linguaggi specifici.	DEDUCI (per esempio es. 111, pag. A95)
Essere consapevole delle potenzialità e dei limiti delle tecnologie nel contesto culturale e sociale in cui vengono applicate.	**Comunicare** in modo corretto ed efficace le proprie conclusioni usando un linguaggio specifico.	ANALIZZA (per esempio es. 117, pag. A54) APPLICA (per esempio es. 113, pag. A54) A SCUOLA DI LAVORO (per esempio es. 98, pag. B191)
	Applicare le conoscenze acquisite a situazioni di vita reale, anche per porsi in modo critico e consapevole di fronte allo sviluppo scientifico e tecnologico presente e dell'immediato futuro.	APPLICA (per esempio es. 107, pag. A94)

Competenze chiave di cittadinanza	Nel libro
COMUNICAZIONE NELLA MADRELINGUA	LE PAROLE per esempio *Le parole*, pag. A3, pag. A17 e pag. A40
COMUNICAZIONE NELLE LINGUE STRANIERE	Esercizi in lingua, per esempio es. 103-106, pag. A52-A53; es. 113, pag. B60 Modulo CLIL pagg. 12-17
COMPETENZA DIGITALE	A SCUOLA DI LAVORO per esempio es. 108, pag. B106; es. 116, pag. A95
IMPARARE A IMPARARE	ORGANIZZA E INTERPRETA I DATI per esempio es. 109-110, pag. A95
COMPETENZE SOCIALI E CIVICHE	SCHEDA *Scienza e salute - Gli acidi grassi polinsaturi e il rischio cardiovascolare*, pag. B17 APPLICA es. 107, pag. A94
SPIRITO DI INIZIATIVA E IMPRENDITORIALITÀ	A SCUOLA DI LAVORO per esempio es. 120, pag. A54; es. 46-47, pag. B121
CONSAPEVOLEZZA ED ESPRESSIONE CULTURALE	SCHEDA *Scienza e salute - I composti aromatici: utilizzo e tossicità*, pag. A45 SCHEDA *Bioetica - Le biotecnologie e il dibattito etico*, pag. B182-B183

Per esercitarsi sulle competenze

COLLEGA	**Effettuare connessioni logiche** per capire l'unitarietà delle scienze e per investigare su fenomeni, anche della vita quotidiana.	**142** Un grammo di lipidi libera per ossidazione completa (e quindi combustione) oltre 9 kcal, mentre 1 grammo di carboidrati solo 4,2 kcal. Per quale motivo gli animali immagazzinano le riserve energetiche di cui hanno bisogno soprattutto sotto forma di lipidi mentre le piante sotto forma di carboidrati?
ORGANIZZA E INTERPRETA I DATI	Leggere grafici, schemi, per **ricavare dati** e/o **formulare ipotesi** in base ai dati forniti.	**110** Considera la tabella seguente relativa al punto di fusione e di ebollizione degli isomeri del pentano. Rispondi alle seguenti domande aiutandoti con i disegni dei modelli molecolari dei composti. **a.** Perché l'isopentano ha una temperatura di fusione più bassa del pentano lineare, mentre quella del neopentano è più alta? **b.** Perché la temperatura di ebollizione del neopentano è più bassa rispetto a quella degli altri due composti?

	n-pentano	isopentano (2-metilbutano)	neopentano (2,2-dimetilpropano)
T_{fus}	−129,7 °C	−160 °C	−18 °C
T_{eb}	36,1 °C	27,9 °C	10 °C

ANALIZZA	**Trarre conclusioni** in base ai risultati ottenuti e sulle ipotesi verificate per la conferma di modelli chimico-fisici.	**117** Analizza la frase seguente: negli idrocarburi saturi i legami σ, che si originano per sovrapposizione coassiale di due orbitali atomici, hanno sezione circolare. **a.** Che cosa significano i termini *coassiale* e *sezione circolare*? **b.** Da quali orbitali ibridi del carbonio si formano tali legami?
DEDUCI	**Risolvere problemi** utilizzando linguaggi specifici.	**89** Le esonucleasi sono enzimi che tagliano il DNA partendo dai nucleotidi posti all'estremità della doppia elica. Perché le esonucleasi non sono utili ai fini delle tecniche di clonaggio?
A SCUOLA DI LAVORO	**Comunicare** in modo corretto ed efficace usando un **linguaggio specifico**.	**116** Un'Agenzia Spaziale Internazionale sta cercando di trovare nuovi materiali con cui realizzare utensili nella prima spedizione umana su Marte. Agli sviluppatori è richiesto di progettare un polimero che abbia le seguenti caratteristiche: **a.** deve essere un polimero di condensazione; **b.** deve essere un eteropolimero formato da due tipi di monomeri; **c.** deve portare alla saturazione dei carboni di tutti i monomeri coinvolti. Proponi un possibile polimero che abbia le caratteristiche individuate e investiga in rete se è già stato realizzato ed eventualmente in quale settore è utilizzato.
APPLICA	**Applicare le conoscenze acquisite** a situazioni di vita reale, anche per porsi in modo critico e consapevole di fronte ai temi di carattere scientifico e tecnologico della società attuale.	**147** Molte etichette di prodotti da forno dichiarano di contenere grassi vegetali non idrogenati. In che cosa consistono i grassi idrogenati? Schematizza il processo per il loro ottenimento.

CAPITOLO

A1

Dal carbonio agli idrocarburi

1 I composti organici

Proteine, carboidrati, grassi, DNA, enzimi e ormoni sono soltanto alcuni dei termini con cui indichiamo composti biologicamente attivi che caratterizzano il metabolismo di un organismo vivente. Pur differenziandosi per il grado di complessità, essi sono tutti esempi di composti organici. L'aggettivo «organico» deriva probabilmente da «organizzato», termine con il quale i naturalisti del XVIII secolo sottolineavano la differenza tra la materia vivente e quella non vivente: un organismo vivente possedeva un elevato grado di organizzazione, che ne permetteva la crescita, il movimento, la riproduzione. Di conseguenza, anche i composti chimici prodotti dall'attività cellulare erano definiti *organici*. Tali composti sembravano caratterizzati da una *forza vitale* intrinseca e gli scienziati pensavano che, per questo, non potessero essere sintetizzati in laboratorio.

La sintesi dell'urea, NH_2CONH_2, un componente dell'urina, fu effettuata nel 1828 dal chimico tedesco Friedrich Wöhler a partire da sostanze del mondo minerale e portò all'abbandono della *teoria vitalistica*: questo fu il preludio allo sviluppo dei processi di sintesi con cui oggi possiamo costruire artificialmente molecole anche molto complesse come l'insulina (**Figura A1.1**).

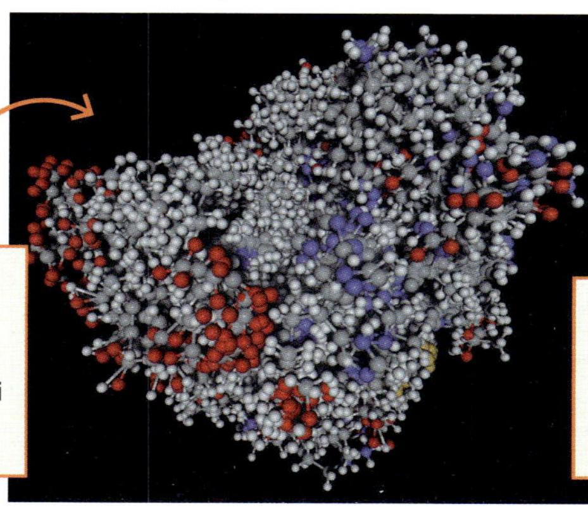

Figura A1.1
Modello della molecola di insulina, un ormone di natura proteica che regola il metabolismo dei carboidrati.

La **chimica organica** si occupa di indagare la *composizione* e l'*organizzazione* della materia vivente. Tutti i composti contenenti carbonio sono, con poche eccezioni, da considerarsi composti organici.

Sia che appartengano a organismi viventi sia che costituiscano sostanze di sintesi (come farmaci o materiali plastici), tutte le molecole organiche contengono, oltre al carbonio, pochi altri elementi. I più rilevanti sono idrogeno, ossigeno e azoto, seguiti poi da zolfo, fosforo e pochi altri ancora.

Attualmente sono noti circa venti milioni di composti organici, naturali oppure ottenuti per sintesi in laboratorio, e il loro numero aumenta di centinaia di migliaia di unità ogni anno.

La grande varietà di composti organici a cui dà luogo il carbonio dipende dalla sua particolare natura, che gli conferisce un'elevata versatilità:

- ha un valore intermedio di elettronegatività;
- forma legami covalenti impiegando orbitali ibridi;
- può concatenarsi e ramificarsi.

Esaminiamo meglio le ragioni che rendono il carbonio così speciale.

PER SAPERNE DI PIÙ

CO, CO_2, H_2CO_3, HCN, carbonati, cianuri e carburi vengono considerati **inorganici** perché le loro proprietà chimiche sono simili a quelle dei composti inorganici.

Il carbonio ha elettronegatività intermedia

Il carbonio appartiene al gruppo 14 (o IV) e quindi presenta quattro elettroni di valenza; ciò vuol dire che gliene mancano altrettanti per raggiungere l'ottetto, cioè la configurazione elettronica esterna simile a quella del gas nobile più vicino (in questo caso, il neon). Un atomo di carbonio che cerca di stabilizzarsi si trova quindi di fronte a due scelte energeticamente equivalenti: liberarsi dei quattro elettroni esterni (passando alla configurazione elettronica del gas nobile precedente, l'elio), o acquisirne quattro (arrivando alla configurazione del gas nobile successivo, il neon). Questa considerazione trova conferma nell'ampio intervallo di valori assunti dal numero di ossidazione del carbonio, che può variare con continuità da −4 a +4. Ciò si traduce in un **valore intermedio di elettronegatività** (2,5), tale da garantire al carbonio la possibilità di legarsi a atomi di molti elementi, formando legami covalenti forti e stabili perché solitamente poco polarizzati.

HAI CAPITO?

- Qual è la configurazione elettronica del carbonio nel suo stato fondamentale?

Tavola periodica interattiva

Il carbonio forma orbitali ibridi

Nel suo stato fondamentale, il carbonio possiede configurazione elettronica esterna $2s^2 2p^2$, con due elettroni spaiati negli orbitali *p*. Questa configurazione non giustificherebbe la formazione di quattro legami osservata invece in tutti i composti del carbonio (con l'eccezione di CO). Tuttavia, il carbonio è in grado di «promuovere» un elettrone a un contenuto energetico più alto, nella configurazione dello stato eccitato (**Figura A1.2**), e poi di «rimescolare» i propri orbitali *s* e *p* dando origine a nuove forme denominate *orbitali ibridi*.

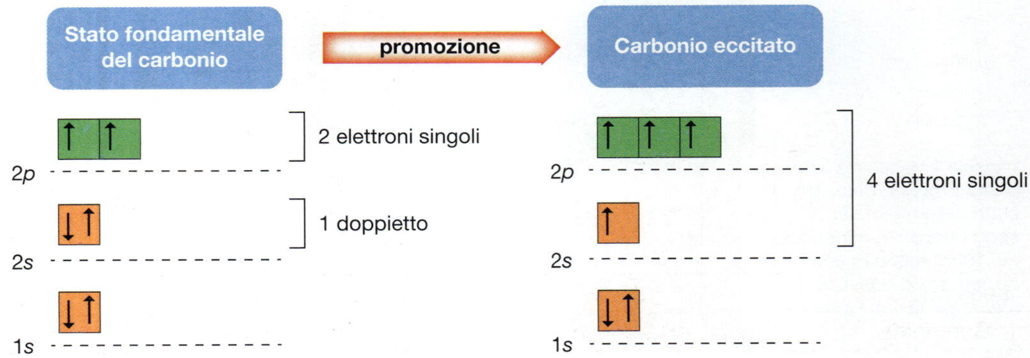

Figura A1.2 Configurazione elettronica dello stato fondamentale e dello stato eccitato dell'atomo di carbonio.

L'energia complessiva è ripartita equamente tra gli orbitali ibridi, che quindi diventano isoenergetici e si dispongono a un livello energetico intermedio rispetto agli orbitali di partenza (*s* e *p*). Come in biologia il termine **ibridazione** indica l'incrocio tra due specie diverse per dare origine a organismi con caratteri intermedi rispetto ai genitori, così per gli atomi definisce la possibilità di un atomo di creare nuovi orbitali con caratteristiche proprie, intermedie rispetto a quelli di partenza, attraverso la loro somma algebrica. Nei nuovi orbitali gli elettroni si distribuiscono con lo spin parallelo secondo la regola di Hund, e sono perciò disponibili per partecipare a quattro legami covalenti. In questo modo, anche se alcuni elettroni sono stati promossi a un contenuto energetico più alto, il dispendio di energia viene ripagato dalla formazione di un maggior numero di legami covalenti.

Nei composti organici il carbonio è sempre ibridato; nella stessa molecola atomi di carbonio diversi possono avere diversi tipi di ibridazione.

Le ibridazioni possibili del carbonio sono tre e gli orbitali risultanti sono denominati rispettivamente *sp*, sp^2, sp^3. L'esponente (il numero 1 viene omesso) sta a indicare il numero di orbitali *s* e *p* coinvolti nella ricombinazione; ognuna di queste combinazioni ha una specifica disposizione spaziale ed è tipica di alcune classi di composti organici (**Tabella A1.1**):

- ***sp***: a partire da 1 orbitale *s* e 1 orbitale *p* si formano due orbitali ibridi, i cui assi maggiori sono disposti linearmente a 180° l'uno dall'altro (geometria *lineare*);
- $\boldsymbol{sp^2}$: a partire da 1 orbitale *s* e 2 orbitali *p* si formano 3 orbitali ibridi, disposti planarmente a 120° tra loro (geometria *trigonale*);
- $\boldsymbol{sp^3}$: a partire da 1 orbitale *s* e 3 orbitali *p* si formano 4 orbitali ibridi, disposti spazialmente verso i vertici di un tetraedro, con angoli di 109,5° tra i loro assi maggiori (geometria *tetraedrica*).

Un atomo di carbonio con ibridazione sp^3 prende il nome di *carbonio saturo*, e un composto organico in cui lo scheletro molecolare presenti solo atomi di carbonio saturi è denominato esso stesso *composto saturo*.

Riconoscere l'ibridazione di un atomo di carbonio è semplice: se è ibridato sp^3 sono presenti solo legami singoli (detti anche *semplici*), se è ibridato sp^2 si ha un legame doppio, se è ibridato *sp* si forma un legame triplo con un altro carbonio:

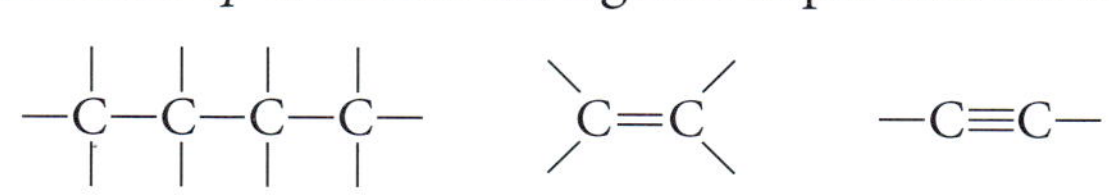

legami semplici (sp^3) — legame doppio (sp^2) — legame triplo (sp)

LE PAROLE
Il termine **saturo** si riferisce al fatto che l'atomo di carbonio è legato al massimo numero di atomi diversi e non può creare ulteriori legami.

Tabella A1.1
Panoramica sulle ibridazioni del carbonio, con geometria degli orbitali, tipo di legame formato e composti rappresentativi.

	sp^3	sp^2	sp
Ibridazioni del carbonio	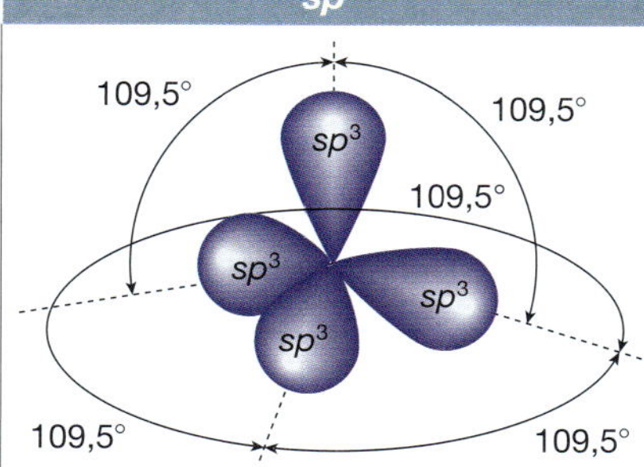	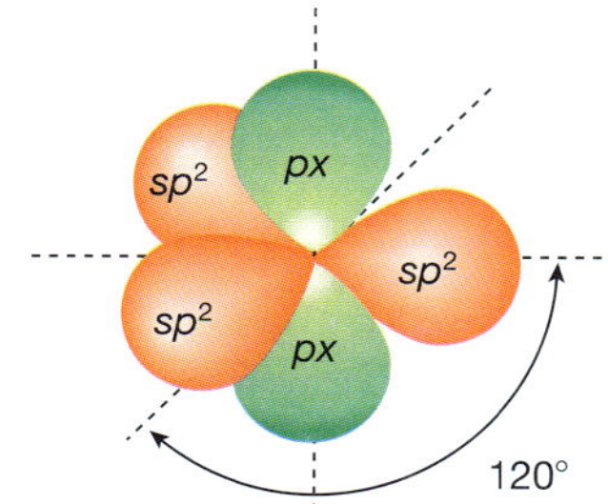	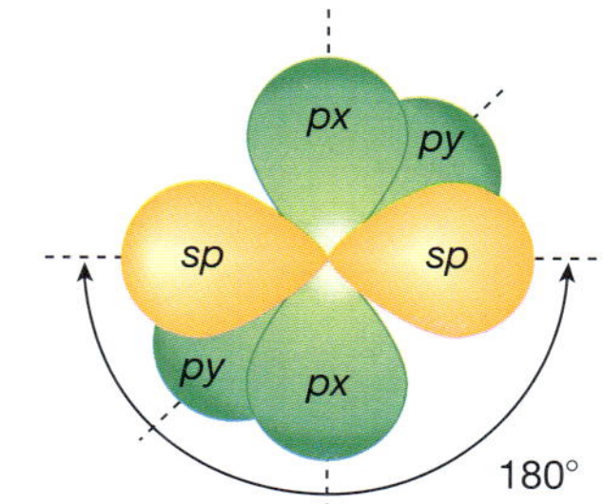
Presente in	alcani	alcheni	alchini
Legame C—C	1σ	$1\sigma + 1\pi$	$1\sigma + 2\pi$
Geometria	tetraedrica	trigonale	lineare

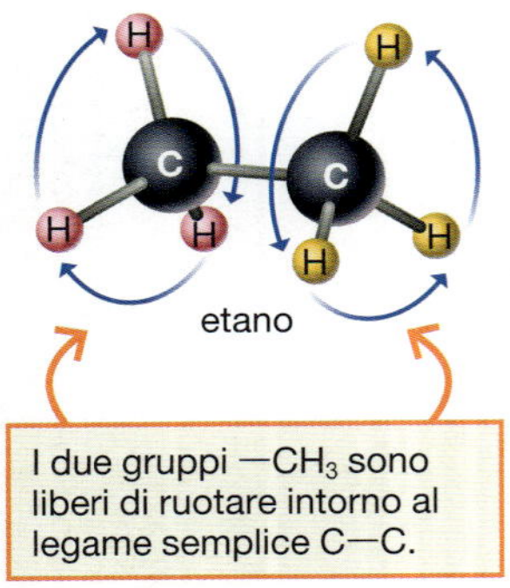

Figura A1.3
Il legame σ permette una libera rotazione intorno all'asse C—C, come avviene nell'etano.

I legami singoli sono sempre di tipo sigma (σ), mentre i legami doppi ed eventualmente tripli presenti in una molecola sono di tipo pi greco (π). Il legame σ è un legame covalente che si instaura sulla linea che congiunge i nuclei degli atomi coinvolti nel legame. Non essendo un legame rigido, permette la libera rotazione attorno all'asse congiungente gli atomi (**Figura A1.3**).

Il legame π, invece, è un legame covalente dato dall'unione degli orbitali *p* non ibridati, posti perpendicolarmente al piano su cui si trovano i due nuclei, con formazione di due regioni di densità elettronica al di sopra e al di sotto di tale piano (**Figura A1.4**). Essendo rigido, il legame π blocca la rotazione attorno all'asse di legame e riduce la distanza fra i due nuclei coinvolti, che presentano entrambi carica positiva. Ciò crea una tensione interna alla molecola, con conseguente diminuzione della stabilità. Dalla **Tabella A1.1** appare chiaro che l'ibridazione sp^3, con la formazione del massimo numero di legami σ e di nessun legame π, conferisce all'atomo di carbonio la condizione di maggior stabilità complessiva.

Figura A1.4
Rappresentazione grafica dei legami σ e π in una molecola con ibridazione sp^2.

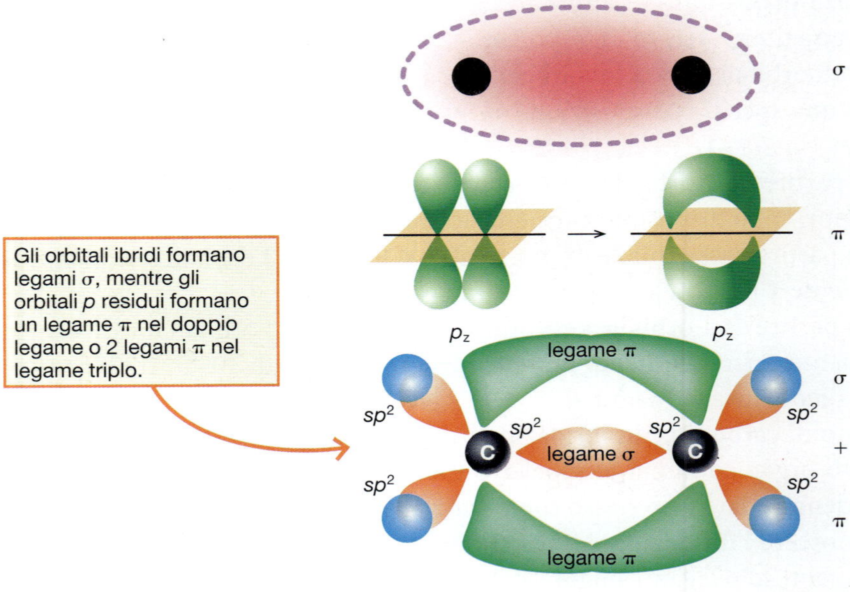

▶ Gli atomi di carbonio formano catene e ramificazioni

Gli atomi di carbonio sfruttano la possibilità di formare fino a quattro legami covalenti soprattutto per combinarsi con altri atomi dello stesso tipo. In altre parole, il carbonio presenta una forte auto-affinità e quindi forma delle **concatenazioni** di atomi C. La struttura portante di una molecola organica è facilmente riconoscibile proprio perché costituita da una catena di lunghezza variabile di atomi di carbonio uniti da legami covalenti (**Figura A1.5**), detta *scheletro carbonioso*.

Figura A1.5
Esempi di catene carboniose: gli acidi grassi. In grigio scuro sono rappresentati gli atomi di carbonio, in azzurro gli atomi di idrogeno e in rosso l'ossigeno, con trattini che rappresentano i legami.

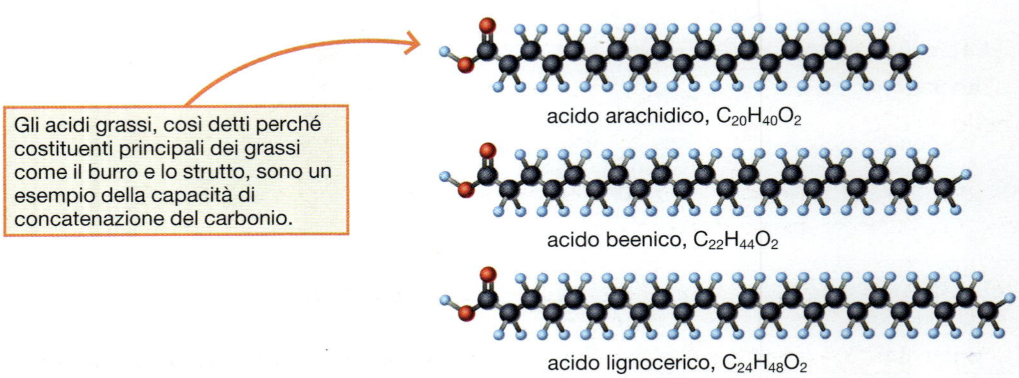

Non esistono limiti alla capacità di concatenazione del carbonio: è possibile giungere alla costruzione di molecole davvero enormi, la cui struttura può contenere anche migliaia di atomi. Questa caratteristica è esclusiva del mondo organico e lo distingue dalla materia inorganica, dove è difficile incontrare molecole che presentino un numero di atomi superiore alla decina.

Le catene che il carbonio tende per natura a costituire possono presentarsi in diverse forme:

- **lineare aperta**, vale a dire con gli atomi disposti uno di seguito all'altro come i vagoni di un treno;
- **ramificata aperta**, in cui gli atomi non sono tutti disposti l'uno in fila all'altro, ma formano delle catene laterali che si sviluppano e si diramano dalla catena principale come i rami dal tronco di un albero;
- **ciclica** o **chiusa**, quando la molecola presenta una forma ad anello, come una collana di cui gli atomi sono le perle.

La **Figura A1.6** mostra quattro strutture costituite da sei atomi di carbonio con una diversa disposizione; la linearità del composto A lascia il posto in B e C a una ramificazione via via maggiore della catena; in D la struttura della molecola si chiude a formare un anello.

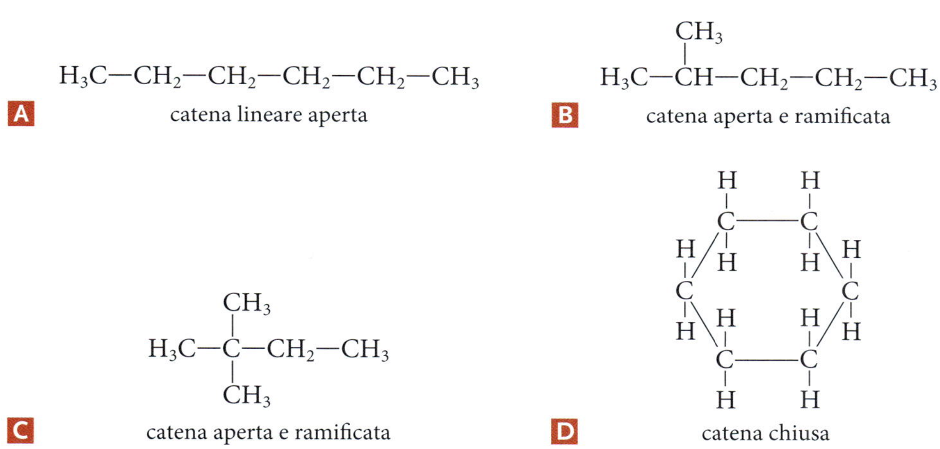

Figura A1.6 Linearità e ramificazione dello scheletro carbonioso.

La capacità del carbonio di concatenarsi formando anelli e ramificazioni permette di ottenere innumerevoli strutture diverse a parità di numero di atomi, e aumenta ulteriormente l'enorme variabilità delle molecole organiche.

2 L'isomeria

La grande varietà delle molecole organiche si manifesta in un aspetto tipico della chimica organica, denominato *isomeria*.

> Gli **isomeri** sono composti che, pur presentando la stessa formula bruta, mostrano una formula di struttura diversa o una diversa disposizione degli atomi nello spazio.

PER SAPERNE DI PIÙ

Il termine **isomeria** proviene dal greco «isos» uguale e «meros» parte, cioè costituito da parti uguali.

Proprio perché rappresentano composti diversi, pur contenendo lo stesso numero di atomi per ciascun elemento,

> gli isomeri possiedono in genere specifiche proprietà chimico-fisiche.

L'isomeria può essere classificata in base al tipo di differenze presenti tra gli isomeri.

La rappresentazione dei composti organici

Osservando i vari composti organici, ci si accorge subito che presentano un'evidente struttura tridimensionale. La configurazione spaziale di ogni molecola dipende soprattutto dalla geometria dei legami tra gli atomi che la compongono. Nel caso del metano, CH_4, per esempio, il carbonio ibridato sp^3 forma quattro legami con altrettanti idrogeni, disposti ai vertici di un tetraedro regolare.

Per raffigurare questi composti, in genere molto più complessi del metano, si può ricorrere a diversi tipi di rappresentazione grafica.

a) La **rappresentazione per orbitali** mostra la forma e la disposizione degli orbitali di valenza. Ricordiamo, tuttavia, che un orbitale non è un oggetto reale, ma identifica la probabilità che un elettrone si trovi in un certo punto dello spazio intorno al nucleo. Questa rappresentazione è utile per capire le differenti geometrie di legame, ma è difficile da disegnare e anche da riconoscere, soprattutto in caso di molecole complesse o di doppi e tripli legami.

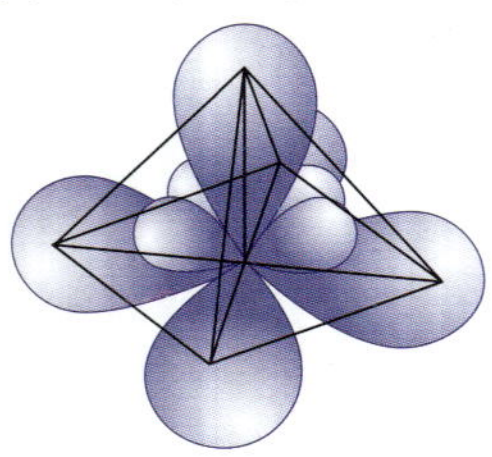

b) La **formula prospettica** è meno grafica della precedente, ma è molto efficace per mostrare con semplicità la tridimensionalità di un composto. In questa raffigurazione le linee continue indicano i legami sul piano della pagina, quelle inspessite a forma di cuneo pieno individuano i legami orientati verso il lettore, mentre quelle a forma di cuneo tratteggiato rappresentano i legami dietro al piano della pagina, lontano dal lettore.

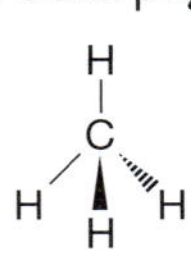

c) La **proiezione di Fischer**, proposta dal chimico tedesco e premio Nobel Emil Fischer (1852-1919), è senza dubbio la più semplice e pratica delle rappresentazioni, ma forse quella meno intuitiva dal punto di vista della tridimensionalità. Le linee verticali indicano i legami che vanno dietro il piano del foglio, mentre quelle orizzontali rappresentano i legami che escono dalla pagina verso il lettore. Questa forma torna molto utile nella rappresentazione dei carboidrati.

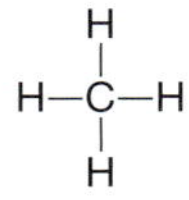

d) La rappresentazione ***ball & stick*** (letteralmente palle e bastoncini) è un'evoluzione grafica della formula prospettica, nella quale i legami sono indicati da asticelle, mentre gli atomi figurano come palline di dimensioni e colori diversi in base all'elemento coinvolto. L'eventuale presenza di doppi o tripli legami viene qui raffigurata da più asticelle flessibili, che mostrano come in questi casi diminuisca la distanza di legame. Questa forma non è pratica da disegnare, ma permette di capire la geometria dei legami a colpo d'occhio.

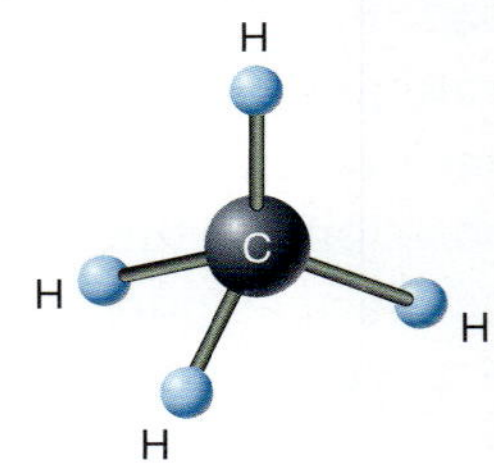

e) La rappresentazione ***spacefill*** (a spazio pieno) mostra la disposizione degli atomi, che riempiono lo spazio come delle sfere che si compenetrano, senza raffigurare espressamente i legami che li uniscono. Anche qui gli atomi possono variare per colore e dimensione. Questa forma, molto complicata da disegnare, viene impiegata soprattutto tramite computer grafica per ricreare la struttura tridimensionale di molecole complesse, come nel caso delle proteine.

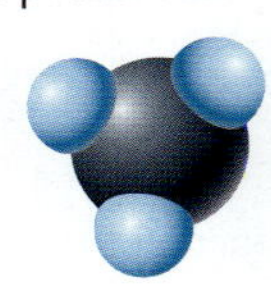

f) Si può comprendere meglio la disposizione tridimensionale di una molecola organica grazie a **modellini in plastica o in legno**. Gli atomi sono rappresentati da palline e i legami da bacchette. Ogni pallina ha un colore caratteristico e un numero di fori corrispondente al numero di legami che l'atomo può formare. Per esempio la pallina che indica il carbonio è di colore grigio scuro e ha quattro fori mentre quella che indica l'idrogeno è bianca e ha un solo foro.

Si possono individuare due tipi fondamentali di isomeria (**Figura A1.7**): l'isomeria di struttura (o isomeria costituzionale) e la stereoisomeria (o isomeria spaziale).

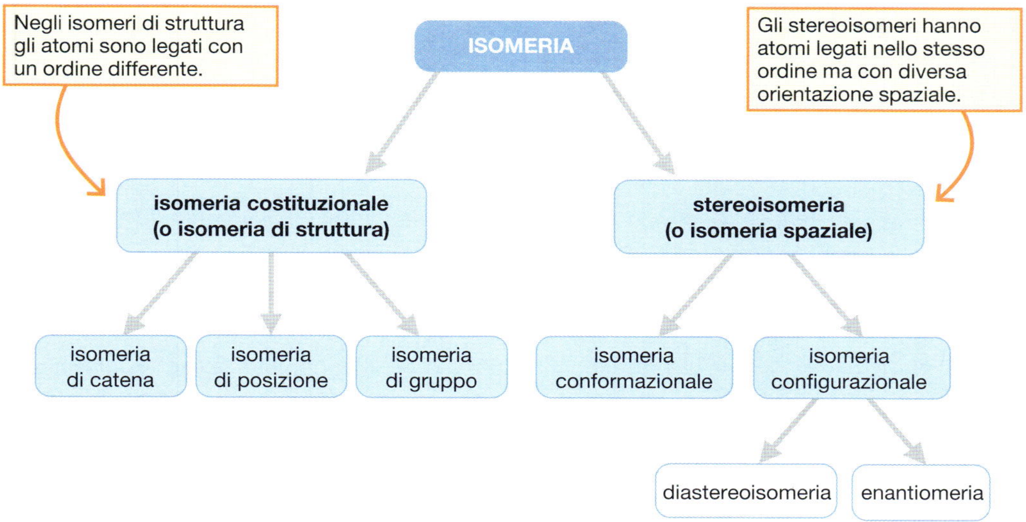

Figura A1.7 Schema riassuntivo delle principali forme di isomeria.

L'isomeria di struttura

Negli isomeri di struttura gli stessi atomi si trovano concatenati in modo differente. L'isomeria di struttura, a sua volta, si suddivide in:

- isomeria di catena;
- isomeria di posizione;
- isomeria di gruppo funzionale.

I composti che presentano **isomeria di catena** differiscono nell'organizzazione della catena carboniosa, che può presentare un diverso livello di ramificazione. Questa isomeria è dovuta infatti alle diverse possibili disposizioni che gli atomi di carbonio assumono nella catena o nell'anello. Per esempio, alla formula bruta C_4H_{10} corrispondono due distinte molecole, una a catena lineare e l'altra a catena ramificata:

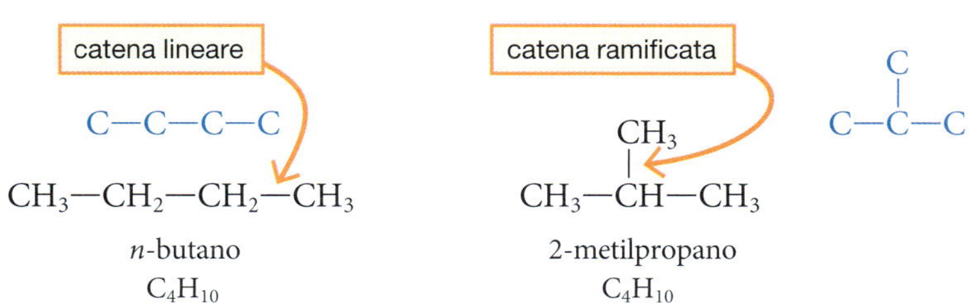

Gli isomeri di catena sono caratterizzati da diverse proprietà fisiche (punto di ebollizione, punto di fusione). All'aumentare del numero di atomi di carbonio, aumenta anche il numero di isomeri possibili (**Tabella A1.2**); al composto di formule C_5H_{12} (pentano), per esempio, corrispondono tre diversi isomeri di catena.

Tabella A1.2 Numero di isomeri di catena di alcuni idrocarburi saturi.

Formula	Numero di isomeri
C_4H_{10}	2
C_5H_{12}	3
C_6H_{14}	5
C_7H_{16}	9
C_8H_{18}	18
C_9H_{20}	35
$C_{10}H_{22}$	75
$C_{15}H_{32}$	4347
$C_{20}H_{42}$	366 319

SEGUI L'ESEMPIO

Scrivi i possibili isomeri di catena del pentano, C_5H_{12}.

Soluzione

La prima formula di struttura da cui partire è quella lineare: si tratta di cinque atomi di carbonio legati tra loro mentre gli atomi di idrogeno si dispongono in modo che ciascun atomo di carbonio formi quattro legami.

C—C—C—C—C $\qquad$ $CH_3—CH_2—CH_2—CH_2—CH_3$

SEGUE

L'isomero successivo si ottiene scrivendo una catena a quattro atomi di carbonio e legando il carbonio rimanente a uno degli atomi di carbonio intermedi. È possibile scrivere due strutture diverse ma che in realtà rappresentano lo stesso composto.

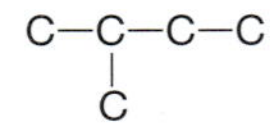
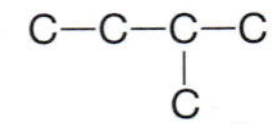

Si completa poi la struttura inserendo gli atomi di idrogeno.

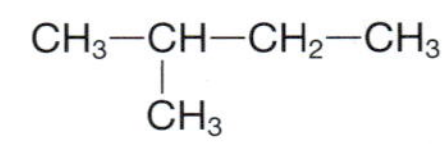

Mantenendo la catena a quattro atomi di carbonio e cercando di legare il quinto atomo al primo o all'ultimo atomo di carbonio, si ottengono le seguenti strutture.

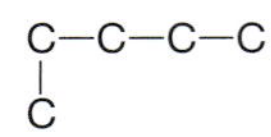
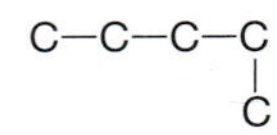

Non si tratta però di nuove strutture perché hanno catene carboniose lineari, esattamente come il primo isomero.
È possibile scrivere un terzo isomero riducendo la catena lineare a tre atomi di carbonio e unendo altri due atomi di C all'atomo centrale. Completando poi con gli idrogeni, si ricava:

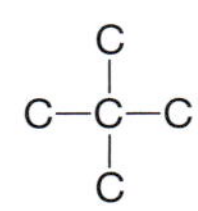
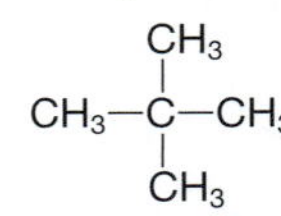

HAI CAPITO?

- Scrivi i cinque possibili isomeri di catena dell'esano, C_6H_{14}.

Nell'**isomeria di posizione**, invece, l'assetto della catena carboniosa resta inalterato. Ciò che cambia è la posizione dei doppi o tripli legami o degli eventuali gruppi atomici, diversi dall'idrogeno, legati allo scheletro carbonioso.

Per esempio, il doppio legame si può trovare in posizione diversa, come si vede nei due isomeri di posizione 1-butene e 2-butene mostrati in **Figura A1.8**.

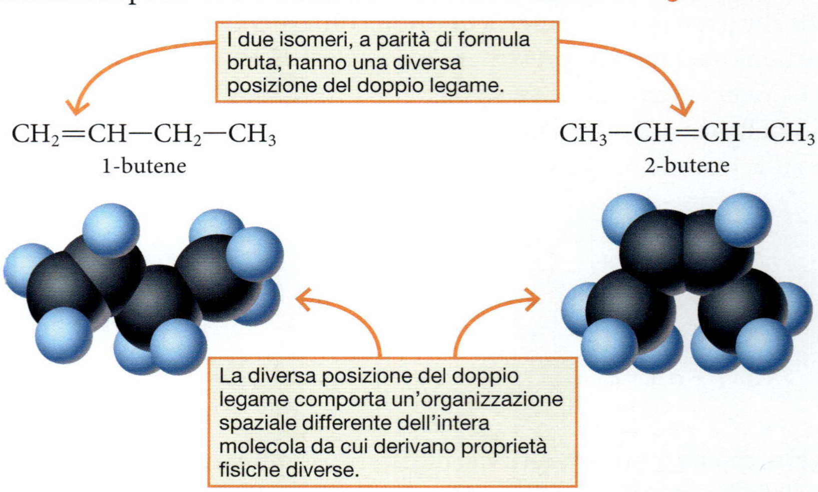

Figura A1.8
Isomeria di posizione in un composto lineare, il butene (C_4H_8). Si riporta la struttura secondo la rappresentazione di Lewis e il modello *spacefill*: in nero gli atomi di carbonio, in azzurro gli atomi di idrogeno.

L'isomeria di posizione si può verificare anche quando un atomo diverso da C e H si colloca in punti diversi della catena carboniosa. Per esempio, l'atomo di ossigeno presente nel composto C_3H_8O può legarsi a un carbonio o all'altro della catena e formare così due differenti isomeri di posizione, appartenenti alla stessa famiglia (in questo caso alcoli):

A 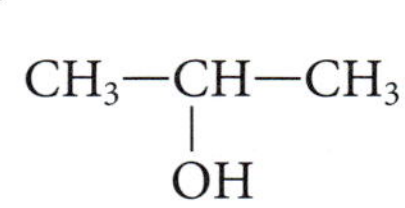

B 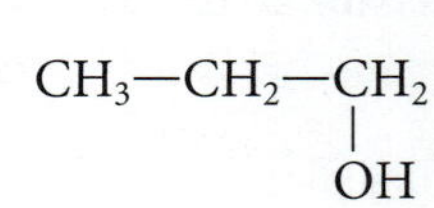

L'atomo di ossigeno, inoltre, potrebbe inserirsi tra due atomi di carbonio e originare, a parità di formula grezza, una struttura ancora diversa:

C $CH_3—CH_2—O—CH_3$

Rispetto alle due precedenti, si dice che la molecola **C** è un **isomero di gruppo funzionale**. Come vedremo meglio nel prossimo capitolo, un *gruppo funzionale* è un atomo o gruppo di atomi, legato alla catena carboniosa, che gode di particolari proprietà chimico-fisiche che influenzano l'intera struttura su cui è inserito: mentre nei composti **A** e **B** l'ossigeno insieme all'idrogeno dà origine al gruppo funzionale —OH, in **C** l'ossigeno «a ponte» tra due catene carboniose —O— costituisce un gruppo funzionale diverso. Nell'isomeria di gruppo funzionale i due isomeri presentano diverso gruppo funzionale legato allo scheletro di carbonio. In questo caso —OH è diverso da —O— e a tutti gli effetti si tratta di composti diversi.

HAI CAPITO?

- Può esistere isomeria di posizione nel caso dell'alcol etilico, CH_3—CH_2—OH?

La stereoisomeria

La stereoisomeria differisce dall'isomeria strutturale perché deriva da una differente disposizione degli atomi nello spazio. Le molecole stereoisomere hanno gli stessi atomi posizionati nella medesima sequenza e con la stessa tipologia di legami, ma ciò che cambia è l'organizzazione spaziale complessiva.

LE PAROLE

Il prefisso **stereo-** significa «spaziale, tridimensionale».

È possibile distinguere due principali tipi di stereoisomeria: l'*isomeria conformazionale*, in cui gli isomeri sono interconvertibili per rotazione attorno a legami semplici, e l'*isomeria configurazionale*, in cui ciò non è possibile ed è necessario rompere legami. L'isomeria configurazionale si suddivide, a sua volta, in *enantiomeria*, quando i due isomeri sono uno l'immagine speculare dell'altro, e *diastereoisomeria* quando invece non lo sono. L'*isomeria geometrica* è un particolare tipo di isomeria configurazionale in cui gli isomeri differiscono per la posizione di sostituenti rispetto a legami rigidi, come doppi legami o legami semplici all'interno di composti ciclici (**Figura A1.9**).

Figura A1.9 Diagramma di flusso per individuare le principali tipologie di isomeria.

L'**isomeria geometrica** (o «isomeria *Z-E*») è tipica dei composti che presentano dei doppi legami carbonio-carbonio, e quindi atomi di carbonio con ibridazione sp^2. La geometria che caratterizza l'ibridazione sp^2 è planare: i sei atomi del gruppo >C=C<, due di carbonio e i quattro a essi legati, si trovano sullo stesso piano. Le loro posizioni sono bloccate perché la presenza del legame π impedisce la rotazione degli atomi di carbonio intorno al doppio legame. Se a ciascuno dei due atomi C sono legati due atomi o due gruppi diversi, a seconda della loro disposizione rispetto al doppio legame si possono avere differenti strutture molecolari. Gli isomeri in cui le porzioni di molecola con priorità maggiore (atomi/gruppi) si trovano dallo stesso lato della molecola, prendono l'appellativo «*Z*», dal tedesco *zusammen*, «insieme»; quelli in cui le porzioni con massa maggiore sono sfalsate, una da una parte e una dall'altra del doppio legame, sono detti «*E*», dal tedesco *entgegen*, «opposti» (**Figura A1.10**). Superata ma ancora molto in uso è la denominazione «*cis*» e «*trans*», rispettivamente per gli isomeri *Z* e *E*.

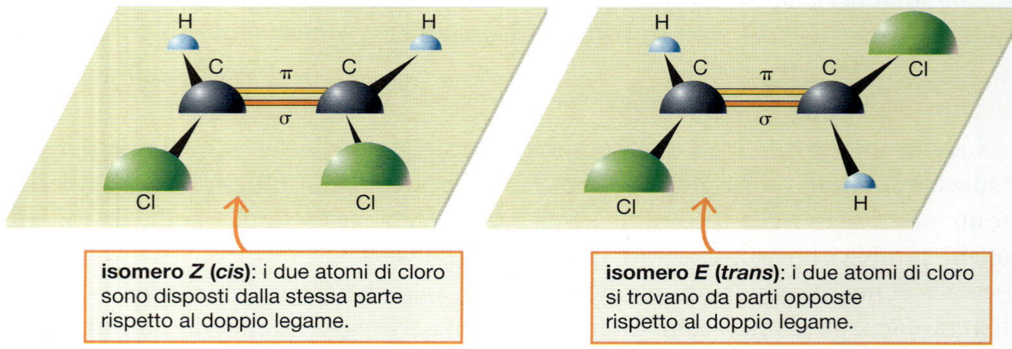

Figura A1.10
Isomeria geometrica: il doppio legame impedisce la rotazione dei gruppi. Entrambi gli atomi C del doppio legame devono in questo caso essere legati a gruppi diversi.

L'isomeria geometrica è un fenomeno che riguarda anche molti composti ciclici, dove la struttura chiusa determina una geometria vincolata, con due facce, una superiore e una inferiore. Per esempio, nel ciclo a cinque atomi C denominato 1,2-dibromociclopentano, gli atomi di bromo possono presentarsi dalla stessa parte o meno rispetto al piano dell'anello (**Figura A1.11**).

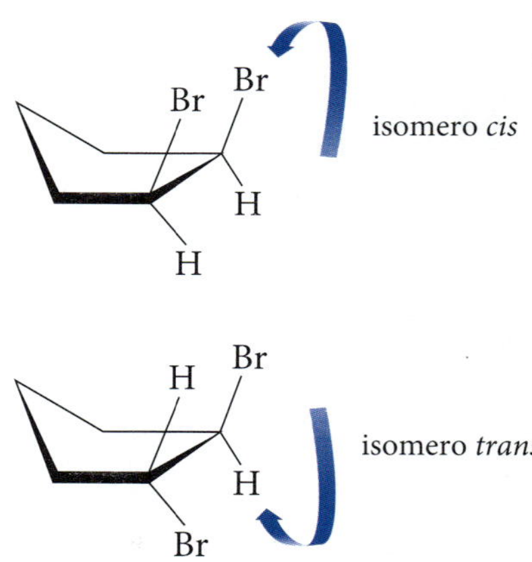

Figura A1.11
Isomeria *cis* e *trans* nei composti ciclici.

Gli isomeri geometrici hanno una diversa polarità, poiché per la maggiore simmetria della sua molecola la forma *trans* (*E*) è meno polare di quella *cis* (*Z*), se non del tutto apolare. Inoltre hanno *differenti proprietà fisiche*: i punti di fusione e di ebollizione sono più alti per gli isomeri *trans* (*E*) rispetto a quelli *cis* (*Z*). Queste differenze consentono di separare e identificare facilmente i due isomeri.

Riassumendo, l'isomeria geometrica richiede due condizioni per verificarsi:

- non deve esserci rotazione attorno al doppio legame tra i due atomi di carbonio;
- ciascuno dei due atomi di carbonio del doppio legame deve essere legato a due gruppi diversi.

I **conformeri** o **isomeri conformazionali** sono isomeri che non solo differiscono per l'orientazione reciproca degli atomi o dei gruppi chimici, ma che possono liberamente passare da una forma all'altra *senza rompere alcun legame chimico*. Perché questo avvenga è necessaria la presenza di atomi di carbonio saturi, cioè uniti da un legame singolo C—C. A differenza dell'isomeria geometrica, in cui il passaggio da un un isomero all'altro richiede la rottura e successiva riformazione di legami

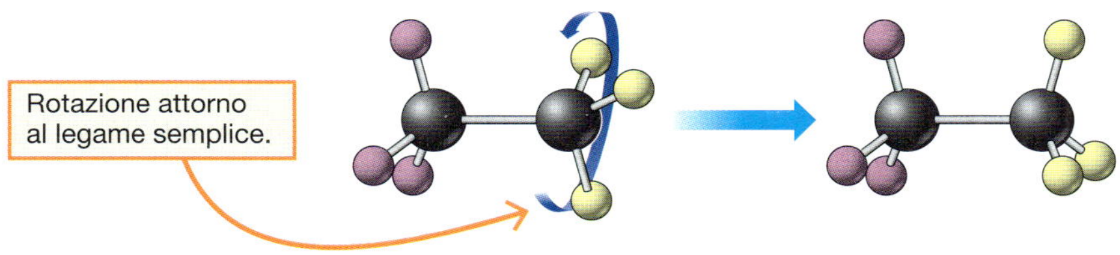

Figura A1.12 Isomeria conformazionale nell'etano. Nell'etano, C_2H_6, i due gruppi CH_3 uniti da un legame singolo C—C possono ruotare liberamente, orientandosi in molteplici modalità diverse e generando stereoisomeri detti conformeri.

chimici, in quella conformazionale tale passaggio si verifica per rotazione attorno al legame semplice C—C (**Figura A1.12**).

Poiché tale rotazione implica il superamento di barriere di energia potenziale molto piccole, i conformeri sono caratterizzati da una notevole facilità di interconversione e non è quasi mai possibile separarli.

L'**enantiomeria**, o isomeria ottica, è tipica dei composti saturi a ibridazione sp^3 in cui il carbonio presenta legami con quattro diversi atomi o gruppi. Si ha enantiomeria quando un isomero è identico alla sua immagine speculare: per capire che cosa si intenda con questa definizione, pensiamo a ciò che accade quando osserviamo allo specchio la mano destra: l'immagine che vediamo corrisponde alla mano sinistra. In altre parole, l'immagine speculare di una mano è diversa dalla mano che si specchia. Questa particolarità delle mani è dovuta all'assenza di piani di simmetria interni alla molecola. Tutti gli oggetti che, come le mani, mancano di un piano di simmetria (piedi, viti, conchiglie, guanti) vengono chiamati **chirali**, ovvero distinguibili dalla loro immagine speculare (il termine greco *khéir* significa «mano»). Sono invece *achirali* tutti gli oggetti (una palla, un cubo) che presentano un piano di simmetria interno, perché sono sovrapponibili alla loro immagine speculare tramite traslazioni e rotazioni (**Figura A1.13**).

HAI CAPITO?

- I triangoli possono essere equilateri, isosceli o scaleni. Quali non presentano un piano di simmetria?

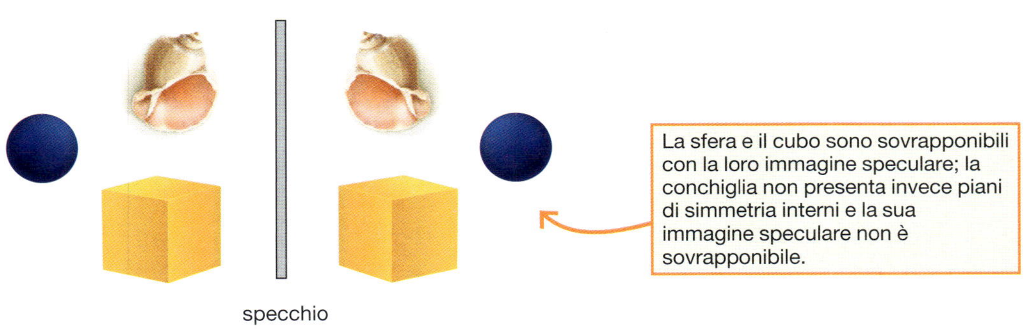

Figura A1.13 Alcune figure geometriche e la loro immagine speculare.

Anche le molecole possono essere chirali, a patto che la loro struttura non presenti piani di simmetria (**Figura A1.14**).

Quando un atomo di carbonio lega a sé, secondo una geometria tetraedrica, quattro atomi (o gruppi atomici) diversi, si dice che l'atomo di carbonio è un centro stereogenico o **stereocentro**.

La teoria della struttura tetraedrica dei composti del carbonio è stata proposta nel 1874 dello scienziato olandese Jacobus H. van't Hoff.

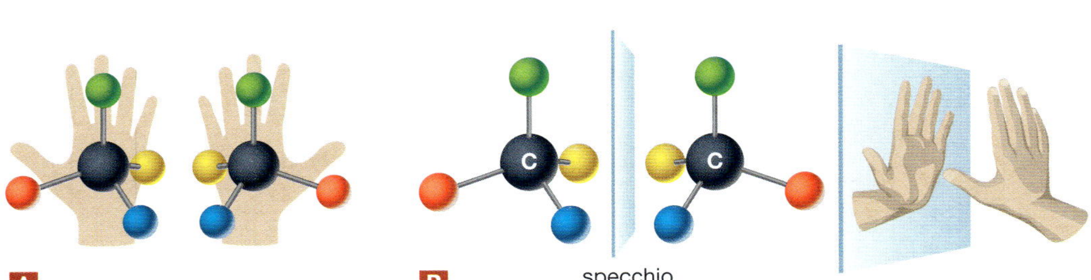

Figura A1.14 Una mano e un carbonio tetraedrico che lega quattro atomi diversi non hanno un piano di simmetria e sono chirali; essi non sono sovrapponibili alle loro immagini speculari.

Scarica **GUARDA!** e inquadrami per guardare i video

L'acido lattico, per esempio, è una molecola organica con un atomo di carbonio che è uno stereocentro perché lega a sé un H, un gruppo CH_3, un gruppo OH e un gruppo COOH (**Figura A1.15A**). La molecola di acido lattico non è sovrapponibile alla sua immagine speculare comunque la si ruoti nello spazio (**Figura A1.15B**). Coppie di molecole con queste caratteristiche sono **isomeri ottici** o **enantiomeri** (dal greco *enàntios*, «opposto», e *méros*, «parte»).

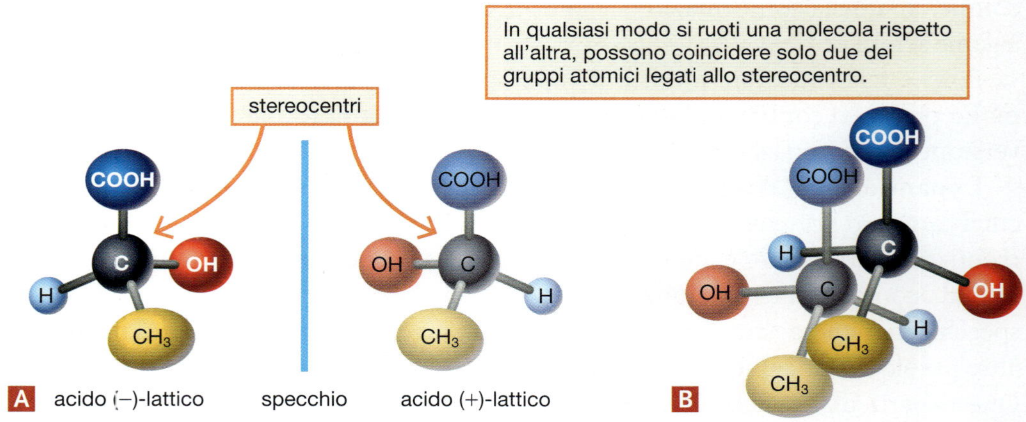

Figura A1.15
I due isomeri dell'acido lattico non sono sovrapponibili.

Video **Che cos'è la stereoisomeria?**

Per rappresentare il modello tetraedrico si usano spesso le *proiezioni di Fischer*: le linee verticali rappresentano i legami che vanno dietro il piano del foglio mentre le linee orizzontali rappresentano i legami che escono dal piano del foglio.

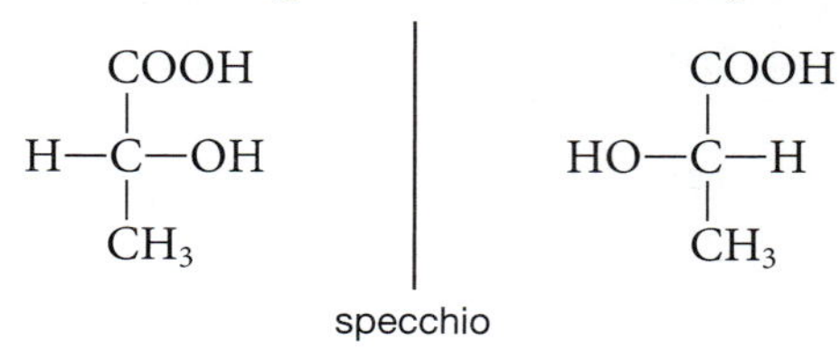

Gli enantiomeri hanno proprietà achirali fisiche e chimiche identiche: punto di fusione, punto di ebollizione, densità, solubilità e reattività con reagenti achirali. Per questo motivo, è spesso molto difficile separarli.

A livello macroscopico la chiralità si può mettere in evidenza con un fenomeno fisico: la capacità di far ruotare il piano della *luce polarizzata*. La luce visibile è un insieme di onde elettromagnetiche generate da oscillazioni dei campi magnetici ed elettrici che avvengono casualmente in tutti i piani perpendicolari alla direzione di propagazione dell'onda luminosa. Se la luce attraversa un filtro polaroid, viene polarizzata, oscilla cioè in un solo piano (**Figura A1.16**). Gli enantiomeri fanno ruotare il piano della luce polarizzata di uno stesso angolo, ma in direzione opposta.

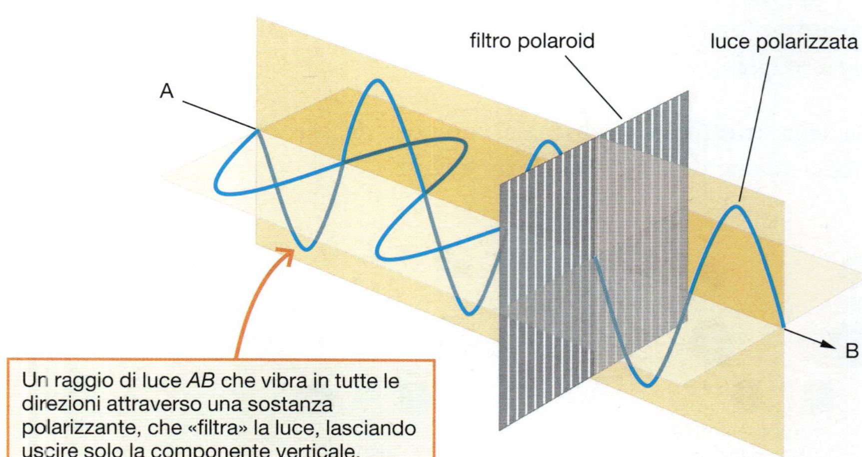

Figura A1.16
La luce polarizzata oscilla in un solo piano.

Gli **enantiomeri** sono stereoisomeri che risultano l'uno l'immagine speculare dell'altro e presentano attività ottica opposta.

Lo strumento che serve a studiare l'attività ottica delle sostanze chimiche è il *polarimetro*. Esso è dotato di una sorgente di luce, di due filtri polarizzatori e di un tubo portacampioni. Il primo filtro polarizza la luce (polarizzatore); il raggio polarizzato attraversa il secondo filtro (analizzatore) e arriva al nostro occhio soltanto se i due filtri hanno assi di polarizzazione paralleli. Se interponiamo un campione fra due filtri con assi paralleli, vediamo il raggio luminoso a patto che il campione sia *otticamente inattivo*. In caso contrario, un campione contenente una sostanza *otticamente attiva* ruota di un certo angolo il piano della luce polarizzata e il raggio non può emergere dal filtro analizzatore (**Figura A1.17**). Per vederlo nuovamente, è necessario ruotare il filtro analizzatore dello stesso angolo; se la rotazione è verso destra si dice che la sostanza è *destrogira* (+), se verso sinistra è *levogira* (−).

HAI CAPITO?

- Se i filtri polarizzatore e analizzatore fossero due cancelli posti l'uno vicino all'altro, come dovrebbero essere orientate le sbarre che li compongono per consentire il passaggio di piccoli oggetti?

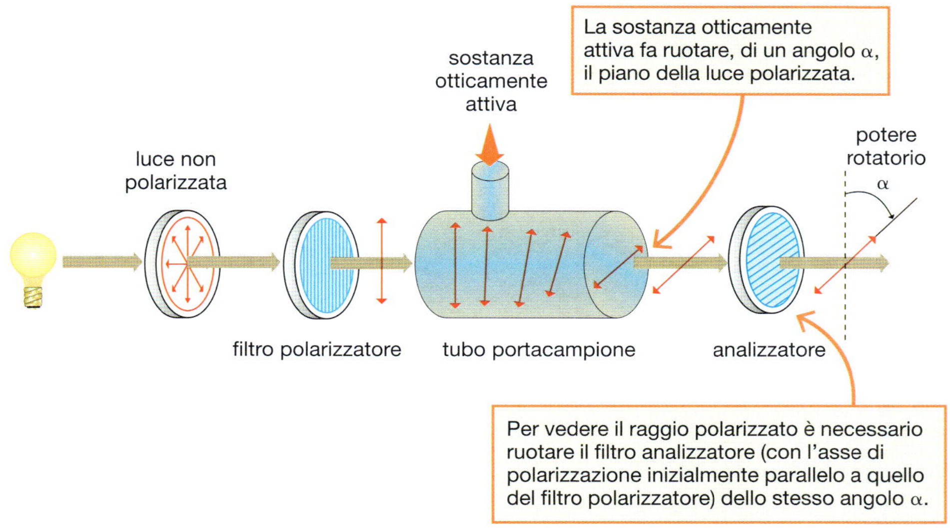

Figura A1.17
Una sostanza otticamente attiva fa ruotare il piano della luce polarizzata.

Il miscuglio al 50% di due enantiomeri è detto **racemo** e non è otticamente attivo.

Spesso i due enantiomeri hanno proprietà biologiche diverse, perché nelle reazioni biochimiche molecole chirali si incontrano con altre strutture chirali. Per esempio l'enzima lattico deidrogenasi ossida solo uno dei due enantiomeri dell'acido lattico, l'enantiomero (+), ad acido piruvico (**Figura A1.18**).

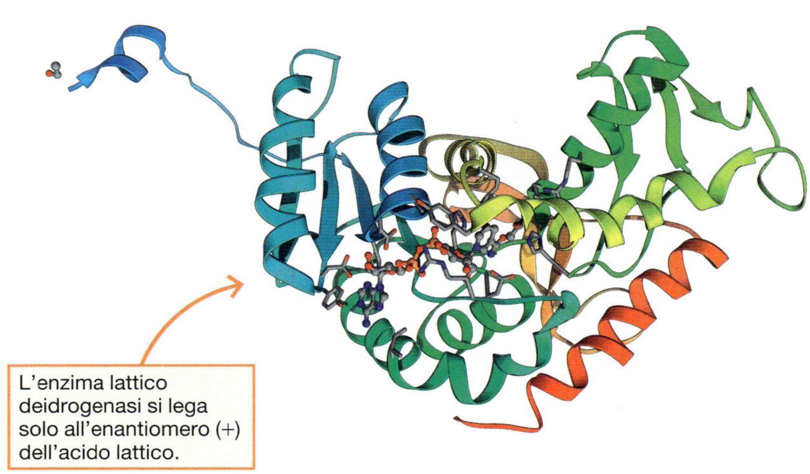

Figura A1.18
La struttura dell'enzima lattico deidrogenasi, presente nei muscoli, nel fegato e nel cuore.

Un altro esempio è dato dal limonene, in cui solo l'enantiomero (−) ha profumo di limone (**Figura A1.19**).

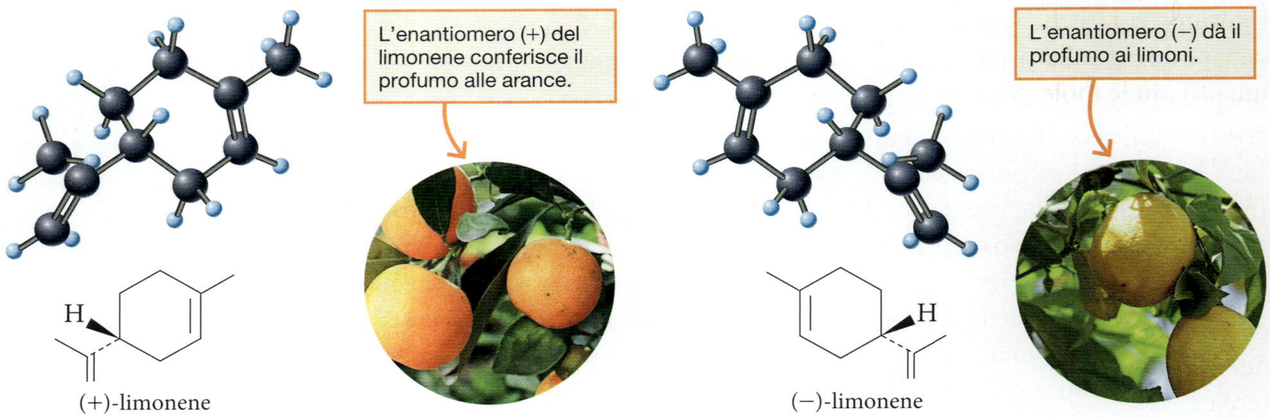

Figura A1.19 Gli enantiomeri del limonene.

SCIENZA E SALUTE

La stereoisomeria nei farmaci

La stereoisomeria riveste un ruolo fondamentale soprattutto nel campo farmacologico, perché la diversa disposizione degli atomi nello spazio può determinare un diverso comportamento delle molecole, rendendole efficaci, tossiche o del tutto inutili.

Nonostante abbiano proprietà fisiche identiche, gli stereo-isomeri si possono distinguere per le proprietà chimiche che manifestano ed è quindi importante che nei farmaci sia presente l'isomero desiderato.

È tristemente celebre il caso della **talidomide**, un farmaco molto pubblicizzato e utilizzato come sonnifero per le donne in gravidanza negli anni Cinquanta e Sessanta in Germania. Questo farmaco era formato da una miscela racemica di due enantiomeri della stessa molecola.

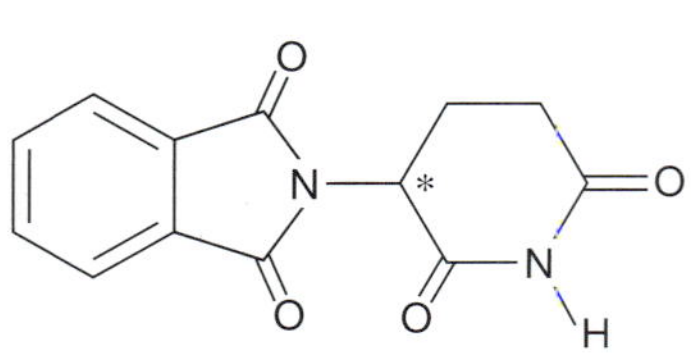

talidomide (l'asterisco indica lo stereocentro)

Solo uno dei due enantiomeri del principio attivo della talidomide aveva effetti sedativi, mentre l'altro era così tossico per il feto da provocare l'insorgere di malformazioni agli arti (**Figura A**). Purtroppo solo dopo la nascita di numerosi bambini con malformazioni si capì che la causa era l'assunzione di talidomide da parte delle madri nel corso della gravidanza e così il farmaco venne ritirato dal mercato nel 1961.

Un altro esempio di isomeri con attività farmacologica diversa sono gli stereoisomeri del complesso di platino $[PtCl_2(NH_3)_2]$: l'isomero *cis* (noto come ***cis*-platino**) è utilizzato in chemioterapia come antitumorale, mentre l'isomero *trans* non ha alcun effetto curativo.

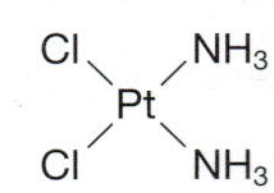

cis-platino

Ci sono casi in cui sia la miscela racemica sia uno dei due enantiomeri hanno proprietà farmacologiche utili: la fenoxetina in forma racemica è un farmaco antidepressivo, mentre uno dei suoi enantiomeri è efficace contro l'emicrania.

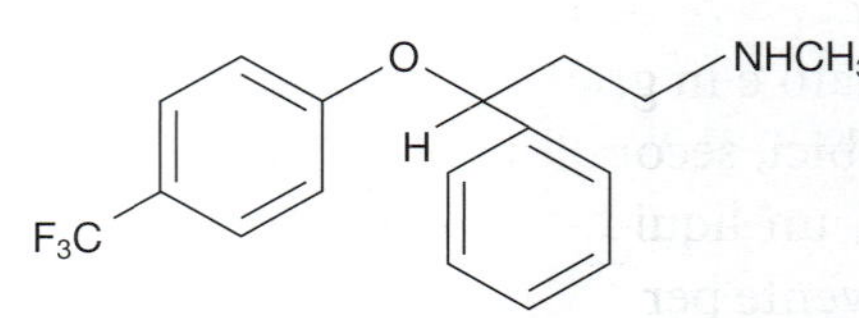

fenoxetina

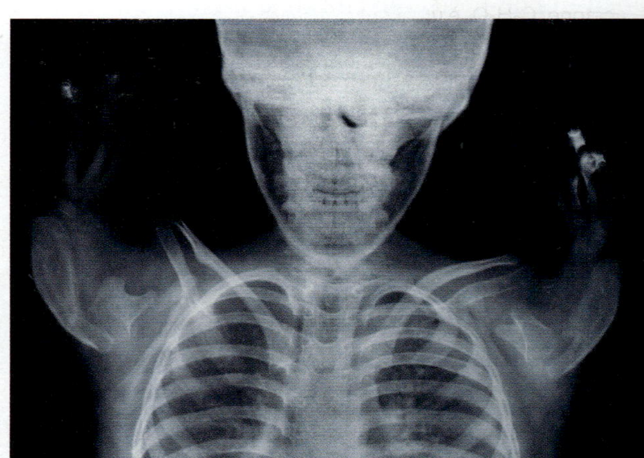

Figura A Radiografia di un bambino colpito da malformazioni agli arti causate dalla talidomide.

3 Le proprietà fisiche dei composti organici

Lo stato fisico di un composto è strettamente legato al tipo ed alla forza dei legami intermolecolari che si stabiliscono tra le sue particelle. Poiché le interazioni sono in genere dovute alla presenza di cariche, intere (ioni) o parziali (dipoli), è chiaro che quanto più le molecole sono polari, tanto più le interazioni sono forti.

Nei composti organici i legami sono in genere debolmente polari e questo comporta l'instaurarsi di interazioni tra molecole piuttosto deboli, del tipo dipolo-dipolo.

A livello macroscopico il risultato è che i passaggi di stato avvengono senza grande dispendio di energia, quindi a basse temperature. I **punti di fusione** e **di ebollizione** dei composti organici sono dunque generalmente bassi, anche se possono aumentare con l'allungamento della catena carboniosa e il corrispondente incremento del numero delle interazioni, oltre che della massa molecolare. Vedremo però, analizzando le principali classi di molecole organiche, come un composto possa presentarsi allo stato liquido o solido anche in funzione del livello di saturazione degli atomi di carbonio della catena: quest'ultimo, infatti, influenza la disposizione spaziale delle molecole e conseguentemente la loro possibilità di avvicinarsi le une alle altre, compattandosi più strettamente.

La **solubilità** in acqua delle molecole organiche è determinata dalla polarità della struttura. La presenza nella struttura di gruppi ionizzati e di gruppi in grado formare legami a idrogeno (come $-OH$, $-NH_2$, $>C=O$), o comunque di atomi fortemente elettronegativi (per esempio N, O, Cl, F), conferisce alla molecola caratteristiche *idrofile*, cioè «amiche dell'acqua», e quindi solubilità. Al contrario, sono detti *idrofobici* i gruppi non polari, che determinano un abbassamento della solubilità in acqua di un prodotto, come $-CH_3$ o $-(CH_2)_nCH_3$.

Nel mondo organico esistono molti composti in grado di svolgere la funzione di solvente al posto dell'acqua. Si tratta di liquidi con carattere idrofobico più o meno pronunciato e in grado, per questa ragione, di far passare in soluzione altri composti idrofobici, secondo la regola del «simile scioglie simile». Un esempio familiare è l'acetone, un liquido incolore e infiammabile, dall'odore caratteristico, impiegato come solvente per lo smalto (**Figura A1.20**).

Figura A1.20
L'acetone può agire da solvente.

4 La reattività delle molecole organiche

Gli aspetti che condizionano la reattività dei composti organici sono molteplici.

Il primo fattore da considerare è il **grado di insaturazione del carbonio**. I legami singoli C—C di tipo σ sono forti e stabili, perché si instaurano sulla linea congiungente i nuclei e quindi lungo la direzione dove si ha massima densità elettronica. Una molecola satura contiene solo legami σ: di conseguenza, è generalmente molto stabile, cioè poco reattiva. Viceversa, la presenza di legami doppi C═C o tripli C≡C, rende la molecola via via più reattiva passando da legami singoli a doppi e da doppi a tripli. In altre parole, si ha una tendenza generale dei legami tripli a diventare doppi e di quelli doppi a saturarsi, cioè a diventare legami singoli, per semplice addizione di altri atomi.

Un esempio di questo comportamento è dato dall'etene, $CH_2{=}CH_2$, che reagisce con l'idrogeno trasformandosi in etano, $CH_3{-}CH_3$ (**Figura A1.21**), un composto saturo.

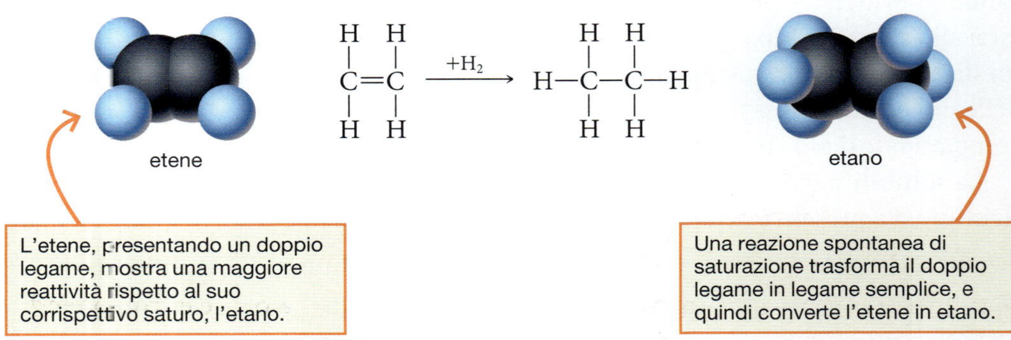

Figura A1.21
Reattività e saturazione.

La **polarità dei legami** è un altro aspetto che influenza fortemente la reattività delle molecole. I legami covalenti puri o quelli polari con bassa differenza di elettronegatività, come i legami C—C e C—H, garantiscono una distribuzione uniforme degli elettroni, con assenza di cariche parziali, e quindi una maggiore stabilità complessiva. Il composto risulterà poco reattivo. L'inserimento nella struttura di atomi, o gruppi di atomi che alterano la distribuzione elettronica a causa della loro più elevata elettronegatività, cambia anche la stabilità dei legami, che generalmente ne risultano indeboliti.

Per esempio, possiamo confrontare propano, acetone e 1-cloropropano, tre composti caratterizzati da uno scheletro a tre atomi di carbonio:

$$CH_3{-}CH_2{-}CH_3 \qquad CH_3{-}CH_2{-}CH_2Cl \qquad CH_3{-}\overset{\displaystyle O}{\overset{\|}{C}}{-}CH_3$$

propano — 1-cloropropano — acetone

Il *propano* mostra solo legami del tipo C—C o C—H, di tipo σ, poco o per nulla polari; in linea con quanto previsto, il propano ha una elevata stabilità e mostra una bassa reattività: esso, infatti, reagisce solo se si aumenta l'energia del sistema, per esempio fornendo calore.

L'*1-cloropropano*, invece, è un composto molto reattivo a causa dell'atomo di cloro molto elettronegativo, che polarizza il legame con il carbonio.

Considerazioni analoghe valgono per l'*acetone*, che pur avendo la stessa catena carboniosa del propano presenta un atomo O al posto di due atomi H in posizione centrale: ciò determina una polarità del legame C—O, a causa dell'elevata differenza di elettronegatività tra i due elementi.

Nell'acetone, il carbonio centrale viene definito *elettrofilo*.

Un **elettrofilo** è un atomo o ione che presenti una parziale o totale carica elettrica positiva, e per questo è in grado di accettare doppietti elettronici.

Al contrario l'ossigeno, che ha una parziale carica negativa per gli elettroni attratti, prende il nome di *nucleofilo* (**Figura A1.22**).

Più in generale:

un **nucleofilo** è un qualsiasi atomo o ione che presenti parziale o totale carica negativa, e per questo in grado di attrarre cariche positive, mettendo a disposizione doppietti elettronici non condivisi.

LE PAROLE

Il termine **nucleofilo** proviene da «nucleo» e «filos» (amico), quindi indica un atomo «amico del nucleo», ovvero di cariche positive. **Elettrofilo**, invece, deriva da «elettrone» e «filos» e si riferisce a un atomo «amico dell'elettrone», cioè di cariche negative.

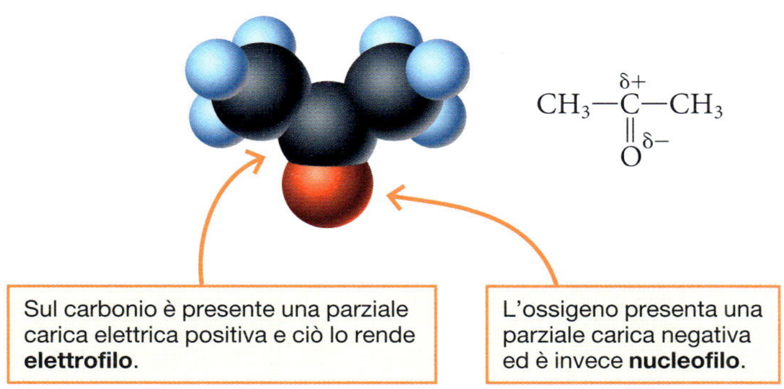

Figura A1.22
Nell'acetone il legame C=O è polarizzato.

Per affinità tra cariche opposte, un atomo o un gruppo di atomi elettrofilo tende a reagire con un nucleofilo e viceversa, perché ciò comporta la neutralizzazione delle cariche parziali opposte. Una sostanza elettrofila reagisce con molecole che presentano un eccesso di elettroni, come gli anioni, le basi di Lewis e le sostanze riducenti. Al contrario un nucleofilo, presentando un atomo con carica negativa, reagirà con i cationi, con gli acidi di Lewis e con le sostanze ossidanti. La **Figura A1.23** riporta un esempio di attacco da parte del tipico elettrofilo H^+ e del nucleofilo OH^- su uno scheletro carbonioso simile a quello dell'acetone.

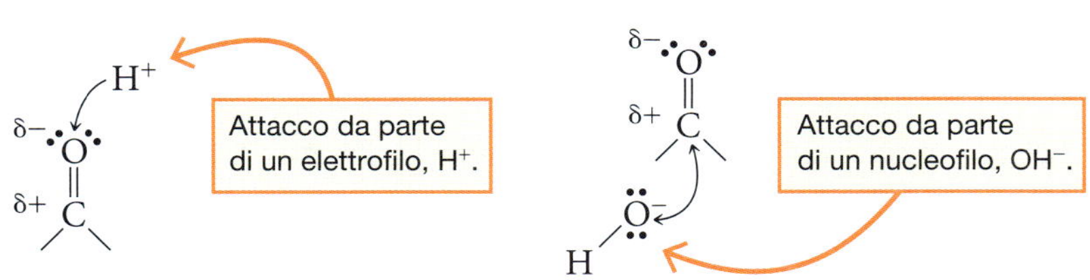

Figura A1.23
Reazione tra elettrofili e nucleofili.

La **Tabella A1.3** riporta alcuni esempi degli elettrofili più comuni.

Tabella A1.3
Esempi di elettrofili.

Elettrofili	Esempi
Atomi di carbonio di gruppi funzionali	gruppo carbonile $>C{=}O$ gruppo carbossile $-COOH$
Alcuni cationi	ione idrogeno H^+ ione nitronio NO_2^+
Carbocationi alchilici	carbocatione metile $^+CH_3$ carbocatione etile $^+CH_2{-}CH_3$
Molecole con un ottetto elettronico incompleto	$AlCl_3$ BF_3

La **Tabella A1.4** riporta alcuni esempi dei nucleofili più comuni.

Tabella A1.4
Esempi di nucleofili.

Nucleofili	Esempi
Atomi di ossigeno di gruppi funzionali	gruppo carbonile $>C{=}O$ gruppo carbossile $-COOH$
Alcuni anioni	anione ossidrile OH^- anione alcossido RO^-
Anioni monoatomici degli alogeni	Cl^- I^-
Carboanioni alchilici	$CH_3{-}C{\equiv}C^-$
Molecole con almeno un doppietto elettronico disponibile	H_2O NH_3
Atomi di azoto di gruppi amminici	$>NH$ $-NH_2$

La polarizzazione di un legame, indotta dalla presenza di un atomo o gruppo atomico fortemente elettronegativo, dà origine a un altro fenomeno in grado di alterare la stabilità di una molecola. L'attrazione di elettroni da parte di un atomo come Cl non si ferma infatti sul primo carbonio della catena a cui è legato l'alogeno, ma tende a polarizzare i legami successivi, con una sorta di «effetto domino»:

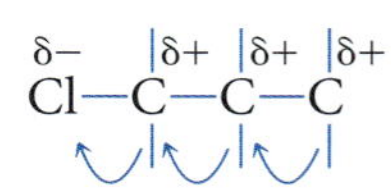

L'atomo di carbonio legato al cloro assume in questo modo una parziale carica positiva e richiama elettroni dagli atomi di carbonio vicini, tentando così di stabilizzarsi. Questo fenomeno è detto **effetto induttivo** ed ha ripercussioni sulla stabilità dell'intera molecola.

L'effetto induttivo lungo una catena carboniosa può essere di **tipo attrattivo** quando viene esercitato da un atomo più elettronegativo del carbonio, mentre è di **tipo repulsivo** in caso di atomo meno elettronegativo del carbonio.

La presenza di cariche parziali dovute alla polarità di legame e all'effetto induttivo influenza la reattività dei composti, perché crea aree ad alta o a bassa densità di elettroni. Lo studio della polarità interna di una molecola è pertanto fondamentale per prevedere il suo comportamento in una reazione: individuare gli atomi nucleofili e quelli elettrofili permette di definire le posizioni in cui si romperanno i legami e se ne creeranno di nuovi (**Figura A1.24**).

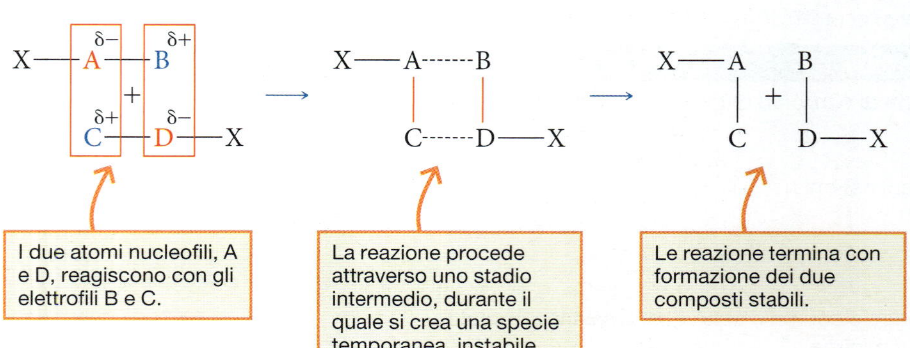

Figura A1.24
Schema di una reazione generica tra composti organici polari.

5 Le reazioni chimiche

Le principali reazioni che si possono incontrare nel mondo organico si verificano attraverso i due processi che coinvolgono meccanismi diversi di rottura e formazione di legami, che sono il meccanismo omolitico e il meccanismo eterolitico.

Si parla di **rottura omolitica** quando ciascun atomo riprende il proprio elettrone di legame in precedenza condiviso.

Rappresentiamo il legame tra due atomi A e B impiegando il simbolismo di Lewis, con gli elettroni di legame in forma di puntini:

A••B

Se questo legame si rompe con meccanismo omolitico ognuno dei due atomi riprende il proprio elettrone spaiato (A•) e (•B), con la formazione di due **radicali liberi**. Nei radicali, dunque non c'è uno sbilanciamento di carica dovuto a un acquisto o a una cessione di elettroni, ma solo la rottura di un legame che lascia gli elettroni ognuno al proprio atomo. In altre parole, *la rottura omolitica non produce ioni*. Riepilogando, possiamo dire che:

Si chiama **radicale** (o *sostituente*) una qualsiasi specie chimica, generalmente neutra, costituita da un singolo atomo o da una gruppo di atomi, che presenti un elettrone spaiato.

Un radicale si rappresenta evidenziando con il simbolo del puntino (•) l'elettrone spaiato. La presenza di tale elettrone spiega perché un radicale libero è fortemente reattivo: l'instabilità dovuta all'elettrone spaiato lo porta a formare un legame con qualsiasi altro substrato chimico (altro radicale o molecola), oppure a sottrarre un elettrone ad altre molecole vicine per ripristinare il legame covalente.

TI RICORDI?
Un atomo che ha un elettrone spaiato non ha l'ottetto completo.

La rottura omolitica è tipicamente associata a legami covalenti omopolari, dove la bassa differenza di elettronegatività tra i due atomi in gioco permette una rottura «equa» del legame, senza che nessuno dei due atomi prevalga sull'altro e si appropri degli elettroni di legame.

Poiché la rottura omolitica di un legame prevede la formazione di un radicale, è ovvio aspettarsi che avvenga con maggiore o minore facilità a seconda dalla stabilità del radicale stesso. La **Tabella A1.5** mostra l'ordine di stabilità crescente dei radicali del carbonio indicati con il nome di radicali *primari*, *secondari* e *terziari* in base al numero di atomi di carbonio legati al carbonio con l'elettrone spaiato. Come si può vedere, la presenza di un maggior numero di atomi di carbonio, elemento poco elettronegativo, rende il radicale più stabile.

HAI CAPITO?
- Come spieghi l'ordine di stabilità dei radicali liberi?

Tabella A1.5
Ordine di stabilità dei radicali liberi.

Stabilità	Radicale	Formula
massima ↑	**Terziario**: l'atomo di carbonio con l'elettrone spaiato è legato ad altri 3 atomi di carbonio.	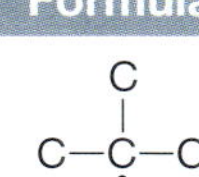
	Secondario: l'atomo di carbonio con elettrone spaiato è legato ad altri 2 atomi di carbonio.	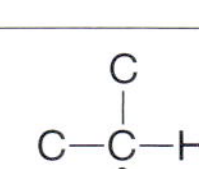
minima	**Primario**: l'atomo di carbonio con l'elettrone spaiato è legato a 1 atomo di carbonio	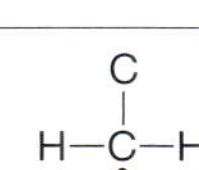

La *rottura eterolitica*, invece, avviene a carico dei legami covalenti polari: la differenza di elettronegatività tra i due atomi A e B fa sì che l'elemento più elettronegativo tra i due, per esempio B, si appropri del doppietto di legame diventando un anione, mentre A forma un catione:

$$A{-}B \longrightarrow A^+ + B^-$$

> La rottura è detta **eterolitica** quando il doppietto di legame in precedenza condiviso tra due atomi viene trattenuto dall'atomo più elettronegativo, con formazione di un anione e di un catione.

Nei composti organici è frequente la formazione di anioni e cationi che hanno la carica negativa o positiva localizzata su un atomo di carbonio; si parla in questo caso, rispettivamente, di **carbanioni** e di **carbocationi**.

Vediamo le principali tipologie di reazione che coinvolgono i composti organici.

Le reazioni di ossidoriduzione

Si tratta di reazioni già note dallo studio dei processi chimici inorganici, nelle quali esiste un passaggio di elettroni tra atomi diversi e la conseguente variazione dei loro numeri di ossidazione. Di grande importanza nella conversione dell'energia chimica in energia elettrica, queste reazioni interessano un'intera branca della chimica, detta *elettrochimica*. In chimica organica una **reazione di ossidazione** si presenta ogni volta in cui un atomo di carbonio si lega a un atomo di ossigeno o aumenta il numero di legami che forma con esso o diminuisce il numero di idrogeni, come nella reazione tra metano e ossigeno:

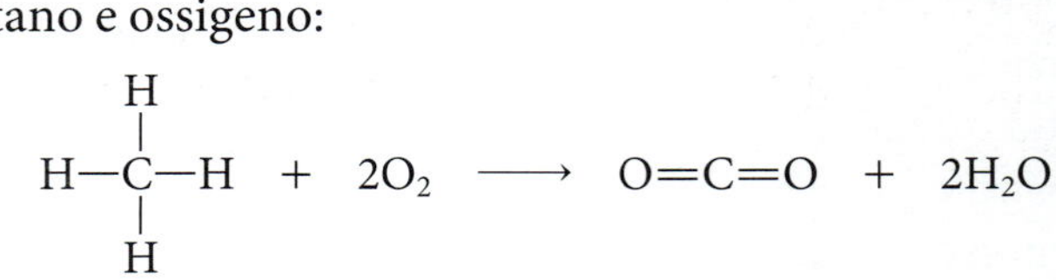

metano — anidride carbonica

Al contrario, ogni volta che il carbonio forma nuovi legami con l'idrogeno abbiamo una **riduzione**:

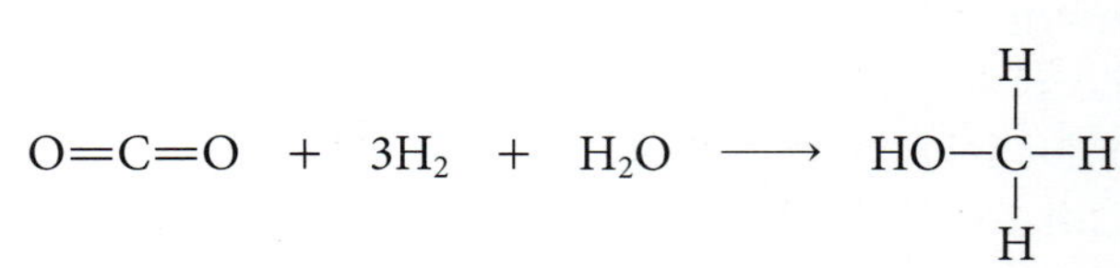

anidride carbonica — metanolo

Reazioni di sostituzione

Anche le reazioni di sostituzione prevedono un meccanismo già noto dall'ambito inorganico. Si assiste infatti alla sostituzione di un atomo o gruppo di atomi della molecola con un atomo o gruppo di atomi provenienti da un'altra, secondo lo schema generale:

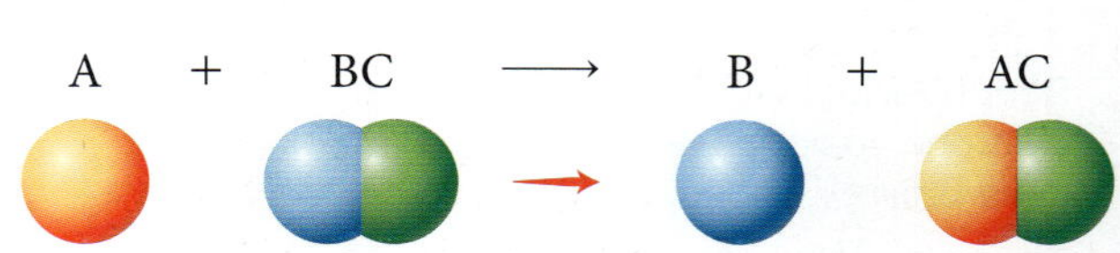

Alle reazioni di sostituzione partecipano tipicamente gli alogeni, elementi molto reattivi, e il gruppo ossidrile OH^-.

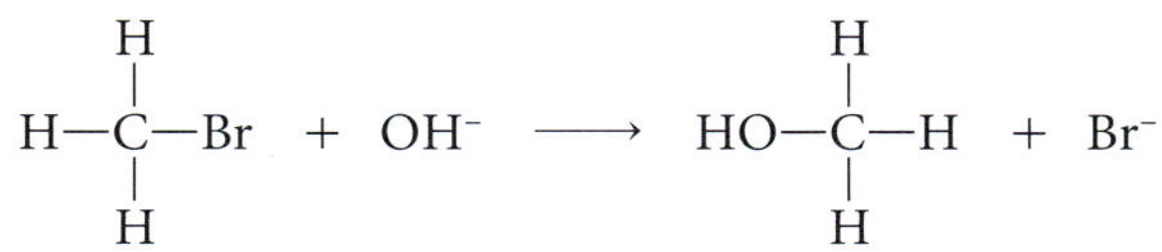

In generale, si ha una sostituzione quando la catena carboniosa è satura e nessun carbonio può instaurare nuovi legami, ma solo scambiare un atomo o un gruppo di atomi con altri.

Reazioni di eliminazione

Nelle reazioni di **eliminazione** due gruppi sostituenti sono rimossi da atomi di carbonio adiacenti in una molecola con *formazione di un doppio legame* C=C.

Uno schema di reazione molto comune prevede che un generico substrato saturo sia attaccato, per esempio, da una base forte come un idrossido (BOH):

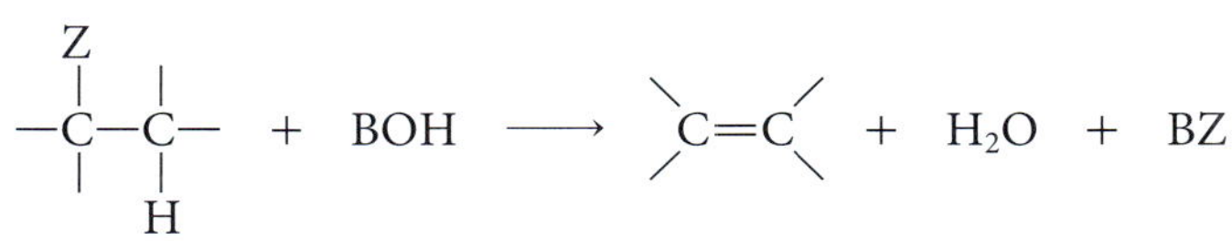

Il substrato dell'eliminazione deve possedere un atomo (in questo caso, l'idrogeno) o un gruppo che possa distaccarsi dall'atomo di carbonio lasciando su di esso il proprio elettrone di legame, che verrà poi utilizzato per costruire il doppio legame. La molecola deve anche contenere un secondo gruppo (Z) in grado di staccarsi portando con sé la coppia di elettroni di legame. L'idrogenione formerà acqua legandosi all'OH^- proveniente dalla base forte BOH. Contemporaneamente, il gruppo Z si allontana con i suoi elettroni di legame e si lega a B^+ per dare la specie BZ. Il risultato finale di una eliminazione è che un substrato saturo diventa insaturo.

Reazioni di addizione

L'**addizione** è una reazione in cui due molecole si combinano per formarne una sola. Le reazioni di addizione sono il contrario dell'eliminazione, dal momento che si aggiungono due atomi, o gruppi di atomi, a uno scheletro carbonioso.

Queste reazioni permettono a composti insaturi di raggiungere la saturazione e quindi la stabilità; ecco perché sono reazioni tipiche di composti che presentano legami doppi C=C e tripli C≡C, ma possono avvenire anche a carico dei doppi legami C=O. Un esempio è dato dalla reazione:

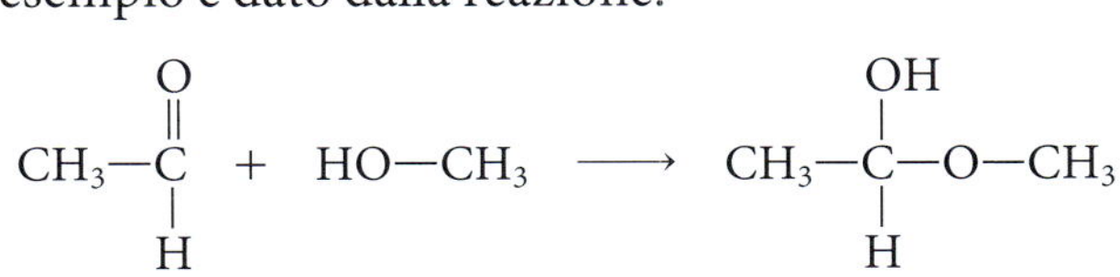

Etanale Metanolo Metossietanolo

Reazioni di polimerizzazione

Un **polimero** è un composto costituito da una serie ripetuta di unità strutturali, dette **monomeri**. La polimerizzazione, infatti, è un processo che comporta la creazione di grandi molecole, spesso con massa molecolare di migliaia di u a partire dall'unione di piccole unità.

Le reazioni di polimerizzazione avvengono spesso attraverso il meccanismo già discusso dell'addizione, con la trasformazione dei legami doppi in legami semplici; un meccanismo alternativo è la *condensazione*, in cui i monomeri si uniscono liberando molecole d'acqua.

PER SAPERNE DI PIÙ

La reazione di **polimerizzazione**, oggi fondamentale per la realizzazione industriale di materiali plastici come il PVC (policloruro di vinile), è presente anche in natura; molte biomolecole sono classici esempi di *biopolimeri*.

GUARDA! i video

6 Gli idrocarburi saturi: alcani e cicloalcani

Prima di affrontare lo studio delle complesse molecole biologiche, illustriamo la struttura delle molecole organiche più semplici, cioè degli *idrocarburi*.

Gli **idrocarburi** sono composti binari formati soltanto da carbonio e idrogeno.

I combustibili fossili, come carbone, petrolio e gas naturale, sono la fonte principale di questi composti. Una prima classificazione divide gli idrocarburi in *alifatici* e *aromatici* (**Figura A1.25**). Gli idrocarburi **alifatici** sono molecole costituite da catene di atomi di carbonio lineari (aperte o chiuse) o ramificate; a questo gruppo appartengono, per esempio, *alcani* e *cicloalcani*. Gli idrocarburi **aromatici**, invece, presentano una particolare struttura ciclica che, come vedremo, ha proprietà specifiche.

Figura A1.25 Classificazione degli idrocarburi.

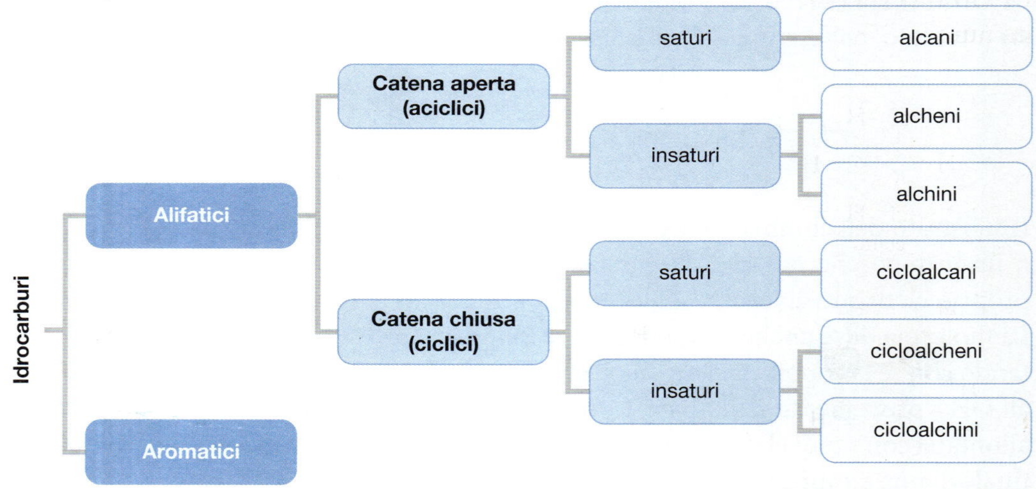

Video Come si riconoscono gli alcani e i cicloalcani?

Alcani e cicloalcani sono *idrocarburi saturi*, alcheni e alchini appartengono agli *idrocarburi insaturi*.

Gli **idrocarburi saturi** sono costituiti da catene di atomi di carbonio uniti soltanto da legami semplici; gli **idrocarburi insaturi** presentano catene di atomi di carbonio contenenti legami multipli.

Gli alcani

HAI CAPITO?
- Quali sono le caratteristiche di un legame σ?

Il più semplice degli **alcani** è il metano, CH_4. La sua struttura è perfettamente tetraedrica con angoli di legame di 109,5°; i quattro atomi di idrogeno che circondano l'atomo di carbonio sono legati a esso mediante legami σ. Secondo la teoria dell'ibridazione, il carbonio tetraedrico presenta quattro orbitali ibridi sp^3, identici come forma ed energia, derivati dalla combinazione dei suoi tre orbitali $2p$ con l'orbitale $2s$ (**Figura A1.26**).

Figura A1.26 La struttura del metano.

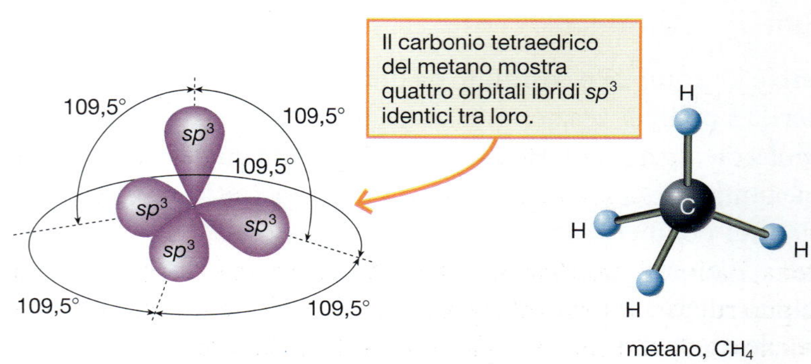

In tutti gli altri alcani, gli atomi di carbonio si concatenano e formano catene carboniose via via più lunghe.

Osservando la **Figura A1.27** si nota che **etano** e **propano**, idrocarburi rispettivamente a due e tre atomi di carbonio, si diversificano per la presenza di un gruppo $—CH_2—$; la catena a quattro atomi di carbonio del **butano**, a sua volta, contiene un gruppo $—CH_2—$ in più rispetto a quella del propano. In generale, a partire dall'etano, la struttura dell'alcano successivo si ricava aggiungendo un gruppo $—CH_2—$ all'interno della catena. Proprio per questa caratteristica gli alcani costituiscono una *serie omologa*.

Video **Qual è l'ibridazione del carbonio?**

Una **serie omologa** è una serie di composti in cui ciascun termine differisce dal precedente di una unità costante (CH_2).

La formula generale della serie omologa degli alcani è C_nH_{2n+2}, dove n rappresenta un numero intero.

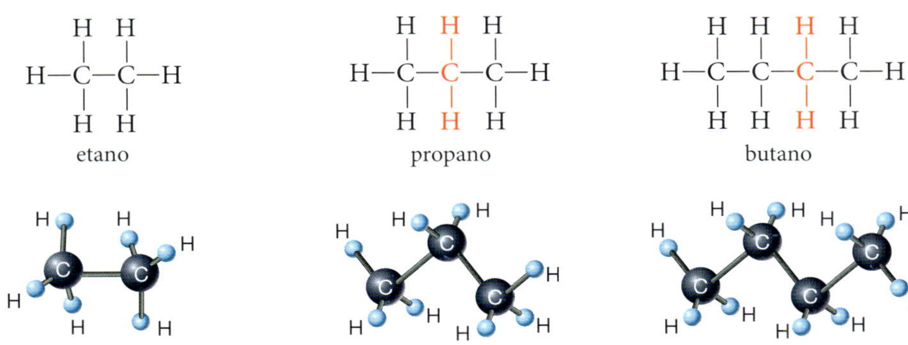

Figura A1.27 Formule di struttura e modelli molecolari di etano, propano e butano. In rosso è evidenziato il gruppo che differenzia una catena rispetto a quella che la precede.

Le strutture degli idrocarburi possono diventare molto complesse. Per rappresentarle in modo semplice, si ricorre alle strutture in due dimensioni anziché a quelle tetraedriche, più complicate da disegnare.

Una rappresentazione ancor più schematica degli idrocarburi si ha con le cosiddette **formule condensate**:

CH_4 metano

$CH_3—CH_3$ etano

$CH_3—CH_2—CH_3$ propano

$CH_3—CH_2—CH_2—CH_3$ butano

$CH_3—CH_2—CH_2—CH_2—CH_3$ pentano

Le formule condensate possono essere ulteriormente semplificate se si rappresenta con una linea spezzata soltanto lo scheletro carbonioso della molecola; a ogni vertice corrisponde un atomo di carbonio e a ogni segmento un legame C—C.

In queste rappresentazioni (chiamate *formule topologiche* o *formule scheletro*) gli atomi di idrogeno sono sottintesi.

propano butano pentano

HAI CAPITO?

- Scrivi la formula condensata dell'alcano con sei atomi di carbonio.

In questo modo, si mette in evidenza che la catena lineare di atomi di carbonio ha, in realtà, un andamento a zig-zag; l'angolo di legame C—C—C, infatti, non è di 180° bensì di 109,5°.

Tale catena, inoltre, è *flessibile*: se la temperatura non è troppo bassa, ogni atomo di carbonio può ruotare intorno al legame semplice che lo unisce all'atomo di carbonio adiacente trascinando con sé la parte restante della catena.

In questo modo le molecole si torcono, si raggomitolano e si aggrovigliano dando così origine a isomeri di conformazione (**Figura A1.28**).

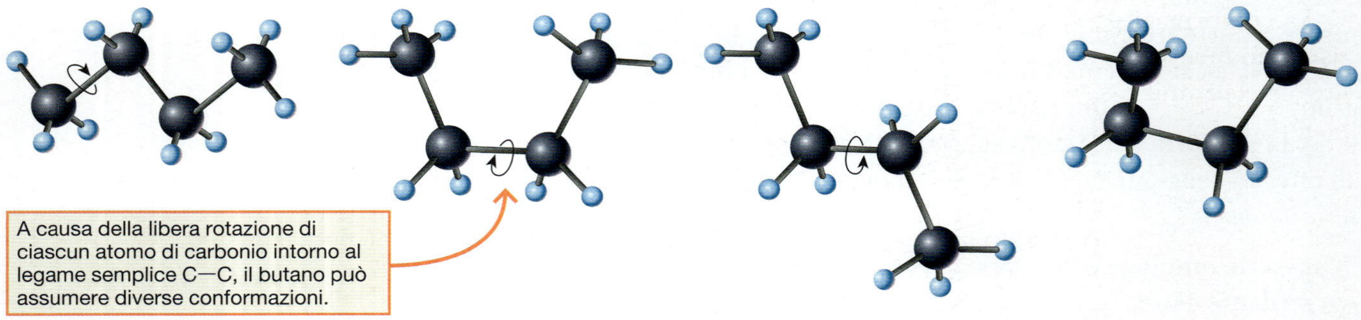

Figura A1.28
Alcune delle possibili conformazioni del butano.

I cicloalcani

A partire dal propano, è possibile chiudere in un anello la catena di atomi di carbonio; si forma così il corrispondente **cicloalcano**. La chiusura della catena comporta la perdita di due atomi di idrogeno (uno per ciascuno dei due atomi di carbonio che devono unirsi tra loro); la formula generale dei cicloalcani, pertanto, corrisponde a C_nH_{2n}. I principali termini della serie omologa sono i seguenti:

HAI CAPITO?

- Se il cicloesano formasse un esagono regolare, quale valore avrebbero i suoi angoli interni?

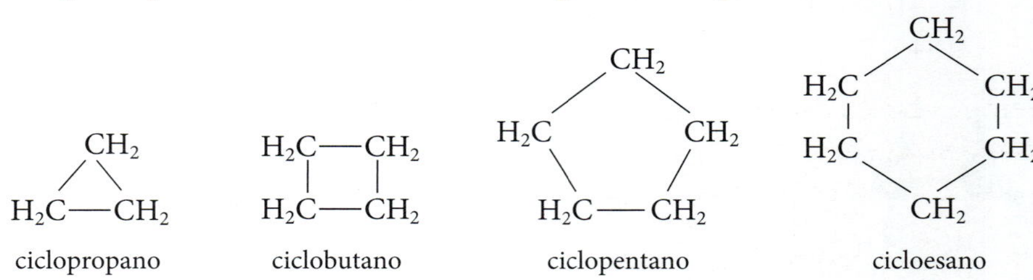

Per rappresentare i cicloalcani in modo schematico si utilizzano i corrispondenti scheletri carboniosi rappresentati da poligoni regolari.

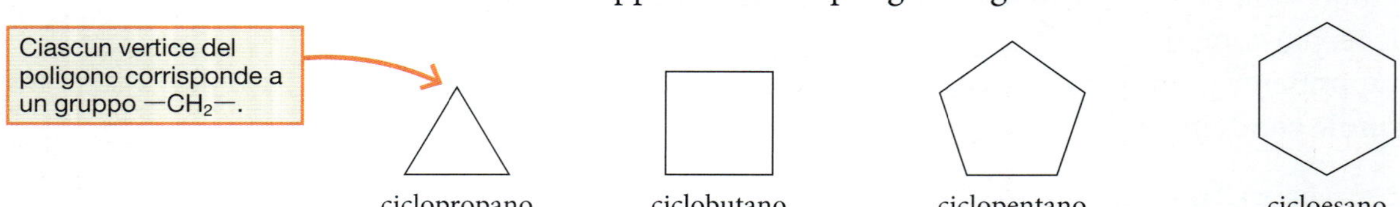

Figura A1.29
Le conformazioni a sedia e a barca del cicloesano, importanti per lo studio delle molecole biologiche.

A parte il ciclopropano, i cicloalcani non sono planari ma assumono conformazioni ripiegate come compromesso fra l'angolo di 109,5°, proprio dell'ibridazione dell'atomo di C, e l'angolo richiesto per chiudere l'anello. Il cicloesano ha diverse conformazioni; le più importanti sono quelle **a sedia** e **a barca** (**Figura A1.29**).

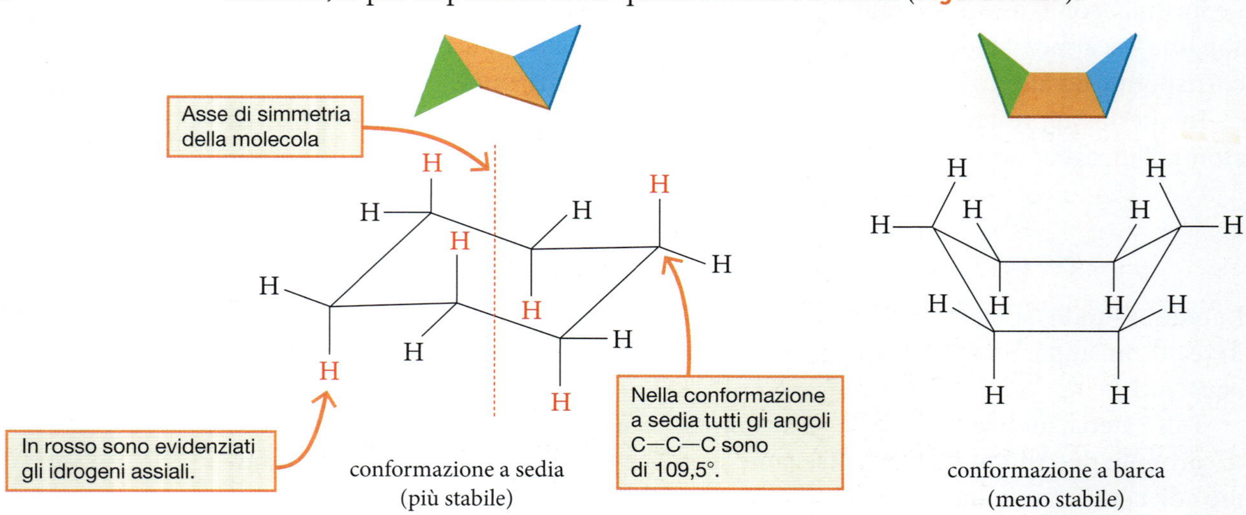

Nella conformazione a sedia si individuano due diverse disposizioni degli atomi di idrogeno: una *assiale*, ossia parallela all'asse della molecola, l'altra *equatoriale*, cioè a raggiera intorno al perimetro della molecola.

La conformazione più stabile è quella a sedia in cui i dodici atomi di idrogeno risultano meno ravvicinati nello spazio; ciò minimizza le forze repulsive tra le loro nuvole elettroniche perché gli atomi sono situati alternativamente sopra e sotto il piano della molecola.

Inoltre, se si osserva il modello molecolare del cicloesano (**Figura A1.30**) si può notare che nella conformazione a sedia gli idrogeni assiali sulla stessa faccia dell'anello sono comunque molto vicini, e soggetti a forze repulsive. Quando uno degli idrogeni viene sostituito da atomi più voluminosi, per esempio Br, o da gruppi di atomi, come il gruppo $—CH_3$ (metile), le forze repulsive tra i sostituenti e gli idrogeni circostanti sono ancora più forti; di conseguenza, la configurazione preferita è quella in cui il sostituente voluminoso si trova in posizione *equatoriale*.

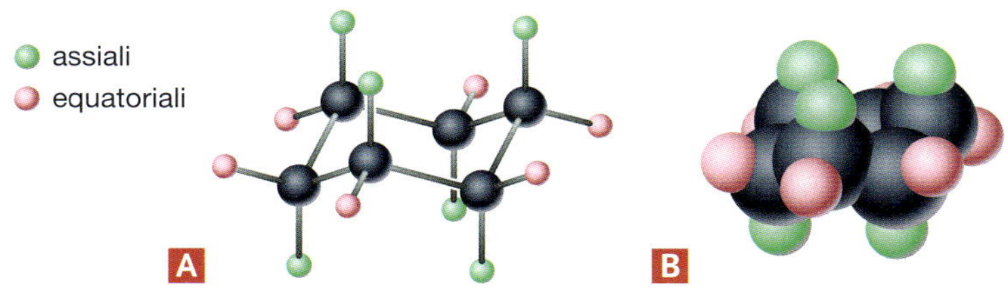

Figura A1.30
A Modello molecolari ball&stick e **B** spacefill del cicloesano.

Un esempio è dato dal metilcicloesano, in cui il gruppo $—CH_3$ assiale risulta troppo vicino agli idrogeni assiali circostanti, per cui la struttura si converte nel conformero più stabile con il metile equatoriale (**Figura A1.31**).

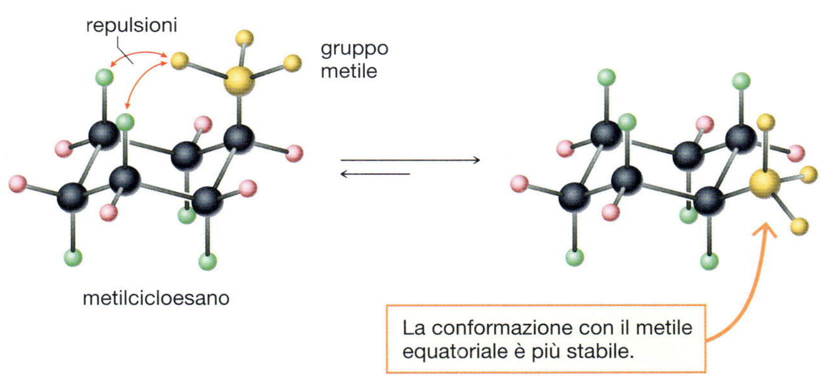

Figura A1.31
Il metilcicloesano esiste preferibilmente nella conformazione con il metile equatoriale (a destra), perché ciò minimizza la repulsione tra il gruppo metile (in giallo) e gli atomi di idrogeno (in verde).

In generale, nei derivati del cicloesano che presentano un sostituente, quest'ultimo si trova sempre in condizioni di maggiore stabilità quando è in posizione equatoriale, anziché assiale. L'equilibrio è tanto più spostato verso il conformero equatoriale, quanto più il sostituente è voluminoso.

7 La nomenclatura degli idrocarburi saturi

Fino a quando i composti organici conosciuti erano relativamente pochi, il loro nome veniva assegnato senza regole precise: il *limonene* è così chiamato perché si ottiene dai limoni, l'*urea*, NH_2CONH_2, perché era stata isolata dalle urine, e l'*acido barbiturico*, da cui deriva un'importante classe di sedativi, deve il suo nome a Barbara, un'amica del chimico Adolf von Baeyer che lo sintetizzò nel 1863 a partire dall'urea e dall'acido malonico (o acido 1,3-propandioico).

Presto divenne però evidente la necessità di una nomenclatura sistematica per i composti organici, nomenclatura introdotta per la prima volta nel 1892 dalla IUPAC.

Tabella A1.6
Il nome dei principali alcani.

Formula	Nome
CH_4	metano
C_2H_6	etano
C_3H_8	propano
C_4H_{10}	butano
C_5H_{12}	pentano
C_6H_{14}	esano
C_7H_{16}	eptano
C_8H_{18}	ottano
C_9H_{20}	nonano
$C_{10}H_{22}$	decano

HAI CAPITO?

- Individua la catena carboniosa più lunga nella seguente struttura:

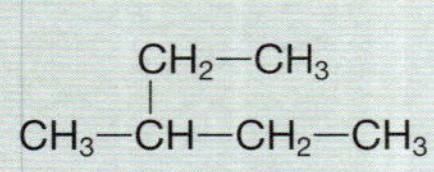

Secondo le regole definite dalla IUPAC, a parte i primi quattro termini, il nome degli alcani è costituito da un prefisso numerico seguito dal suffisso -**ano**; in base a questo criterio la molecola con cinque atomi di carbonio si chiama pent**ano**, con sei es**ano** e via dicendo (**Tabella A1.6**).

Se la catena dell'idrocarburo è lineare, si antepone al nome, separata da un trattino, la lettera *n*; essa sta per «normale». La scritta *n*-pentano, per esempio, si legge *normalpentano* e ci informa che la catena è lineare.

Per assegnare il nome a un alcano ramificato è sufficiente seguire le quattro tappe illustrate qui di seguito.

1. Trovare l'idrocarburo corrispondente

È necessario, prima di tutto, individuare la più lunga catena continua di atomi di carbonio e riconoscere poi le sue ramificazioni. Per esempio, nella struttura:

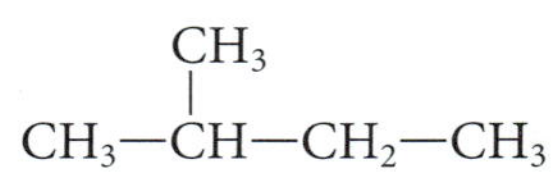

la catena più lunga contiene quattro atomi di carbonio e quindi è un derivato del butano, anche se la formula bruta è C_5H_{12}.

I gruppi legati alla catena principale sono considerati dei **sostituenti**. I sostituenti saturi che presentano solo atomi di carbonio e idrogeno vengono chiamati **radicali alchilici** e indicati, in genere, con il simbolo R—. I radicali alchilici si ricavano, formalmente, per allontanamento di un atomo di idrogeno dall'alcano corrispondente e il loro nome si ottiene sostituendo il suffisso -**ano** con -**ile**.

Alcuni esempi di radicali alchilici sono:

CH_3-	CH_3-CH_2-	$CH_3-CH_2-CH_2-$	$CH_3-CH_2-CH_2-CH_2-$
metile	etile	*n*-propile	*n*-butile

A partire dal propano, uno stesso alcano può dare vita a gruppi alchilici diversi. Per distinguerli, è utile classificare gli atomi di carbonio in *primari*, *secondari*, *terziari* o *quaternari* a seconda che siano legati, rispettivamente, a uno, due, tre o quattro altri atomi di carbonio (abbiamo già incontrato un criterio analogo nella classificazione dei radicali liberi):

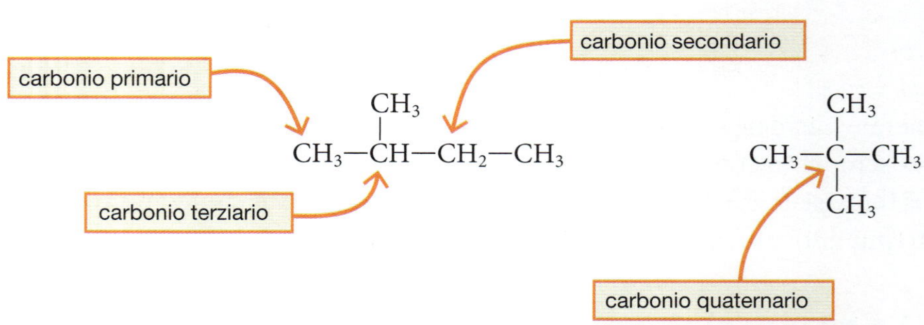

HAI CAPITO?

- Scrivi la formula condensata di un alcano che possiede solo carboni primari e secondari.

Se dal propano o dal *n*-butano si allontana un idrogeno legato a un carbonio secondario si ottengono, rispettivamente, il radicale *sec*-propile (o isopropile) e *sec*-butile. Il radicale che deriva dall'isomero ramificato del butano, per allontanamento dell'idrogeno dall'atomo di carbonio terziario, si chiama, invece, *ter*-butile.

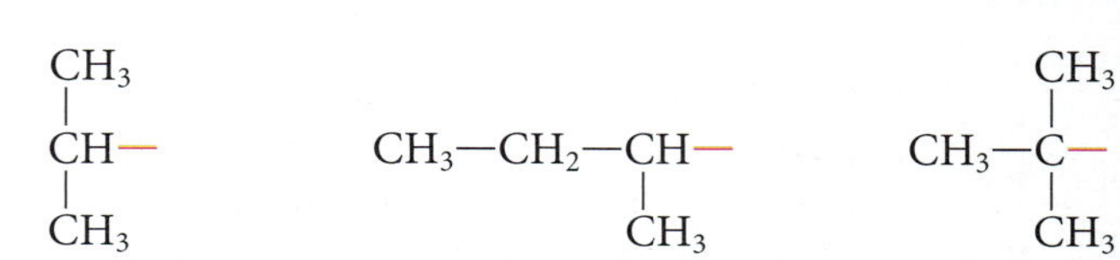

isoprop**ile** *sec*-but**ile** *ter*-but**ile**

2. Numerare gli atomi della catena principale

Una volta individuata la catena principale, è necessario numerarla in modo da attribuire il numero più basso possibile agli atomi di carbonio che legano i sostituenti.

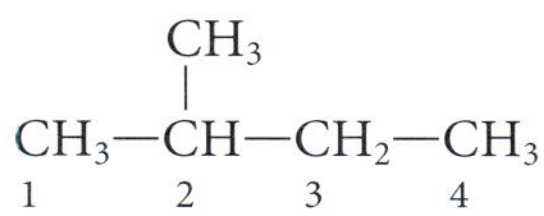

numerazione corretta

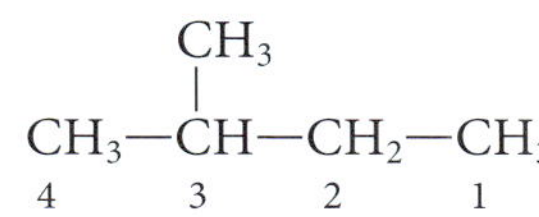

numerazione errata

3. Identificare e numerare i sostituenti

I sostituenti vanno elencati in ordine alfabetico, per esempio *etil-* precede *metil-*. Se sono presenti due o più sostituenti identici si adoperano i prefissi *di-*, *tri-*, *tetra-* e via dicendo (che non vengono però considerati per l'ordine alfabetico), e se due sostituenti sono legati allo stesso atomo di carbonio il numero che indica la posizione deve essere ripetuto. Ricorda che nel nome della molecola devono risultare tanti numeri quanti sono i sostituenti; questo permette di identificare in modo univoco ciascun sostituente nella catena con un numero (che indica la posizione) e un nome.

Nel nostro caso il gruppo metile sostituisce un atomo di idrogeno del carbonio 2.

4. Scrivere il nome seguendo le regole della punteggiatura

I nomi vanno scritti senza interruzioni, in una sola parola, utilizzando il **trattino** per separare il numero del carbonio dal nome del radicale a cui è legato e la **virgola** per separare i vari numeri nel caso in cui lo stesso sostituente sia presente più volte.

Quindi la nostra struttura rappresenta il **2-metilbutano**.

HAI CAPITO?

- Assegna la numerazione corretta.

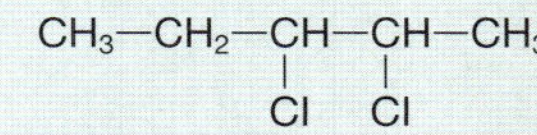

SEGUI L'ESEMPIO

Qual è il nome del seguente idrocarburo saturo?

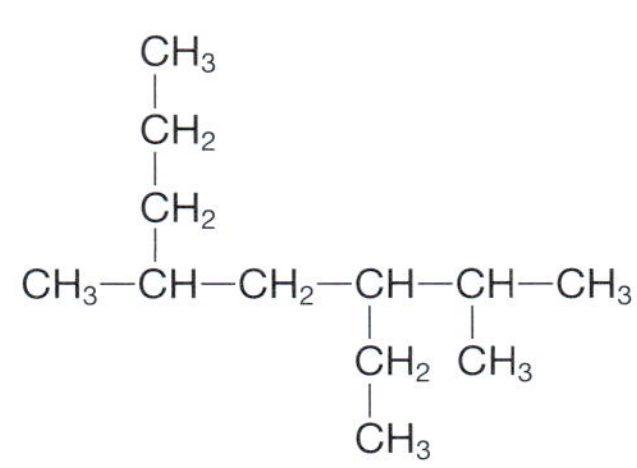

Soluzione

Seguiamo il procedimento in quattro tappe per assegnare il nome IUPAC.
In questo caso:

1 La catena continua più lunga nella molecola contiene otto atomi di carbonio e corrisponde all'ottano.

2 Numeriamo la catena partendo da destra in modo da attribuire i numeri più bassi agli atomi di carbonio che legano i sostituenti.

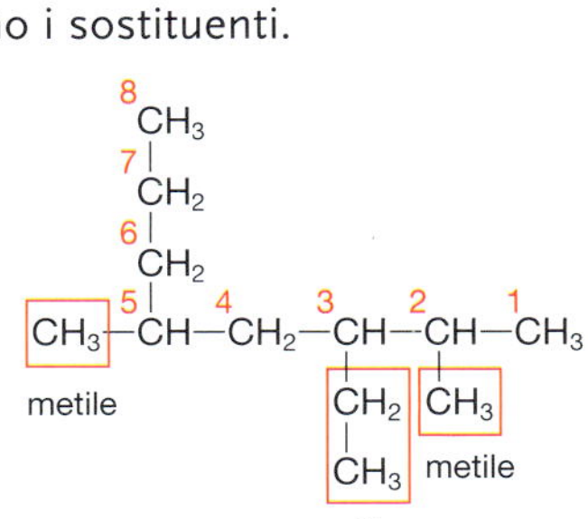

3 Assegniamo i nomi ai radicali alchilici. Sono presenti due radicali metile, in posizione 2 e 5, e un radicale etile in posizione 3. Seguendo l'ordine alfabetico, indichiamo prima l'etile e poi il metile e utilizziamo il prefisso di- perché sono presenti due gruppi $-CH_3$.

4 Il nome secondo la nomenclatura IUPAC è **3-etil-2,5-dimetilottano.**

HAI CAPITO?

■ Qual è il nome del seguente composto?

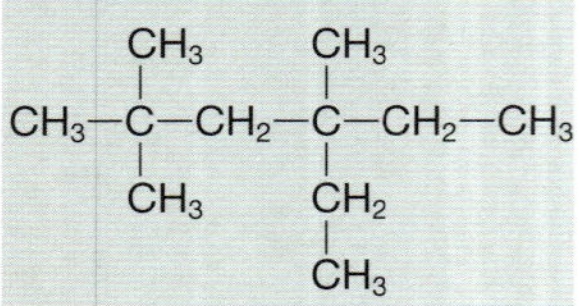

HAI CAPITO?

■ Scrivi la formula di struttura del 3,3-dietil-2-metil-4-propilnonano. Successivamente, individua anche la sua formula bruta e scrivi la formula di struttura dell'isomero lineare (isomeria di catena).

HAI CAPITO?

■ Scrivi la formula di struttura dei seguenti alcani ciclici.

a 1,2,3-trimetilciclopentano

b 1-etil-3-metilciclobutano

SEGUI L'ESEMPIO

Scrivi la formula di struttura del 3-etil-2,2,3-trimetileptano.

Soluzione

Per rappresentare la formula di struttura a partire dal nome di un composto organico, è necessario seguire le regole enunciate.

1 Scriviamo tanti atomi di carbonio quanti sono quelli indicati dalla lunghezza della catena principale (nel nostro caso sette):

C—C—C—C—C—C—C

2 Numeriamo la catena e scriviamo i radicali nelle posizioni imposte dai numeri corrispondenti:

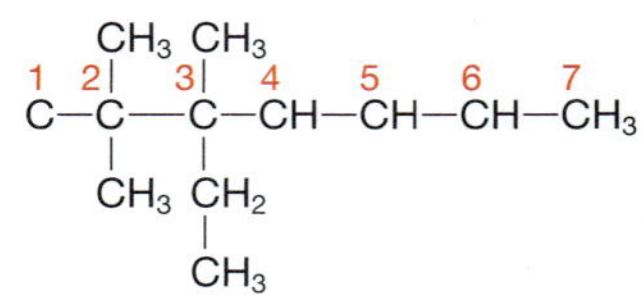

3 Completiamo la formula di struttura con gli atomi di idrogeno legati a ogni carbonio della catena principale:

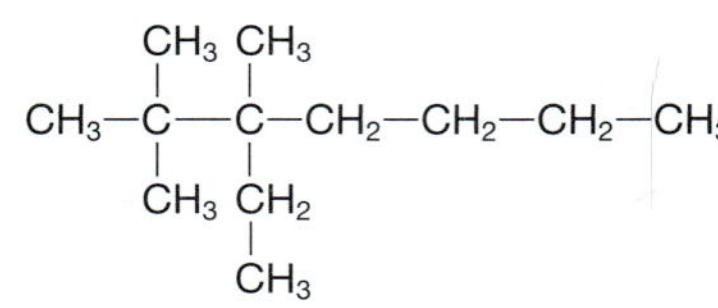

Per la nomenclatura dei cicloalcani, si seguono le stesse regole generali enunciate per gli alcani.

Se è presente un solo sostituente, non c'è bisogno di numerazione. Se invece sono presenti due o più sostituenti, gli atomi di carbonio devono essere numerati in modo da utilizzare i numeri più piccoli possibile. A parità di numerazione, si segue l'ordine alfabetico.

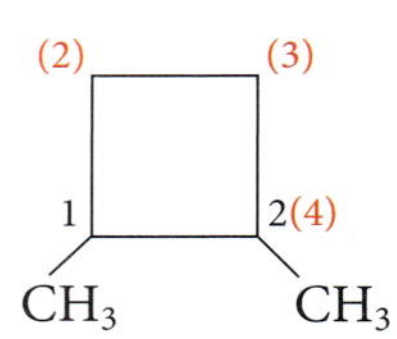

1,2-dimetilciclobutano
(e non 1,4-dimetilciclobutano)

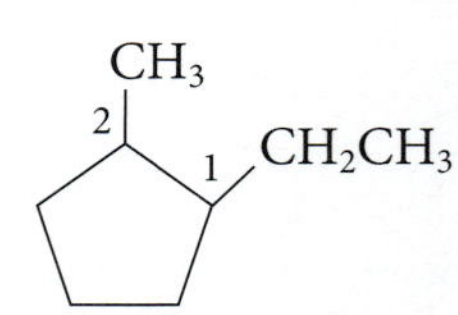

1-etil-2-metilciclopentano
(e non 2-etil-1-metilciclopentano)

SEGUI L'ESEMPIO

Quali sono i nomi dei seguenti composti ciclici?

a

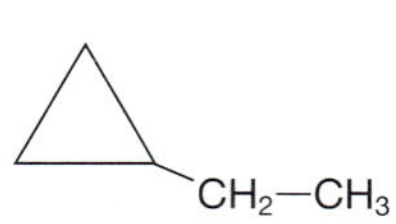

b

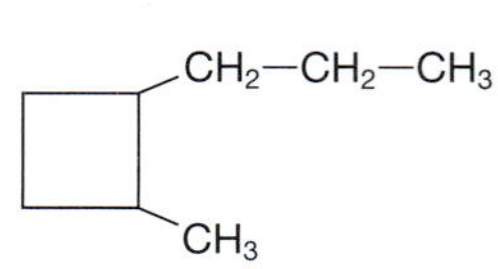

c

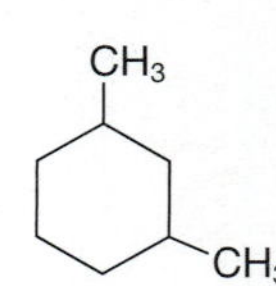

Soluzione

a Essendo presente un solo radicale alchilico, esso si troverà certamente in posizione 1. Il nome sarà quindi: **etilciclopropano**.

b Siccome sono presenti due sostituenti, si attribuisce il numero 1 al carbonio con il metile e il numero 2 a quello con il propile. Il nome sarà: **1-metil-2-propilciclobutano**.

c In questo caso due metili sono legati al cicloesano: **1,3-dimetilcicloesano**.

8 Proprietà fisiche e chimiche degli idrocarburi saturi

I composti che appartengono a una stessa serie omologa hanno proprietà chimiche simili ma differenti proprietà fisiche, che variano al variare della massa molecolare e della forma della molecola, secondo i criteri generali già visti.

Il punto di ebollizione degli alcani a catena lineare cresce regolarmente all'aumentare della massa molecolare. A temperatura ambiente, i primi quattro termini sono *gassosi*, i termini successivi sino all'alcano con 15 atomi di carbonio sono *liquidi*, e da $C_{16}H_{34}$ in poi sono *solidi* (**Figura A1.32**). Fra i cicloalcani, i primi due sono gas a temperatura ambiente, i successivi cinque sono liquidi, mentre dal ciclodecano in poi sono solidi.

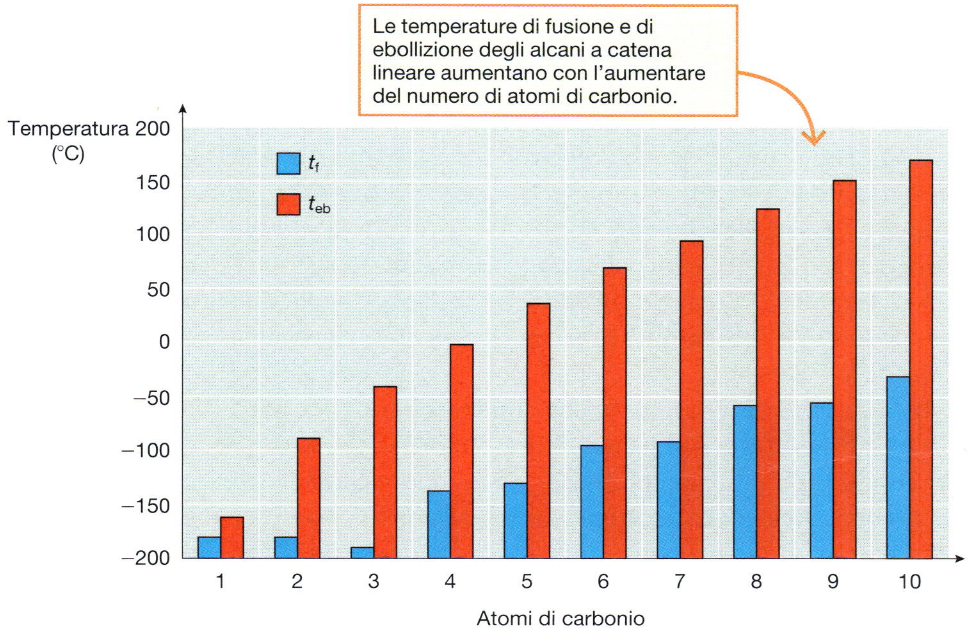

Figura A1.32
Temperature di fusione (in azzurro) e di ebollizione (in rosso) degli alcani a catena lineare.

HAI CAPITO?

- Quale, tra il 3-metilpentano e il 2,3-dimetilbutano, ha punto di ebollizione inferiore?

I composti ramificati hanno punti di ebollizione inferiori a quelli dei corrispondenti isomeri lineari. Queste differenze sono dovute al fatto che le molecole dei composti ramificati, proprio a causa delle ramificazioni, sono mediamente più distanti tra loro; di conseguenza, le forze attrattive (cioè le forze di London) che agiscono tra le ramificazioni sono più deboli (**Figura A1.33**).

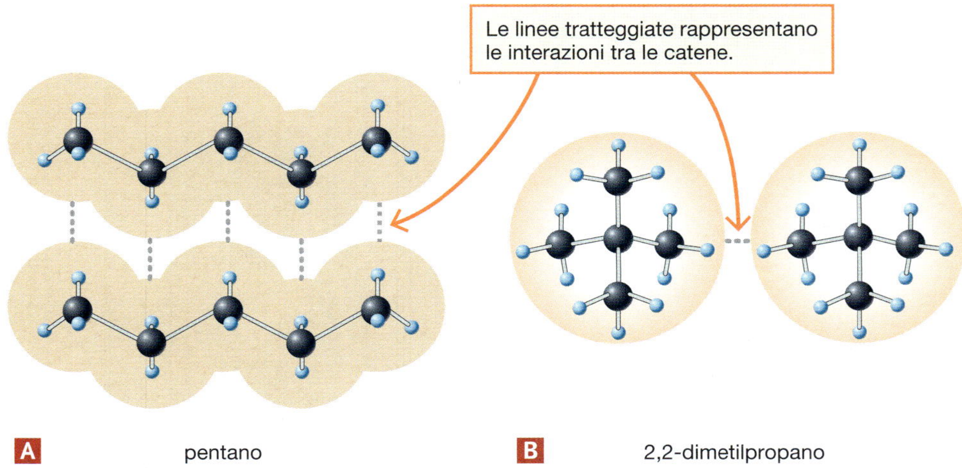

Figura A1.33
Esempi di interazioni deboli tra catene di pentano e di 2,2-dimetilpropano.

PER SAPERNE DI PIÙ

All'aumentare della lunghezza delle catene aumenta l'intensità delle forze intermolecolari.

I punti di fusione degli isomeri ramificati, invece, risultano talvolta più elevati di quelli degli alcani lineari. L'innalzamento del punto di fusione si registra nei casi in cui le ramificazioni rendono la struttura molecolare molto simmetrica e compatta, fattore che favorisce la formazione del reticolo cristallino (**Tabella A1.7**). Una ramificazione isolata, invece, ostacola l'impacchettamento delle molecole e il punto di fusione del solido risulta più basso.

Tabella A1.7
Le proprietà fisiche di alcuni alcani isomeri.

Alcano lineare	Alcani ramificati	
pentano	2-metilbutano	2,2-dimetilpropano
p.e. 36,1 °C	p.e. 27,9 °C	p.e. 9,5 °C
p.f. −129,7 °C	p.f. −160 °C	p.f. −16,6 °C

Come tutti gli idrocarburi, avendo solo legami C—C e C—H covalenti puri, alcani e cicloalcani sono composti apolari e sono quindi buoni solventi per sostanze apolari, quali i grassi o gli alogeni. Sono invece insolubili in acqua poiché non possono instaurare con essa né legami a idrogeno né legami dipolo-dipolo. Avendo una densità minore dell'acqua, gli alcani galleggiano su di essa (**Figura A1.34A**).

I forti legami C—C e la piccola differenza di elettronegatività tra carbonio e idrogeno rendono gli idrocarburi saturi poco sensibili alla maggior parte dei reagenti chimici.

Gli alcani, infatti, vengono anche chiamati **paraffine**, dal latino *parum*, «poco», e *affinis*, «affine», termine che descrive esattamente la loro scarsa reattività chimica.

In condizioni opportune, tuttavia, reagiscono facilmente con l'ossigeno e con gli alogeni come il cloro. La reazione con l'ossigeno avviene comunemente durante la **combustione** con produzione di anidride carbonica, acqua ed energia (**Figura A1.34B**). Per un alcano generico, a *n* atomi di carbonio, la reazione è la seguente:

$$C_nH_{2n+2} + (3n + 1)/2O_2 \rightarrow nCO_2 + (n + 1)H_2O + \text{energia}$$

A oggi gli idrocarburi, liquidi e gassosi, rappresentano la principale fonte energetica per gli usi industriali, per i motori e per il riscaldamento delle abitazioni civili.

HAI CAPITO?

- Scrivi la reazione di combustione dell'ottano. Quanti atomi e quante molecole di ossigeno sono necessari per bilanciare una mole di questo reagente?

Figura A1.34
Gli idrocarburi sono meno densi dell'acqua e reagiscono con l'ossigeno dando reazioni di combustione.

La dipendenza dal petrolio

Molto spesso sentiamo parlare dell'influenza sull'economia del costo della benzina e dei barili di petrolio e della dipendenza energetica della nostra società da questo combustibile fossile.

L'uso sempre maggiore delle tecnologie, delle auto e degli altri mezzi a motore, così come l'aumento dei consumi di energia, dal riscaldamento domestico agli innumerevoli elettrodomestici, infatti, spiegano perchè la nostra economia è strettamente legata all'andamento del prezzo del petrolio.

Il **petrolio** è una miscela eterogenea di sostanze organiche nei tre stati d'aggregazione: solido, liquido e gassoso. Per lo più si tratta di idrocarburi, molecole costituite da carbonio e idrogeno, ma non mancano piccole percentuali di composti contenenti ossigeno e zolfo. La composizione del petrolio varia da giacimento a giacimento e deriva dalle lente trasformazioni subite nelle ere geologiche da depositi vegetali e animali rimasti intrappolati tra strati di rocce.

Una volta estratto, il petrolio viene portato nelle **raffinerie** (Figura A) dove avviene la separazione industriale e la preparazione dei suoi derivati. Tra questi, i principali carburanti sono *benzina*, *nafta*, *cherosene* e *gasolio*, i prodotti non energetici invece *bitumi* e *paraffine*. Molti derivati del petrolio infatti non sono utilizzati come combustibili, ma per la produzione di materie plastiche o di pavimentazioni stradali.

La prima fase di separazione dei componenti del petrolio si basa sulla **distillazione frazionata** (Figura B), processo che avviene a pressione atmosferica in enormi colonne di frazionamento suddivise al loro interno in tanti piani in acciaio, detti *piatti*, quante sono le sostanze o miscele che si vogliono separare.

La miscela di idrocarburi viene scaldata in un forno a circa 400 °C prima di entrare nella colonna, dove raggiungerà temperature via via decrescenti risalendo la colonna dal basso verso l'alto attraverso i vari piatti. Se la temperatura del piatto è inferiore alla temperatura di ebollizione della frazione, questa verrà raccolta nel piatto mentre il resto proseguirà allo stato gassoso verso l'alto per i successivi frazionamenti.

Secondo cicli successivi di evaporazione-condensazione, la prima componente a essere raccolta, dal basso, è quella solida: asfalti e paraffine. L'ultima frazione, corrispondente alla temperatura più bassa, è gassosa e contiene soprattutto metano.

Figura A Nelle raffinerie il «greggio» viene separato in varie miscele a seconda del peso molecolare dei composti presenti.

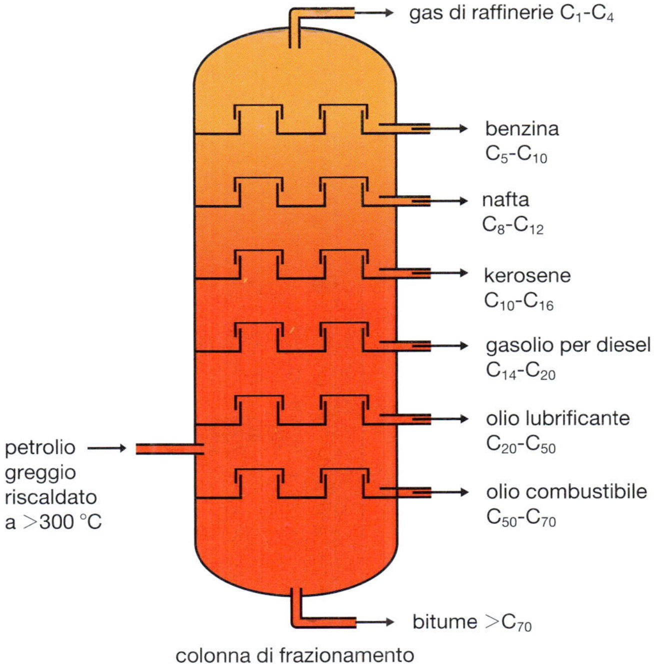

Figura B La distillazione frazionata del petrolio.

Le reazioni di alogenazione degli alcani

Alcani e cicloalcani reagiscono in opportune condizioni anche con gli alogeni; si parla, allora, di **reazioni di alogenazione**.

Gli alogeni in grado di combinarsi con gli alcani sono il cloro e il bromo. Il risultato della reazione è la sostituzione di uno o più atomi di idrogeno dell'alcano con atomi di alogeno (**Figura A1.35**).

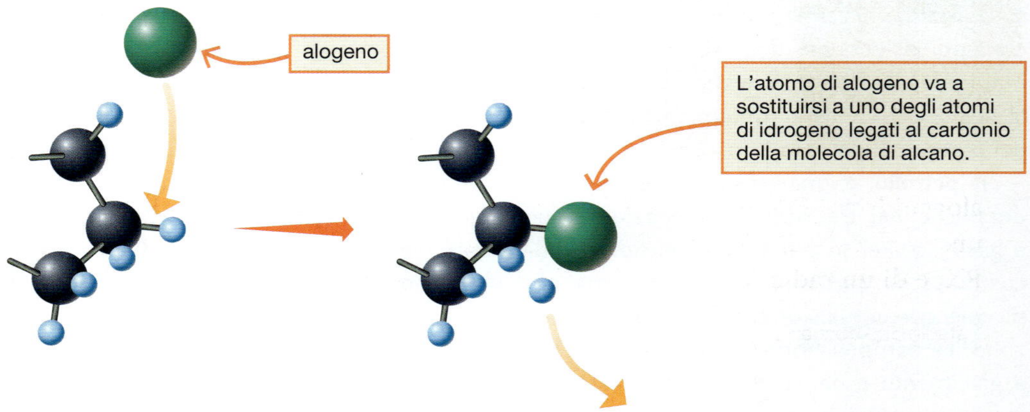

Figura A1.35 L'alogenazione degli alcani è una reazione di sostituzione. La figura descrive il risultato della sostituzione e non il meccanismo (che è riportato di seguito).

Per esempio, nel caso della reazione di *clorurazione* del metano, un atomo di idrogeno del metano viene sostituito con uno di cloro:

$$CH_4 + Cl{-}Cl \rightarrow CH_3{-}Cl + H{-}Cl$$

Se una miscela formata da un alcano e cloro gassoso viene mantenuta al buio e a temperatura ambiente, non si verifica alcuna trasformazione. Affinché la reazione avvenga, è necessario spezzare il legame covalente nella molecola di cloro; ciò richiede energia, che può essere fornita sotto forma di calore o per irraggiamento con radiazioni UV di appropriata lunghezza d'onda. Non essendovi differenza di elettronegatività tra i due atomi di cloro, quando il legame covalente che li unisce si rompe, ciascun atomo si riappropria del suo elettrone; si ha quindi una *rottura omolitica* del legame, con formazione di radicali liberi di cloro.

Le reazioni di sostituzione radicalica si svolgono in tre stadi: inizio, propagazione, terminazione.

1. La fase di **inizio** comporta la rottura della molecola di alogeno, X_2, in due radicali X•. Per esempio, nel caso della molecola di cloro Cl_2 si ha:

stadio di inizio

$$:\ddot{\underset{..}{Cl}}:\ddot{\underset{..}{Cl}}: \xrightarrow{\text{fotoni UV}} 2:\ddot{\underset{..}{Cl}}\cdot$$

elettrone spaiato

La fase di inizio porta alla formazione di due radicali liberi.

2. Segue poi la fase di **propagazione** in cui il radicale alogeno strappa un atomo di idrogeno all'idrocarburo, che rimane così con un elettrone spaiato, cioè sotto forma di *radicale alchilico* R•. Si forma in questo passaggio anche l'acido

Figura A1.36
Reazione di sostituzione tra l'*n*-ottano e il bromo. La reazione avviene in presenza della luce.

alogenidrico, HX (**Figura A1.36**). Il radicale, a sua volta, strappa un atomo a una molecola di alogeno; il risultato è la formazione dell'alogenuro alchilico, RX, e di un radicale X•. Nel caso della clorurazione si ha:

stadio di propagazione

$$\begin{cases} R\text{—}H + Cl\bullet \rightarrow H\text{—}Cl + R\bullet \\ R\bullet + Cl\text{—}Cl \rightarrow R\text{—}Cl + Cl\bullet \end{cases}$$

Durante la fase di propagazione scompare un radicale ma se ne forma subito un altro. Le due reazioni si alternano dando origine a un ciclo di durata indefinita, che si autoalimenta fintanto che vi sono radicali liberi.

3. La catena di reazioni **termina** solo quando si combinano tra loro due specie radicaliche:

stadio di terminazione

$$\begin{cases} 2Cl\bullet \rightarrow Cl\text{—}Cl \\ 2R\bullet \rightarrow R\text{—}R \\ R\bullet + Cl\bullet \rightarrow R\text{—}Cl \end{cases}$$

La reazione di sostituzione radicalica conduce a una miscela di prodotti variamente alogenati. I prodotti della clorurazione del metano, per esempio, sono riportati nel seguente schema di reazione:

$$CH_4 + :\ddot{\underset{..}{Cl}}:\ddot{\underset{..}{Cl}}: \xrightarrow{\text{fotoni UV}} \underset{\text{cloruro di metile}}{CH_3\text{—}Cl} + \overset{\text{diclorometano}}{CH_2Cl_2} + \underset{\text{cloroformio}}{CHCl_3} + \overset{\text{tetracloruro di carbonio}}{CCl_4} + HCl$$

HAI CAPITO?

■ Completa la seguente reazione.
$CH_2Cl_2 + Cl\bullet \rightarrow$
$\rightarrow HCl +$ ....

HAI CAPITO?

■ Perché l'etano è un prodotto secondario della clorurazione del metano?

HAI CAPITO?

■ Scrivi gli isomeri possibili per $C_8H_{17}Br$.

9 Gli idrocarburi insaturi: alcheni e alchini

Gli **alcheni** sono idrocarburi che presentano nella loro molecola un doppio legame carbonio-carbonio. Gli **alchini**, invece, sono caratterizzati da un triplo legame carbonio-carbonio.

$$\underset{\text{alcheni}}{>C{=}C<} \qquad \underset{\text{alchini}}{\text{—}C{\equiv}C\text{—}}$$

Ciascuno dei due atomi di carbonio coinvolti nel legame multiplo non è legato a quattro atomi (come negli alcani), ma soltanto a tre negli alcheni, e a due negli alchini. Alcheni e alchini sono detti *idrocarburi insaturi* proprio perché presentano atomi di carbonio che non hanno «saturato» la loro capacità di legame per quanto riguarda il numero degli atomi.

GUARDA! i video

La geometria che caratterizza l'unità >C=C< è planare; gli angoli di legame che si formano sono circa di 120°. Nel caso del triplo legame —C≡C—, invece, la geometria è lineare e gli angoli di legame sono di 180°. Mentre negli alcani il carbonio ha ibridazione sp^3, negli alcheni gli atomi di carbonio coinvolti nel doppio legame hanno ibridazione sp^2 (**Figura A1.37A**). Negli alchini gli atomi coinvolti nel triplo legame sono ibridati *sp* (**Figura A1.37B**).

Figura A1.37
L'ibridazione del carbonio nel doppio e nel triplo legame.

Video **Come si riconoscono gli alcheni?**

Il primo idrocarburo della serie omologa degli alcheni è l'**etene** o **etilene**, mentre il primo degli alchini è l'**etino** o **acetilene**. L'acetilene veniva utilizzato nelle lampade dei minatori e nei fari delle auomobili del primo Novecento. Le strutture dell'etene e dell'etino sono le seguenti:

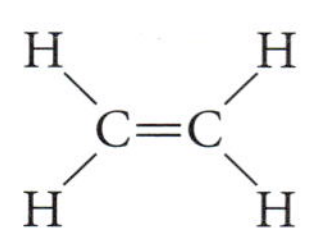

etene

H—C≡C—H

etino

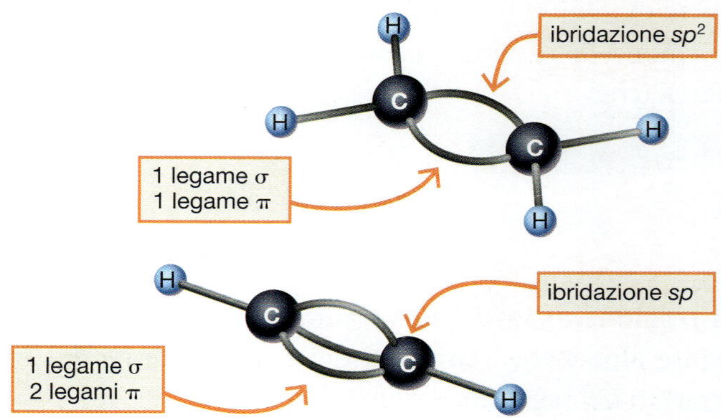

Il legame doppio è l'insieme di un legame σ e di uno π, mentre quello triplo comprende un legame σ e due legami π. La presenza dei legami π rende impossibile la rotazione attorno al legame C—C .

HAI CAPITO?

- Quale tipo di legame si forma per sovrapposizione laterale degli orbitali *p* non ibridati?

La formula generale degli alcheni è C_nH_{2n} e quella degli alchini è C_nH_{2n-2}. Gli alcheni hanno la stessa formula grezza dei cicloalcani; un cicloalcano e il corrispondente alchene sono quindi isomeri di struttura.

A partire dal butene, C_4H_8, gli alcheni presentano il fenomeno dell'*isomeria di posizione* del doppio legame lungo la catena e dell'isomeria di catena. Nel butene a catena lineare, il doppio legame si può trovare fra gli atomi di carbonio 1 e 2 oppure al centro della molecola, fra gli atomi di carbonio 2 e 3:

$$CH_2{=}CH{-}CH_2{-}CH_3 \qquad CH_3{-}CH{=}CH{-}CH_3$$

HAI CAPITO?

- Scrivi la formula dell'alchene isomero del ciclopropano.

Lo stesso tipo di isomeria riguarda anche gli alchini. Per questi ultimi, si ricorda che gli atomi di carbonio impegnati nella formazione del triplo legame non possono portare ramificazioni.

Gli alcheni possono dare origine anche a stereoisomeri: la disposizione planare del gruppo C=C e le posizioni «bloccate» dei sostituenti legati agli atomi C che portano il doppio legame permettono infatti formazione di isomeri geometrici di tipo *E*-*Z*, come nel caso dell'1,2-dicloroetene.

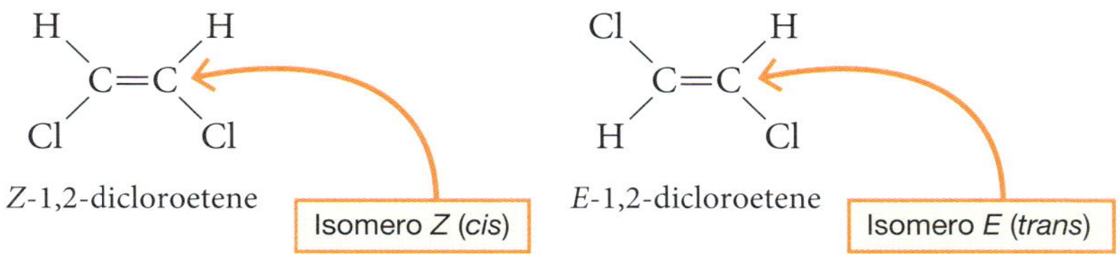

Gli isomeri geometrici presentano proprietà fisiche differenti (**Figura A1.38**).

I punti di ebollizione degli alcheni non si discostano molto da quelli dei corrispondenti alcani; gli alchini, invece, hanno punti di ebollizione leggermente più alti.

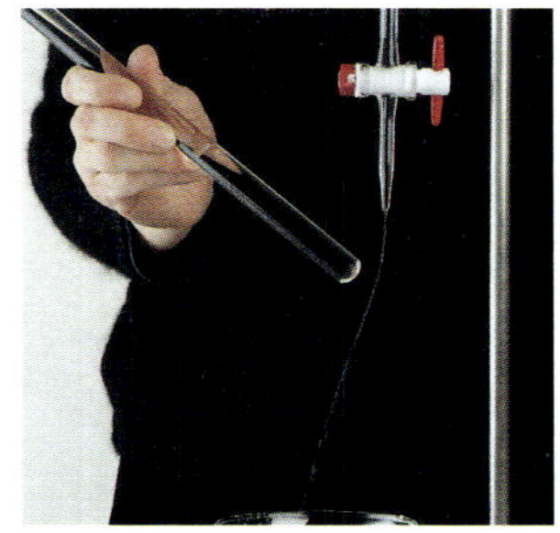

Figura A1.38
Il composto *cis*-1,2-dicloroetene è attratto dalla bacchetta elettrizzata perché le sue molecole sono polari. Nell'isomero *trans* i dipoli C—Cl si annullano reciprocamente e le molecole sono apolari.

La nomenclatura degli alcheni e degli alchini

La nomenclatura di questi idrocarburi prevede la sostituzione del suffisso -ano del corrispondente alcano con il suffisso -**ene** per gli alcheni e -**ino** per gli alchini. Quando nella catena ci sono due o più legami multipli, al suffisso -ene o -ino si antepone il prefisso *di*-, *tri*- e via dicendo. In questo caso i legami multipli possono essere classificati in base alla posizione: si parla di doppi legami **cumulati**, quando sono in successione, **coniugati**, quando sono alternati a legami semplici, e **isolati**, quando due legami multipli sono separati da più di un legame semplice.

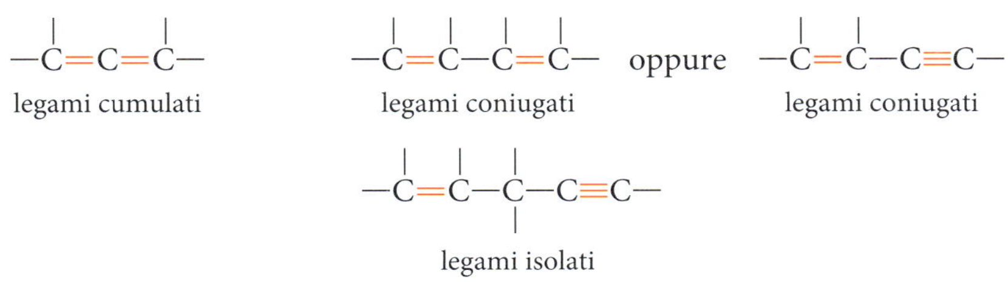

Se l'idrocarburo è ramificato, è necessario individuare la catena più lunga che contiene l'insaturazione. Il nome di una ramificazione in cui compare un'insaturazione termina in -**enil** o -**inil** a seconda che si tratti di un doppio o di un triplo legame. Alcuni radicali insaturi molto importanti hanno però nomi comuni adoperati nella nomenclatura corrente:

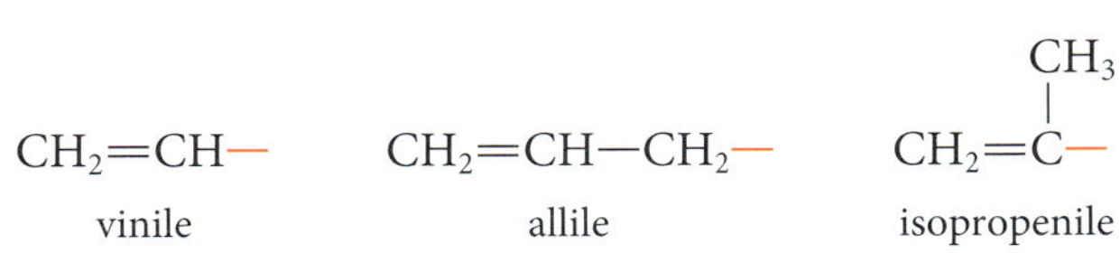

Le regole per assegnare il nome a un idrocarburo insaturo sono le seguenti.

1. Individuare la catena di atomi di carbonio più lunga che, possibilmente, contenga tutte le insaturazioni presenti.
2. Numerarla in modo da attribuire il numero più basso possibile ai doppi e ai tripli legami (i doppi risultano prioritari). Nel numerare la catena è più importante la posizione del doppio legame che quella dei sostituenti.
3. Nominare la catena principale indicando il numero di atomi di carbonio e sostituendo *-ano* con *-ene* o *-ino*; il nome deve essere preceduto dal numero più basso del carbonio tra i due coinvolti nel legame doppio o triplo.
4. Se sono presenti delle ramificazioni, si procede come per gli alcani.

Video **Come vanno nominati gli idrocarburi alifatici?**

SEGUI L'ESEMPIO

Quali sono i nomi dei seguenti composti?

a 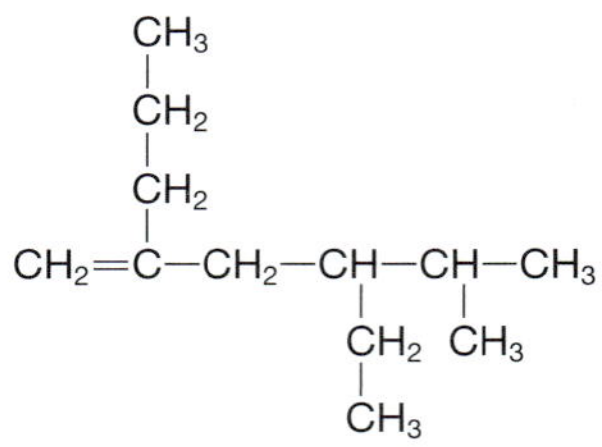

b 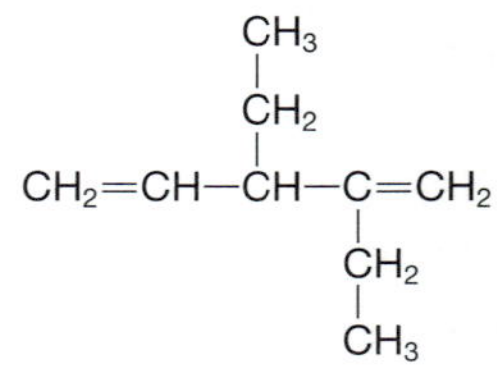

c 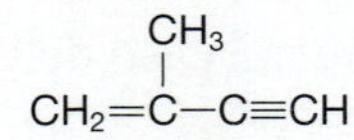

Soluzione

a La catena più lunga possiede sei atomi di carbonio; la numerazione corretta, che permette di assegnare i numeri più piccoli possibili agli atomi di carbonio coinvolti nel legame doppio, procede da sinistra verso destra. Il doppio legame coinvolge gli atomi di carbonio numero 1 e 2: nel nome si indica per convenzione il più basso dei due.

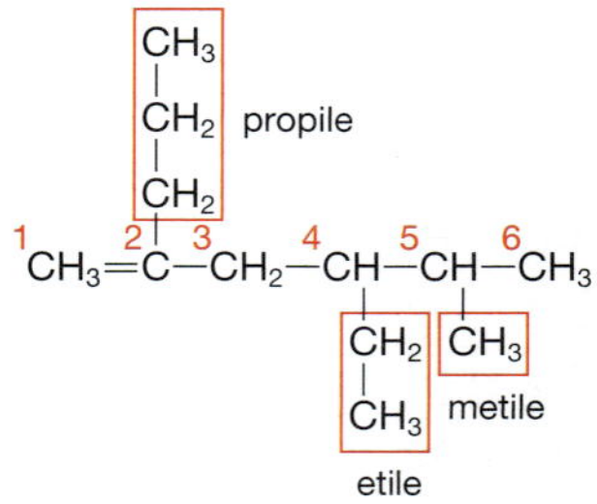

Come radicali alchilici sono presenti: un *n*-propile in 2, un etile in 4 e un metile in 5. Si indicano come sempre in ordine alfabetico, davanti al nome:

4-etil-5-metil-2-*n*-propil-1-esene.

b La catena più lunga possiede cinque atomi di carbonio; la numerazione corretta è da destra verso sinistra: in questo caso per i doppi legami la numerazione è indifferente, ma in questo modo si attribuiscono numeri più bassi ai radicali alchilici. Siccome ci sono due doppi legami, occorre indicare il prefisso *di-*.

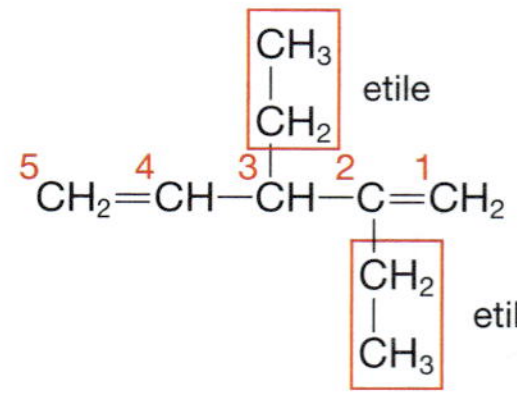

Come radicali alchilici sono presenti due etili in posizione 2 e 3. Il nome sarà:

2,3-dietil-1,4-pentadiene

Si noti che in penta- rimane la *a* di *-ano*, per facilità di lettura.

c La catena più lunga possiede quattro atomi di carbonio: occorre iniziare a numerare da sinistra, perché il doppio legame è prioritario rispetto al triplo.

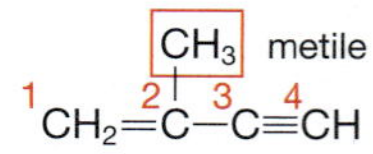

Come radicali alchilici è presente solo un metile in posizione 2. Sono presenti sia un doppio sia un triplo legame, quindi scriviamo il numero del doppio legame, la lunghezza della catena, il suffisso *-en* (cade la *e* finale per attaccare il resto del nome), il numero del carbonio del triplo legame e il suffisso *-ino*. Il nome sarà:

2-metil-1-buten-3-ino

HAI CAPITO?

- Qual è il nome dei seguenti composti?

a 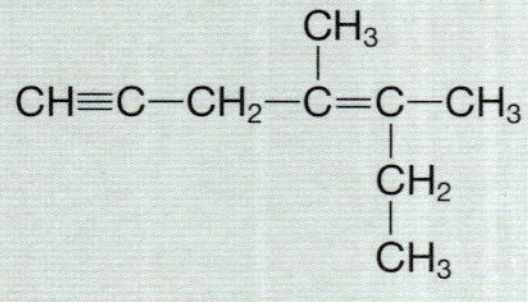

b 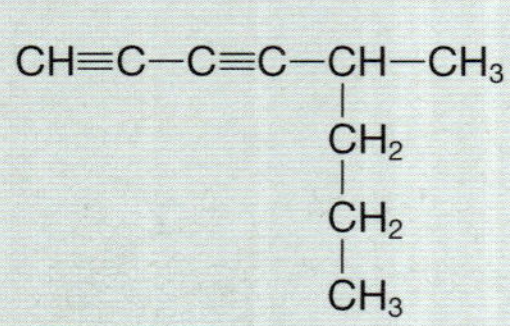

SEGUI L'ESEMPIO

Scrivi la formula di struttura del composto 2,4-dimetil-3-esene.

Soluzione

Per rappresentare la formula di struttura a partire dal nome di un composto organico, è necessario seguire le regole enunciate.

1 Scrivere tanti atomi di carbonio quanti sono quelli indicati dalla lunghezza della catena principale (nel nostro caso sei):

$$C-C-C-C-C-C$$

2 Numerare la catena principale e inserire i doppi o i tripli legami tra gli atomi di carbonio indicati:

$$\overset{1}{C}-\overset{2}{C}-\overset{3}{C}=\overset{4}{C}-\overset{5}{C}-\overset{6}{C}$$

3 Scrivere i vari radicali nelle posizioni indicate dai numeri corrispondenti:

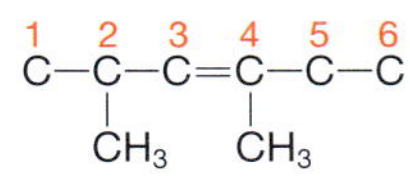

4 Completare la formula di struttura riportando gli atomi di idrogeno legati a ogni atomo di carbonio della catena principale, ricordando che ogni carbonio deve formare quattro legami:

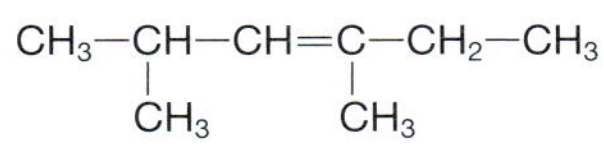

HAI CAPITO?

- Scrivi la formula di struttura del composto 2-etil-3,4-dimetil-1,3-pentadiene. Individua anche la sua formula bruta e scrivi la formula di struttura di un suo isomero di posizione.

Le reazioni di addizione elettrofila degli alcheni e degli alchini

La reattività di alcheni e alchini si discosta molto da quella degli alcani e la causa principale è la presenza del legame π. Dato che gli elettroni π sono meno vincolati di quelli σ, in opportune condizioni di reazione possono essere utilizzati per formare nuovi legami con altri atomi.

La reazione tipica di alcheni e alchini è l'**addizione**: gli atomi provenienti dal reagente si congiungono con i due carboni del legame multiplo, che vengono così saturati. Quando, per esempio, l'etene reagisce con il cloro, entrambi gli atomi di cloro vanno ad aggiungersi alla molecola di etene e si ha la formazione di due nuovi legami C—Cl:

$$CH_2{=}CH_2 + Cl-Cl \rightarrow Cl-CH_2-CH_2-Cl$$

La clorurazione dell'etano è, invece, una sostituzione perché l'atomo di cloro non si aggiunge agli altri, ma sostituisce un idrogeno dell'etano.

L'energia liberata durante la formazione dei nuovi legami è nettamente superiore a quella necessaria per rompere i vecchi legami (Cl—Cl e legame π); è per questo che quasi tutte le reazioni di addizione sono esotermiche. Poiché la reazione di addizione interessa l'area a maggior densità elettronica della molecola, rappresentata dal legame multiplo, i reagenti che vanno ad addizionarsi sono elettrofili e la reazione è detta di addizione elettrofila (**Figura A1.39**, a pagina successiva).

Oggi conosciamo anche il meccanismo con cui procede una reazione di addizione elettrofila che, a differenza della sostituzione radicalica, comporta la rottura eterolitica dei legami. Ciò significa che gli elettroni condivisi vengono assegnati a uno solo dei due atomi che partecipavano al legame.

Facciamo per esempio reagire l'etene con HCl. L'acido cloridrico è ionizzato in H^+ e Cl^- soltanto in soluzione acquosa ma le molecole di $HCl_{(g)}$ sono comunque polari: $H^{\delta+}-Cl^{\delta-}$; l'idrogeno è il polo positivo ed è, quindi, un elettrofilo. I due elettro-

HAI CAPITO?

- Può un anione fungere da elettrofilo?

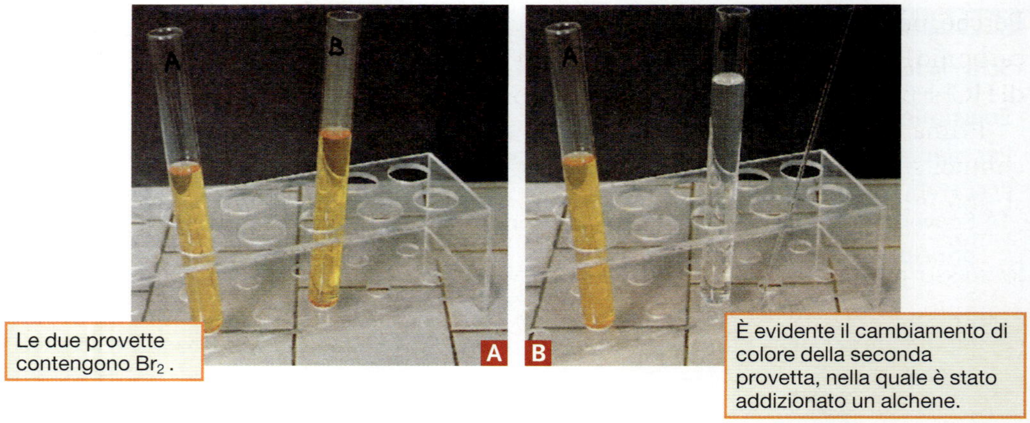

Figura A1.39 Reazione di addizione tra un idrocarburo insaturo e il bromo.

ni π dell'etene vanno a formare il legame σ fra il protone H^+ (elettrofilo) dell'acido e uno dei due atomi di carbonio; l'altro, invece, perde uno dei suoi elettroni e diventa positivo. La specie chimica che così si origina è detta *carbocatione*.

Un **carbocatione** si forma in seguito alla rottura di un legame quando il doppietto elettronico inizialmente condiviso è acquisito da uno solo dei due atomi.

1° stadio

Le frecce curve indicano dove andranno a disporsi le coppie di elettroni.

$$CH_2{=}CH_2 + \underset{\text{elettrofilo}}{H{-}Cl} \rightarrow \underset{\text{carbocatione}}{{}^+CH_2{-}CH_2{-}H} + Cl^-$$

I carbocationi che si formano sono molto reattivi e si combinano facilmente con le specie in grado di fornire una coppia di elettroni, cioè con i nucleofili.

Lo ione cloruro è un nucleofilo perché può fornire al carbocatione un doppietto elettronico:

2° stadio

$$\underset{\text{carbocatione}}{H{-}CH_2{-}\overset{+}{C}H_2} + \underset{\text{nucleofilo}}{Cl^-} \rightarrow H{-}CH_2{-}CH_2{-}Cl$$

HAI CAPITO?

- Di quanti elettroni dispone un carbocatione nel suo livello energetico più esterno?

HAI CAPITO?

- Quale dei due stadi della reazione di addizione elettrofila è più lento e perciò determinante nella cinetica di reazione?

La reazione di **addizione elettrofila** si sviluppa in due stadi: nel primo si forma il carbocatione mentre nel secondo esso è attaccato dal nucleofilo.

Le più importanti reazioni di addizione agli alcheni sono riportate nello schema sottostante, che mostra il caso del propene. Esse valgono anche per gli alchini; per saturare una mole di alchino servono, però, due moli di reagente.

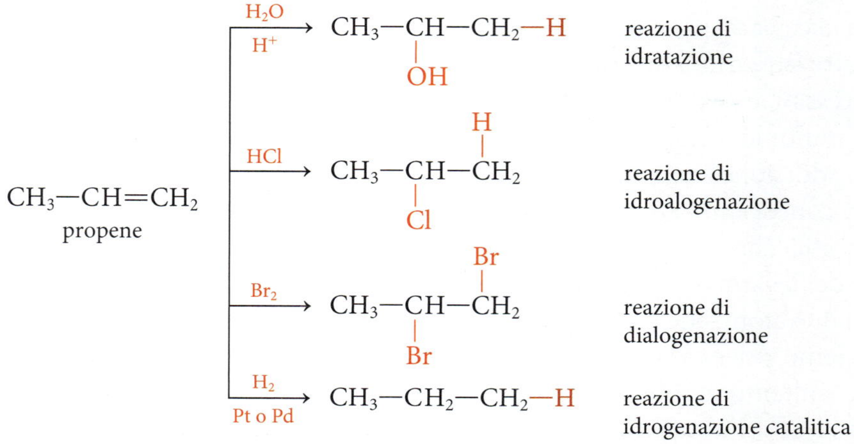

Perché, nelle prime due reazioni di addizione al propene, l'elettrofilo H^+ si è legato al carbonio 1? È indifferente la sua posizione? In altre parole, dalla reazione di addizione di HCl si possono ottenere con uguale probabilità 1-cloropropano e 2-cloropropano?

Prima di rispondere a questa domanda, è necessario distinguere tra composti chimici simmetrici e asimmetrici. L'etene, per esempio, è un *reagente simmetrico*: si può immaginare, infatti, un piano perpendicolare al doppio legame che divide la molecola in due metà uguali. Non è così per il propene, $CH_3—CH=CH_2$, dove lo stesso piano separerebbe due parti diverse. Allo stesso modo, HCl e H_2O, per esempio, sono *reagenti asimmetrici*, come è facile vedere dalla loro ionizzazione (**Figura A1.40**).

Reagente simmetrico	Reagente asimmetrico
Cl | Cl	H | Br
H | H	H | OH
CH_2 | CH_2	CH_3CH | CH_2

Figura A1.40 Esempi di reagenti simmetrici e asimmetrici.

In questi casi, la posizione dell'elettrofilo e, di conseguenza, del nucleofilo segue la **regola di Markovnikov**.

> Quando un reagente asimmetrico si addiziona a un alchene asimmetrico, la componente elettrofila si unisce all'atomo di carbonio a sua volta legato al maggior numero di atomi di idrogeno.

Quando Markovnikov enunciò la sua regola (1869), non erano noti i meccanismi di queste reazioni, che oggi conosciamo.

L'unione del protone al carbonio 1 del propene crea un carbocatione in posizione 2, ossia all'interno della catena. Al contrario, se l'elettrofilo si fosse legato al carbonio 2, avrebbe prodotto un carbocatione esterno, ossia al carbonio 1.

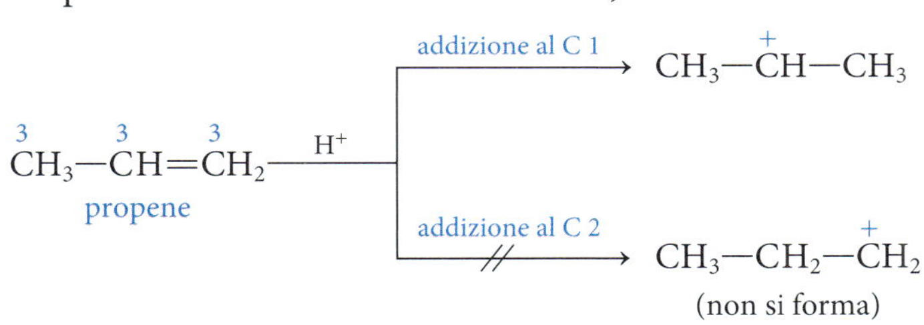

Lo studio di molte reazioni e del comportamento dei carbocationi porta a concludere che questi ultimi sono più stabili (e quindi più probabili) se la carica positiva è in posizione intermedia, circondata da metili o altri gruppi alchilici (**Tabella A1.8**).

Tabella A1.8
L'ordine di stabilità dei carbocationi.

Ordine di stabilità crescente	Carbocatione	Formula
↑	terziario	$R—C^{(+)}(R')—R''$
	secondario	$H—C^{(+)}(R)—R'$
	primario	$H—C^{(+)}(H)—R$

GUARDA! il video

In questo modo, aumenta il numero degli atomi che circondano la carica positiva; le nubi elettroniche si spostano leggermente verso il C positivo rendendo possibile l'esistenza del carbocatione sia pure per tempi brevissimi.

Per quasi tutti gli alcheni lo stadio più lento della reazione è il primo, cioè la formazione del carbocatione. Viceversa il secondo stadio, l'attacco del nucleofilo al carbocatione, è estremamente veloce perché i carbocationi sono in genere molto reattivi.

L'addizione di idrogeno che permette di trasformare alcheni e alchini nei corrispondenti idrocarburi saturi, processo a cui si dà il nome di **idrogenazione**, avviene, invece, solo in presenza di opportuni catalizzatori quali il platino o il palladio, che adsorbono sulla loro superficie sia l'idrogeno gassoso sia l'alchene.

10 Gli idrocarburi aromatici

Video Che cosa sono i composti aromatici?

LE PAROLE

Il termine **aromatico** deriva dal caratteristico odore dei primi composti isolati nella famiglia degli idrocarburi aromatici. Oggi, il termine «aromaticità» indica una relativa stabilità chimica, che deriva dalla particolare struttura di questi idrocarburi.

Il principale esponente degli idrocarburi aromatici è il **benzene**, C_6H_6. Esso è altamente insaturo, ma la sua particolarità è di non reagire come gli altri composti insaturi:

il **benzene**, infatti, non dà normalmente reazioni di addizione elettrofila, ma si comporta come un composto saturo, dando tipicamente reazioni di sostituzione.

Il primo a proporre, nel 1865, la possibile formula di struttura del benzene fu Friedrich August Kekulé. Egli ipotizzò che i sei atomi di carbonio fossero disposti ai vertici di un esagono regolare, con un atomo di idrogeno legato a ciascun carbonio. Per salvaguardare la tetravalenza del carbonio, Kekulé stabilì un'*alternanza di legami semplici e doppi* lungo l'anello. Per spiegare la diversa reattività rispetto agli alcheni, egli suppose che la reazione di addizione fosse impedita dalla grande velocità con cui legami semplici e doppi si scambiavano di posizione lungo l'anello.

Le misure sperimentali confermano che la struttura del benzene è effettivamente **esagonale planare**. Le lunghezze del legame C—C sono invece in contrasto con il modello di Kekulè: pur cambiando rapidamente posizione, si dovrebbero avere legami di diversa lunghezza nell'esagono, alcuni più corti (i legami doppi) e altri più lunghi (i legami semplici). Le lunghezze dei legami C—C sono invece tutte uguali (1,39 Å), e intermedie tra un legame semplice (1,54 Å) e uno doppio (1,33 Å).

Oggi possiamo spiegare in modo più convincente le proprietà chimiche e fisiche del benzene e dei suoi derivati facendo ricorso alla *teoria della risonanza* o a quella degli *orbitali molecolari*. Entrambe le teorie assumono che ogni atomo di carbonio dell'anello abbia tre orbitali ibridi sp^2 e un orbitale p non ibridato perpendicolare al piano degli altri tre, che denominiamo $2p_z$. Ciascuno dei quattro orbitali è associato a un elettrone. Gli orbitali ibridi sp^2 formano i legami σ C—C dell'anello e quelli con gli atomi di idrogeno (**Figura A1.41**).

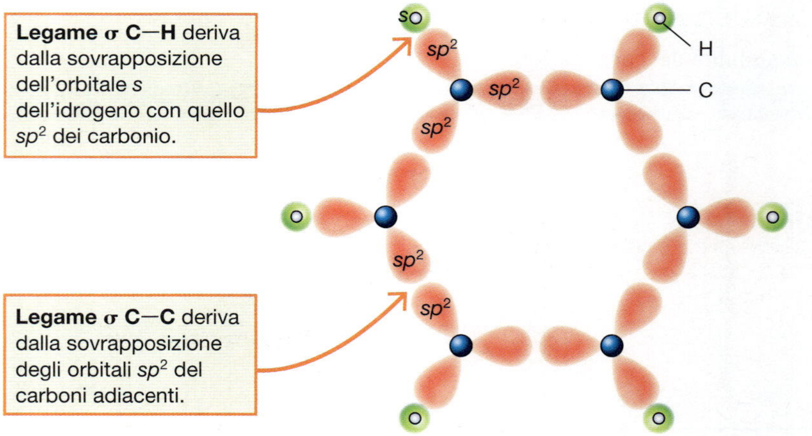

Figura A1.41 Ogni atomo di carbonio del benzene contribuisce all'intelaiatura dell'anello formando tre legami σ con i propri orbitali sp^2: due con gli atomi di carbonio adiacenti e l'altro con uno dei sei atomi di idrogeno.

Sei orbitali $2p_z$ formano i legami π; essi però possono instaurarsi con l'uno o con l'altro degli atomi di carbonio adiacenti (**Figura A1.42**).

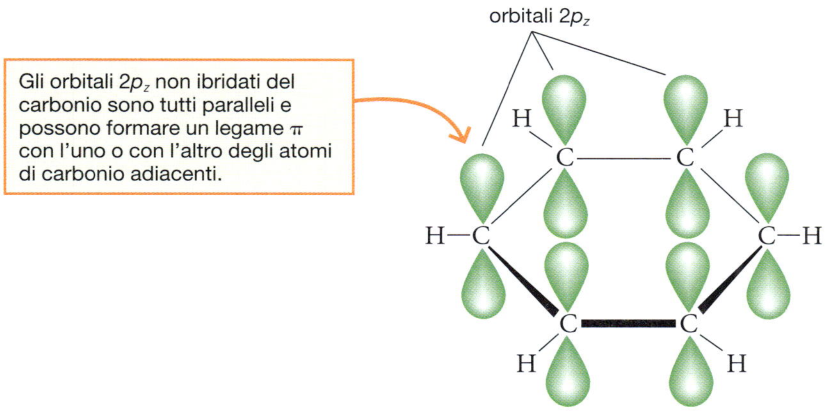

Figura A1.42 Disposizione degli orbitali $2p_z$ non ibridati nel benzene.

Sono quindi possibili due diverse disposizioni. Per questo motivo il benzene, secondo la **teoria della risonanza**, è rappresentato come un ibrido tra due forme limite che differiscono solo per la posizione dei doppi legami:

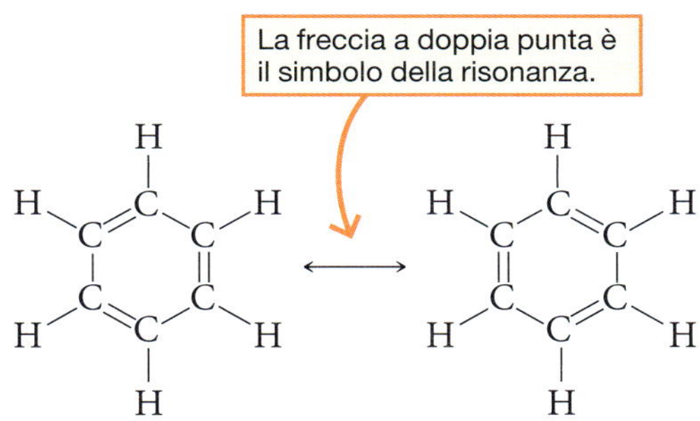

benzene

PER SAPERNE DI PIÙ

La **risonanza** indica la possibilità di rappresentare una specie chimica con più strutture di Lewis (formule limite) che si differenziano per la disposizione degli elettroni e quindi anche dei legami.

A differenza di quanto pensava Kekulé, va sottolineato che la struttura vera del benzene è una sola, *intermedia* tra le due forme limite riportate sopra. In altre parole, tutte le molecole del benzene sono uguali e la loro struttura reale non può essere rappresentata in maniera adeguata da nessuna delle due forme limite.

Anche la **teoria degli orbitali molecolari** ammette l'esistenza di una sola struttura del benzene: i 6 orbitali atomici p_z si sommano in un unico orbitale, disposto su due piani paralleli, sopra e sotto il piano della molecola, rappresentato dall'anello di sei atomi di carbonio uniti dai legami σ. In questo modo si creano due nuvole elettroniche, all'interno delle quali i sei elettroni p_z possono spostarsi liberamente: essi non sono più riconducibili ad un preciso atomo di carbonio, ma risultano *delocalizzati* tra tutti e sei gli atomi di carbonio dell'anello (**Figura A1.43**).

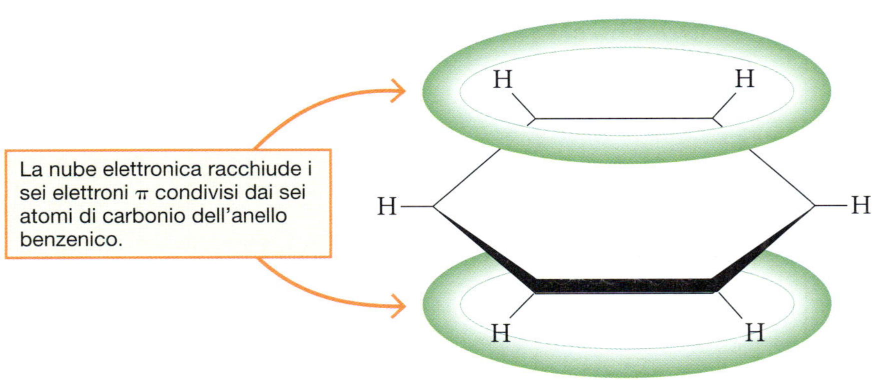

Figura A1.43 Gli elettroni π sono condivisi fra tutti e sei gli atomi di carbonio.

PER SAPERNE DI PIÙ

Il **benzene** può essere rappresentato o con l'anello al centro o con una delle due forme limite di risonanza.

Per evidenziare la delocalizzazione elettronica, nella formula scheletro del benzene si traccia un cerchio all'interno dell'esagono e, per brevità, si omettono anche gli atomi di idrogeno.

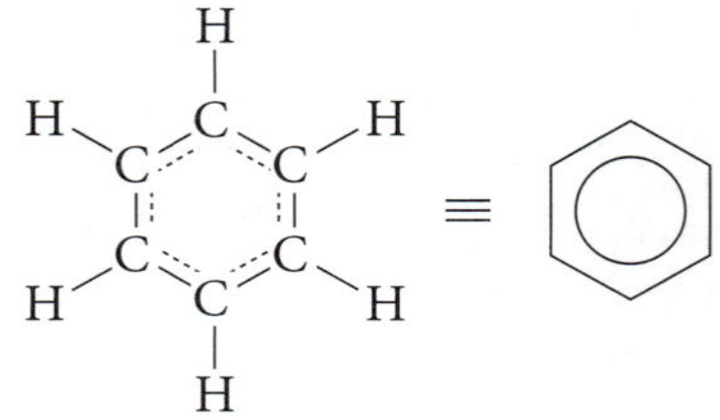

La presenza di elettroni π delocalizzati garantisce una particolare stabilità ai composti aromatici e ne spiega la scarsa reattività (**Figura A1.44**). Infatti, la delocalizzazione dei legami π su tutto l'anello comporta una stabilizzazione energetica pari a circa 150 kJ/mol rispetto alle forme limite previste dalla teoria della risonanza. Il risparmio energetico ottenuto rende estremamente conveniente la strategia della delocalizzazione elettronica in un unico orbitale molecolare.

Figura A1.44
Diagramma energetico del benzene.

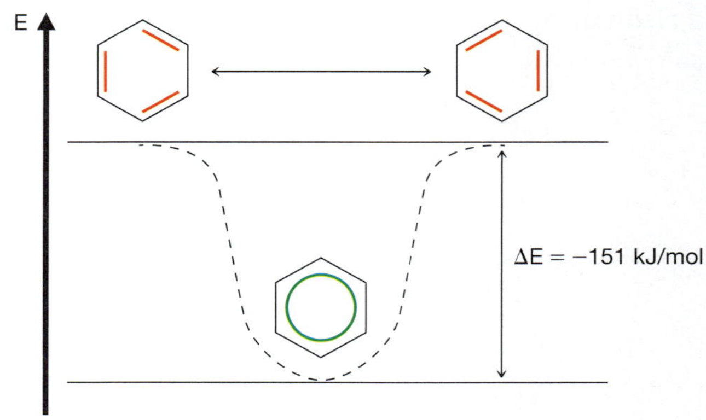

In generale, secondo la **regola di Hückel**, una molecola ha carattere aromatico se possiede $4n + 2$ elettroni π, dove n è un numero intero.

La nomenclatura dei composti aromatici fa ancora largo uso dei nomi tradizionali:

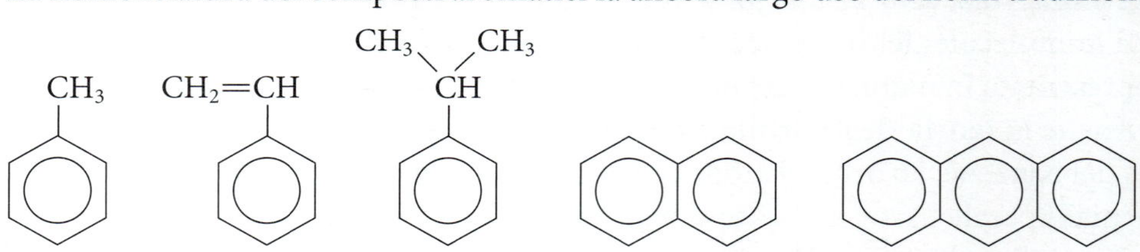

toluene stirene cumene naftalene antracene

Quando due degli atomi di idrogeno dell'anello aromatico sono sostituiti da altri atomi o gruppi atomici, si formano isomeri diversi a seconda della posizione in cui i sostituenti vanno a inserirsi. Per distinguerli, si ricorre alla numerazione degli atomi di carbonio (partendo da uno dei due C che lega il sostituente) o alla denominazione *orto*-, *meta*- e *para*- (**Figura A1.45**).

Figura A1.45
Denominazione dei sostituenti in un anello aromatico.

Il primo sostituente (Y) viene sempre disposto sul carbonio-1.

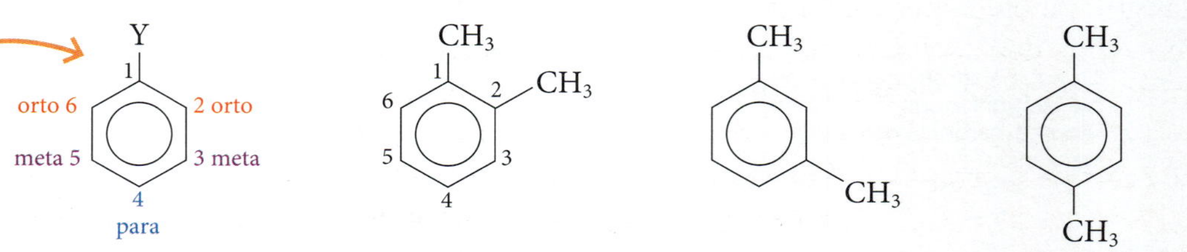

o-xilene (1,2-dimetilbenzene) *m*-xilene (1,3-dimetilbenzene) *p*-xilene (1,4-dimetilbenzene)

Il benzene e gli altri idrocarburi aromatici sono eccellenti solventi di sostanze poco polari o apolari. Per esempio, lo iodio è un solido apolare che si scioglie facilmente nei solventi organici. I suoi elettroni interagiscono con quelli di solvente in modo diverso a seconda della loro struttura. La soluzione che si forma assorbe così radiazioni di differente lunghezza d'onda e appare di colore diverso (**Figura A1.46**).

I vapori di benzene, toluene e xilene sono estremamente tossici. Il benzene, inalato per lunghi periodi, danneggia il midollo osseo e può portare alla leucemia (effetto cancerogeno). Per questo motivo l'uso del benzene come solvente è sconsigliato.

Figura A1.46
Una soluzione di iodio appare viola con il cicloesano, marrone con il benzene e gialla con il cicloesene.

La sostituzione elettrofila aromatica

La reazione tipica degli anelli aromatici è la **sostituzione elettrofila aromatica**: essa comporta la sostituzione di uno dei sei atomi di idrogeno dell'anello da parte di un elettrofilo. In questo modo il numero degli elettroni π, da cui dipende la stabilità della molecola, rimane inalterato.

L'elettrofilo, che viene attirato dalla nube elettronica delocalizzata, può essere uno ione positivo o un dipolo. Per trasformare il reagente in un elettrofilo si ricorre spesso a opportuni catalizzatori: i più usati rientrano nella categoria degli acidi di Lewis ($AlCl_3$, $FeCl_3$, $FeBr_3$) che presentano lacune elettroniche. Nel caso della reazione tra bromo e benzene in presenza di $FeBr_3$ come catalizzatore, si ha:

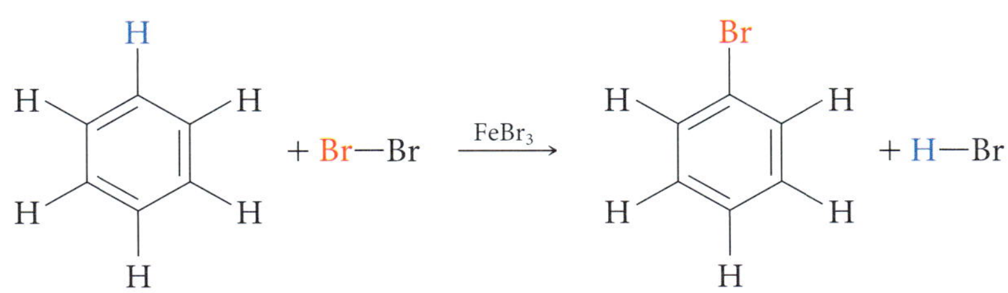

L'equazione di reazione mette in evidenza che, a differenza di quanto accade negli alcheni, gli elettroni π non danno origine a nuovi legami σ: l'anello cioè, non viene perturbato, e la molecola mantiene la propria stabilità. Il risultato complessivo della reazione è la sostituzione di un atomo di idrogeno dell'anello con un atomo di bromo della molecola di Br_2.

Il meccanismo di reazione si sviluppa in due stadi; per un generico elettrofilo E^+ la reazione è:

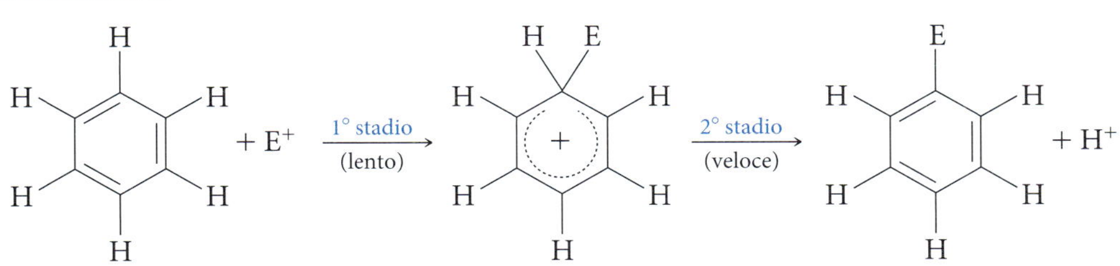

HAI CAPITO?

- Quanti sono gli elettroni π delocalizzati sull'anello nell'intermedio della reazione di sostituzione elettrofila? Come sono rappresentati?

Nel primo stadio, lento, vista la scarsa propensione del composto aromatico a reagire, risultano legati al carbonio dell'anello sia l'idrogeno che l'elettrofilo; si forma così un carbocatione, che costituisce il complesso attivato. La carica positiva, apportata dal gruppo elettrofilo sostituente, viene delocalizzata dal carbonio sulla porzione rimanente dell'anello. Il distacco dello ione H^+ nel secondo stadio avviene rapidamente e porta alla formazione del prodotto elettricamente neutro.

Per distinguere un alchene dal benzene si utilizza il bromo: il suo colore bruno scompare quando è aggiunto all'alchene ma permane se è aggiunto al benzene (**Figura A1.47**). Le due provette contengono entrambe una soluzione acquosa di Br_2 detta acqua di bromo; sopra l'acqua vi è un composto organico (meno denso), rispettivamente benzene a sinistra e cicloesene a destra. Il benzene non reagisce con

Figura A1.47
Il test con acqua di bromo.

Br_2 e nella parte inferiore della provetta di sinistra è visibile il colore del bromo; nella provetta di destra, invece, il cicloesene ha decolorato la soluzione perché il bromo ha reagito, addizionandosi al doppio legame dell'alchene.

Nello schema sottostante sono riportati i numerosi composti che si possono ottenere dal benzene tramite sostituzione elettrofila aromatica.

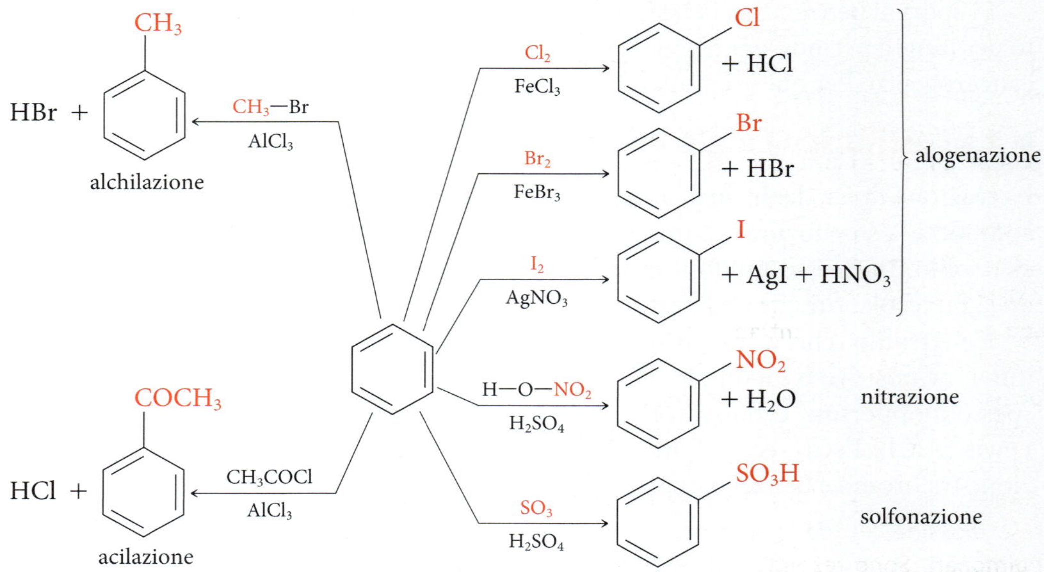

Tutte le reazioni di sostituzione sul benzene portano alla formazione di un solo prodotto perché i sei atomi di carbonio sono equivalenti. Una successiva sostituzione dipende dal sostituente già presente sia per la velocità sia per l'orientamento.

PER SAPERNE DI PIÙ

L'effetto orientante dei sostituenti del benzene

I gruppi **elettron-attrattori**, come il nitrogruppo $—NO_2$ e gli alogeni, rendono gli elettroni π meno disponibili all'attacco elettrofilo e rallentano la reazione; al contrario i gruppi **elettron-donatori**, come i gruppi alchilici, aumentano la densità della nube elettronica e accelerano la reazione. Ai fini dell'orientamento, alcuni sostituenti sono *orto*, *para*-orientanti mentre altri sono *meta*-orientanti. In generale i gruppi elettron-repulsori sono *orto*, *para*-orientanti perché arricchiscono l'anello con un doppietto elettronico libero, acquistando così una carica positiva. La carica negativa che si crea invece sull'anello viene stabilizzata per risonanza esclusivamente sui carboni in *orto* e in *para* rispetto al gruppo attivante, che risultano così i siti più reattivi per una seconda sostituzione elettrofila (**Figura A**). I gruppi elettron-attrattori, invece, indirizzano la sostituzione in posizione *meta*: richiamando elettroni per stabilizzarsi, essi causano la presenza di una parziale carica positiva sull'anello aromatico. L'anello benzenico tende a stabilizzare questa parziale carica positiva con diverse forme di risonanza in cui la carica è dislocata sui carboni *orto* e *para*. Quindi, una seconda sostituzione elettrofila avverrà più probabilmente in posizione *meta*, dove si ha minore densità di carica positiva (**Figura B**).

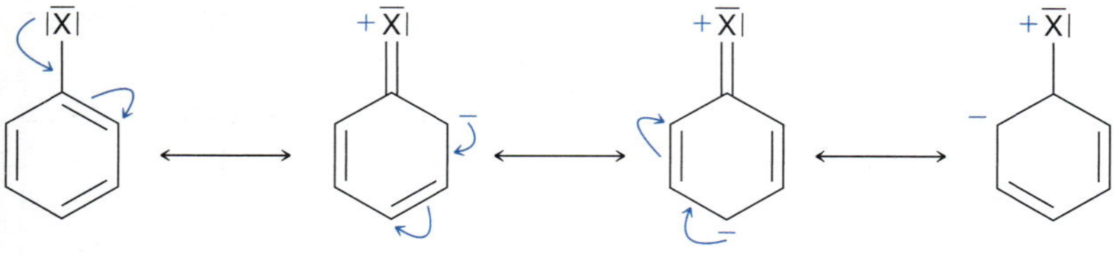

Figura A Effetto dei gruppi *orto*, *para*-orientanti.

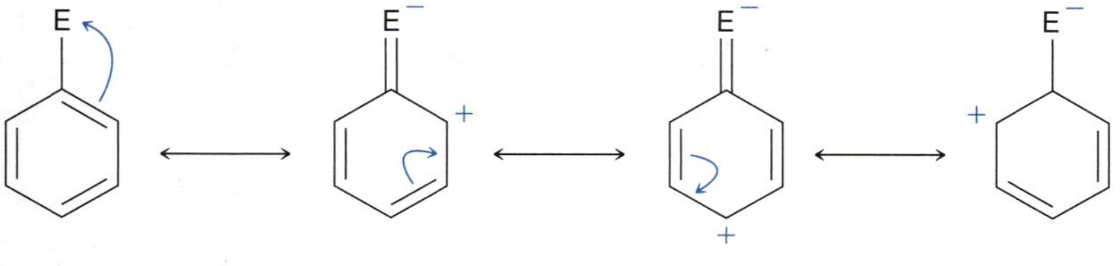

Figura B Effetto dei gruppi *meta*-orientanti.

I composti aromatici: utilizzo e tossicità

I **composti aromatici** contengono uno o più anelli aromatici nella loro struttura, che ne determinano le particolari caratteristiche. La delocalizzazione degli elettroni π sull'intera molecola li rende particolarmente stabili ed è questo il motivo per cui il benzene è stato impiegato come additivo per limitare il potere detonante delle benzine.

Il diffuso impiego di queste sostanze, tuttavia, ha portato alla luce i loro **effetti sulla salute** particolarmente negativi. I composti aromatici possono penetrare nel nostro corpo in molti modi, uno dei principali è l'inalazione. Quando respiriamo, infatti, le particelle contenute nell'aria giungono nei nostri polmoni e vengono a contatto con le mucose, entrando nell'organismo. I solventi come lo xilene, per esempio, producono esalazioni che possono essere inalate in assenza di adeguate protezioni. I fumi, come quello di sigaretta (**Figura A**) o della combustione di molti carburanti, contengono composti aromatici come gli IPA (idrocarburi policiclici aromatici) e le diossine, in grado di penetrare nei nostri tessuti polmonari. Sono respirabili anche i composti aromatici impiegati come additivi nei bitumi, utilizzati per il manto stradale, e negli pneumatici delle auto; l'usura a cui vanno incontro ne provoca la liberazione sotto forma di particolato sospeso in aria.

Per questi motivi, da tempo è stato introdotto l'indice **PM** (dall'inglese *particulate matter*, materiale particolato), che classifica le particelle in sospensione nell'aria in base alle loro dimensioni, da 10 a 0,001 μm (**Figura B**). Per esempio, un PM_{10} indica particelle sotto i 10 μm che giungono per inalazione fino ai bronchi; un $PM_{2,5}$ indica un particolato inferiore ai 2,5 μm in grado di raggiungere gli alveoli polmonari, come tutti i particolati più fini. Queste polveri, spesso ricche in composti aromatici, possono provocare gravi danni alla salute, causando patologie respiratorie come allergie, asma, bronchiti e anche tumori, o disturbi a livello cardio-circolatorio. Ecco perché spesso viene nominato il parametro PM parlando di qualità dell'aria, soprattutto nei contesti urbani.

Figura A Il fumo di sigaretta contiene 4000 diverse sostanze, decine delle quali sono cancerogene.

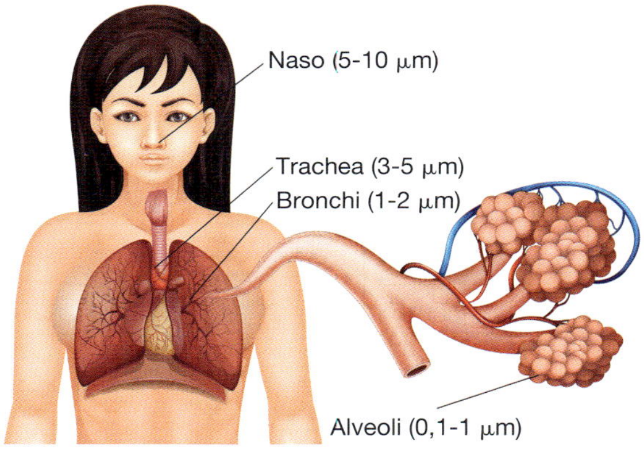

Figura B Panoramica dei distretti respiratori in cui si depositano le varie particelle e dimensione media del diametro delle polveri (tra parentesi).

Per la loro struttura chimica apolare, i composti aromatici hanno una spiccata **natura lipofila**, cioè affine ai grassi. Una volta giunti nell'organismo, quindi, queste sostanze si accumulano nelle membrane cellulari e nei tessuti ricchi di lipidi come il midollo osseo o il tessuto nervoso, dove possono agire come **cancerogeni**. Esposizioni prolungate alle emissioni di benzene, infatti, possono provocare la leucemia, un tumore del midollo osseo, mentre il fumo di sigaretta è tristemente noto per il tumore ai polmoni. Oltre al potere cancerogeno, il campionario di **effetti tossici** dei composti aromatici è molto vasto (**Figura C**). Esposizioni prolungate allo xilene, per esempio, possono causare sbalzi d'umore, perdita di memoria o incoscienza, compromettere la coordinazione muscolare, causare danni a cervello, pelle, occhi, polmoni, stomaco, fegato o reni e perfino portare alla morte dell'individuo o provocare aborti spontanei nelle donne in gravidanza. Molti idrocarburi policiclici aromatici sono resi pericolosi dai processi metabolici che hanno come fine un loro più rapido smaltimento. In particolare il fegato si occupa di rendere questi composti più facilmente eliminabili. Accade però che i metaboliti prodotti possono essere più reattivi dei composti iniziali, capaci per esempio di aggredire il DNA. Per questo le molecole aromatiche sono considerate, oltre che cancerogene anche **pre-mutagene**.

Per tutte queste ragioni è quindi necessario ridurre il più possibile il contatto con questi composti.

Figura C Come mostra la sua etichetta, il benzene è infiammabile, tossico e irritante.

LO SAI? RIPASSA CON LO SMARTPHONE

CHIMICA ORGANICA

chimica dei composti del carbonio → contengono soprattutto: C, H, O, N, S, P

ISOMERI
stessa formula bruta...

... ma atomi legati in modo diverso
ISOMERI di STRUTTURA
hanno proprietà fisiche diverse

di CATENA
diversa formula di struttura, diversa organizzazione della catena carboniosa (più o meno **ramificata)**

di POSIZIONE
diversa posizione nella catena di: **gruppi chimici** o **insaturazioni**

... e atomi legati nello stesso modo ma con diversa orientazione spaziale **STEREOISOMERI**

IDROCARBURI
formati da **C** e **H**

AROMATICI
es: **benzene** C_6H_6

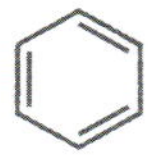

reazioni di **SOSTITUZIONE ELETTROFILA AROMATICA**
sostituzione di uno degli H dell'anello

ALIFATICI

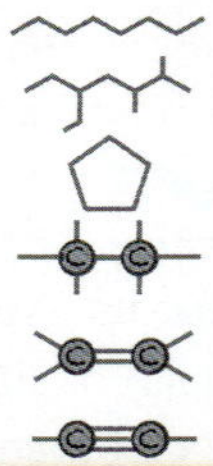

- catene lineari
- catene ramificate
- catene cicliche
- legami singoli (saturi)
- legami doppi
- legami tripli

ALCANI
legami SINGOLI (saturi)
C_nH_{2n+2}
se ciclici C_nH_{2n}

NOMENCLATURA
suffisso: **-ano**
primi 4: nomi comuni
CH_4 metano
C_2H_6 etano
C_3H_8 propano
C_4H_{10} butano
dal 5°: prefisso greco per n° atomi C;
- **cicloalcani**: prefisso **ciclo-**

ALCHENI
legami DOPPI (insaturi)
C_nH_{2n}

NOMENCLATURA
suffisso: **-ene**
e segue quella degli alcani

ALCHINI
legami TRIPLI (insaturi)
C_nH_{2n-2}

NOMENCLATURA
suffisso: **-ino**
e segue quella degli alcani

reazioni di **ADDIZIONE AL DOPPIO O TRIPLO LEGAME**

$$>C=C< + X-Y \rightarrow -\underset{X}{\overset{|}{\underset{|}{C}}}-\underset{Y}{\overset{|}{\underset{|}{C}}}-$$

reazioni di **SOSTITUZIONE**

$$-\overset{|}{\underset{|}{C}}-H + X-X \xrightarrow{\text{fotoni UV}} -\overset{|}{\underset{|}{C}}-X + H-X$$

Quesiti e problemi

1 I composti organici

1 Nei seguenti composti individua il tipo di ibridazione dell'atomo di carbonio indicato in rosso.

a. 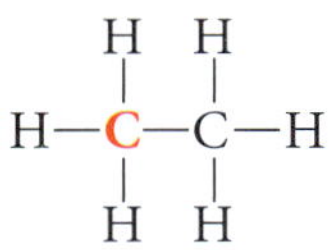

b. 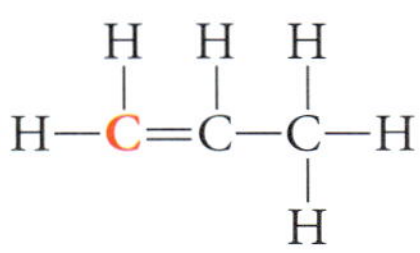

c. H—C≡C—H

2 Quali dei seguenti composti sono inorganici?

A CH_3CH_2OH

B CO_2

C NH_2CONH_2

D $CHCl_3$

E $KHCO_3$

3 Quali sono i diversi stati di ibridazione del carbonio? Costruisci una tabella indicando per ciascuno di essi la natura dei legami e la geometria.

4 Scrivi la struttura di Lewis di ciascuno dei seguenti composti.

a. CH_2Br_2

b. CH_3NH_2

c. C_2H_2

d. HCN

e. CH_3OH

5 Scrivi tutti i possibili scheletri carboniosi con formula grezza C_6H_{14} sapendo che si tratta di molecole non cicliche e che sono presenti solo legami semplici.

6 Scrivi la configurazione elettronica mediante quadratini (ovvero il diagramma orbitale) del carbonio nel suo stato fondamentale e nel suo stato ibridato sp^3.

7 Individua l'errore nella costruzione delle formule di struttura dei seguenti composti. Riscrivi poi per ciascuno la formula di struttura corretta.

a. 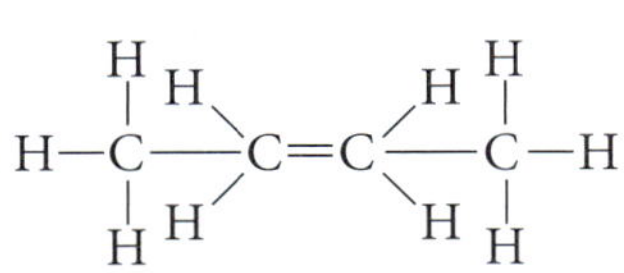

b. 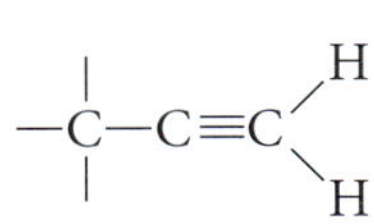

c. 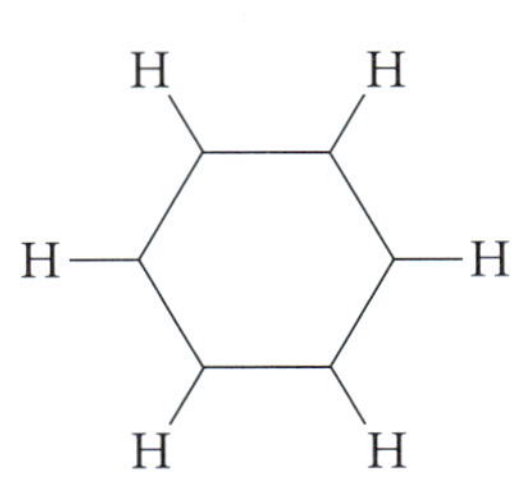

8 Nella formula seguente ogni atomo di carbonio è associato a un numero. Associa a ciascun numero il tipo di ibridazione e la geometria del legame del corrispondente atomo di carbonio.

$$\underset{1}{CH_3}—\underset{2}{CH}=\underset{3}{CH}—\underset{4}{CH_2}—\underset{5}{C}≡\underset{6}{C}—H$$

9 Quale delle seguenti molecole è completamente planare?

A 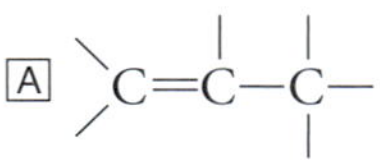

B H—C≡C—H

C 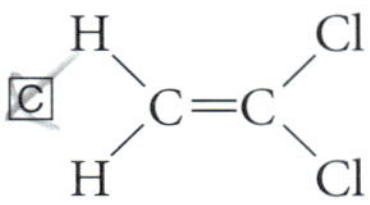

2 L'isomeria

10 In ciascuno dei seguenti gruppi di formule di struttura, indica quali rappresentano lo stesso composto e quali no.

a. 1. 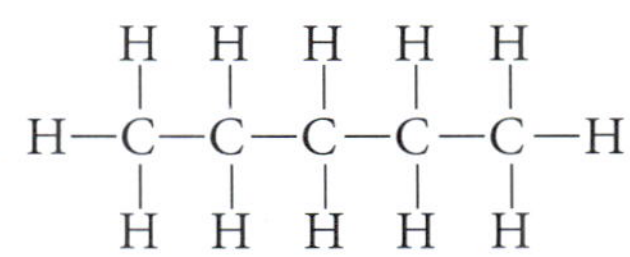

2. 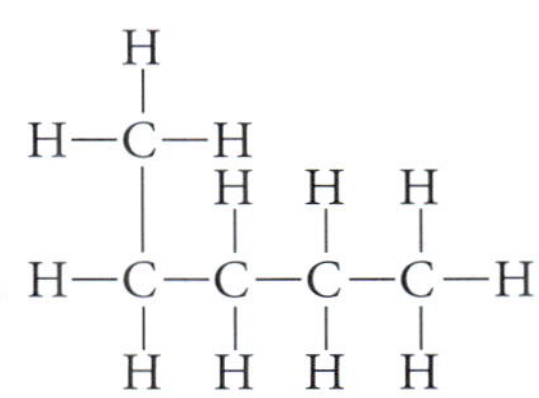

3. 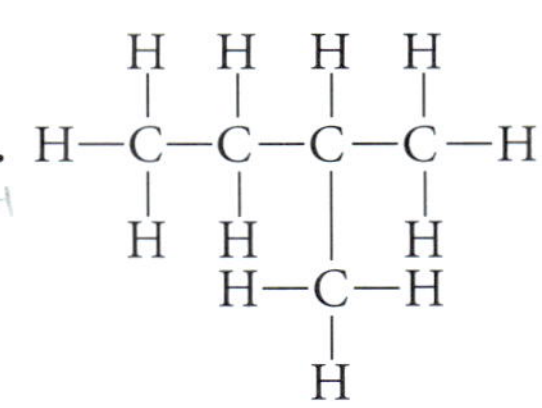

b. 1. 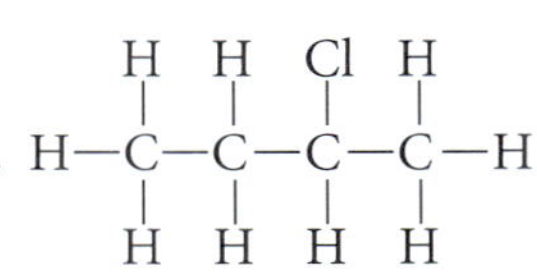

2. 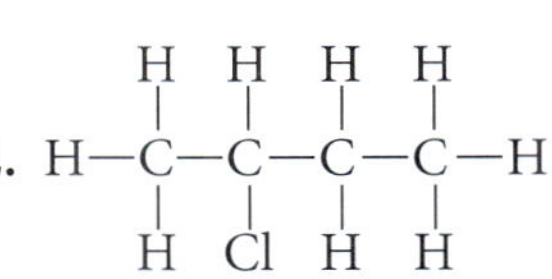

3. 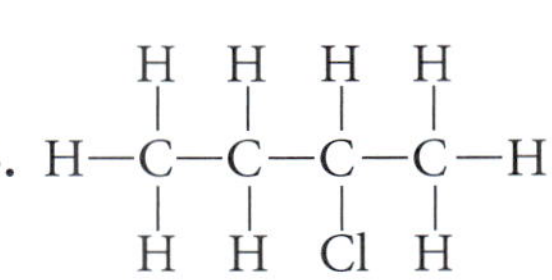

c. 1. $CH_3CHClCH(CH_3)_2$

2. $CH_3CH(CH_3)CHClCH_3$ (CH₃ ramificato sul secondo carbonio)

3. $(CH_3)_2CClCH_2CH_3$

d. 1. 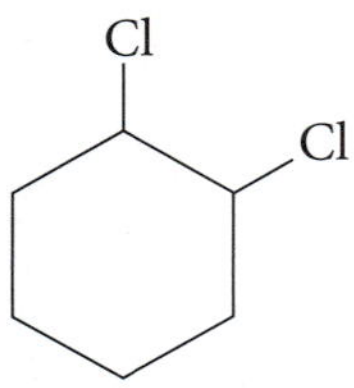 2. 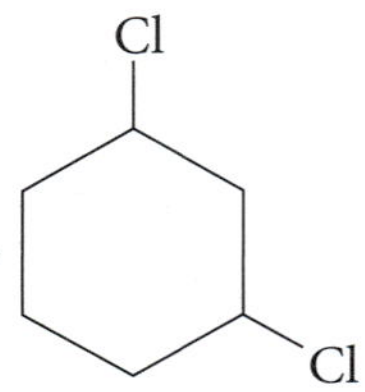

3. 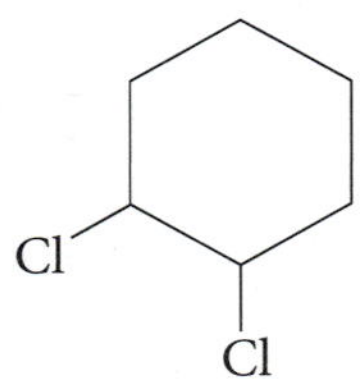

11 Scrivi gli isomeri possibili per il composto C_3H_7Cl. Di quale tipo di isomeria si tratta?

12 Dimostra che il clorobromofluorometano (CHBrClF) è una molecola chirale.

13 Scrivi tutti gli isomeri di posizione possibili per il composto $C_3H_6Cl_2$.

14 Scrivi le formule di struttura di tutti gli isomeri con formula $C_4H_{10}O$. Quale degli isomeri possibili presenta un centro chirale?

15 Scrivi i nove isomeri dell'eptano, C_7H_{16}. Procedi in maniera sistematica.

16 Spiega perché l'1-pentene non ha isomeri geometrici, mentre il 2-pentene sì.

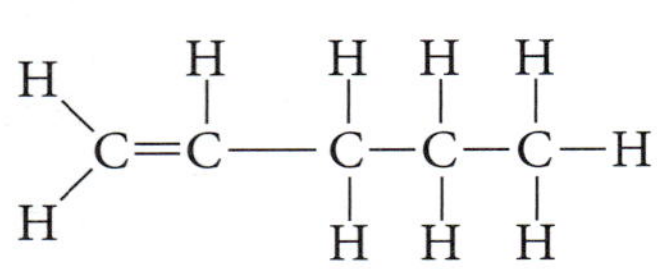

1-pentene

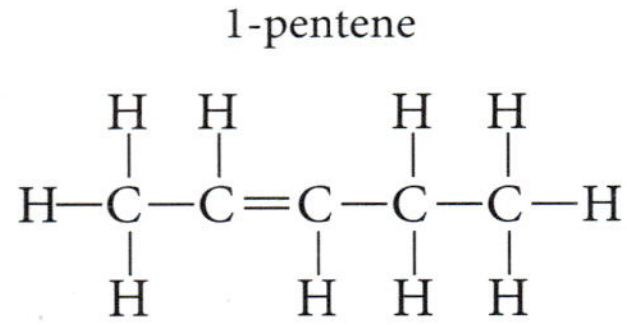

2-pentene

17 Spiega perché l'isomeria geometrica non si può osservare in composti in cui sono presenti tripli legami.

18 Disegna l'enantiomero del composto rappresentato in figura. Sapendo che la sua rotazione specifica è +2,5°, attribuisci quella del suo isomero. Se si esamina col polarimetro una soluzione dei due isomeri, in cui l'isomero + ha una concentrazione 0,1 M e l'isomero − ha una concentrazione 0,05 M, quale sarà la rotazione specifica della soluzione?

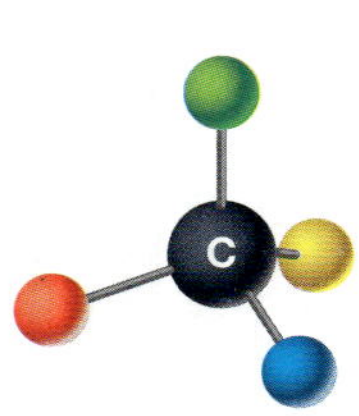

3 Le proprietà fisiche dei composti organici

19 Confronta i seguenti tre composti e mettili in ordine di solubilità crescente in acqua.

a. $CH_3{-}OH$

b. $CH_3{-}CH_2{-}CH_2{-}CH_3$

c. $H_3C{-}O{-}CH_2{-}CH_3$

20 Nelle lavanderie si utilizza comunemente come «detersivo» per il lavaggio a secco il tetracloroetilene.

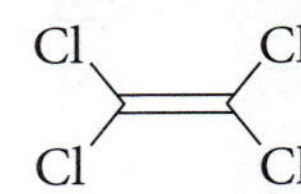

a. Si tratta di una molecola polare o apolare?

b. È una sostanza molto solubile in acqua o poco solubile?

c. Perché lava molto bene le macchie di grasso?

21 Molti pennarelli indelebili contengono come solvente lo xilene (mostrato nella formula). Spiega perché un comune lavaggio con acqua non riesce a togliere le macchie di questi pennarelli.

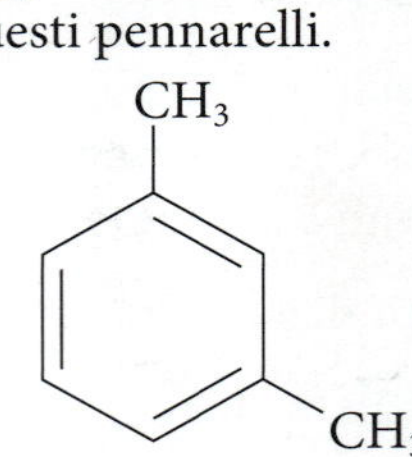

4 La reattività delle molecole organiche

22 Ordina i seguenti composti per grado di insaturazione crescente.

a. 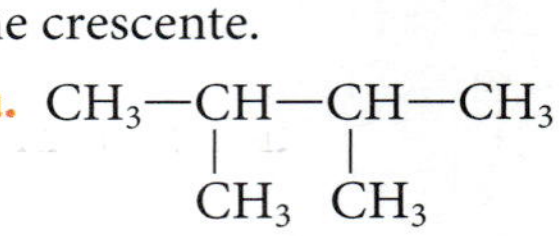

b. 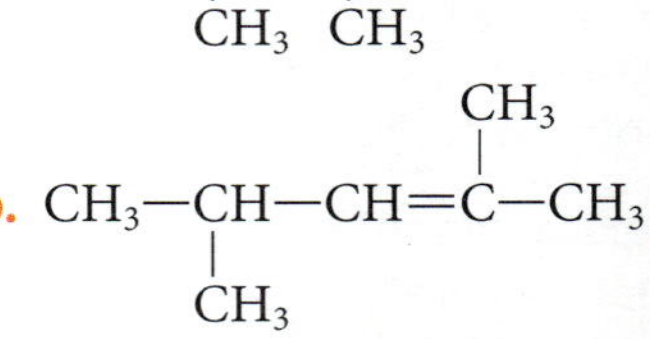

c. 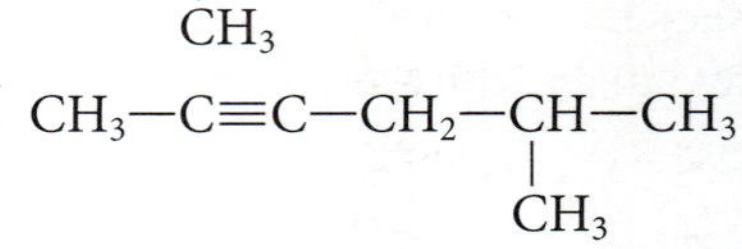

23 Ordina i seguenti composti in ordine di reattività crescente.

a. 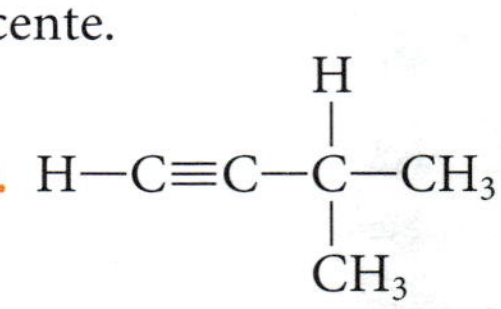

b. 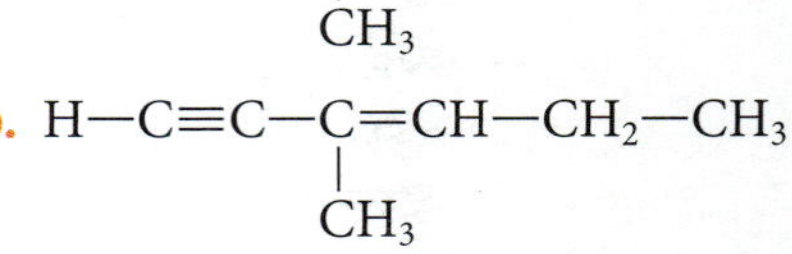

c. 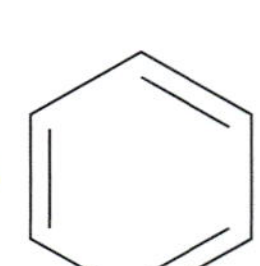

24 Qual è la definizione di reagente nucleofilo?

25 Quali caratteristiche deve avere un reagente elettrofilo?

26 Che cos'è un carbocatione?

27 Tra le seguenti specie chimiche individua gli elettrofili e i nucleofili e motiva le tue risposte:

Cl^- H_2O $AlCl_3$

28 Quali tra le seguenti specie chimiche sono elettrofili? E quali nucleofili?

a. H^+
b. NH_3
c. OH^-
d. Br^-
e. Cl^+
f. $CH_3CH_2CH_2^+$

29 Ciascuna delle seguenti specie chimiche può sostituire l'idrogeno lungo una catena carboniosa. Per ciascuna di esse, individua quale effetto induttivo potrebbe generare: di tipo attrattivo o di tipo repulsivo?

$Cl-$ $OH-$ CH_3-

30 Nelle coppie di composti che seguono, qual è quello col carbonio più ossidato?

a. 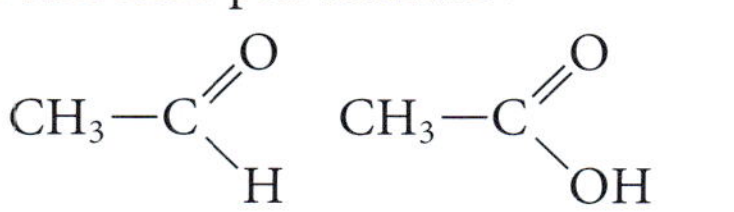

b. 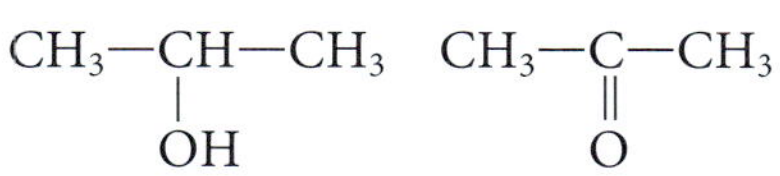

c. $CH_3-CH_2-CH_2-CH_3$ $CH_3-CH_2-O-CH_3$

5 Le reazioni chimiche

31 Quali, tra le seguenti specie chimiche, non potranno mai derivare dalla rottura omolitica della molecola $CH_3-CH_2-CH_2-CH_3$?

A $\dot{C}H_3-CH_2-CH_2-CH_3$
B $CH_3-\ddot{C}-CH_2-CH_3$
C $CH_3-CH_2-\dot{C}H_2-CH_3$
D $CH_3-\dot{C}H-\dot{C}H-CH_3$

32 Per quale motivo con una rottura eterolitica non si formano radicali?

33 Quale tra i seguenti composti rappresenta un carbocatione?

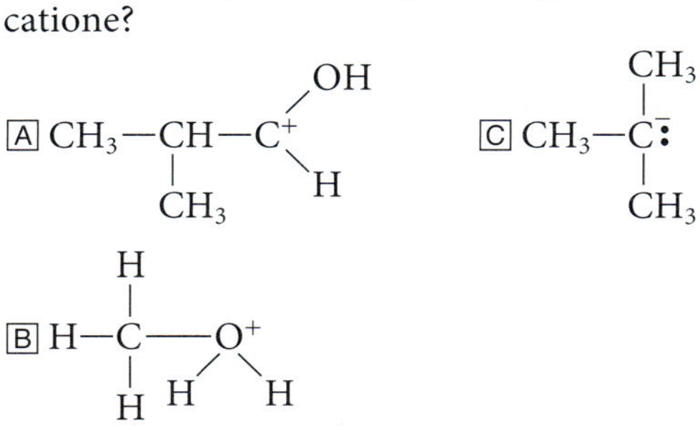

34 Quale tipo di reazione è rappresentata in ciascuno dei seguenti schemi generali?

a. $AB + C \rightarrow AC + B$

b. 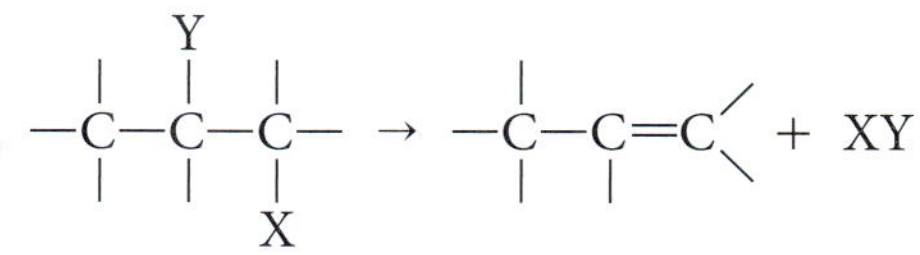

c. 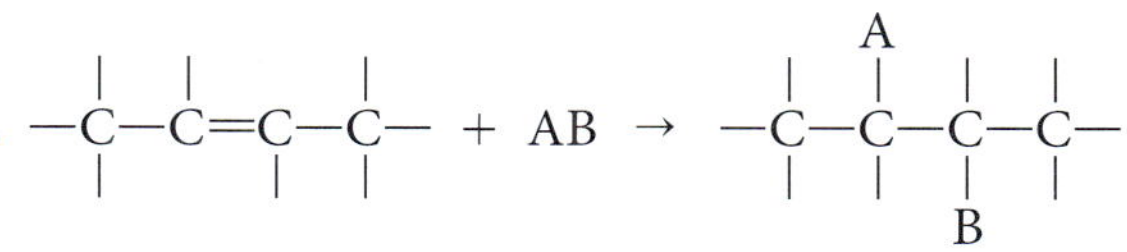

d. $HO-A-OH + HO-A-OH + \ldots\ldots + $ (①, ②)

$+ HO-A-OH \rightarrow HO-A-O-A-O-$ (ⓝ)

$-\ldots\ldots-A-OH + {}^{(n-1)}H_2O$

35 Illustra la differenza tra il processo di condensazione e quello di eliminazione di una molecola d'acqua (cioè di disidratazione).

6 Gli idrocarburi saturi: alcani e cicloalcani

36 Un idrocarburo presenta formula bruta C_8H_{16}. Si può trattare di un alcano, di un alchene o di un alchino? E di un cicloalcano? alcheni/cicloalcani

37 Scrivi la formula di struttura condensata e a trattini per l'alcano $C_{10}H_{22}$. Determina poi la sua massa molare e dai un nome al composto.

38 Come credi che la temperatura possa influenzare la possibilità di rotazione intorno al legame semplice? aumentando

39 Qual è la formula bruta del cicloalcano con otto atomi di carbonio? C_nH_{2n}

40 Considerati gli angoli di legame tra gli atomi di carbonio, sai dire perché il ciclopropano è un composto poco stabile che tende facilmente a reagire con apertura dell'anello?

41 Qual è il numero di legami covalenti in una molecola di etano CH_3CH_3?

42 Scrivi le formule condensate che corrispondono ai seguenti scheletri carboniosi di idrocarburi.

a. 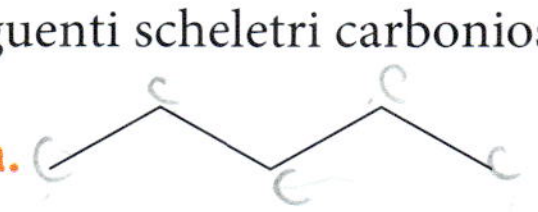

b. 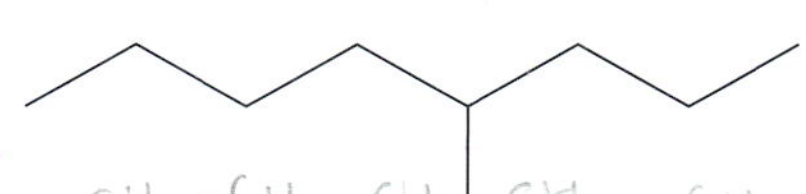

c. 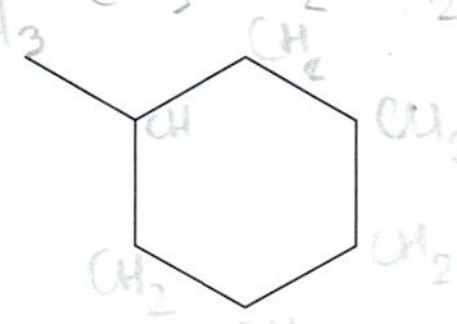

43 Nel cicloesano ciascun atomo di carbonio è legato a due atomi di idrogeno. Quanti isomeri di posizione è possibile scrivere se due atomi di cloro vanno a sostituire due atomi di idrogeno?

44 Scrivi le formule scheletro dei seguenti composti.

a. $CH_2{=}CH{-}(CH_2)_3{-}CH_3$

b. $CH_3{-}CH{\equiv}CH{-}CH_3$

c. 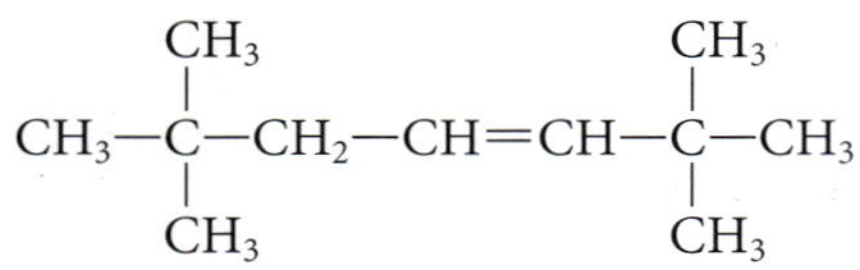

45 Tra i seguenti composti, cioè il 1,1-dimetilcicloesano e il 1,3-dimetilcicloesano, quale presenta isomeria geometrica?

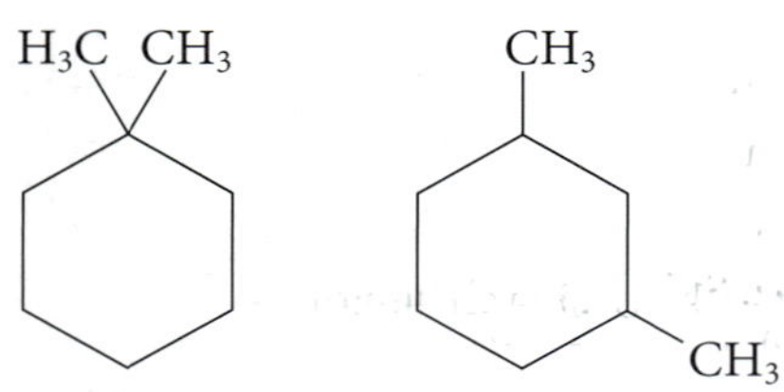

1,1-dimetilcicloesano 1,3-dimetilcicloesano

7 La nomenclatura degli idrocarburi saturi

46 Dal 2-metilpropano si ottengono due radicali diversi. Se uno è il *ter*-butile, qual è l'altro?

47 Nei cicloalcani non sostituiti, è indifferente la posizione del carbonio a cui si immagina di sottrarre un atomo di idrogeno per ottenere un radicale? E nei cicloalcani che presentano un sostituente?

48 Completa le seguenti strutture e denomina i corrispondenti alcani.

a. 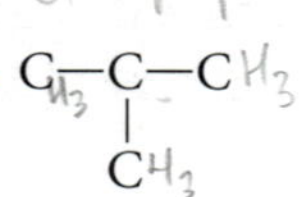

b. 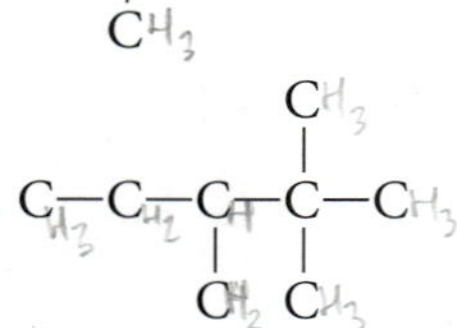

c. 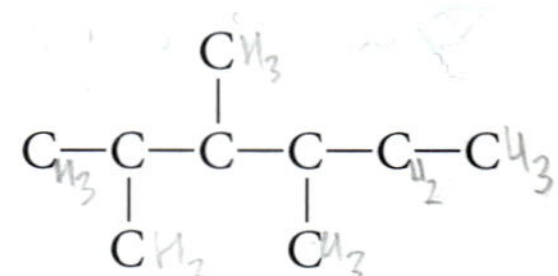

49 Scrivi le formule di struttura dei seguenti radicali.

a. *n*-propile
b. isopropile
c. *sec*-butile
d. cicloesile
e. *n*-pentile

50 Attribuisci il nome ai seguenti alcani.

a. 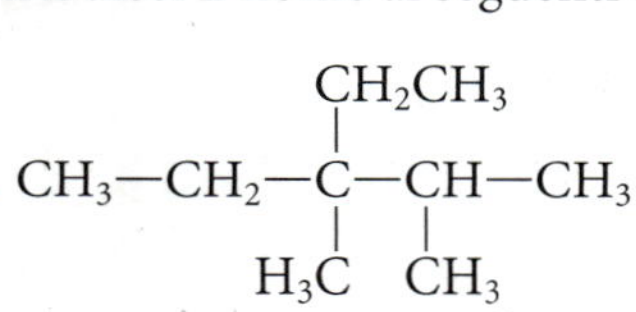

b. 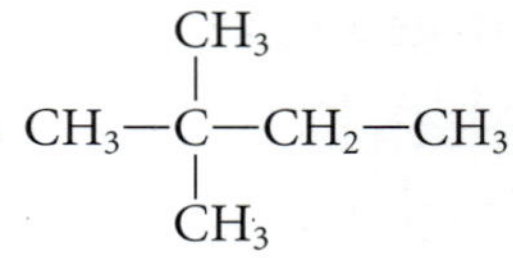

c. 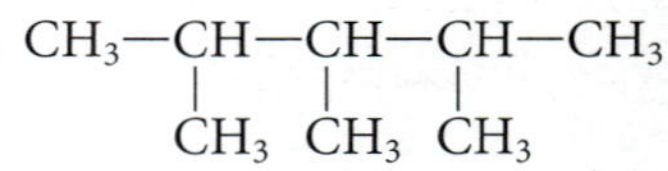

d. 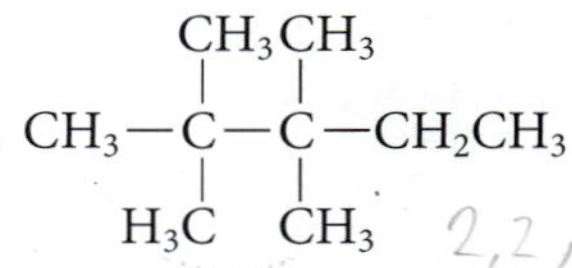

51 Scrivi le formule di struttura dei seguenti alcani.

a. 2,3,4-trimetilesano
b. 3,3,4,4-tetrametilnonano
c. 3-etil-2,3,5-trimetileptano

52 Scrivi le formule di struttura dei seguenti alcani.

a. 4-isopropil-2-metilottano
b. 4-*ter*-butilnonano
c. 4,5-dietil-2,3,4,5-tetrametildecano

53 Denomina i seguenti composti ciclici.

a. 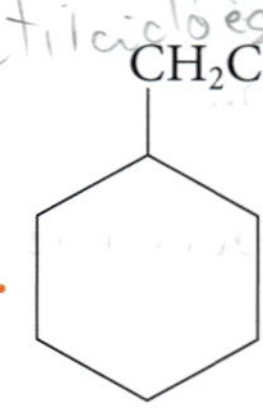

c. 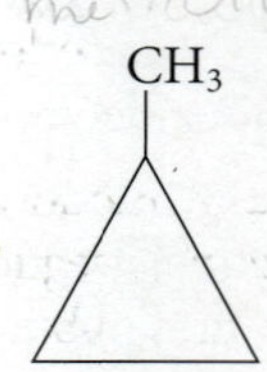

b. 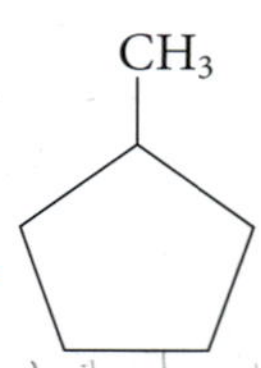

d. 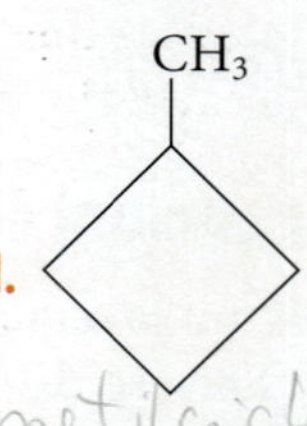

54 Scrivi le formule di struttura dei seguenti composti.

a. 2,2-dimetileptano
b. 4-etil-3-metileptano
c. 4-etil-2,4-dimetilesano
d. 4-isopropileptano
e. 1,3-dimetilcicloesano

55 Scrivi la formula di struttura dei seguenti idrocarburi saturi e spiega perché il nome riportato è errato. Assegna infine il nome corretto.

a. 1,5-dimetilcicloesano
b. 2,4-metilesano
c. 1,3-dimetilbutano
d. 1-metilciclopentano
e. 2-*n*-propilbutano

56 Spiega perché il nome dei seguenti idrocarburi è errato e attribuisci il nome corretto.

a. 3,3-dimetilbutano
b. 2-*n*-propilesano
c. 2,4-dietilpentano

8 Proprietà fisiche e chimiche degli idrocarburi saturi

57 Due alcani con la stessa formula bruta (C_5H_{12}) hanno anche le stesse proprietà fisiche e chimiche?

58 Quali sono le reazioni caratteristiche degli alcani?

59 Quali sono i possibili derivati monoalogenati prodotti dalle seguenti reazioni?

a. $CH_3CH_3 + Br_2$

b. $CH_3CH_2CH_2CH_3 + Cl_2$

60 Spiega perché tra gli isomeri del pentano il 2,2-dimetilpropano presenta il punto di fusione maggiore.

61 Spiega perché, nonostante il peso molecolare del metano sia paragonabile a quello dell'acqua, i loro punti di fusione e di ebollizione sono molto diversi.

62 Gli alcani a lunga catena sono i principali componenti del sottile strato di cera che protegge le foglie e i frutti dall'eccessiva perdita d'acqua. Su quale proprietà si basa questa funzione?

63 Determina la variazione del n.o. nel caso di combustione completa e incompleta del metano.

64 Scrivi tutti i prodotti che si possono ottenere per bromurazione del metano.

65 Ordina in modo crescente, in base al loro punto di ebollizione, i seguenti alcani: *n*-eptano, 3-metilpentano, 2,2-dimetilbutano, *n*-esano.

66 La viscosità è una proprietà legata all'intensità delle forze di attrazione intermolecolari. Perché i liquidi costituiti da alcani a lunga catena carboniosa sono viscosi?

67 Perché la reazione di clorurazione del metano (reazione esotermica) procede facilmente solo a temperature elevate?

68 Spiega come varia il punto di ebollizione negli idrocarburi lineari e ramificati.

69 Descrivi le fasi di inizio, propagazione e terminazione delle reazioni di alogenazione degli alcani. Rispondi in dieci righe.

70 Scrivi la catena di reazioni radicaliche che portano alla formazione del cloroetano. Quali prodotti secondari potresti ottenere durante la clorurazione dell'etano?

9 Gli idrocarburi insaturi: alcheni e alchini

71 Qual è l'ibridazione del carbonio nell'acetilene?

72 Perché un alchene può avere isomeria *cis-trans*?

73 Spiega perché il propene non presenta isomeria geometrica mentre per l'1-bromopropene è possibile scrivere sia l'isomero *cis* sia l'isomero *trans*.

74 Scrivi la formula condensata del 2-metilpropene. Ci può essere isomeria di posizione, in questo caso?

75 Quali idrocarburi si ottengono per idrogenazione dei seguenti composti?

a. 1,2-dimetilciclopentene

b. 2-etil-1-pentene

c. 2-etil-1-esene

76 Completa le strutture dei seguenti alcheni e dai loro un nome.

a. 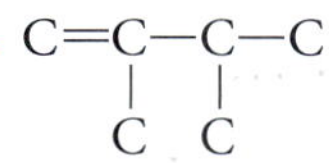

b. 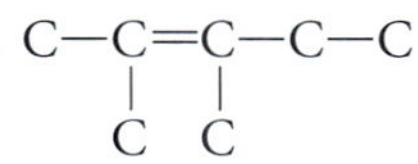

c. 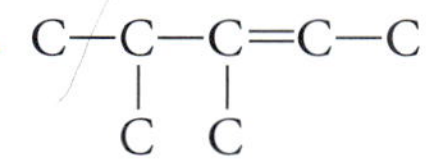

77 Perché esiste un solo composto denominato 1,2-dicloroetano mentre sono due quelli che rispondono al nome di 1,2-dicloroetene?

78 Perché nell'addizione elettrofila si spezza il legame π tra i due atomi di carbonio e non il legame σ?

79 Scrivi la formula di struttura dei seguenti idrocarburi insaturi. Spiega perché il nome riportato è errato e assegna il nome corretto.

a. 3-butino

b. 2-metil-3-pentene

c. 4-vinileptano

d. 3-metil-1,3-butadiene

e. 1-metil-2-ciclopentene

80 Scrivi la struttura dei seguenti composti e indica per quale o quali di essi è possibile l'esistenza di isomeri *cis-trans*.

a. 1-pentene

b. 1-cloropropene

c. 3-cloropropene

d. 3-esene

81 Scrivi gli isomeri di struttura del composto $C_2H_2Cl_2$. Individua gli isomeri *cis-trans* e indica se sono polari.

82 Scrivi l'equazione della reazione di addizione di una molecola di acqua a ciascuno dei seguenti composti:

a. 2-butene

b. 1-butene

c. cicloesene

83 Scrivi le strutture dei seguenti alcheni.

a. 2,3-dimetil-2-butene

b. 4-etil-2-eptene

c. 3-etil-2,4-dimetil-4-decene

d. 1,4-pentadiene

84 Denomina i seguenti composti.

a. $CH_3{-}C{\equiv}C{-}CH_2CH_3$

b. 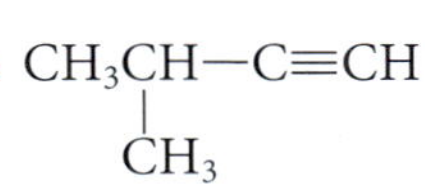

c. $CH_3{-}CH_2{-}C{\equiv}C{-}CH_3$

d. 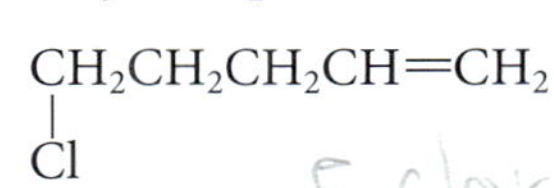

85 Scrivi le formule dei seguenti alchini.
- **a.** 2-butino
- **b.** 4-metil-2-pentino
- **c.** propino
- **d.** 4,4-dimetil-1-pentino

86 Dalla reazione di quali sostanze si ottengono i seguenti composti?
- **a.** $(CH_3)_3COH$
- **b.** $(CH_3)_2CHBr$

87 Completa le seguenti reazioni di addizione ad alcheni e alchini.
- **a.** $CH_3—CH_2—CH{=}CH_2 + HCl \rightarrow$
- **b.** $CH_3—CH{=}CH—CH_3 + HBr \rightarrow$
- **c.** $CH_2{=}CH—CH_3 + Br_2 \rightarrow$
- **d.** $CH_3—CH_2—C{\equiv}C—CH_3 + H_2 \xrightarrow{Pd}$ .... + + $H_2 \xrightarrow{Pd}$ ....

88 Scrivi le formule di struttura dei seguenti composti.
- **a.** 2-cloro-1,3-butadiene
- **b.** 1,2-dibromociclopentene
- **c.** 1,3-cicloesadiene
- **d.** bromuro di allile

89 Denomina i seguenti idrocarburi insaturi.

a. 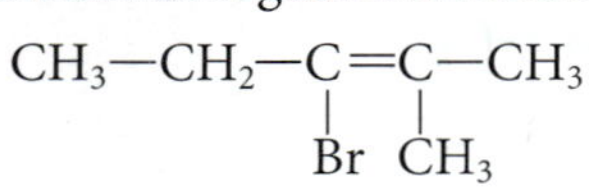

b. 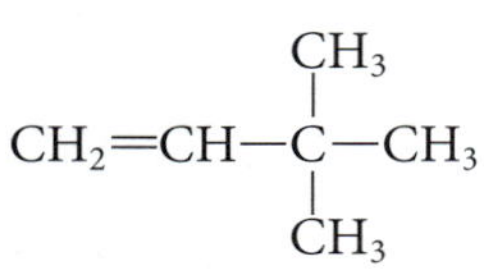

c. 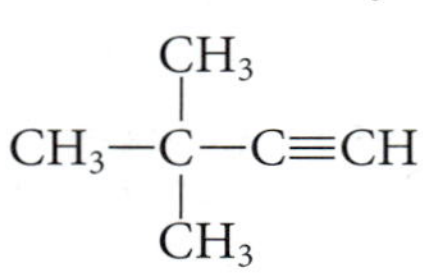

d. 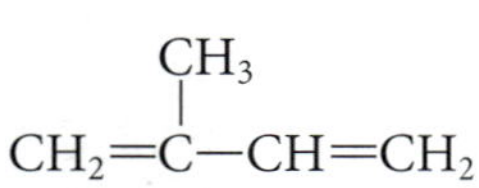

10 Gli idrocarburi aromatici

90 Perché non è possibile attribuire un'unica formula di struttura al benzene?

91 Quali sono le due formule limite del benzene?

92 Che cosa significa che gli elettroni π del benzene sono delocalizzati?

93 Scrivi le formule dei seguenti composti.
- **a.** metilbenzene
- **b.** *n*-butilbenzene
- **c.** isopropilbenzene

94 Che cosa accade agli elettroni del legame carbonio-idrogeno, che si spezza con liberazione di H^+, nel secondo stadio della reazione di sostituzione elettrofila aromatica?

95 Scrivi le formule di struttura dei seguenti composti.
- **a.** 2-bromo-4-nitrotoluene
- **b.** *o*-clorostirene
- **c.** *m*-diclorobenzene
- **d.** 1,4-dinitrobenzene

Trattazione sintetica degli argomenti

Sviluppa i seguenti argomenti cercando di riportare gli aspetti più significativi in un testo di non più di 8-10 righe.

96 Illustra brevemente le possibili forme di rappresentazione delle molecole organiche.

97 Descrivi perché negli alcani il punto di fusione e il punto di ebollizione cambiano in relazione alla massa e alla forma delle molecole.

98 I doppi e tripli legami modificano la reattività delle catene carboniose: spiega il principio riportando alcuni esempi.

99 L'anello aromatico conferisce proprietà peculiari alle molecole che lo contengono: trattale brevemente portando qualche esempio.

Con una presentazione di 10 diapositive al massimo sviluppa i seguenti argomenti, trattandoli in modo esauriente con il lessico specifico e curando sia l'iconografia sia l'esposizione. Dai alla tua presentazione un titolo sintetico ed efficace.

100 Gli isomeri sono molecole con gli stessi atomi ma proprietà differenti: descrivi l'isomeria e i possibili tipi di isomeri.

101 Riepiloga le principali caratteristiche dell'atomo di carbonio facendo riferimento alle possibili ibridazioni dei suoi orbitali.

Leggi attentamente la traccia seguente, documentati se necessario e svolgi la prova curando l'esposizione e la terminologia.

102 Per le sue caratteristiche strutturali, il carbonio è il protagonista di tutti i composti organici e della vita stessa. Descrivi l'identità chimica di questo elemento e la sua capacità di formare le molecole organiche più diverse, caratterizzate dai vari gruppi funzionali. Commenta anche la presenza di numerosi composti organici fuori dalla Terra, in relazione a una possibile chimica della vita.

Test yourself

103 Which property of carbon is related to its ability to form a large number of compounds?
- **a.** Its tendency to form ions
- **b.** Its ability to form double and triple bonds
- **c.** Its high electronegativity
- **d.** Its tendency to bind only atoms of hydrogen

104 Determine whether each of the following compounds is an alkane, alkene or alkyne. Assume that all of them are non-cyclic and have no more than one multiple bond.

a. C_6H_{14}
b. C_4H_8
c. C_8H_{14}
d. $C_{12}H_{24}$

105 How many structural isomers are possible for heptane?

106 Determine which type of reaction is represented hereafter.

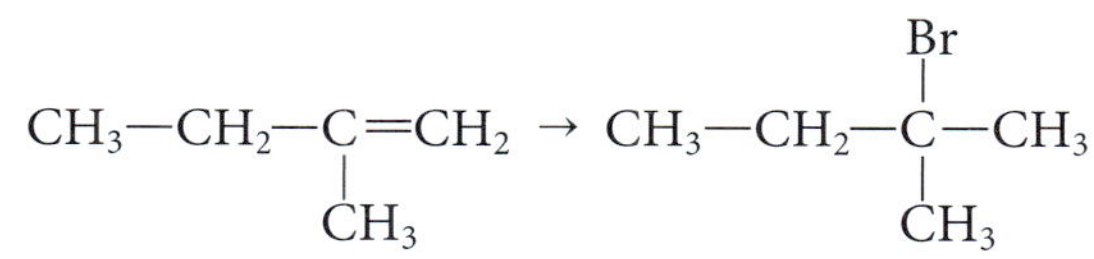

Il laboratorio delle competenze

Collega

107 Rappresenta la formula di struttura del cicloottatetraene, C_8H_8. In base alla regola di Hückel, sai dire se siamo in presenza di un composto aromatico? È possibile scrivere composti aromatici con questa formula bruta?

108 Nel primo stadio della reazione di solfonazione del benzene si formano due ioni: SO_3H^+ e HSO_4^-.

a. Quale dei due prodotti è l'elettrofilo?
b. Lo si può definire un acido di Lewis?
c. Come si ricostituisce il catalizzatore H_2SO_4?

Classifica

109 Un fumatore introduce nei propri polmoni circa 4000 tipi diversi di sostanze, di cui alcune sono riportate nella tabella qui di seguito (valori espressi in μg/m³) e confrontate con quelle presenti nell'aria inspirate da un non-fumatore. Identifica quali sono gli idrocarburi e classificali nelle varie famiglie di idrocarburi studiate.

	Non fumatore		Fumatore di sigarette	
Sostanza	**Aria inspirata**	**Aria espirata**	**Aria inspirata**	**Aria espirata**
1-pentene	0,5	0,6	700	68
n-pentano	-	-	1200	63
2-pentene	-	0,5	625	52
isoprene	0,4	87	2700	670
n-esano	1	-	975	14
benzene	0,6	4	1100	49
isoottano	0,4	0,2	-	-
n-eptano	0,2	0,4	890	26
toluene	5	11	1400	60
n-ottano	-	0,2	560	3
etilbenzene	0,2	0,6	660	6
m-xilene	0,2	0,5	980	7
p-xilene	0,1	0,2	420	2
o-xilene	0,1	0,2	590	2
naftalene	0,05	0,1	240	3
nicotina	-	-	1300	7

Organizza e interpreta i dati

110 Considera la tabella seguente relativa al punto di fusione e di ebollizione degli isomeri del pentano. Rispondi alle seguenti domande aiutandoti con i disegni dei modelli molecolari dei composti.

a. Perché l'isopentano ha una temperatura di fusione più bassa del pentano lineare, mentre quella del neopentano è più alta?
b. Perché la temperatura di ebollizione del neopentano è più bassa rispetto a quella degli altri due composti?

	n-pentano	isopentano (2-metilbutano)	neopentano (2,2-dimetilpropano)
T_{fus}	−129,7 °C	−160 °C	−18 °C
T_{eb}	36,1 °C	27,9 °C	10 °C

Ipotizza

111 La presenza di ossigeno nell'ambiente di reazione rallenta la clorurazione del metano per un breve periodo. Maggiore è la concentrazione di ossigeno, più a lungo la reazione si arresta. Perché avviene questo? Fai un'ipotesi sul meccanismo con cui agisce l'ossigeno.

112 L'etano presenta due conformeri: quello a conformazione eclissata e quello a conformazione sfalsata. Nel primo, gli atomi di idrogeno legati ai due atomi di carbonio sono allineati tra loro, mentre nel secondo, sono sfalsati. Ipotizza quale tra i due conformeri sia più stabile e fornisci una possibile spiegazione.

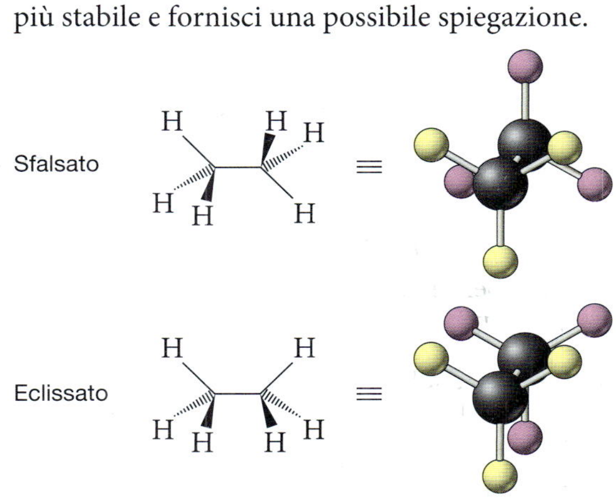

Applica

113 Per ognuna delle seguenti formule scheletro riscostruisci le formule razionali o di Lewis dei composti organici corrispondenti. Attribuisci poi il nome sistematico a ogni composto e la serie omologa a cui appartiene.

a. 

b. 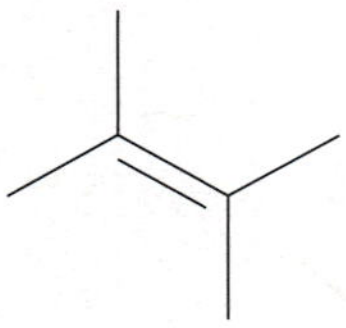

c. 

d. 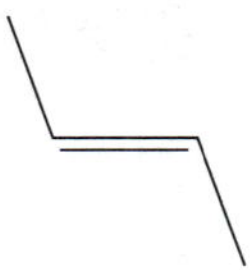

e. 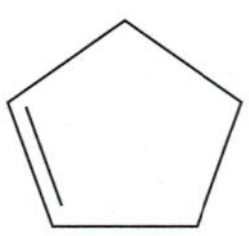

Deduci

114 Una scatola a forma di tetraedro è sovrapponibile alla sua immagine speculare? E se su un lato della scatola scrivessimo il tuo nome, sarebbe ancora possibile la sovrapposizione?

Progetta

115 Scrivi la formula di tre polieni con sei atomi di carbonio che contengano rispettivamente:

a. legami multipli coniugati;
b. legami multipli cumulati;
c. legami multipli isolati.

116 Progetta la formula di un idrocarburo che abbia le seguenti caratteristiche:

a. deve possedere un doppio legame e un triplo legame;
b. deve avere la formula di struttura più compatta possibile;
c. la sua massa molecolare deve essere almeno 90 u.

Analizza

117 Analizza la frase seguente: negli idrocarburi saturi i legami σ, che si originano per sovrapposizione coassiale di due orbitali atomici, hanno sezione circolare.

a. Che cosa significano i termini *coassiale* e *sezione circolare*?
b. Da quali orbitali ibridi del carbonio si formano tali legami?
c. C'è una relazione tra la frase proposta e le diverse conformazioni assunte dagli idrocarburi saturi?

118 Stabilisci quali dei seguenti composti sono molecole che presentano uno o più stereocentri. Contrassegna con un asterisco ogni stereocentro individuato. Per ogni struttura motiva la presenza o l'assenza di isomeria ottica.

a. 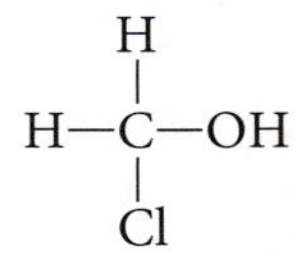

b. 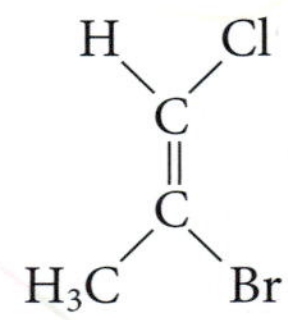

c. 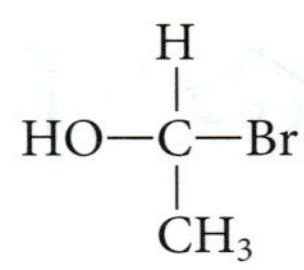

d. 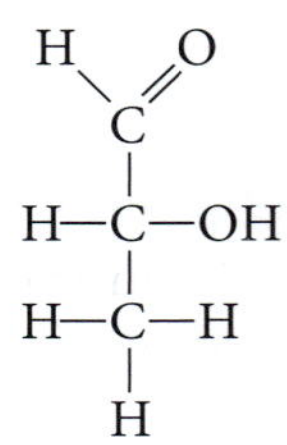

119 Scrivi la struttura del 5-etil-3,4-dimetil-4-*n*-propileptano. Verifica che il nome sia corretto e individua quali sono gli atomi di carbonio primari, secondari, terziari e quaternari.

A scuola di lavoro

120 Un'industria chimica ha incaricato il suo staff di chimici organici di procedere alla monoclorurazione di tutti i possibili isomeri del composto C_6H_{14}. La reazione generale è la seguente:

$$2C_6H_{14} + 3Cl_2 \rightarrow 2C_6H_{12}Cl_2 + 2HCl$$

Come membro di questo staff ti è richiesto di:

a. prevedere tutti i possibili composti clorurati che si formano dalla reazione dell'idrocarburo dato e cloro molecolare;
b. identificare tra questi gli isomeri ottici;
c. cercare in rete se e quali isomeri hanno già un impiego industriale;
d. illustrare i tuoi risultati in una presentazione di circa 5 minuti per fare un report durante il meeting aziendale di fine mese.

CAPITOLO

A2

Dai gruppi funzionali ai polimeri

1 I gruppi funzionali

Come abbiamo visto nel capitolo precedente, gli alcani sono composti organici molto stabili dal punto di vista chimico. L'introduzione lungo le catene carboniose di legami doppi negli alcheni e tripli negli alchini conferisce alle molecole una reattività chimica progressivamente più elevata. Anche se si sostituiscono uno o più atomi di idrogeno o di carbonio con atomi o gruppi atomici di elementi diversi, si ottengono composti organici in grado di reagire chimicamente in molti modi diversi (per esempio, i composti possono assumere proprietà acide o basiche, proprietà ossidanti o riducenti ecc.).

I legami multipli tra gli atomi di carbonio di un idrocarburo insaturo determinano il modo con cui esso reagisce: in altre parole, la presenza di un doppio o di un triplo legame costituisce un *centro di reattività*. La particolare reattività del propene (e di tutti gli altri alcheni) è dovuta per esempio alla presenza del gruppo $>C=C<$ e non è influenzata in modo apprezzabile dalla parte restante della catena carboniosa ($-CH_3$). Il gruppo $>C=C<$ costituisce il centro di reattività di questo tipo di molecole e, pertanto, viene definito *gruppo funzionale*; il resto della catena, che conserva la sua struttura originaria, è detto *scheletro molecolare*.

> Un **gruppo funzionale** è un atomo o un gruppo di atomi capace di conferire una particolare reattività alla molecola di cui fa parte.

Altri gruppi funzionali sono formati da atomi singoli, come per esempio gli alogeni ($-X$), oppure da gruppi di atomi con o senza carbonio, come $-OH$ e $-COOH$.

Le molecole che contengono uno stesso gruppo funzionale costituiscono una **classe di composti**. Nella **Tabella A2.1**, a pagina seguente, sono riportate le formule generali dei più importanti gruppi funzionali e il nome delle classi di composti in cui sono presenti.

HAI CAPITO?

- Qual è il gruppo funzionale degli alchini? E dell'1,2-dimetilcicloesene?

HAI CAPITO?

- A quale classe di composti appartiene l'urea, $NH_2-CO-NH_2$, il primo composto organico sintetizzato in laboratorio?

Tabella A2.1
Alcune importanti classi di composti e relativi gruppi funzionali. Tra parentesi sono riportati i nomi di uso comune (non IUPAC, ma molto utilizzati).

Classe	Formula generale	Gruppo funzionale	Esempio	Nome (la parte caratteristica del nome è in rosso)
alcheni	C=C	Legame doppio	$CH_3-CH=CH-CH_3$	butene
alchini	C≡C	Legame triplo	$CH_3-C≡C-CH_3$	butino
alogenuri	R—X	alogenuro (—X)	CH_3-Cl	clorometano
alcoli	R—OH	ossidrile (—OH)	CH_3-OH	metanolo
eteri	R—O—R′	etere (—O—)	CH_3-O-CH_3	dimetiletere
aldeidi	R—CHO	carbonile —C(=O)—	$CH_3-C(=O)H$	etanale (acetaldeide)
chetoni	R—CO—R′	carbonile —C(=O)—	$(CH_3)_2C=O$	propanone (acetone)
acidi carbossilici	R—COOH	carbossile (—C(=O)OH)	$CH_3-C(=O)OH$	acido etanoico (acido acetico)
esteri	R—COOR′	estere (—C(=O)O—)	$CH_3-C(=O)-O-CH_3$	etanoato di metile (acetato di metile)
ammidi	R—CO—NH_2	ammidico —C(=O)—N(H)—	$CH_3-C(=O)NH_2$	etanammide (acetammide)
ammine primarie	R—NH_2	amminico (—NH_2)	CH_3-NH_2	metilammina
tioli	R—SH	sulfidrilico (—SH)	CH_3-SH	metantiolo (metilmercaptano)

2 Gli alogenoderivati

Gli **alogenoderivati**, o alogenuri organici, si ottengono per sostituzione di uno o più atomi di idrogeno di un idrocarburo con altrettanti atomi di un alogeno (F, Cl, Br, ecc.).

In funzione dell'elemento coinvolto e della molecola di partenza, si possono ottenere composti con differenti caratteristiche e utilizzi. Gli alogenuri organici sono prodotti di laboratorio, tranne poche eccezioni, come alcuni alogenoderivati isolati da organismi marini (**Figura A2.1**). Abbiamo già visto come sia possibile sintetizzarli a partire dagli alcani, con la reazione di sostituzione radicalica. Oltre a questo metodo, per la loro sintesi ne sono stati messi a punto molti altri; questi composti, infatti, vengono adoperati come insetticidi, antiparassitari, smacchiatori, solventi industriali e sono importanti *intermedi*, cioè sostanze che servono per preparare altre classi di composti non ottenibili direttamente dagli idrocarburi.

Tavola periodica interattiva

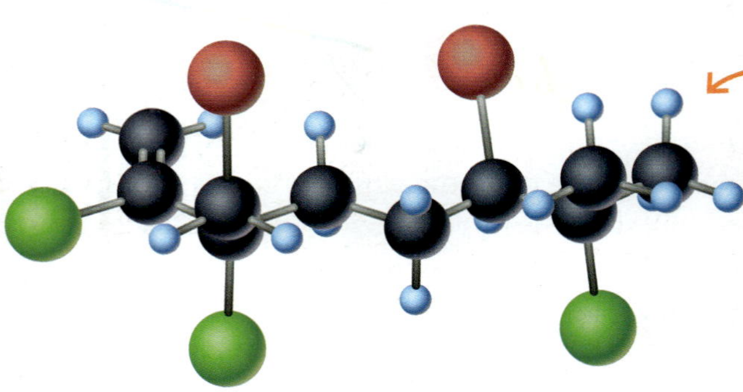

L'alomone è un composto polialogenato prodotto da alcune alghe rosse, attualmente oggetto di ricerca per le sue proprietà antitumorali.

Figura A2.1
Le sfere di colore rosso nel modello ball & stick sono atomi di bromo, quelli verdi sono atomi di cloro.

Gli alogenoderivati: utilizzo e tossicità

Le categorie di alogenoderivati più conosciute sono tre: i pesticidi come il DDT, i clorofluorocarburi o CFC e alcuni materiali plastici come il PVC. In molti casi, purtroppo, queste sostanze si portano dietro delle infelici conseguenze sull'uomo e l'ambiente. Osserviamoli più da vicino.

I fitofarmaci, noti comunemente come **pesticidi**, sono sostanze principalmente di sintesi, utilizzate in agricoltura per difendere le colture da parassiti (insetti o acari), da patogeni (batteri, virus, funghi) o per controllare lo sviluppo di piante infestanti. Il più famoso di questi composti è indubbiamente il **DDT** (diclorodifeniltricloroetano), un insetticida clorurato tristemente noto per la sua tossicità e largamente usato in agricoltura dopo gli anni Quaranta del secolo scorso. Costruito per essere stabile grazie ai due anelli aromatici, il DDT si rivelò fin da subito un pesticida perfetto per la sua azione ad ampio spettro, in grado di colpire ogni specie di artropode (**Figura A**). Per molti anni si è pensato erroneamente che il DDT fosse innocuo per i vertebrati, e si deve alla pionieristica ricerca di Rachel Carson (1962) la dimostrazione dell'elevato impatto ecologico anche sugli organismi superiori. Oggi il suo impiego è proibito per legge nei Paesi più consapevoli dal punto di vista ecologico (in Italia dal 1978). La molecola, infatti, si trasferisce dalle colture alle acque e agli animali che se ne nutrono, accumulandosi nelle catene alimentari e tornando sulle nostre tavole, per finire nel nostro organismo e creare svariati problemi alla salute.

I **clorofluorocarburi** o **CFC** sono una famiglia di alogenoderivati ottenuti a partire da metano o etano presenti in forma di gas incolori, inodori, non infiammabili, stabili chimicamente e in genere non tossici per l'uomo. Per le loro caratteristiche, questi composti sono stati ampiamente utilizzati come fluido refrigerante nei compressori dei frigoriferi e condizionatori d'aria, come propellenti per le bombolette spray o come schiumogeni. Purtroppo, però, ancora una volta l'impiego di questi composti ha avuto seri effetti collaterali. Raggiunta la stratosfera, infatti, i CFC liberano alcuni atomi di cloro che distruggono l'ozono (O_3) attraverso una reazione a catena, convertendolo in O_2. Con la riduzione dello strato di ozono, la Terra è meno schermata dai raggi UV del Sole, e ciò causa seri danni al clima globale e alla salute umana. Per questo motivo, la maggior parte dei Paesi industrializzati ha proibito da anni la produzione e l'impiego dei CFC. Fortunatamente il provvedimento sembra funzionare, poiché lo strato di ozono si sta inspessendo e possiamo sperare che torni alla normalità nei prossimi decenni.

Il **polivinilcloruro** o **PVC** è un polimero del cloruro di vinile, un alogenoderivato in cui un H di un etene è sostituito da un Cl. In associazione ad altri prodotti plastificanti diventa un materiale flessibile, modellabile, economico, molto stabile e resistente all'usura. Trova, quindi, i più svariati impieghi, come la produzione di tubazioni, profili, lastre, imballaggi, cavi elettrici e delle telecomunicazioni, infissi, pavimenti, parti di auto o prodotti medicali (**Figura B**). Anche in questo caso, però, gli effetti collaterali al suo utilizzo non mancano. La combustione del PVC libera il *cloruro di vinile*, suo monomero cancerogeno, la *diossina*, tossica e cancerogena, e l'*acido cloridrico*, tossico e inquinante. Lo smaltimento di questo materiale è un problema di ampia portata e oggi si cerca quindi di sostituire il PVC con materiali alternativi più sicuri.

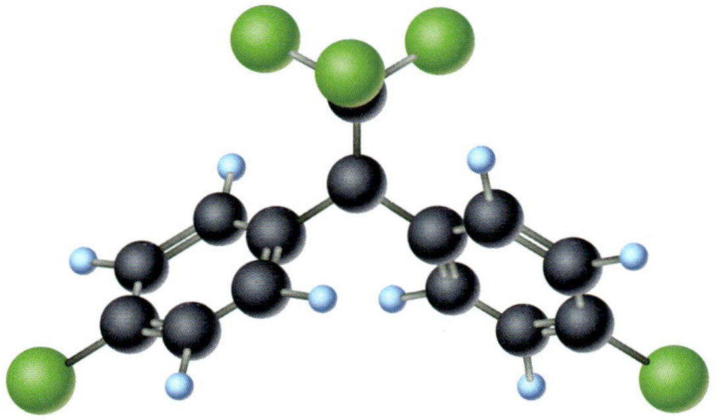

Figura A L'utilizzo del DDT in Italia è vietato dal 1978, dopo che era stato ampiamente utilizzato come insetticida, in particolare in Sardegna, nella lotta contro la malaria. Attualmente viene ancora impiegato nei Paesi tropicali dove la malaria e il tifo rappresentano delle gravi emergenze.

Figura B Per la sua resistenza il PVC è impiegato nella costruzione delle tubature.

Una prima classificazione divide gli alogenderivati in alogenuri alchilici e arilici a seconda che l'atomo di carbonio legato all'alogeno sia unito a una catena alchilica o a un anello aromatico.

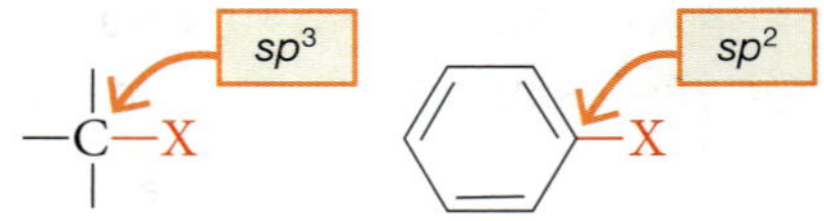

alogenuro alchilico — alogenuro arilico

Inoltre, si distinguono alogenuri alchilici *primari*, *secondari* e *terziari* in base a quanti gruppi R sono presenti sul carbonio che lega l'alogeno.

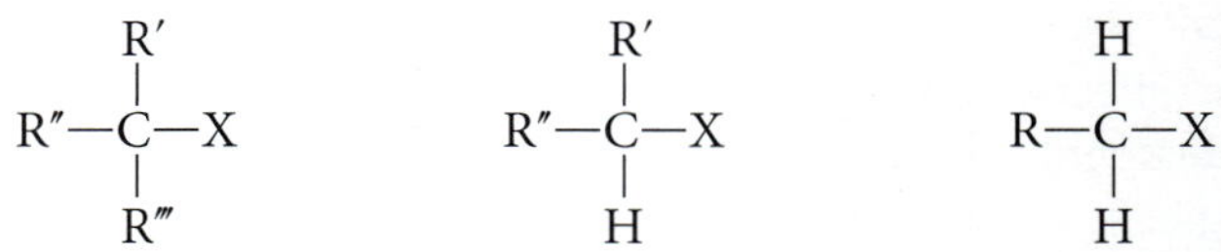

alogenuro terziario — alogenuro secondario — alogenuro primario

La nomenclatura IUPAC considera gli alogenoderivati composti derivati degli alcani in cui l'atomo di alogeno ha sostituito un atomo di idrogeno.

CH_3Cl	$CH_3CH_2CH_2Br$	CH_3CHICH_3
clorometano	1-bromopropano	2-iodopropano

Tabella A2.2
Possibili prodotti della reazione di sostituzione nucleofila degli alogenuri alchilici R—X.

Nucleofilo	Prodotto
H_2O	R—OH alcol
OH^-	R—OH alcol
R′—O^-	R—O—R′ etere
NH_3	R—NH_2 ammina
HC≡C^-	R—C≡CH alchino

La loro reattività è legata alla polarizzazione del legame $C^{\delta+}$—$X^{\delta-}$ e alla possibilità, a partire dallo stesso alogenuro e variando le condizioni di reazione, di procedere verso due tipi diversi di reazione e quindi due tipi di prodotti spesso in competizione tra loro: una **reazione di sostituzione**, S_N, nella quale un nucleofilo sostituisce l'alogeno (**Tabella A2.2**), o verso una **reazione di eliminazione, E**, dove in presenza di una base l'alogeno e un atomo di idrogeno del carbonio adiacente vengono eliminati con formazione di un nuovo legame (legame π).

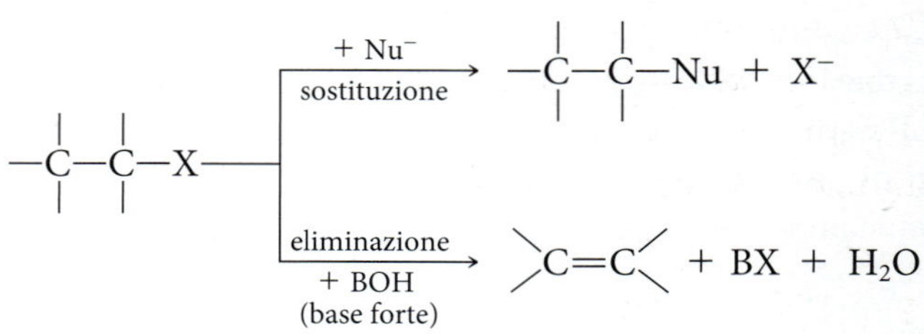

HAI CAPITO?

- Il gruppo OH^- può essere definito una base anche quando agisce da nucleofilo?

Sia nella sostituzione sia nell'eliminazione, il meccanismo di reazione può essere bimolecolare o monomolecolare. Nel *meccanismo bimolecolare* (**S_N2** ed **E2**) i due reagenti, l'alogenuro alchilico e il nucleofilo, vengono a contatto tra loro e reagiscono in un solo stadio. Sperimentalmente si osserva che la velocità di reazione dipende in modo lineare dalla concentrazione dei due reagenti: siamo in presenza di una reazione di secondo ordine.

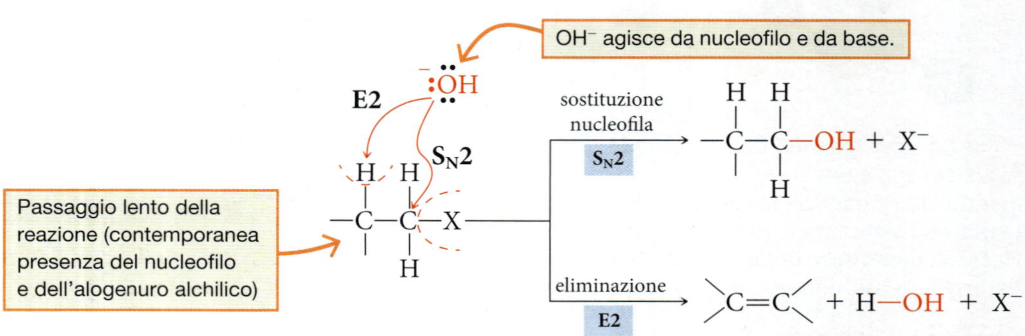

Nel *meccanismo monomolecolare* (**S_N1** ed **E1**) la reazione si svolge invece in due stadi. Il passaggio più lento coinvolge solo l'alogenuro alchilico che libera X^- con formazione di un carbocatione intermedio, il quale reagisce poi rapidamente con il nucleofilo. Soltanto una specie chimica è implicata nella tappa che determina la velocità di reazione e, quindi, siamo in presenza di una reazione di primo ordine.

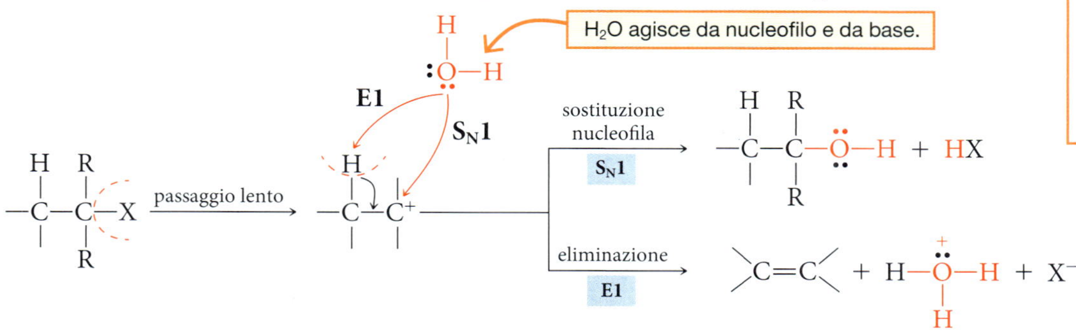

TI RICORDI?
L'**ordine di una reazione** $A + B \rightarrow C$ si ottiene sommando gli esponenti (n e m) delle concentrazioni molari dei reagenti nell'equazione cinetica della velocità di reazione: $v = k[A]^n[B]^m$.

Le prove sperimentali mostrano che, se l'alogenuro alchilico è primario, il meccanismo di reazione è bimolecolare. L'alogenuro primario è meno voluminoso rispetto a quello terziario, cosa che facilita l'attacco del nucleofilo e velocizza la reazione. Si ottiene una miscela del prodotto di sostituzione e del prodotto di eliminazione.

$$CH_3CH_2Cl + OH^- \rightarrow CH_3CH_2OH + Cl^-$$

$$CH_3CH_2Cl + OH^- \rightarrow CH_2{=}CH_2 + H_2O + Cl^-$$

Se l'alogenuro alchilico è terziario il meccanismo seguito dalla reazione è di tipo monomolecolare: prima si forma il carbocatione e poi avvengono le reazioni S_N1 ed E1. In questo caso, l'ingombro spaziale creato dai gruppi legati al carbonio terziario ostacola l'accesso del nucleofilo; inoltre, la formazione del carbocatione è favorita dalla vicinanza dei radicali alchilici, che tendono a espandere le loro nuvole elettroniche, stabilizzando così la carica positiva.

Gli alogenuri alchilici secondari hanno proprietà intermedie rispetto a quelli primari e terziari, e possono reagire secondo uno dei due meccanismi visti in precedenza in base alle condizioni sperimentali. Gli alogenoderivati arilici invece sono poco reattivi: il legame C—X ha un parziale carattere di doppio legame a causa della risonanza e, quindi, non si rompe facilmente.

3 Alcoli, fenoli ed eteri

Sostituendo uno degli atomi di idrogeno di un idrocarburo con il gruppo *ossidrile* —OH si ottengono gli **alcoli**.

Il gruppo ossidrile è molto diffuso in natura, infatti è largamente presente in tutti gli zuccheri, da quelli semplici a quelli più complessi.

Come per gli alogenuri alchilici, gli alcoli si distinguono in *primari*, *secondari* e *terziari*:

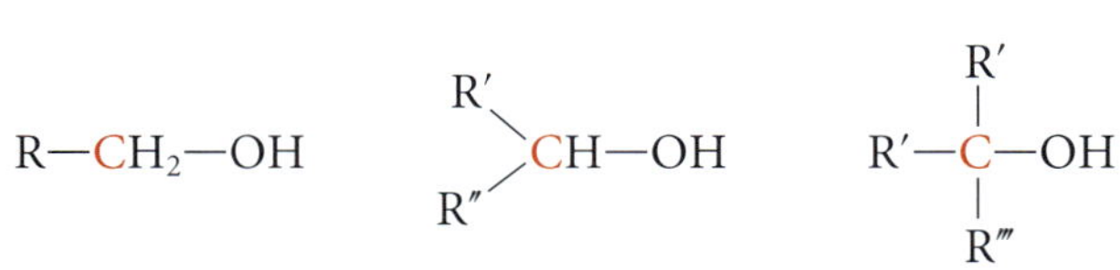

alcol primario — alcol secondario — alcol terziario

I **fenoli**, invece, hanno l'ossidrile legato direttamente al carbonio dell'anello aromatico (*gruppo arilico*); per questo motivo, i fenoli hanno caratteristiche chimiche diverse dagli alcoli.

HAI CAPITO?
- Il composto C_6H_5—CH_2OH può essere considerato un fenolo? Perché?

HAI CAPITO?

- Scrivi la configurazione elettronica dell'ossigeno e stabilisci la geometria del legame R—O—R′.

Anche gli **eteri**, R—O—R′, contengono un atomo di ossigeno ma, a differenza di fenoli e alcoli, esso lega due gruppi alchilici o arilici. Alcoli, fenoli ed eteri possono essere immaginati come derivati dall'acqua per sostituzione degli atomi di idrogeno con uno o due gruppi alchilici, R (o arilici, Ar) e quindi le tre classi dei composti hanno pressappoco la stessa geometria dell'H_2O (**Figura A2.2**).

H—O—H
acqua

CH_3—O—H
alcol metilico
(metanolo)

CH_3CH_2—O—CH_3
etilmetil**etere**

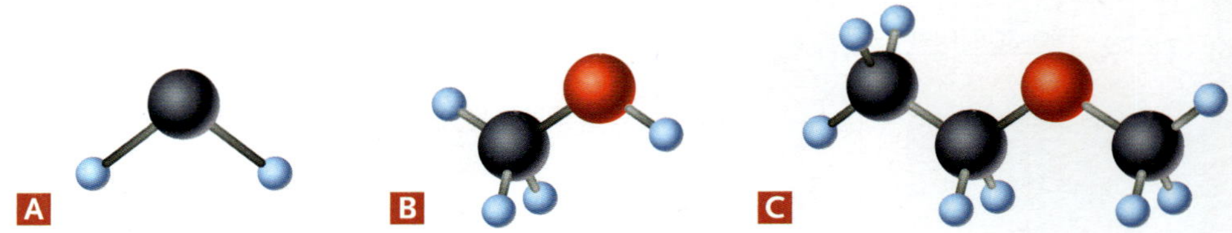

Figura A2.2
Modelli ball & stick di: **A** acqua, H_2O, **B** alcol metilico, CH_3OH e **C** etilmetiletere, $CH_3CH_2OCH_3$. La geometria intorno all'atomo di ossigeno è piegata, come quella dell'acqua.

La nomenclatura di alcoli, fenoli ed eteri

HAI CAPITO?

- Scrivi la formula del cicloesanolo e stabilisci se si tratta di un alcol primario, secondario o terziario.

Secondo la nomenclatura IUPAC, il nome di un alcol si ricava da quello del corrispondente idrocarburo sostituendo l'ultima vocale con il suffisso -**olo**. Si sceglie come struttura di base la catena più lunga di atomi di carbonio che contiene il gruppo —OH. La numerazione della catena deve essere tale da attribuire il numero più basso possibile al carbonio che lega l'ossidrile.

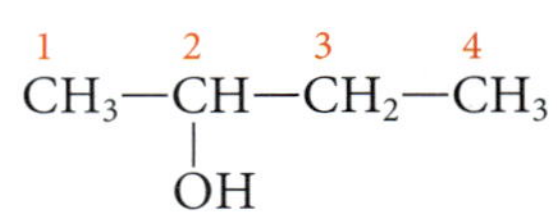

2-butan**olo**

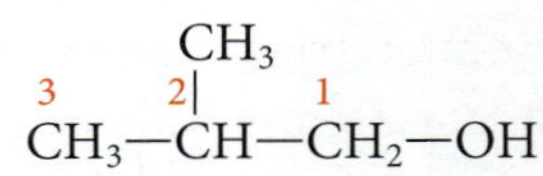

2-metil-1-propan**olo**

Accanto alla nomenclatura IUPAC, per molti composti di uso comune si impiega tuttora la denominazione introdotta dalla parola alcol: il metanolo è detto anche alcol metilico, l'etanolo alcol etilico, e così via.

Se su uno stesso scheletro molecolare sono inseriti due, tre o più gruppi alcolici, il suffisso diventa -**diolo**, -**triolo** ecc. In questo caso ogni —OH deve essere considerato separatamente per stabilire se è primario, secondario o terziario.

HO—CH_2—CH_2—OH

1,2-etan*di*olo
(glicole etilenico)

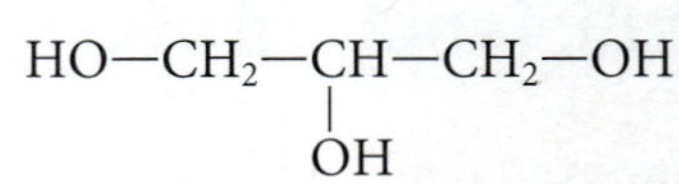

1,2,3-propan*tri*olo
(glicerolo o glicerina)

I fenoli hanno in genere nomi comuni: il primo composto della serie è proprio chiamato *fenolo*. Nella nomenclatura IUPAC i fenoli vengono denominati secondo le regole già viste per i composti aromatici, ma come radice è impiegato il termine -**fenolo**; il gruppo —OH, considerato come sostituente, è chiamato -**idrossi**.

fenolo
(idrossibenzene)

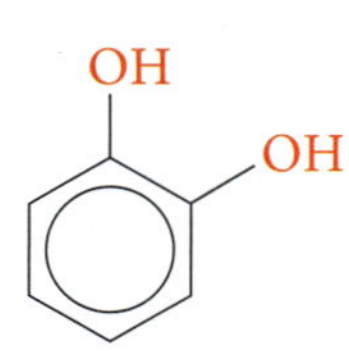

pirocatecolo
(2-idrossifenolo)

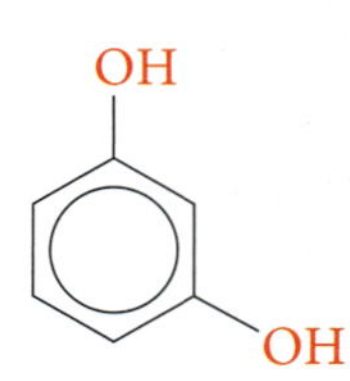

resorcina
(3-idrossifenolo)

idrochinone
(4-idrossifenolo)

paracresolo
(4-metilfenolo)

Il termine fenolo può quindi indicare sia la famiglia dei composti aromatici che hanno sostituenti ossidrilici sia la sostanza con formula C_6H_5OH (**Figura A2.3**).

Non bisogna confondere fen*olo* e fen*ile*. Il fenile è il radicale C_6H_5— proveniente dal benzene, quando si allontana un atomo di idrogeno dalla sua molecola.

Per quanto riguarda gli eteri, si premettono alla parola **etere** i nomi, in ordine alfabetico, dei due raggruppamenti legati all'ossigeno. Alcuni eteri sono ciclici e hanno spesso nomi comuni. Negli eteri con struttura più complessa è più conveniente identificare, secondo il sistema IUPAC, il gruppo —OR, dove R è il gruppo alchilico più corto, come gruppo **alcossilico**.

dimetil**etere**

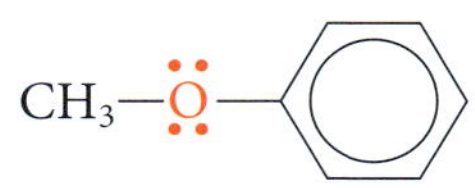
fenilmetil**etere** (anisolo)

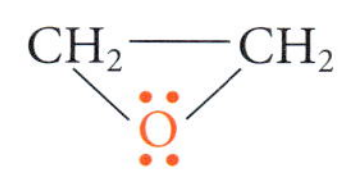
ossido di etilene

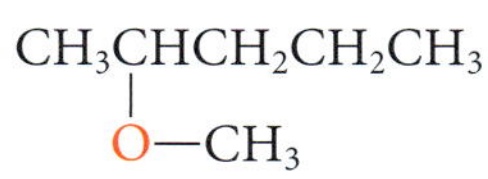
2-metossipentano

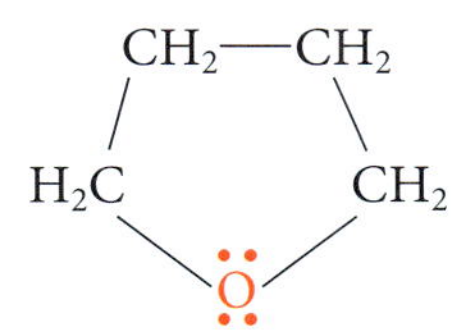
tetraidrofurano

Figura A2.3
Il fenolo è stato impiegato nella produzione di una delle prime materie plastiche, la bachelite, con cui venivano fabbricati i telefoni.

Proprietà fisiche di alcoli, fenoli ed eteri

A parità di massa molecolare, gli alcoli e i fenoli hanno punti di ebollizione più elevati sia degli idrocarburi sia degli eteri.

$CH_3CH_2CH_3$	CH_3OCH_3	CH_3CH_2OH	$C_6H_5CH_3$	C_6H_5OH
MM = 44	MM = 46	MM = 46	MM = 92	MM = 94
p.e. = −44 °C	p.e. = −24,8 °C	p.e. = 78 °C	p.e. = 111 °C	p.e. = 182 °C

I legami a idrogeno che si instaurano tra le molecole di alcol e tra quelle di fenolo (**Figura A2.4**) sono, infatti, molto più robusti delle forze di London che agiscono tra quelle di idrocarburo o delle forze dipolo-dipolo presenti negli eteri. I legami a idrogeno spiegano anche la completa miscibilità dei primi tre termini della serie degli alcoli (metanolo, etanolo, propanolo) con l'acqua.

HAI CAPITO?

- La solubilità in acqua dell'1-butanolo è di 7,9 g/100 g mentre quella dell'1-esanolo è pari a 0,59 g/100 g di solvente. Come spieghi questi valori?

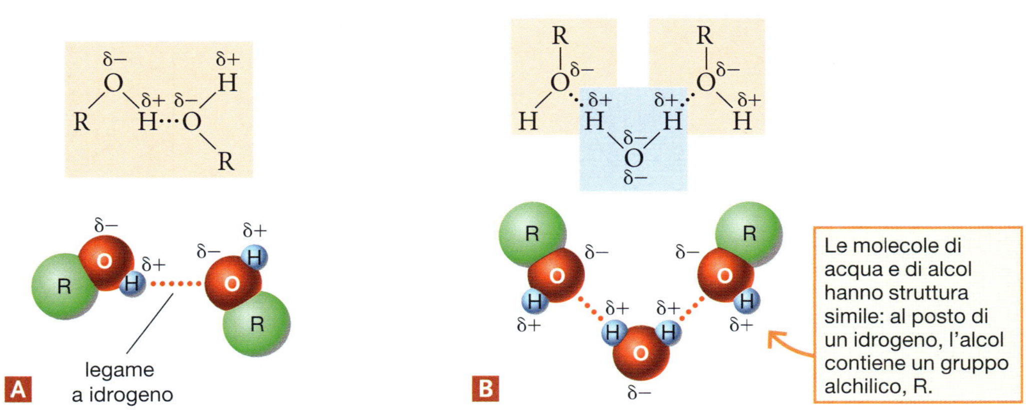

Figura A2.4
I legami a idrogeno si formano sia tra molecole di alcol **A**, sia tra molecole di acqua e di alcol **B**.

All'aumentare del numero di atomi di carbonio dell'alcol (dal butanolo in poi), invece, la solubilità diminuisce perché prevale il carattere idrofobico della catena idrocarburica rispetto al carattere idrofilo del gruppo alcolico. Gli eteri, diversamente, non possono associarsi tramite legami idrogeno, ma possono accettare legami idrogeno da composti contenenti il gruppo —OH. Questo spiega la solubilità in acqua e in alcol degli eteri più semplici, come il dimetiletere.

PER SAPERNE DI PIÙ

Alcoli e fenoli di particolare interesse

Metanolo

Il metanolo, CH_3OH, è una sostanza altamente tossica: ne bastano 30 mL per provocare la morte di un essere umano. Gli effetti tossici sono dovuti al suo prodotto di ossidazione, l'aldeide formica, che aggredisce rapidamente proteine ed enzimi, inattivandoli.

L'ossidazione enzimatica del metanolo avviene nel fegato, ma i danni più gravi sono causati alla retina e al nervo ottico e possono portare alla cecità. Il metanolo è un composto chimico di sintesi prodotto principalmente per idrogenazione del monossido di carbonio:

$$CO + 2H_2 \xrightarrow[400\,°C,\ 250\ atm]{ZnO} CH_3OH$$

Il mercato mondiale ne richiede enormi quantità perché è un importante intermedio dell'industria chimica. Il metanolo ha anche buone caratteristiche di carburante per autotrazione e, se prodotto a partire dal carbone, può costituire un'alternativa al greggio petrolifero. Sempre nel campo energetico, il metanolo trova impiego nelle celle a combustibile.

Etanolo

È l'alcol più noto ed è un costituente essenziale di tutte le bevande alcoliche. L'etanolo si ottiene dalla fermentazione di soluzioni zuccherine eseguita da alcuni microrganismi:

$$C_6H_{12}O_6 \xrightarrow{fermentazione} 2CH_3CH_2OH + 2CO_2$$

La soluzione diluita di etanolo prodotta dalla fermentazione può essere successivamente concentrata tramite distillazione. I superalcolici, quali grappa, cognac e vodka, raggiungono concentrazioni in alcol spesso superiori a 40° (cioè con più di 40 mL di alcol contenuti in 100 mL di bevanda), e sono ottenuti proprio distillando soluzioni a minore contenuto di etanolo. In alcuni paesi del mondo (primo fra tutti il Brasile) l'etanolo viene usato come combustibile al posto della comune benzina (**Figura A**) perché viene prodotto in grandi quantità dalla fermentazione di masse vegetali di varia natura. All'etanolo ottenuto per questa via si dà il nome di *bioetanolo*. Oggi, nel mondo, si producono più di 50 miliardi di litri di bioetanolo all'anno.

L'altro modo per produrre etanolo si basa sull'idratazione dell'etilene, una tipica reazione di addizione elettrofila al doppio legame. L'etanolo trova impiego anche nell'industria dei solventi, dei profumi e dei cosmetici.

Figura A Una colonna di tir trasporta canna da zucchero alla bioraffineria per la produzione di etanolo (Brasile).

Glicol etilenico

Il glicol etilenico, o 1,2-etandiolo, è un alcol contenente due gruppi —OH. A causa dei legami a idrogeno che i gruppi —OH possono formare, il glicol etilenico presenta un elevato punto di ebollizione (+197 °C) e una completa miscibilità con l'acqua. Queste proprietà lo rendono idoneo a essere utilizzato come liquido anticongelante e liquido di raffreddamento dei motori degli autoveicoli.

Il glicol etilenico trova larghissimo impiego anche nella produzione di resine e fibre sintetiche. Il PET, per esempio, che è la resina con cui si producono le bottiglie trasparenti per liquidi alimentari, si ottiene proprio facendo reagire glicol etilenico e acido tereftalico (**Figura B**).

Glicerolo

Il glicerolo, il cui nome IUPAC è 1,2,3-propantriolo, è spesso chiamato anche *glicerina*. Si presenta come un liquido sciropposo solubile in acqua ed è utilizzato in grandi quantità nell'industria dei cosmetici e delle vernici. Il suo impiego più significativo è nella produzione della nitroglicerina, un esplosivo potente e poco maneggevole a causa della grande sensibilità agli urti.

Figura B Il successo del PET ha causato un grande impatto ambientale: bottiglie di plastica pressate e imballate, pronte per essere riciclate.

La nitroglicerina è l'esplosivo fabbricato in maggior quantità. La si prepara facendo reagire glicerina anidra con una miscela di acido nitrico e solforico.

$$\begin{array}{l} CH_2{-}OH \\ | \\ CH{-}OH \\ | \\ CH_2{-}OH \end{array} + 3HNO_3 \xrightarrow{H_2SO_4} \begin{array}{l} CH_2{-}O{-}NO_2 \\ | \\ CH{-}O{-}NO_2 \\ | \\ CH_2{-}O{-}NO_2 \end{array} + 3HNO_3$$

La nitroglicerina ha anche un impiego terapeutico grazie a una spiccata azione vasodilatatrice e viene utilizzata in soluzione alcolica molto diluita nella terapia dell'*angina pectoris*, una forma di sofferenza cardiaca dovuta a un minore afflusso di sangue attraverso le arterie coronarie.

Fenoli

Molti composti fenolici e polifenolici hanno proprietà antiossidanti (**Figura C**). Alcuni fenoli sono aggiunti agli alimenti perché li proteggono dall'azione dell'ossigeno, responsabile, per esempio, dell'irrancidimento dei grassi o delle variazioni di colore di frutta e verdura tagliata ed esposta all'aria. Altri, invece, hanno azione disinfettante. I fenoli più importanti e le rispettive proprietà sono riportate nella **Tabella A**.

Figura C Piante aromatiche contenenti timolo.

Tabella A Alcuni importanti fenoli.

Formula	Nome	Usi
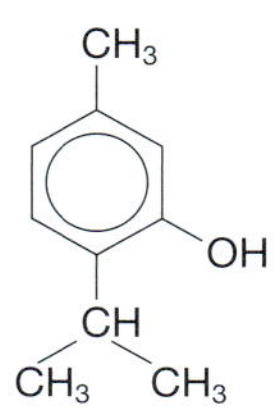	timolo	Disinfettante del cavo orale e componente delle paste dentifricie.
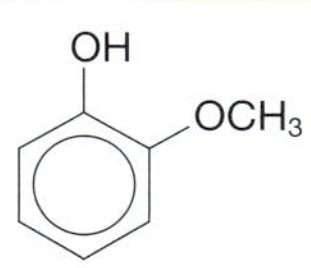	guaiacolo	Espettorante e componente di alcuni sciroppi per la tosse.
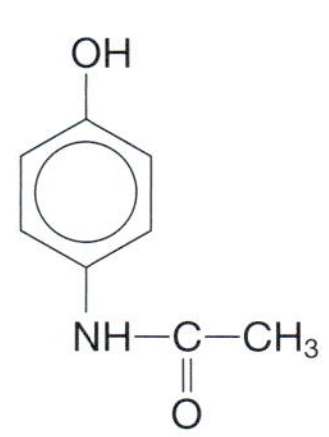	paracetamolo	Antipiretico e analgesico, alternativo all'aspirina.
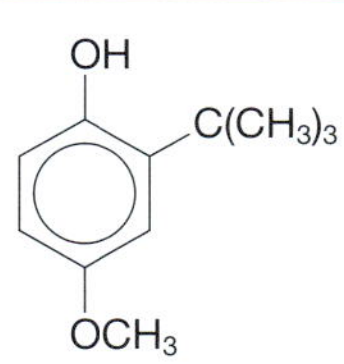	butilidrossianisolo (E 103)	Antiossidante per prodotti alimentari (farina, biscotti, cioccolato).
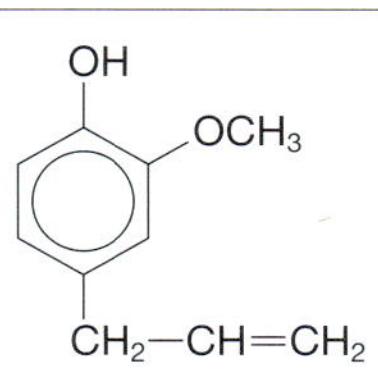	eugenolo	Antibatterico usato dai dentisti; viene estratto dai chiodi di garofano.

Scarica **GUARDA!** e inquadrami per guardare i video

HAI CAPITO?

- Un alcol può comportarsi da base, oltre che da acido?

L'acidità di alcoli e fenoli

Come l'acqua, gli alcoli sono acidi molto deboli con valori di K_a compresi tra 10^{-16} e 10^{-19}. I fenoli, invece, sono circa un milione di volte più acidi degli alcoli(**Tabella A2.3**). I rispettivi equilibri di ionizzazione sono:

$$R—OH + H_2O \rightleftarrows RO^- + H_3O^+$$
$$Ar—OH + H_2O \rightleftarrows Ar—O^- + H_3O^+$$

Tabella A2.3
Confronto tra i valori di K_a e pK_a dell'acqua e di alcuni alcoli e fenoli.

Sostanza	Nome	K_a	pK_a	
$(CH_3)_3COH$	alcol *ter*-butilico	$1{,}0 \cdot 10^{-18}$	18,00	acido più debole
CH_3CH_2OH	alcol etilico	$1{,}0 \cdot 10^{-16}$	16,00	↓
HOH	acqua	$1{,}8 \cdot 10^{-16}$	15,74	↓
CH_3OH	metanolo	$2{,}8 \cdot 10^{-16}$	15,55	↓
C_6H_5OH	fenolo	$1{,}3 \cdot 10^{-10}$	9,89	↓
$C_6H_2(NO_2)_3OH$	acido picrico	$3{,}0 \cdot 10^{-1}$	0,52	acido più forte

Gli ioni RO^- e ArO^-, che sono le basi coniugate corrispondenti, vengono chiamate, rispettivamente, ione *alcossido* e ione *fenossido*. I fenoli sono acidi più forti degli alcoli per la maggiore stabilità dello ione fenossido rispetto allo ione alcossido. La carica negativa dello ione fenossido risulta infatti delocalizzata su tutto l'anello aromatico, mentre la carica negativa dello ione $R—O^-$ appartiene solo all'atomo di ossigeno. Per lo stesso motivo lo ione fenossido è una base più debole dello ione alcossido.

A causa della loro acidità, i fenoli possono essere trasformati facilmente nei loro sali per trattamento con una base acquosa. I fenoli, insolubili in acqua, diventano solubili nelle soluzioni basiche.

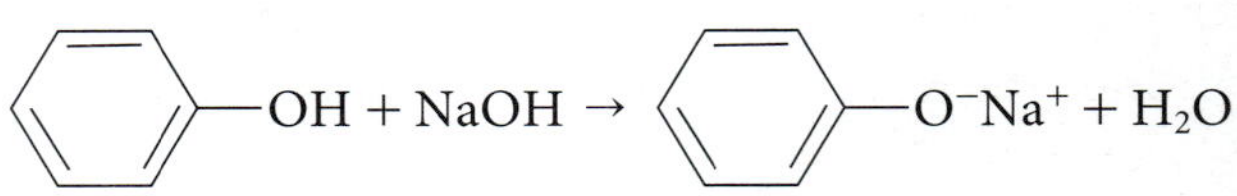

fenolo fenossido di sodio

HAI CAPITO?

- Come classifichi la reazione tra fenolo e idrossido di sodio? E quella fra un alcol e sodio metallico?

Poiché gli alcoli sono acidi un po' più deboli dell'acqua, non è possibile ottenere ioni alcossido per trattamento con soluzioni acquose di idrossido di sodio, ma è necessario adoperare basi molto forti, come la sodioammide, $NaNH_2$, o i metalli alcalini.

$$CH_3OH + NaNH_2 \rightarrow CH_3O^-Na^+ + NH_3$$
$$2(CH_3)_3C—OH + 2K \rightarrow 2(CH_3)_3CO^-K^+ + H_2$$

Gli alcoli che contengono nella loro molecola atomi diversi dall'idrogeno si caratterizzano per una diversa acidità.

Consideriamo, per esempio, il 2,2,2-trifluoroetanolo (pK_a = 12,4), $CF_3—CH_2OH$, che è molto più acido dell'etanolo. Come si giustifica questo comportamento?

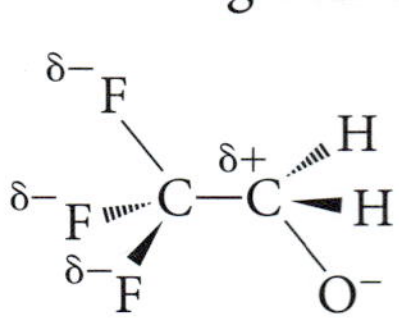

ione 2,2,2-trifluoroetossido

Nello ione 2,2,2-trifluoroetossido, il carbonio ha una parziale carica positiva, a causa dell'elevata elettronegatività del fluoro. La carica positiva neutralizza, almeno in parte, la carica negativa dell'ossigeno, stabilizzandola. La base coniugata, in questo modo, risulta meno propensa a riacquistare il protone e l'acidità dell'alcol trisostituito di conseguenza aumenta. Quello appena descritto è un esempio di effetto induttivo attrattivo, che si verifica con tutti gli atomi, come il fluoro, e i gruppi atomici che attraggono gli elettroni (*gruppi elettron-attrattori*).

Alcuni fenoli hanno un'acidità più elevata, compresa tra quella degli alcoli e degli acidi carbossilici. Essa aumenta quando sull'anello aromatico sono inseriti gruppi atomici, come il gruppo $—NO_2$, che attraggono elettroni perché in questo modo la carica negativa dello ione fenossido è ulteriormente stabilizzata. Per esempio, il 2,4,6-trinitrofenolo, altamente esplosivo e noto come acido picrico, ha $K_a = 3{,}0 \cdot 10^{-1}$.

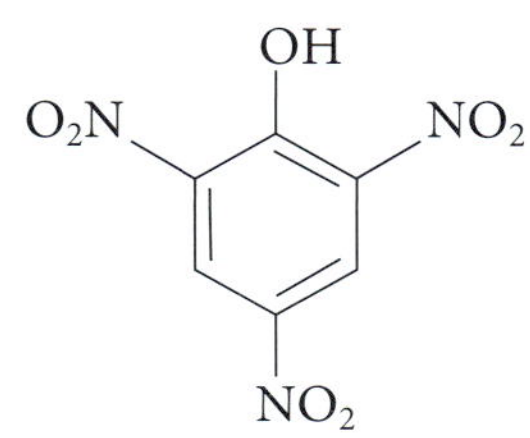

acido picrico

Gli alcoli e i fenoli possono anche comportarsi come basi di Lewis. L'ossigeno con una delle due coppie libere di elettroni può legare un protone, H^+, e formare uno ione alchilossonio.

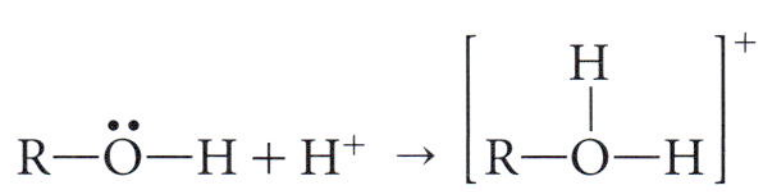

4 Le reazioni di alcoli e fenoli

Gli alcoli non si comportano soltanto da acidi deboli. A causa della maggiore elettronegatività dell'atomo di ossigeno, il carbonio che lega il gruppo OH è parzialmente positivo; in opportune condizioni, esso è esposto agli attacchi di agenti nucleofili (Nu:) che portano alla rottura del legame C—O.

Negli alcoli primari e secondari, inoltre, l'atomo di carbonio che lega l'ossidrile possiede ancora atomi di idrogeno che possono essere rimossi da un opportuno agente ossidante.

Video **Come si riconoscono gli alcoli?**

Video **Come si distinguono alcoli primari, secondari e terziari?**

Video **Come si riconoscono i fenoli?**

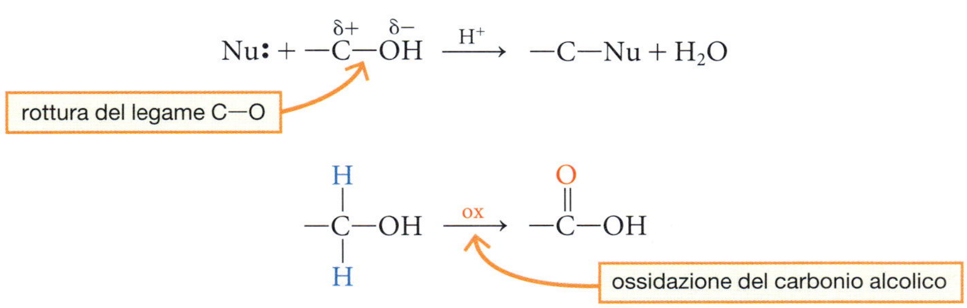

Reazioni con rottura del legame C—O

Per facilitare la rottura del legame C—O è spesso necessario operare in ambiente acido. L'ossigeno del gruppo —OH, che è in grado di accettare un protone (H^+), si trasforma nel gruppo $—OH_2^+$. Il legame C—O risulta così indebolito, dal carbonio può staccarsi una molecola neutra di acqua e la specie nucleofila può formare con esso un nuovo legame. Proprio perché il risultato complessivo è la sostituzione di un gruppo nucleofilo (—OH) con un altro (Nu:), la reazione è di **sostituzione nucleofila**. Come esempio, consideriamo la reazione tra alcol *ter*-butilico e acido cloridrico (*reazione di alogenazione*).

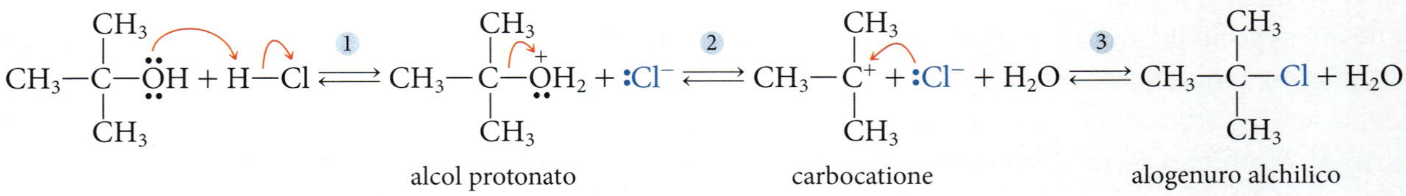

HAI CAPITO?

- Perché la protonazione del gruppo —OH favorisce la rottura eterolitica del legame C—O?

1. Il primo passo è la protonazione dell'ossigeno da parte dell'acido cloridrico.
2. Dall'alcol protonato si stacca la molecola d'acqua e si forma un intermedio di reazione che è un carbocatione.
3. Esso viene attaccato dal nucleofilo :Cl^- e si forma così un alogenuro alchilico chiamato cloruro di *ter*-butile.

In generale, gli alcoli terziari reagiscono con gli acidi alogenidrici concentrati secondo il meccanismo di reazione S_N1, già visto nel caso degli alogenuri alchilici.

Per trasformare in alogenuri alchilici gli alcoli primari, e talvolta anche i secondari, con reazione che decorre secondo un meccanismo bimolecolare S_N2, è necessario ricorrere a specifici agenti alogenanti, come $SOCl_2$ (cloruro di tionile) e PBr_3 (tribromuro di fosforo).

Facendo reagire gli alcoli con l'acido solforico H_2SO_4 concentrato a elevata temperatura (180 °C), avviene invece una *reazione di disidratazione*. Anche in questo caso si forma come intermedio un carbocatione ma il prodotto finale è un alchene. H_2SO_4 è rigenerato e agisce quindi da catalizzatore. Consideriamo di nuovo il caso dell'alcol *ter*-butilico:

HAI CAPITO?

- In che modo il catalizzatore H_2SO_4 partecipa alla reazione di disidratazione dell'alcol *ter*-butilico? Come si ricostituisce al termine di essa?

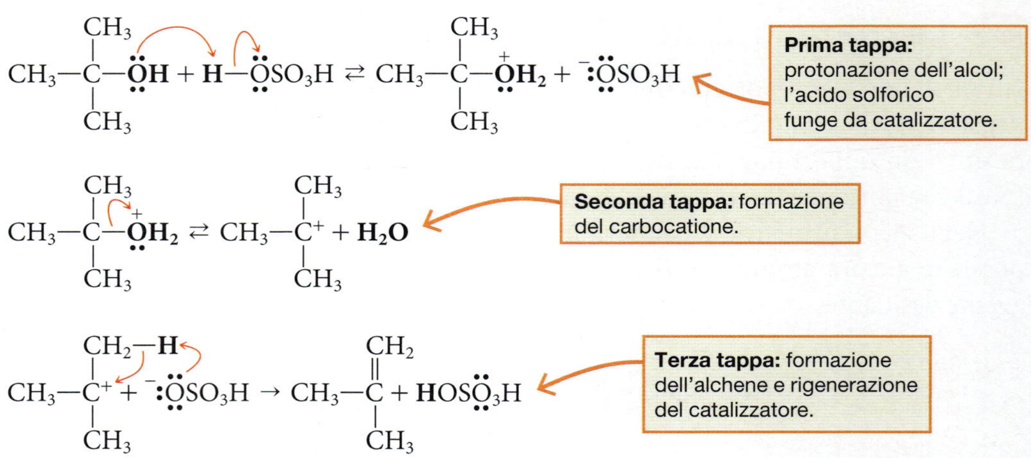

In generale, i prodotti della disidratazione degli alcoli sono un alchene e acqua.

La reazione di disidratazione degli alcoli è la reazione inversa dell'addizione di acqua agli alcheni ed è detta **reazione di eliminazione**. Dalla molecola di alcol vengono eliminati un H e un gruppo OH con un meccanismo E1 o E2, a seconda che l'alcol sia terziario, secondario o primario. A differenza degli alcoli, il carbonio del gruppo —OH dei fenoli non subisce né reazioni di sostituzione nucleofila né di eliminazione.

Reazioni di ossidazione

L'ossidazione di un elemento è una trasformazione che comporta l'aumento del numero di ossidazione, n.o., degli atomi che lo costituiscono. Ogni volta che il carbonio si lega a un elemento più elettronegativo, come l'ossigeno, subisce un aumento del suo n.o. per cui diciamo che si ossida.

Invece il carbonio si riduce quando si lega a un elemento meno elettronegativo, come l'idrogeno, e il suo (n.o.) diminuisce. Poiché idrogeno e ossigeno sono gli atomi a cui il carbonio organico è più frequentemente legato, possiamo affermare che:

> il carbonio è tanto più ossidato quanti più legami forma con l'ossigeno e quanti meno ne forma con l'idrogeno.

HAI CAPITO?

- Determina il n.o. del carbonio nel metanolo, CH_3OH, e nell'acido formico, HCOOH.

Il carbonio del gruppo funzionale alcolico, per esempio, è più ossidato di quello dello scheletro molecolare, ma è meno ossidato del carbonio del gruppo funzionale aldeidico —CH=O:

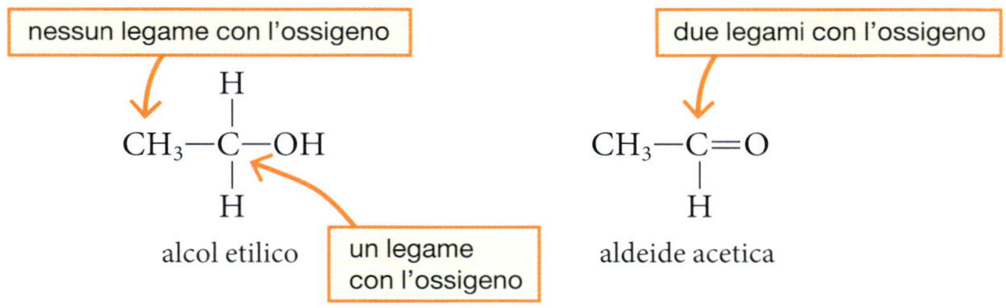

Gli alcoli primari e secondari hanno, rispettivamente, 2 e 1 atomi di idrogeno legati al carbonio che è unito al gruppo funzionale e possono quindi essere trasformati in molecole organiche più ossidate. Gli alcoli terziari, invece, non subiscono trasformazioni di questo tipo. Nell'alcol *ter*-butilico $(CH_3)_3C—OH$, per esempio, il C che lega il gruppo —OH non ha atomi di idrogeno da sostituire con atomi di ossigeno.

I prodotti dell'ossidazione degli alcoli primari e secondari sono diversi:

> Gli alcoli primari sono ossidati prima ad aldeidi e poi ad acidi carbossilici; gli alcoli secondari sono invece ossidati a chetoni.

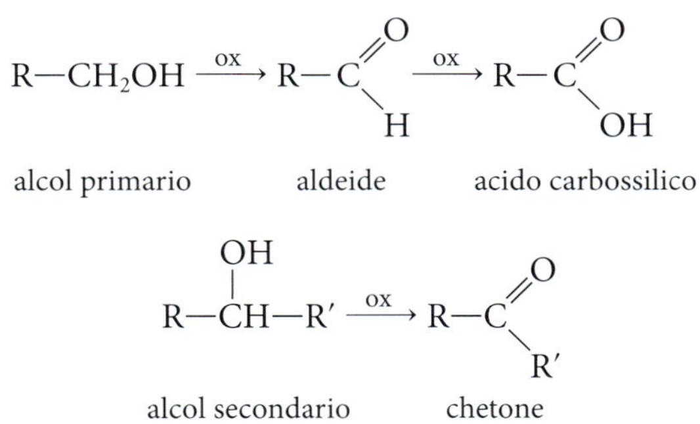

HAI CAPITO?

- Quali sono i prodotti dell'ossidazione dei seguenti alcoli?
  a 1-pentanolo
  b 2-butanolo

I reattivi più frequentemente utilizzati in laboratorio per ossidare gli alcoli sono il permanganato di potassio ($KMnO_4$), il triossido di cromo (CrO_3) e il dicromato di sodio ($Na_2Cr_2O_7$). Tutti e tre sono ossidanti forti che non consentono di fermare l'ossidazione degli alcoli primari allo stadio di aldeidi.

Anche i fenoli si ossidano facilmente: il prodotto che si ottiene è del tutto particolare e appartiene alla categoria dei *chinoni*. Dall'ossidazione dell'idrochinone, per esempio, si ottiene il *p*-benzochinone, chiamato semplicemente chinone:

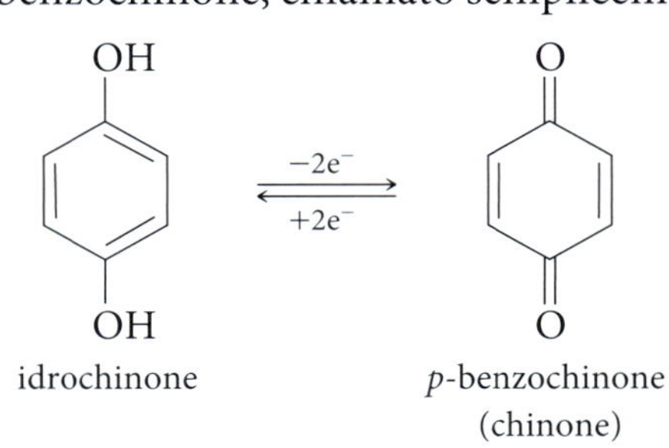

HAI CAPITO?

- Qual è il numero di ossidazione del carbonio che lega il gruppo funzionale nell'idrochinone e nel *p*-benzochinone?

GUARDA! i video

La reazione è reversibile: il *p*-benzochinone, infatti, si riduce facilmente a idrochinone. L'interconversione dalla forma chinonica a quella idrochinonica avviene anche negli *ubichinoni*, detti *coenzimi* Q, molecole che operano all'interno dei mitocondri cellulari e fungono da trasportatori mobili di elettroni della catena respiratoria. Riparleremo di questi composti nel Capitolo B2, dedicato al metabolismo cellulare.

5 Aldeidi e chetoni

PER SAPERNE DI PIÙ

Nelle formule condensate —**CHO** indica la presenza del gruppo carbonilico di un'aldeide, mentre —**COH** indica il gruppo ossidrilico di un alcol.

Il gruppo funzionale caratteristico delle **aldeidi**, R—CHO, e dei **chetoni**, R—CO—R′, è detto *carbonile*.

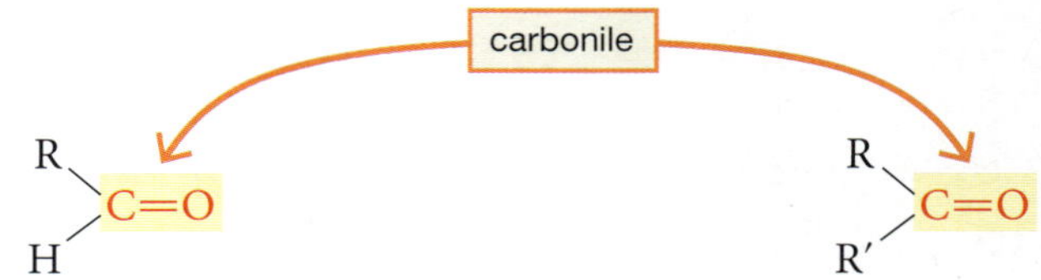

aldeide   chetone

Nelle aldeidi lega un atomo di idrogeno e un residuo R (o Ar), mentre nei chetoni lega due residui R (o Ar). In altre parole, nelle aldeidi il carbonile è all'inizio di una catena carboniosa, nei chetoni è in posizione interna. Come per il gruppo alcolico, anche quello carbonilico caratterizza tutti i tipi di zuccheri.

Come negli alcheni, il carbonio del gruppo carbonilico è ibridato sp^2 e gli angoli di legame che esso forma con gli atomi adiacenti sono di 120° circa; ne consegue che gli atomi legati al carbonio carbonilico sono disposti su uno stesso piano (**Figura A2.5**).

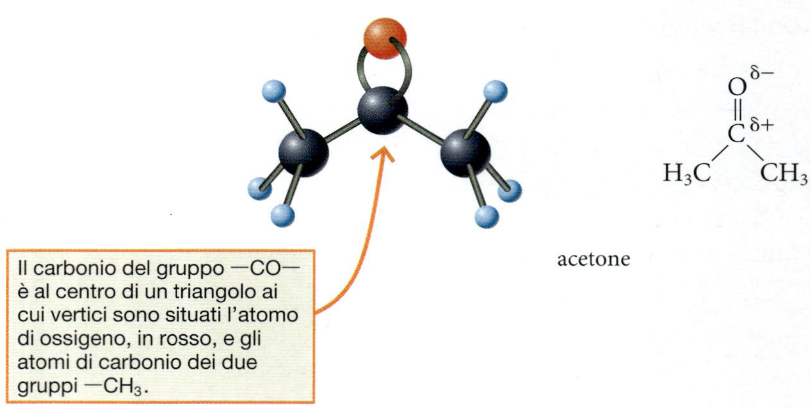

acetone

Figura A2.5 Modello molecolare dell'acetone (chetone), CH_3—CO—CH_3.

Sia nelle aldeidi che nei chetoni, il doppio legame C=O del gruppo carbonile, costituisce il *punto reattivo* della molecola. Sull'atomo di ossigeno rimangono due doppietti elettronici non condivisi. A causa dell'elevata elettronegatività dell'atomo di ossigeno, il legame carbonio-ossigeno è polarizzato e ciò condiziona la reattività e le proprietà fisiche delle molecole che lo contengono. Tra le molecole di aldeidi e chetoni si formano, infatti, legami dipolo-dipolo abbastanza intensi, così che i loro punti di ebollizione sono più alti di quelli degli idrocarburi di massa molecolare equivalente. Non si formano, però, legami a idrogeno, per cui aldeidi e chetoni bollono a temperature inferiori rispetto ai corrispondenti alcoli. L'atomo di ossigeno del carbonile forma legami a idrogeno con le molecole di acqua; per questo motivo aldeidi e chetoni a basso peso molecolare sono molto solubili in acqua.

Figura A2.6 La vanillina contenuta nei baccelli di vaniglia è un esempio di aldeide.

Aldeidi e chetoni sono abbondantemente presenti in natura: spesso hanno aromi e profumi caratteristici, come nel caso della vanillina (**Figura A2.6**), e per questo vengono chiamati **osmofori**.

La nomenclatura di aldeidi e chetoni

Il nome delle aldeidi deriva da quello dell'alcano corrispondente sostituendo alla -o finale il suffisso -**ale**; nei chetoni, invece, il suffisso è -**one**. Se il gruppo —CHO è legato a un anello, si aggiunge il suffisso -**carbaldeide** al nome dell'anello. La catena scelta come radice del nome deve contenere il gruppo carbonilico e la numerazione degli atomi di carbonio deve partire dall'estremità più vicina al gruppo stesso. Nelle aldeidi il gruppo —CHO è sempre a un'estremità della catena in posizione C1, e quindi non occorre specificare il numero d'ordine. Di seguito sono riportati i nomi di alcuni aldeidi e chetoni (tra parentesi i nomi comuni).

H—CHO
metan**ale**
(formaldeide)

CH_3—CHO
etan**ale**
(acetaldeide)

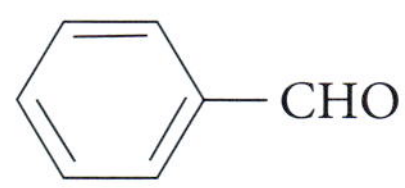
benzen**carbaldeide**
(benzaldeide)

CH_3—CO—CH_3
propan**one**
(acetone)

CH_3—CH_2—CH_2—CO—CH_3
2-pentan**one**
(metilpropilchetone)

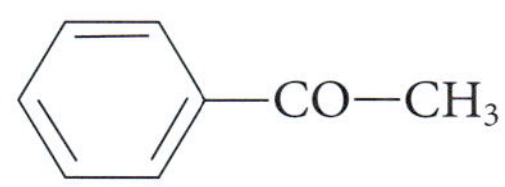
1-feniletan**one**
(acetofen**one**)

HAI CAPITO?

- Scrivi la formula di struttura del
  a 3-metilesanale;
  b metilisopropil-chetone.

Qual è il nome IUPAC del metilisopropilchetone?

La reazione caratteristica di aldeidi e chetoni è l'addizione nucleofila

Come gli alcheni, aldeidi e chetoni danno reazioni di addizione. Gli atomi di carbonio dei gruppi $>C{=}C<$ e $>C{=}O$ sono insaturi e possono legarsi a nuovi atomi. A differenza degli alcheni, però, il carbonio del gruppo $>C{=}O$, che è nettamente polarizzato, presenta una parziale carica positiva. Pertanto, i nucleofili sono capaci di reagire con il carbonio carbonilico di aldeidi e chetoni utilizzando un doppietto elettronico libero per sommarsi al carbonio del gruppo $>C{=}O$. Il risultato complessivo è una reazione di **addizione nucleofila**.

Il meccanismo con cui procede l'addizione di un nucleofilo, $Nu:^-$, ad aldeidi e chetoni in ambiente acquoso neutro o basico è:

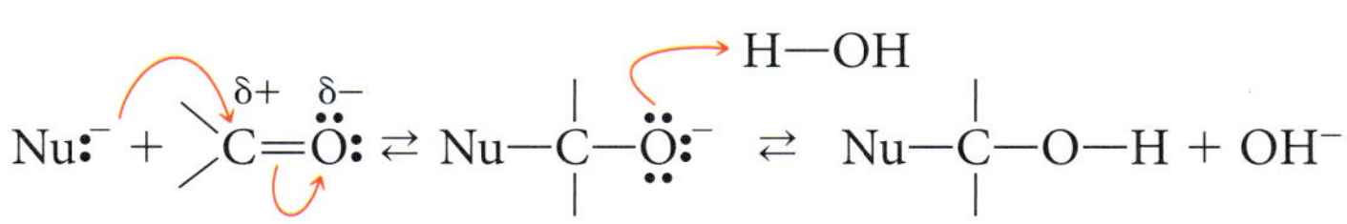

Dopo l'addizione del nucleofilo, l'acqua fornisce il protone per dare origine al prodotto finale.

Una reazione di addizione nucleofila di particolare importanza avviene quando il gruppo —CHO di un'aldeide reagisce con il gruppo —OH di un alcol. L'ossigeno del gruppo —OH possiede coppie elettroniche libere e funge da nucleofilo. Il prodotto che si forma è un *emiacetale*.

Poiché gli alcoli sono nucleofili deboli, è necessario catalizzare la reazione con un acido, per esempio acido solforico. In questo caso, quindi, prima dell'addizione nel nucleofilo ha luogo una protonazione:

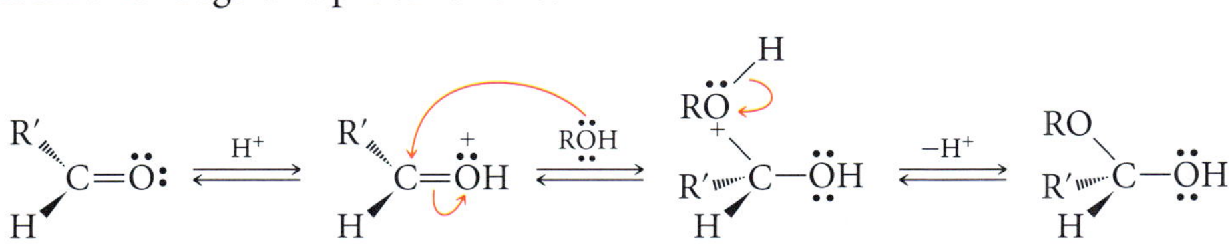
aldeide — aldeide protonata — emiacetale protonato — emiacetale

Video **Come si riconoscono aldeidi e chetoni?**

Video **Come si distinguono aldeidi e chetoni?**

HAI CAPITO?

- Individua la funzione eterea nella struttura dell'emiacetale.

PER SAPERNE DI PIÙ

Aldeidi e chetoni: caratteristiche e applicazioni

Le **aldeidi** e i **chetoni** sono molecole organiche che presentano un **gruppo carbonilico** >C=O, responsabile di peculiari caratteristiche come l'elevata reattività o l'odore distintivo. Da tempo il nome di questi composti è definito dal sistema di **nomenclatura** IUPAC, tuttavia essi vengono più spesso indicati con i loro nomi d'uso. Erano già ampiamente utilizzati prima che entrasse in vigore la nomenclatura standard e così l'etanale è più noto come acetaldeide.

Sono molecole con enorme **diffusione** in natura, basti pensare che il **glucosio**, lo zucchero alla base di moltissime biomolecole complesse come l'amido e la cellulosa, possiede un gruppo aldeidico, mentre il **fruttosio**, suo simile, uno chetonico. Per la loro **elevata reattività** aldeidi e chetoni sono protagonisti nel mondo biochimico, dai metabolismi di base a quelli più complessi. La vista, per esempio, è permessa dalla presenza nella retina del **retinale** o aldeide della vitamina A (**Figura A**) che, reagendo alla luce, induce l'isomerizzazione *cis-trans* modificando il potenziale elettrico che il nostro cervello interpreta come un'immagine.

Anche il loro **odore** ha contribuito alla diffusione dei composti carbonilici: la natura infatti ricorre spesso agli odori e ai sapori per fare interagire gli organismi. Le aldeidi coprono una vasta gamma di odori, dagli acri e pungenti come avviene per la formaldeide, fino ai più aromatici e gradevoli come per il citronellale, responsabile del profumo dell'olio di citronella, o per l'aldeide cinnamica, tipica della cannella. Anche i chetoni sono composti fortemente odorosi, spesso più dolciastri delle aldeidi come nel caso dell'acetone tipicamente fruttato, ma sempre aromatici come il mentone, che caratterizza la menta, la canfora o il carvone, tipico dell'anice (**Figura B**).

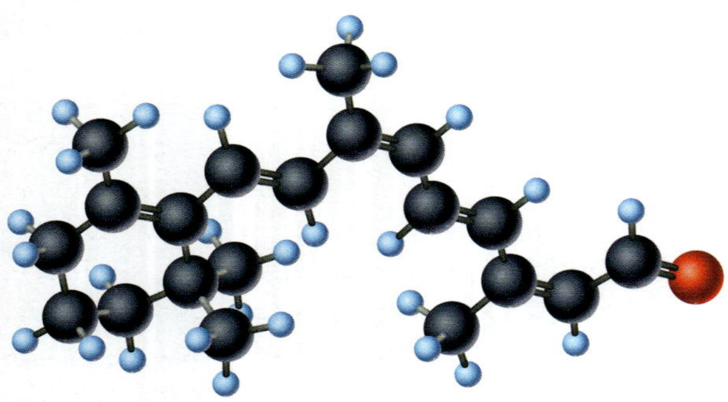

Figura A La molecola del retinale. In rosso l'ossigeno terminale del gruppo aldeidico.

Figura B Aldeidi e chetoni nelle spezie.

HAI CAPITO?

- Scrivi la formula di struttura dell'acetale che si ottiene facendo reagire l'acetaldeide con un eccesso di metanolo.

In presenza di un eccesso di alcol, la reazione può procedere e portare alla formazione di acetale, una molecola che contiene due funzioni eteree (—OR) sullo stesso atomo di carbonio, con eliminazione di una molecola di acqua. Per esempio, nel caso dell'etanale (o acetaldeide) la reazione avviene seguendo questi due passaggi:

1° passaggio

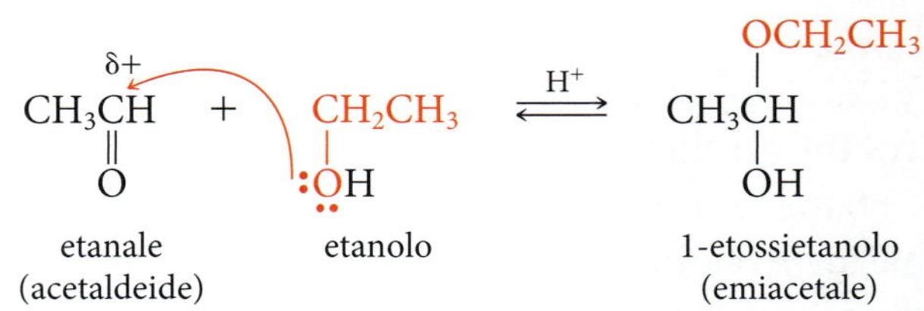

2° passaggio

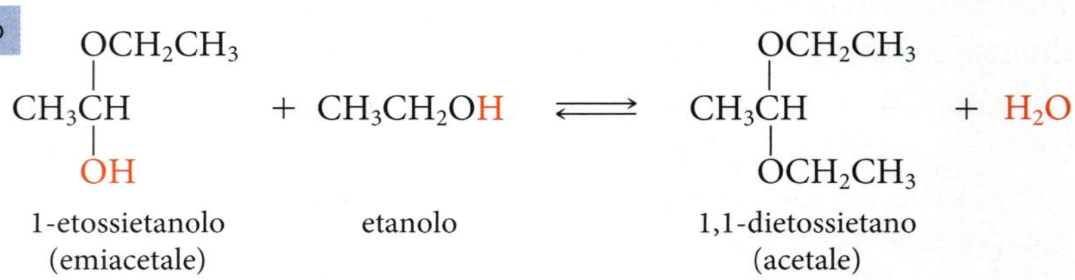

Figura C La formaldeide in soluzione acquosa (formalina) veniva utilizzata nella conservazione dei reperti biologici.

Figura D Le colle viniliche trovano largo impiego sia nel fai da te che in campo professionale.

Per le loro proprietà l'uomo ha sfruttato le aldeidi e i chetoni in diversi **utilizzi**, per esempio come solventi organici. La loro struttura molecolare, infatti, presenta il gruppo funzionale idrofilo e la catena rimanente idrofobica, elementi che consentono la solvatazione di molti composti. La **formaldeide** o metanale (Figura C) è la più semplice delle aldeidi. In soluzione acquosa è conosciuta come *formalina*, un conservante battericida piuttosto volatile, potenzialmente cancerogeno e tossico sia per inalazione sia per ingestione.

L'**acetaldeide** o etanale (Figura D) è la seconda aldeide della serie e anch'essa ha un odore pungente. Coinvolta in molti processi biologici come la produzione di acido acetico presente nell'aceto, questa molecola organica è ampiamente utilizzata nella produzione di coloranti o di colle viniliche.

L'**acetone** o propanone è il più piccolo dei chetoni e ha un odore fruttato caratteristico. Questo composto è un solvente organico, usato per rimuovere lo smalto per le unghie; è comunemente utilizzato nei laboratori chimici di tutto il mondo, seppur sia tossico per inalazione, ingestione e contatto diretto in particolare con gli occhi. L'acetone viene prodotto anche dal nostro corpo, soprattutto in caso di malattie come il diabete o nel bambino in caso di febbre. Si riconosce per il caratteristico alito fruttato che determina.

Tutti i passaggi sono reversibili; un eccesso di alcol sposta l'equilibrio verso destra mentre un eccesso di acqua sposta l'equilibrio verso sinistra. I chetoni reagiscono in maniera analoga formando gli *emichetali* e i *chetali*.

Rivedremo questa reazione a proposito degli zuccheri perché molti di essi esistono prevalentemente in una forma emiacetalica ciclica.

Reazioni di ossidazione e riduzione di aldeidi e chetoni

Per **ossidazione** delle aldeidi si ottiene un acido carbossilico con lo stesso numero di atomi di carbonio. I chetoni, invece, si ossidano solo in condizioni drastiche che portano alla rottura dei legami carbonio-carbonio. Il differente comportamento è dato dal fatto che le aldeidi hanno un atomo di idrogeno legato al carbonile facilmente ossidabile, al contrario dei chetoni, che ne sono privi. In laboratorio, il diverso comportamento nei confronti di agenti ossidanti viene utilizzato per distinguere fra loro i due tipi di composti. Per esempio nel *saggio di Tollens* lo ione argento, in una soluzione acquosa di ammoniaca, è facilmente ridotto dalle aldeidi ad argento metallico che si deposita sotto forma di specchio sulla superficie del vetro (Figura A2.7).

$$CH_3CHO + 2Ag^+ \xrightarrow{NH_3,\, H_2O} CH_3COO^-NH_4^+ + 2Ag\downarrow$$

L'acetaldeide è ossidata ad acido acetico mentre l'acetone non reagisce.

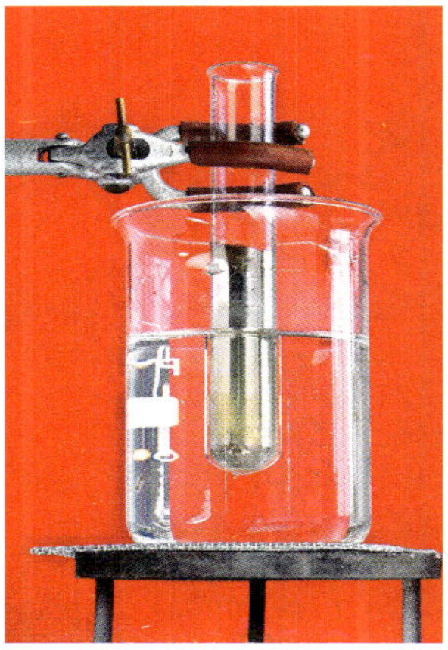

Figura A2.7
Il saggio di Tollens dello specchio d'argento.

Sia le aldeidi sia i chetoni possono formare per **riduzione**, rispettivamente, alcoli primari o secondari. I reattivi più adoperati sono gli idruri metallici come $LiAlH_4$, idruro di litio e alluminio, o $NaBH_4$, sodio boro idruro.

$$\underset{\text{butanale}}{CH_3CH_2CH_2CHO} \xrightarrow{\text{red}} \underset{\substack{\text{1-butanolo}\\ \text{alcol primario}}}{CH_3CH_2CH_2CH_2OH}$$

$$\underset{\text{propanone}}{CH_3COCH_3} \xrightarrow{\text{red}} \underset{\substack{\text{2-propanolo}\\ \text{alcol secondario}}}{CH_3\underset{\displaystyle OH}{\underset{|}{C}}HCH_3}$$

HAI CAPITO?

- Qual è il prodotto della riduzione dell'acetofenone? E dell'ossidazione della benzaldeide?

6 Gli acidi carbossilici e i loro derivati

Il **gruppo carbossilico** caratteristico degli acidi organici deriva idealmente dalla «fusione» del gruppo carbonile $>C{=}O$ e del gruppo ossidrile —OH.

Il nuovo gruppo funzionale presenta anch'esso polarità interne, in grado di influenzare le proprietà chimico-fisiche del composto:

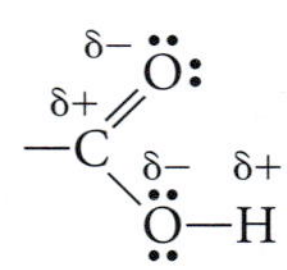

La nomenclatura degli acidi carbossilici

I nomi IUPAC degli acidi carbossilici derivano da quello dell'alcano corrispondente in cui si sostituisce alla -o finale il suffisso -**oico**; si premette poi il termine **acido**. La numerazione della catena inizia dal carbonio carbossilico, a cui compete il numero 1. Molti acidi carbossilici, soprattutto quelli più semplici, portano nomi correnti (tra parentesi) che, spesso, documentano la fonte naturale da cui sono stati isolati. Nei nomi correnti si usano le lettere greche α, β, γ... per designare gli atomi di carbonio che seguono al gruppo carbossilico.

HAI CAPITO?

- Scrivi la formula dell'acido γ-bromopentanoico.

H—COOH	CH_3COOH	CH_3CH_2COOH	$\overset{4(\gamma)}{CH_3}—\overset{3(\beta)}{CHCl}—\overset{2(\alpha)}{CH_2}\overset{1}{COOH}$
acido metan**oico** (acido formico)	**acido** etan**oico** (acido acetico)	**acido** propan**oico** (acido propionico)	**acido** 3-clorobutan**oico** (acido β-clorobutirrico)

Proprietà fisiche degli acidi carbossilici

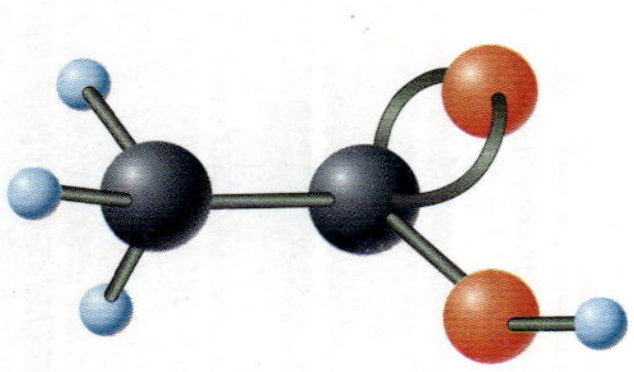

Figura A2.8
Modello molecolare dell'acido acetico. Il carbonio del gruppo carbossilico è al centro di un triangolo ai cui vertici ci sono i due atomi di ossigeno, in rosso, e il carbonio del gruppo metilico.

Le proprietà fisiche degli acidi carbossilici sono condizionate dalla formazione di legami a idrogeno intermolecolari che portano spesso all'unione a due a due delle molecole di acido. Nel caso dell'acido acetico (**Figura A2.8**), per esempio, si ha:

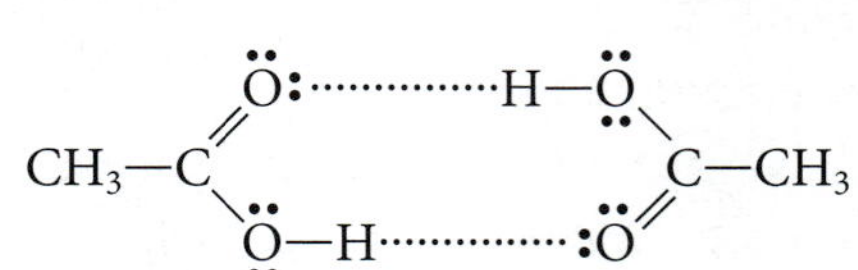

dimero dell'acido acetico

Gli acidi carbossilici presentano, pertanto, punti di ebollizione abbastanza alti; l'acido acetico, per esempio, bolle a 118 °C, mentre il cloropropano, che ha massa molecolare di poco superiore, bolle a 46,6 °C.

Gli acidi carbossilici nel mondo biologico

Gli **acidi carbossilici** sono composti organici molto diffusi in natura; essi presentano almeno un gruppo carbossile —COOH, che ne determina la reattività e le caratteristiche. Prodotti per ossidazione successiva di alcoli o aldeidi, queste molecole sono più frequentemente indicate con la **nomenclatura** tradizionale rispetto a quella IUPAC, quindi al posto di acido etanoico troveremo più facilmente acido acetico. Per meglio comprenderli li divideremo in due categorie:

- gli acidi carbossilici **non sostituiti** hanno una struttura molecolare piuttosto semplice, nella quale al gruppo carbossilico segue una semplice catena di C legati agli H (si dicono **saturi** in caso di legami semplici C—C e **insaturi** se ci sono doppi legami tra i C);
- gli acidi carbossilici **variamente sostituiti** mostrano la sostituzione di uno o più H appartenenti alla catena carboniosa con altri gruppi funzionali, come il comune gruppo ossidrile —OH.

Per capire la grande diffusione di questi composti, vediamo qualche esempio, partendo dai più piccoli fra quelli non sostituiti, spesso incolori, corrosivi e dall'odore pungente. L'**acido formico** o metanoico è il più semplice della serie e a contatto con la pelle provoca serie ustioni, mentre in piccole quantità viene prodotto come sostanza urticante dalle formiche, da cui prende il nome. L'**acido acetico** o etanoico è il secondo della serie e viene prodotto, per esempio, da microrganismi come l'*Acetobacter* nella fermentazione acetica, sfruttata dall'uomo per conferire all'aceto il tipico odore e sapore pungente. Procedendo nella serie, l'**acido propionico** o propanoico deriva dalla fermentazione propionica, usata per l'occhiatura dei formaggi. L'**acido butirrico** o butanoico compare nella fermentazione butirrica e, con il suo odore nauseabondo, è responsabile dell'irrancidimento di burro e formaggi stagionati.

Anche se non c'è completo accordo tra gli autori, in genere l'acido butirrico viene considerato il primo termine degli **acidi grassi**, composti idrofobici caratterizzati da una catena carboniosa sempre più lunga e da un ruolo fondamentale nella costituzione dei lipidi e nel metabolismo di tutti i viventi. Ricordiamo che per la nostra salute è meglio mangiare acidi grassi insaturi come l'acido **oleico**, il **linoleico** o il **linolenico**, piuttosto che gli acidi grassi saturi come il **caprinico**, il **palmitico** o lo **stearico**.

Tra le fila degli acidi carbossilici variamente sostituiti compaiono molti composti diversi. Vediamo qualche esempio di molecole sostituite con gruppi idrossile. L'**acido glicolico** o idrossiacetico ha struttura simile all'acido acetico, ma con l'aggiunta di un gruppo idrossile. Si estrae dalla canna da zucchero o dalla barbabietola e viene utilizzato come esfoliante nella cura della pelle. Altri acidi sostituiti con gruppi idrossile sono anche l'**acido lattico**, prodotto finale della ben nota fermentazione lattica, l'**acido malico** e l'**acido citrico**, entrambi presenti nell'importante ciclo di Krebs che permette la produzione di energia in ogni cellula, o l'**acido tartarico**, presente soprattutto nell'uva e aggiunto nelle caramelle o nei succhi di frutta per conferirvi il sapore acidulo.

Solo i primi tre acidi carbossilici (formico, acetico e propionico) sono solubili in acqua. Il loro odore è pungente e, per quelli contenenti da 4 a 10 atomi di carbonio, è anche molto sgradevole, come nel caso degli acidi caproico, caprilico e caprinico (**Figura A2.9**).

Alcuni acidi carbossilici diffusi in natura sono caratterizzati da una lunga catena carboniosa non ramificata costituita da un numero pari di atomi di carbonio. Essi sono presenti nei grassi animali e vegetali e vengono per questo chiamati *acidi grassi*. Ne sono un esempio l'acido palmitico, $C_{15}H_{31}COOH$, e l'acido stearico, $C_{17}H_{35}COOH$.

In natura si trovano anche **acidi bicarbossilici**, per esempio *l'acido ossalico* (HOOC—COOH), e **idrossiacidi**, come l'*acido lattico* (CH_3—CHOH—COOH). L'acido lattico è contenuto nello yogurt, a cui conferisce il caratteristico sapore acido. Nella **Tabella A2.4** (a pagina seguente) sono riportati formule, nomi, proprietà e usi di alcuni importanti acidi carbossilici.

Figura A2.9
Le capre producono gli acidi caproico, caprilico e caprinico: $CH_3(CH_2)_nCOOH$, con $n = 4, 6, 8$.

Tabella A2.4
Formula, nome e proprietà di alcuni acidi carbossilici. I composti contraddistinti dalla sigla E seguita da un numero sono utilizzati come additivi alimentari e devono essere indicati nelle etichette dei cibi.

Formula	Nome IUPAC (nome comune)	Proprietà e usi
$HCOOH$	acido metanoico (acido formico)	Ha proprietà germicide. Si usa nell'industria della gomma.
CH_3COOH	acido etanoico (acido acetico)	È un ottimo solvente per composti organici e inorganici. Il comune aceto è una soluzione al 6% di acido acetico.
CH_3CH_2COOH	acido propanoico (acido propionico)	È usato come conservante (E 280) nel pane, nelle paste alimentari fresche e nelle patatine.
$CH_3CH_2CH_2COOH$	acido butanoico (acido butirrico)	È contenuto nel burro rancido, in alcuni formaggi e, come gliceride, nel burro e nei grassi di origine animale.
$CH_3{-}CH{=}CH{-}CH{=}CH{-}COOH$	acido *trans,trans*-2,4-esadienoico (ac. sorbico)	Inibisce funghi e muffe e viene addizionato soprattutto ai formaggi (E 200).
$CH_3(CH_2)_7CH{=}CH(CH_2)_7COOH$	acido *cis*-ottadecenoico (acido oleico)	È il costituente più abbondante della maggioranza degli oli vegetali e rappresenta il 75% circa degli acidi dell'olio di oliva.
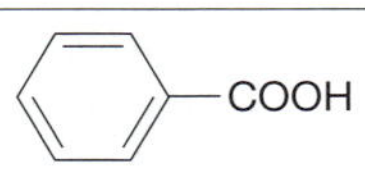	acido benzoico	Trova impiego come antimicrobico nelle bevande analcoliche e in pasticceria (E 210).
$HOOC{-}COOH$	acido etandioico (acido ossalico)	È utilizzato nell'industria tessile e per rimuovere le macchie di ruggine.
$HOOC{-}CH_2{-}CH_2{-}COOH$	acido butandioico (acido succinico)	Si trova nella lattuga e in altri prodotti vegetali.
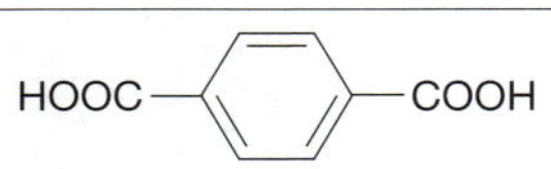	acido 1,4-benzen-dicarbossilico (acido tereftalico)	È utilizzato nell'industria delle fibre sintetiche e per la produzione del PET per le bottiglie in plastica.
$CH_3{-}CH(OH){-}COOH$	acido 2-idrossipropanoico (acido lattico)	È utilizzato come conservante per le olive (E 270).
$HOOC{-}CH_2{-}C(OH)(COOH){-}CH_2{-}COOH$	acido 3-carbossi-3-idrossi-1,5-pentandioico (acido citrico)	Usato nell'industria alimentare come acidulante (E 330). È contenuto nella frutta.
$HOOC{-}CH(OH){-}CH(OH){-}COOH$	acido 2,3-diidrossibutan-dioico (acido tartarico)	Entra nella formulazione di bevande analcoliche, caramelle, lieviti chimici (E 334). Si trova nella frutta e nel vino.
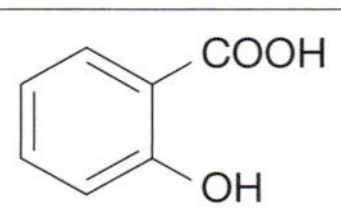	acido 2-idrossibenzoico (acido salicilico)	È utilizzato in grande quantità per produrre salicilato di metile e acido acetilsalicilico (aspirina).

GUARDA! il video

Video Come si riconoscono gli acidi carbossilici?

▶ Proprietà chimiche degli acidi carbossilici

Gli acidi carbossilici sono acidi generalmente deboli con $K_a \cong 10^{-5}$; la loro acidità è molto superiore a quella dei fenoli e ancora di più rispetto a quella degli alcoli. Lo *ione carbossilato*, infatti, è una base più debole sia dello ione alcossido, RO^-, sia dello ione fenossido, $C_6H_5O^-$. Ciò dipende dal fatto che l'elettrone dello ione carbossilato è delocalizzato su entrambi gli atomi di ossigeno ed è meno disponibile per fissare un protone.

Facendo ricorso alle formule limite di risonanza si ha quindi:

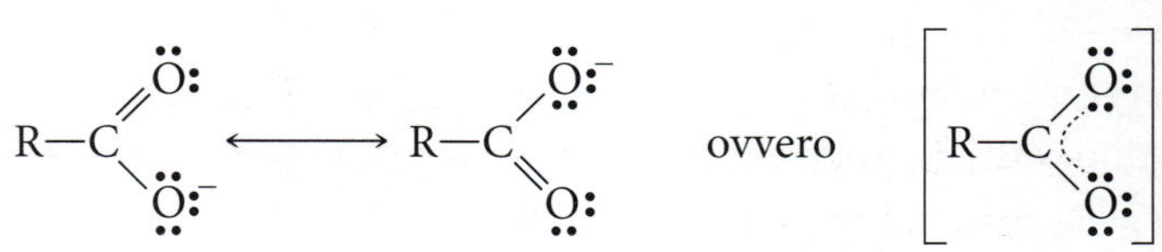

Tabella A2.5
Acidità di alcuni acidi carbossilici.

Composto	Formula	K_a	pK_a
acido acetico	CH_3COOH	$K_a = 1,8 \cdot 10^{-5}$	p$K_a = 4,74$
acido monocloroacetico	$CH_2ClCOOH$	$K_a = 1,5 \cdot 10^{-3}$	p$K_a = 2,82$
acido dicloroacetico	$CHCl_2COOH$	$K_a = 5,0 \cdot 10^{-2}$	p$K_a = 1,30$
acido tricloroacetico	CCl_3COOH	$K_a = 2,0 \cdot 10^{-1}$	p$K_a = 0,70$

L'acidità di un acido carbossilico può variare, per effetto induttivo, a seconda dei gruppi presenti nella molecola. Come si vede dalla **Tabella A2.5**, l'acidità aumenta con l'aumentare del numero degli atomi di cloro che sostituiscono l'idrogeno del metile. A causa della maggiore elettronegatività del cloro, infatti, il legame C—Cl è polarizzato e il carbonio, parzialmente positivo per effetto induttivo, attrae gli elettroni del carbossilato. In questo modo lo ione è stabilizzato perché la sua carica negativa si distribuisce su un numero di atomi maggiore. In generale, quanto maggiore è il numero dei gruppi elettron-attrattori, come nel nostro esempio, tanto maggiore è la tendenza a liberare H^+ e quindi la forza dell'acido. Per questa loro acidità, gli acidi carbossilici reagiscono con le basi forti e formano dei sali:

$$\underset{\text{acido carbossilico}}{R{-}COOH} + \underset{\text{base forte (idrossido di sodio)}}{Na^+OH^-} \longrightarrow \underset{\text{sale (carbossilato di sodio)}}{R{-}COO^-Na^+} + H_2O$$

Il nome dell'anione carbossilato si ottiene cambiando la desinenza *-ico* dell'acido in -**ato**. I sali $CH_3COO^-Na^+$ e $C_6H_5COO^-K^+$, per esempio, sono chiamati rispettivamente etano**ato** di sodio e benzo**ato** di potassio. I sali degli acidi grassi, come vedremo, costituiscono i *saponi*.

Dagli acidi carbossilici si ottengono, per reazione con opportuni reagenti, altri composti chiamati *derivati degli acidi*. La loro struttura è simile a quella degli acidi perché, oltre allo stesso gruppo, il gruppo *acilico*, hanno altri gruppi (evidenziati in rosso) che sostituiscono il gruppo —OH:

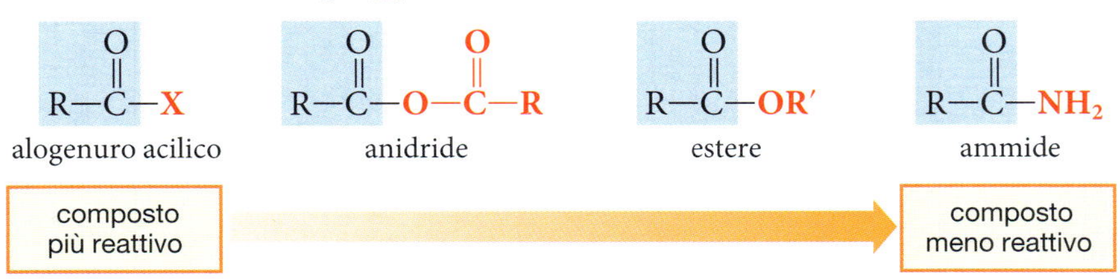

La reattività di questi derivati diminuisce da sinistra a destra, ma il meccanismo con cui essi reagiscono è lo stesso ed è caratterizzato dal fatto che a fine reazione il gruppo acilico si ritrova inalterato. Proprio per questo motivo la reazione che li accomuna non è un'addizione (che farebbe sparire l'insaturazione), bensì una **sostituzione nucleofila acilica**. La reazione avviene in due stadi:

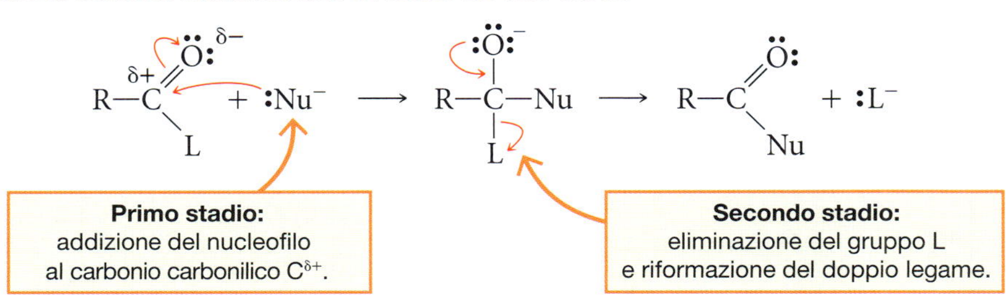

Anche gli acidi carbossilici reagiscono secondo questo meccanismo: la reazione più significativa è la loro trasformazione in esteri che si verifica quando il carbonio del gruppo C=O è attaccato dal nucleofilo R—OH.

HAI CAPITO?
- La base coniugata dell'acido tricloroacetico è più forte o più debole dello ione acetato?

HAI CAPITO?
- Scrivi e completa la seguente reazione: acido pentanoico + idrossido di potassio → ....

GUARDA! il video

7 Esteri e saponi

Quando un acido carbossilico e un alcol sono riscaldati insieme si ha la formazione di un **estere** e di acqua.

La reazione è catalizzata da acidi forti e tutti gli stadi sono reversibili. Questa trasformazione, che è nota con il nome di **esterificazione di Fischer**, è quindi una reazione di equilibrio. Lo schema di reazione è:

$$\underset{\text{acido}}{R-\overset{\overset{\displaystyle O}{\|}}{C}-OH} + \underset{\text{alcol}}{H-O-R'} \xrightleftharpoons{H^+,\ \text{calore}} \underset{\text{estere}}{R-\overset{\overset{\displaystyle O}{\|}}{C}-OR'} + \underset{\text{acqua}}{H_2O}$$

L'equilibrio può essere spostato in un senso o nell'altro a seconda delle condizioni di reazione. Un eccesso di alcol, così come la rimozione dell'acqua che si libera, favorisce la formazione dell'estere. L'aggiunta di acqua favorisce invece la reazione inversa con cui si torna all'acido e all'alcol di partenza. La reazione inversa all'esterificazione prende il nome di **idrolisi**.

Gli esteri a basso peso molecolare hanno odore gradevole; a loro si deve il particolare aroma della frutta e il profumo dei fiori. Alcuni esteri, nel mondo animale hanno la funzione di feromoni (dal greco *férein*, portare, e *ormàn*, eccitare), sostanze che vengono rilasciate nell'ambiente per trasmettere segnali che attraggono individui dell'altro sesso. Per esempio, esteri con funzione di richiamo sessuale vengono sintetizzati e impiegati nella lotta biologica agli insetti nocivi (**Figura A2.10**).

Figura A2.10
Le trappole a feromoni attirano individui di uno dei due sessi creando false tracce e riducendo la possibilità di incontro e accoppiamento.

Esteri

Come abbiamo già visto per i sali degli acidi carbossilici, il nome degli esteri, $R-CO-OR'$, si ricava da quello del corrispondente acido eliminando il termine *acido* e sostituendo la desinenza *-ico* con **-ato**; segue poi il nome del gruppo R′. Per esempio, nella formula $CH_3-CO-OCH_3$ la parte in rosso deriva dall'acido acetico, CH_3-COOH, e quella in blu corrisponde al gruppo OR′, ossia $-OCH_3$; il suo nome, pertanto, è acet**ato** di metile. Esteri naturali di elevato peso molecolare sono le **cere**, i **grassi** e gli **oli**. Le cere sono esteri provenienti da un alcol (con un solo gruppo —OH) e un acido carbossilico, entrambi a lunga catena:

$$CH_3(CH_2)_{14}-COO-(CH_2)_{15}CH_3$$
palmitato di cetile

$$CH_3(CH_2)_{14}-COO-(CH_2)_{29}CH_3$$
palmitato di miricile (nella cera d'api)

HAI CAPITO?

- Scrivi la formula del benzoato di metile e del metanoato di sodio. Qual è la differenza tra il legame ossigeno-carbonio e ossigeno-sodio?

I grassi e gli oli, rispettivamente solidi e liquidi a temperatura ambiente, si formano dalla reazione tra glicerolo (1,2,3-propantriolo) e acidi carbossilici, saturi o insaturi, a lunga catena e privi di ramificazioni, con un numero pari di atomi di carbonio, variabile da 12 a 20. Essi sono triesteri del glicerolo e per questo sono chiamati *trigliceridi*. La loro struttura generale è:

Video **Come si riconoscono gli esteri?**

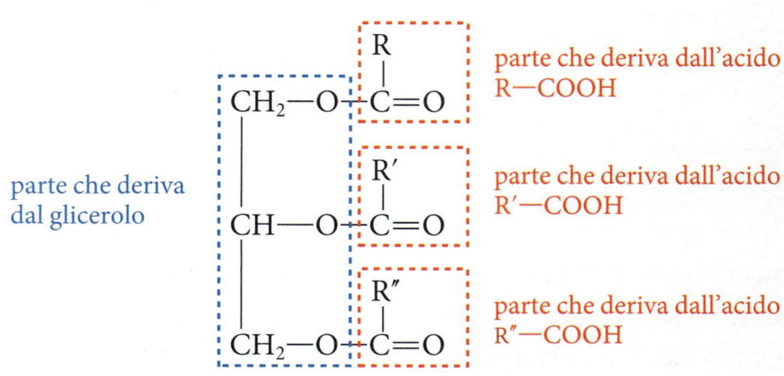

Gli acidi che formano un grasso sono prevalentemente saturi; gli oli, invece, contengono una percentuale molto più elevata di acidi grassi insaturi. Gli acidi che più frequentemente si ottengono per idrolisi dei trigliceridi sono:

$CH_3(CH_2)_{14}{-}COOH$ acido palmitico

$CH_3(CH_2)_{16}{-}COOH$ acido stearico

$CH_3(CH_2)_7CH{=}CH(CH_2)_7{-}COOH$ acido oleico (insaturo, isomero *cis*)

In generale, quanto maggiore è il numero dei doppi legami tanto più basso è il punto di fusione del trigliceride. Infatti, la configurazione *cis* del doppio legame piega le catene carboniose che, non potendo più allinearsi le une alle altre, non si dispongono secondo l'ordine richiesto dallo stato solido cristallino (**Figura A2.11**).

HAI CAPITO?

- Scrivi la reazione di idrolisi del propanoato di metile.

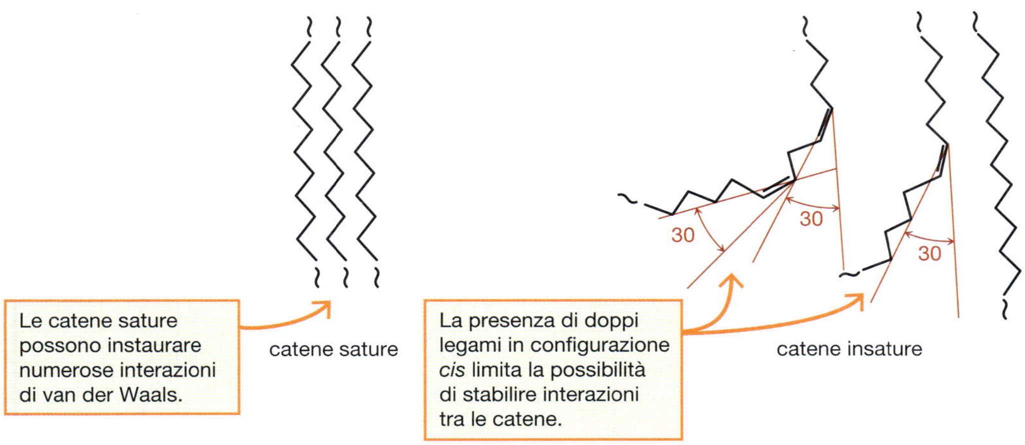

Figura A2.11 Le interazioni tra catene sature e insature.

Saponi

Quando un grasso o un olio sono riscaldati con una soluzione acquosa di NaOH, la caratteristica struttura del trigliceride si perde e si liberano le parti componenti.

Il processo è un'idrolisi alcalina. Il meccanismo con cui procede è una sostituzione nucleofila acilica: il nucleofilo OH^- attacca il $C^{\delta+}$ dei gruppi C=O del trigliceride.

HAI CAPITO?

- Perché il gruppo OH^- è definito nucleofilo forte?

$$\begin{array}{l} CH_2OCOR \\ | \\ CHOCOR' \\ | \\ CH_2OCOR'' \end{array} + 3NaOH \longrightarrow \begin{array}{l} CH_2{-}OH \\ | \\ CH{-}OH \\ | \\ CH_2{-}OH \end{array} + \begin{array}{l} RCOO^-Na^+ \\ R'COO^-Na^+ \\ R''COO^-Na^+ \end{array}$$

trigliceride — glicerolo — 3 molecole di sapone

Da una parte si forma il glicerolo, dall'altra i gruppi —C=O si trasformano in ioni carbossilato, $R{-}COO^-$, che, insieme agli ioni Na^+, costituiscono i corrispondenti sali di sodio.

I **saponi** sono i sali di sodio (o di potassio) degli acidi grassi a lunga catena.

Il termine *saponificazione* ha invece carattere generale, in quanto indica l'idrolisi alcalina di un qualsiasi estere.

I saponi sono in genere solubili in acqua, dove si dissociano in ioni sodio e carbossilato. I saponi hanno una spiccata azione detergente che dipende dalla loro particolare struttura. Ogni ione carbossilato è infatti costituito da una lunga catena idrocarburica (coda) alla cui estremità si trova lo ione $—COO^-$ (testa).

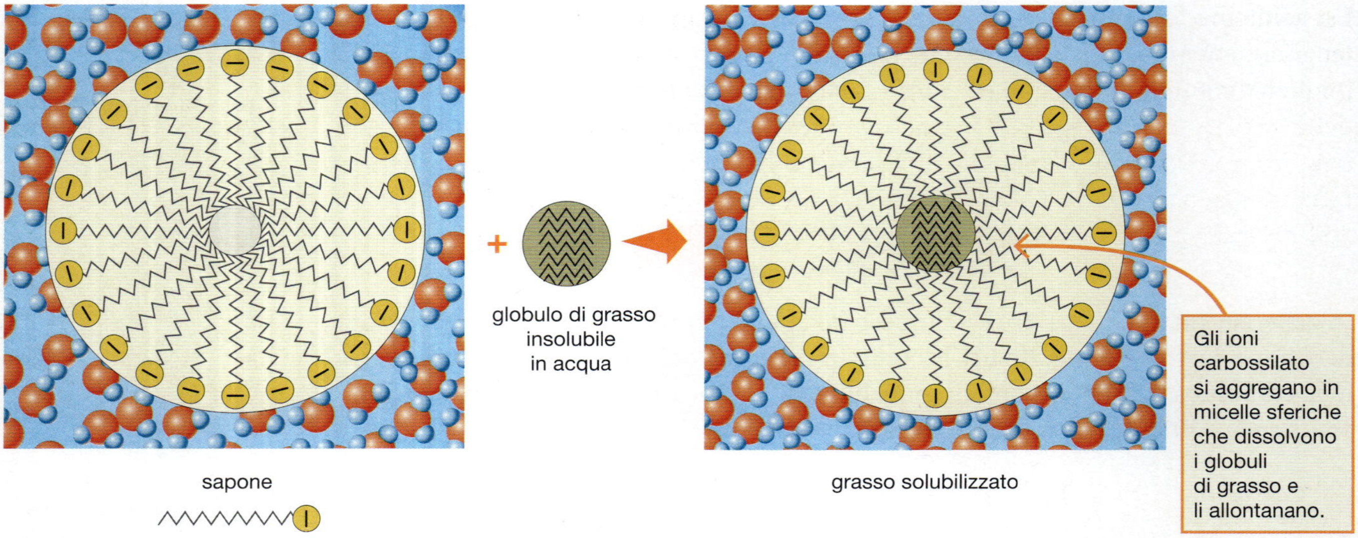

Figura A2.12
Quando il sapone si scioglie in acqua, libera ioni $Na^{+}_{(aq)}$, che si disperdono in soluzione, e ioni carbossilato.

Gli ioni carbossilato degli acidi grassi sono molecole anfipatiche. Presentano una coda apolare con comportamento *idrofobico* e una testa ionica *idrofila.*

Quando si dissocia un sapone in acqua, gli ioni carbossilato non si disperdono uno a uno in soluzione ma si riuniscono in aggregati sferici, chiamati *micelle* (**Figura A2.12**).

Le teste idrofile degli ioni carbossilato si rivolgono verso lo strato acquoso mentre le code idrofobiche si dirigono verso l'interno della micella. In presenza di un tessuto sporco, le code apolari delle micelle interagiscono con le molecole di grasso, anch'esse apolari, e le disperdono in acqua. Per poter esercitare con efficacia la sua azione detergente, il sapone ha bisogno di un'acqua non troppo dura, cioè con un basso contenuto di sali di calcio e magnesio. In caso contrario, si formano sali insolubili che allontanano il sapone dall'ambiente acquoso:

$$\underset{\text{ioni stearato}}{2C_{17}H_{35}COO^{-}_{(aq)}} + Ca^{2+}_{(aq)} \longrightarrow \underset{\text{stearato di calcio (insolubile)}}{(C_{17}H_{35}COO^{-})_2Ca^{2+}_{(s)}}$$

Per ovviare a questo inconveniente, è stata approntata dall'industria una lunga serie di **detergenti sintetici** la cui struttura complessiva è molto simile a quella dei saponi. Essi, infatti, possiedono lunghe catene apolari alla cui estremità sono legati gruppi polari o ionici. A seconda della natura di tali gruppi, i detergenti vengono classificati come *anionici, cationici* e *non ionici.*

I **detergenti anionici lineari** possono essere facilmente demoliti dai batteri presenti nelle acque superficiali, ma questo processo non avviene per i **detergenti anionici a catena ramificata**.

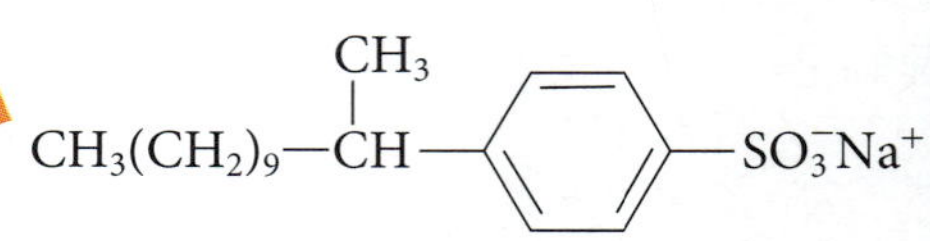

detergente anionico lineare
(biodegradabile)

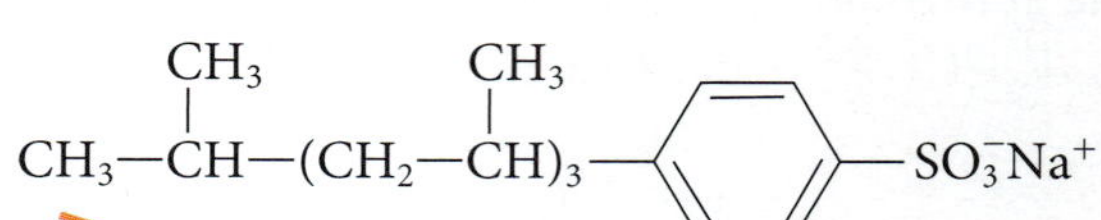

detergente anionico ramificato
(non biodegradabile)

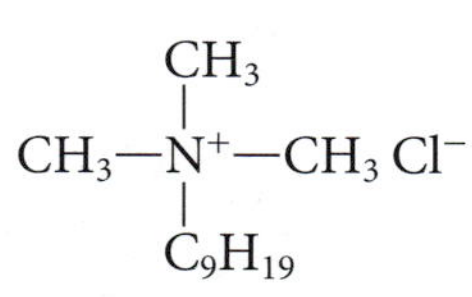

detergente cationico
(con moderata azione antibatterica)

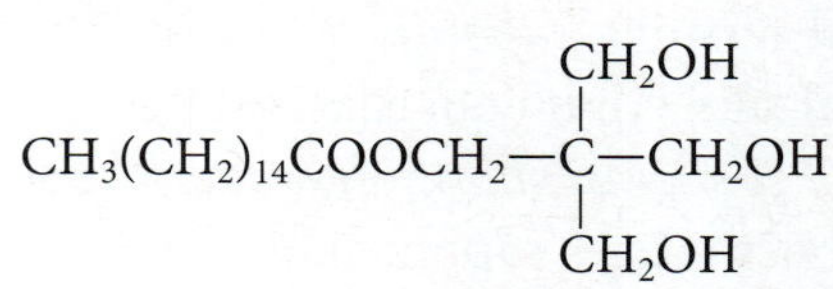

detergente non ionico

I saponi e i detergenti sintetici, per la loro struttura, hanno la proprietà di ridurre la tensione superficiale dell'acqua, perché possa meglio bagnare gli oggetti penetrando lungo le superfici. In generale, gli agenti chimici con questo comportamento sono detti *tensioattivi*. La maggior parte dei detergenti in commercio contiene tensioattivi anionici. Fra questi i più significativi sono noti con la sigla LAS (alchilbenzensolfonati a catena lineare): soltanto in Europa se ne producono quantità superiori a 400 000 t/anno (**Figura A2.13**).

Figura A2.13
L'uso massiccio di detergenti e l'assenza di impianti di trattamento delle acque hanno serie conseguenze sull'ambiente (Jiangxi - Cina, fiume cittadino).

8 Le ammine

Le **ammine** derivano dall'ammoniaca, NH_3, per sostituzione dei suoi atomi di idrogeno con uno, due o tre gruppi R (o Ar).

Si distinguono, rispettivamente, in *primarie*, *secondarie* e *terziarie*, a seconda che abbiano uno, due o tre gruppi organici legati all'atomo di azoto (**Figura A2.14**). Nelle ammine secondarie e terziarie i gruppi R o (Ar) possono essere uguali o diversi tra loro:

$R-\ddot{N}H_2$	$R-\ddot{N}H-R'$	$R-\ddot{N}(R'')-R'$
ammina primaria	ammina secondaria	ammina terziaria

HAI CAPITO?
- Scrivi la formula di un'ammina terziaria.

La loro geometria di struttura è di tipo piramidale, simile a quella dell'ammoniaca: gli orbitali dell'azoto sono ibridati sp^3 ed è presente un doppietto elettronico non condiviso. Il gruppo caratteristico delle ammine si chiama **gruppo amminico**.

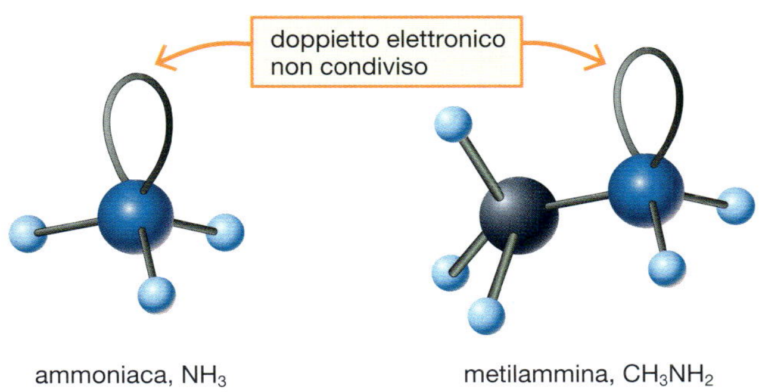

Figura A2.14
Le ammine derivano, almeno formalmente, dall'ammoniaca per sostituzione degli atomi di idrogeno con gruppi alchilici o arilici.

La nomenclatura delle ammine

La nomenclatura più semplice è quella tradizionale: si indicano, uno a uno, in ordine alfabetico, i nomi dei gruppi organici legati all'azoto e si aggiunge la desinenza -**ammina**; se i gruppi sono uguali si usano i prefissi *di-* o *tri-*.

$CH_3-\ddot{N}H_2$	$C_2H_5-\ddot{N}H-C_2H_5$	$CH_3-\ddot{N}(C_2H_5)-CH_3$
metil**ammina**	*di*etil**ammina**	etil*di*metil**ammina**
p.e. = −6,5 °C	p.e. = +56 °C	p.e. = +37 °C

Per le ammine alifatiche primarie la IUPAC prevede l'uso del prefisso *ammino-* per indicare il gruppo amminico $-NH_2$, seguito dal nome della catena idrocarburica più lunga. I numeri indicano come di consueto la posizione del gruppo amminico e degli eventuali altri sostituenti:

$CH_3-CH_2-NH_2$	$\overset{1}{C}H_3-\overset{2}{C}H(NH_2)-\overset{3}{C}H_2-\overset{4}{C}H_2-\overset{5}{C}H_3$	$\overset{1}{C}H_3-\overset{2}{C}H(CH_3)-\overset{3}{C}H(NH_2)-\overset{4}{C}H_2-\overset{5}{C}H_2-\overset{6}{C}H_3$
amminoetano	2-amminopentano	2-metil-3-amminocsano

GUARDA! i video

Nel caso delle ammine alifatiche secondarie e terziarie, si antepone la lettera N al nome del gruppo o dei gruppi alchilici legati all'azoto:

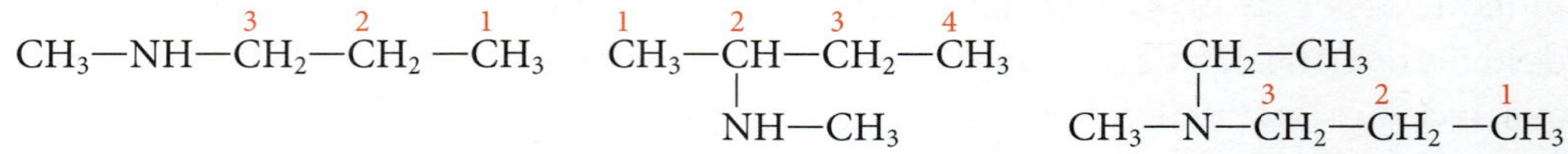

N-metilamminopropano 2-*N*-metilamminobutano *N*-etil-*N*-amminopropano

Le ammine aromatiche sono considerate derivati dell'anilina e spesso indicate con nomi comuni.

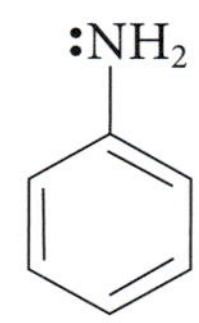

anilina

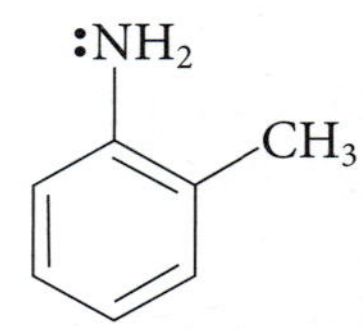

o-toluidina

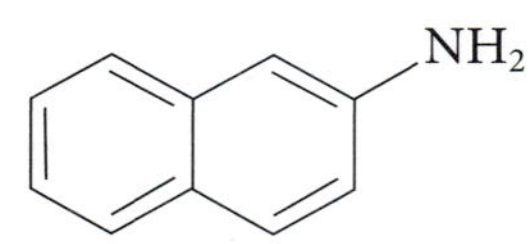

β-naftilammina (2-amminonaftalene)

HAI CAPITO?

- Quanti isomeri dell'o-toluidina sai scrivere? Come li denomini?

Proprietà fisiche e chimiche delle ammine

PER SAPERNE DI PIÙ

Le ammine hanno punto di ebollizione molto inferiore agli alcoli perché hanno legami più deboli tra gli atomi.

Le ammine primarie e secondarie formano legami a idrogeno intermolecolari. Per questo motivo i loro punti di ebollizione sono più alti di quelli degli alcani di corrispondente massa molecolare e le ammine con pochi atomi di carbonio risultano solubili in acqua.

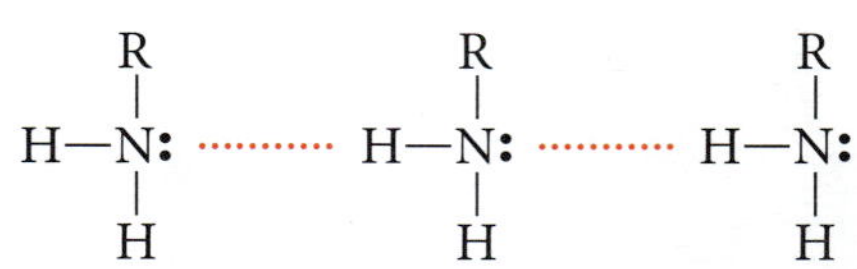

Video **Come si esegue una cromatografia a scambio ionico?**

La caratteristica chimica più saliente delle ammine è la loro **basicità**, determinata dalla disponibilità del doppietto elettronico libero sull'atomo di azoto, che spiega anche il loro comportamento come nucleofili. Le ammine sono più basiche dell'acqua, ma sono in genere basi deboli; la dimetilammina, per esempio, instaura in acqua il seguente equilibrio:

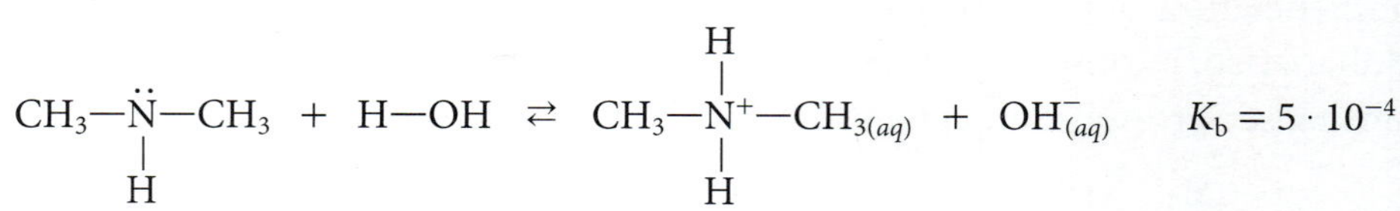

dimetilammina ione dimetilammonio

HAI CAPITO?

- Quale tra le seguenti ammine è la più basica?
  a $(CH_3)_2NH$
  b $C_6H_5N(CH_3)_2$

Le ammine alifatiche hanno basicità simile, che può variare per la presenza di un maggior numero di sostituenti elettron-donatori o elettron-attrattori. La presenza di gruppi alchilici elettron-donatori produce un aumento della basicità per effetto induttivo: questo stabilizza la carica positiva dello ione alchilammonio prodotta dall'acquisizione del protone e posizionata sull'atomo di azoto.

ione trialchiammonio ione dialchilammonio ione alchilammonio ione ammonio

Per questo le ammine alifatiche sono più basiche dell'ammoniaca ($K_{bNH_3} = 1{,}8 \cdot 10^{-5}$), al contrario delle ammine aromatiche, in cui l'anello è elettron-attrattore.

Nell'anilina la coppia solitaria dell'atomo di azoto è condivisa con la nuvola elettronica dell'anello aromatico e, quindi, è poco disponibile a legare un protone. Come nel caso del fenolo, viene favorita la delocalizzazione della carica elettronica: per il fenolo ciò spiega l'aumento dell'acidità rispetto agli alcoli alchilici e per l'anilina la diminuzione della basicità rispetto alle ammine alifatiche. Dalla reazione della dimetilammina con l'acqua si forma, oltre allo ione OH^-, lo ione dimetilammonio, simile come struttura allo ione ammonio. Gli ioni alchilammonio, a differenza della maggior parte delle ammine, sono solubili in acqua.

Le ammine che per la loro massa molecolare sono insolubili in acqua possono essere solubilizzate mediante un acido, per esempio HCl.

Dalla reazione della base debole ammina con l'acido forte si ottiene un sale solubile (**Figura A2.15**). In questa maniera è possibile estrarre dalle piante ammine naturali dotate di attività biologica come il *chinino*, un antimalarico, e la *stricnina*, un potente veleno.

Video **Come si riconoscono le ammine?**

Video **Come si distinguono le ammine primarie, secondarie e terziarie?**

HAI CAPITO?

- Scrivi la formula della *ter*-butilammina e del cloruro di trimetilammonio.

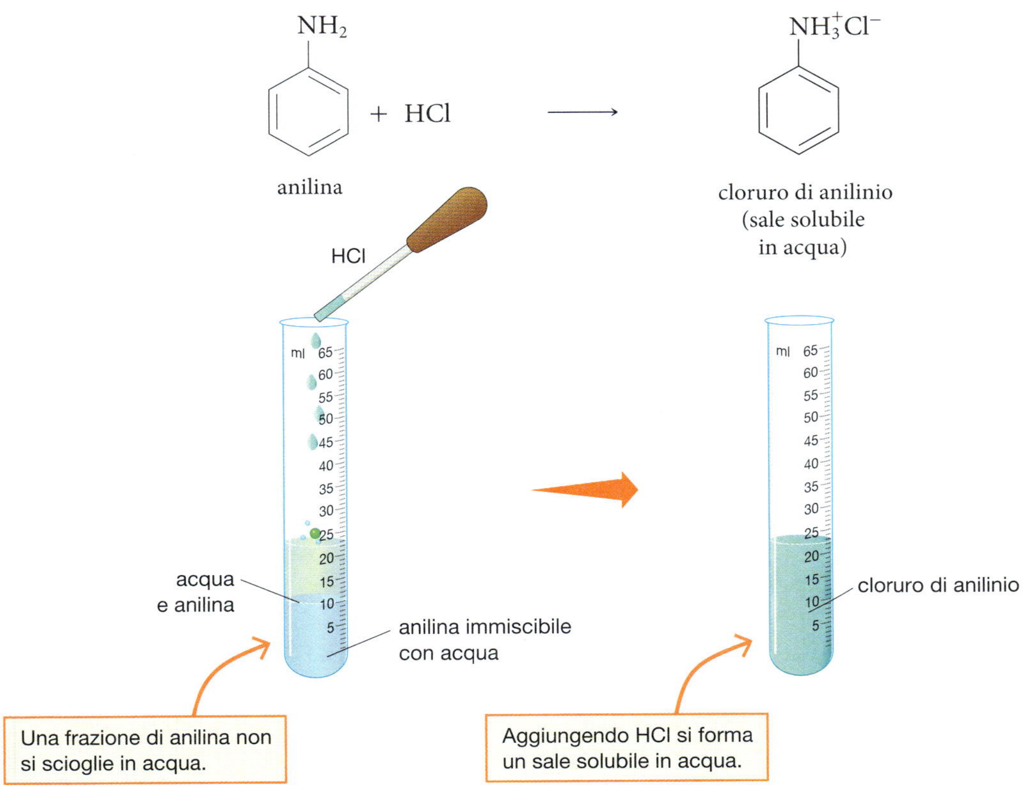

Figura A2.15
Reazione di addizione di HCl a una soluzione contenente anilina.

Le ammine sono enormemente diffuse in natura, poiché insieme ai gruppi carbossilici sono tipiche di tutti gli amminoacidi (gruppo ammino + gruppo acido). A loro volta, questi sono le unità di base di tutte le proteine che, come vedremo in seguito, sono i mattoni della vita.

Ammidi

Le ammine primarie e secondarie possono agire da nucleofili e, attraverso reazioni di sostituzione nucleofila acilica, dare origine alle ammidi. Le ammidi sono largamente diffuse in natura, soprattutto sotto forma di proteine. Le più semplici, o *ammidi primarie*, hanno formula R—CO—NH_2. Se gli atomi di idrogeno legati all'azoto sono sostituiti da uno o due gruppi R, la formula è, rispettivamente, R—CO—NHR (*ammide secondaria*) e R—CO—NR_2 (*ammide terziaria*).

Il nome dell'ammide si ricava sostituendo il suffisso *-ico* o *-oico* dell'acido carbossilico corrispondente con il suffisso -**ammide**. Anche in questo caso esistono nomi tradizionali, indicati tra parentesi.

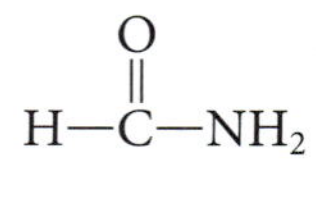

metanammide (form**ammide**)

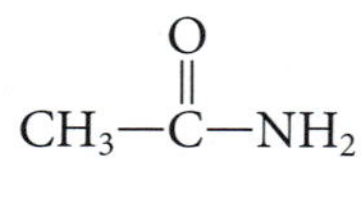

etanammide (acet**ammide**)

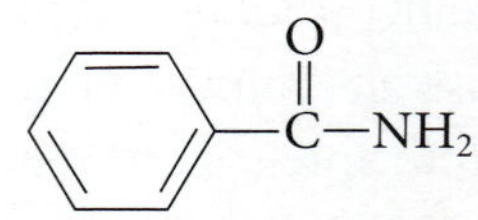

benzencarbossammide (benz**ammide**)

HAI CAPITO?

- Perché in una delle formule di risonanza di un'ammide l'azoto assume carica positiva?

La presenza di almeno un atomo di idrogeno legato all'azoto consente alle ammidi primarie e secondarie di formare forti legami a idrogeno tra le molecole; i loro punti di fusione e di ebollizione sono quindi elevati.

Le ammidi hanno geometria planare e presentano un legame C—N più corto del comune legame semplice tra carbonio e azoto e con parziale carattere di doppio legame. Per rappresentare il gruppo ammidico ricorriamo alle formule di risonanza:

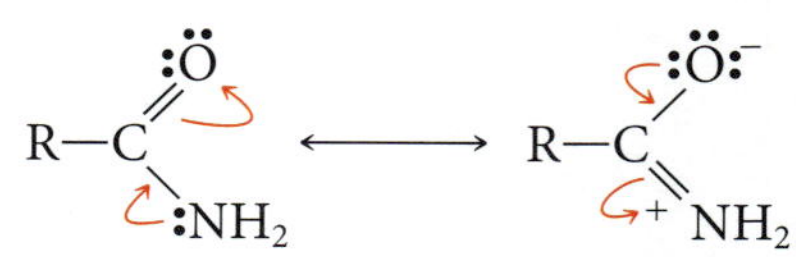

formule di risonanza delle ammidi

Mentre le soluzioni acquose delle ammine sono basiche, quelle delle ammidi risultano neutre. Infatti il doppietto elettronico dell'azoto è poco disponibile a legare un protone, perché delocalizzato. Tra le ammidi sintetiche più importanti e diffuse si segnalano le ammidi dell'acido 4-amminobenzensolfonico come la sulfanilammide, composto alla base dei *sulfamidici*, un'importante classe di antibiotici (**Figura A2.16**):

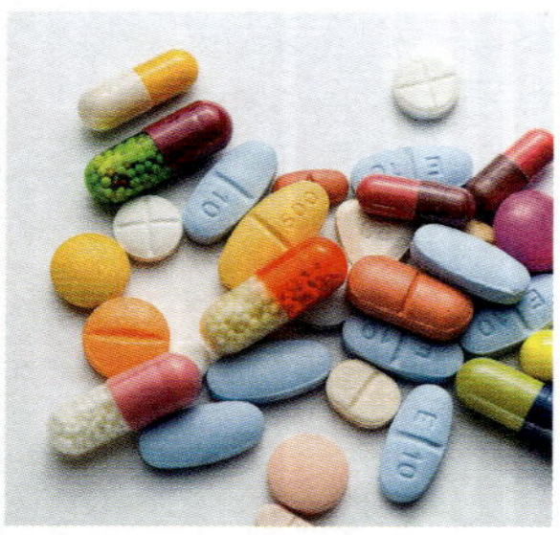

Figura A2.16
I sulfamidici hanno una importante attività batteriostatica. Sono utilizzati per infezioni enteriche e del tratto urinario.

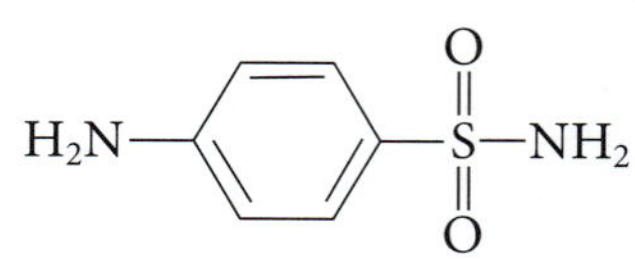

sulfanilammide
(4-amminobenzensolfonammide)

9 Composti eterociclici

I **composti eterociclici** sono molecole formate da uno o più anelli condensati in cui sono presenti uno o più atomi *diversi* dal carbonio (chiamati *eteroatomi*).

Gli anelli eterociclici possono presentare dimensioni diverse, possono contenere legami multipli o portare catene carboniose. Una prima importante classificazione li divide in aliciclici e aromatici.

La pirrolidina, il tetraidrofurano e il tetraidropirano sono esempi di **composti eterociclici aliciclici**.

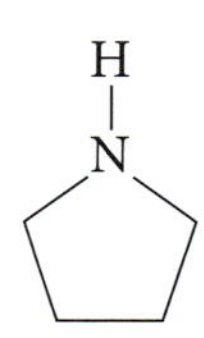

pirrolidina

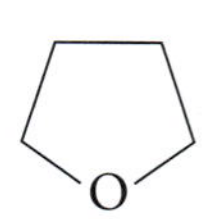

tetraidrofurano

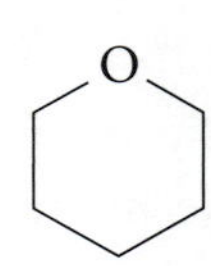

tetraidropirano

La chimica di questi composti è simile a quella degli analoghi lineari. La pirrolidina è una comune ammina secondaria. Il tetraidrofurano (THF) possiede un gruppo —O— etereo: è un ottimo solvente in quanto è in grado di sciogliere molti composti organici ma è anche miscibile con l'acqua.

I **composti eterociclici aromatici**, invece, si dividono in base al numero di elettroni forniti dall'eteroatomo al sistema aromatico.

Esaminiamo la struttura della piridina e del pirrolo, entrambi composti aromatici eterociclici, l'uno a sei atomi, l'altro a cinque.

La **piridina** è una molecola piana a geometria esagonale; tutti i suoi atomi hanno ibridazione sp^2, compreso l'azoto che contribuisce al sestetto aromatico con l'unico elettrone dell'orbitale p puro, perpendicolare al piano della molecola. A differenza del benzene, con cui condivide diverse proprietà, la piridina può reagire con acidi forti e formare sali di piridinio. La coppia solitaria dell'azoto, infatti, è libera di legare a sé un protone e fungere da base.

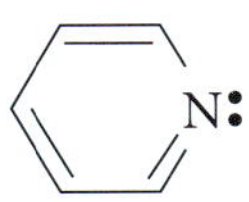
piridina

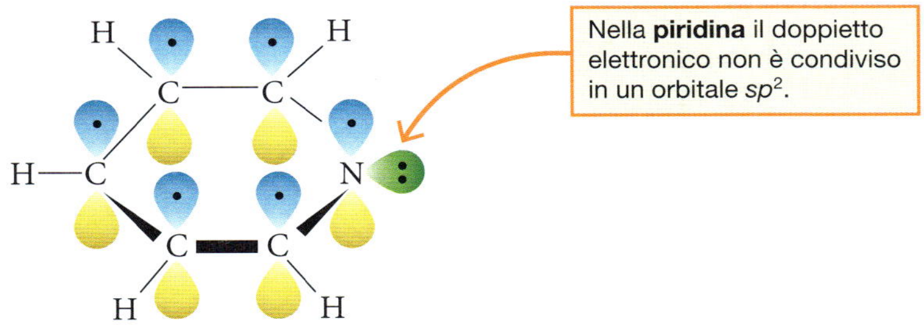

Nel **pirrolo**, dove pure tutti gli atomi presentano ibridazione sp^2, l'azoto deve invece fornire due elettroni per formare il sestetto π e garantire l'aromaticità dell'anello. Il pirrolo, pertanto, non ha proprietà basiche, poiché il doppietto elettronico è delocalizzato sull'anello.

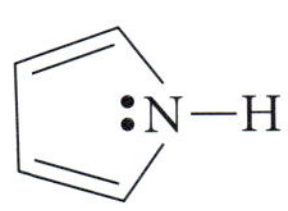
pirrolo

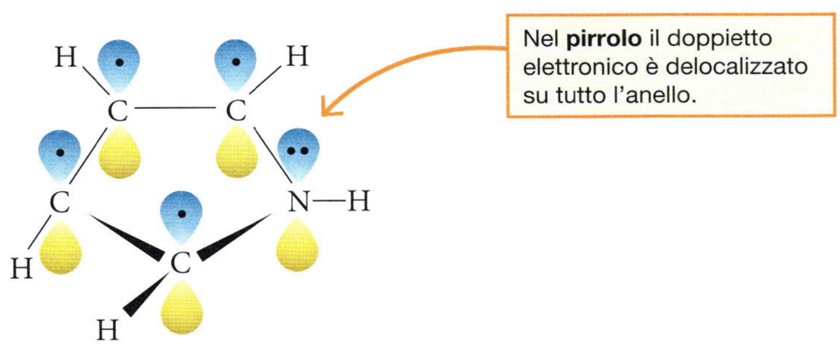

Tra gli importanti sistemi aromatici in cui l'eteroatomo si comporta come l'atomo di azoto della piridina ci sono la pirimidina e la chinolina. Furano, tiofene e purina sono invece molecole dove l'eteroatomo contribuisce con due elettroni al sistema aromatico.

Come vedremo, gli anelli della pirimidina e della purina sono presenti nelle basi eterocicliche che fanno parte della struttura del DNA e dell'RNA (vedi Capitolo B4).

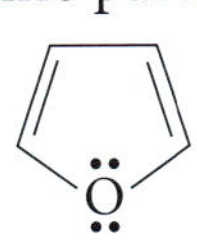
furano

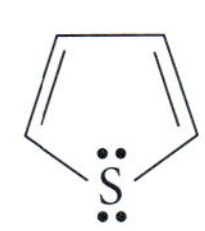
tiofene

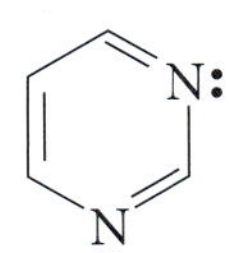
pirimidina

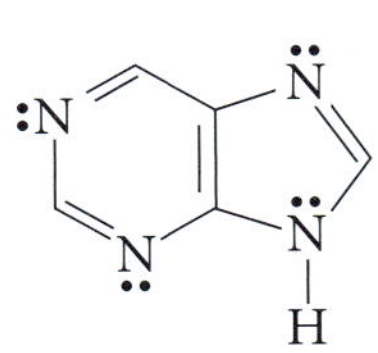
purina

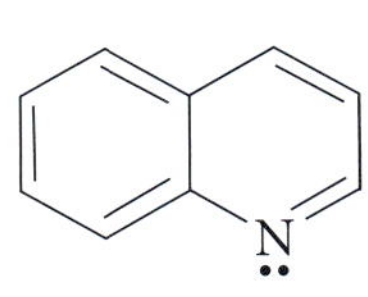
chinolina

PER SAPERNE DI PIÙ

Per la loro analogia strutturale con gli eteri ciclici tetraidrofurano e tetraidropirano, i carboidrati che presentano un anello a cinque termini sono detti **furanosi**, mentre quelli a sei termini sono denominati **piranosi**.

HAI CAPITO?

- Le considerazioni riportate per la piridina possono essere applicate, in linea generale, alla pirimidina? Con quanti elettroni gli atomi di azoto partecipano al sestetto π in quest'ultimo composto?

PER SAPERNE DI PIÙ

I composti eterociclici nel mondo biologico

I **composti eterociclici** sono molecole organiche che nella struttura ciclica contengono un elemento diverso dal carbonio, come l'ossigeno o l'azoto. La grande diffusione in natura di questi composti è legata alla loro diversità strutturale che ne modifica sensibilmente le caratteristiche e li rende adatti ai più diversi ruoli biologici. Anche se non sono molto variegati, i **composti eterociclici contenenti ossigeno** sono fondamentali per la vita. Il **pirano** e il **furano**, infatti, sono le strutture di base per molti zuccheri come il **glucosio**, molecola piranosica, e il **fruttosio**, molecola furanosica, entrambi essenziali per il metabolismo energetico di ogni cellula. Senza il glucosio le piante non potrebbero produrre l'**amido**, suo polimero, cioè non sarebbero in grado di accumulare l'energia del Sole con la fotosintesi clorofilliana e noi non potremmo sfruttare l'energia chimica che ne deriva. La vita si sostiene grazie a questo prezioso trasferimento di energia che colloca il pirano, quindi, in una posizione di importanza centrale nel mondo biochimico.

I **composti eteroclicici contenenti azoto**, d'altra parte, costituiscono un'ampia gamma di molecole importantissime e molto diffuse. Per meglio esemplificarli, procederemo in modo schematico cominciando da quelli che possiedono un solo atomo di N nella struttura ciclica. Il **pirrolo** è costituito da un solo eterociclo aromatico e, in associazione ad altri pirroli, va a costituire le **porfirine**, complessi pigmenti biologici ai quali appartengono l'**eme** presente nei globuli rossi o la **clorofilla** tipica degli organismi fotosintetizzanti (**Figura A**).

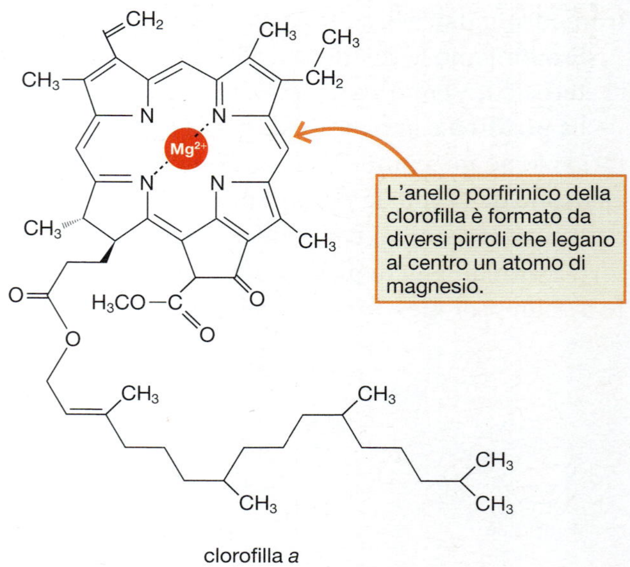

Figura A La struttura della clorifilla a.

Indolo e **scatolo** sono invece molecole a due cicli, di cui uno solo contenente N, che si formano con la decomposizione delle proteine, contribuendo così al caratteristico odore degli escrementi. Altri composti via via più complessi, ma sempre contenenti almeno un anello con un singolo N, sono l'amminoacido **triptofano**, il neurotrasmettitore del benessere **serotonina** o la ben conosciuta **nicotina**, contenuta nel tabacco.

Di grande rilevanza sono anche i composti contenenti due atomi di N in ogni anello eterociclico. La **pirimidina**

10 I polimeri di sintesi

I *polimeri* (dal greco «che ha molte parti») sono macromolecole, cioè composti di grandi dimensioni.

Il termine **polimero** indica una molecola di massa molecolare elevata costituita da una unità strutturali, uguali o diverse, che si ripetono concatenandosi.

Le macromolecole si ottengono da molecole a basso peso molecolare, i **monomeri**, che hanno uno o più doppi legami oppure due o più gruppi funzionali in grado di reagire tra loro.

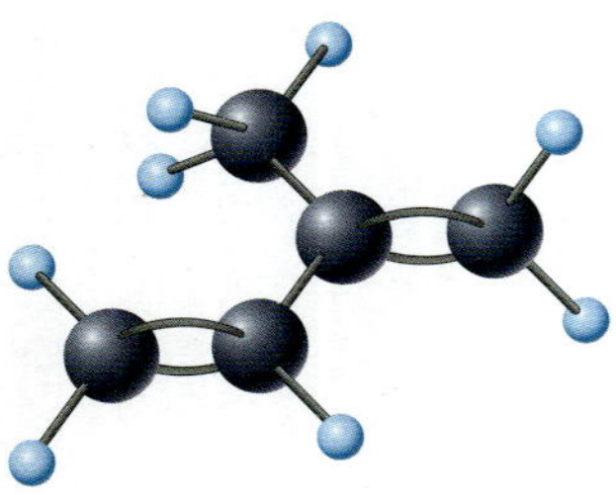

Figura A2.17 L'isoprene è il monomero costituente il polimero naturale della gomma.

La gomma o *caucciù* è un polimero naturale. Essa si ricava dal lattice che fuoriesce dal fusto delle piante di *Hevea brasiliensis* per semplice incisione della corteccia. Il monomero che la costituisce è l'*isoprene* o 2-metilbutadiene (**Figura A2.17**).

L'isoprene è un idrocarburo isolato dallo scienziato tedesco Carl Harries nel 1910. Egli osservò che l'isoprene, reagendo con il sodio, polimerizzava e che il prodotto ottenuto era analogo al caucciù. Questa scoperta segnò l'inizio della produzione di gomme sintetiche.

Oggi i polimeri di sintesi, i cui monomeri sono estratti dal petrolio, dal carbone o dal gas naturale, sono numerosissimi e vanno a costituire in percentuali rilevanti

Figura B Il guano è un utile concime organico contenente acido urico.

Figura C Frutti maturi della pianta del cacao, da cui si ricavano i semi che usiamo per fare il cioccolato.

e la **purina**, per esempio, costituiscono la struttura fondamentale delle basi azotate pirimidiniche e puriniche. Queste molecole, rispettivamente a singolo e doppio anello, si uniscono poi tramite uno scheletro zucchero-fosfato a formare gli acidi nucleici DNA e RNA, detentori dell'informazione genetica che permettere alla vita di tramandarsi ed evolvere. Altri esempi di molecole con anelli a due N sono l'amminoacido **istidina**, la **tiamina** o vitamina B_1, i barbiturici come il **tiopental sodico**, noto anche come «siero della verità», l'**acido urico**, contenuto soprattutto nelle deiezioni di rettili e uccelli (**Figura B**), la **caffeina** e la **teobromina**, presenti rispettivamente nel caffè e nel cacao (**Figura C**).

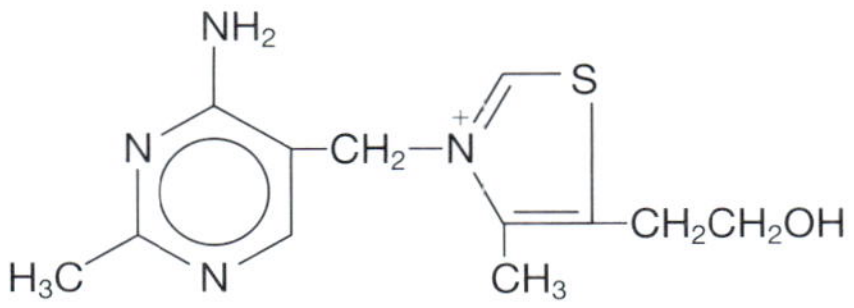

tiamina

indumenti, veicoli, mobili, abitazioni, e molti materiali di uso quotidiano. In base ai meccanismi di polimerizzazione tali composti possono essere raggruppati in due classi principali: polimeri di addizione e polimeri di condensazione.

HAI CAPITO?

- Scrivi la formula condensata dell'isoprene.

Polimeri di addizione

In presenza di opportuni catalizzatori, le molecole di molti alcheni sono in grado di congiungersi l'una all'altra tramite una reazione di addizione al doppio legame carbonio-carbonio che si ripete tantissime volte sino a formare catene di massa molecolare anche di 10^6 u.

L'esempio più semplice di polimero di addizione è il **polietilene**: quando è riscaldato a 1000 atm, in presenza di un opportuno iniziatore, l'etilene polimerizza con un meccanismo radicalico. L'iniziatore è una specie chimica capace di generare radicali: per semplicità lo indichiamo con il simbolo *In*•. Il processo avviene in tre fasi.

HAI CAPITO?

- Come avviene la rottura del legame π dell'etene? Come la si definisce?

1. Inizio della catena.
L'iniziatore si lega a una unità monomerica. Ciò provoca la separazione della coppia di elettroni del legame π dell'etilene e la formazione di un radicale carbonio che ha un elettrone spaiato.

$$In\bullet + CH_2{=}CH_2 \rightarrow In{-}CH_2{-}CH_2\bullet$$

GUARDA! il video

2. Propagazione della catena.
Il radicale si addiziona a un'altra unità monomerica e poi a un'altra ancora. Il processo si ripete anche migliaia di volte.

a) $In{-}CH_2{-}CH_2\cdot + CH_2{=}CH_2 \rightarrow In{-}CH_2{-}CH_2{-}CH_2{-}CH_2\cdot$

b) $In{-}CH_2{-}CH_2{-}CH_2{-}CH_2\cdot + CH_2{=}CH_2 \rightarrow$

$\rightarrow In{-}CH_2{-}CH_2{-}CH_2{-}CH_2{-}CH_2{-}CH_2\cdot$

c) $In{-}CH_2{-}CH_2{-}CH_2{-}CH_2{-}CH_2{-}CH_2\cdot + nCH_2{=}CH_2 \rightarrow$

$\rightarrow In{-}CH_2{-}CH_2{-}CH_2{-}CH_2{-}CH_2{-}CH_2{-}[CH_2{-}CH_2]_n{-}CH_2{-}CH_2\cdot$

3. Terminazione della catena.
La catena si chiude, per esempio, per accoppiamento di due radicali.

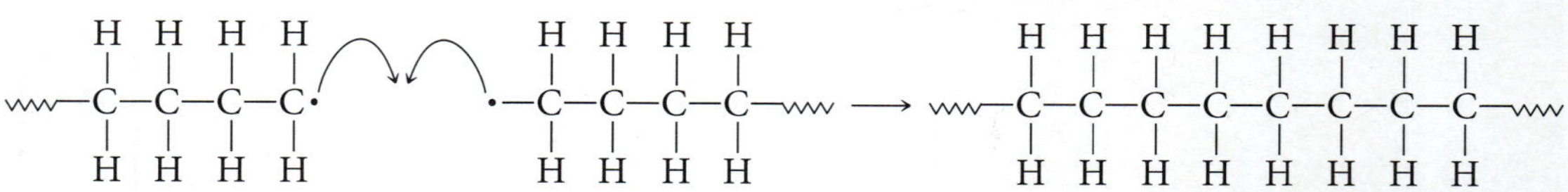

Proprio perché la polimerizzazione avviene con un meccanismo di addizione, il polietilene trattiene nella catena tutti gli atomi presenti nelle unità monomeriche.

La struttura del polietilene viene rappresentata con la seguente formula.

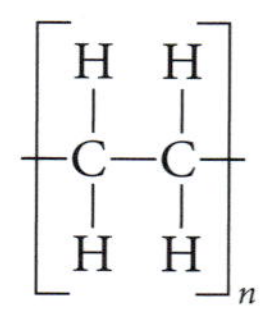

HAI CAPITO?

- Quale tipo di forza intermolecolare agisce fra le catene lineari di polietilene?

Il polietilene sintetizzato con meccanismo radicalico è costituito da macromolecole ramificate, da cui si origina un solido con proprietà meccaniche mediocri; per questo motivo, è utilizzato soprattutto nel settore degli imballaggi ed è noto con la sigla **LDPE** (polietilene a bassa densità; **Figura A2.18A**).

Utilizzando opportuni catalizzatori, detti *catalizzatori di Ziegler-Natta*, la polimerizzazione procede in modo diverso e le catene lineari così prodotte si possono impaccare molto più strettamente. Il solido che si ottiene ha sigla **HDPE** (polietilene ad alta densità) e rammollisce a temperature alte (135 °C; **Figura A2.18B**). Il nome del catalizzatore ricorda il chimico tedesco Ziegler e quello italiano Natta che lo misero a punto. Nel 1963 i due scienziati ricevettero per questo il premio Nobel.

Approfondimento online
Giulio Natta, chimico da Nobel

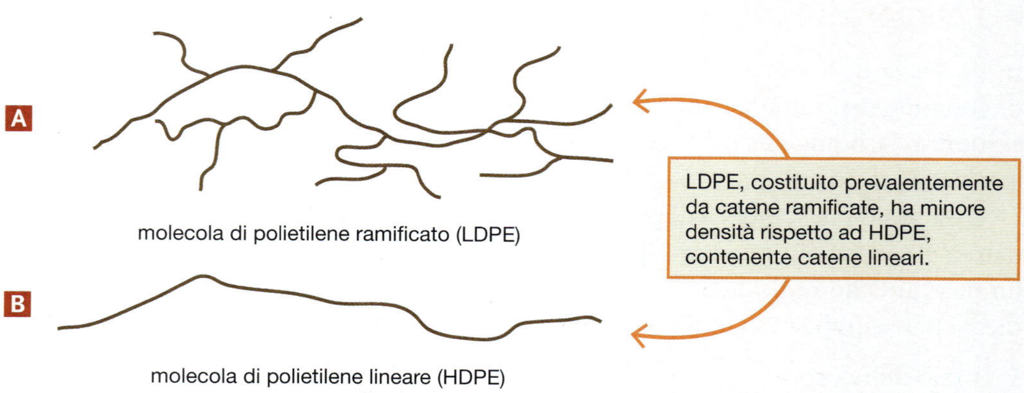

Figura A2.18
Schema di catene ramificate **A** e lineari **B** di politetilene.

Anche la gomma greggia ottenuta dal lattice ha scarse proprietà elastiche che possono essere migliorate sottoponendola a **vulcanizzazione**, cioè riscaldandola in presenza di zolfo elementare. Il risultato è la formazione di reticolazioni trasversali dovute alla creazione di legami carbonio-zolfo tra una catena e l'altra di polimero.

Polimeri di condensazione

Questi polimeri si formano dalla reazione tra due diversi gruppi funzionali che, combinandosi tra loro, eliminano una molecola di piccole dimensioni, come H_2O, H_2 o HCl. I polimeri di condensazione, pertanto, a differenza di quelli di addizione, non contengono tutti gli atomi presenti nei monomeri di partenza.

Un tipico esempio di polimero di condensazione è il **PET**, o **polietilentereftalato**. Si tratta di un *poliestere* che si ottiene in laboratorio facendo reagire un acido organico bifunzionale, l'acido tereftalico, con il glicole etilenico:

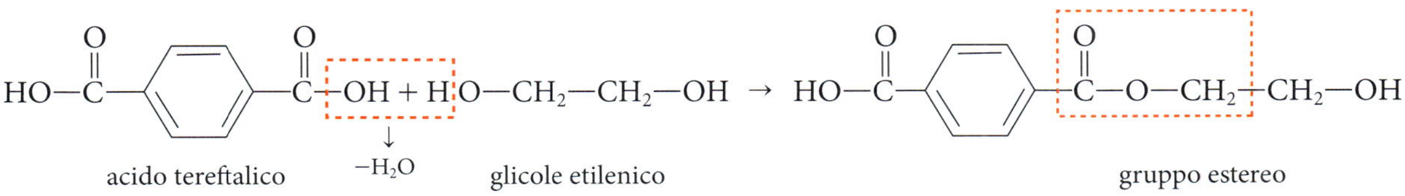

La reazione è un'esterificazione che avviene con una sostituzione nucleofila acilica. Dalla reazione tra il —COOH dell'acido e l'—OH del glicole si forma il gruppo estereo —CO—O—CH_2—; alle estremità del prodotto ottenuto restano un gruppo acido e un gruppo alcolico che possono ancora reagire, rispettivamente, con una seconda molecola di glicole e un'altra molecola di acido. La catena si allunga da entrambe le estremità e il risultato della polimerizzazione è il seguente:

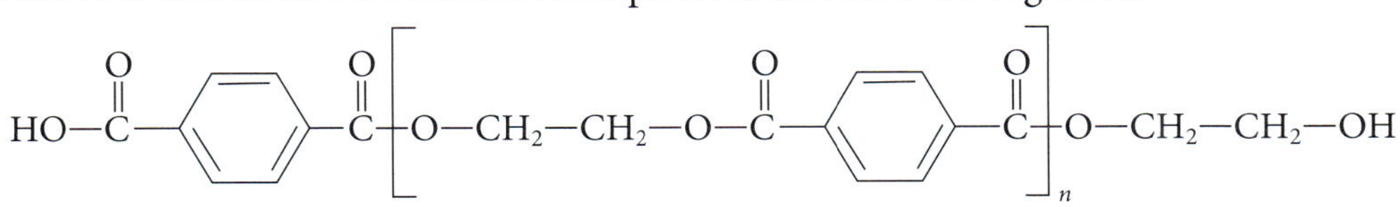

Le catene dei poliesteri, a differenza di quelle ottenute nella polimerizzazione per addizione, non sono quasi mai ramificate e possono formare fibre polimeriche.

Una **fibra polimerica** è un polimero le cui catene sono quasi completamente allungate e allineate una vicino all'altra, sullo stesso asse.

A mantenere vicine le catene di un poliestere contribuiscono i legami dipolo-dipolo tra l'atomo di ossigeno carbonilico (polo negativo) di una catena e l'atomo di carbonio carbonilico (polo positivo) di un'altra catena. I polimeri disposti in fibre possono essere filati e utilizzati come fibre tessili (**Figura A2.19**). L'altro massiccio impiego del PET è nel settore dell'imballaggio, per produrre bottiglie e contenitori trasparenti.

Un'altra fibra polimerica ottenuta per condensazione è il **nylon**, una *poliammide* che si produce facendo reagire un acido organico bifunzionale con un'ammina, anch'essa bifunzionale. Nel nylon 6,6 la condensazione avviene tra l'acido adipico e l'esametilendiammina:

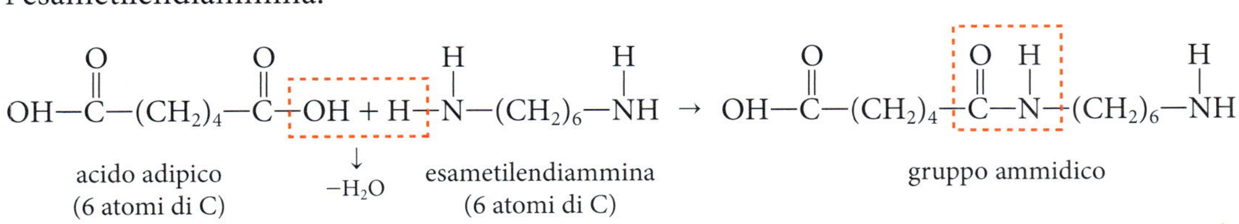

La sigla 6,6 indica che sono sei gli atomi di carbonio di entrambi i monomeri d'origine. Poiché i monomeri d'origine sono diversi tra loro, il nylon 6,6 è un **copolimero** come il PET. I gruppi ammidici nelle catene del nylon sono molto polari; tra il carbonio del gruppo C=O di una catena e l'idrogeno del gruppo N—H di un'altra catena si formano legami a idrogeno che conferiscono la grande resistenza alla fibra. Per le sue elevate prestazioni meccaniche, il nylon è usato nell'industria, per sostituire i metalli nella produzione di ingranaggi e cuscinetti.

HAI CAPITO?

- Anche il glicole etilenico può essere definito un composto bifunzionale? Perché?

Le fibre in arancio, lisce e molto più regolari, sono di poliestere, mentre quelle in verde con le superfici scabre sono di cotone.

Figura A2.19 Fotografia elettronica a scansione di un tessuto in cui si distinguono due tipi di fibre.

Video **Come si ottiene il nylon in laboratorio?**

Approfondimento online **I polimeri biologici**

LO SAI? RIPASSA CON LO SMARTPHONE

PROPRIETÀ CHIMICHE DEI COMPOSTI ORGANICI

determinate da **GRUPPI FUNZIONALI** → **CLASSE di composti**

GRUPPO OSSIDRILICO

ALCOLI R—OH

primari R—CH_2—OH

secondari 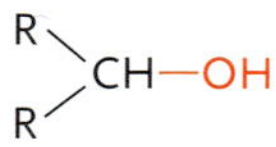

terziari 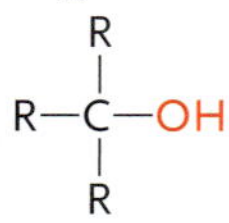

nome: alcano +
- **-OLO** se c'è un —OH
- **-DIOLO** se ci sono due —OH, ecc.

FENOLI 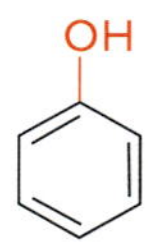

PROPRIETÀ GRUPPO

Esterificazione

Ossidazione

PRIMARI → ALDEIDI → AC. CARBOSSILICI →
SECONDARI → CHETONI

Reazioni di eliminazione

ALCHENI ($\uparrow T$) o ETERI ($\downarrow T$)

ETERI R—O—R′
nome: **ETERE** + nomi dei due gruppi legati all'O

GRUPPO CARBONILICO 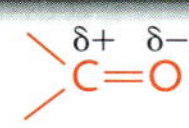

ALDEIDI 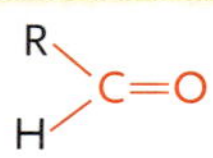

C=O termine di catena

nome: alcano + **-ALE**

CHETONI 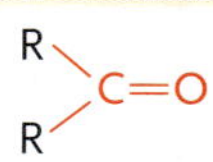

C=O interno

nome: alcano + **-ONE**

GRUPPO CARBOSSILICO 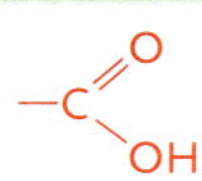

ACIDI CARBOSSILICI

sono acidi deboli: $K_a \approx 10^{-5}$

nome: **ACIDO** + nome alcano + **-OICO**

possono derivarne:

ESTERI 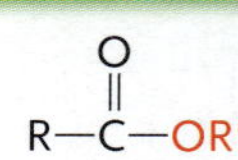

nome: da quello dell'ACIDO, desinenza -OICO sostituita con **-OATO** o **-ATO** seguito dal nome del gruppo R′

esteri naturali: cere, grassi, oli

AMMIDI

nome:
da quello dell'acido desinenza -OICO sostituita da **-AMMIDE**

SAPONI

sali di Na o K di acidi grassi a lunga catena

GRUPPO AMMINICO

AMMINE

primarie R—NH_2

secondarie R—NH—R

terziarie 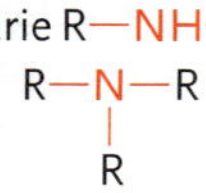

nome: si antepone **AMMINO-** al nome dell'alcano

GRUPPO ALOGENURO

ALOGENURI ALCHILICI

R—X

dove X = F, Cl, I

ALOGENURI ARILICI 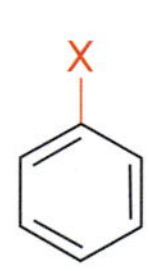

Reazioni di sostituzione (S_N) e di eliminazione (E)

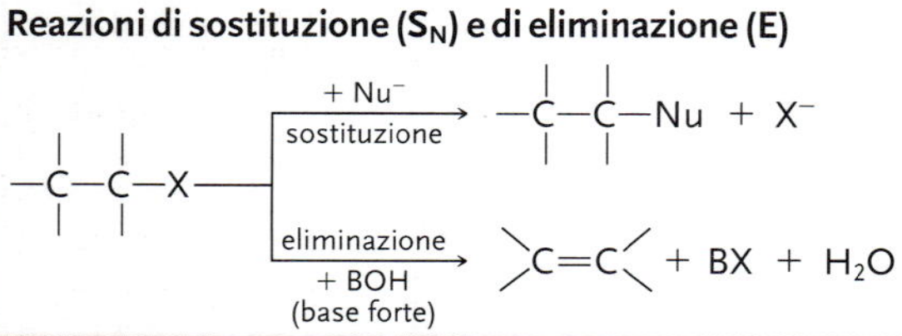

POLIMERI: MACROMOLECOLE

formati da **MONOMERI** con uno o più
- **DOPPI LEGAMI** → POLIMERI DI ADDIZIONE (PE, PVC ecc.)
- **GRUPPI FUNZIONALI** → POLIMERI DI CONDENSAZIONE (nylon, PET ecc.) in grado di reagire tra loro

Quesiti e problemi

1 I gruppi funzionali

1 Perché un radicale metile non può essere considerato un gruppo funzionale, mentre un doppio o triplo legame sì?

2 Per ogni gruppo funzionale, indica la classe di composti che lo contiene.

a. —OH	**1.** acidi carbossilici
b. $—NH_2$	**2.** esteri
c. —COOH	**3.** aldeidi
d. —CHO	**4.** ammine
e. —Cl	**5.** chetoni
f. —O—	**6.** alogenuri
g. —COOR	**7.** alcoli
h. —CO—	**8.** eteri

3 Rispondi alle seguenti domande.
a. Quali classi di composti contengono un solo legame carbonio-ossigeno? Quali un legame doppio?
b. Esistono gruppi funzionali in cui l'atomo di carbonio è legato a due atomi di ossigeno?
c. Quali classi di composti contengono azoto?
d. Qual è il gruppo funzionale degli alogenuri?

4 Qual è l'ibridazione del carbonio legato al gruppo —OH negli alcoli? E in quello degli acidi carbossilici?

5 Quali sono gli elementi più frequenti nei gruppi funzionali, esclusi C e H?

2 Gli alogenoderivati

6 Perché la molecola dell'ammoniaca, pur essendo elettricamente neutra, può comportarsi come un nucleofilo?

7 Scrivi e completa la seguente reazione. Sai prevederne il meccanismo?

3-bromo-3-metilesano + OH^- → ....

8 Quanti legami si spezzano in una reazione con meccanismo E2? Da dove provengono gli elettroni per la formazione del legame π?

9 Perché il carattere nucleofilo degli elementi appartenenti allo stesso periodo della tavola periodica diminuisce da sinistra verso destra? Si consideri, per esempio, la serie $NH_3 > H_2O > HF$, dove NH_3 è il nucleofilo più forte.

10 Scrivi la reazione di sostituzione fra 1-cloropropano e idrossido di sodio. Quale tipo di meccanismo prevedi?

11 Quali sono i prodotti che si possono ottenere dal 2-bromobutano per eliminazione?

12 Scrivi le formule dei seguenti alogenuri alchilici.
a. 2-cloro-3-metilesano
b. 3-bromo-3-etilesano
c. 2-bromo-5-metileptano
d. 1-clorobutano

13 Per quale alogenuro dell'esercizio precedente le reazioni di sostituzione seguiranno un meccanismo S_N1? Argomenta la tua risposta.

14 Come sono i punti di ebollizione degli alogenuri alchilici rispetto ai corrispondenti alcani? Ti aspetti che questi composti siano solubili in acqua? Perché?

15 Nel meccanismo bimolecolare, come agisce il nucleofilo nei confronti dell'alogenoderivato?

16 Quali alogenoderivati vanno incontro sperimentalmente a un meccanismo monomolecolare di sostituzione nucleofila? E i secondari?

3 Alcoli, fenoli ed eteri

17 Scrivi le formule dell'alcol secondario e dell'alcol terziario con il minor numero possibile di atomi di carbonio e denominali.

18 Qual è l'ibridazione dell'atomo di carbonio legato all'ossigeno negli alcoli e nei fenoli?

19 Indica se i seguenti alcoli sono primari, secondari o terziari. Assegna poi i nomi secondo la nomenclatura IUPAC.

a. $CH_3—OH$

b. $CH_3—CH_2—OH$

c. $CH_3—CH—CH_2—CH_3$ (con —OH legato al secondo carbonio)
```
CH3—CH—CH2—CH3
    |
    OH
```

d.
```
        CH3
        |
CH3—C—CH3
        |
        OH
```

e.
```
CH3—CH—CH2—CH2—OH
    |
    OH
```

20 Scrivi la struttura del *p*-clorofenolo e del pentaclorofenolo, sostanza quest'ultima usata come insetticida.

21 Qual è il nome dell'isomero funzionale del fenilmetiletere? Qual è l'etere isomero del 2-propanolo?

22 Rappresenta con le formule di struttura gli otto alcoli isomeri con formula $C_5H_{12}O$. Assegna i nomi e classificali come alcoli primari, secondari, terziari. Individua poi le molecole chirali.

23 Scrivi la formula di struttura delle seguenti molecole.

a. timolo, 2-isopropil-5-metilfenolo (un disinfettante del cavo orale);

b. acido picrico, 2,4,6-trinitrofenolo (un potente esplosivo);

c. sorbitolo, 1,2,3,4,5,6-esanesolo (un dolcificante molto adoperato nell'industria alimentare);

d. tutti gli isomeri possibili del diossano, $C_4H_8O_2$ (etere ciclico solubile sia in acqua sia in tetracloruro di carbonio).

24 Attribuisci il nome ai seguenti composti.

a. $(CH_3)_2CHCH_2CH(OH)—CH_2CH_3$

b. 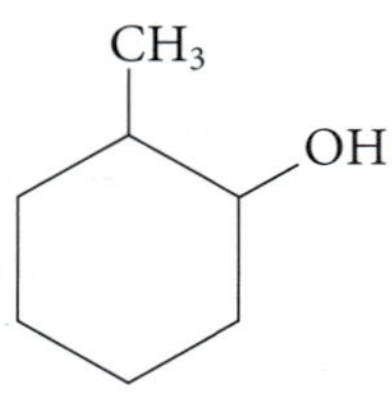

c. $CH_3CH(CH_3)—O—CH_2CH_3$

d. $CH_3—O—$ 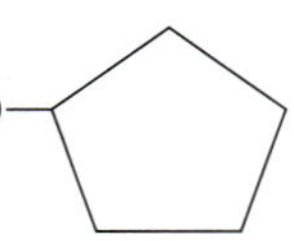

25 Scrivi le strutture dei seguenti composti.

a. 2-butanolo

b. 3-metil-2-pentanolo

c. 1,3-propandiolo

d. 2-metil-2-butanolo

e. etilfeniletere

f. *p*-metilfenolo

g. *p*-idrossifenolo

h. 2-etossiottano

26 Scrivi la formula del 1,2,3-propantriolo, comunemente chiamato glicerolo. Individua le caratteristiche di ognuna delle tre funzioni alcoliche classificandole come primaria, secondaria o terziaria.

27 Perché, a temperatura ambiente, il metanolo (CH_3OH) è un liquido mentre il metano (CH_4) è gassoso?

28 Confronta le formule dei due alcoli riportati di seguito. Quale tra le due molecole è solubile in acqua?

a. $CH_3CH_2CH_2OH$

b. $CH_3CH_2CH_2CH_2CH_2CH_2CH_2CH_2CH_2OH$

29 Il fenolo ha la stessa geometria molecolare del toluene (metilbenzene). Per quale motivo i punti di fusione e di ebollizione sono molto diversi tra loro?

	punto di fusione (°C)	punto di ebollizione(°C)
C_6H_5OH	40-43	182
$C_6H_5CH_3$	−95.0	111

30 Il dimetiletere è solubile in acqua. Gli eteri con gruppi —R a lunga catena invece sono insolubili in acqua e solubili in benzene. Spiega il perché di questa differenza.

31 An ether has a general formula of R—?—R. Which atom fills in the place between the R groups creating a dipole?

A Zinc

B Hydrogen

C Oxygen

D Nitrogen

32 Confronta il valore di pK_a dell'acido picrico con quello del *p*-nitrofenolo (pK_a = 7,2). Dopo avere scritto la struttura di quest'ultimo composto, spiega le differenze di acidità.

33 La pK_a del cicloesanolo è 18, mentre il valore della pK_a del fenolo è 9,89 ma entrambi presentano un gruppo —OH legato a un anello. Spiega il perché di questa differenza.

34 Discuti la differenza tra fenolo e alcol benzilico. Perché il secondo non ha proprietà acide?

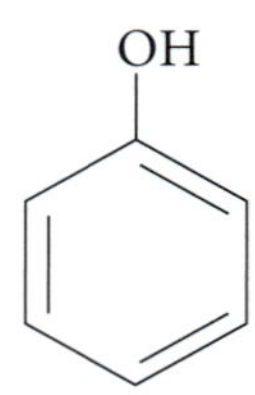

fenolo

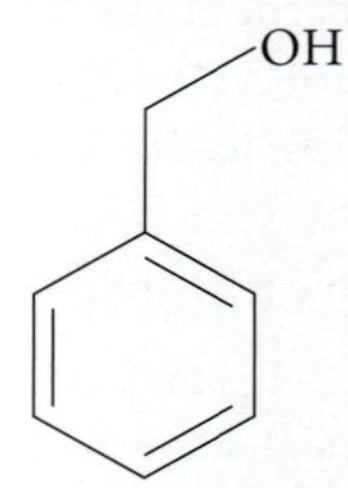

alcol benzilico

35 Senza ricorrere al valore della costante di ionizzazione basica K_b sai giudicare se, a parità di atomi di carbonio, è una base più forte lo ione alcolato (o alcossido) o lo ione fenossido?

36 Ordina i seguenti composti secondo la loro forza acida crescente.

a. $CH_3—CH(OH)—CH_3$

b. 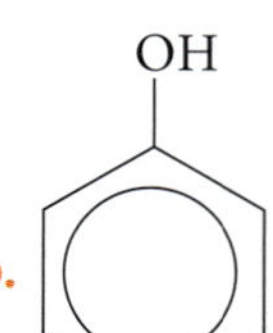

c. 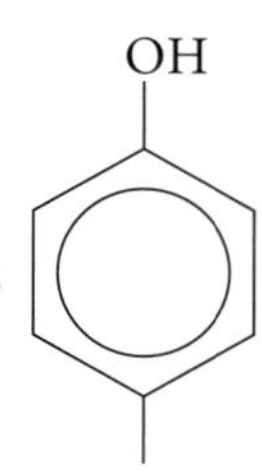

4 Le reazioni di alcoli e fenoli

37 Scrivi la formula degli eteri che si ottengono sostituendo i due atomi di idrogeno dell'acqua con i seguenti radicali.

a. metile ed etile b. propile e *ter*-butile

38 Scrivi i nomi e le formule di struttura dei prodotti che si ottengono per disidratazione dei seguenti alcoli.

a. ciclopentanolo
b. 1-metilciclopentanolo

39 Nei primi etilometri era presente gel di silice impregnato con sali di cromo di colore giallo. La presenza di alcol etilico nel respiro causava la riduzione del cromo(VI) a cromo(III), di colore verde.

a. Quale specie agisce da riducente?
b. Quali sono i prodotti dell'ossidazione?

40 Quale tipo di alcol si ottiene dalla reazione fra un'aldeide e un riducente?

41 Qual è il prodotto dell'ossidazione del 2-esanolo? Scrivine la formula condensata.

42 I saccaromiceti sono microrganismi che vivono in assenza di ossigeno e trasformano il mosto in vino per fermentazione alcolica. La reazione complessiva del processo è la seguente:

$$C_6H_{12}O_6 \rightarrow 2CH_3CH_2OH + 2CO_2 + \text{energia}$$

Determina il n.o. di ciascun atomo di carbonio e descrivi le trasformazioni avvenute.

43 Disponi le seguenti specie chimiche in ordine crescente di n.o. del carbonio:

a. $C_2H_4(OH)_2$
b. grafite
c. benzene
d. CH_3OH
e. CO_2
f. CH_4
g. HCOOH
h. CH_2O
i. $C_6H_{12}O_6$
l. CO

44 Scrivi e completa le seguenti equazioni di reazione.

a. 1-propanolo $\xrightarrow{Na}$ ....
b. cicloesanolo $\xrightarrow{K_2Cr_2O_7,\ H^+}$ ....
c. cicloesanolo $\xrightarrow{H_4SO_4}$ ....

45 Scrivi le strutture dei prodotti che si ottengono per ossidazione dei seguenti alcoli.

a. propanolo → ....
b. isopropanolo → ....
c. 3-metil-1-esanolo → ....
d. *p*-idrossifenolo → ....

46 Per condensazione di quali alcoli si ottiene il seguente etere?

$$CH_3-\underset{\underset{\displaystyle CH_3}{|}}{\overset{\overset{\displaystyle CH_3}{|}}{C}}-O-CH_2-CH_2-CH_3$$

47 When an alcohol reacts with an acid, what always happens at first?

A An acid-base reaction
B It becomes a diol
C A double bond forms
D Protonation of the hydroxyl group

5 Aldeidi e chetoni

48 Perché CH_3COCH_3 viene indicato semplicemente come propanone e non 2-propanone?

49 Rispondi alle seguenti domande.

a. Come si chiama l'aldeide che ha una catena costituita da tre atomi di carbonio e un gruppo metile sul carbonio 2?
b. Qual è il nome IUPAC del dietilchetone?

50 Qual è il prodotto dell'ossidazione del butanale?

51 Perché fra le molecole di un'aldeide non si formano legami a idrogeno, nonostante questo elemento sia presente nel gruppo funzionale?

52 Tutte le aldeidi possono formare legami a idrogeno con l'acqua? Se la risposta è positiva, puoi prevedere se siano tutte solubili in essa?

53 Disponi i seguenti composti in ordine di punto di ebollizione crescente: 1-butanolo; *n*-pentano; butanale. Motiva la tua risposta.

54 Nel gruppo carbonilico è possibile individuare un atomo che si comporta come acido di Lewis e uno che si comporta da base di Lewis. Riesci a individuarli?

55 Individua l'alcol e l'aldeide che reagendo hanno dato origine al seguente acetale.

$$CH_3CH_2CH(OCH_2CH_3)_2$$

56 Scrivi la formula dell'acetale che si ottiene per reazione tra la benzaldeide e il metanolo.

57 Scrivi le strutture dei seguenti composti.

a. propanale
b. 3-fenil-pentanale
c. 3-esanone
d. 2,2-dimetil-4-ottanone
e. 3-etil-5-decanone

58 Attribuisci il nome ai seguenti composti.

a. $CH_3\overset{\overset{\displaystyle Br}{|}}{C}H-CO-CH_2CH_3$

b. 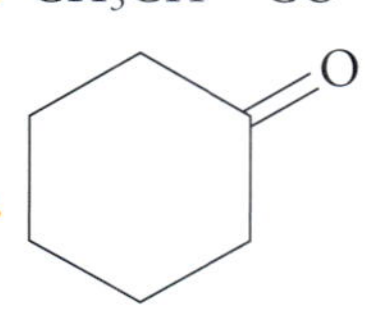

c. $CH_3\underset{\underset{\displaystyle CH_3}{|}}{C}H-\underset{\underset{\displaystyle CH_3}{|}}{C}H-CHO$

d. $CH_3\underset{\underset{\displaystyle O}{\|}}{C}-\overset{\overset{\displaystyle CH_3}{|}}{C}H-CH_3$

59 Scrivi e denomina i sette composti (chetoni e aldeidi) di formula $C_5H_{10}O$.

60 Le cianidrine sono composti derivati dall'addizione nucleofila tra l'acido cianidrico e un chetone o un'aldeide. Per esempio, l'acetone addiziona acido cianidrico, HCN, dando origine a un composto detto *acetone cianidrina* usato come precursore del polimetilacrilato, un materiale plastico usato per sedie e tavoli da giardino.
Anche un insetto produce e accumula la *benzaldeide cianidrina* per usarla come arma di difesa. Quando si sente minacciato, libera HCN gassoso che è efficace contro i predatori.
Scrivi la struttura delle due cianidrine, riferendoti alle reazioni di addizione al carbonile di cui sei già a conoscenza.

61 Risali alla formula e attribuisci il nome dell'alcol dalla cui ossidazione deriva il chetone indicato:

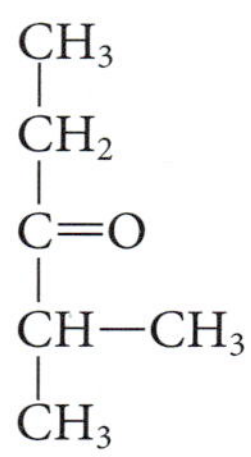

6 Gli acidi carbossilici e i loro derivati

62 Tra i due acidi carbossilici CH_3CH_2COOH e $CH_3(CH_2)_8COOH$, qual è quello solubile in acqua?

63 Quante moli di idrossido di sodio sono necessarie per la completa neutralizzazione di una mole di acido citrico?

64 Quale tra i valori della K_a dell'acido benzoico e dell'acido *p*-clorobenzoico è maggiore? Sulla base di quali considerazioni?

65 I gruppi funzionali dell'acido 1,2-benzendicarbossilico, ad alta temperatura, reagiscono tra loro con perdita di una molecola d'acqua.
Scrivi la formula di struttura del prodotto.

66 Assegna il nome ai seguenti acidi carbossilici.

a. $(CH_3)_3CCH_2CH_2COOH$

b. 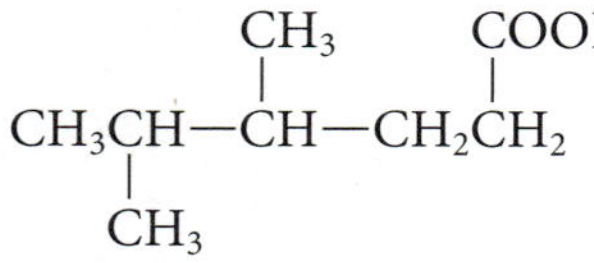

c. 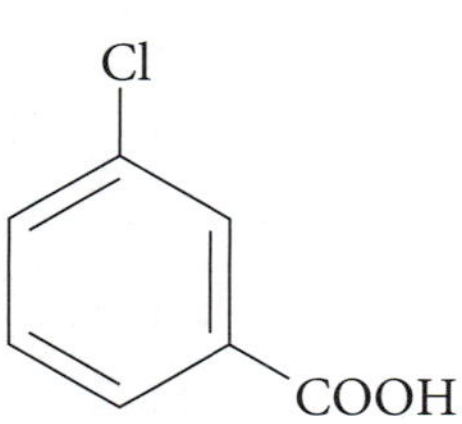

67 Scrivi le formule dei seguenti composti.

a. acido 4-nitrobenzoico
b. acido 3-cloropentanoico
c. acido 2-idrossipropanoico o acido lattico

68 Perché il gruppo aldeidico —CHO, a differenza del gruppo carbossilico —COOH, non presenta caratteristiche acide?

69 Partendo dall'1-butanolo, scrivi le equazioni che rappresentano le reazioni successive con cui si giunge alla formazione dell'acido butanoico e al butanoato di potassio.

70 There is often more than one way to synthesise a particular organic compound. What organic compound do you get when you react a carboxylic acid with an alcohol?

A Ester
B Ketone
C Aldehyde
D Amide

7 Esteri e saponi

71 Che cosa sono gli acidi grassi?

72 Quale acido e quale alcol devono reagire per dare l'estere $CH_3CH_2COOCH_3$?

73 Quale gruppo funzionale dell'acido 2-idrossibenzoico, o salicilico, reagisce con acido acetico per formare l'acido acetilsalicilico, un estere meglio noto con il nome di *aspirina*? Scrivi l'equazione.

74 Le soluzioni acquose dei saponi sono basiche; gli acidi grassi, infatti, sono acidi deboli e le loro basi coniugate danno reazioni di idrolisi. Spiega il significato di questa affermazione e scrivi la reazione chimica a cui si riferisce.

75 Completa le seguenti reazioni.

a. $CH_3CH_2COOCH_3 + NaOH \rightarrow$ ....
b. $CH_3CH_2COOCH_3 + H_2O \xrightarrow{H^+}$ ....
c. $CH_3CH_2CH_2COOH + CH_3OH \rightarrow$ ....

76 Scrivi la formula del trigliceride che si ottiene dall'esterificazione del glicerolo con due molecole di acido stearico (in posizione 2 e 3) e una di acido oleico (in posizione 1).

77 Il palmitato di sodio, un sapone molto comune, è il sale sodico dell'acido palmitico (acido esadecanoico), un acido carbossilico lineare a 16 atomi di carbonio.

a. Scrivi la formula condensata di questo sale.
b. Cosa puoi ipotizzare circa la sua solubilità in acqua?
c. Quali ioni si originano una volta che si scioglie in acqua?
d. Quale dei due ioni è anfipolare?

8 Le ammine

78 Qual è la differenza fra ammine primarie, secondarie e terziarie?

79 Quali sono le cause della basicità delle ammine?

80 L'acqua riesce a effettuare legami a idrogeno ancora più forti delle ammine e dell'ammoniaca. Perché?

81 Scrivi le formule di struttura dei seguenti composti:
- a. ammina secondaria con un fenile e un metile
- b. ammina primaria con un gruppo isopropilico
- c. ammina terziaria con tre gruppi alchilici uguali

82 L'urea, NH_2CONH_2, è una diammide. Da quale acido organico puoi pensare derivi tale composto?

83 Assegna i nomi alle seguenti ammine.

a. $(CH_3)_2CHNH_2$

c. 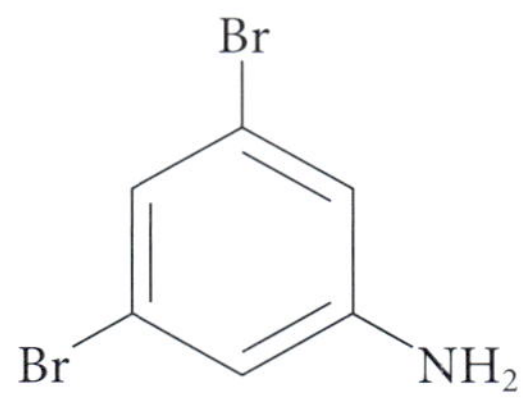

b. $(CH_3)_3N$

d. $CH_2CH_2CH_2CH_2CH_2$ (con NH_2 sul primo e sull'ultimo carbonio)

84 What is the most common name of aminobenzene?
- A aniline
- B indole
- C toluene
- D quinoline

85 L'ammina $ClCH_2CH_2NH_2$ è meno basica dell'ammina non sostituita $CH_3CH_2NH_2$. Tenendo a mente l'effetto elettron-attrattore dell'atomo di cloro, sai giustificare questo comportamento?

86 Scrivi le formule dell'anilina e della cicloesilammina, ottenuta dal cicloesano per sostituzione di un atomo di idrogeno con un gruppo amminico. Pensi che questi composti, essendo entrambi ciclici, abbiano valori simili di basicità? Motiva la tua risposta.

87 Quale composto di ciascuna coppia ritieni sia più basico?
- a. CH_3NH_2 o CH_3CONH_2
- b. NH_3 o $CH_3CH_2NH_2$
- c. $(CH_3)_2NH$ o $C_6H_5NH_2$

88 La decomposizione della carne produce sostanze maleodoranti, la putrescina e la cadaverina.

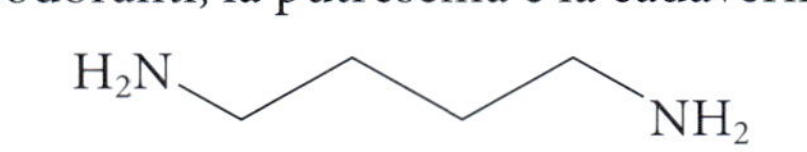

putrescina

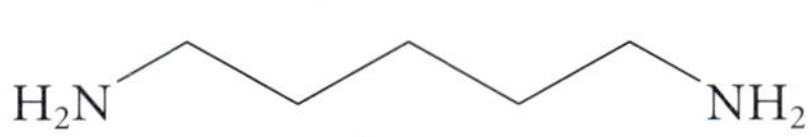

cadaverina

Attribuisci i nomi formali IUPAC alle due sostanze. Sono ammine primarie, secondarie o terziarie?

9 Composti eterociclici

89 Che cosa si intende per composto eterociclico? Fai alcuni esempi.

90 Le basi azotate che partecipano alla formazione dei nucleotidi, i monomeri degli acidi nucleici (DNA e RNA) sono costituite da anelli eterociclici derivati dalla purina e dalla pirimidina. Perché vengono chiamate basi, e quindi mostrano comportamento basico?

91 Prendi in esame la formula della purina.
- a. Di quanti anelli aromatici si compone?
- b. Quanti e quali sono gli aromi di azoto che partecipano al sistema aromatico? Giustifica la risposta.

92 Quale sistema eterociclico si distingue nella formula della piridossina, una delle forme della vitamina B_6?

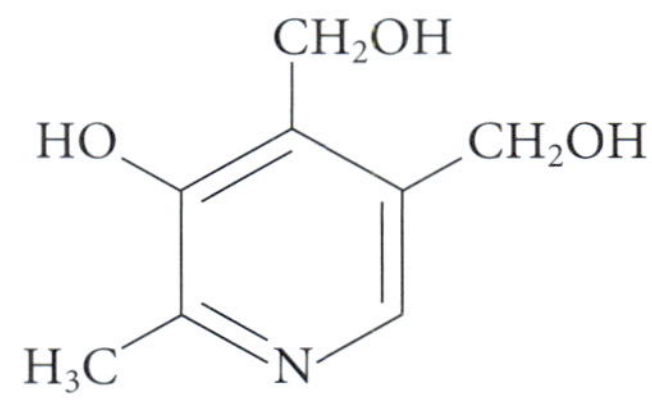

93 Scrivi le strutture di risonanza della piridina in analogia con le strutture di Kekulé per il benzene.

94 La nicotinammide adenin dinucleotide è un coenzima che interviene nelle ossidazioni biologiche. L'anello presente nella sua forma ossidata, NAD^+, è riportato di seguito. Si tratta di un anello aromatico?

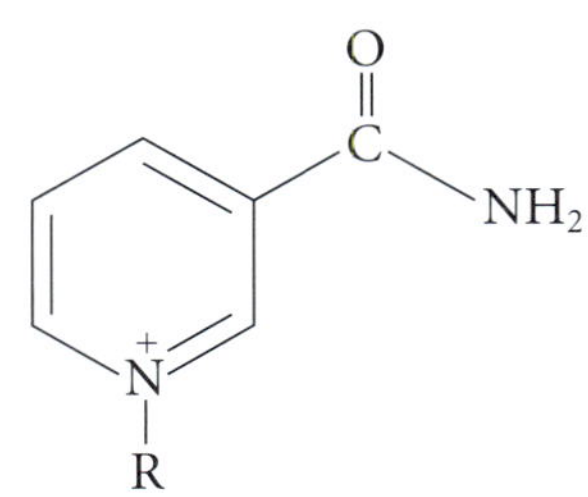

95 Le piante come il caffè, il tè e il cacao producono delle sostanze dette alcaloidi, che per la pianta servono come antiparassitari e anche come richiamo per gli impollinatori. Queste sostanze hanno potere stimolante e psicoattivo nelle bevande che le contengono.
- a. A quale famiglia di composti organici appartengono la caffeina e la teofillina?
- b. Hanno caratteristiche basiche o acide?

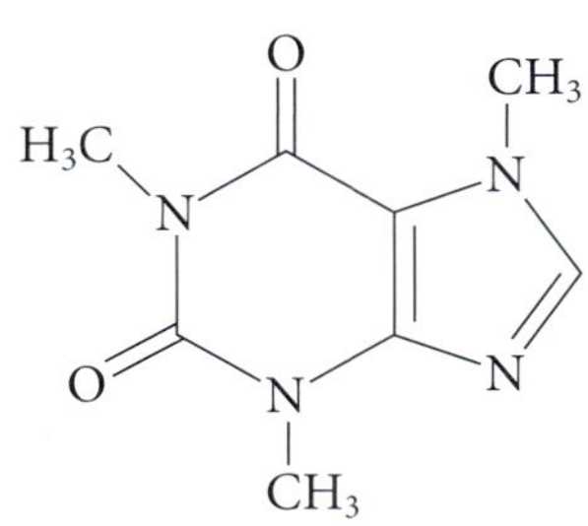

Caffeina

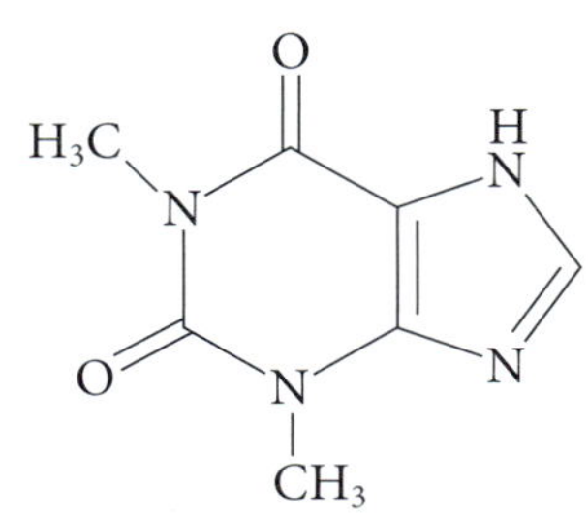

Teofillina

10 I polimeri di sintesi

96 Che cos'è un polimero?

97 Avendo a disposizione un semplice alchene (per esempio, il propene), pensi che possa essere utilizzato come monomero in una reazione di polimerizzazione per addizione o per condensazione? Perché?

98 La formula di struttura del Kodel®, un poliestere utilizzato per produrre fibre di tessuti che non sgualciscono, è la seguente.

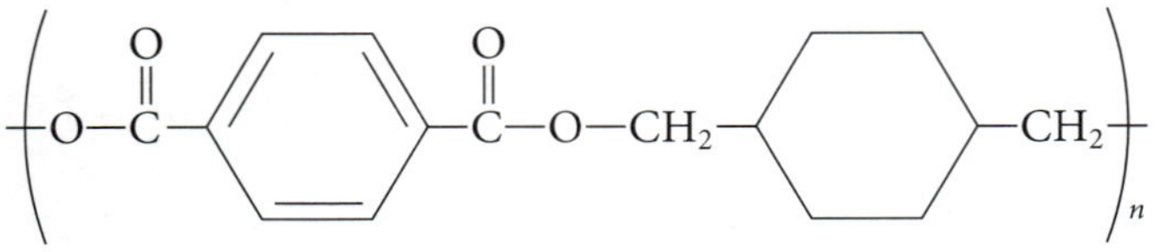

Quali sono i monomeri che lo costituiscono?

99 Le bioplastiche sono polimeri prodotti e biodegradati da parte di microrganismi, quindi ecosostenibili, che recentemente stanno sostituendo i materiali plastici derivati dall'industria petrolchimica. Tra i materiali bioplastici vi sono i poli-idrossialcanoati (PHA), tra cui il poli 3-idrossibutanoato (PHB). Il monomero del PHB, usato nella fabbricazione di pellicole alimentari o rivestimenti per i farmaci, è l'acido 3-idrossibutanoico. Disegna la formula dell'acido e prevedi come possa avvenire la polimerizzazione per ottenere il PHB. Tieni presente che si tratta di un omopolimero.

100 Il cloruro di vinile, o cloroetene, è il monomero del PVC, un materiale plastico molto resistente utilizzato per fabbricare tubature idrauliche. Il suo smaltimento è piuttosto complesso perché la sua combustione libera gas tossici come l'acido cloridrico, HCl, e diossine. Attraverso quale reazione, opportunamente catalizzata, si ottiene il PVC a partire dai suoi monomeri?

Trattazione sintetica degli argomenti

Con una presentazione di 10 diapositive al massimo sviluppa i seguenti argomenti, trattandoli in modo esauriente con il lessico specifico e curando sia l'iconografia sia l'esposizione. Dai alla tua presentazione un titolo sintetico ed efficace.

101 Illustra la struttura dei composti eterociclici riconducendoli alle principali molecole biologiche.

102 Dagli esteri ai saponi: quando la chimica ci aiuta nella vita di tutti i giorni.

Leggi attentamente la traccia seguente, documentati se necessario e svolgi la prova curando l'esposizione e la terminologia.

103 L'ingresso dell'ossigeno e dell'azoto nella catena carboniosa modifica notevolmente sia la struttura sia la reattività delle molecole e i gruppi funzionali che ne derivano conferiscono un'identità chimica ai composti organici. Fanne una panoramica spiegandone le caratteristiche.

Il laboratorio delle competenze

Collega

104 Facendo riferimento alla Tabella A2.1, scrivi la formula di struttura dei seguenti composti.
- a. Difluorometano.
- b. Un alcol con quattro atomi di carbonio dove il gruppo —OH sia legato a un carbonio primario.
- c. Un etere isomero dell'alcol descritto al punto b.
- d. Un'aldeide con tre atomi di carbonio.
- e. Un chetone dove il gruppo carbonile è legato a un gruppo metile e a un gruppo *n*-propile.
- f. Gli isomeri di struttura possibili per un acido carbossilico con quattro atomi di carbonio.

105 Fra propanale, acido etanoico e propanolo, quale composto ha il punto di ebollizione più elevato?

Classifica

106 La sonda Rosetta ha raggiunto nel 2014 la cometa 67-P per studiare le caratteristiche di questo corpo del sistema solare. L'analisi della composizione superficiale ha messo in evidenza la presenza di diverse sostanze. Tra quelle riportate qui di seguito, identifica i composti organici che possiedono gruppi funzionali e classificali.

Acqua, monossido di carbonio, diossido di carbonio, ammoniaca, metano, etano, propano, butano, pentano, esano, eptano, acido formico, acido acetico, acetaldeide, glicole etilenico, glicole propilenico, butanammide, metanolo, etanolo, propanolo, butanolo, pentanolo, glicina, argon, krypton, xenon, acetilene, acido cianidrico, aldeide formica, sodio, potassio, silicio, magnersio, idrogenosolfuro, azoto, ossigeno, benzene, toluene, xilene, acido benzoico, naftalene, fluoruro di idrogeno, cloruro di idrogeno, bromuro di idrogeno, fosforo, clorometano, metilammina, etilammina, zolfo.

Applica

107 Il consumo eccessivo di alcol (etanolo) provoca danni molto seri al fegato, anche nei giovani. Le cellule del fegato riescono infatti a smaltire solo in parte questa sostanza grazie a due enzimi che lo ossidano ad etanale e poi ad acido etanoico. L'acido etanoico viene infine ossidato a CO_2 e H_2O. Scrivi e bilancia la sequenza delle reazioni che portano alla completa ossidazione dell'etanolo.

108 Negli animali lo smaltimento delle sostanze azotate come le proteine e gli amminoacidi induce la formazione di prodotti finali diversi: i pesci sono *ammoniotelici*, cioè producono ammoniaca che viene liberata per diffusione in acqua, gli uccelli e i rettili sono *uricotelici*, cioè producono acido urico semisolido, mentre i mammiferi e gli anfibi adulti sono *ureotelici*, cioè producono urea che è eliminata nell'urina.

a. Quale delle tre sostanze non è un composto organico?
b. Come classifichi l'urea?
c. Come classifichi l'acido urico?

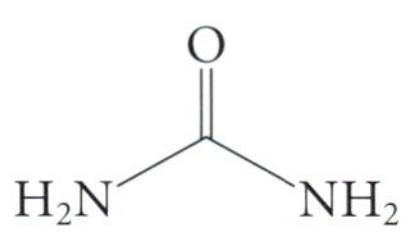
urea

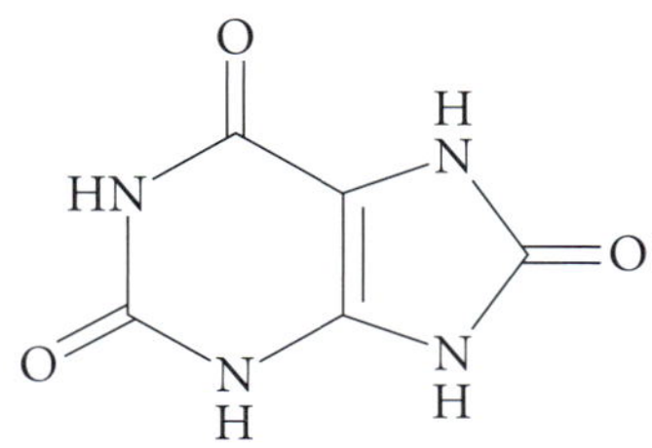
acido urico

Organizza e interpreta i dati

109 Un alcol con formula bruta $C_4H_{10}O$ viene messo a reagire con una soluzione di acido cloridrico concentrato. Dopo pochi minuti si forma un'emulsione opaca sulla superficie della soluzione e il prodotto ottenuto ha formula bruta C_4H_9Cl. Sapresti, in base a questi dati, scrivere la formula di struttura dell'alcol utilizzato per la reazione?

110 Quali informazioni puoi dedurre analizzando i valori del punto di ebollizione e della massa molecolare dei tre composti riportati in tabella? Motiva le evidenze che riesci a rilevare.

Sostanza	Punto di ebollizione	Massa molecolare
$CH_3CH_2CH_3$	−42 °C	44
$CH_3CH_2NH_2$	+17 °C	45
CH_3CH_2OH	+79 °C	46

Deduci

111 Il saggio di Tollens permette di rilevare la presenza di un'aldeide, o di sostanze che presentano gruppi aldeidici, grazie al loro tipico *potere riducente*. Spiega su cosa si basa questo «potere» e cosa accade al gruppo aldeidico nel corso di questo saggio.

Ipotizza

112 Il 2-metilfenolo ha $pK_a = 10{,}20$.

- È più o meno acido del fenolo?
- Pensi che il sostituente tenda ad attrarre elettroni o a respingerli?
- Quale ipotesi sei in grado di fare sull'acidità del 4-clorofenolo rispetto al 2-metilfenolo?

Progetta

113 Disegna le formule di struttura che corrispondono alle seguenti descrizioni.

a. Un chetone ciclico
b. Un'aldeide con quattro atomi di carbonio
c. Un chetone legato a un residuo arilico e a un residuo alchilico
d. Una catena con cinque atomi di carbonio e due gruppi chetonici

Analizza

114 La puntura di alcuni insetti avviene con iniezione nell'ospite di saliva contenente acido formico. L'acido formico ha un effetto anticoagulante che impedisce al sangue dell'ospite di coagulare nell'apparato buccale dell'insetto durante la suzione.
La presenza dell'acido formico e di altre sostanze iniettate dall'insetto mentre punge induce la produzione nell'ospite di istamina, che provoca rossore, gonfiore e prurito. Per attenuare questi effetti, è meglio tamponare immediatamente la puntura con un batuffolo di cotone imbevuto con dell'aceto o con dell'ammoniaca? Per quale motivo?

A scuola di lavoro

115 Nell'azienda in cui andrai lavorare sarai incaricato di garantire la sicurezza dei laboratori chimici. Visitando il laboratorio di chimica organica ti accorgi subito che qualcosa non va. Questi sono gli appunti che prendi.

a. Gli operatori indossano guanti, occhiali e camice.
b. Gli operatori lavorano in piedi.
c. Sul bancone A vi sono flaconi di alcol etilico lasciati aperti vicino a un becco bunsen.
d. Sul bancone B c'è un flacone di benzene chiuso con tappo.
e. La cappa aspirante è lontana dai banconi, ospita molti flaconi di sostanze organiche diverse.
f. Un operatore versa avanzi di triclorometano nel lavandino.

Su quali aspetti occorre prendere immediato provvedimento ai fini di contenere il rischio chimico?

116 Un'Agenzia Spaziale Internazionale sta cercando di trovare nuovi materiali con cui realizzare utensili nella prima spedizione umana su Marte. Agli sviluppatori è richiesto di progettare un polimero che abbia le seguenti caratteristiche:

a. deve essere un polimero di condensazione;
b. deve essere un eteropolimero formato da due tipi di monomeri;
c. deve portare alla saturazione dei carboni di tutti i monomeri coinvolti.

Proponi un possibile polimero che abbia le caratteristiche individuate e investiga in rete se è già stato realizzato ed eventualmente in quale settore è utilizzato.

Verso l'università

1 Un alcol primario può essere ossidato a dare prima una aldeide e poi un acido carbossilico. Quale delle seguenti sequenze rappresenta l'ordine corretto di queste reazioni?

A $HCOOH \rightarrow HCHO \rightarrow CH_2OH$

B $CH_3CH(OH)CH_3 \rightarrow CH_3COCH_3 \rightarrow$ $\rightarrow CH_3CH_2COOH$

C $CH_3CH_2CH_2CH_2OH \rightarrow CH_3CH_2CH_2CHO \rightarrow$ $\rightarrow CH_3CH_2CH_2COOH$

D $CH_2{=}CH_2 \rightarrow CH_3CHO \rightarrow CH_3COOH$

E $C_4H_9CH_2OH \rightarrow C_4H_9CHO \rightarrow C_4H_9COOCH_3$

[dalla prova di ammissione a Medicina e Chirurgia, Odontoiatria e Protesi dentaria, 2014/2015]

2 Quale tipo di forze intermolecolari esiste nel tetraclorometano?

A Attrazione permanente dipolo-dipolo

B Attrazione istantanea dipolo-dipolo

C Legame idrogeno

D Legame ionico

E Legame covalente

[dalla prova di ammissione a Medicina e Chirurgia, Odontoiatria e Protesi dentaria, 2014/2015]

3 Qual è il nome sistematico IUPAC del composto organico con formula $CH_3CBr_2CH(OH)(CH_2)_4CH_3$?

A 2,2-dibromo-ottan-3-olo

B 2,2-dibromo-eptan-3-olo

C 7,7-dibromo-eptan-6-olo

D 7,7-dibromo-ottan-1-olo

E 2,2-dibromo-ottan-2-olo

[dalla prova di ammissione a Medicina e Chirurgia, Odontoiatria e Protesi dentaria, 2015/2016]

4 Individuare l'affermazione FALSA riguardo al doppio legame tra atomi di carbonio.

A Non è mai presente nei chetoni

B È più forte del legame semplice tra atomi di carbonio

C Gli atomi di carbonio che lo formano sono generalmente ibridati sp^2

D È più debole del legame triplo tra atomi di carbonio

E È presente negli alcheni

[dalla prova di ammissione a Medicina e Chirurgia, Odontoiatria e Protesi dentaria, 2016/2017]

5 Quale tra i seguenti composti è un'ammide?

A CH_3COOCH_3

B CH_3NO_2

C CH_3NHCH_3

D CH_3CONH_2

E CH_3NH_2

[dalla prova di ammissione a Medicina e Chirurgia, Odontoiatria e Protesi dentaria, 2017/2018]

6 L'1-butanolo e il 2-butanolo sono tra loro:

A enantiomeri

B isomeri conformazionali

C diastereoisomeri

D isomeri di struttura

E isomeri configurazionali

[dalla prova di ammissione a Medicina e Chirurgia, Odontoiatria e Protesi dentaria, 2017/2018]

7 Per quanti atomi di idrogeno il benzene differisce dal cicloesano?

A 2 B 3 C 4 D 5 E 6

[dalla prova di ammissione a Medicina e Chirurgia, Odontoiatria e Protesi dentaria, 2011/2012]

8 La seguente struttura organica $CH_3COOCH_2CH_3$ corrisponde a:

A un etere

B un estere

C un acido carbossilico

D un chetone

E un fenolo

[dalla prova di ammissione a Medicina e Chirurgia, Odontoiatria e Protesi dentaria, 2012/2013]

9 Il cicloesanone è:

A un chetone

B una aldeide

C un idrocarburo aromatico

D un alcol

E un alchene

[dalla prova di ammissione a Medicina e Chirurgia, Odontoiatria e Protesi dentaria, 2012/2013]

10 La seguente equazione mostra la reazione tra un composto organico e l'ossigeno.

$$a\ C_2H_5SH + b\ O_2 \rightarrow c\ CO_2 + 2SO_2 + d\ H_2O$$

Per quale valore di b l'equazione è bilanciata?

A 7 B 9 C 10 D 11 E 12

[dalla prova di ammissione a Medicina e Chirurgia, Odontoiatria e Protesi dentaria, 2013/2014]

11 Quanti isomeri strutturali della molecola C_4H_9Br esistono?

A 2 B 3 C 4 D 5 E 6

[dalla prova di ammissione a Medicina e Chirurgia, Odontoiatria e Protesi dentaria, 2013/2014]

12 Un estere può essere direttamente prodotto dalla reazione dell'acido propanoico con l'1-butanolo. Qual è la formula dell'estere?

A $C_2H_5COOC_2H_5$

B $CH_3COOC_4H_9$

C $C_4H_9COOC_3H_7$

D $C_3H_7COOC_4H_9$

E $C_2H_5COOC_4H_9$

[dalla prova di ammissione a Medicina e Chirurgia, Odontoiatria e Protesi dentaria, 2013/2014]

CAPITOLO

B1

Le biomolecole: struttura e funzione

1 Dai polimeri alle biomolecole

Tra i composti organici rientrano molte molecole che svolgono un ruolo nei sistemi biologici e che, per questo motivo, vengono indicate con il nome di **biomolecole**. Le biomolecole hanno alcune caratteristiche chiave:

- nella maggior parte dei casi si tratta di *macromolecole*, ovvero molecole complesse che possono contenere anche migliaia di atomi (principalmente C, H e O);
- dal punto di vista chimico, le biomolecole sono *composti polifunzionali*, sono cioè costituite da molecole che contengono due o più gruppi funzionali diversi;
- le biomolecole sono in molti casi *polimeri* formati dall'unione di composti organici più piccoli chiamati *monomeri*.

TI RICORDI?
I monomeri si uniscono a formare i polimeri grazie a una reazione di **condensazione** che porta alla perdita di una molecola d'acqua per ciascun legame che si forma. La degradazione di un polimero è invece mediata da reazioni di **idrolisi**, che portano alla rottura dei legami tra i singoli monomeri.

La **biochimica** comprende lo studio delle **biomolecole**, la loro organizzazione, le interazioni e le trasformazioni che subiscono nelle cellule.

La biochimica si occupa anche dello studio degli scambi energetici e della produzione di energia, degli scambi di informazioni all'interno degli organismi, del funzionamento di strutture complesse a livello molecolare. Ogni disciplina scientifica di area biomedica trova nella biochimica e nello studio delle biomolecole gli elementi per spiegare fenomeni e processi complessi.

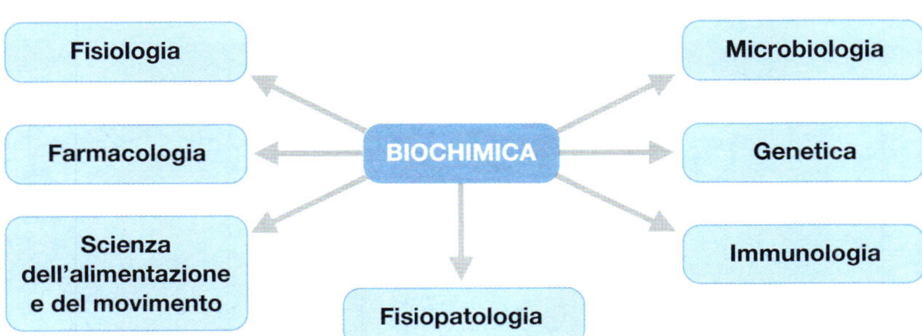

Scarica **GUARDA!** e inquadrami per guardare i video

Nonostante la loro eterogeneità chimica, le biomolecole possono essere suddivise in quattro classi fondamentali: *carboidrati, lipidi, proteine* e *acidi nucleici*. Carboidrati e lipidi costituiscono le principali fonti energetiche degli organismi e svolgono un'importante funzione strutturale. Le proteine, oltre ad avere un ruolo strutturale, sono i principali regolatori degli organismi viventi e sono in grado di ricoprire molteplici ruoli: in pratica consentono lo svolgimento di tutte le funzioni vitali di una cellula. Gli acidi nucleici contengono le informazioni necessarie per la biosintesi delle proteine e garantiscono la riproduzione degli organismi e il perpetuarsi della vita (**Figura B1.1**).

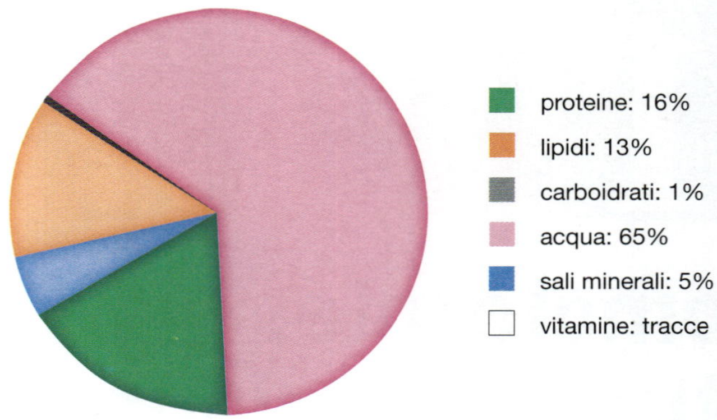

Figura B1.1 Composizione percentuale dell'organismo umano.

2 I carboidrati

TI RICORDI?

Il gruppo **carbonile** (C=O) caratterizza aldeidi e chetoni; il gruppo **ossidrile** (—OH) è tipico degli alcoli.

I **carboidrati** (o *glicidi* o *saccaridi*) sono un gruppo di sostanze organiche naturali costituite generalmente da tre soli elementi: carbonio, idrogeno e ossigeno.

Da un punto di vista chimico i carboidrati sono un esempio di composti *polifunzionali*, perché contengono un gruppo carbonile (aldeidico o chetonico) insieme a più gruppi ossidrile: per questo motivo vengono definiti *poliidrossialdeidi* o *poliidrossichetoni*. Sono considerati carboidrati anche tutte le sostanze che per idrolisi danno composti di questo tipo.

Video **Che cosa sono i carboidrati?**

I carboidrati svolgono due principali funzioni nel mondo vivente:

1. **riserva energetica**: l'*amido* nel mondo vegetale e il *glicogeno* in quello animale sono carboidrati con funzione di riserva energetica.
2. **ruolo strutturale**: la *cellulosa*, la biomolecola più abbondante sulla Terra, è il costituente principale della parete delle cellule vegetali, cui conferisce rigidità e resistenza; la *chitina* forma l'esoscheletro di insetti e crostacei (**Figura B1.2**).

Figura B1.2 I carboidrati svolgono diverse funzioni.

I cereali hanno un elevato contenuto di **amido**, il più importante fra i carboidrati di riserva.

Il cotone è costituito da **cellulosa** allo stato quasi puro.

L'esoscheletro degli insetti è formato da **chitina**, un polisaccaride che costituisce fibre molto resistenti.

I carboidrati si classificano in base alla complessità della loro struttura (Figura B1.3):

- i **monosaccaridi** sono le molecole più semplici e rappresentano le unità costitutive di carboidrati più complessi;
- gli **oligosaccaridi** sono formati dall'associazione di pochi monosaccaridi;
- i **polisaccaridi** sono polimeri formati da numerosi monosaccaridi (da poche decine fino a molte migliaia).

Dal punto di vista nutrizionale, i glicidi si suddividono in *carboidrati semplici* (monosaccaridi e oligosaccaridi), chiamati anche **zuccheri**, e *carboidrati complessi* (polisaccaridi).

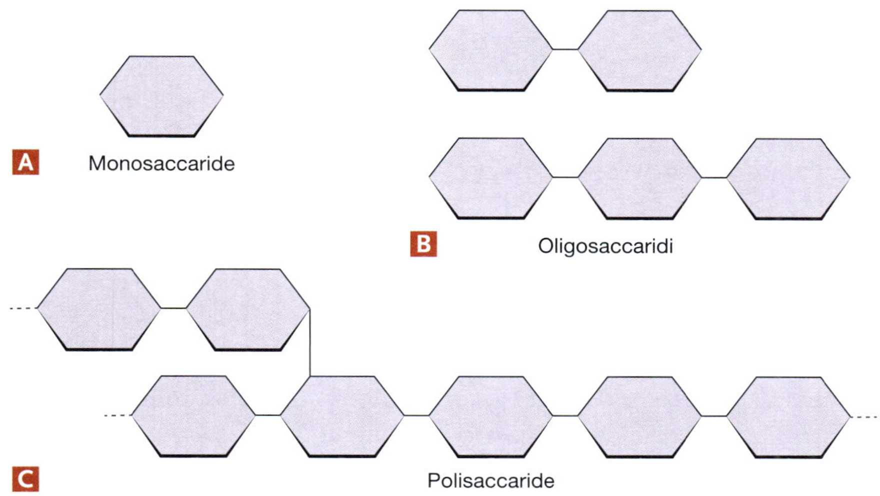

Figura B1.3 Rappresentazione schematica di monosaccaridi, oligosaccaridi e polisaccaridi.

▶ I glicoconiugati

I carboidrati si trovano talvolta associati anche a molecole di natura diversa, formando molecole ibride chiamate **glicoconiugati**.

> Le **glicoproteine** e i **glicolipidi** sono esempi di glicoconiugati in cui la porzione glicidica si unisce, rispettivamente, a proteine e lipidi.

La presenza di carboidrati aumenta la diversità biologica della proteina o del lipide di partenza; queste molecole ibride sono importanti perché mediano la comunicazione fra le cellule.

3 I monosaccaridi

I monosaccaridi sono i carboidrati più semplici: esistono liberi in natura ma più spesso sono legati fra loro a formare molecole complesse. Sono costituiti da molecole la cui formula molecolare generale è $C_nH_{2n}O_n$, dove n è un numero mai inferiore a tre e spesso non superiore a sei.

I monosaccaridi si distinguono in base al numero di atomi di carbonio presenti nella loro molecola.

> I **triosi** hanno tre atomi di carbonio, i **tetrosi** ne hanno quattro e i **pentosi** cinque e così via. Gli **aldosi** possiedono un gruppo funzionale aldeidico $(-\underset{\underset{\displaystyle H}{|}}{C}=O)$; i **chetosi** un gruppo chetonico $(>C=O)$.

In tutti i casi, le molecole dei monosaccaridi contengono anche tanti gruppi ossidrile quanti sono gli atomi di carbonio meno uno.

La gliceraldeide, lo zucchero più semplice

TI RICORDI?

L'**isomeria ottica** caratterizza una molecola che contenga almeno un atomo di carbonio legato a quattro sostituenti diversi (detto **centro stereogenico**). Il centro stereogenico implica l'esistenza di due isomeri ottici, detti D e L.

L'aldoso più semplice è la gliceraldeide $C_3H_6O_3$, della quale esistono due possibili isomeri, chiamati *D-gliceraldeide* e *L-gliceraldeide*.

Le molecole di D-gliceraldeide e L-gliceraldeide sono **enantiomeri**, cioè l'una è l'immagine speculare e non sovrapponibile dell'altra. Si tratta di due *isomeri ottici* per la presenza di un *centro stereogenico*.

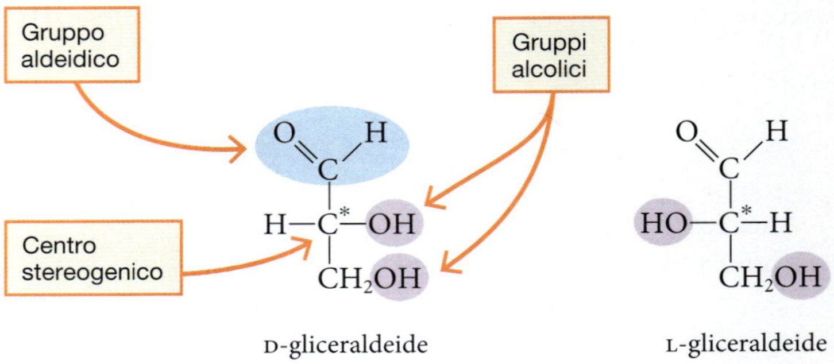

Le formule di proiezione di Fischer

Le lettere D (destro) e L (levo) che precedono il nome dello zucchero si riferiscono alla posizione del gruppo —OH sul secondo atomo di carbonio della gliceraldeide (C-2). L'assegnazione della lettera D oppure L dipende dalla convenzione proposta dal chimico tedesco Emil Fischer (1852-1919), da cui derivano le **formule di proiezione di Fischer**. Esse si ottengono immaginando di proiettare l'atomo di carbonio tetraedrico (C-2) su un piano; i suoi quattro legami diventano in questo modo due segmenti perpendicolari e il punto della loro intersezione è l'atomo di carbonio stesso (**Figura B1.4**).

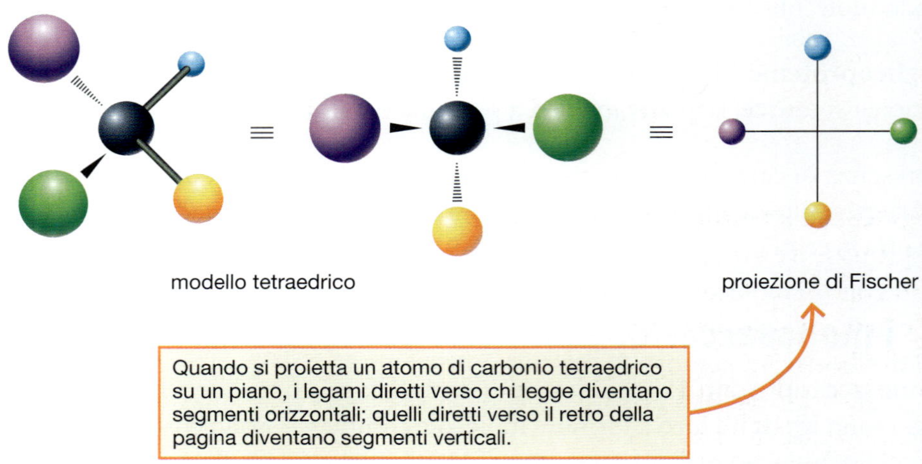

Figura B1.4
Le sfere colorate indicano quattro sostituenti generici diversi.

Per convenzione, nelle formule di proiezione di Fischer si pone in alto l'atomo di carbonio più ossidato (C-1, ovvero quello del gruppo funzionale CHO) e in verticale la catena di atomi di carbonio; si assegna poi la lettera D alla configurazione della gliceraldeide con l'ossidrile a destra della catena e la lettera L al suo enantiomero con l'ossidrile a sinistra.

La differente disposizione dei sostituenti non influenza la maggior parte delle proprietà chimiche e fisiche delle due sostanze ma ha profonde conseguenze sulla loro funzione biologica: infatti solo la D-gliceraldeide è utilizzata dagli organismi viventi mentre la L-gliceraldeide è una molecola biologicamente inerte.

▶ Il glucosio e gli altri monosaccaridi

Con l'aumentare del numero di atomi di carbonio nella molecola, aumenta il numero dei centri stereogenici e quindi il numero di isomeri ottici possibili. Una molecola di monosaccaride appartiene alle serie D oppure L a seconda della disposizione del gruppo —OH legato all'atomo di carbonio stereogenico più lontano dal gruppo aldeidico (o chetonico): se questo gruppo —OH è disposto a destra, la molecola appartiene alla serie D, altrimenti appartiene alla serie L. Come nel caso della gliceraldeide, solo i monosaccaridi della serie D hanno rilevanza biologica e si ritrovano negli organismi viventi.

Le molecole dei **monosaccaridi della serie D** sono quelle biologicamente rilevanti: esse presentano il gruppo —OH del centro stereogenico più lontano dal gruppo aldeidico (o chetonico) legato sulla destra.

La **Figura B1.5** illustra le formule di struttura di alcuni D-aldosi importanti per gli esseri viventi.

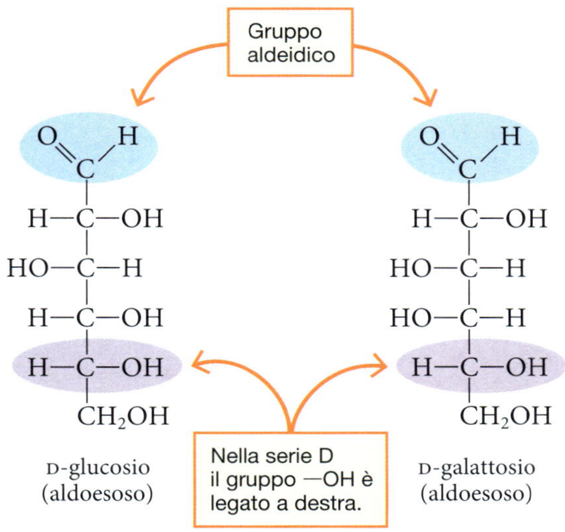

Figura B1.5 Esempi di aldosi di rilevanza biologica: D-glucosio e D-galattosio.

Il **D-glucosio**, un esoso di formula molecolare $C_6H_{12}O_6$, è lo zucchero più usato dagli organismi viventi come fonte di energia; è anche il composto di partenza per la costruzione di molecole più complesse. Il **D-galattosio** ($C_6H_{12}O_6$) forma, combinandosi con il glucosio, lo zucchero del latte.

Il **D-ribosio**, un pentoso di formula molecolare $C_5H_{10}O_5$, entra nella costituzione dell'RNA. Il **2-desossiribosio** si ottiene dal ribosio per eliminazione dell'atomo di ossigeno legato al carbonio C-2. Questo desossizucchero entra nella costituzione delle molecole di DNA.

HAI CAPITO?

- Scrivi la formula di Fischer dell'acido D-gluconico, ottenuto dal D-glucosio per ossidazione del C-1.

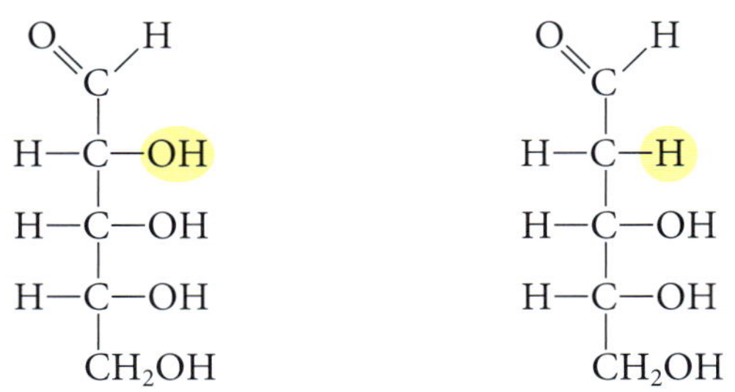

D-ribosio (aldopentoso)

2-desossiribosio

Il chetoso più semplice è il **diidrossiacetone** un intermedio a tre atomi di carbonio ($C_3H_6O_3$) del metabolismo degli zuccheri che non presenta centri stereogenici. Appartiene ai chetosi anche il **D-fruttosio**, un esoso ($C_6H_{12}O_6$) che si trova nella frutta e nel miele (**Figura B1.6**). La **Tabella B1.1** illustra i principali monosaccaridi.

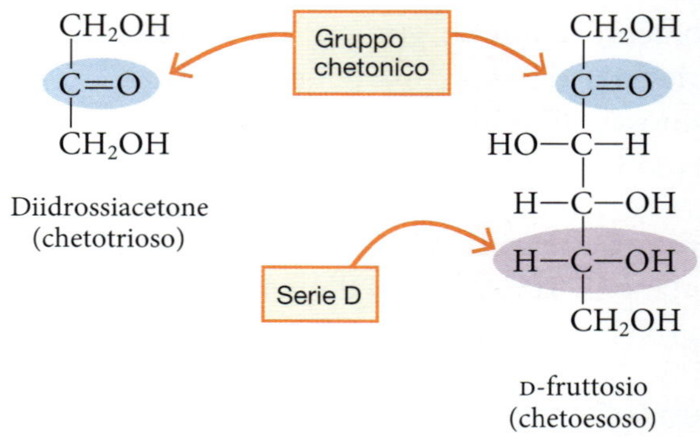

Figura B1.6
Esempi di chetosi di rilevanza fisiologica per l'uomo: diidrossiacetone e D-fruttosio.

Tabella B1.1
Le proprietà dei principali monosaccaridi.

Monosaccaride	Fonti	Funzione biochimica nell'uomo
D-ribosio	Derivato dal glucosio.	Entra nella costituzione dell'RNA e di alcune molecole biologicamente importanti come ATP, NAD^+, FAD. È il precursore del desossiribosio.
D-desossiribosio	Derivato dal ribosio.	Entra nella costituzione del DNA.
D-glucosio	Frutta; prodotto per idrolisi di saccarosio, lattosio, maltosio e amido.	È lo zucchero presente nel sangue e nelle cellule, dove viene degradato a scopo energetico. È precursore di altri carboidrati ma anche dei grassi.
D-galattosio	Prodotto per idrolisi del lattosio.	È trasformato in glucosio e metabolizzato nel fegato. Nella ghiandola mammaria, insieme al glucosio, costituisce il lattosio del latte materno.
D-fruttosio	Contenuto in frutta, miele; prodotto per idrolisi del saccarosio.	È metabolizzato nel fegato.

La struttura ciclica dei monosaccaridi in soluzione

In soluzione, le molecole dei monosaccaridi a cinque e sei atomi di carbonio formano prevalentemente **strutture cicliche**. La chiusura dell'anello avviene tramite una reazione di addizione nucleofila fra il gruppo ossidrile legato a uno degli atomi di carbonio terminali della catena e il gruppo aldeidico (o chetonico) con formazione di un **emiacetale ciclico**. Circa il 99% delle molecole di glucosio in soluzione si trova in forma di emiacetale, in cui il gruppo aldeidico ha reagito con il gruppo alcolico in posizione C-5.

TI RICORDI?

Gli **emiacetali** si ottengono quando un gruppo aldeidico reagisce con un gruppo alcolico in una reazione di **addizione nucleofila**.

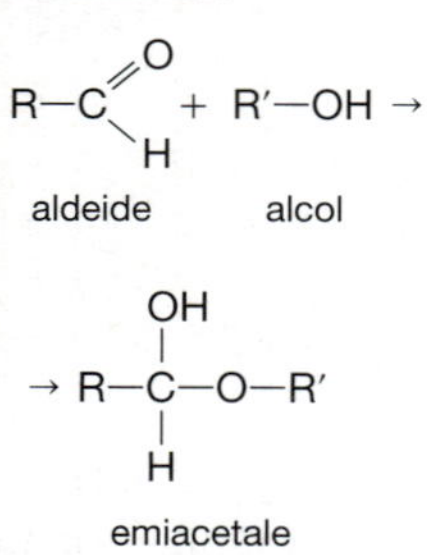

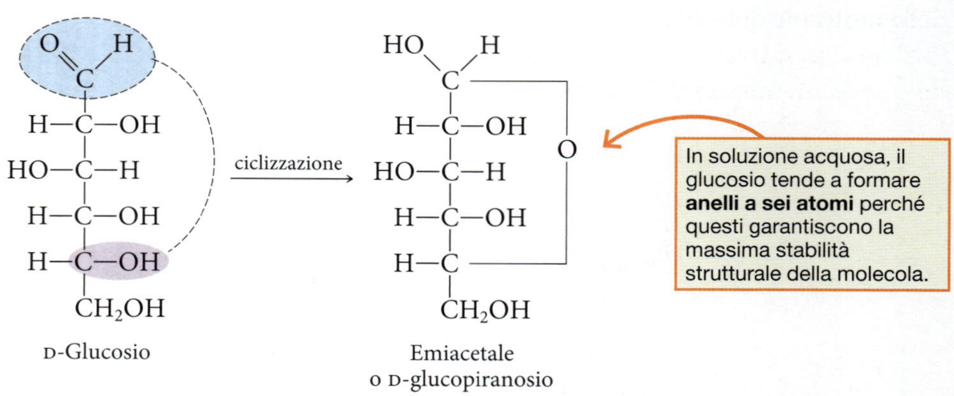

Le formule di proiezione di Haworth

La miglior rappresentazione dei monosaccaridi in forma ciclica si deve al chimico britannico Norman Haworth (1883-1950). Nelle **formule di proiezione di Haworth** si disegna l'anello come se fosse piano e leggermente inclinato.

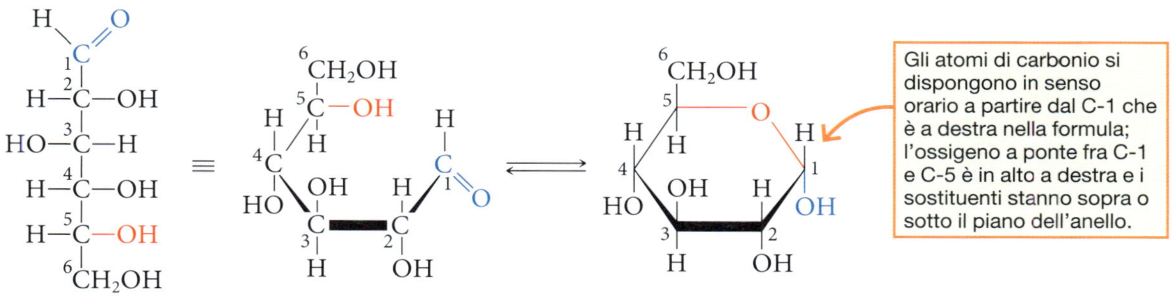

La tridimensionalità della molecola è messa in evidenza dal bordo spesso che unisce i due atomi di carbonio più vicini all'osservatore (C-2 e C-3). In queste formule, gli atomi di carbonio che costituiscono l'anello non sono espressamente indicati con la lettera C. L'atomo di carbonio C-6 si trova fuori dell'anello.

L'anomeria

La formazione dell'emiacetale e la chiusura dell'anello hanno importanti conseguenze sulle proprietà della molecola poiché l'atomo di carbonio C-1, inizialmente aldeidico, diventa anch'esso un centro stereogenico (*carbonio anomerico*). Ciò dà origine a due nuovi isomeri ottici, detti **anomeri**, in equilibrio fra loro. Nel caso del D-glucosio, si hanno due anomeri, con diverse funzioni biochimiche:

- **α-D-glucosio**, con il gruppo —OH disposto sotto il piano dell'anello (in *trans* rispetto al gruppo CH_2OH legato al C-5);
- **β-D-glucosio**, con il gruppo —OH disposto sopra il piano dell'anello (in *cis* rispetto al gruppo CH_2OH legato al C-5).

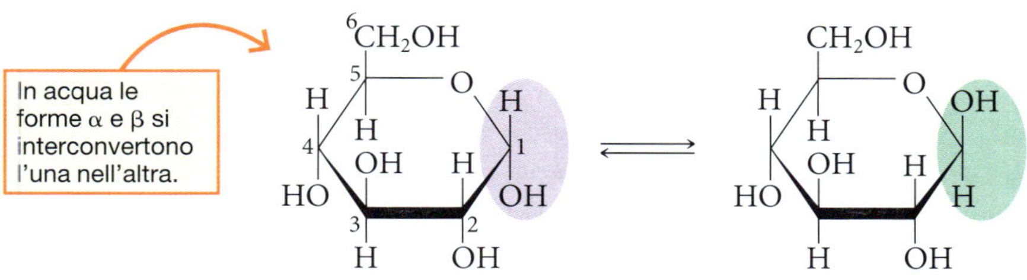

α-D-glucosio β-D-glucosio

HAI CAPITO?

- Se il carbonile del glucosio reagisce con il gruppo ossidrile in C-4, quale struttura si ottiene?

Le strutture cicliche dei monosaccaridi possono essere a cinque o sei atomi. Gli anelli a cinque atomi sono detti *furanosi* e quelli a sei atomi sono detti *piranosi* perché ricordano, rispettivamente, le strutture del furano e del pirano. In natura (**Figura B1.7**) sono presenti miscele del β-D-glucosio (piranoso) e del β-D-fruttosio (furanoso):

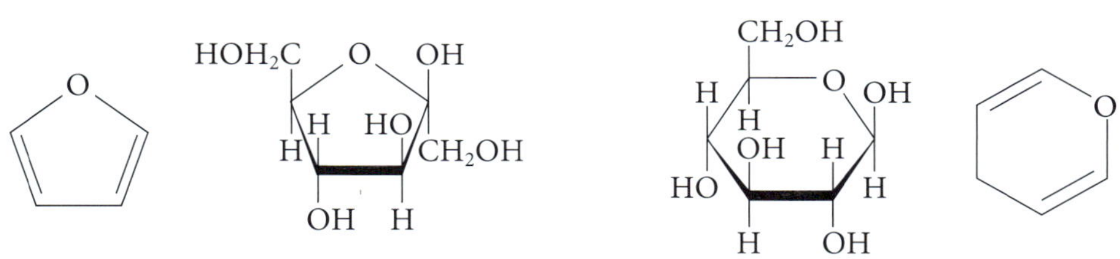

furano β-D-fruttosio (furanoso) β-D-glucosio (piranoso) pirano

Figura B1.7
Il miele è una miscela composta principalmente da glucosio e fruttosio.

4 Il legame *O*-glicosidico e i disaccaridi

HAI CAPITO?

- Riassumi la reazione di sintesi di un disaccaride.

Il legame fra alcune molecole di monosaccaridi (fino a non più di una decina) porta alla formazione degli **oligosaccaridi**. Tra questi, i *disaccaridi* derivano dall'unione di due monosaccaridi per reazione dell'ossidrile anomerico di un monosaccaride con un ossidrile dell'altro attraverso una reazione di condensazione (*acetalizzazione*): la reazione porta alla liberazione di una molecola di acqua e alla formazione di un **legame *O*-glicosidico**, in cui un atomo di ossigeno si pone a ponte tra i due anelli.

Un **disaccaride** è un acetale in cui il gruppo —OH anomerico è sostituito da un gruppo —OR.

Il legame glicosidico viene indicato sempre con la posizione degli atomi di carbonio delle due molecole che si uniscono. Il maltosio, per esempio, presenta un legame α1,4-glicosidico fra due molecole di α-D-glucosio, a indicare che il C-1 della prima molecola (anomero α) è legato al C-4 della seconda (**Figura B1.8**).

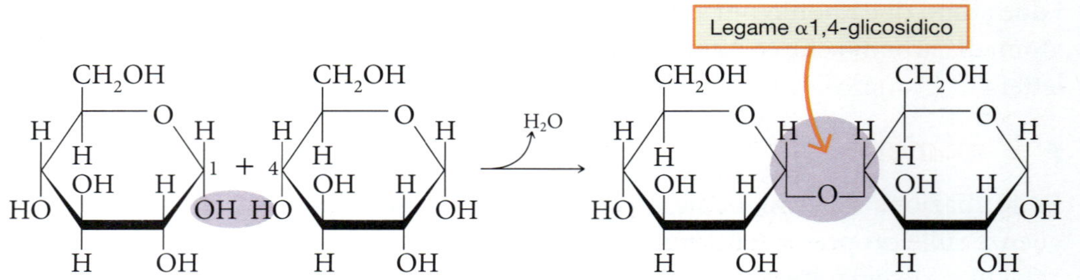

Figura B1.8
Il legame glicosidico può essere di tipo α o β a seconda che il gruppo ossidrile del carbonio anomerico sia α o β.

LA CHIMICA DI TUTTI I GIORNI

Gli edulcoranti e l'intolleranza al lattosio

Il potere dolcificante degli edulcoranti

Gli **edulcoranti** o **dolcificanti** sono sostanze che conferiscono un sapore dolce agli alimenti. Il dolcificante più diffuso è il saccarosio o zucchero da tavola, la cui assunzione si accompagna all'introduzione di un numero rilevante di calorie (4 kcal/g). I soggetti affetti da diabete mellito – una malattia caratterizzata dall'incapacità di utilizzare lo zucchero a causa di un deficit dell'ormone insulina – devono limitare l'uso di questa sostanza. Sono stati quindi introdotti sul mercato edulcoranti alternativi, naturali o di sintesi, che sostituiscono il saccarosio nei prodotti per diabetici o dietetici.

Il **potere dolcificante** di una sostanza è un valore numerico che consente di esprimere la sua capacità addolcente. Per convenzione, al saccarosio si attribuisce potere dolcificante 1; il potere dolcificante di tutte le altre sostanze si esprime in riferimento a quello del saccarosio. Il potere dolcificante di una sostanza è espresso come rapporto fra la concentrazione di una soluzione di saccarosio e la concentrazione di una soluzione dell'edulcorante che ha la stessa intensità di dolcezza. Per esempio, una soluzione di saccarosio, a parità di solvente, ha lo stesso grado di dolcezza di una soluzione di saccarina la cui concentrazione è 300 volte inferiore; dunque la saccarina ha un potere dolcificante pari a 300.

Fra gli **edulcoranti naturali** è da ricordare il *fruttosio*, il monosaccaride della frutta e del miele. Il fruttosio ha lo stesso contenuto calorico del saccarosio, ma il suo potere dolcificante è più elevato rispetto al saccarosio (1,8): per ottenere lo stesso effetto addolcente basta una quantità inferiore, da cui un minor apporto calorico. Il metabolismo del fruttosio è indipendente dall'insulina e lo zucchero può essere usato anche dai diabetici.

Gli **edulcoranti di sintesi** (o artificiali) hanno in genere un potere dolcificante molto elevato e possono essere assunti in piccolissime quantità. La *saccarina*, per esempio, è stata utilizzata in passato anche se il retro-

Tra gli oligosaccaridi diffusi in natura, oltre al maltosio hanno particolare rilevanza due disaccaridi: *saccarosio* e *lattosio* (**Figura B1.9**).

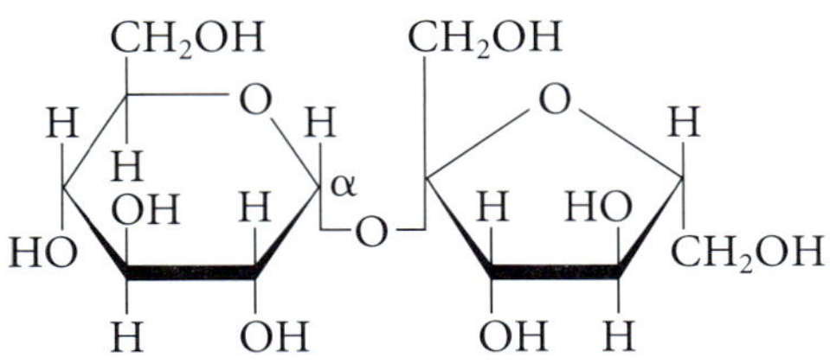

A Saccarosio

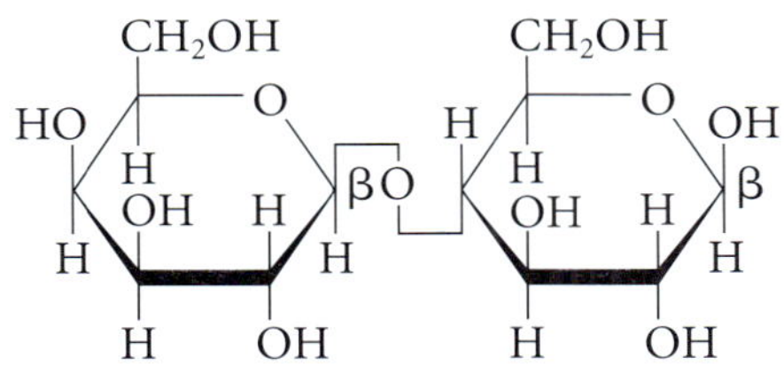

B Lattosio

Figura B1.9
Fra i disaccaridi più importanti vi sono il saccarosio (**A**), lo zucchero da tavola, e il lattosio (**B**) contenuto nel latte.

La **Tabella B1.2** illustra la composizione e le fonti naturali dei disaccaridi che abbiamo descritto.

Tabella B1.2
Disaccaridi di rilevanza biologica.

Nome	Costituenti	Fonti
Maltosio	Due molecole di α-D-glucosio unite con legame 1,4-glicosidico.	Digestione dell'amido. Cereali e malto in germinazione.
Saccarosio	Una molecola di α-D-glucosio e una di β-D-fruttosio unite con legame 1,2-glicosidico.	Canna da zucchero e barbabietola da zucchero.
Lattosio	Una molecola di β-D-galattosio e una di β-D-glucosio unite con legame 1,4-glicosidico.	Latte e derivati.

gusto metallico e amaro ne ha successivamente ridotto l'impiego. L'*aspartame* (un derivato degli amminoacidi) ha potere dolcificante pari a circa 200 ma non può essere assunto da soggetti affetti da fenilchetonuria perché contiene l'amminoacido fenilalanina; la stessa sostanza non resiste alle elevate temperature e non può dunque essere aggiunta a cibi che devono essere cotti. L'*acesulfame K* ha potere dolcificante 200, è resistente al calore e alle variazioni di pH e non ha retrogusto amaro. Oggi è uno degli edulcoranti più diffusi.

Negli ultimi anni, è entrata in uso la **stevia**, una pianta originaria dell'America del Sud, le cui foglie hanno un contenuto elevato di principi attivi come lo *stevioside* e il *rebaudioside*. Rispetto al saccarosio, la stevia ha un potere dolcificante circa 200-300 volte superiore e il suo contenuto calorico è nullo.

Nutrizione e prodotti dietetici

Un numero sempre più elevato di persone in tutto il mondo soffre di **intolleranza al lattosio**, una sindrome caratterizzata da disturbi digestivi, dolori addominali, diarrea e produzione di gas intestinali (meteorismo).

Il lattosio introdotto con il latte alimentare è normalmente digerito grazie all'azione di un enzima, chiamato *lattasi*, prodotto dalle ghiandole intestinali.

$$\text{Gal-O-Glu} + H_2O \xrightarrow[\text{lattosio (idrolisi)}]{\text{lattasi}} \text{galattosio} + \text{glucosio}$$

Per motivi diversi, in alcune persone si può manifestare un deficit di lattasi che causa un accumulo di lattosio indigerito nell'intestino. Lo zucchero richiama acqua per osmosi e viene fermentato dai batteri intestinali, il cui metabolismo genera gas e altre sostanze irritanti responsabili dei sintomi clinici. La terapia di questa sindrome consiste nel seguire una dieta priva del latte e di tutti i suoi derivati. Oggi sono disponibili formulazioni commerciali di latte dietetico a contenuto ridotto di lattosio, più facilmente digeribile.

L'intolleranza al lattosio ha basi genetiche e non deve essere confusa con l'*intolleranza al latte* o, più propriamente, **allergia al latte**. Mentre l'intolleranza al lattosio è dovuta a un deficit enzimatico, l'allergia al latte è scatenata dalla reazione del sistema immunitario contro le proteine del latte. In questo caso, oltre ai sintomi gastrointestinali si manifestano anche reazioni cutanee e, talvolta, attacchi di asma. A lungo termine, l'allergia al latte può portare alla degenerazione della mucosa intestinale e a una perdita della capacità di assorbire nutrienti. La terapia consiste nell'uso dietetico di latte artificiale che contiene proteine idrolizzate o, nei casi meno gravi, di latte di soia.

5 I polisaccaridi con funzione di riserva energetica

L'unione mediante legami glicosidici di numerose molecole di monosaccaridi porta alla formazione dei **polisaccaridi**. Alcuni di questi sono formati dall'associazione di qualche decina di unità monosaccaridiche, altri possono formare catene anche di decine di migliaia di molecole.

Gli *omopolisaccaridi* sono costituiti dalla ripetizione di un solo tipo di monosaccaride; gli *eteropolisaccaridi* contengono, invece, due o più tipi diversi di monosaccaride. I polisaccaridi si classificano anche in base alla presenza di ramificazioni nelle loro molecole: esistono così polisaccaridi a catena *lineare* e polisaccaridi a catena *ramificata* (**Figura B1.10**).

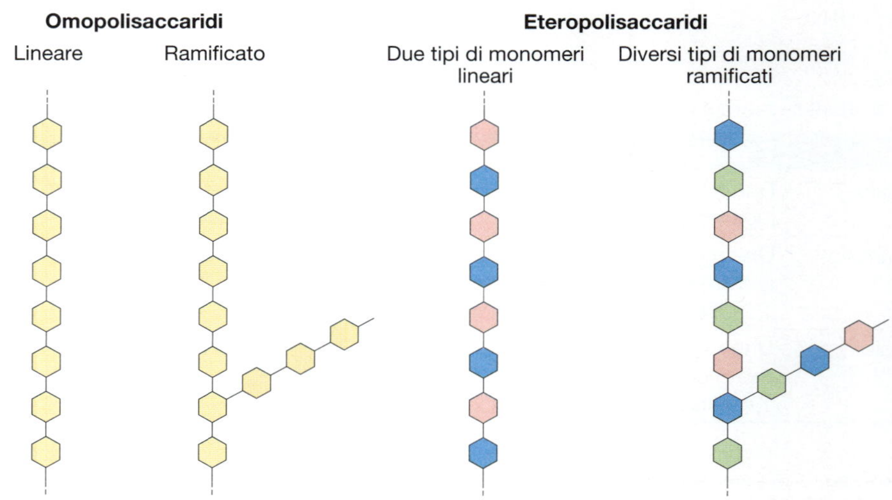

Figura B1.10
I polisaccaridi possono essere composti da uno, due o più tipi di monosaccaridi, disposti in catene lineari o ramificate di varie lunghezze.

L'amido

L'**amido**, un omopolisaccaride assai diffuso nelle piante, è dato dall'associazione di numerose molecole di α-D-glucosio. È il più importante polisaccaride di riserva e si trova nei cereali, nelle patate e nei legumi, assumendo così notevole importanza alimentare per l'uomo (**Figura B1.11**).

Figura B1.11
Le piante accumulano grandi quantità di amido nei tuberi.

I costituenti principali dell'amido sono l'*amilosio* (15-20%), formato da una catena lineare che assume un andamento elicoidale nello spazio, e l'*amilopectina* (80-85%) costituita da catene ramificate (**Figura B1.12**). Le unità di α-D-glucosio nelle catene di amilosio e amilopectina sono legate attraverso legami α1,4-glicosidici mentre nei punti di ramificazione dell'amilopectina, ogni 25-30 unità di glucosio, sono presenti legami α1,6-glicosidici.

L'**amido** è un omopolisaccaride costituito da unità di α-D-glucosio legate fra loro con legami α1,4-glicosidici in presenza di ramificazioni (legami α1,6-glicosidici) ogni 25-30 unità.

HAI CAPITO?

- Ispirandosi alla **Figura B1.10** disegna in modo schematico la struttura dell'amilosio e dell'amilopectina.

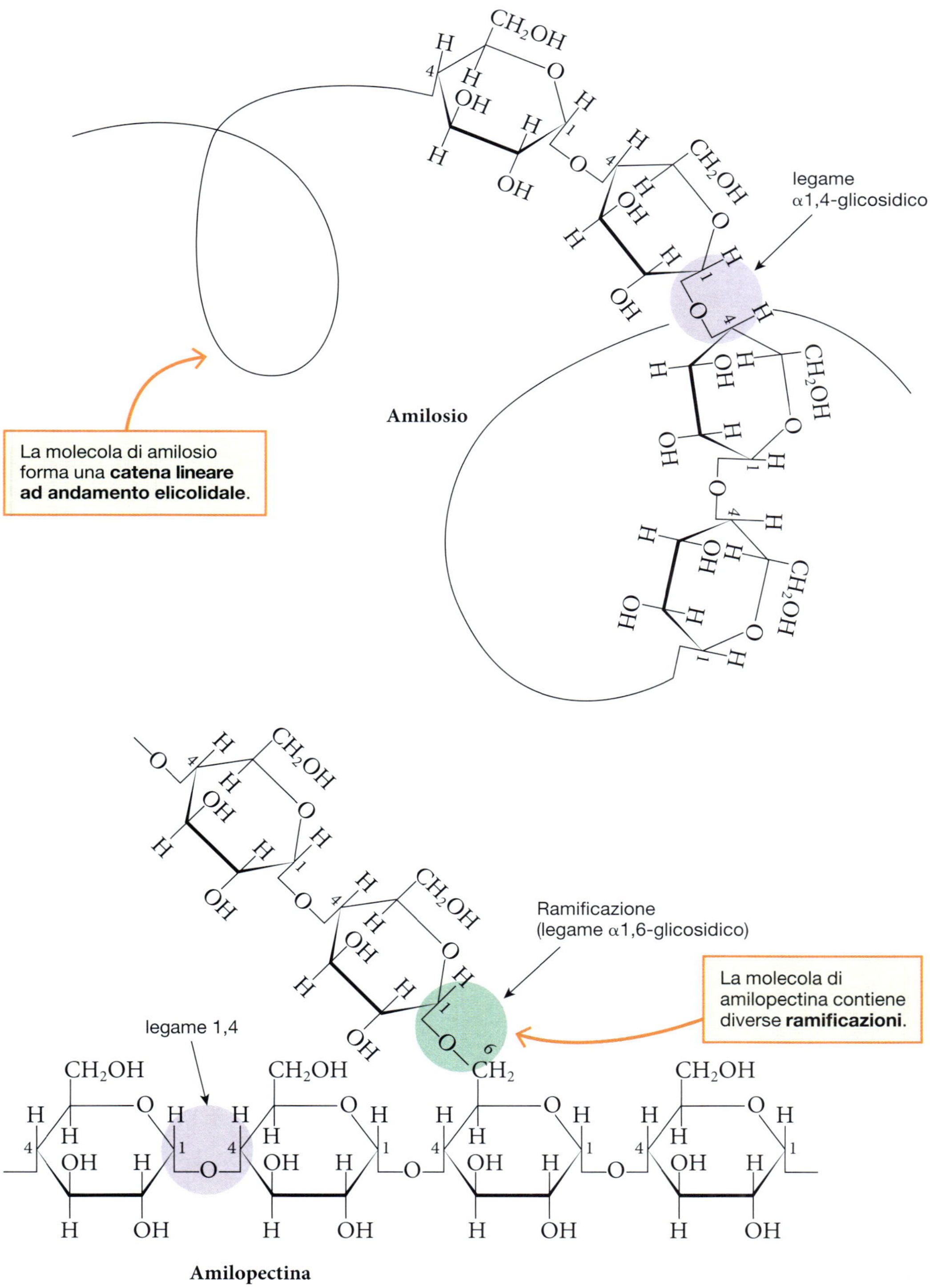

Figura B1.12 Amilosio e amilopectina sono i componenti dell'amido.

Il glicogeno, un polisaccaride di riserva di origine animale

Nel mondo animale, il glicogeno è l'analogo dell'amido e si trova nel citoplasma delle cellule del fegato e del muscolo dove è depositato sotto forma di granuli (**Figura B1.13**). Questo polisaccaride svolge una funzione di riserva energetica anche se, negli animali, la maggior parte dell'energia è conservata sotto forma di grasso nel tessuto adiposo.

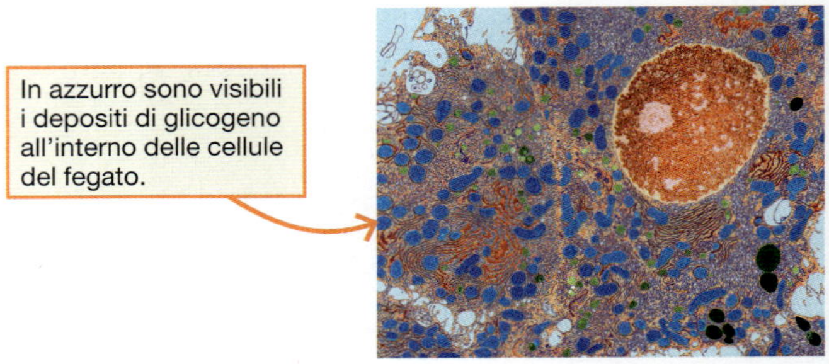

Figura B1.13 Immagine al microscopio elettronico a trasmissione di una sezione di tessuto epatico.

Il **glicogeno** degli organismi animali è un omopolimero di α-D-glucosio: la molecola è molto più ramificata dell'amilopectina e forma una struttura di tipo globulare.

Anche il glicogeno, come l'amido, mostra una struttura globulare ed è costituito da catene in cui le unità di α-D-glucosio sono legate con legami α1,4-glicosidici in presenza di ramificazioni mediante legami α1,6-glicosidici; in questo caso, tuttavia, le ramificazioni sono più frequenti, ogni 10-12 unità di glucosio. Nel complesso, una molecola di glicogeno può contenere fino a 30 000-100 000 unità di glucosio e può raggiungere una massa molecolare che supera anche i 10 milioni di dalton (**Figura B1.14**).

Il glicogeno depositato nelle cellule animali va incontro a modificazioni continue in base alle esigenze dell'intero organismo: in condizioni di abbondanza energetica, come accade dopo un pasto, il glicogeno viene sintetizzato a partire dal glucosio e si accumula; in condizioni di deficit energetico, come avviene a digiuno o a seguito di uno sforzo fisico, il glicogeno accumulato è demolito a glucosio, la cui successiva degradazione metabolica fornisce l'energia di cui l'organismo ha bisogno. La sintesi e la demolizione del glicogeno sono regolate dagli ormoni pancreatici *insulina* e *glucagone*.

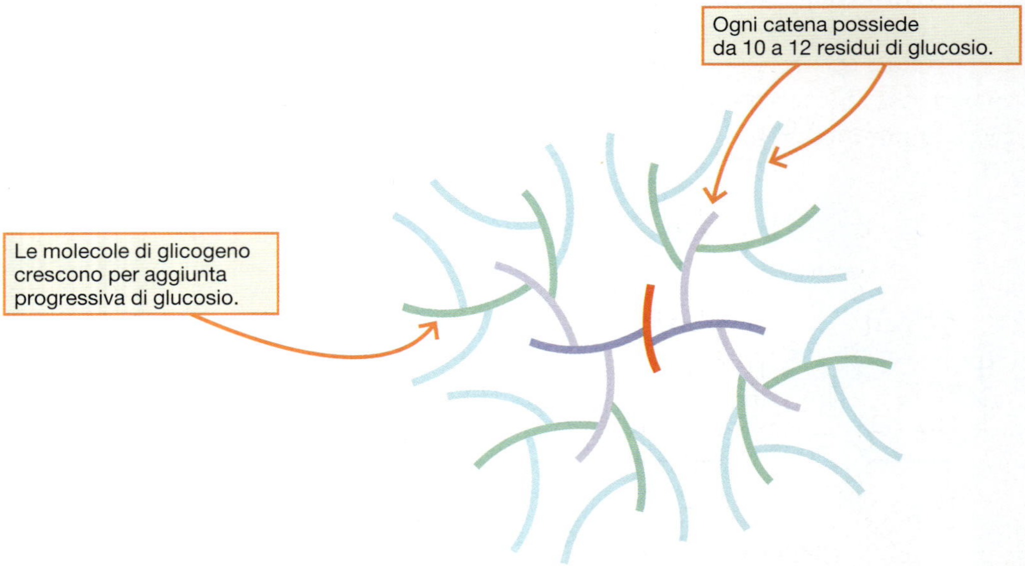

Figura B1.14 Rappresentazione schematica della struttura di un granulo di glicogeno.

6 I polisaccaridi con funzione strutturale

Numerosi polisaccaridi hanno una funzione strutturale. Alcuni formano robuste *strutture fibrose* che conferiscono resistenza e protezione a cellule e organismi; altri costituiscono la *matrice extracellulare* e, legandosi a proteine, formano l'impalcatura molecolare che sostiene i tessuti e permette alle cellule di interagire.

Figura B1.15
Il legno degli alberi è costituito da fibre di cellulosa ed emicellulosa legate insieme dalla lignina.

La cellulosa

La cellulosa è il principale costituente della parete delle cellule vegetali (**Figura B1.15**).

La **cellulosa** è un omopolisaccaride insolubile costituito da numerose unità di β-D-glucosio unite fra loro con legami β1,4-glicosidici a formare catene lineari, prive di ramificazioni.

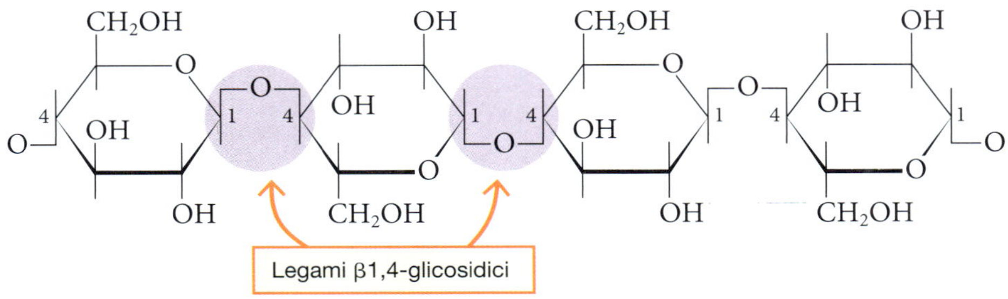

A differenza di ciò che accade nell'amido e nel glicogeno, la presenza dell'anomero β del D-glucosio fa sì che le catene polisaccaridiche assumano un andamento lineare, associandosi fra loro per mezzo di *legami a idrogeno* e fascicolandosi insieme: questa struttura permette alla cellulosa di formare fibre molto resistenti alla trazione, in grado di sostenere la pianta.

I legami β-glicosidici della cellulosa non possono essere idrolizzati dai succhi digestivi del nostro organismo e il polisaccaride è pertanto indigeribile. Gli stessi legami sono invece idrolizzati dagli enzimi prodotti da alcuni batteri che abitano nell'apparato digerente degli erbivori: il risultato è che gli erbivori digeriscono la cellulosa, ottenendo da questa la maggior parte dell'energia di cui hanno bisogno.

La chitina

La chitina è un importante omopolisaccaride a funzione strutturale che forma l'esoscheletro di crostacei, insetti e anche la parete cellulare di alcuni funghi.

La **chitina** è un omopolimero di *N*-acetil-β-D-glucosammina, in cui le unità monosaccaridiche sono unite fra loro da legami 1,4-glicosidici a formare catene prive di ramificazioni.

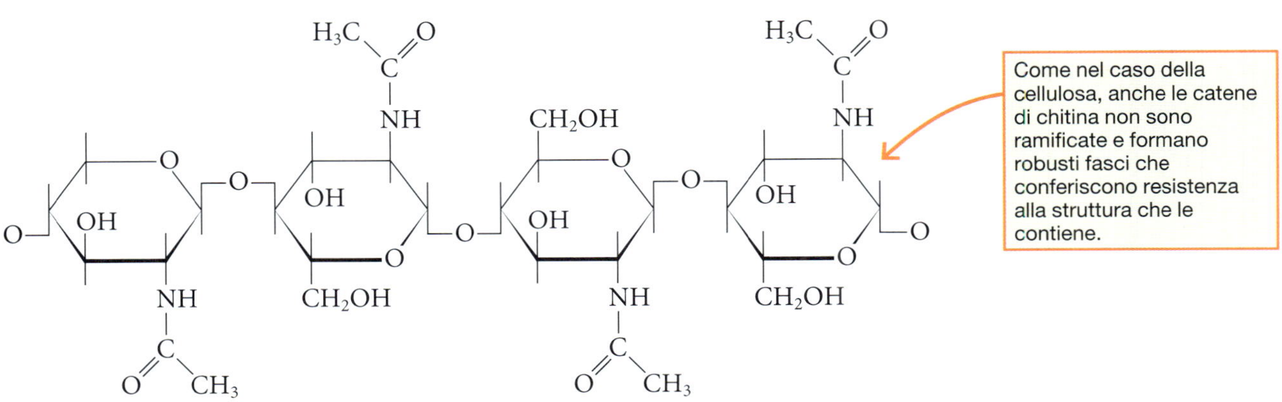

GUARDA! il video

7 I lipidi

I **lipidi** sono un gruppo eterogeneo di sostanze che hanno in comune la caratteristica di essere *insolubili in acqua* e *solubili in solventi organici apolari* come etere, cloroformio e cicloesano.

TI RICORDI?

I manicotti di **mielina** che avvolgono gli assoni accelerano la trasmissione degli impulsi nervosi. La perdita di mielina è alla base della *sclerosi multipla*.

I lipidi svolgono importanti funzioni nel mondo vivente, prima fra tutte quella di *riserva energetica*, ma hanno anche un ruolo *strutturale*: per esempio, partecipano alla formazione delle membrane biologiche, costituiscono il rivestimento mielinico degli assoni delle cellule nervose e agiscono come isolante termico, come nel caso del grasso dei mammiferi marini e degli animali che vivono in climi freddi. Infine, i lipidi sono precursori di numerose molecole dotate di attività biologica, quali vitamine e ormoni (**Figura B1.16**).

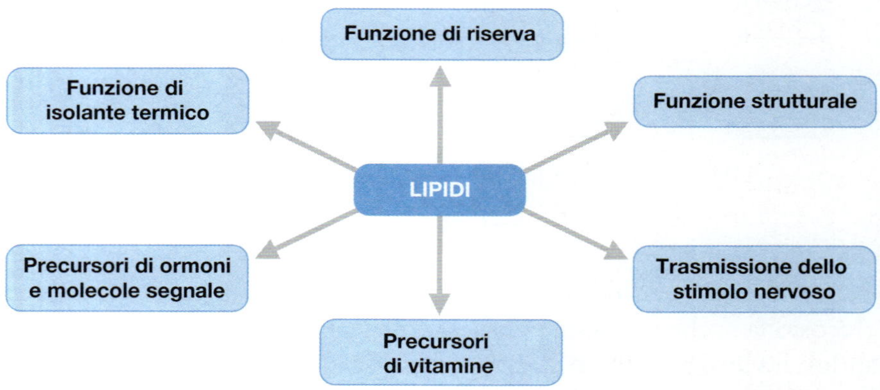

Figura B1.16
L'importanza dei lipidi in natura.

Video Che cosa sono i lipidi?

HAI CAPITO?

- Indica almeno una proprietà che distingue i lipidi dagli zuccheri.

L'eterogeneità strutturale dei lipidi rende necessaria una loro classificazione in **lipidi semplici** e **lipidi complessi**; alcune molecole possono poi essere **precursori** o **derivati lipidici** (**Tabella B1.3**).

Un altro criterio consente di distinguere i lipidi a seconda che le loro molecole siano o meno in grado di dare saponi a seguito di trattamento a caldo con basi forti, quali NaOH o KOH:

- **lipidi saponificabili** (per esempio trigliceridi, fosfogliceridi, sfingolipidi);
- **lipidi non saponificabili** (per esempio steroidi, terpeni).

Tabella B1.3
Classificazione dei lipidi in base alla loro complessità strutturale.

Classe	Caratteristiche	Esempi
Lipidi semplici	Esteri di acidi grassi con alcoli.	**Grassi:** esteri di acidi grassi con glicerolo. **Cere:** esteri di acidi grassi con alcoli ad alto peso molecolare.
Lipidi complessi	Esteri di acidi grassi con alcoli che contengono anche altri gruppi atomici.	**Fosfolipidi:** contengono gruppi fosfato. Fra questi si riconoscono i *glicerofosfolipidi*, in cui l'alcol è il glicerolo, e gli *sfingofosfolipidi*, in cui l'alcol è la sfingosina. **Glicosfingolipidi:** contengono carboidrati, oltre ad un acido grasso e all'alcol sfingosina. **Altri lipidi complessi:** solfolipidi e amminolipidi; lipoproteine.
Precursori e derivati lipidici	Composti che non rientrano nelle due categorie precedenti.	**Precursori lipidici:** acidi grassi, sfingosina, alcoli ad alto peso molecolare. **Derivati lipidici:** vitamine, ormoni, sali biliari, eicosanoidi, steroidi, terpeni.

8 I precursori lipidici: gli acidi grassi

Tra i precursori lipidici più importanti vi sono gli acidi grassi, una classe di composti organici che partecipa alla formazione di molte molecole con importanti funzioni negli organismi viventi.

Gli acidi carbossilici che possiedono quattro o più atomi di carbonio sono detti **acidi grassi**.

Sono presenti nei lipidi naturali prevalentemente sotto forma di esteri ma esistono anche come acidi grassi liberi. Gli acidi grassi più diffusi in natura sono provvisti di una lunga catena costituita da almeno dodici atomi di carbonio (acidi grassi a catena lunga) e hanno formula generale **R—COOH**, dove R contiene 11 o più atomi di carbonio.

Gli acidi grassi a catena lunga sono insolubili in acqua ma si sciolgono in soluzione alcalina, formando sali solubili detti *saponi*:

$$\underset{\text{Acido grasso}}{RCOOH} + \underset{\text{Idrossido di sodio}}{NaOH} \rightarrow \underset{\text{Sapone}}{RCOO^{-}Na^{+}} + H_2O$$

La catena R può essere *satura*, se non sono presenti doppi legami fra gli atomi di carbonio, o *insatura*, se sono presenti uno o più doppi legami in configurazione *cis*. Gli acidi grassi in cui sono presenti due o più doppi legami fra gli atomi di carbonio della catena sono noti come *acidi grassi polinsaturi*.

Gli **acidi grassi saturi** sono provvisti di una catena in cui gli atomi di carbonio si legano fra loro mediante legami singoli. Le catene degli **acidi grassi insaturi** contengono uno o più doppi legami.

Gli acidi grassi che prendono parte alla formazione dei lipidi hanno in genere catene formate da un numero pari di atomi di carbonio (compreso tra 4 e 30) e con struttura lineare (non presentano, quindi, strutture chiuse ad anello).

La Tabella B1.4 riporta alcuni fra gli acidi grassi saturi e insaturi più rilevanti nei sistemi biologici.

TI RICORDI?
Gli **acidi carbossilici** sono composti organici caratterizzati dalla presenza del gruppo carbossile, —COOH. La formula generale di un acido carbossilico è R—COOH.

Tabella B1.4
Acidi grassi a catena lunga di rilevanza fisiologica.

Nome comune	N° atomi di carbonio	Formula chimica	Punto di fusione	Fonte
		Acidi grassi saturi		
A. laurico	12	$CH_3(CH_2)_{10}COOH$	44,2 °C	Bianco di cetaceo (una sostanza oleo-cerosa che si trova in una concavità esterna del cranio dei cetacei), olio di cocco
A. miristico	14	$CH_3(CH_2)_{12}COOH$	53,9 °C	Noce moscata, semi di palma, burro
A. palmitico	16	$CH_3(CH_2)_{14}COOH$	63,1 °C	Tutti i grassi animali e vegetali
A. stearico	18	$CH_3(CH_2)_{16}COOH$	69,6 °C	Tutti i grassi animali e vegetali
		Acidi grassi insaturi		
A. oleico	18	$CH_3(CH_2)_7CH{=}CH(CH_2)_7COOH$	13,4 °C	Tutti i grassi animali e vegetali
A. linoleico	18	$CH_3(CH_2)_3(CH_2CH{=}CH)_2(CH_2)_7COOH$	−5 °C	Arachidi, semi di soia, altri oli vegetali
A. linolenico	18	$CH_3(CH_2CH{=}CH)_3(CH_2)_7COOH$	−11 °C	Olio di semi di lino, altri oli vegetali
A. arachidonico	20	$CH_3(CH_2)_3(CH_2CH{=}CH)_4(CH_2)_3COOH$	−49,5 °C	Grassi animali, arachidi

La lunga catena idrocarburica degli acidi grassi saturi ha un andamento pressoché rettilineo: questa caratteristica consente alle molecole di compattarsi strettamente l'una con l'altra e determina un *punto di fusione* relativamente elevato. Al contrario, negli acidi grassi insaturi, in prossimità dei doppi legami in configurazione *cis* la catena subisce un cambiamento di direzione che ostacola il compattamento serrato delle molecole (**Figura B1.17**). Gli acidi insaturi hanno perciò un punto di fusione relativamente basso che diminuisce all'aumentare del numero di doppi legami.

In chimica organica, la catena carboniosa degli acidi grassi si numera a partire dall'atomo di carbonio del gruppo carbossile (carbonio C-1). In biochimica, si usano invece le lettere greche, attribuendo la lettera α al carbonio adiacente al gruppo carbossile (carbonio C-2) per terminare con la lettera ω, attribuita al carbonio metilico posto all'altra estremità della catena.

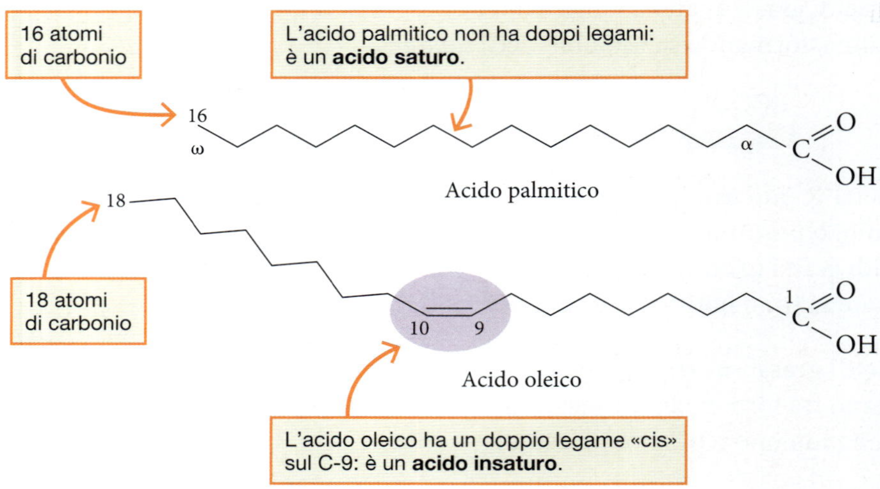

Figura B1.17 Rappresentazione schematica dell'acido palmitico e dell'acido oleico. Si notino i due diversi modi di numerare la catena carboniosa.

SCIENZA E SALUTE

Gli eicosanoidi sono molecole regolatrici

Gli **eicosanoidi** sono un gruppo di sostanze biologicamente molto attive che derivano da acidi grassi polinsaturi a venti atomi di carbonio, come l'acido arachidonico (vedi **Tabella B1.3**). Tra i principali eicosanoidi ricordiamo le prostaglandine e i trombossani.

Le **prostaglandine** vengono suddivise in più classi a seconda delle loro caratteristiche chimiche, ma tutte contengono un anello a cinque atomi di carbonio (**Figura A**). Nel corpo umano, le prostaglandine si ritrovano, oltre che nella prostata (da cui deriva il loro nome), praticamente in tutti i tessuti dell'organismo.

Gli eicosanoidi sono presenti nell'organismo in quantità piccolissime, ma possono innescare effetti fisiologici rilevanti. Essi prendono parte a numerosi processi tra cui la *risposta infiammatoria*, l'*aggregazione delle piastrine* del sangue, le sensazioni di *dolore* e la *febbre*. La loro azione viene bloccata dai farmaci antinfiammatori non steroidei (FANS), come per esempio l'aspirina (acido acetilsalicilico, **Figura B**): l'effetto analgesico, antipiretico e antiaggregante di questi farmaci è dovuto all'inibizione dell'enzima *cicloossigenasi* che catalizza una tappa della biosintesi di prostaglandine e trombossani.

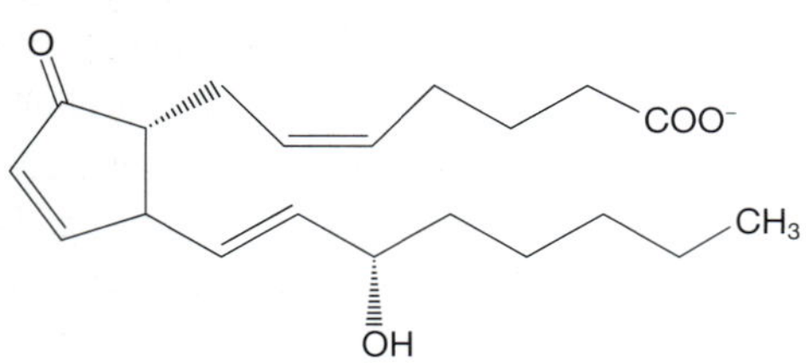

Figura A Struttura della prostaglandina A_2.

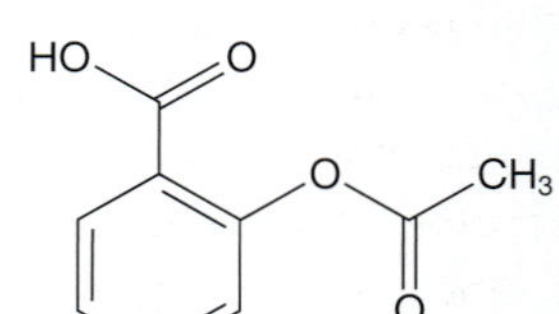

Figura B Formula di struttura dell'acido acetilsalicilico.

La denominazione ω degli acidi grassi

Gli acidi grassi insaturi sono talvolta classificati in base ad un criterio che considera la distanza in atomi di carbonio fra l'ultimo doppio legame della catena e l'estremità metilica della molecola (carbonio ω). Questo tipo di suddivisione è nota con il nome di *denominazione ω* ed è particolarmente utile dal punto di vista nutrizionale.

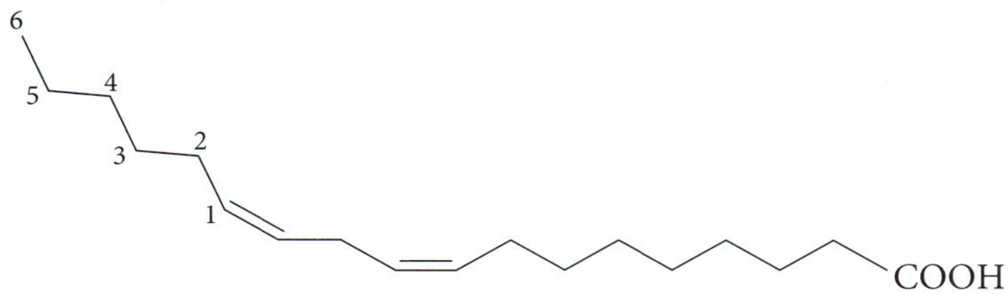

Acido linoleico ω6

Gli acidi grassi delle serie ω6 (per esempio, l'acido linoleico) e ω3 (per esempio, l'acido α-linolenico) non possono essere prodotti dalle cellule del corpo umano perché mancano gli enzimi necessari alla loro sintesi e, pertanto, sono detti acidi grassi essenziali (Figura B1.18).

Figura B1.18
Il salmone contiene grandi quantità di acido linoleico, un acido grasso essenziale.

Gli **acidi grassi essenziali** non possono essere sintetizzati dal metabolismo cellulare umano e devono essere assunti con la dieta.

Come tutte le sostanze definite in biochimica *essenziali*, ossia non biosintetizzabili da un organismo, questi acidi grassi devono essere necessariamente introdotti mediante l'alimentazione. È importante ricordare che il concetto di «essenzialità» dipende dalla specie: ciò che è essenziale per una specie può non esserlo per un'altra e viceversa.

SCIENZA E SALUTE

Gli acidi grassi polinsaturi e il rischio cardiovascolare

Gli acidi grassi polinsaturi della **serie ω3** sono l'acido α-linolenico, l'acido eicosapentaenoico (EPA) e l'acido docosaesaenoico (DHA).

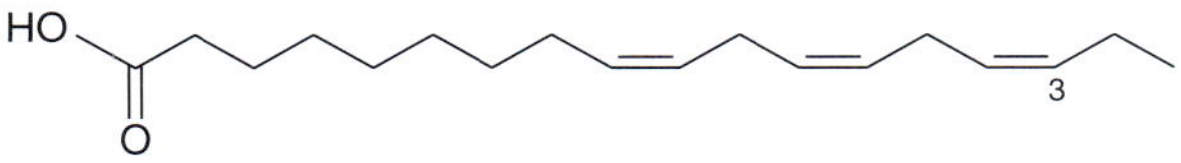

Acido α-linolenico (ALA, C18:3, ω-3)

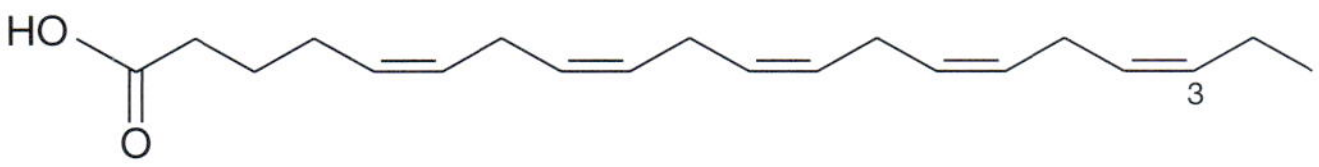

Acido eicosapentaenoico (EPA, C20:5, ω-3)

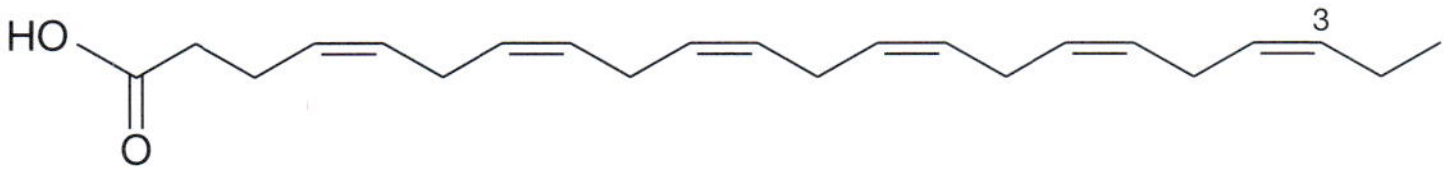

Acido docosaesenoico (DHA, C22:6, ω-3)

Gli acidi grassi polinsaturi sono particolarmente abbondanti in alimenti quali pesce azzurro, crostacei, noci e certi oli vegetali. Per molti anni è stata attribuita un'azione quasi miracolosa alle diete ricche in acidi grassi polinsaturi della serie ω3, ritenendo che queste avessero un effetto benefico sul sistema cardiovascolare e nella prevenzione di gravi malattie, come infarto del miocardio e ictus, grazie alla loro capacità di abbassare i livelli ematici di trigliceridi e ridurre la pressione arteriosa. Per questo molti medici hanno prescritto negli anni integratori a base di olio di pesce a soggetti in cui il rischio di contrarre malattie cardiovascolari era elevato. Due recenti studi scientifici condotti su campioni di pazienti molto vasti hanno, tuttavia, dimostrato l'infondatezza di tali principi, indicando che la somministrazione di integratori a base di acidi polinsaturi ω3 non influenza in modo significativo il rischio cardiovascolare.

Negli ultimi tempi è salito all'attenzione dei media il possibile ruolo dell'**olio di palma** nel rischio cardiovascolare causato da un aumento della concentrazione del colesterolo nel sangue. L'olio di palma è ricco di acidi grassi saturi a lunga catena ma anche di acido oleico ed è ampiamente utilizzato nell'industria alimentare. Gli studi più recenti non dimostrano un effetto diverso dell'olio di palma rispetto ad altri grassi di composizione simile. In altre parole, l'olio di palma non ha un effetto negativo specifico: se l'assunzione di alimenti contenenti olio di palma avviene in un quadro nutrizionale bilanciato (con assunzione di quantità adeguate di acidi grassi polinsaturi), il rischio cardiovascolare non aumenta in modo rilevante in individui sani e di peso normale.

9 I trigliceridi

I **trigliceridi** sono la principale *riserva energetica* degli organismi viventi; sono anche i costituenti del tessuto adiposo negli animali, dove sono presenti in forma di *grassi*, e dei depositi lipidici delle piante, in cui prendono il nome di *oli* (**Figura B1.19**).

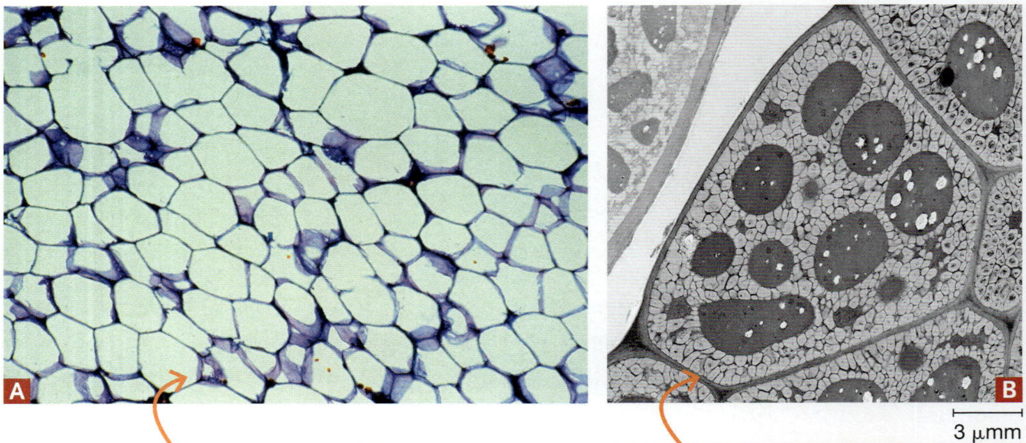

Figura B1.19
A Sezione di tessuto adiposo osservato al microscopio. **B** Cellula della pianta *Arabidopsis thaliana*.

I **lipidi** sono immagazzinati nel citoplasma delle cellule adipose sotto forma di una singola grande goccia (aree chiare); i nuclei e il citoplasma (aree più scure) sono schiacciati nella periferia della cellula.

Nelle piante, i **depositi oleosi** sono le goccioline chiare che circondano le parti più scure e occupano gran parte del citoplasma.

L'impalcatura strutturale di base dei trigliceridi è data dall'1,2,3-propantriolo o *glicerolo*, una molecola in cui sono presenti tre funzioni alcoliche.

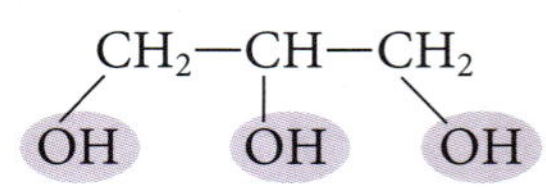

Glicerolo

TI RICORDI?

Gli **esteri** si formano per reazione fra un acido carbossilico e un alcol con eliminazione di una molecola d'acqua.

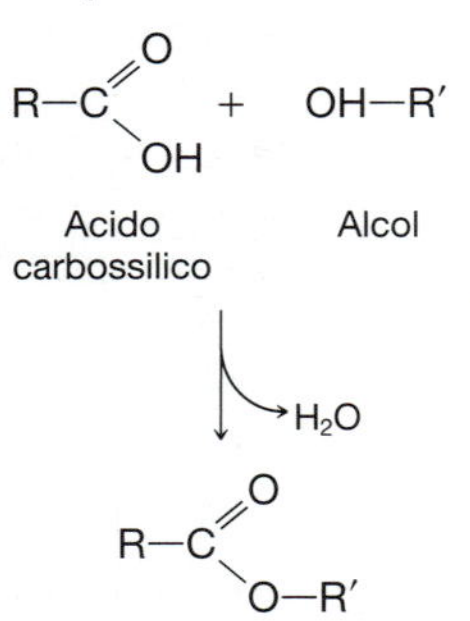

Nei trigliceridi, la molecola di glicerolo lega tre molecole di acido grasso attraverso *reazioni di esterificazione* in cui vengono eliminate tre molecole di acqua. Per questo motivo i trigliceridi sono anche chiamati *triacilgliceroli*.

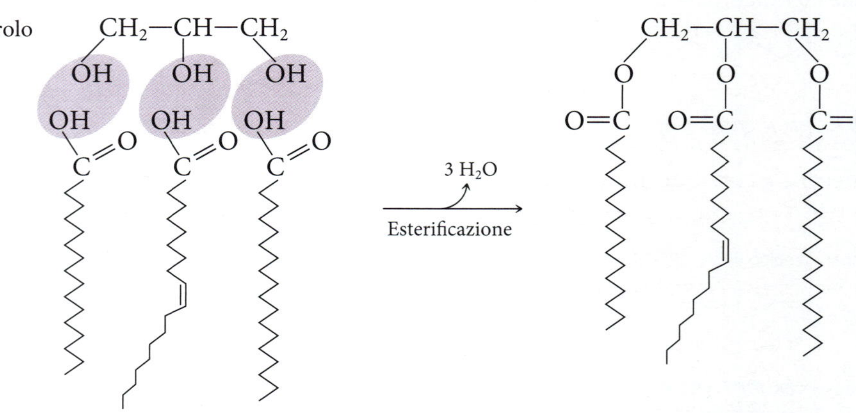

I trigliceridi sono una famiglia di molecole molto simili che differiscono per il tipo di acido grasso legato.

I **grassi animali**, che si trovano allo stato solido a temperatura ambiente, sono ricchi di acidi grassi saturi; negli **oli vegetali**, che si presentano liquidi a temperatura ambiente, predominano invece gli acidi grassi insaturi.

La reazione di saponificazione dei trigliceridi

Il trattamento a caldo di una miscela di grassi o oli con una soluzione concentrata di NaOH o KOH dà luogo ad una *reazione di saponificazione* in cui si formano saponi (sali di acidi grassi e glicerolo):

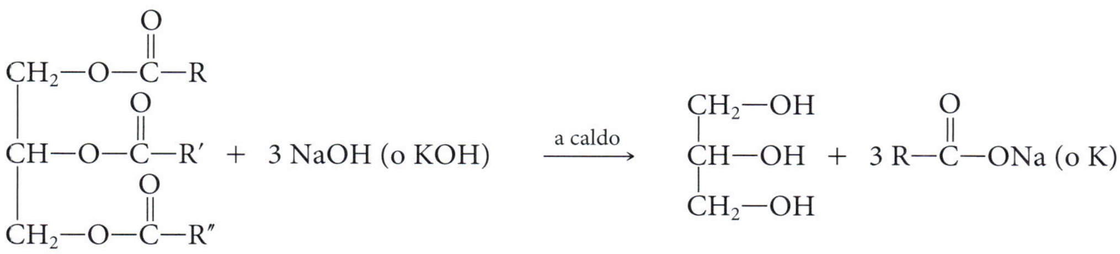

Trigliceride — Idrossido di sodio (o di potassio) — Glicerolo — Saponi

Figura B1.20
Il sapone contiene sali di acidi grassi e glicerolo.

Le molecole di sapone sono *anfipatiche*: a questa loro caratteristica si deve il loro potere detergente (**Figura B1.20**).

La reazione di idrogenazione degli oli vegetali

Gli oli vegetali possono essere trasformati in sostanze solide, dette **margarine**, attraverso una semplice addizione di atomi di idrogeno ai doppi legami (*reazione di idrogenazione*), in presenza di un opportuno catalizzatore.

Nell'industria questo processo è alla base delle produzione di prodotti alimentari che possono sostituire il burro animale. La saturazione dei doppi legami diminuisce anche la possibilità di attacchi da parte di sostanze ossidanti e, di conseguenza, limitano la formazione di sottoprodotti che hanno odori sgradevoli (come nel burro irrancidito) e sono potenzialmente tossici.

10 I lipidi con funzione strutturale: i fosfogliceridi

Accanto al ruolo di riserva energetica, i lipidi svolgono all'interno dell'organismo anche un importante ruolo strutturale e sono tra i principali componenti delle membrane cellulari.

I fosfogliceridi contengono gruppi polari

I **fosfogliceridi** contengono, al pari dei trigliceridi, uno scheletro di base costituito dal glicerolo con due molecole di acido grasso esterificate sui primi due atomi di carbonio. Tuttavia, nel caso dei fosfogliceridi, il glicerolo esterifica in terza posizione anche un gruppo fosfato, legato a sua volta a un gruppo X, in genere un amminoalcol, la cui natura è spesso ionica o polare (**Figura B1.21**).

TI RICORDI?
Un **amminoalcol** è un composto organico bifunzionale: contiene un gruppo amminico $-NH_2$ e un gruppo ossidrile $-OH$.

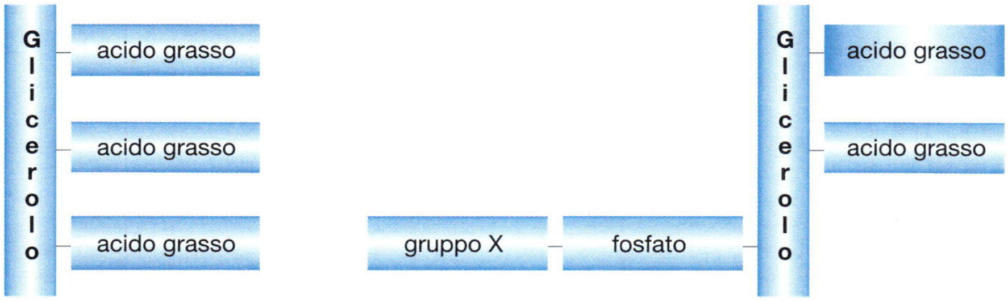

struttura generale di un trigliceride — struttura generale di un fosfogliceride

Figura B1.21
Schema della struttura di trigliceridi e fosfogliceridi.

L'*acido fosfatidico* è il fosfogliceride più semplice; il gruppo X è un atomo di idrogeno.

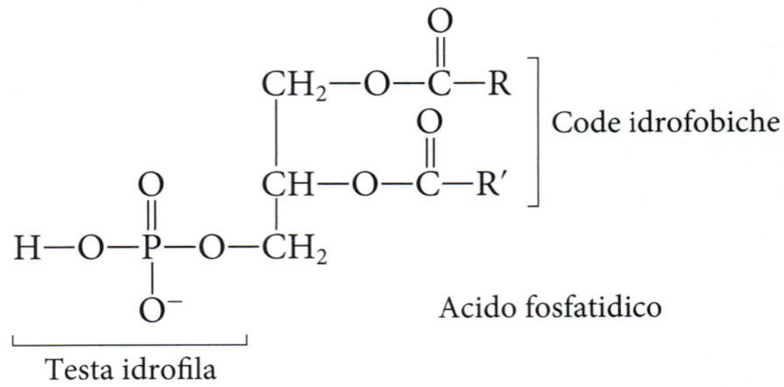

Dall'acido fosfatidico possono derivare altre molecole di fosfogliceridi più complessi come la fosfatidilcolina o *lecitina* e la fosfatidiletanolammina o *cefalina*.

▶ I fosfogliceridi formano le membrane cellulari

Le molecole dei fosfogliceridi hanno una doppia natura: in prossimità del gruppo fosfato e del gruppo X (*vedi* **Figura B1.21**) la molecola è polare (*testa idrofila*), mentre nella regione dei due acidi grassi la molecola è apolare (*code idrofobiche*). Le molecole con questa caratteristica sono dette **anfipatiche** e tendono a formare doppi strati quando si trovano a contatto con l'acqua (**Figura B1.22**).

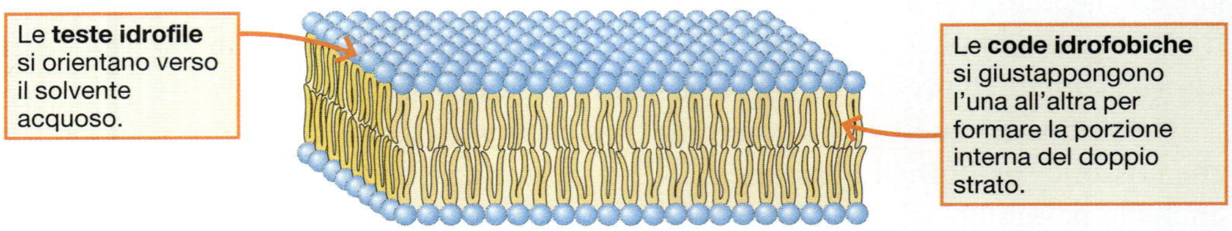

Figura B1.22 I fosfogliceridi formano doppi strati quando vengono posti a contatto con l'acqua.

I **fosfogliceridi** sono molecole anfipatiche provviste di una porzione *polare* (testa idrofila), in prossimità del gruppo fosfato e del gruppo X, e di una porzione *apolare* (code idrofobiche), in corrispondenza degli acidi grassi.

Queste proprietà fanno dei fosfogliceridi i principali costituenti delle membrane biologiche, formate da un doppio strato fosfolipidico (**Figura B1.23**).

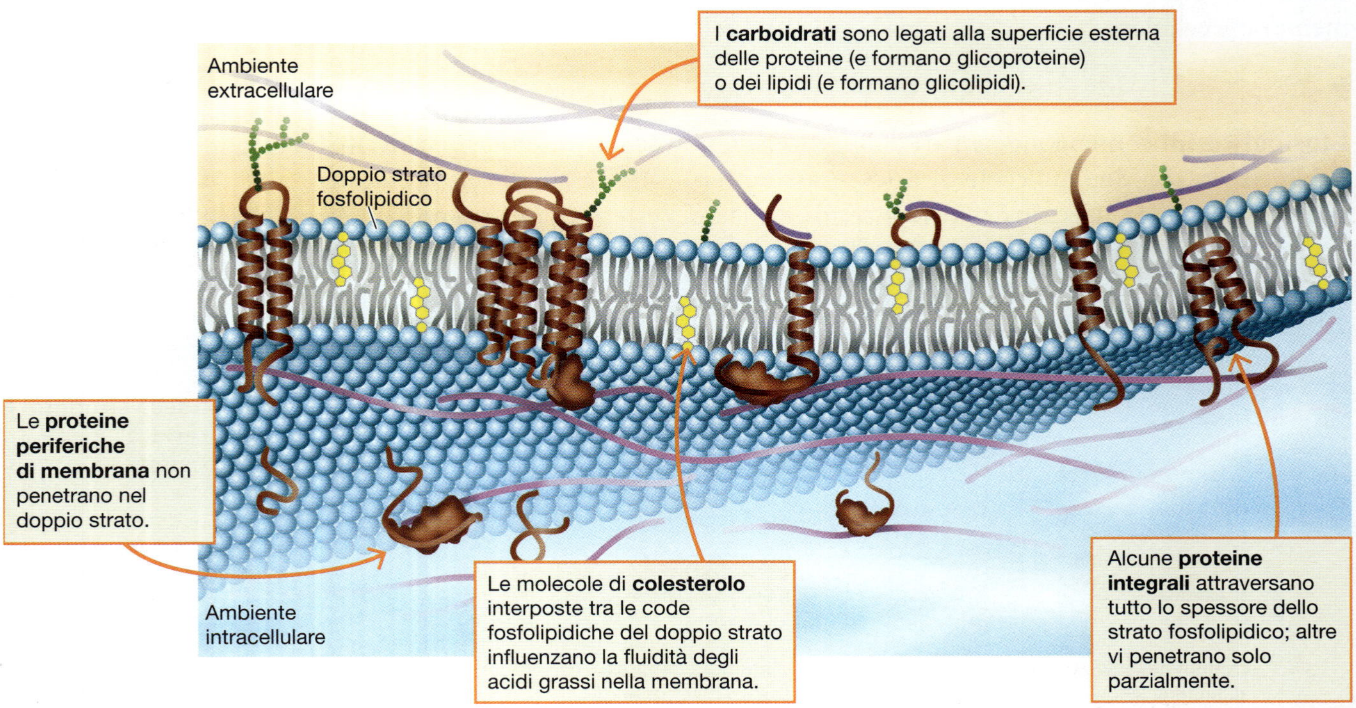

Figura B1.23 Rappresentazione schematica della membrana cellulare.

11 I terpeni, gli steroli e gli steroidi

I terpeni sono derivati dell'isoprene

I **terpeni** sono un gruppo di lipidi non saponificabili che derivano dal 2-metil-1,3-butadiene, noto come **isoprene.**

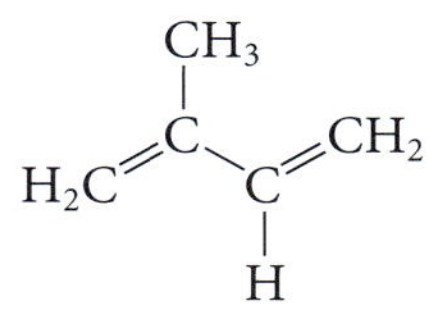

Isoprene

Questa molecola è piuttosto instabile e ha una spiccata tendenza alla polimerizzazione, che porta alla formazione di composti sia lineari sia ciclici. Alcuni di questi sono i **terpeni**, molecole spesso dotate di un odore intenso; sono presenti sia negli animali, come lo *squalene* (**Figura B1.24**) contenuto nel fegato di squalo, sia nei vegetali, come il *geraniolo* e il *mentolo*, responsabili del profumo di queste piante.

Alcuni terpeni sono importanti anche per gli esseri umani: lo stesso squalene è implicato nella biosintesi del colesterolo nel fegato, mentre le vitamine A, E e K e i loro precursori sono fondamentali per alcuni processi fisiologici.

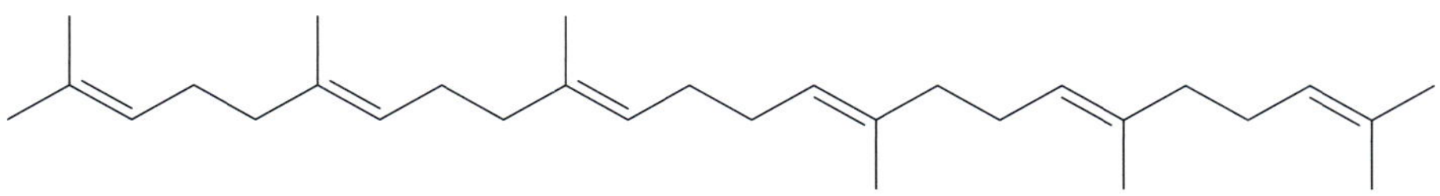

Squalene

Figura B1.24 La molecola di squalene, un terpene a 30 atomi di carbonio.

Il colesterolo

Gli **steroidi** sono un gruppo di lipidi non saponificabili che presentano la struttura di base dell'idrocarburo policiclico saturo *ciclopentanoperidrofenantrene.*

La molecola di ciclopentanoperidrofenantrene è caratterizzata da un sistema a quattro anelli di cui tre a sei atomi di carbonio e uno a cinque.

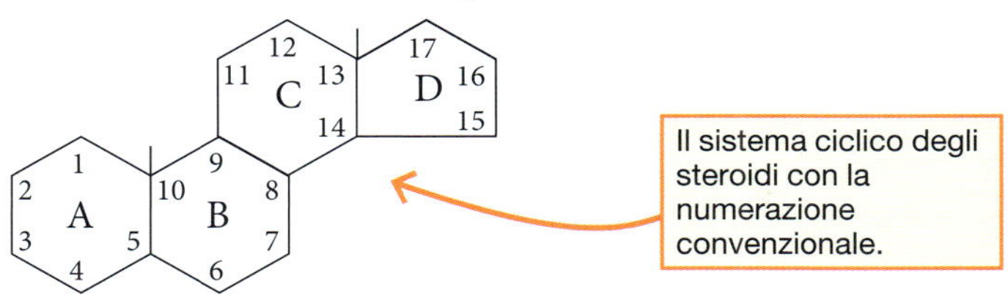

Ciclopentanoperidrofenantrene

Lo sterolo più abbondante nei tessuti animali è il **colesterolo**.

Il **colesterolo** è un composto a 27 atomi di carbonio, in cui all'anello D della struttura a quattro anelli è legata una catena alchilica.

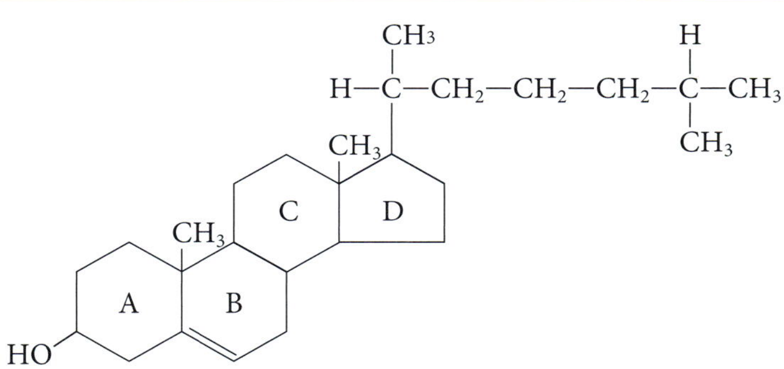

Colesterolo

Nell'uomo, il colesterolo è assunto con gli alimenti ma è anche prodotto dal fegato in modo controllato per assicurarne la disponibilità ottimale ai vari tessuti.

Il colesterolo è un costituente fondamentale delle membrane cellulari, delle quali regola la **fluidità**: alla *temperatura corporea*, la struttura rigida della molecola del colesterolo conferisce alla membrana cellulare la compattezza necessaria allo svolgimento delle sue funzioni. Alle *basse temperature*, il colesterolo impedisce invece che la membrana cristallizzi perdendo la propria funzionalità.

Il colesterolo è il precursore di numerosi steroidi biologicamente importanti, come la **vitamina D_3** e gli **ormoni steroidei**, che regolano diverse attività fisiologiche e biochimiche. Infine, il colesterolo è il precursore dei **sali biliari**, sostanze anfipatiche prodotte nel fegato che costituiscono la bile. Dopo un pasto, la bile si riversa nel canale digerente dove gli acidi biliari agiscono come tensioattivi che emulsionano i lipidi alimentari e li riducono in piccole goccioline, favorendone così la degradazione da parte degli enzimi digestivi (come per esempio la lipasi).

HAI CAPITO?

- Descrivi il ruolo biologico del colesterolo.

12 Le vitamine liposolubili

Le vitamine liposolubili sono sostanze essenziali che regolano importanti funzioni fisiologiche.

LE PAROLE

Il termine **vitamina** si deve allo scienziato polacco Kazimierz Funk (1884-1967) che, studiando uno di questi composti dalle straordinarie proprietà, si accorse che conteneva un gruppo amminico e lo definì «ammina della vita».

Si definiscono **vitamine** tutte le sostanze organiche necessarie all'organismo in piccole quantità – da pochi μg a qualche decina di mg al giorno – che nella maggior parte dei casi devono essere assunte attraverso la dieta perché non possono essere sintetizzate dall'organismo stesso (*sostanze essenziali*).

Sono **sostanze essenziali**, non sintetizzabili dall'organismo.

Le vitamine sono sostanze di **natura organica**.

Il **fabbisogno** di vitamine è basso, ne bastano pochi mg al giorno.

Le vitamine sono classificabili in **vitamine idrosolubili** e **vitamine liposolubili** a seconda che siano solubili in acqua o siano, al contrario, di natura lipofila. Le vitamine idrosolubili svolgono un ruolo chiave come cofattori nella catalisi enzimatica (vedi paragrafo 19). Le vitamine liposolubili sono quattro – A, D, E e K – e regolano processi fisiologici fondamentali nell'organismo umano (**Tabella B1.5**).

Tabella B1.5
Le principali vitamine liposolubili e le loro proprietà.

Vitamina	Fabbisogno giornaliero	Funzioni	Sintomi e segni di deficit
A (Retinolo)	1 mg	Meccanismo della visione. Trofismo di cute e mucose.	Cecità crepuscolare (difficoltà a vedere in condizioni di scarsa illuminazione), secchezza di cute e mucose.
D_3 (Colecalciferolo)	5 μg (il resto è prodotto nella cute)	Assorbimento dello ione Ca^{2+}. Trofismo delle ossa e delle cartilagini.	Rachitismo, osteomalacia (patologia con indebolimento delle ossa).
E (Tocoferolo)	10 mg	Attività antiossidante.	Sintomi scarsi e di difficile insorgenza.
K (Menachinone)	70 μg (il resto è prodotto dai batteri della flora intestinale)	Partecipa al processo di coagulazione del sangue.	Ematomi ed emorragie.

In generale, le vitamine liposolubili, soprattutto A e D, sono presenti in estratti oleosi derivati da pesci e si ritrovano nel fegato e in altri alimenti. Un'insufficiente assunzione di queste sostanze può dar luogo a sintomi di deficit vitaminico che regrediscono non appena si somministra la vitamina carente. Le vitamine si assumono con gli alimenti o, in caso di deficit, sotto forma di integratori alimentari (**Figura B1.25**).

Come la carenza di vitamine (*ipovitaminosi*), anche il loro eccessivo accumulo (*ipervitaminosi*) può essere dannoso per la salute. Le vitamine liposolubili sono sostanze difficilmente eliminabili dall'organismo per la loro ridotta solubilità nei liquidi fisiologici: una prolungata terapia a base di una delle vitamine liposolubili può causarne l'accumulo nel fegato. Ciò non accade nel caso delle vitamine idrosolubili, che sono invece facilmente eliminabili dall'organismo attraverso le urine e le feci.

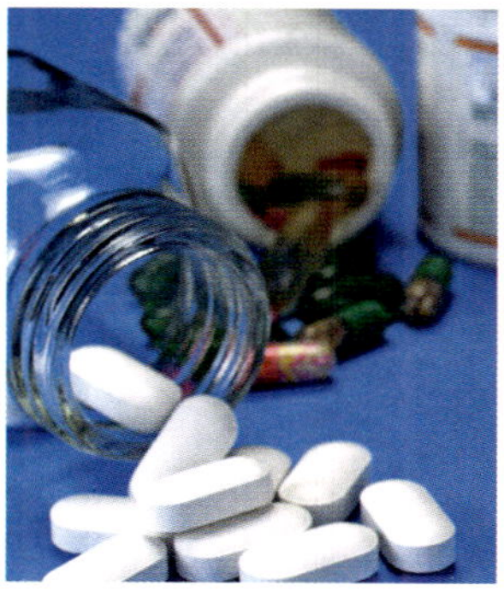

Figura B1.25
Le vitamine non possono essere prodotte dalle cellule dell'organismo umano.

SCIENZA E SALUTE

Vitamine per la salute delle ossa e del sangue

La vitamina D è coinvolta nel metabolismo del calcio

La **vitamina D_3**, detta anche *colecalciferolo*, deriva dal 7-deidrocolesterolo, una sostanza che si trova all'interno della pelle. La radiazione luminosa gioca un ruolo importante nella formazione della vitamina a partire dal suo precursore. Per questo, i bambini che non giocano all'aria aperta, se non assumono integratori alimentari, possono andare incontro a un deficit vitaminico che causa una patologia ossea nota come *rachitismo*.

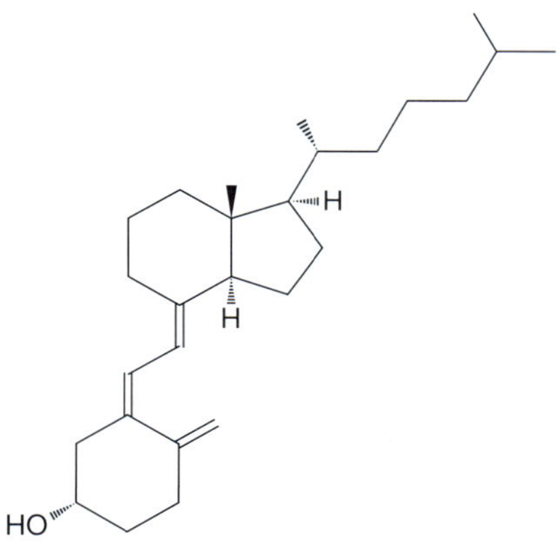

Vitamina D_3 (colecalciferolo)

Attraverso reazioni che si svolgono nel fegato e nel rene la vitamina D_3 viene ulteriormente trasformata nella forma pienamente attiva, il *calcitriolo* (in passato noto come 1,25-diidrossicolecalciferolo). Il calcitriolo svolge la sua azione fisiologica sulla mucosa intestinale, dove promuove l'assorbimento dello ione calcio dal canale alimentare. Agisce sul metabolismo del calcio in sinergia con il *paratormone*, un ormone proteico prodotto dalle ghiandole paratiroidi, e concorre al corretto accrescimento di ossa e cartilagini. Il sovradosaggio di questa vitamina è responsabile di danni a carico dell'apparato gastrointestinale e del rene.

Dato che la vitamina D può essere prodotta in quantità sufficienti dalle nostre cellule, oggi non viene più considerata una vitamina vera e propria ma tende a essere classificata come ormone.

La vitamina K è implicata nella coagulazione del sangue

Per **vitamina K** si intende un insieme di composti che svolgono un'azione importante a livello della coagulazione del sangue (la lettera K deriva proprio dalla parola danese *Koagulation*).

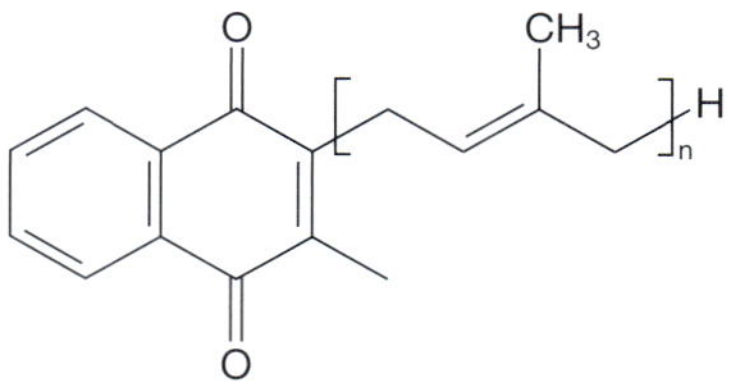

Vitamina K_2 (menachinone)

La vitamina K è implicata nell'attivazione di numerosi fattori della coagulazione e gioca, dunque, un ruolo nell'emostasi. Il deficit di vitamina K aumenta la tendenza al sanguinamento; al contrario, un'assunzione eccessiva fa sì che il sangue coaguli senza che ve ne sia la necessità.

Alcuni farmaci utilizzati correntemente nella terapia anticoagulante, come i *dicumarolici*, sono antagonisti della vitamina K. Si tratta di farmaci da usare sotto stretto controllo medico perché un loro uso eccessivo può portare a gravi emorragie che mettono a rischio la vita dei pazienti.

GUARDA! il video

13 Gli ormoni lipofili

Gli **ormoni** sono molecole organiche prodotte dalle ghiandole endocrine del nostro organismo che si riversano nel sangue e agiscono legandosi a specifici recettori posti su *cellule bersaglio*.

Attraverso il legame con i recettori, gli ormoni sono in grado di regolare numerose funzioni fisiologiche. Gli ormoni agiscono come messaggeri chimici e sono implicati nella risposta dell'organismo a stimoli provenienti sia dall'ambiente interno al corpo sia dall'esterno (**Tabella B1.6**).

Tabella B1.6
I principali ormoni e le loro funzioni.

Ghiandola endocrina	Ormone	Funzioni
Ipofisi o ghiandola pituitaria	ACTH (adrenocorticotropina) TSH (tireotropina) FSH/LSH (gonadotropine) Ormone della crescita (GH)	Stimolazione della corteccia surrenale, della tiroide, delle gonadi e del processo di accrescimento corporeo.
Tiroide	T_3 e T_4 (tiroxina)	Stimolazione dei processi metabolici e dell'accrescimento.
Paratiroidi	Paratormone	Stimolazione del riassorbimento della parte minerale delle ossa. Aumento della concentrazione di Ca^{2+} nel sangue (azione ipercalcemizzante).
Pancreas	Glucagone	Azione iperglicemizzante, ossia aumento della concentrazione di glucosio nel sangue. Azione lipolitica.
	Insulina	Azione ipoglicemizzante, ossia riduzione della concentrazione di glucosio nel sangue. Azione liposintetica e anabolizzante.
Corticale del surrene	Cortisolo	Stimolazione del metabolismo. Mediazione della risposta immunitaria. Azione iperglicemizzante.
	Aldosterone	Riassorbimento di Na^+ nel rene. Aumento della pressione arteriosa.
Midollare del surrene	Adrenalina	Aumento della funzionalità del cuore e dei muscoli. Azione iperglicemizzante. Vasocostrizione cutanea.
Gonadi	Testosterone Progesterone, estrogeni	Sviluppo dei caratteri sessuali nel maschio e nella femmina. Sviluppo della gravidanza.

Gran parte degli ormoni riportati nella **Tabella B1.6** sono molecole *idrofile*, di natura proteica o derivate da amminoacidi. Fanno eccezione gli ormoni tiroidei e quelli prodotti dalla corticale del surrene e dalle gonadi che sono, al contrario, molecole *lipofile*. Alcuni di questi ormoni sono derivati del colesterolo e vengono classificati come derivati lipidici (*ormoni steroidei*). Un esempio di ormone steroideo è il **cortisolo**, prodotto dalla parte corticale della ghiandola surrenale; questo ormone è implicato in numerosi processi fisiologici, fra cui la mediazione della risposta immunitaria e la regolazione del metabolismo glicidico. Dal cortisolo derivano numerosi farmaci ad azione antinfiammatoria, come il cortisone e suoi analoghi, impiegati nella terapia di numerose malattie.

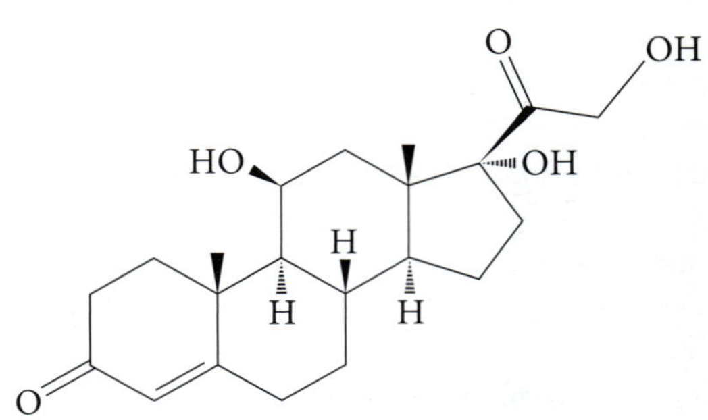

Cortisolo

14 Le proteine

Le **proteine** appartengono a una vasta famiglia di biomolecole diffuse in tutti gli organismi viventi e nei virus. Le proteine sono presenti in tutte le cellule e nell'ambiente extracellulare, dove svolgono molteplici funzioni e partecipano a importanti processi fisiologici. Come esempio della diversità delle loro funzioni, le proteine conferiscono resistenza meccanica alla pelle, alle unghie, ai tendini e ai legamenti e costituiscono l'impalcatura strutturale dei vari organi e apparati; alcune proteine consentono la contrazione muscolare, altre formano il citoscheletro delle cellule. Le proteine, inoltre, agiscono come catalizzatori (enzimi), molecole segnale (ormoni e fattori di crescita cellulare), trasportano sostanze nel sangue (emoglobina, albumina ecc.) e attraverso la membrana cellulare (trasportatori e canali di membrana), svolgono funzioni difensive (immunoglobuline) e, talvolta, fungono da riserva energetica (ovalbumina). Tra tutte le biomolecole, le proteine sono le uniche a possedere una gamma tanto ampia di funzioni diverse nei sistemi viventi (**Figura B1.26** e **Tabella B1.7**).

LE PAROLE

Il termine **proteina** deriva dal greco *proteios*, «al primo posto», per il ruolo di primaria importanza che hanno nei processi vitali.

Video Che cosa sono le proteine?

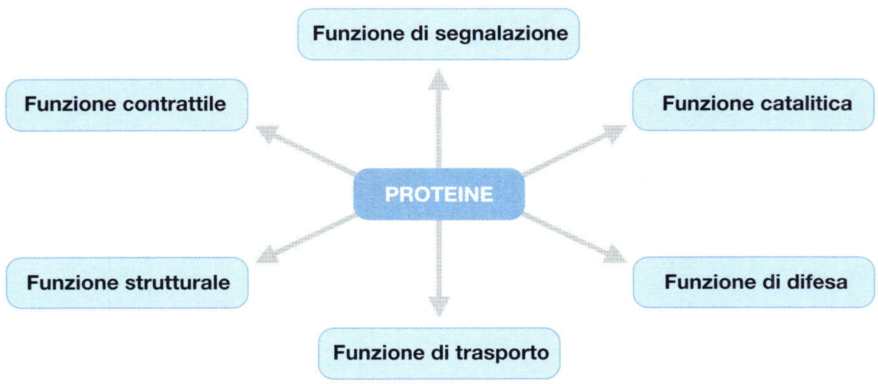

Figura B1.26
Alcune delle principali funzioni delle proteine.

Tabella B1.7
Le funzioni delle proteine.

Classe	Funzione	Esempio
Enzimi	Catalizzatori biologici che aumentano la velocità delle reazioni chimiche nell'organismo.	**Pepsina:** catalizza la degradazione delle proteine alimentari (digestione chimica).
Ormoni	Messaggeri chimici che mediano la comunicazione tra organi. Prodotti dalle ghiandole endocrine, gli ormoni agiscono in modo specifico sulle cellule e gli organi bersaglio.	**Insulina:** riduce la concentrazione di glucosio nel sangue (azione ipoglicemizzante), favorendo il suo impiego nelle vie metaboliche cellulari.
Proteine di difesa	Sistema di difesa dell'organismo da agenti estranei e potenzialmente patogeni.	**Anticorpi:** proteine circolanti che si legano in modo specifico a molecole estranee, favorendone l'eliminazione.
Proteine contrattili	Costituiscono i tessuti contrattili dell'organismo.	**Actina** e **miosina:** proteine contrattili del muscolo.
Proteine strutturali	Formano l'impalcatura del corpo umano, a livello sia extracellulare sia intracellulare.	**Collageno** (o collagene): la principale proteina extracellulare contenuta nel tessuto connettivo, cui conferisce resistenza alla trazione.
Proteine di trasporto	Trasportano sostanze nell'organismo, anche attraverso le membrane cellulari.	**Emoglobina:** proteina del sangue che trasporta ossigeno.
Proteine di deposito	Costituiscono una riserva di principi nutritivi.	**Ovoalbumina:** proteina dell'albume d'uovo che nutre l'embrione in sviluppo.
Proteine recettoriali	Proteine presenti sulla membrana plasmatica o nel citoplasma; svolgono la funzione di recettori legando in modo specifico altre molecole.	**Recettore dell'insulina:** proteina di membrana che lega l'insulina e permette di propagarne il segnale ormonale all'interno della cellula bersaglio.
Proteine adattatrici	Organizzano le vie di segnalazione intracellulare.	**Shc:** proteina adattatrice che attiva specifiche vie di trasduzione del segnale all'interno della cellula.

I diversi tipi di proteine

Le proteine sono costituite da unità strutturali di base chiamate **amminoacidi** che si legano fra loro a formare *catene polipeptidiche*.

Le proteine costituite esclusivamente dalla componente polipeptidica sono definite **proteine semplici**.

Esempi di proteine semplici sono le *albumine* presenti nel sangue e la *cheratina* della pelle.

Talvolta, le catene polipeptidiche sono associate a piccole molecole organiche o ioni metallici che consentono lo svolgimento della funzione specifica. Quando queste sostanze sono legate saldamente alla catena polipeptidica vengono dette *gruppi prostetici* (**Tabella B1.8**).

Le proteine in cui sono presenti gruppi prostetici di varia natura si chiamano **proteine coniugate**.

L'*emoglobina* presente nel sangue è un esempio di proteina coniugata.

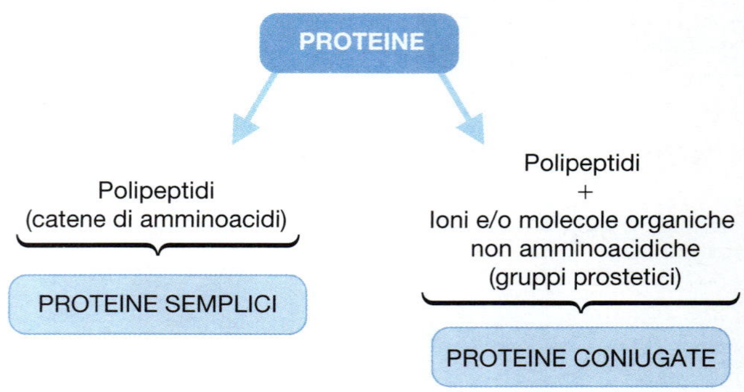

Tabella B1.8
Le principali classi di proteine coniugate.

Classe	Gruppo prostetico	Esempio
Lipoproteine	Lipidi	Chilomicroni, lipoproteine per il trasporto del colesterolo (LDL, *Low Density Lipoprotein*, e HDL, *High Density Lipoprotein*).
Glicoproteine	Carboidrati	Recettore del glucagone, immunoglobuline, numerose proteine di membrana, collagene.
Fosfoproteine	Gruppi fosfato	Caseina del latte, numerosi enzimi la cui funzione è regolata mediante eventi di fosforilazione.
Emoproteine	Gruppo eme (ferro porfirina)	Emoglobina, mioglobina, citocromi di vario tipo.
Flavoproteine	Nucleotidi flavinici	Succinato deidrogenasi, D-amminoacido ossidasi, glicerofosfato deidrogenasi, altri enzimi flavinici.
Metalloproteine	Calcio	Calmodulina, trombina, altri enzimi.
	Ferro	Ferritina, proteine ferro-zolfo, enzimi ferro-dipendenti.
	Rame	Superossido dismutasi, citocromo *c* ossidasi, altri enzimi.
	Zinco	Alcol deidrogenasi, carbossipeptidasi A, altri enzimi.

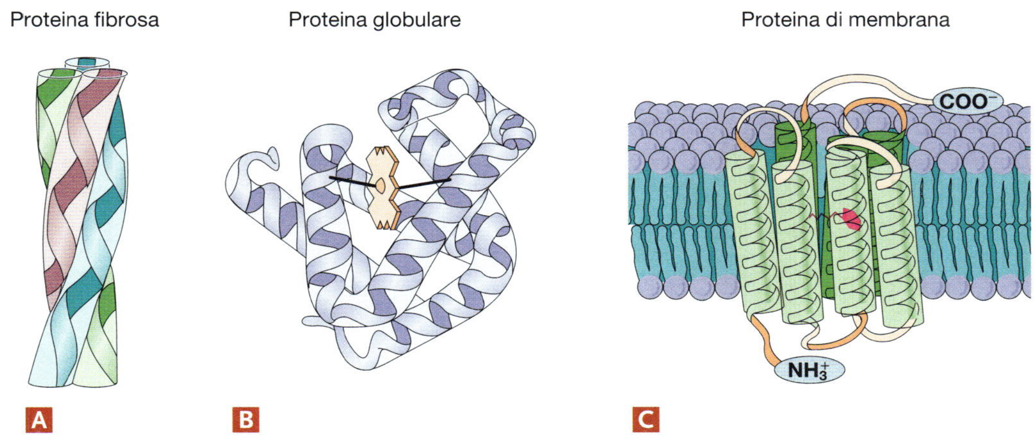

Figura B1.27 Le diverse forme delle proteine.

Le proteine sono classificate anche in base alla loro forma, che è ottimizzata per la funzione da svolgere (**Figura B1.27**).

Le proteine che svolgono funzioni strutturali sono prevalentemente insolubili, hanno una struttura allungata e sono dette **proteine fibrose**. Un esempio di proteina fibrosa è l'α-*cheratina*, che conferisce resistenza allo strato più esterno della pelle, ma anche alle unghie, ai capelli, alla lana, agli zoccoli e agli artigli.

Le proteine che svolgono la propria funzione in soluzione hanno generalmente una struttura compatta e vengono definite **proteine globulari**. Un esempio è dato dalla *mioglobina*, la proteina che lega l'ossigeno e ne permette la diffusione all'interno dei muscoli.

Le **proteine di membrana** sono immerse nel doppio strato fosfolipidico delle membrane cellulari e possiedono caratteristiche specifiche. Fanno parte di questi gruppi molti recettori che permettono alla cellula di captare i segnali provenienti dall'esterno.

15 Gli amminoacidi

Gli **amminoacidi** sono piccole molecole organiche bifunzionali che presentano un gruppo **carbossilico** (—COOH) e un gruppo **amminico** ($—NH_2$).

In natura sono stati trovati oltre cinquecento amminoacidi che svolgono le funzioni più svariate nei diversi organismi. Gli amminoacidi che comunemente prendono parte alla formazione delle proteine sono *venti*; i due gruppi funzionali di ciascun amminoacido sono legati allo stesso atomo di carbonio, noto come carbonio α, e sono per questo detti **α-amminoacidi**.

Con l'eccezione della prolina, che ha una struttura ciclica, gli α-amminoacidi hanno la seguente formula generale:

$$\begin{array}{c} \mathrm{COOH} \\ | \\ \mathrm{H_2N{-}C_{\alpha}{-}H} \\ | \\ \mathrm{R} \end{array}$$

La parte evidenziata della formula è comune a tutti gli α-amminoacidi; essi differiscono fra loro soltanto per la natura chimica del gruppo R, che viene genericamente chiamato **catena laterale**.

Per esempio, nella glicina, l'amminoacido più semplice, il gruppo R coincide con un atomo di idrogeno, mentre nell'alanina la catena laterale R è costituita da un gruppo metilico $—CH_3$.

TI RICORDI?

In biochimica, il **carbonio** α corrisponde al secondo atomo di carbonio della catena, il **carbonio** β al terzo e così via. L'atomo di carbonio del gruppo carbossile (C-1) non viene denominato in alcun modo.

$$\begin{array}{l} {}^{\omega}\mathrm{CH_3{-}\ldots{-}{}^{\gamma}CH_2{-}{}^{\beta}CH_2} \\ \qquad\qquad\qquad\quad | \\ \qquad\qquad\qquad {}^{\alpha}\mathrm{CH_2} \\ \qquad\qquad\qquad\quad | \\ \qquad\qquad\qquad \mathrm{COOH} \end{array}$$

PER SAPERNE DI PIÙ

La formula dell'amminoacido con entrambi i gruppi COOH e NH_2 in forma non ionizzata non esiste a nessun valore di pH (*vedi* pagina seguente).

▶ Gli α-amminoacidi delle proteine sono molecole chirali

Ad eccezione della *glicina*, nella quale R = H, tutti gli α-amminoacidi delle proteine mostrano quattro sostituenti diversi legati all'atomo di carbonio α che è quindi un *centro stereogenico*; la conseguenza è che ogni amminoacido esiste sotto forma di due isomeri ottici diversi (D e L).

α-L-amminoacido α-D-amminoacido

Gli α-amminoacidi presenti nelle proteine appartengono sempre alla **serie** L. Gli amminoacidi in configurazione D hanno invece una rilevanza limitata in campo biologico e si possono trovare nei batteri e in alcuni organismi marini come per esempio nel veleno dei gasteropodi del genere *Conus*.

HAI CAPITO?

■ Aiutandoti con la **Figura B1.28**, determina la configurazione assoluta degli α-amminoacidi secondo le regole di Cahn-Ingold-Prelog. Uno dei venti amminoacidi si distingue dagli altri. Qual è?

▶ Le proprietà acido-base degli α-amminoacidi

I gruppi funzionali $—NH_2$ e $—COOH$ sono ionizzabili e, dunque, sono sensibili al pH dell'ambiente. L'atomo di azoto del gruppo amminico può accettare un protone e trasformarsi in $—NH_3^+$; il gruppo carbossilico può cedere un protone e trasformarsi in $—COO^-$.

Al valore di pH fisiologico (7,4) un amminoacido si presenta come *ione dipolare (zwitterione)* per trasferimento di un protone dal gruppo donatore acido al gruppo accettore basico.

TI RICORDI?

Il **gruppo carbossilico**, $—COOH$, ha comportamento acido e cede un idrogenione all'acqua trasformandosi in $—COO^-$; il **gruppo amminico**, $—NH_2$, ha comportamento basico e acquista un idrogenione dall'acqua trasformandosi in $—NH_3^+$.

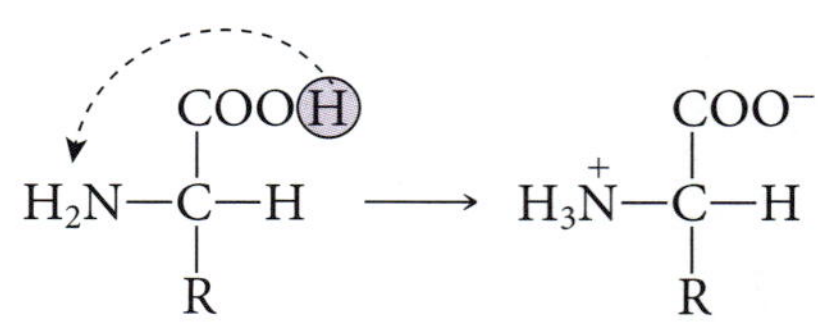

ione dipolare

A valori di pH acido, un amminoacido presenta la carica positiva del gruppo $—NH_3^+$ e mostra il gruppo $—COOH$ nella forma indissociata; a valori di pH basico, al contrario, un amminoacido presenta la carica negativa del gruppo $—COO^-$ e mostra il gruppo $—NH_2$ nella forma indissociata.

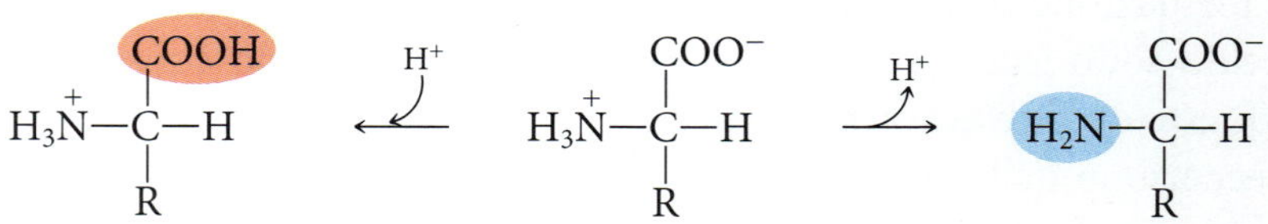

carica +1   carica 0   carica −1

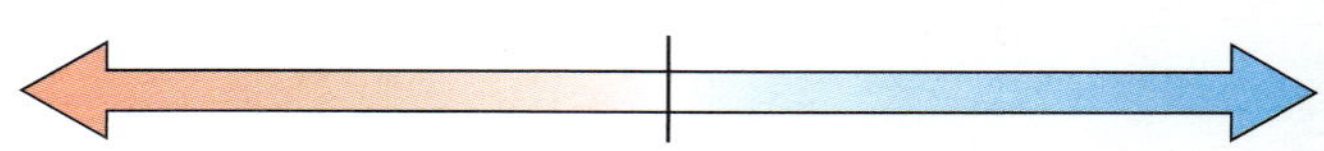

pH acido   pH = pI   pH basico

Ogni amminoacido è caratterizzato da un **punto isoelettrico** (pI) che equivale al valore di pH in corrispondenza del quale l'amminoacido risulta essere *elettricamente neutro*.

Per la maggior parte degli α-amminoacidi, il punto isoelettrico è prossimo alla neutralità (pH = 7).

▶ La classificazione strutturale degli α-amminoacidi

I venti α-amminoacidi che costituiscono le proteine si classificano in base alle caratteristiche strutturali della loro catena laterale (R) che influenza in particolar modo la polarità della molecola.

Alcuni amminoacidi mostrano una catena laterale apolare (idrofobica), altri una catena laterale polare (idrofila) (**Figura B1.28**).

- Gli **amminoacidi apolari** comprendono gli amminoacidi aromatici e gli amminoacidi alifatici.
- Fra gli **amminoacidi polari**, alcuni hanno un gruppo idrofilo non ionizzabile nella catena laterale, altri presentano invece un gruppo ionizzabile che può assumere una carica elettrica positiva (amminoacidi *basici*) oppure negativa (amminoacidi *acidi*).

La **Figura B1.28** illustra la struttura dei venti α-amminoacidi ripartiti in base alla polarità della catena laterale. Ogni amminoacido è identificato con un codice a tre e a una lettera.

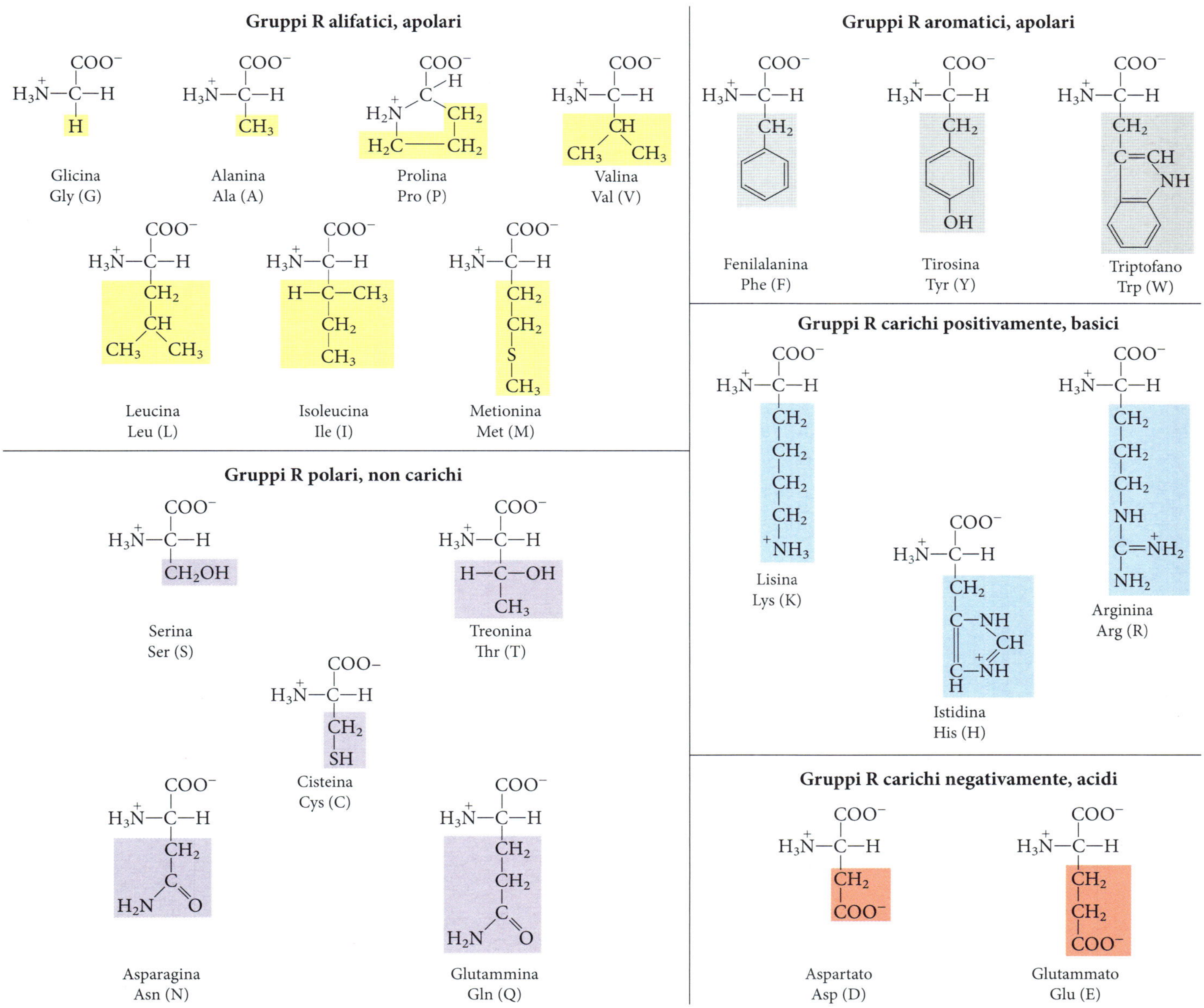

Figura B1.28 Struttura dei venti α-amminoacidi che costituiscono le proteine. Le parti colorate sono le catene laterali.

Il seguente schema riassume la classificazione degli amminoacidi in funzione delle caratteristiche della loro catena laterale.

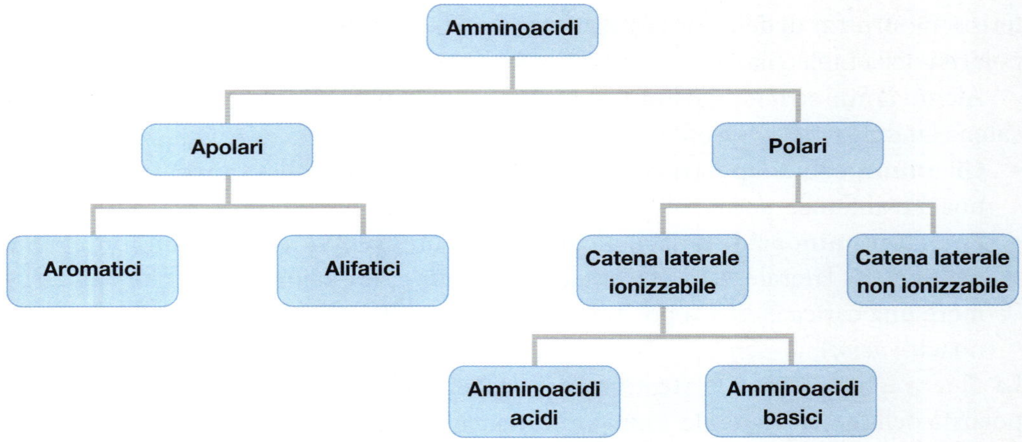

PER SAPERNE DI PIÙ

Recentemente sono stati evidenziati due nuovi α-amminoacidi: la **selenocisteina** e la **pirrolisina**. La selenocisteina, strutturalmente molto simile alla cisteina, contiene un atomo di selenio nella catena laterale ed è stata trovata in tutti gli organismi viventi.

HAI CAPITO?

- Una dieta vegetariana assicura il totale fabbisogno di amminoacidi essenziali all'organismo? E una dieta vegana?

Approfondimento online
Gli amminoacidi che non costituiscono le proteine

▶ Gli amminoacidi essenziali

Otto dei venti α-amminoacidi che costituiscono le proteine non possono essere sintetizzati nelle cellule del nostro organismo: per questo sono detti **amminoacidi essenziali** e devono essere assunti con la dieta: valina, leucina e isoleucina, fenilalanina e triptofano, lisina, metionina e treonina. L'istidina e l'arginina rappresentano invece un caso particolare: questi due amminoacidi sono infatti essenziali solo nel corso del primo anno di vita, ma con l'età si sviluppano i sistemi deputati alla loro sintesi.

Le proteine hanno un *valore nutrizionale* diverso in base al contenuto in amminoacidi essenziali: le proteine presenti nelle uova, nel latte e nella carne hanno un valore nutrizionale elevato in quanto contengono in proporzioni ottimali tutti gli amminoacidi essenziali; le proteine di origine vegetale hanno invece un minor valore nutrizionale perché in genere sono prive di uno o più amminoacidi essenziali.

▶ La reattività della cisteina

Gli amminoacidi sono molecole piuttosto stabili: con l'eccezione delle reazioni di protonazione e deprotonazione dei gruppi ionizzabili, gli amminoacidi non mostrano una particolare reattività. La cisteina è un caso particolare: il gruppo —SH della catena laterale tende a reagire con un gruppo analogo di un'altra molecola di cisteina.

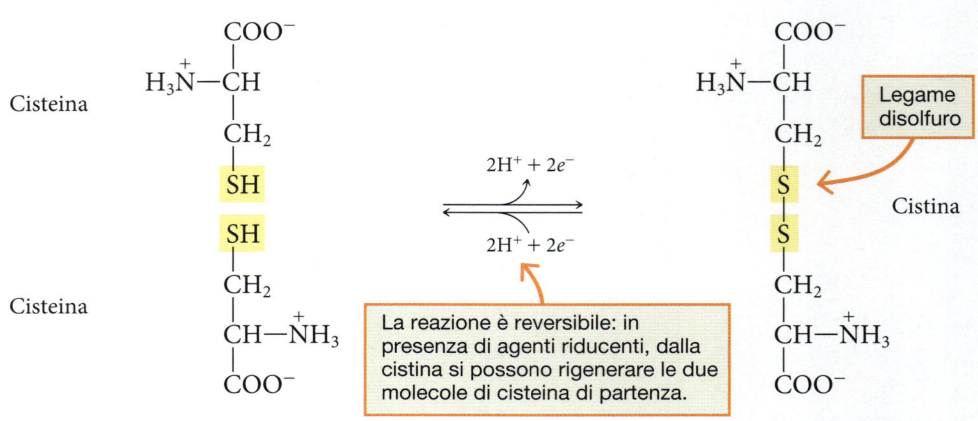

Questa reazione di ossidazione porta alla formazione di un **legame disolfuro**, S—S. Come vedremo più avanti, la presenza di legami disolfuro influenza la struttura tridimensionale delle proteine. La formazione di legami disolfuro può infatti avvenire anche fra le cisteine presenti nelle catene polipeptidiche che formano le proteine.

16 Il legame peptidico

In opportune condizioni, come quelle presenti per esempio all'interno dei ribosomi, gli amminoacidi reagiscono fra loro per formare catene polipeptidiche mediante reazioni di *polimerizzazione*. Il gruppo carbossile di un amminoacido può reagire con il gruppo α-ammino di un secondo amminoacido con perdita di una molecola di acqua.

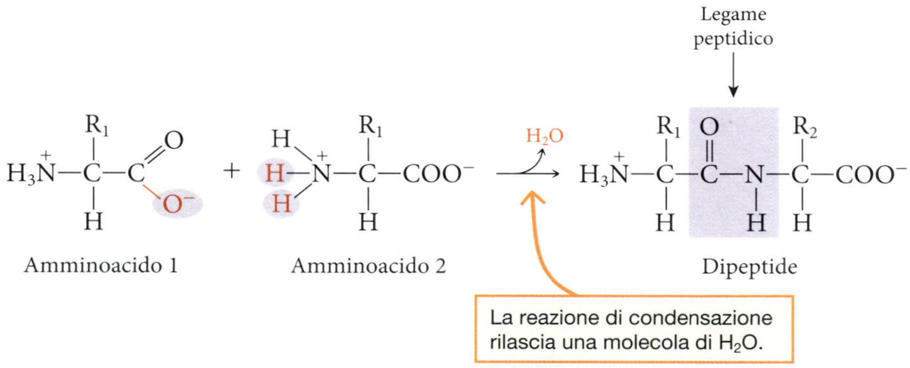

Con una reazione di condensazione, tra i due amminoacidi si forma un particolare tipo di legame ammidico chiamato **legame peptidico**.

I dipeptidi e gli oligopeptidi

Il prodotto della reazione fra due amminoacidi è una nuova molecola che prende il nome generale di **dipeptide**. L'ordine con cui si legano è determinante: per esempio, se il primo amminoacido è una molecola di alanina e il secondo una molecola di serina, otteniamo il dipeptide *alanilserina*.

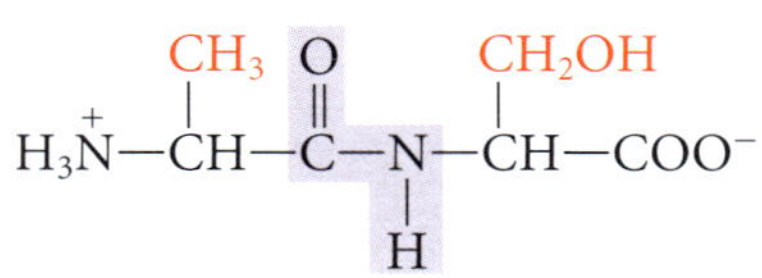

Alaninserina

Se, al contrario, consideriamo i due amminoacidi in posizione invertita, otteniamo il dipeptide *serilalanina*, chimicamente diverso dal precedente. Per capire questa differenza possiamo immaginare che la formazione di questi due dipeptidi corrisponda alla composizione di una parola formata dalle lettere A e L; in un caso abbiamo AL mentre nell'altro LA. Sebbene le due parole siano formate dalle stesse lettere, il loro ordine è diverso così come il loro significato.

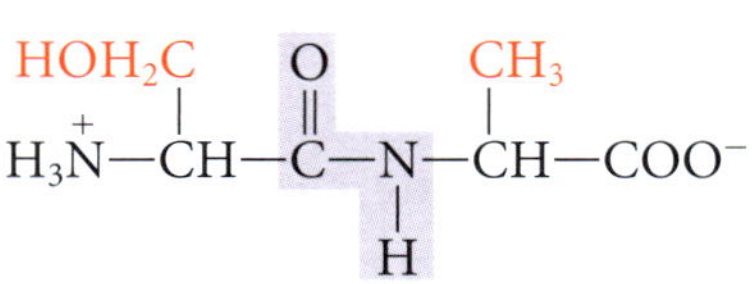

Serilalanina

Alle due estremità di ogni dipeptide compaiono ancora un gruppo $—NH_3^+$ e un gruppo $—COO^-$, ciascuno dei quali è in grado di reagire con un altro amminoacido per formare un nuovo legame peptidico. Per esempio, se il gruppo carbossile dell'alanilserina si combina con il gruppo ammino di un aspartato si forma un *tripeptide* con la sequenza Ala-Ser-Asp (*alanilserilaspartato*). Il **glutatione** (**GSH**) è un

Approfondimento online
Il glutatione è un tripeptide antiossidante

esempio di tripeptide (γ-glutammilcisteinilglicina) presente all'interno delle nostre cellule in cui svolge un'importante azione antiossidante.

I tripeptidi continuano a presentare un gruppo $—NH_3^+$ e uno $—COO^-$ alle due estremità e possono reagire ulteriormente per formare un *tetrapeptide*.

Dipeptidi, tripeptidi e tetrapeptidi sono esempi di **oligopeptidi**, ovvero brevi catene formate dall'unione di pochi amminoacidi (l'ordine di grandezza è nell'ordine della decina).

I polipeptidi

L'aggiunta di amminoacidi successivi porta sempre a un peptide che presenta i gruppi $—NH_3^+$ e $—COO^-$ liberi alle due estremità e disponibili a formare nuovi legami peptidici: in questo modo è possibile generare una sequenza sempre più lunga che presenta un ordine caratteristico degli amminoacidi.

Quando gli amminoacidi coinvolti nella formazione della catena aumentano di numero si parla di **polipeptidi**.

Per convenzione, il gruppo ammino e il gruppo carbossile liberi alle due estremità della molecola sono considerati rispettivamente l'inizio e il termine della catena.

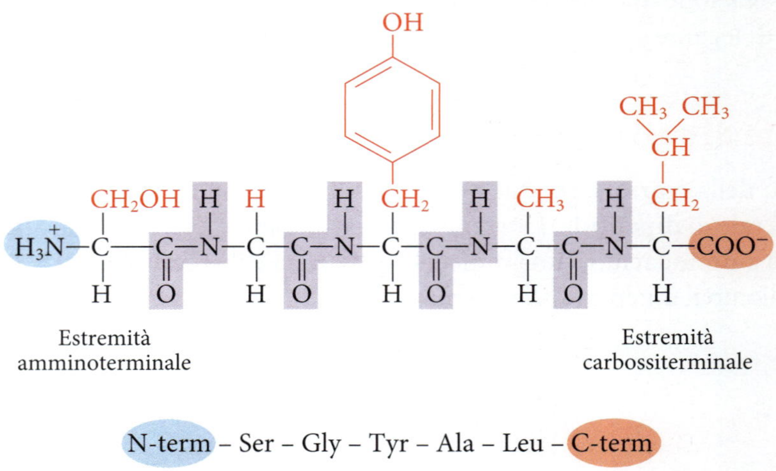

Ogni polipeptide possiede un'estremità **amminoterminale**, con un gruppo $—NH_3^+$ libero, e un'estremità **carbossiterminale**, con un gruppo $—COO^-$ libero. Per convenzione, l'estremità amminoterminale si indica a sinistra e quella carbossiterminale a destra.

Il primo amminoacido della catena è detto **amminoterminale** o *N-terminale*, l'ultimo è detto **carbossiterminale** o *C-terminale*. Ciascun amminoacido della catena è detto *residuo amminoacidico* o, semplicemente, **residuo**.

Qualsiasi polipeptide presenta sempre una *catena principale*, costituita dalla successione dei legami peptidici con le catene laterali disposte esternamente.

Una catena polipeptidica in soluzione acquosa presenta cariche elettriche dovute alla ionizzazione dei gruppi N-terminale e C-terminale e delle catene laterali degli amminoacidi acidi e basici.

HAI CAPITO?

- Disegna la struttura del polipeptide Val-Asp-Met-Lys-Phe ed evidenzia i legami peptidici.

17 La struttura delle proteine

Ogni proteina è costituita da una o più catene di amminoacidi. Ciascuna catena polipeptidica si diversifica dalle altre per il numero, il tipo e la sequenza degli amminoacidi che contiene. Come vedremo, le istruzioni per la sintesi di un polipeptide sono contenute nel DNA. Le caratteristiche di una catena influenzano la struttura tridimensionale della proteina che, a sua volta, è in correlazione con la funzione biologica che la molecola deve svolgere.

Le proteine possono avere dimensioni ragguardevoli per il numero di amminoacidi che costituiscono la catena e, di conseguenza, per la massa molecolare complessiva che in alcuni casi può raggiungere anche alcuni milioni di dalton. La **Tabella B1.9** riporta alcuni esempi che illustrano la variabilità che esiste nel mondo delle proteine sia in termini di numero di catene polipeptidiche che formano la proteina, sia per numero di amminoacidi in ogni catena e per la loro massa molecolare complessiva.

Tabella B1.9
Caratteristiche strutturali di alcune proteine.

Proteina	Massa molecolare (Da)	n° residui	Subunità (n° catene)	Funzione
Insulina	5.733	51	2	Ormone
Citocromo *c*	12.500	104	1	Trasportatore di elettroni
Lisozima	13.930	129	1	Enzima
Mioglobina	16.980	153	1	Deposito di O_2
Emoglobina	64.500	574	4	Trasporto di O_2
γ-globulina	149.900	1.320	4	Difese immunitarie
Glutammina sintetasi	600.000	5.616	12	Enzima
Titina	3.816.000	34.350	1	Struttura del muscolo (la titina è la proteina con la catena polipeptidica più lunga negli esseri umani).

Nonostante la grande varietà di forme e funzioni, le proteine condividono quattro livelli comuni di organizzazione strutturale. Queste **conformazioni** presentano una complessità crescente e prendono il nome di struttura primaria, secondaria, terziaria e quaternaria (**Figura B1.29**).

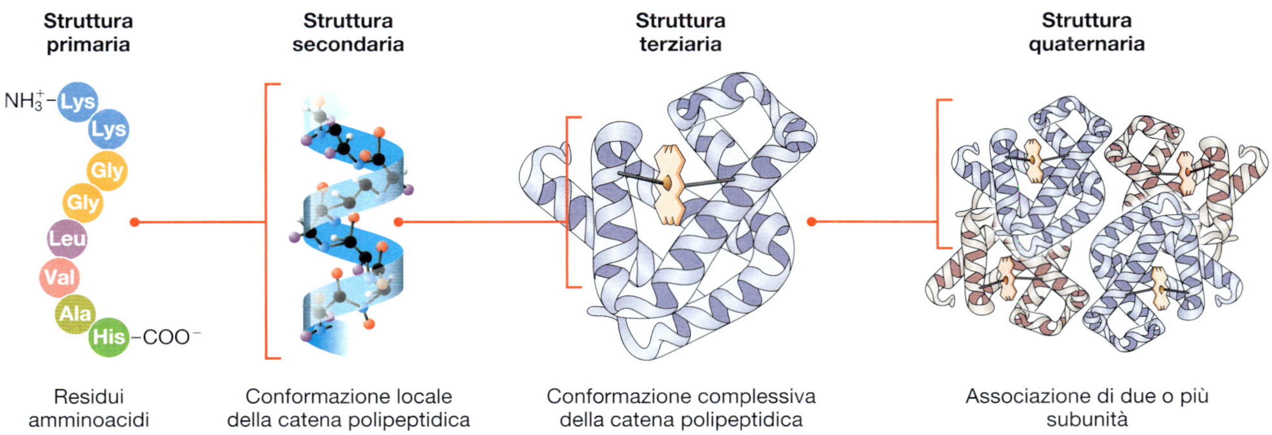

Figura B1.29
I quattro livelli strutturali delle proteine.

GUARDA! i video

La struttura primaria

La **struttura primaria** di una proteina è l'ordine con cui gli amminoacidi si susseguono nella catena polipeptidica.

Questa struttura è il risultato dei legami covalenti (legami peptidici e legami disolfuro) che si instaurano tra gli amminoacidi della catena.

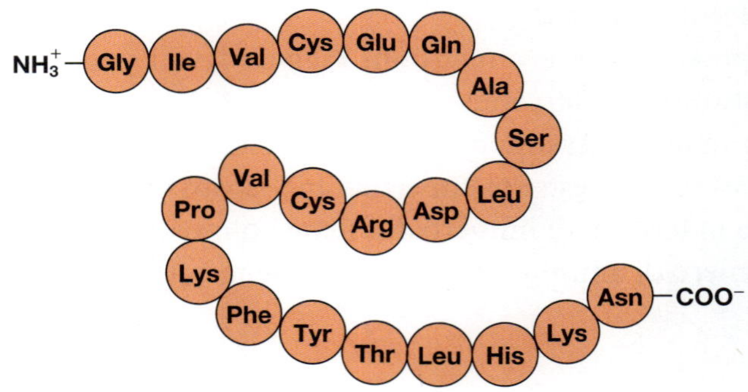

Video How does sickle cell anemia work?

Video Che cosa causa l'anemia falciforme?

La struttura primaria di una proteina è codificata dalla sequenza di triplette di nucleotidi che costituiscono un gene. L'ordine degli amminoacidi non è quindi casuale, ma è determinato in modo preciso per ogni particolare proteina di un organismo. Per esempio, in tutti gli individui di una data specie l'albumina del plasma sanguigno ha la stessa composizione e lo stesso ordine degli amminoacidi.

La struttura primaria di una proteina determina sia la sua forma sia la funzione che deve svolgere: una piccola variazione della sequenza può, in alcuni casi, rendere la proteina inattiva. L'*anemia falciforme* è una malattia genetica del sangue causata da un'alterazione nella sequenza dell'emoglobina in cui un unico amminoacido, l'acido glutammico, è sostituito da una valina. La proteina mutata risulta meno idonea al trasporto dell'ossigeno e tende a precipitare all'interno dei globuli rossi deformandoli e facendo sì che assumano una forma a falce.

L'analisi della struttura primaria è utile per mettere in luce somiglianze e differenze tra le sequenze amminoacidiche di una stessa proteina in specie diverse. Questo studio comparativo fornisce informazioni sull'**evoluzione molecolare** della proteina e sull'evoluzione biologica delle specie studiate.

La struttura secondaria

La **struttura secondaria** corrisponde alla conformazione locale assunta da brevi tratti della catena polipeptidica ed è il livello più semplice di ripiegamento della catena nelle tre dimensioni dello spazio. Le strutture secondarie più diffuse nelle proteine sono l'α-*elica* e il *foglietto*-β.

α-elica

Il più comune elemento di struttura secondaria è l'α-**elica**, la cui esistenza fu postulata nel 1951 da Linus Pauling e confermata in seguito da studi sperimentali di cristallografia a raggi X (**Figura B1.30**). La conformazione elicoidale della catena principale è dovuta alla presenza di numerosi legami a idrogeno che si stabiliscono fra gruppi funzionali NH e CO presenti in due giri successivi dell'elica:

$$>N{-}H\cdots\cdots O{=}C<$$

Le catene laterali degli amminoacidi non partecipano alla formazione dell'elica e si estendono verso l'esterno con una direzione pressoché perpendicolare all'asse dell'elica.

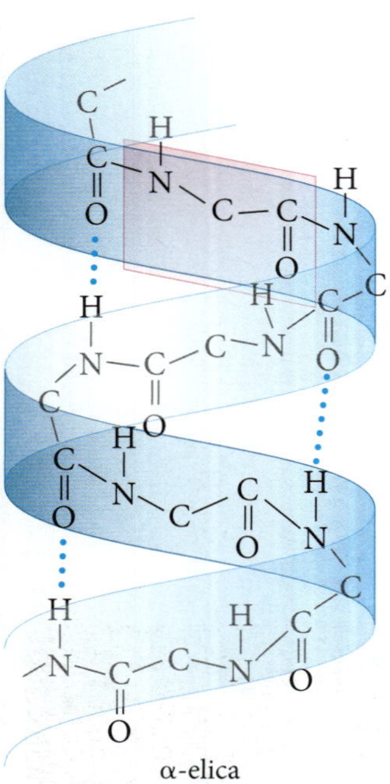

Figura B1.30 L'α-elica è stabilizzata da legami a idrogeno tra gruppi NH e C=O. Per semplicità, non sono mostrati i sostituenti dei carboni-α.

Foglietto-β

L'altro elemento ricorrente di struttura secondaria, proposto da Linus Pauling e Robert Corey, è il **foglietto-β**. In questa particolare struttura secondaria, gli stessi legami a idrogeno visti per l'α-elica si stabiliscono fra due tratti adiacenti di catena polipeptidica, che prendono il nome di *filamenti*-β (**Figura B1.31**): nel complesso la struttura assume la forma di un foglietto pieghettato con le catene laterali che si dispongono alternativamente sopra e sotto il piano del foglietto.

Le strutture dei foglietti-β possono essere formati anche da un numero maggiore di filamenti-β: sono note proteine in cui vi sono foglietti-β formati anche da dieci filamenti e oltre.

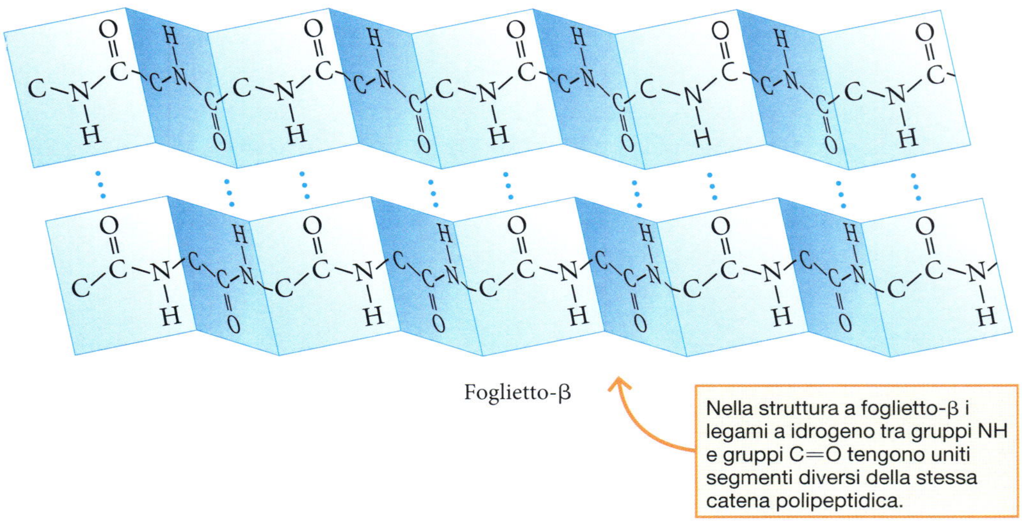

Figura B1.31
Foglietto-β: per semplicità, gli atomi di carbonio-α sono mostrati senza i sostituenti.

β-turn e loop

I vari elementi regolari di struttura secondaria presenti in una proteina sono collegati fra loro da tratti meno ordinati che assumono un andamento ad ansa e vengono identificati come:

- β-*turn*, che sono costituiti da pochi amminoacidi che danno un cambiamento di direzione alla catena di 180°;
- *loop*, che sono di maggior lunghezza e più irregolari.

In base al contenuto di elementi di struttura secondaria le proteine si raggruppano in tre classi: α, β e α/β (**Figura B1.32**). In tutte queste proteine, gli elementi di struttura secondaria sono collegate da β-*turn* e *loop*.

Figura B1.32
Esempi di proteine α, β e α/β.

La struttura terziaria

La **struttura terziaria** di una proteina è la conformazione complessiva che si ottiene dal ripiegamento nello spazio tridimensionale dell'intera catena polipeptidica.

In generale, il ripiegamento complessivo della catena racchiude gli amminoacidi con catena laterale apolare all'interno della molecola (*core idrofobico*) in modo da separarli dalle molecole d'acqua, e ad esporre quelli polari sulla superficie esterna della molecola, a contatto con il solvente acquoso.

La struttura terziaria comprende l'insieme di tutti gli elementi di struttura secondaria presenti all'interno di una proteina. Le catene laterali degli amminoacidi contenuti nelle α eliche e nei foglietti β vicini fra loro interagiscono reciprocamente e portano alla formazione di *legami deboli* (come interazioni idrofobiche, interazioni di van der Waals, legami a idrogeno e legami ionici). Queste interazioni deboli giocano un ruolo fondamentale nello stabilizzare la conformazione tridimensionale della proteina.

Oltre alle interazioni deboli, tra gli amminoacidi di una proteina possono formarsi anche legami covalenti come i legami disolfuro (S—S) che si instaurano fra due catene laterali di cisteina (**Figura B1.33**).

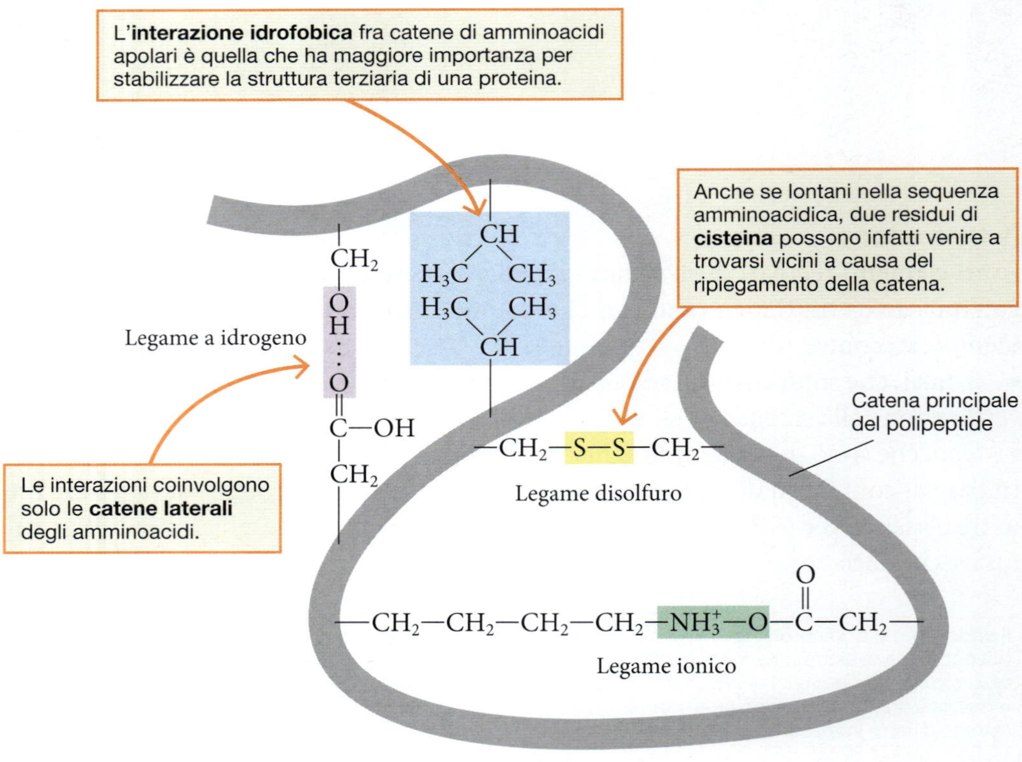

Figura B1.33 Alcune delle principali interazioni che stabilizzano la struttura terziaria delle proteine.

Per le proteine costituite da un'unica catena polipeptidica, la struttura terziaria rappresenta il massimo livello di organizzazione strutturale necessario per svolgere correttamente la propria funzione. Questa struttura prende il nome di **conformazione nativa**.

Approfondimento online
Il folding delle proteine e le malattie amiloidi

In definitiva, la struttura terziaria di una proteina è la conformazione responsabile della forma tridimensionale che assume una catena polipeptidica: per esempio, la struttura terziaria determina la struttura fibrosa tipica delle fibre di collagene oppure la struttura globulare tipica della mioglobina, una proteina in grado di legare l'ossigeno (*vedi* **Figura B1.27**).

La struttura quaternaria

Anche se alcune proteine sono formate da un'unica catena polipeptidica, la maggior parte delle proteine è formata dall'associazione di due o più catene polipeptidiche unite tra di loro.

La **struttura quaternaria** delle proteine è data dalla combinazione di due o più catene polipeptidiche chiamate *subunità*.

Le catene polipeptidiche all'interno della stessa proteina possono essere uguali, come nel caso della proteina cro, o diverse, come nel caso del capside del virus del raffreddore (**Figura B1.34**).

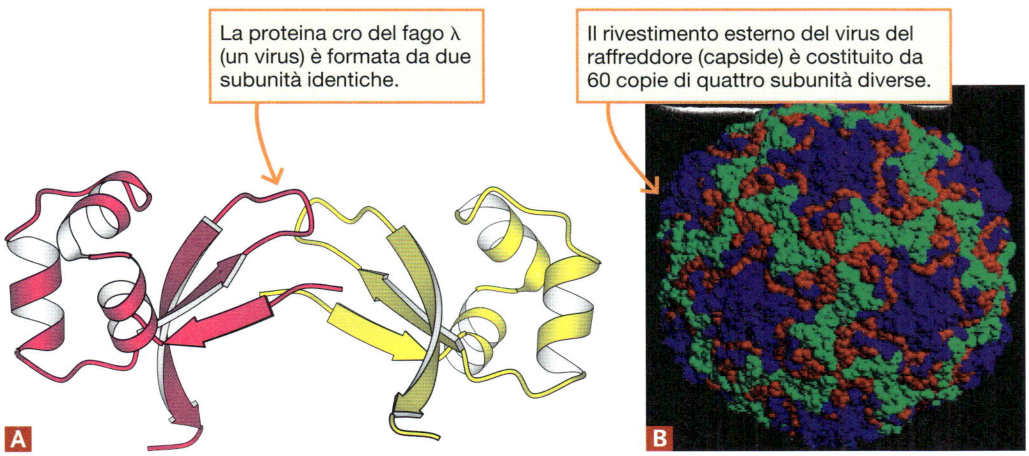

Figura B1.34 Esempi di strutture quaternarie.

Nella struttura quaternaria, le diverse subunità che formano la proteina sono tenute assieme da interazioni non covalenti, spesso di natura idrofobica e/o elettrostatica. Tuttavia, a volte le catene sono associate fra loro da legami covalenti, come nel caso degli *anticorpi*, le proteine che difendono l'organismo dalle infezioni. Negli anticorpi, le catene sono unite fra loro per mezzo di legami disolfuro tra catene laterali di cisteine (**Figura B1.35**).

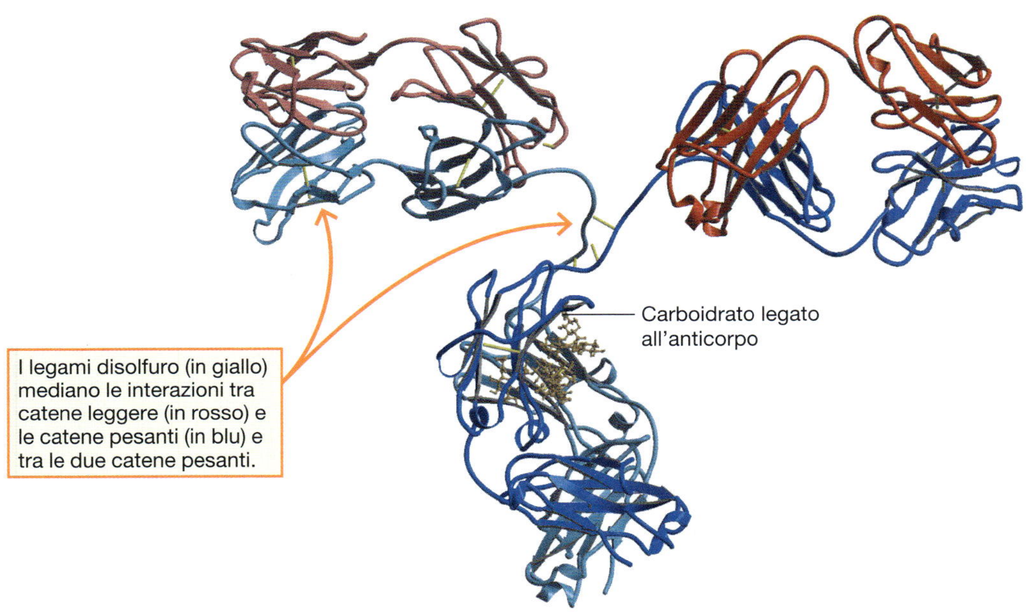

Figura B1.35 Modello di un anticorpo. Gli anticorpi agiscono legandosi a molecole estranee dette antigeni.

La denaturazione delle proteine

La funzione di una proteina dipende dalla sua conformazione tridimensionale nativa. Agenti fisici (come il calore) e chimici (come variazioni di pH e la presenza di certi solventi organici) possono alterare la conformazione nativa senza che venga rotto un solo legame covalente, ossia senza che sia alterata la struttura primaria.

La **denaturazione** è la perdita, da parte di una proteina, della struttura secondaria, terziaria ed eventualmente quaternaria.

Pur conservando la sua struttura primaria, la proteina perde completamente e spesso in modo irreversibile la propria attività biologica (**Figura B1.36**).

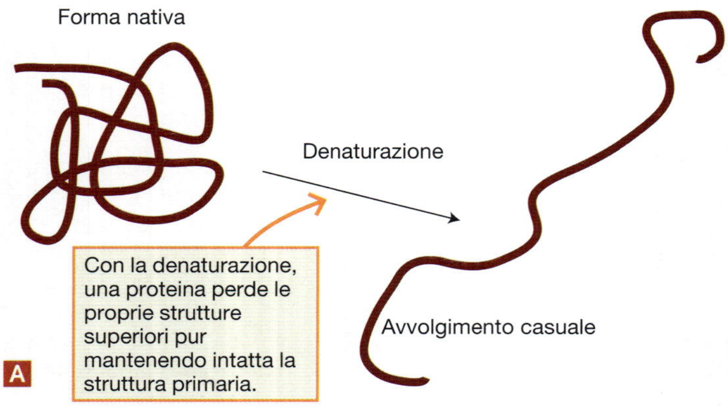

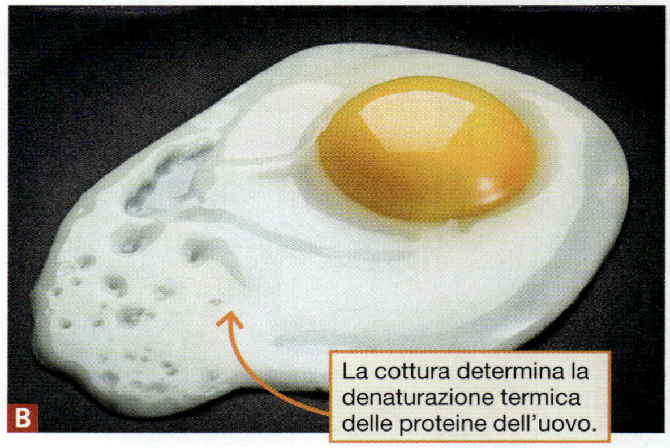

Figura B1.36
La denaturazione delle proteine.

Una variazione del pH può quindi avere effetti disastrosi sulla funzionalità della proteina. Per questo gli organismi viventi sono dotati di sistemi di controllo del pH dei propri fluidi; per lo stesso motivo, le proprietà chimiche dei sistemi acido-base rivestono grande importanza nei sistemi tampone fisiologici.

18 Le proteine che legano l'ossigeno: mioglobina ed emoglobina

Mioglobina ed emoglobina sono due classici esempi di proteine globulari che svolgono il loro ruolo in soluzione. Il confronto fra le due proteine fornisce una chiara spiegazione di come il rapporto struttura-funzione giochi un ruolo essenziale nelle proteine. La mioglobina ha la funzione di legare l'ossigeno nel tessuto muscolare, l'emoglobina fa lo stesso nei globuli rossi del sangue. Per molti organismi, la molecola di ossigeno O_2 è di importanza vitale: l'ossigeno è, infatti, l'accettore degli elettroni della catena respiratoria e consente la produzione dell'energia di cui ogni cellula ha bisogno per vivere. Privata di un costante apporto di ossigeno, la cellula non può produrre energia e va rapidamente incontro a morte.

Mioglobina ed emoglobina sono proteine *coniugate*: oltre alla porzione polipeptidica (*globina*) contengono un gruppo prostetico, detto *eme*, che lega l'O_2. Nonostante le somiglianze, le due proteine presentano importanti differenze strutturali che determinano il modo in cui viene legato l'ossigeno e, di conseguenza, il loro diverso ruolo funzionale.

TI RICORDI?

Il **pirrolo** è un composto organico eterociclico di formula C_4H_5N.

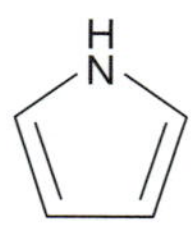

Il gruppo eme

Il **gruppo eme** è un complesso coordinato, formato dalla protoporfirina IX e da uno ione Fe^{2+} al centro di essa. La protoporfirina IX è una molecola organica con struttura planare; è costituita da quattro anelli pirrolici sostituiti, uniti fra loro da ponti metinici.

Lo ione Fe^{2+} si trova al centro dell'eme e può formare sei legami di coordinazione: quattro di questi legami coinvolgono i quattro atomi di azoto della protoporfirina IX. Il quinto legame di coordinazione è con un residuo di istidina della catena globinica. In virtù di questo legame, la catena polipeptidica risulta ancorata all'intero gruppo eme. Il sesto legame di coordinazione del ferro, quando presente, è con una molecola di O_2 (**Figura B1.37**).

PER SAPERNE DI PIÙ

Lo ione Fe^{2+} dell'eme non deve ossidarsi a Fe^{3+}, pena l'inattivazione di mioglobina ed emoglobina. Per questo, all'interno dei globuli rossi sono presenti sostanze riducenti come il glutatione e il coenzima NADPH.

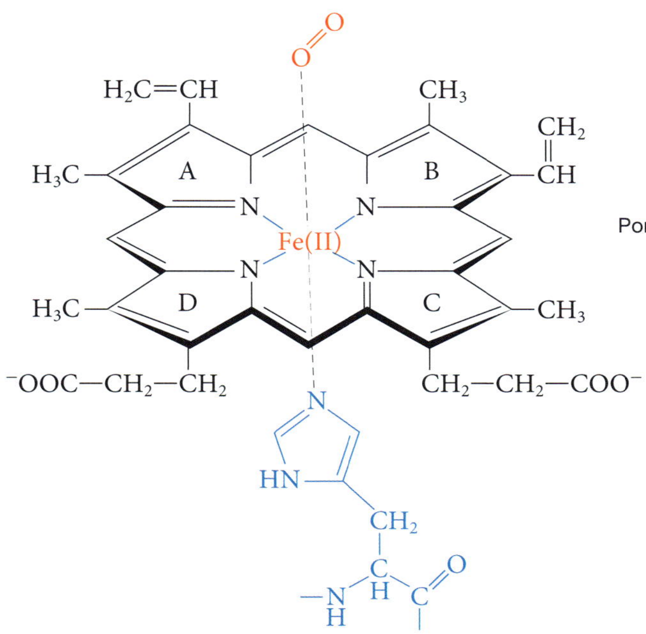

Figura B1.37 Il gruppo eme. L'atomo di Fe(II) centrale è legato ai suoi quattro ligandi (quattro atomi di N dell'anello porfirinico). Il quinto legame è con un residuo di istidina (al di sotto del piano della molecola); il sesto con una molecola di O_2 (al di sopra del piano).

La mioglobina è una proteina monomerica

La **mioglobina** è una proteina monomerica, relativamente piccola, costituita da 153 amminoacidi, contenuta nelle cellule muscolari.

Nella sua conformazione nativa, la mioglobina presenta otto distinte α-eliche, ripiegate in modo tale da creare una tasca idrofobica interna che accoglie un gruppo eme (in grigio nella **Figura B1.38**).

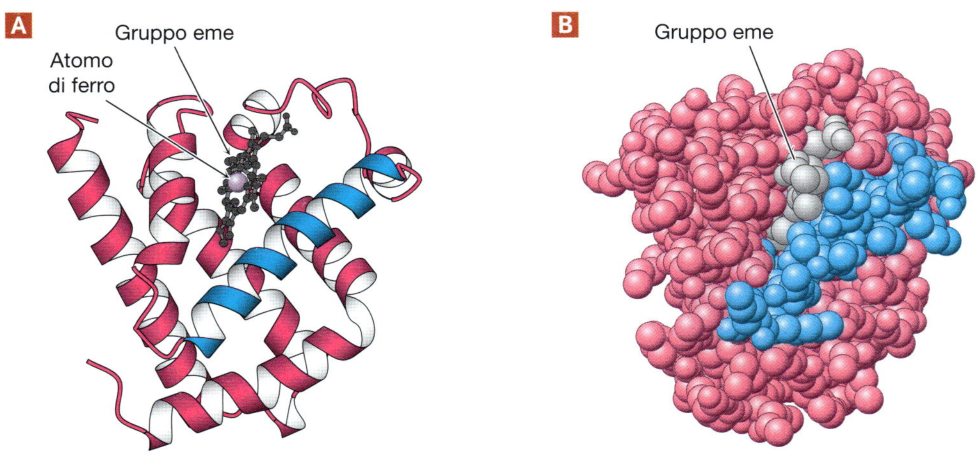

Figura B1.38 Struttura tridimensionale della mioglobina.

Il legame della molecola di O_2 alla mioglobina è reversibile e dipende dalla pressione parziale di ossigeno (pO_2) del mezzo. La mioglobina ha un'elevata affinità per la molecola di O_2, che viene ceduta solo per valori di pO_2 inferiori a 10 Torr, ossia quando la cellula muscolare è in attività e richiede ossigeno supplementare per poter ossidare i substrati e ottenere l'energia per la contrazione. La mioglobina ha dunque una funzione di deposito di ossigeno che può essere rilasciato al muscolo in caso di bisogno.

L'emoglobina è un tetramero

Approfondimento online
L'emoglobina glicata

L'emoglobina è un esempio di proteina con struttura quaternaria: si tratta di un tetramero, ossia una proteina oligomerica formata da quattro subunità (**Figura B1.39**).

Negli esseri umani adulti, l'**emoglobina** presenta *due catene* α (ognuna di 141 amminoacidi) e *due catene* β (ognuna di 146 amminoacidi). Ciascuna di queste catene lega un **gruppo eme**.

L'emoglobina è presente in alta concentrazione all'interno dei globuli rossi (circa 270 milioni di molecole per ogni globulo rosso) e ha la funzione di trasportare l'ossigeno nel sangue, legando O_2 a livello dei capillari che circondano gli alveoli polmonari e rilasciandolo nei capillari che irrorano tessuti e organi.

Figura B1.39 La struttura tridimensionale dell'emoglobina.

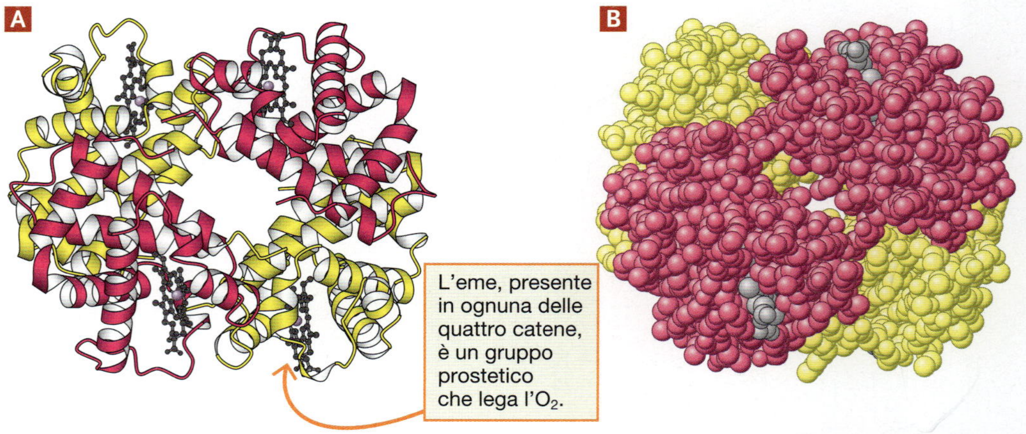

PER SAPERNE DI PIÙ

Allosterismo e cooperatività nell'emoglobina

La capacità dell'emoglobina di legare reversibilmente l'ossigeno e di agire da trasportatore è dovuta all'**allosterismo**, in base al quale la struttura di ogni subunità risente dello stato delle altre subunità. Il comportamento allosterico è proprio delle proteine multimeriche e consiste in piccoli cambiamenti conformazionali indotti dal legame di particolari molecole (*effettori allosterici*).

Nel caso dell'**emoglobina**, l'allosterismo fa sì che l'aumento del grado di ossigenazione della molecola determini un progressivo aumento dell'affinità delle subunità per l'ossigeno. Il legame della prima molecola di ossigeno all'eme di una subunità induce piccole modificazioni conformazionali della catena polipeptidica; queste modifiche si trasmettono alla subunità adiacente e favoriscono il legame della seconda molecola di O_2. La seconda molecola di O_2 induce un altro piccolo cambiamento conformazionale e così via fino alla quarta subunità.

L'ossigeno agisce quindi da **effettore allosterico positivo**, perché aumenta l'affinità dell'emoglobina all'ossigeno. Questo meccanismo rende più efficiente il legame dell'ossigeno e il suo trasporto nel sangue: a livello dei polmoni, dove la pO_2 nel sangue è maggiore, è favorito il legame dell'ossigeno; a livello tissutale, dove la pO_2 del sangue è minore, è favorito il rilascio. Il comportamento dell'emoglobina è rappresentato dall'*andamento sigmoidale* della curva di legame dell'ossigeno. Nella mioglobina la curva di legame è invece *iperbolica*; trattandosi di una proteina monomerica, il fenomeno della cooperatività è assente (**Figura A**).

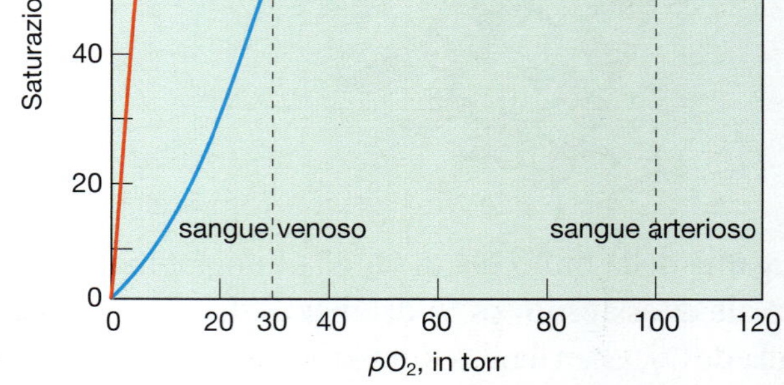

Figura A Curve di legame con O_2 dell'emoglobina e della mioglobina.

19 Le proteine a funzione catalitica: gli enzimi

Gli enzimi costituiscono una numerosa classe di proteine e giocano un ruolo essenziale in tutti gli organismi viventi.

Gli **enzimi** sono proteine specializzate per la *funzione catalitica* e agiscono accelerando le reazioni chimiche.

La maggior parte delle reazioni che avvengono nelle cellule sono infatti così lente da non potersi svolgere se non in presenza di un enzima: fuori della cellula, per esempio, la combustione del glucosio non procede a temperatura ambiente; nella cellula, al contrario, lo stesso processo si svolge a velocità straordinaria grazie agli enzimi.

LE PAROLE
Il termine **enzima** deriva dal greco *en zýmē* che significa «dentro il lievito».

Le proprietà degli enzimi

Al pari di un qualsiasi catalizzatore incontrato nello studio della chimica generale, un enzima mostra tre caratteristiche fondamentali: agisce in piccolissime quantità, si ritrova strutturalmente inalterato al termine della reazione e svolge la sua funzione attraverso una diminuzione dell'energia di attivazione della reazione senza modificare l'equilibrio della reazione stessa (**Figura B1.40**).

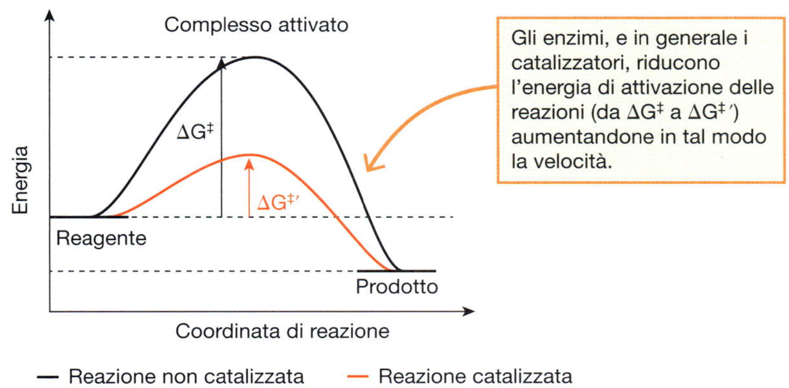

Figura B1.40 Curve di una reazione catalizzata e non catalizzata.

Gli enzimi si distinguono, tuttavia, dai catalizzatori inorganici per alcune proprietà peculiari che li rendono unici nello svolgimento della loro funzione.

1. **Sono straordinariamente efficienti**. La velocità di una reazione catalizzata da un enzima può essere fino a 10^{17} volte superiore rispetto a quella della reazione non catalizzata! I catalizzatori inorganici accelerano le reazioni solo qualche migliaia di volte.
2. **Sono altamente specifici**. A differenza di un catalizzatore inorganico, un enzima riconosce selettivamente la molecola che deve essere trasformata nella reazione. Gli enzimi sono in gran parte stereospecifici, cioè riconoscono anche gli enantiomeri di una stessa molecola.
3. **Sono modulabili.** La velocità di una reazione enzimatica può essere regolata in modo fine e selettivo mediante l'interazione fra l'enzima e una molecola che agisce da modulatore.
4. **Agiscono in condizioni fisiologiche.** L'evoluzione ha selezionato enzimi in grado di agire nelle condizioni di pH, temperatura e pressione caratteristiche degli organismi viventi. I catalizzatori inorganici agiscono invece in condizioni notevolmente differenti da quelle esistenti nelle cellule (per esempio, a pH fortemente acido o alcalino e a valori elevati di temperatura e pressione).

TI RICORDI?
Il **catalizzatore** è una sostanza che accelera una reazione chimica: riduce l'energia di attivazione senza alterarne l'equilibrio, ma permettendo di raggiungerlo più velocemente.

La classificazione e la nomenclatura degli enzimi

La grande eterogeneità delle reazioni che avvengono nei viventi richiede un gran numero di enzimi. Ciascun enzima deve essere specifico non solo nei confronti della molecola con cui deve interagire, ma anche della tipologia di reazione. Questo ha reso necessario l'introduzione di un sistema di classificazione degli enzimi.

La *Enzyme Commission* della *International Union of Biochemistry and Molecular Biology* (IUBMB) ha definito sei classi di enzimi sulla base della reazione catalizzata (**Tabella B1.10**): ossidoreduttasi, trasferasi, idrolasi, liasi, isomerasi e ligasi.

All'interno di ogni classe si distinguono sottoclassi e, a seguire, sotto-sottoclassi di enzimi, secondo un ordine sistematico a più livelli organizzato in modo gerarchico.

Tabella B1.10
Le classi enzimatiche e le tipologie di reazioni catalizzate.

Classe enzimatica	Azione catalitica
Ossidoreduttasi	Catalizzano le reazioni di ossidoriduzione.
Trasferasi	Catalizzano le reazioni di trasferimento di gruppi funzionali.
Idrolasi	Catalizzano le reazioni di rottura di legami covalenti mediante l'introduzione di una molecola di acqua (idrolisi).
Liasi	Catalizzano le reazioni di rottura di legami chimici senza l'introduzione di una molecola di acqua.
Isomerasi	Catalizzano le reazioni di isomerizzazione.
Ligasi	Catalizzano le reazioni di formazione di legami covalenti con consumo di energia (idrolisi di ATP).

La classificazione degli enzimi è associata alla loro **nomenclatura sistematica**, fissata dalle regole ufficiali della IUBMB. Nonostante ciò, ancora oggi gli studiosi fanno largo uso della **nomenclatura tradizionale**: il nome corrente di un enzima è costituito dal nome della molecola che deve essere trasformata e da un secondo termine con suffisso *-asi*, che specifica il tipo di reazione catalizzata (talvolta con qualche variante rispetto al nome della classe di appartenenza). Per esempio, l'enzima che porta alla sintesi del citrato prende il nome di *citrato sintasi*. Altri esempi sono la *fosfoglucosio isomerasi*, la *lattato deidrogenasi* ecc.

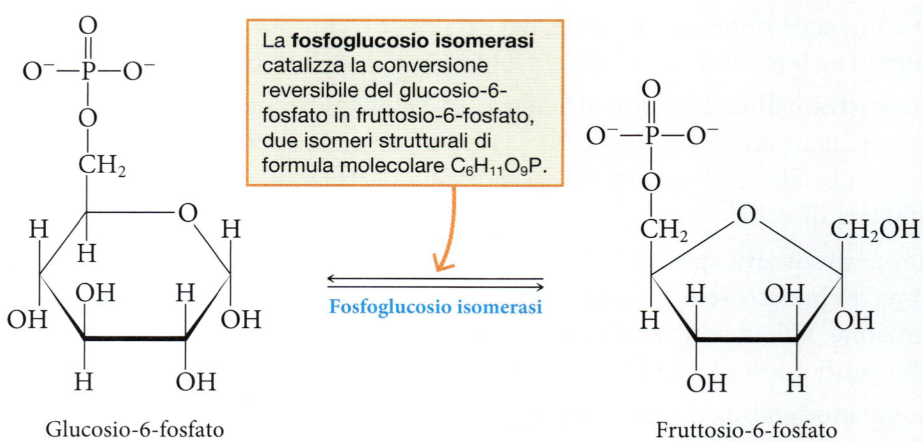

Qualche volta il suffisso *-asi* è aggiunto solo al nome della molecola che va incontro alla reazione di trasformazione: ne sono un esempio gli enzimi *ureasi* e *fumarasi*. Altre volte il nome rispecchia la funzione in cui l'enzima stesso è coinvolto; questi nomi sono stati in genere attribuiti prima di scoprire quale fosse la reazione specifica catalizzata; è questo il caso del *lisozima*, un enzima presente nelle lacrime, e della *pepsina* presente nei succhi gastrici.

La catalisi enzimatica

Per svolgere la propria azione catalitica, l'enzima (E) segue un percorso ciclico, o *ciclo catalitico*. Dapprima l'enzima interagisce e lega in modo specifico il **substrato** (S), cioè la molecola da trasformare. Il legame del substrato avviene a livello del **sito attivo**, una regione spazialmente delimitata dell'enzima. In seguito al legame, si forma il **complesso enzima-substrato** (ES); a questo punto, la catalisi enzimatica induce la reazione di trasformazione del substrato in una molecola diversa, il **prodotto** (P). Il prodotto a questo punto si distacca dall'enzima e il ciclo catalitico può ricominciare con una nuova molecola di substrato.

Per molto tempo, il funzionamento degli enzimi è stato spiegato con il *modello chiave-serratura*, elaborato alla fine del XIX secolo da Emil Fischer, lo scienziato noto per gli studi sulla stereochimica. Secondo questo modello, un enzima poteva interagire con il substrato solo in presenza di una perfetta complementarietà strutturale, proprio come una chiave che apre solo la propria serratura. Questo modello, tuttavia, non era in grado di spiegare le osservazioni sperimentali.

Secondo il recente **modello dell'adattamento indotto**, il sito attivo dell'enzima e il substrato non sono inizialmente del tutto complementari fra loro da un punto di vista strutturale. Quando le due parti entrano in contatto reciproco, esse vanno incontro a una piccola *variazione conformazionale* che consente alle due strutture di adattarsi l'una all'altra in maniera perfettamente complementare, come un guanto (Figura B1.41). In altre parole, l'interazione fra substrato e sito attivo induce l'adattamento strutturale fra le due parti.

Il ciclo di eventi descritto viene rappresentato dalla seguente equazione:

$$E + S \rightleftarrows ES \rightarrow E + P$$

Il ciclo enzimatico si ripete migliaia di volte in tempi molto brevi, dell'ordine di secondi o di frazioni di secondo.

HAI CAPITO?

- A quale sostanza può riferirsi il disegno del substrato rappresentato da un esagono legato a un pentagono? Quale sarebbe in tal caso il nome dell'enzima?

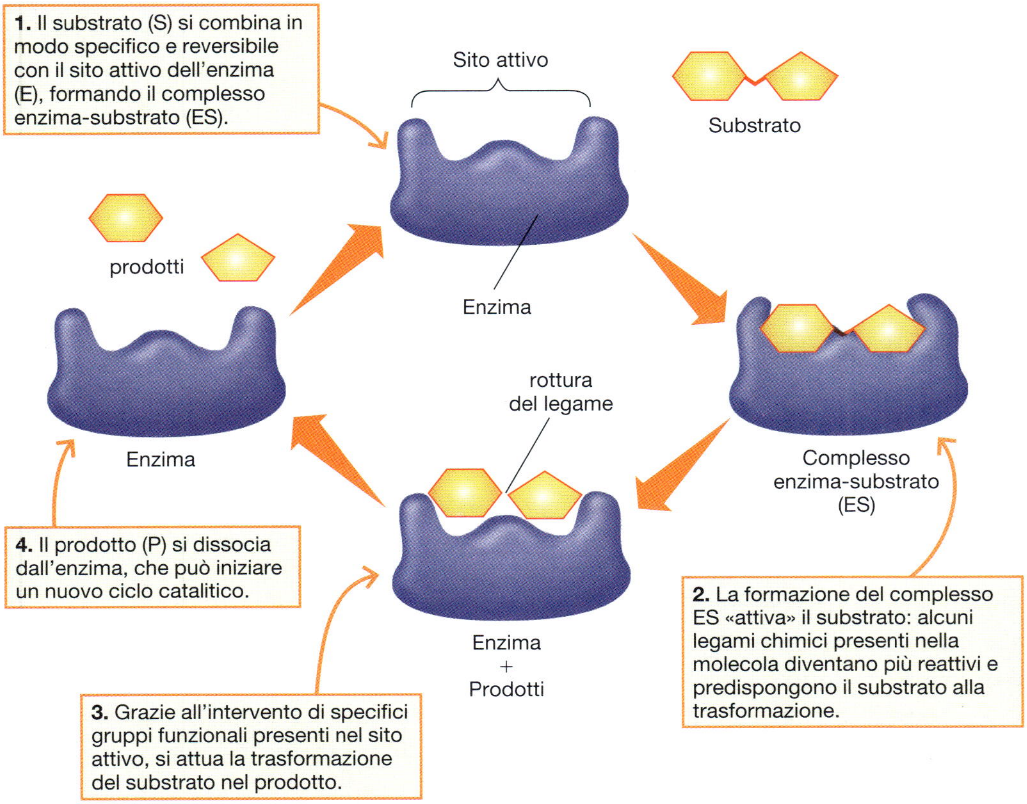

Figura B1.41 Modello dell'adattamento indotto.

Il numero di turnover di un enzima

La catalisi enzimatica risente delle caratteristiche del mezzo in cui si trovano l'enzima e il substrato e cambia soprattutto al variare della temperatura e del pH dell'ambiente. L'*efficienza catalitica* di un enzima è espressa attraverso una grandezza nota come numero di turnover.

Il **numero di turnover** di un enzima è dato dalle moli di substrato che sono trasformate in prodotto da parte di una mole di enzima in un secondo e in condizioni di reazione ottimali.

Ogni enzima ha il proprio numero di turnover. La **Tabella B1.11** riporta alcuni esempi di enzimi con i relativi numeri di turnover.

Tabella B1.11
Efficienza catalitica di alcuni enzimi espressa come numero di turnover al secondo.

Enzima	Numero di turnover (s^{-1})
Anidrasi carbonica	600 000
3-chetosteroide isomerasi	280 000
Acetilcolinesterasi	25 000
Penicillinasi	2000
Lattato deidrogenasi	1000
Chimotripsina	100
DNA polimerasi I	15
Triptofano sintetasi	2
Lisozima	0,5

L'attività enzimatica

Il numero di turnover è un valore costante riferito a una quantità ben definita di enzima. Esiste un'altra grandezza che riflette lo svolgimento della catalisi enzimatica ma che dipende in modo direttamente proporzionale dalla quantità di enzima presente: l'attività enzimatica.

L'**attività enzimatica** è la quantità di substrato che viene trasformata in prodotto nell'unità di tempo in condizioni di reazione ottimali.

HAI CAPITO?

- Confronta il numero di turnover e l'attività enzimatica. Cosa indicano queste grandezze?

L'attività enzimatica può essere espressa in **unità internazionali (U.I.)**, cioè l'attività che catalizza la trasformazione di 1 μmol di substrato in 1 minuto, oppure in **katal**, l'unità del Sistema Internazionale, inteso come attività enzimatica che catalizza la trasformazione di una mole di substrato in 1 secondo.

Perché è utile conoscere l'attività enzimatica? Nei campioni biologici (per esempio nel siero ematico) gli enzimi sono presenti in piccolissime quantità, a concentrazioni molto difficili da determinare in modo diretto, se non con tecniche sensibili e costose. Per questo, è molto più semplice stimare la presenza di un enzima in un campione biologico in modo *indiretto*, in base alla misura della sua attività enzimatica, ossia la velocità con cui il substrato dell'enzima viene trasformato nel corrispondente prodotto.

La misura dell'attività enzimatica si usa nei laboratori biochimici per valutare la presenza di un certo enzima in un campione biologico a scopo diagnostico. Per esempio, nel siero l'enzima **transaminasi** ha valori in genere inferiori a 40 U.I./litro.

Valori superiori a questa soglia possono essere causati da alterazioni a carico del fegato: le cellule epatiche sono infatti ricche di questi enzimi, che vengono riversati in circolo in caso di danno cellulare (**Figura B1.42**).

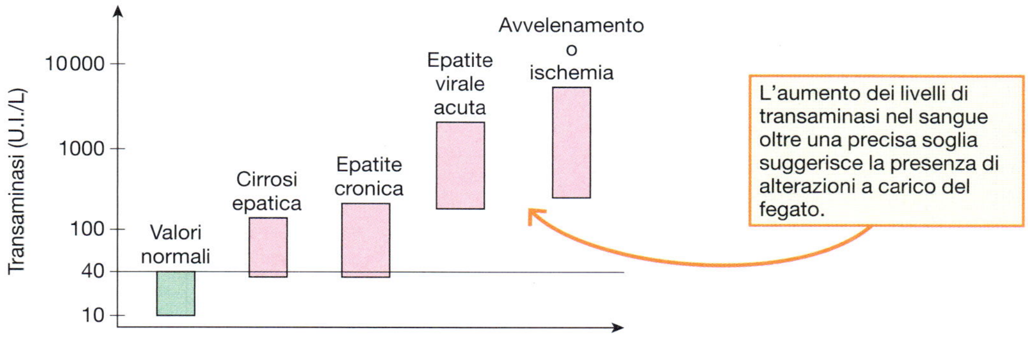

Figura B1.42
L'attività enzimatica è misurata in U.I./litro di siero.

▶ La regolazione dell'attività enzimatica

La maggior parte degli enzimi svolge la propria azione all'interno delle cellule; la loro attività deve quindi essere modulata in modo da rispondere alle esigenze metaboliche cellulari. Uno dei meccanismi principali per controllare l'attività di un enzima consiste nel *variare la disponibilità dei substrati*. Esistono tuttavia anche altri meccanismi di regolazione: allosterismo, modificazioni covalenti e inibizione enzimatica.

Allosterismo

Gli enzimi sottoposti a controllo allosterico sono di norma costituiti da più subunità e vanno incontro a un lieve cambiamento conformazionale quando legano in modo specifico, ma non covalente, un effettore allosterico. Gli **effettori allosterici** sono piccole molecole prodotte dalle attività metaboliche cellulari.

A seconda dei casi, la variazione strutturale indotta dagli effettori allosterici può modificare l'attività dell'enzima in senso positivo (*aumento dell'attività*) o negativo (*riduzione dell'attività*; **Figura B1.43**).

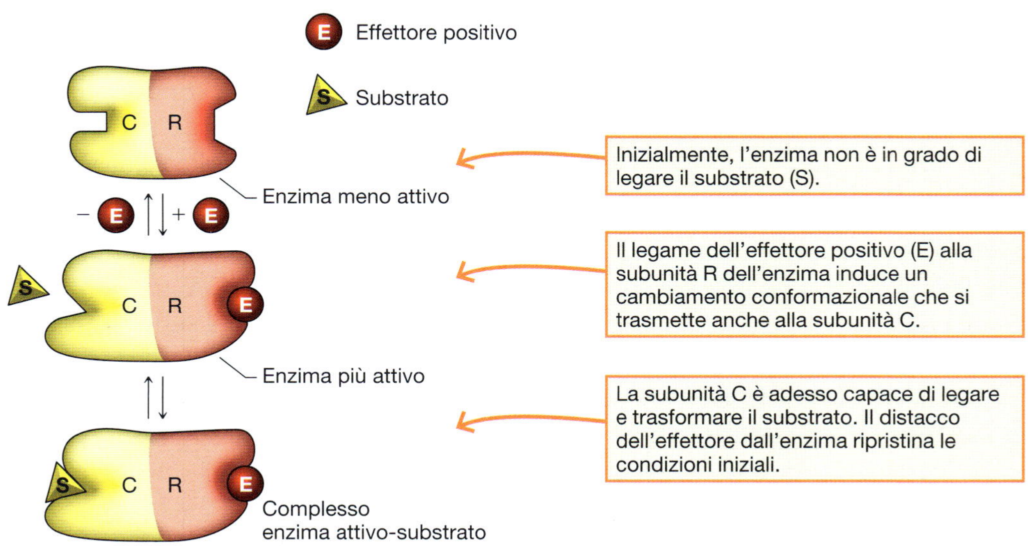

Figura B1.43
In un enzima allosterico, spesso il sito di legame del substrato e quello dell'effettore allosterico si trovano su subunità diverse, quella catalitica (C) e quella regolatrice (R), rispettivamente.

La presenza di più effettori allosterici nella cellula consente di modulare finemente l'attività dell'enzima, attraverso legami multipli su siti diversi. Grazie a questo meccanismo di controllo molecolare, gli enzimi allosterici rappresentano di solito importanti snodi di regolazione delle reazioni intracellulari.

Regolazione covalente

L'attività di numerosi enzimi può essere anche modulata attraverso modificazioni covalenti, reversibili o irreversibili, della catena polipeptidica che consistono nel legame di specifici gruppi chimici alle catene laterali di alcuni amminoacidi dell'enzima. Queste modifiche inducono un cambiamento conformazionale cui è associata una variazione di attività in senso positivo o negativo, a seconda dei casi considerati.

La principale modificazione covalente reversibile è la **fosforilazione** dell'enzima, che consiste nel legame di gruppi fosfato alle catene laterali degli amminoacidi serina, treonina e/o tirosina. Le reazioni di fosforilazione sono catalizzate da enzimi specifici, noti come **proteina chinasi**. Il processo è reversibile perché, all'occorrenza, altri enzimi chiamati **fosfoproteina fosfatasi** catalizzano la *defosforilazione* dell'enzima, ossia la rimozione dei gruppi fosfato (**Figura B1.44**).

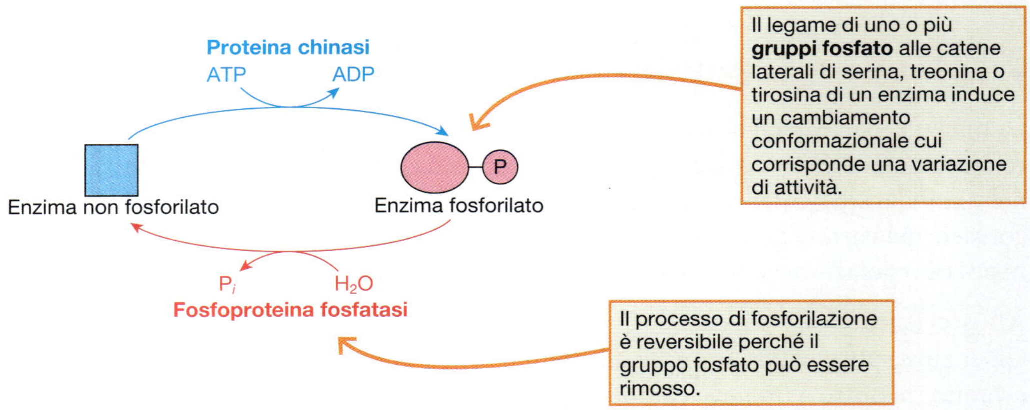

Figura B1.44 L'enzima è rappresentato con simboli diversi per indicare le diverse conformazioni.

Il controllo della fosforilazione/defosforilazione è uno dei principali meccanismi di regolazione dell'attività di enzimi implicati nel metabolismo cellulare e in molti altri processi fisiologici, quali l'accrescimento, il differenziamento e la divisione cellulare.

Esistono anche *modificazioni covalenti irreversibili*, che prevedono la rimozione di piccole parti della catena polipeptidica di un precursore enzimatico inattivo. La modificazione covalente consiste nell'idrolisi di uno o più legami peptidici e porta alla produzione dell'enzima attivo. Questo meccanismo di regolazione riguarda, per esempio, gli enzimi digestivi: per evitare l'autodigestione dei componenti della cellula stessa, questi enzimi vengono attivati soltanto dopo essere stati secreti dalla cellula.

Inibizione enzimatica

Gli enzimi possono combinarsi con molecole, chiamate **inibitori**, formando complessi che perdono, in parte o integralmente, la capacità di legare il substrato e/o di catalizzarne la trasformazione. Questo fenomeno prende il nome di *inibizione enzimatica* e, oltre ad avere grande importanza come sistema di regolazione dell'attività enzimatica, ricopre un ruolo fondamentale in campo farmacologico. Molti farmaci (anti-ipertensivi, antibiotici, chemioterapici ecc.), conservanti, ma anche veleni e tossine agiscono inibendo in modo specifico alcuni enzimi.

Un esempio importante di inibizione enzimatica è l'**inibizione retroattiva** (o a *feedback negativo*). Questo meccanismo è molto diffuso nella regolazione delle vie metaboliche della cellula che studieremo nel prossimo capitolo. I prodotti finali di una via metabolica spesso agiscono come inibitori degli enzimi che catalizzano le prime reazioni della via metabolica: questi composti sono quindi inibitori retroattivi e contribuiscono a regolare l'attività dell'intera via metabolica.

Altri fattori che influenzano l'attività enzimatica

L'attività enzimatica è influenzata in modo marcato da alcuni fattori chimico-fisici: pH, temperatura e concentrazione del substrato.

Il **pH** del mezzo in cui agisce l'enzima determina il grado di ionizzazione dei gruppi chimici appartenenti ad amminoacidi presenti nel sito attivo e coinvolti nella catalisi. La conseguenza è che piccole variazioni del pH ambientale possono determinare variazioni del grado di ionizzazione di tali gruppi con riflessi sull'attività enzimatica. Per questo ciascun enzima mostra un valore ottimale di pH a cui svolgere la propria funzione; nella maggior parte dei casi, gli enzimi operano in modo ottimale a valori di pH prossimi alla neutralità, al cosiddetto pH *fisiologico* 7,4, cioè quello del sangue (**Figura A**).

Anche la **temperatura** gioca un ruolo importante nella catalisi enzimatica. L'attività enzimatica aumenta al crescere della temperatura per motivi di cinetica chimica: la costante di velocità di una reazione è infatti tanto più grande quanto più elevata è la temperatura. L'aumento di temperatura, tuttavia, determina a un certo punto la denaturazione dell'enzima, che perde la sua conformazione nativa e la sua attività. Esiste dunque un valore di temperatura ottimale al quale l'attività enzimatica è massima: tale valore corrisponde il più delle volte alla temperatura corporea (**Figura B**).

La concentrazione del substrato influisce sull'attività enzimatica in modo più complesso. All'inizio del ventesimo secolo, lo scienziato di origine tedesca Leonor Michaelis (1875-1949) e la collega canadese Maud Menten (1879-1960) hanno elaborato una funzione matematica che lega la velocità di una reazione enzimatica (V) alla concentrazione molare del substrato ([S]). La relazione, nota come **equazione di Michaelis-Menten** è rappresentata graficamente da un'iperbole:

$$V = \frac{V_{max}[S]}{K_M + [S]}$$

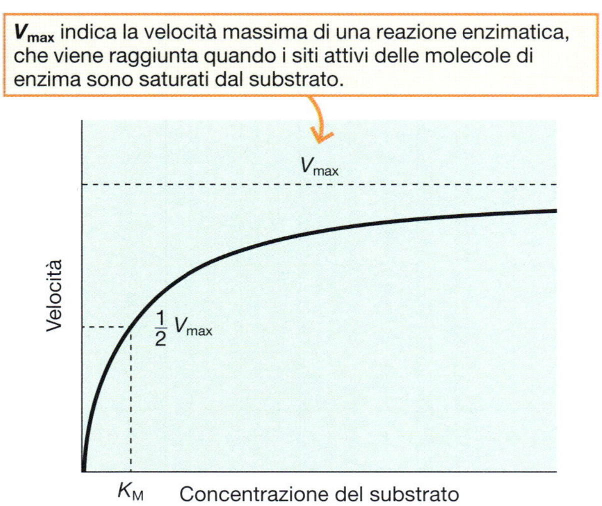

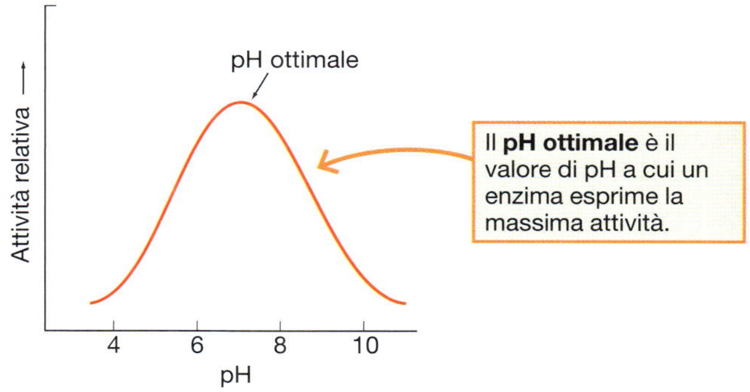

Figura A Profilo dell'attività enzimatica in funzione del pH relativo alla maggior parte degli enzimi.

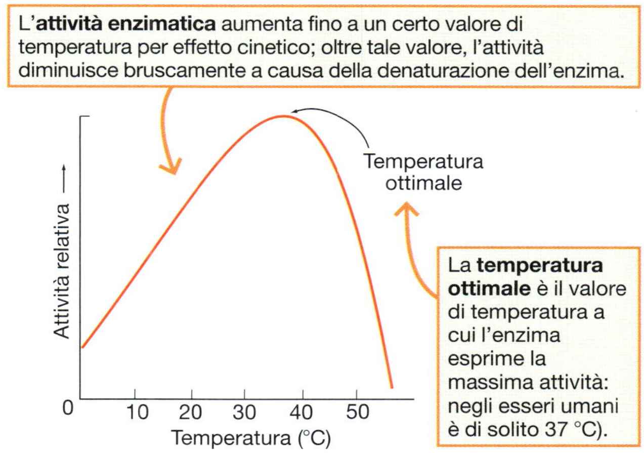

Figura B Profilo dell'attività enzimatica in funzione della temperatura relativo alla maggior parte degli enzimi.

La velocità della reazione (attività enzimatica) aumenta all'aumentare della concentrazione del substrato e tende a un valore massimo (V_{max}) che viene raggiunto a concentrazioni di substrato tali da saturare i siti attivi delle molecole di enzima presenti. In queste condizioni non esistono molecole di enzima libere, cioè non legate al substrato, e la velocità di catalisi è massima.

La costante al denominatore, nota come K_m o **costante di Michaelis**, corrisponde alla concentrazione di substrato in presenza della quale la reazione procede a una velocità pari a metà della velocità massima.

La K_m è una grandezza che esprime l'affinità dell'enzima per uno specifico substrato: tanto minore è il valore della K_m di un enzima per il suo substrato, quanto maggiore è la sua affinità per esso e viceversa. Il valore della K_m è indipendente dalla quantità di enzima ed è caratteristico di ogni enzima per un determinato substrato. Numero di turnover e K_m sono dunque le due grandezze fondamentali che consentono di inquadrare le caratteristiche catalitiche di un enzima.

PER SAPERNE DI PIÙ

I gas nervini

Negli anni Trenta del Novecento, alcune industrie tedesche alla ricerca di nuovi insetticidi produssero una serie di sostanze con pericolose proprietà neurotossiche, che furono presto catalogate come **gas nervini**. Purtroppo, con il passare del tempo ci si è accorti che queste sostanze potevano essere prodotte con una certa facilità e utilizzate come armi chimiche anche da parte di paesi non particolarmente sviluppati da un punto di vista tecnologico. In altre parole, i gas nervini rappresentavano armi estremamente pericolose, potenzialmente a disposizione di tutti.

Ma perché i gas nervini sono così letali? I gas nervini inattivano l'enzima *acetilcolinesterasi*, la cui funzione è quella di catalizzare l'idrolisi dell'acetilcolina, un neurotrasmettitore che controlla la contrazione muscolare e della trasmissione di impulsi fra cellule nervose (**Figura A**).

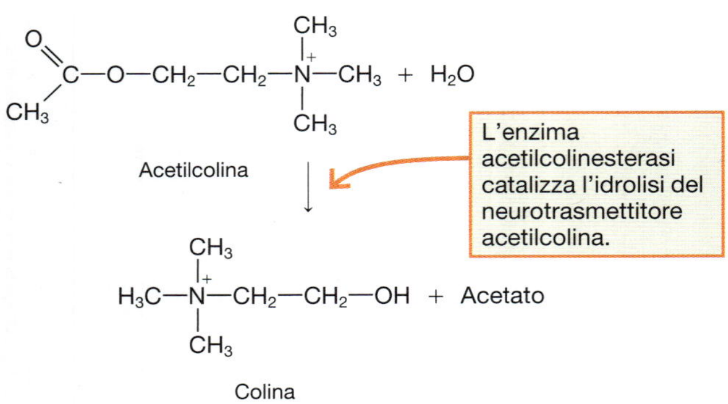

Figura A Azione catalitica della acetilcolinesterasi.

Le molecole dei gas nervini appartengono alla classe dei *composti organofosforici* e comprendono sostanze come il diisopropilfuorofosfato (DFP), il Sarin e il VX (**Figura B**).

A causa della somiglianza strutturale con l'acetilcolina, queste molecole riescono a legarsi al sito attivo dell'acetilcolinesterasi e lo modificano irreversibilmente. L'inattivazione dell'acetilcolinesterasi causato dall'avvelenamento da gas nervini determina un accumulo di acetilcolina nelle sinapsi del sistema nervoso centrale e periferico e a livello delle placche neuromuscolari, con effetti devastanti.

Le persone esposte a gas nervino presentano gravi sintomi a carico degli apparati nervoso, cardiorespiratorio e muscolare. In molti casi l'avvelenamento è così rapido che la morte sopravviene in pochi minuti per paralisi cardio-respiratoria.

Nei teatri di guerra, i soldati sono oggi muniti di autoiniettori contenenti *atropina* e *pralidossima*: l'atropina è un composto che agisce bloccando l'azione dell'acetilcolina; la pralidossima impedisce invece il legame del gas nervino all'acetilcolinesterasi. Per essere efficaci, queste sostanze devono tuttavia essere somministrate nelle fasi iniziali dell'avvelenamento. Per questo motivo i soldati sono addestrati a riconoscere i primissimi sintomi dell'avvelenamento da gas nervini, come le difficoltà nella visione ravvicinata. Il recupero è lento e richiede almeno due settimane di osservazione.

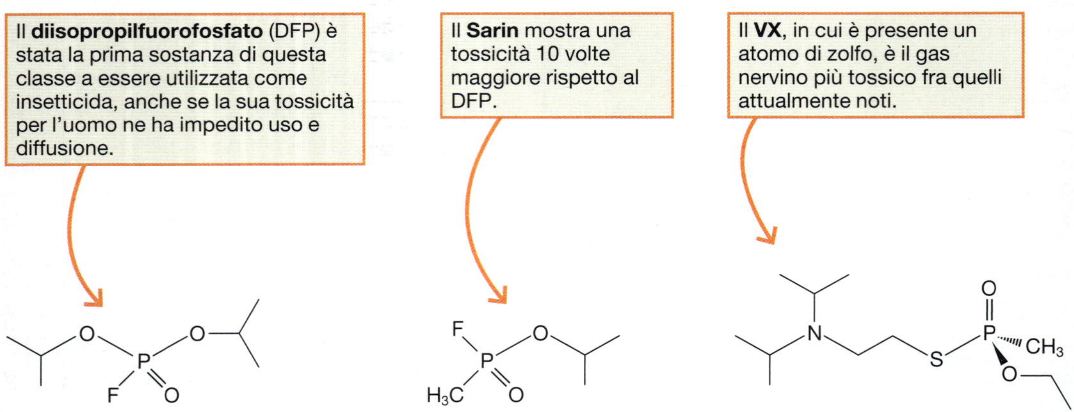

Diisopropilfluorofosfato — Sarin — VX

Figura B Tre esempi di composti organofosforici.

Gli inibitori enzimatici sono suddivisi in due classi.

- Gli **inibitori irreversibili**, o *inattivatori*, inibiscono l'enzima legandosi in modo stabile. Non giocano alcun ruolo fisiologico nella regolazione dell'attività degli enzimi; si tratta di solito di veleni o tossine in grado di causare gravi danni all'organismo.
- Gli **inibitori reversibili** si combinano con l'enzima per mezzo di legami deboli e possono quindi venirne allontanati lasciando l'enzima nuovamente attivo. Possono ridurre l'attività degli enzimi in due modi: legandosi nel sito attivo al posto del substrato (*inibitori competitivi*) oppure legandosi all'enzima in una zona diversa dal sito attivo, formando con questo e col substrato un complesso cataliticamente inattivo (*inibitori non competitivi*) (**Figura B1.45**). In entrambi i casi, l'attività dell'enzima si riduce.

HAI CAPITO?

- Quali sono i principali fattori che regolano l'attività enzimatica?

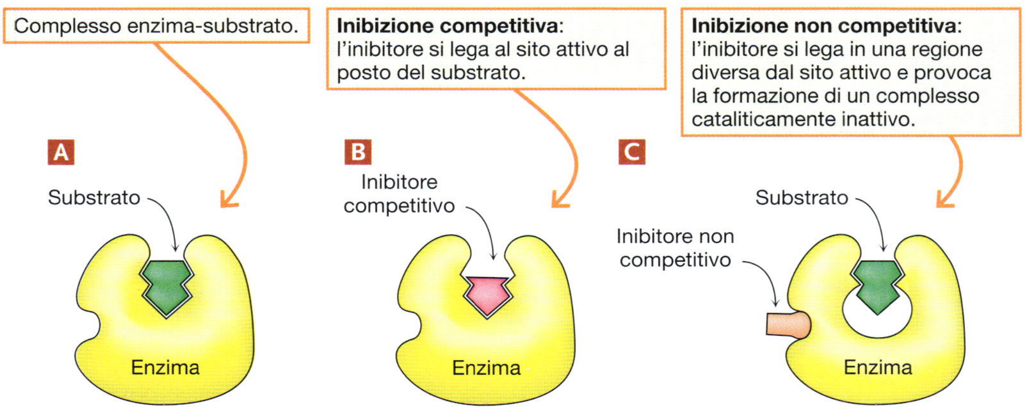

Figura B1.45 Inibizione enzimatica reversibile.

20 Le vitamine idrosolubili e i coenzimi

Alcuni enzimi, per svolgere la propria funzione, richiedono la presenza di cofattori.

I **cofattori** sono ioni metallici o piccole molecole organiche non di natura proteica necessarie per l'attività catalitica di alcuni enzimi.

Un enzima legato al suo cofattore viene detto *oloenzima*; un enzima privo del suo cofattore viene invece chiamato *apoenzima* ed è privo di attività.

Gli ioni metallici più comunemente utilizzati come cofattori sono Fe^{2+}, Zn^{2+}, Cu^{2+}, Mn^{2+}, Ca^{2+}, Mg^{2+}. In alcuni casi, gli ioni metallici contribuiscono all'attività catalitica dell'enzima costituendo parte del sito attivo e favorendo il legame e la trasformazione del substrato; in altri, svolgono un importante ruolo nella stabilizzazione della struttura tridimensionale dell'enzima.

Le molecole organiche che agiscono come cofattori vengono anche chiamate **coenzimi** e prendono parte direttamente all'azione catalitica dell'enzima. Nella maggior parte dei casi, i coenzimi rappresentano la forma attiva di una classe di composti che riveste una notevole importanza nutrizionale, ovvero le **vitamine idrosolubili**, in particolare a quelle del *gruppo B*.

HAI CAPITO?

- Elenca tre esempi di cofattori inorganici e tre di cofattori organici.

Le vitamine idrosolubili

In generale, le vitamine sono composti che l'organismo umano non è in grado di sintetizzare e che devono essere introdotti con la dieta, seppure in piccole quantità. Le vitamine a molecola lipofila, A, D, E e K, sono già state descritte in precedenza. Le vitamine idrosolubili comprendono tutte le vitamine del gruppo B e la vitamina C.

Ad eccezione della vitamina B_{12} che si trova negli alimenti di origine animale (carni rosse e fegato), le vitamine del gruppo B sono contenute nella cuticola dei cereali, nel lievito di birra e nelle verdure, mentre la vitamina C è particolarmente abbondante negli agrumi.

Il ruolo delle vitamine idrosolubili è vario ma, nel complesso, tutte le vitamine del gruppo B sono trasformate in derivati essenziali per la catalisi enzimatica e implicati in varia misura nei processi metabolici a carico di carboidrati, lipidi e amminoacidi. La vitamina C svolge invece un'importante funzione antiossidante: questo la rende particolarmente efficace nel contrastare gli effetti dannosi delle specie reattive dell'ossigeno e dei radicali liberi.

La **Tabella B1.12** riassume le proprietà delle vitamine idrosolubili e i sintomi causati da una loro carenza.

Tabella B1.12
Le vitamine idrosolubili e i coenzimi derivati da esse.

Vitamina	Fabbisogno giornaliero	Coenzima derivato	Funzioni del coenzima	Sintomi e segni di carenza vitaminica
B_1 (Tiamina)	1-1,5 mg	Tiaminpirofosfato (TPP)	Partecipa a reazioni di decarbossilazione di α-chetoacidi nel metabolismo dei carboidrati e degli amminoacidi.	Sindrome neurologica nota come *beriberi*.
B_2 (Riboflavina)	1,5-2 mg	Flavin-adenin dinucleotide (FAD) e flavin mononucleotide (FMN)	Il FAD partecipa a reazioni di deidrogenazione (ossidazione) di substrati nel metabolismo degli acidi grassi e nel metabolismo terminale. Donatore di elettroni alla catena respiratoria. Il FMN ha un ruolo minore.	Infiammazioni delle mucose (mucositi) e della lingua (glossiti).
PP (Nicotinammide o niacina o B_3)	4-5 mg	Nicotinamide-adenin dinucleotide (NAD^+) e la sua forma fosforilata ($NADP^+$ e NADPH)	Il NAD^+ partecipa a reazioni di deidrogenazione (ossidazione) di substrati nel metabolismo di carboidrati, acidi grassi, amminoacidi e nel metabolismo terminale. Donatore di elettroni alla catena respiratoria. Il NADPH partecipa a reazioni di riduzione nel metabolismo lipidico.	Sintomi e segni a carico dell'apparato digerente, del sistema nervoso e della cute (sindrome nota come *pellagra*).
B_5 (Pantotenato)	4-5 mg	Coenzima A (CoA)	Partecipa a reazioni di attivazione dei gruppi carbossilici di numerosi substrati nel metabolismo lipidico, amminoacidico e nel metabolismo terminale.	Assenti o molto lievi.
B_6 (Piridossina)	1,5-2 mg	Piridossal-5′-fosfato (PLP)	Partecipa a reazioni di transaminazione e a reazioni di decarbossilazione nel metabolismo degli amminoacidi.	Assenti o molto lievi.
B_8 (Biotina)	0,5-1 mg	Biocitina	Partecipa a reazioni di carbossilazione nel metabolismo dei carboidrati e dei lipidi.	Assenti o molto lievi.
B_9 (Acido folico)	0,3-0,4 mg	Acido tetraidrofolico (THF)	Partecipa a reazioni di trasferimento del frammento monocarbonioso nel metabolismo degli amminoacidi e delle basi azotate.	Comparsa in circolo di globuli rossi immaturi di grandi dimensioni.
B_{12} (Cobalammina)	3-4 μg	Metilcobalammina e desossiadenosilco-balammina	Partecipa a reazioni di metilazione nel metabolismo di varie sostanze.	Comparsa in circolo di globuli rossi immaturi di grandi dimensioni (*anemia perniciosa*).
C (Acido ascorbico)	50-60 mg	-	Antiossidante idrosolubile. Partecipa alla biosintesi del collageno.	Emorragie di cute, mucose e gengive (*scorbuto*).

I coenzimi

Le vitamine del gruppo B partecipano a reazioni biochimiche dopo essere state trasformate nei coenzimi corrispondenti. Per esempio, la vitamina B_2 (riboflavina, Figura B1.46A) è il precursore del **flavin-adenin dinucleotide (FAD)**, un coenzima che partecipa all'azione di alcune deidrogenasi, enzimi appartenenti alla classe delle ossidoreduttasi (*vedi* Tabella B1.10).

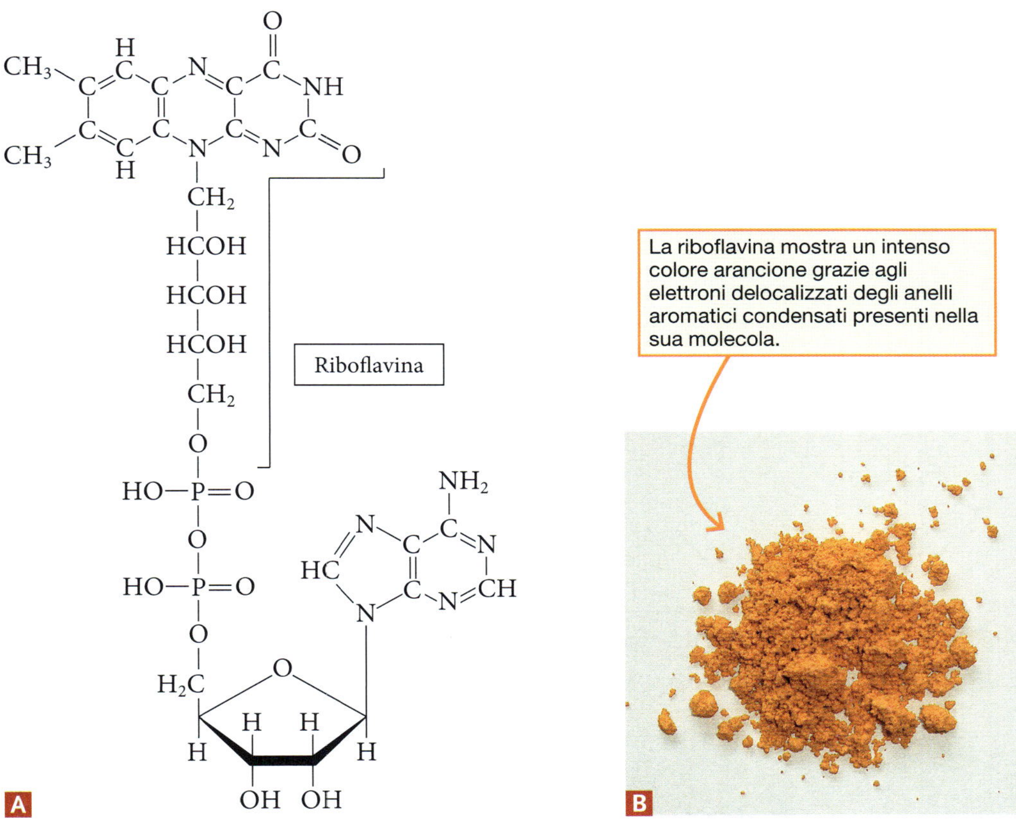

Figura B1.46 Formula di struttura della riboflavina e del coenzima FAD da essa derivato.

Le *deidrogenasi FAD-dipendenti* legano il coenzima molto saldamente. Quando si forma il complesso enzima-substrato, due atomi di idrogeno sono rimossi dal substrato e trasferiti al FAD che, pertanto, si riduce a $FADH_2$ (Figura B1.47).

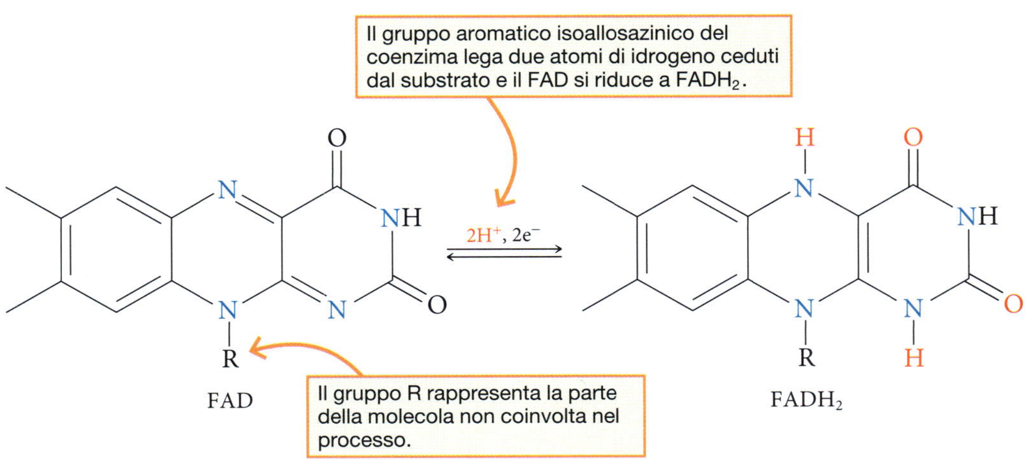

$$FAD^+ + 2H^+ + 2e^- \rightleftharpoons FADH_2$$

Figura B1.47 La riduzione del FAD a $FADH_2$.

In modo analogo agisce il **nicotinammide-adenin dinucleotide** (NAD^+), il coenzima delle deidrogenasi piridiniche, derivato dalla nicotinammide (vitamina PP o B_3 o niacina, **Figura B1.48**).

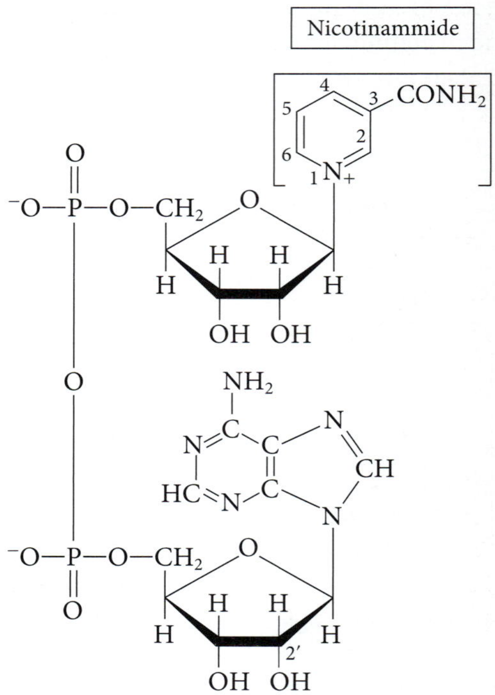

Figura B1.48
Formula di struttura della nicotinammide e del coenzima NAD^+ da essa derivato.

Nella reazione di deidrogenazione il substrato si ossida perdendo due atomi di idrogeno mentre il NAD^+ lega uno ione idruro (H^-) e si riduce a NADH con liberazione di uno ione H^+ nel mezzo circostante (**Figura B1.49**).

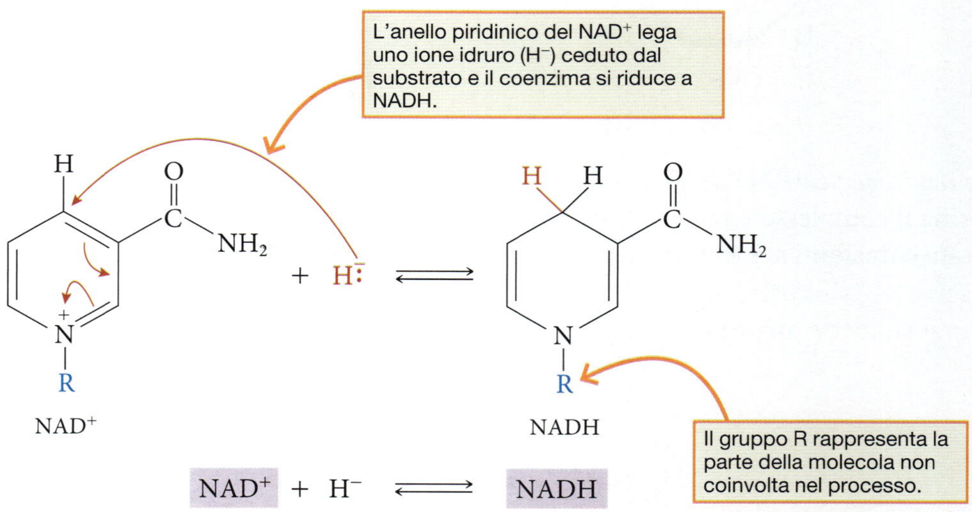

Figura B1.49
La riduzione del NAD^+ a NADH.

Il **nicotinammide-adenin dinucleotide fosfato** (**$NADP^+$**) è un altro coenzima derivato dalla vitamina PP. La sua molecola presenta un gruppo fosfato in più rispetto al NAD^+. Nonostante questa piccola differenza strutturale, il ruolo dei due coenzimi è profondamente diverso: mentre il NAD^+ è coinvolto nelle reazioni di ossidazione del metabolismo energetico, il $NADP^+$, nella sua forma ridotta NADPH, partecipa invece a reazioni di riduzione, come quelle che caratterizzano la biosintesi cellulare degli acidi grassi e del colesterolo. Il NADPH si trova inoltre coinvolto nei processi riduttivi della fase luce-indipendente della fotosintesi (*vedi* Capitolo B3).

21 I nucleotidi

Gli acidi nucleici sono il DNA (acido desossiribonucleico) e l'RNA (acido ribonucleico). Queste molecole sono depositarie dell'**informazione genetica**, cioè della trasmissione dei caratteri ereditari, e controllano la sintesi di tutte le proteine. Salvo rare eccezioni, gli acidi nucleici si trovano in tutte le cellule eucariotiche e procariotiche ma anche nei virus.

I nucleotidi

Entrambe le forme di acidi nucleici – DNA e RNA – sono polimeri lineari che hanno come monomeri i nucleotidi.

Un **nucleotide** è costituito dall'unione di tre specie chimiche più semplici: una *base azotata*, una molecola di *zucchero* a cinque atomi di carbonio (pentoso) e un *gruppo fosfato*.

I nucleotidi sono distinti in due classi, *ribonucleotidi* e *desossiribonucleotidi*, a seconda che contengano come zucchero una molecola di ribosio o di desossiribosio. Gli atomi di carbonio del pentoso sono numerati usando l'apice (cioè 1′, 2′ ecc.) per distinguerli da quelli della base azotata. Lo zucchero pentoso è legato, attraverso il suo atomo di carbonio-1′, a una base azotata mediante un legame *N*-glicosidico; l'atomo di carbonio 5′ dello stesso zucchero è legato con un legame estere a un gruppo fosfato (**Figura B1.50**).

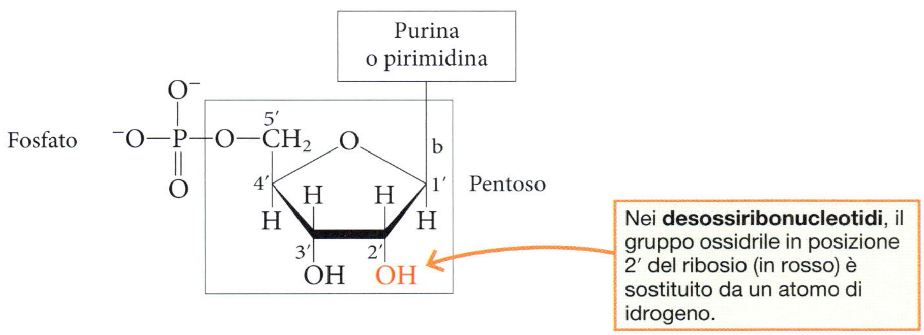

Figura B1.50
Struttura generale di un ribonucleotide in cui è evidenziata la numerazione degli atomi di carbonio del ribosio.

Nei ribonucleotidi che costituiscono l'RNA, il ribosio si trova legato a una di quattro possibili basi azotate: adenina e guanina (dette complessivamente **purine**), citosina e uracile (dette **pirimidine**).

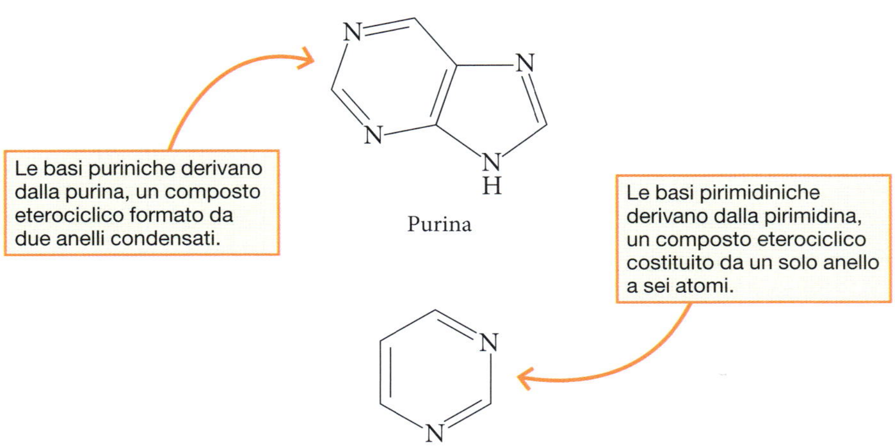

HAI CAPITO?
- Qual è la differenza tra ribonucleotidi e desossiribonucleotidi?

I desossiribonucleotidi che costituiscono il DNA si distinguono dai precedenti per la presenza di desossiribosio al posto del ribosio. Inoltre, nel DNA la base azotata timina sostituisce l'uracile (**Figura B1.51**).

Figura B1.51
Le basi azotate degli acidi nucleici.

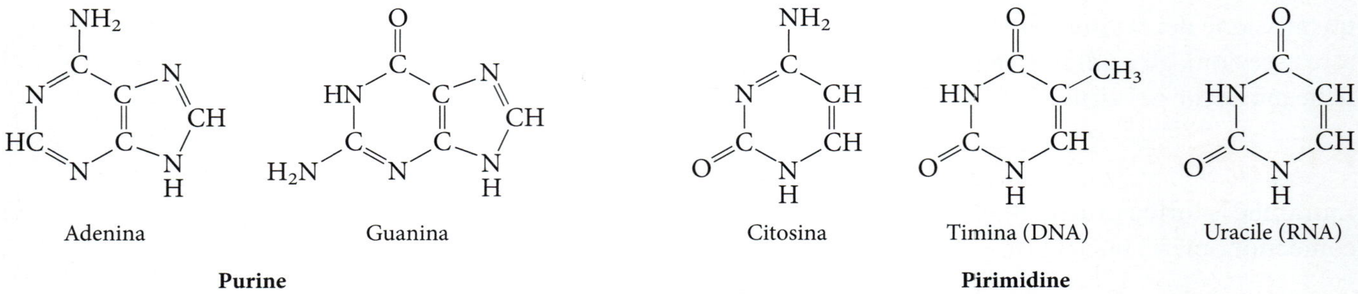

▶ I nucleosidi e i loro derivati

La molecola costituita da un pentoso e da una base azotata, ma priva del gruppo fosfato, prende il nome di **nucleoside**.

A seconda della base azotata presente, si hanno i nucleosidi *adenosina*, *guanosina*, *citidina*, *timidina* e *uridina*; quindi un nucleotide non è altro che un nucleoside monofosfato. Al gruppo fosfato possono essere legati uno o due gruppi fosfato addizionali, formando rispettivamente derivati nucleosidici *difosfato* e *trifosfato*, come il desossi-ATP (**Figura B1.52**).

Figura B1.52
Rappresentazione del desossi-ATP (desossiadenosintrifosfato).

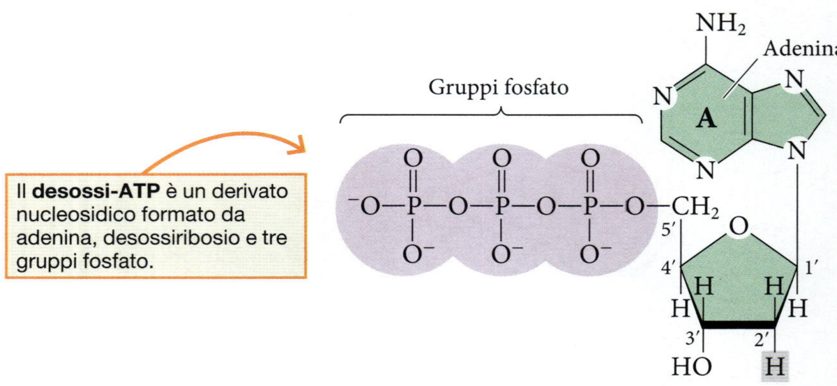

La denominazione dei nucleotidi e dei derivati nucleosidici si basa sull'impiego di sigle a tre lettere:

- la *prima lettera* indica il tipo di nucleoside presente: A, adenosina; G, guanosina; C, citidina; T, timidina, U, uridina;
- la *seconda lettera* indica il numero di gruppi fosfato: M (*mono-*) quando è presente un solo gruppo; D (*di-*) quando sono presenti due gruppi; T (*tri-*), per tre gruppi;
- la *terza lettera* è sempre P, che sta per «fosfato» (dall'inglese *phosphate*).

In questo modo, l'adenosinmonofosfato si abbrevia come AMP, il citidindifosfato come CDP, l'uridintrifosfato come UTP e così via. Nel caso dei desossiribonucleotidi, le stesse abbreviazioni sono precedute dalla lettera «d» del suffisso *desossi-*; per esempio, il desossiguanosinmonofosfato è abbreviato dGMP.

È importante ricordare che i nucleotidi e i derivati nucleosidici difosfati e trifosfati si trovano anche in forma libera nelle cellule, dove svolgono importanti ruoli nel metabolismo. Uno di questi, l'**ATP**, è la principale «molecola energetica» della cellula: l'idrolisi di ATP ad ADP e fosfato rilascia l'energia chimica necessaria per lo svolgimento di numerosi processi fisiologici all'interno della cellula.

BIOMOLECOLE

Composti POLIFUNZIONALI. In molti casi sono POLIMERI dati dall'unione di MONOMERI

CARBOIDRATI

MONOSACCARIDI
- Numero di atomi di C: triolisi, tetrosi, pentosi
- Gruppo funzionale: aldosi, chetosi

DISACCARIDI
dati dalla formazione di un legame *O*-glicosidico tra monosaccaridi
- Maltosio
- Lattosio

OLIGOSACCARIDI
dati dall'unione di una decina di monosaccaridi

POLISACCARIDI
(> 10 unità)

Funzione ENERGETICA
- Amido
- Glicogeno

Funzione STRUTTURALE
- Cellulosa
- Chitina

LIPIDI

SEMPLICI (grassi e cere) o COMPLESSI (fosfogliceridi a funzione strutturale)

PRECURSORI LIPIDICI
- Acidi grassi saturi o insaturi

DERIVATI LIPIDICI
- Terpeni
- Steroli (colesterolo)
- Steroidi
- Vitamine liposolubili
- Ormoni lipofili

LIPIDI SAPONIFICABILI
- Trigliceridi
- Fosfogliceridi

LIPIDI NON SAPONIFICABILI
- Terpeni
- Steroidi

PROTEINE

AMMINOACIDI
- Apolari
- Polari

DIPEPTIDI e **OLIGOPEPTIDI**
dati dall'unione di amminoacidi con LEGAME PEPTIDICO

POLIPEPTIDI

ORGANIZZAZIONE STRUTTURALE
- Struttura primaria
- Struttura secondaria (α-elica, foglietto β, β-turn e loop)
- Struttura terziaria
- Struttura quaternaria (esempio: emoglobina)

Svolgono molteplici funzioni.
Esempio: gli ENZIMI sono proteine a funzione catalitica

VITAMINE IDROSOLUBILI e COENZIMI

Agiscono come COFATTORI per la funzione catalitica degli enzimi

NUCLEOTIDI

Dati dall'unione di
- una base azotata (purina o pirimidina)
- uno zucchero pentoso (ribosio o desossiribosio)
- gruppo fosfato

I nucleotidi polimerizzano per formare ACIDI NUCLEICI (DNA e RNA)

Quesiti e problemi

1 Dai polimeri alle biomolecole

1 Qual è la differenza tra una molecola organica e una biomolecola?

2 Quali sono le biomolecole presenti in maggiore percentuale in peso nel corpo umano?

3 Qual è la sostanza chimica presente in maggiore percentuale nel corpo umano?

2 I carboidrati

4 Quale ruolo hanno gli zuccheri negli organismi viventi?

5 Per quale motivo i carboidrati sono definiti composti polifunzionali?

6 Come si classificano i carboidrati in base alla loro complessità strutturale?

7 Quali carboidrati sono chiamati «zuccheri» dai nutrizionisti?

8 Cosa sono i glicoconiugati e quale funzione hanno?

3 I monosaccaridi

9 Qual è la formula bruta tipica di un monosaccaride?

10 Per quale motivo la gliceraldeide è considerato il più semplice aldoso?

11 Per quale motivo la gliceraldeide esiste in due forme enantiomere mentre il diidrossiacetone non ha isomeri di questo tipo?

12 Scrivi le proiezioni di Fisher di fruttosio e glucosio.

13 Quale atomo di carbonio è responsabile della configurazione assoluta D o L di uno zucchero?

14 Scrivi la formula di struttura a catena aperta del chetoso più semplice. Presenta atomi di carbonio chirali?

15 Lo xilosio è un aldopentoso destrogiro mentre l'arabinosio è levogiro. Possiamo affermare che solo l'arabinosio ha configurazione assoluta D? Perché?

16 Scrivi la formula di Haworth del β-D-glucosio e del prodotto acetalico che si ottiene dalla sua reazione con alcol metilico.

17 Per quale motivo la L-gliceraldeide e la D-gliceraldeide sono isomeri ottici?

18 Perché fruttosio e glucosio sono isomeri ma non enantiomeri? Quale tipo di isomeria li riguarda?

19 Che cosa sono gli anomeri? Perché non si trovano nelle strutture lineari dei monosaccaridi?

20 Perché durante la ciclizzazione di un monosaccaride il C-1 diventa un nuovo centro stereogenico?

21 Osserva gli scheletri molecolari dei due monosaccaridi proposti e stabilisci quale tra i due è l'anomero α e quale il β.

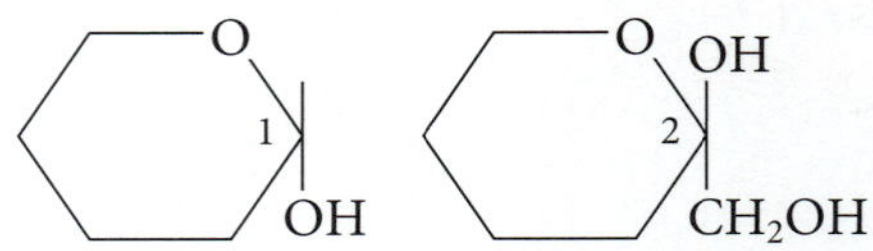

22 I termini fruttofuranosio e fruttosio sono sinonimi o differiscono concettualmente tra loro?

4 Il legame *O*-glicosidico e i disaccaridi

23 Alcuni individui sono intolleranti allo zucchero del latte, il lattosio, perché carenti di un enzima, la lattasi, che catalizza l'idrolisi di questo disaccaride nei due monomeri da cui è costituito. Quale tipo di legame si spezza nella digestione del lattosio?

24 Completa la tabella relativa ai tre disaccaridi riportati.

	Monosaccaridi costituenti	Tipo di legame	Prodotto animale o vegetale?
Saccarosio			
Maltosio			
Lattosio			

25 Per quale motivo il legame *O*-glicosidico è acetalico?

26 Per quale motivo il saccarosio non è uno zucchero riducente mentre il maltosio sì?

27 Quale legame si forma tra i due monosaccaridi rappresentati con lo scheletro molecolare? Prova ad attribuire il numero agli atomi di carbonio sull'anello e le posizioni coinvolte dal legame. Stabilisci se si tratta di legame α o β.

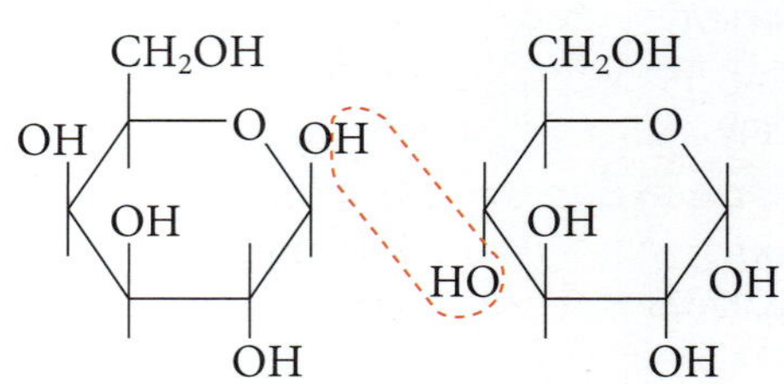

28 Il cellobiosio è un disaccaride che si ottiene dalla degradazione della cellulosa. È formato da due molecole di β-glucosio unite da un legame *O*-glicosidico tra gli atomi C-1 e C-4 dei due monosaccaridi. Basandoti su questi dati, scrivi la struttura del cellobiosio.

5 I polisaccaridi con funzione di riserva energetica

29 Che cosa si intende per omopolisaccaridi ed eteropolisaccaridi?

30 Qual è l'ordine di grandezza del numero di monomeri necessari per costituire un polisaccaride?

31 Perché il termine amido non caratterizza in modo univoco un unico polisaccaride?

32 A quale polisaccaride vegetale assomiglia maggiormente il glicogeno dal punto di vista strutturale?

33 Indica da quale monomero è costituito ognuno dei seguenti polisaccaridi:

a. amilosio
b. glicogeno
c. cellulosa
d. amilopectina

34 All of the following are storage polysaccharides except

A starch
B cellulose
C glycogen
D amylose

6 I polisaccaridi con funzione strutturale

35 Quali legami tengono uniti i monomeri di glucosio nel polimero di cellulosa? Quali legami permettono ai polimeri di cellulosa di fascicolarsi insieme?

36 Quale andamento nello spazio hanno i polimeri di cellulosa e qual è la differenza rispetto all'amilosio?

37 L'*N*-acetil-β-D-glucosammina ha la seguente formula rappresentata con la proiezione di Haworth.

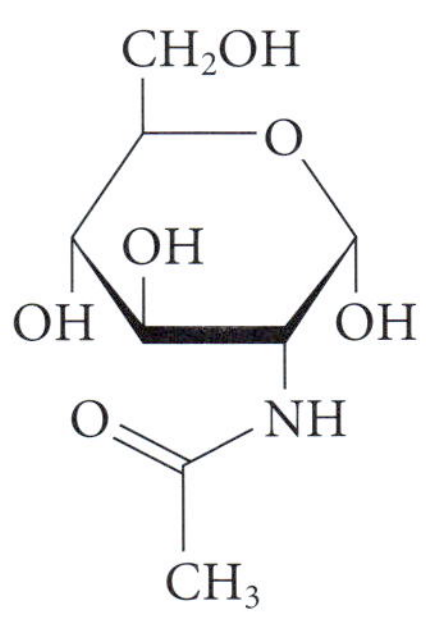

a. Che tipo di gruppo funzionale è quello che presenta l'atomo di azoto?
b. Nella formazione della chitina, il legame tra monomeri è 1,4-glicosidico: indica i gruppi funzionali coinvolti nella polimerizzazione.

7 I lipidi

38 Quali elementi chimici sono sempre presenti nei lipidi?

39 Quale criterio permette di classificare i lipidi in saponificabili e non saponificabili?

40 I lipidi che chimicamente sono esteri sono costituiti da due componenti di tipo diverso. Sai indicare quali?

41 Hydrolysis of fats by alkalis into fatty acids and glycerol is called

A coagulation
B saponification
C suspension
D colloidal

8 I precursori lipidici: gli acidi grassi

42 Che differenza c'è tra il termine acido carbossilico e acido grasso?

43 Distingui se i seguenti acidi grassi sono saturi o insaturi. Per quelli insaturi stabilisci se lo scheletro carbonioso si riferisce a un isomero *cis* o *trans*.

a.
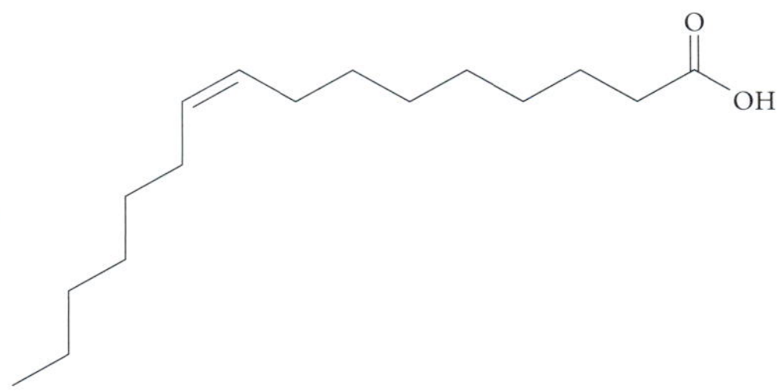

b.
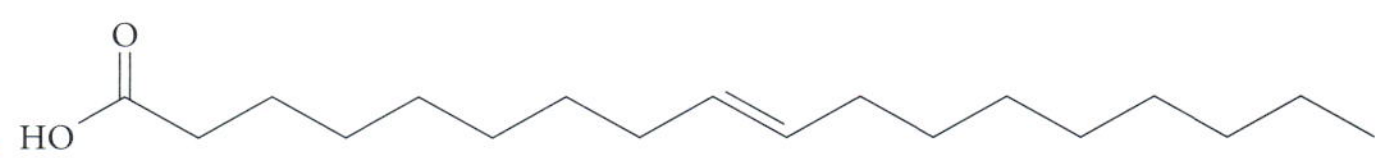

c.
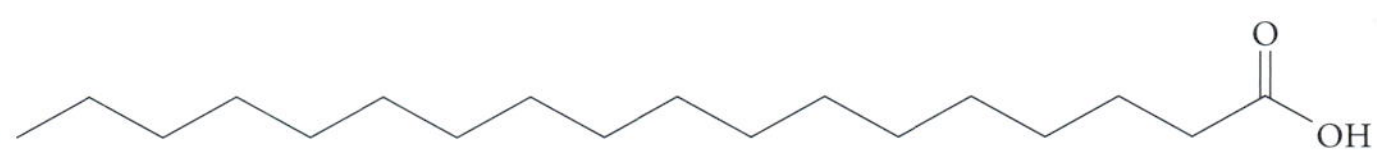

44 Attribuisci il nome all'acido grasso **a** dell'esercizio precedente, chiamato anche *acido palmitoleico*, in base alle regole seguite dalla chimica organica e secondo le due convenzioni della biochimica basate sulle lettere dell'alfabeto greco.

45 Gli acidi oleico, linoleico e linolenico fondono rispettivamente a 13,4 °C, −5 °C e −11 °C. Perché la temperatura di fusione diminuisce all'aumentare del numero delle insaturazioni nella catena idrocarburica?

46 A cosa si riferisce l'aggettivo *essenziale* utilizzato per indicare alcuni acidi grassi come l'α-linoleico?

9 I trigliceridi

47 Perché si utilizzano i due termini *oli* e *grassi* per indicare i trigliceridi?

48 Scrivi la formula di un trigliceride ottenuto dall'esterificazione del glicerolo con due molecole di acido oleico e una di acido palmitico.

49 Scrivi le formule di struttura del glicerolo e degli acidi palmitico, stearico, oleico e linoleico. Scrivi poi la struttura di un trigliceride saturo e di un trigliceride insaturo.

50 Quali prodotti si ottengono dall'idrolisi del tristearato di glicerolo? Scrivi la reazione.

51 Perché i trigliceridi non possono essere considerati dei veri e propri polimeri?

10 I lipidi con funzione strutturale: i fosfogliceridi

52 Quale componente di un fosfolipide costituisce la parte idrofoba? Quale quella idrofila?

53 Perché un fosfolipide può essere considerato in parte come un estere inorganico?

54 La fosfatidilcolina è un fosfolipide ottenuto dalla reazione tra l'acido fosfatidico e la colina.

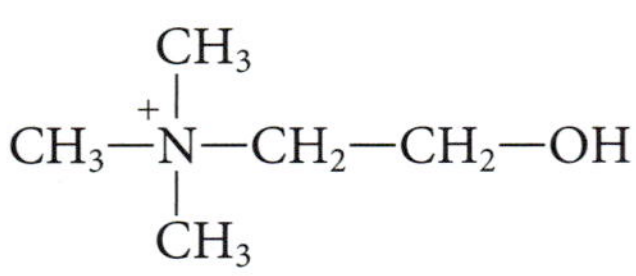

colina

a. Quali gruppi funzionali sono presenti nella molecola di colina?

b. Perché sull'atomo di azoto è presente una carica positiva?

55 Per costituire la membrana cellulare potrebbero essere utilizzati i trigliceridi anziché i fosfolipidi? Giustifica la tua risposta.

11 I terpeni, gli steroli e gli steroidi

56 Quali funzioni svolge il colesterolo?

57 Osserva la formula di struttura del colesterolo. Quale parte della molecola diminuisce la fluidità delle membrane ma aumenta la stabilità meccanica e la flessibilità delle cellule?

58 Per quale motivo il colesterolo contiene nel nome il suffisso *-olo*?

59 Perché il colesterolo è classificato come lipide non saponificabile?

12 Le vitamine liposolubili

60 Che cosa sono le vitamine?

61 Per quale motivo le vitamine sono classificate in base alla loro solubilità in acqua e non secondo la classe di composti organici?

62 Quali sono le vitamine liposolubili e quali funzioni svolgono?

63 In quale organo tendono ad accumularsi le vitamine liposolubili?

64 Che cosa si intende con i termini di *ipovitaminosi* e *ipervitaminosi*?

13 Gli ormoni lipofili

65 Che cosa sono gli ormoni?

66 Come si classificano gli ormoni in base alle loro proprietà fisiche?

67 Quale funzione hanno i farmaci cortisonici e da quale ormone lipofilo derivano?

14 Le proteine

68 Perché le proteine sono composti quaternari?

69 Quali sono le funzioni delle proteine?

70 Come si classificano le proteine in base alla loro complessità strutturale?

71 Che cos'è un gruppo prostetico?

72 Qual è la differenza tra proteine fibrose e proteine globulari?

73 Le persone con celiachia sono intolleranti al glutine, che costituisce la parte proteica dei semi dei cereali come il grano e l'orzo. Il glutine è costituito da due tipi di proteine, *gliadina* e *glutenina*, rappresentate schematicamente nella figura. Quale tra le due è una proteina globulare e quale una proteina fibrosa?

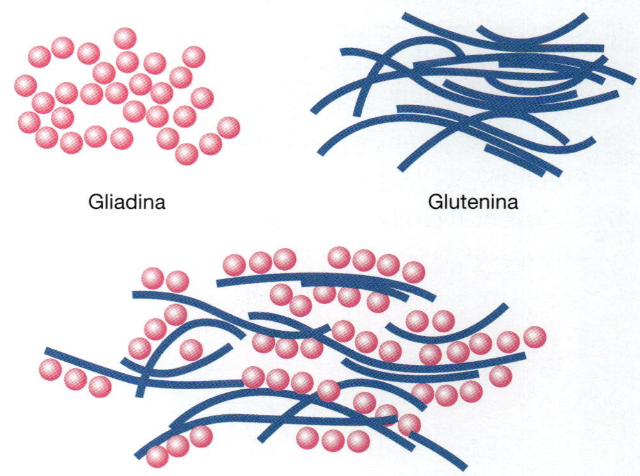

15 Gli amminoacidi

74 Scrivi la formula generalizzata di un amminoacido che si può ritrovare nelle proteine. Perché è definito α-amminoacido?

75 L'acido γ-amminobutirrico, o GABA, è un neurotrasmettitore, cioè una sostanza che agisce sull'eccitabilità delle cellule nervose o neuroni. Di quale tipo di amminoacido si tratta? Potrebbe andare a costituire un polipeptide?

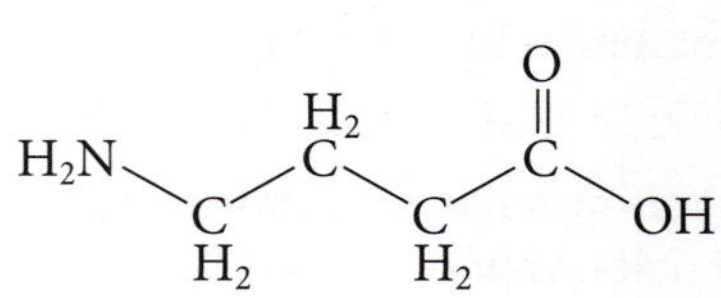

76 Qual è l'unico amminoacido che non possiede alcun isomero ottico?

77 A quale serie appartengono gli amminoacidi delle proteine nei viventi?

78 Scrivi la formula di un amminoacido a tua scelta in forma molecolare e in forma ionica.

79 Che cos'è uno zwitterione? In quali condizioni si ritrova nell'ambiente cellulare?

80 Che cos'è il punto isoelettrico? Quali amminoacidi presentano il punto isoelettrico più distante dalla neutralità (pH = 7)?

81 Come svolge la propria funzione tampone un amminoacido? Mostra il comportamento sia in ambiente basico sia in ambiente acido attraverso le opportune equazioni chimiche.

82 Scrivi la proiezione di Fisher della L-(+)-alanina e precisa il senso di rotazione del piano della luce polarizzata.

83 Perché asparagina e glutammina appartengono agli amminoacidi polari neutri nonostante la presenza di un gruppo NH_2 nella catena laterale?

84 Come si classificano gli amminoacidi in base alla catena laterale —R?

85 Disulphide bonds are formed by

A cysteine residues that are close together.
B cystine residues that are close together.
C proline residues that are close together.
D histidine residues that are close together.

86 Per quale motivo il legame disolfuro si può formare solo dalla condensazione delle catene laterali di due amminoacidi cisteina e non da due di metionina che è comunque un amminoacido contenente zolfo?

87 In a basic solution, pH = 11, the dominant form of glycine is

A $NH_2—CH_2—COOH$
B $NH_2—CH_2—COO^-$
C $NH_2—CH_3^+—COO^-$
D $NH_3^+—CH_2—COOH$

16 Il legame peptidico

88 Quale natura chimica ha il legame peptidico?

89 Per quale motivo la serilalanina non è identica all'alaninserina nonostante i due dipeptidi siano formati dagli stessi amminoacidi?

90 Che cosa si intende per estremità N-terminale e C-terminale in un polipeptide? Quale tra le due avrà caratteristiche basiche e quale caratteristiche acide?

91 Qual è l'amminoacido C-terminale nella sequenza Asn-Asp-Met-Phe?

92 Quanti e quali tripeptidi si possono ottenere disponendo in ordine diverso i tre amminoacidi valina (Val), alanina (Ala) e lisina (Lys)?

93 L'aspartame, un dolcificante alimentare, è un dipeptide formato da acido aspartico e fenilalanina esterificata alla sua estremità carbossilica con metanolo. Scrivine la formula di struttura.

17 La struttura delle proteine

94 Descrivi che cosa si intende con struttura primaria e secondaria delle proteine.

95 Tutte le proteine hanno struttura quaternaria? Motiva.

96 In una proteina globulare, gli amminoacidi più esterni, a contatto con l'ambiente acquoso cellulare, possono essere apolari? Perché?

97 Molte delle proteine presenti nel sangue sono proteine globulari. Perché?

98 Alcuni composti del mercurio, dell'arsenico e del piombo sono altamente tossici, in quanto formano legami covalenti stabili con il gruppo —SH dell'amminoacido cisteina. Quali sono le conseguenze biochimiche di tali legami?

99 The primary structure of a protein consists of

A a linear sequence of amino acids joined by peptide bond.
B the 3-dimensional structure of the protein.
C the helical structure of the protein.
D the sub-unit structure of the protein.

100 Negli individui affetti da anemia falciforme, il sesto amminoacido delle catene β dell'emoglobina è valina anziché acido glutammico.

a. In che modo questa alterazione modifica la solubilità della molecola?
b. Gli amminoacidi in questione si trovano sulla superficie o all'interno della struttura terziaria?

101 Quale funzione hanno i β-turn nella struttura secondaria di una proteina?

102 Se lungo una catena polipeptidica nella struttura terziaria si vengono a disporre frontalmente le coppie di amminoacidi riportate nella tabella, quali tipi di interazione si potranno stabilire tra le loro catene laterali? Completa la tabella come mostrato nel primo esempio.

Coppia di amminoacidi	Natura delle catene laterali	Tipo di interazione
Lisina e aspartato	Carica + / carica −	Interazione ionica
Cisteina e Cisteina		
Valina e Leucina		
Arginina e Glutammato		
Treonina e Serina		

103 Per quale motivo una proteina in struttura quaternaria non può mai essere costituita da un unico polipeptide?

104 In cosa consiste la denaturazione di una proteina e quali sono i possibili agenti denaturanti?

18 Le proteine che legano l'ossigeno: mioglobina ed emoglobina

105 Che cos'è il gruppo eme?

106 Descrivi la struttura dell'emoglobina. In che cosa differisce da quella della mioglobina?

107 Quale ruolo svolge l'allosterismo nelle subunità di emoglobina?

19 Le proteine a funzione catalitica: gli enzimi

108 Che cos'è il sito attivo di un enzima?

109 I gas nervini, agenti tossici usati come arma chimica, si legano alla serina presente nel sito attivo dell'enzima colinesterasi e ne impediscono il funzionamento, con grave danno per la trasmissione dell'impulso nervoso. I gas in questione agiscono allo stesso modo su altri enzimi, come la tripsina che partecipa alla digestione delle proteine. I comportamenti descritti sono in contrasto con la specificità degli enzimi? Argomenta la tua risposta.

110 Il pH ottimale perché un enzima possa svolgere la sua attività è sempre vicino al valore del pH neutro? Motiva la tua risposta.

111 Aggiungendo dell'alcol etilico puro a un uovo appena rotto, si osserva un fenomeno del tutto analogo alla cottura dell'uovo al tegamino. Sai ipotizzare la causa di tale fenomeno?

112 Quali differenze esistono tra il modello chiave-serratura e quello dell'adattamento indotto che sono stati proposti per spiegare il meccanismo di azione di un enzima?

113 Which of the following statements are true regarding enzyme inhibition?

A It may be reversible or irreversible.

B If reversible, it can be either competitive or non-competitive.

C Both A and B.

D It is always reversible.

114 Un enzima A modifica 200 000 molecole di substrato in 4 s, un enzima B 600 000 molecole di substrato in 10 s. Quale dei due enzimi presenta un numero di turnover maggiore?

115 Misurare l'amilasi pancreatica è fondamentale per verificare lo stato di salute di questa ghiandola molto importante per la digestione. I valori di riferimento nelle analisi del sangue sono di 17-115 U.I./L. Spiega perché viene usata questa unità di misura.

116 L'ipercolesterolemia è molto comune nei soggetti adulti in età avanzata ed è uno dei principali fattori di rischio per le malattie cardiovascolari, tra cui l'infarto del miocardio. Per tenere sotto controllo i valori ematici del colesterolo sono utilizzati farmaci chiamati statine.
Le strutture qui di seguito illustrano la molecola di una comune statina (Lovastatina) e del HMG CoA, un prodotto intermedio della sintesi del colesterolo.
Come pensi che possa agire la Lovastatina sull'enzima HMG CoA reduttasi coinvolto nella sintesi del colesterolo?

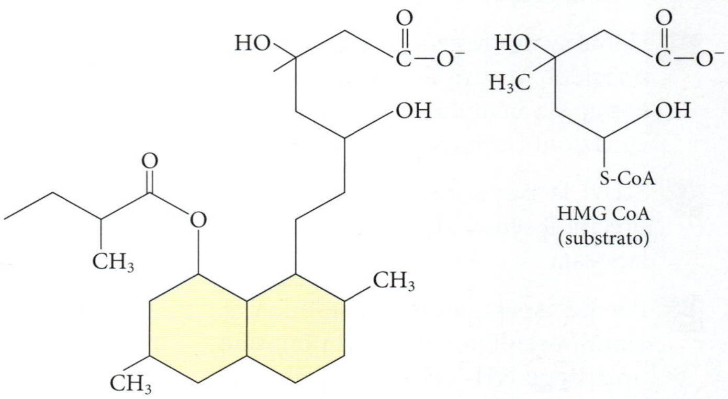

20 Le vitamine idrosolubili e i coenzimi

117 Se si volesse rappresentare la differenza tra oloenzima e apoenzima attraverso un'equazione, quale sarebbe la più adatta a descriverla?

A Oloenzima = apoenzima + cofattore

B Apoenzima = oloenzima + cofattore

C Oloenzima = apoenzima − cofattore

D Nessuna delle precedenti

118 Di quale natura chimica può essere un cofattore enzimatico?

119 Una sana alimentazione è ricca di frutta e verdura. Gli agrumi sono particolarmente ricchi di vitamina C o acido L-ascorbico.
Quale funzione svolge questa vitamina all'interno del corpo umano?

120 Quali sono le vitamine utilizzate come precursori dei coenzimi fondamentali in molti processi biochimici?

121 Quale vitamina è coinvolta nella sintesi del coenzima flavin-adenin dinucleotide o FAD?

122 Descrivi come avviene il processo di riduzione del flavin-adenin dinucleotide o FAD.

123 Rappresenta i due schemi di reazione degli equilibri di ossidoriduzione del NAD^+ e del FAD.

124 Qual è la differenza chimica tra NAD^+ e $NADP^+$? In quali processi ossidoriduttivi è coinvolto ciascuno di essi?

21 I nucleotidi

125 Schematizza la formula generale di un nucleotide, includendo le tre parti di cui è costituito.

126 Qual è la differenza tra nucleoside e nucleotide?

127 Attraverso quale tipo di legame la base azotata è collegata allo zucchero pentoso presente in un nucleotide?

128 Quali sono le differenze chimiche tra un ribonucleotide e un desossiribonucleotide?

129 Come si classificano le basi azotate e perché?

130 Da dove deriva il carattere basico delle basi azotate?

131 Osserva la struttura del nucleoside rappresentato in figura e classificalo utilizzando la sigla a tre lettere.

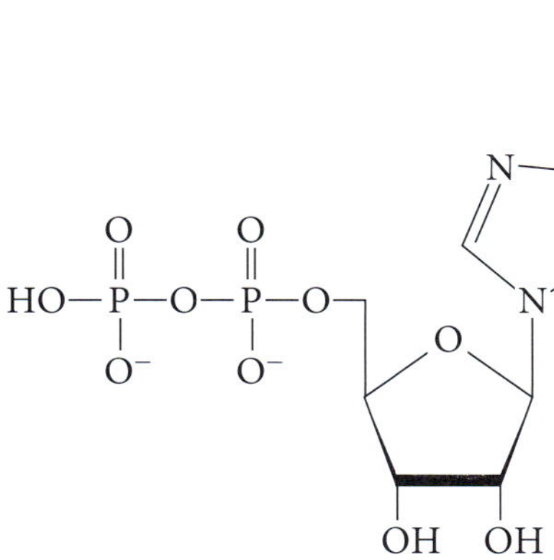

Trattazione sintetica degli argomenti

Sviluppa i seguenti argomenti riportando gli aspetti più significativi in un testo di 8-10 righe.

132 Illustra brevemente come vengono classificati i carboidrati.

133 Definisci le principali differenze tra le molecole dei polisaccaridi glicogeno, amido e cellulosa.

134 Descrivi le principali caratteristiche degli amminoacidi e la loro importanza alimentare.

135 Le proteine svolgono una molteplicità di funzioni: ripercorrile sinteticamente.

136 Illustra le differenze tra lipidi saponificabili e insaponificabili, riportando gli esempi relativi.

Sviluppa in una presentazione di 10 diapositive al massimo i seguenti argomenti, trattandoli in modo esauriente con il lessico specifico e curando sia l'iconografia sia l'esposizione. Dai alla tua presentazione un titolo sintetico ed efficace.

137 Descrivi i quattro livelli strutturali che possono assumere le proteine.

138 Gli enzimi sono i catalizzatori delle reazioni biologiche: spiegane il funzionamento e la regolazione.

139 Fai una sintesi sul ruolo delle molecole nella nostra alimentazione.

Leggi attentamente la traccia seguente, documentati se necessario e svolgi la prova curando l'esposizione e la terminologia.

140 Le biomolecole sono i mattoni fondamentali che permettono la costruzione e il funzionamento di ogni essere vivente. Fai una panoramica delle biomolecole principali, descrivendone la struttura e la funzione.

141 Insieme all'acqua e ai sali minerali, le biomolecole sono i principali nutrienti necessari al funzionamento del nostro organismo. Descrivi il loro ruolo nella dieta e la loro presenza nei cibi che troviamo sulla nostra tavola. Concludi fornendo alcune indicazioni generali per una corretta alimentazione.

Il laboratorio delle competenze

Collega

142 Un grammo di lipidi libera per ossidazione completa (e quindi combustione) oltre 9 kcal, mentre 1 grammo di carboidrati solo 4,2 kcal.
Per quale motivo gli animali immagazzinano le riserve energetiche di cui hanno bisogno soprattutto sotto forma di lipidi mentre le piante sotto forma di carboidrati?

143 Il fenolo era chiamato un tempo *acido fenico* e fu usato come primo disinfettante di strumenti chirurgici, dando l'avvio alla pratica dell'antisepsi. La sua azione consisteva nel creare un ambiente acido che determinava la precipitazione delle proteine della parete cellulare batterica. Come descriveresti l'effetto che il fenolo ha sui batteri?

Classifica

144 Qual è la *carta d'identità* del seguente carboidrato? Classifica in base alla complessità, al gruppo funzionale tipico, al numero di atomi di carbonio e alla serie D o L. Si tratta di un isomero di quale noto zucchero?

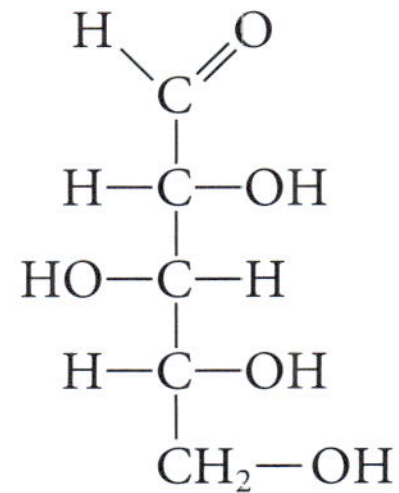

145 Classifica gli amminoacidi rappresentati in formula scheletro basandoti sulla natura chimica della catena laterale (in rosso).

a. 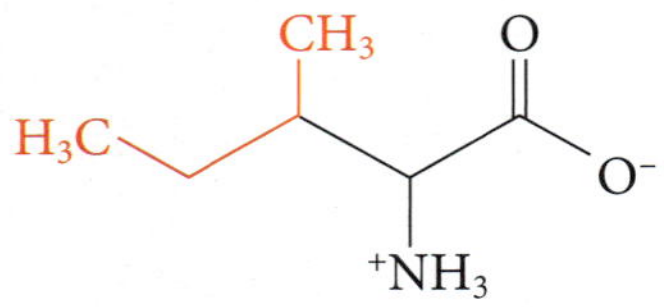

Isoleucina

b. 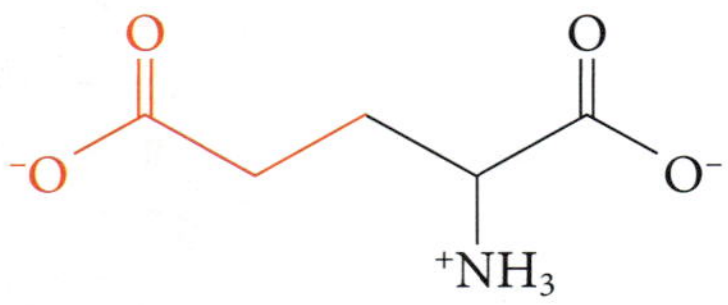

Acido glutammico

c. 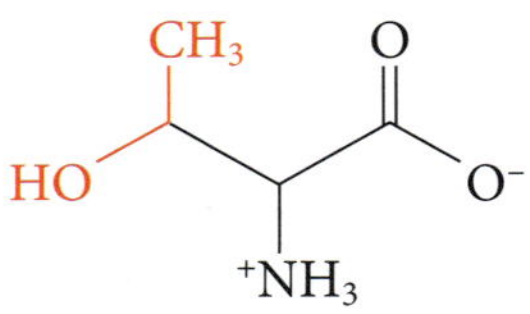

Treonina

Organizza e interpreta dati

146 Le due curve del grafico rappresentano la cinetica di due enzimi A e B. Quale tra i due ha K_m più alta? Quale raggiunge prima la saturazione?

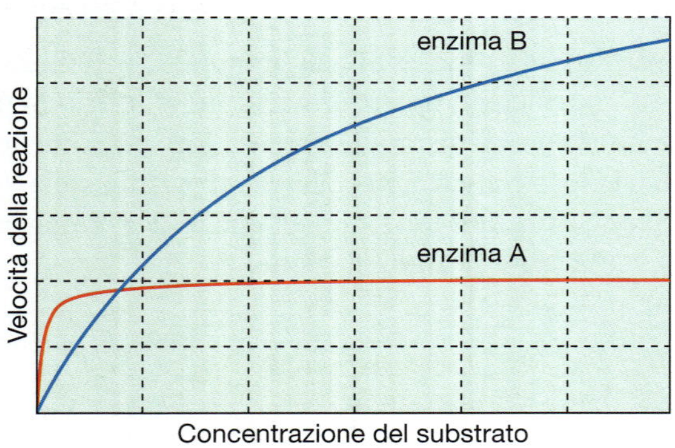

Applica

147 Molte etichette di prodotti da forno dichiarano di contenere grassi vegetali non idrogenati. In che cosa consistono i grassi idrogenati? Schematizza il processo per il loro ottenimento.

Progetta

148 Progetta un tratto di polipeptide che possa passare attraverso il doppio strato fosfolipidico della membrana cellulare, dando origine a una proteina integrale. Decidi se devono essere usati solo amminoacidi polari, solo apolari o entrambi e con quale disposizione. Prevedi una lunghezza di 10 amminoacidi in tutto.

Deduci

149 Se i polisaccaridi di cellulosa avessero anche legami 1,6-β-glucosidici quale conseguenza si avrebbe sulla loro struttura? E sulla possibilità di unirsi in fasci paralleli?

Analizza

150 L'insulina è una proteina in struttura terziaria che presenta la seguente conformazione nativa. Individua le strutture secondarie contrassegnate dalle lettere A, B, C e D e la presenza di legami disolfuro nell'immagine proposta.

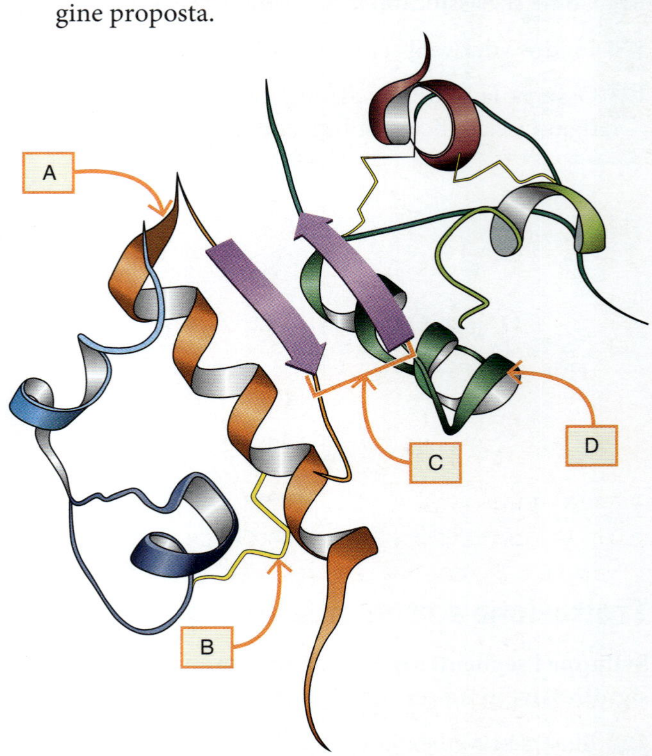

151 La farina di mais un tempo costituiva l'unica fonte alimentare per le popolazioni delle regioni settentrionali italiane. I più poveri si nutrivano soltanto di polenta e periodicamente soffrivano della cosiddetta *pellagra*. Qual era la causa di questa forma grave di ipovitaminosi?

A scuola di lavoro

152 Molte *start up* create da giovani imprenditori si sono orientate sulla produzione di cosmetici ecosostenibili, il più possibile di origine naturale. Come proprietario di una di queste piccole aziende, hai deciso di dedicarti alla produzione dei saponi «di una volta». Progetta il tuo sapone di Marsiglia e il tuo sapone di Aleppo, pianificando i materiali da acquistare, la procedura da utilizzare e tutta la strumentazione di laboratorio che ti è necessaria, cercando in rete le informazioni se non le conosci. Scrivi anche lo slogan e l'etichetta del prodotto per avere un maggiore impatto di marketing sull'utenza, che evidenzino le caratteristiche dei tuoi saponi.

CAPITOLO

B2

Il metabolismo energetico: dal glucosio all'ATP

1 Le trasformazioni chimiche nella cellula

La vita di una cellula, sia essa un semplice organismo unicellulare o un'infinitesima parte di un organismo complesso come l'uomo, dipende dalle trasformazioni chimiche che avvengono al suo interno. Le biomolecole come i carboidrati, i lipidi e gli amminoacidi sono continuamente trasformate attraverso un numero enorme di reazioni chimiche.

LE PAROLE
Il termine **metabolismo** deriva dal greco *metabolé*, «trasformazione».

L'insieme delle reazioni chimiche che, in modo coordinato e integrato, degrada e sintetizza le biomolecole cellulari prende il nome di **metabolismo**.

Il metabolismo cellulare è dunque la base chimica della vita e svolge tre funzioni principali (Figura B2.1):

- **Ricavare energia utile per la cellula attraverso la degradazione di sostanze nutrienti.** Le sostanze complesse assunte con l'alimentazione o immagazzinate come riserva energetica sono demolite e degradate fino a generare prodotti di rifiuto. L'energia ricavata da questo processo può essere impiegata in diversi modi dalla cellula, per esempio per compiere lavoro utile, prevalentemente di tipo chimico, elettrochimico e meccanico.

Figura B2.1
Le funzioni del metabolismo cellulare.

- **Convertire i nutrienti in molecole utili per la cellula**, come avviene durante la produzione di coenzimi a partire dalle vitamine introdotte con gli alimenti e la conversione fra amminoacidi diversi che costituiscono le proteine. In genere, queste trasformazioni richiedono il consumo di parte dell'energia ricavata dalla degradazione dei nutrienti e delle riserve energetiche.
- **Sintetizzare macromolecole e polimeri a partire dai precursori**. Le biomolecole descritte finora, quali proteine, polisaccaridi e lipidi, possono essere sintetizzate da molecole più semplici (*precursori*). Anche in questo caso, i processi di biosintesi implicano il consumo dell'energia metabolica.

Le reazioni metaboliche sono lente e vengono quindi catalizzate da **enzimi** che garantiscono lo svolgimento delle reazioni in tempi molto rapidi senza modificare l'equilibrio delle reazioni stesse. Le reazioni che non sono catalizzate da enzimi sono una minoranza e hanno un'importanza marginale nel metabolismo cellulare.

Il catabolismo è il metabolismo degradativo

Il metabolismo è costituito da due fasi distinte ma interconnesse, chiamate catabolismo e anabolismo (**Figura B2.2**).

Il **catabolismo** libera energia, l'**anabolismo** assorbe energia.

Le reazioni di degradazione di carboidrati, acidi grassi e amminoacidi costituiscono nel loro complesso il **catabolismo**.

LE PAROLE

I termini **catabolismo** e **anabolismo** derivano rispettivamente dai termini greci *kataballo*, «io demolisco» e *anabolé*, «salita».

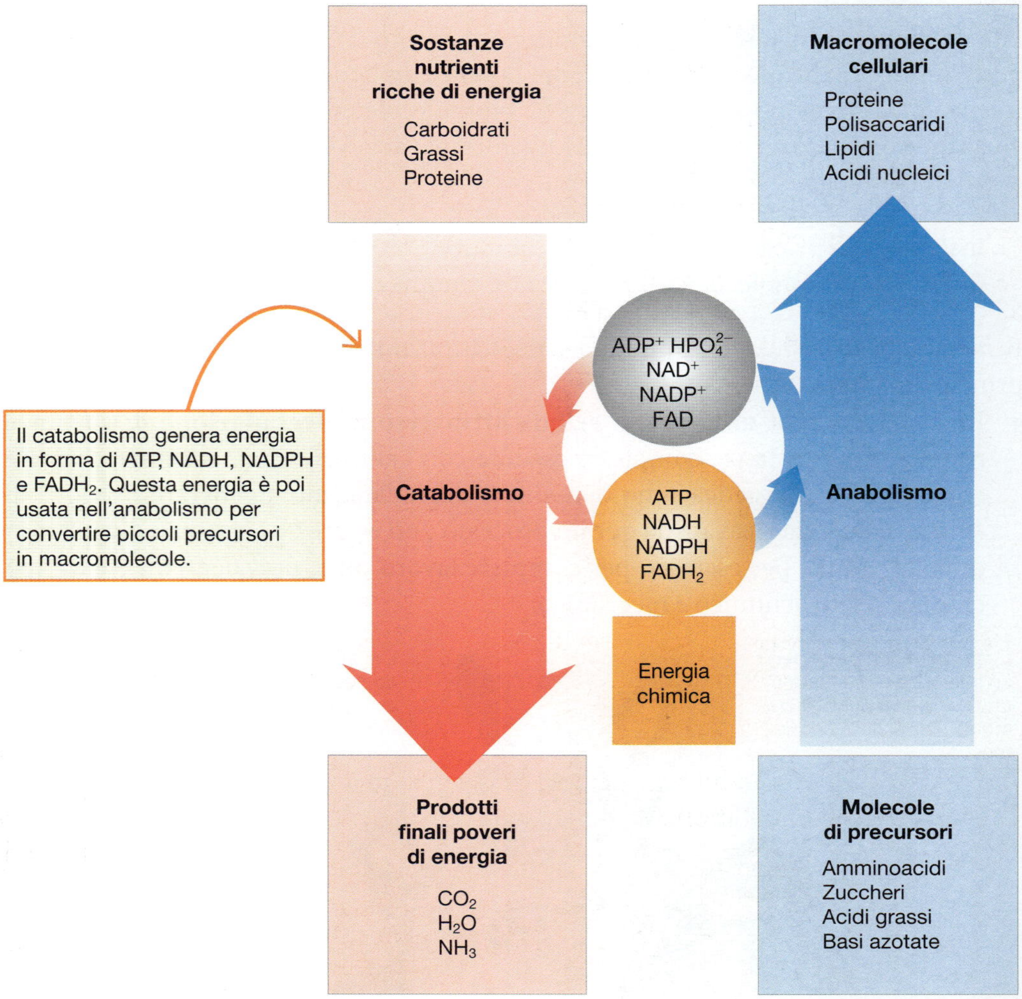

Figura B2.2 Relazioni energetiche tra anabolismo e catabolismo.

Il catabolismo si basa prevalentemente sull'ossidazione di monosaccaridi, acidi grassi e amminoacidi e porta alla formazione di prodotti di rifiuto quali diossido di carbonio (CO_2), acqua (H_2O) e scorie azotate (urea, NH_2CONH_2, nei mammiferi e negli anfibi). Le reazioni cataboliche, prevalentemente *esoergoniche*, determinano il rilascio di energia che viene in buona parte immagazzinata all'interno delle cellule sotto forma di *adenosin trifosfato* o *ATP* (**Figura B2.3**).

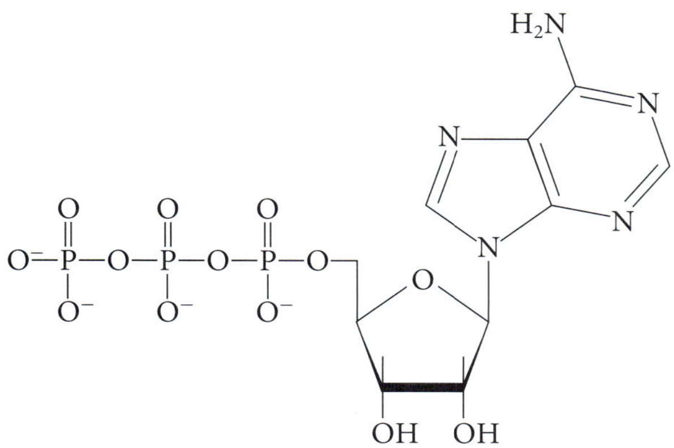

Figura B2.3
Formula di struttura dell'adenosin trifosfato (ATP).

L'energia ottenuta dal catabolismo consente di svolgere funzioni come la contrazione muscolare, la trasmissione dell'impulso nervoso, il trasporto delle sostanze attraverso le membrane cellulari e la biosintesi di molecole complesse.

HAI CAPITO?

- Qual è il ruolo del catabolismo?

L'anabolismo è il metabolismo sintetico

L'insieme delle reazioni di sintesi e condensazione all'interno delle cellule viene indicato come **anabolismo**.

Partendo da un numero limitato di precursori di piccole dimensioni, l'anabolismo permette di ottenere una varietà di macromolecole utili alla cellula, come proteine, polisaccaridi, acidi grassi o eme.

Le reazioni anaboliche, prevalentemente *endoergoniche*, non sono spontanee dal punto di vista termodinamico e avvengono solo grazie alla partecipazione di molecole di ATP. Durante le reazioni anaboliche le molecole di ATP si scindono e liberano l'energia necessaria per lo svolgimento della reazione.

Le reazioni del metabolismo sono organizzate in vie metaboliche

Le centinaia di reazioni chimiche anaboliche e cataboliche che avvengono in una cellula non si verificano simultaneamente né in modo indipendente l'una dall'altra, ma sono regolate e coordinate all'interno di vie metaboliche (**Figura B2.4**).

Una **via metabolica** è una sequenza di reazioni chimiche catalizzate da specifici enzimi in cui il prodotto della prima reazione è il reagente della seconda, il prodotto di questa è il reagente della terza, e così via fino al prodotto finale della via.

Le molecole prodotte e utilizzate nei vari passaggi di una via metabolica prendono il nome di **intermedi metabolici**.

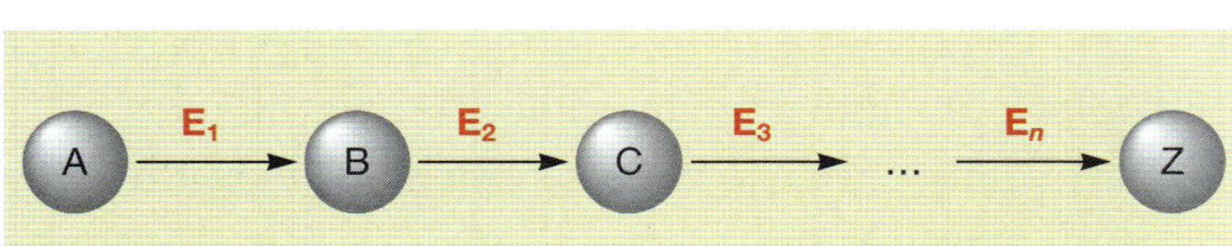

Figura B2.4
Schema semplificato di una via metabolica, in cui i prodotti di una reazione sono i reagenti della successiva.

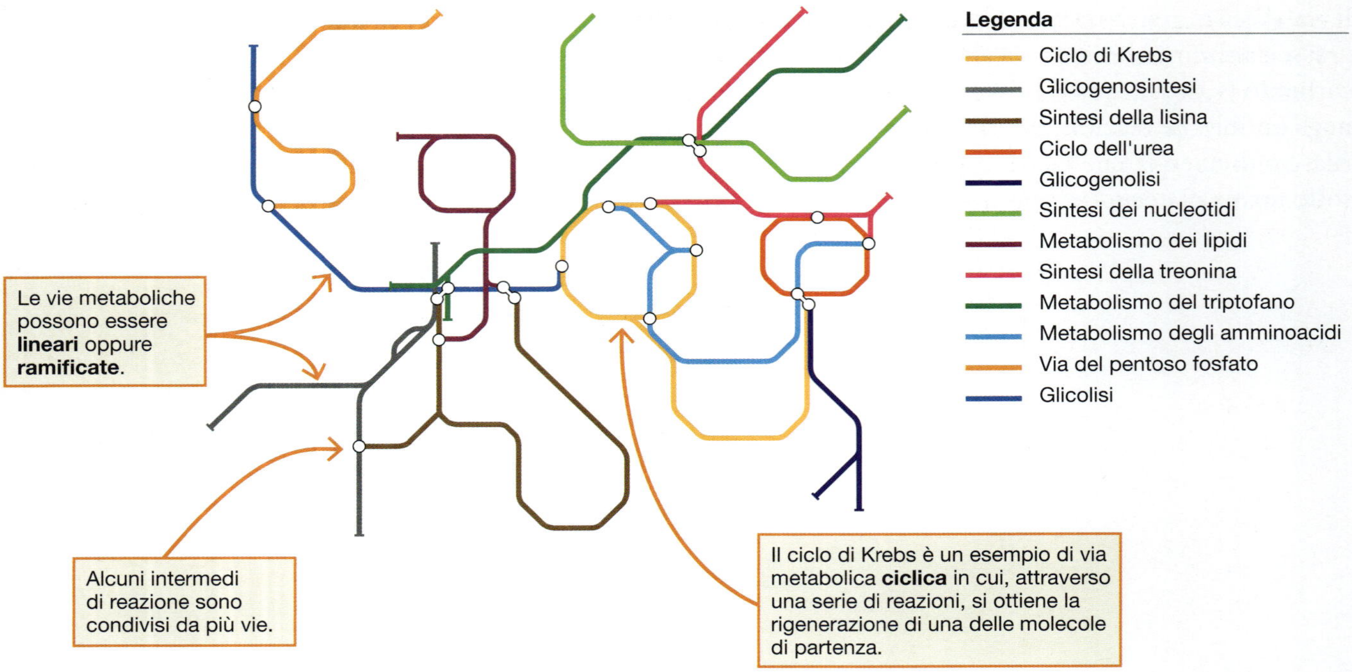

Figura B2.5 Rappresentazione schematica e semplificata dell'insieme delle vie metaboliche. Ciascun punto dello schema raffigura un intermedio metabolico mentre le linee che collegano i punti corrispondono alle reazioni del metabolismo.

Il metabolismo è quindi un insieme di vie metaboliche lineari e ramificate, spesso interconnesse; gli intermedi di una via possono partecipare anche ad altre reazioni ed essere utilizzati in più vie metaboliche diverse (**Figura B2.5**).

Alcune vie del metabolismo degradativo (*vie cataboliche*) sono apparentemente uguali e contrarie alle corrispondenti vie del metabolismo sintetico (*vie anaboliche*). In realtà, la perfetta sovrapposizione tra vie cataboliche e anaboliche non si verifica quasi mai. Ciò consente di regolare in modo indipendente i processi catabolici e anabolici a seconda delle esigenze della cellula. Solo in questo modo si possono superare le barriere energetiche di alcune reazioni non spontanee, grazie al consumo di molecole di ATP che forniscono l'energia chimica necessaria. In ogni caso, la quantità di energia rilasciata è uguale a quella assorbita.

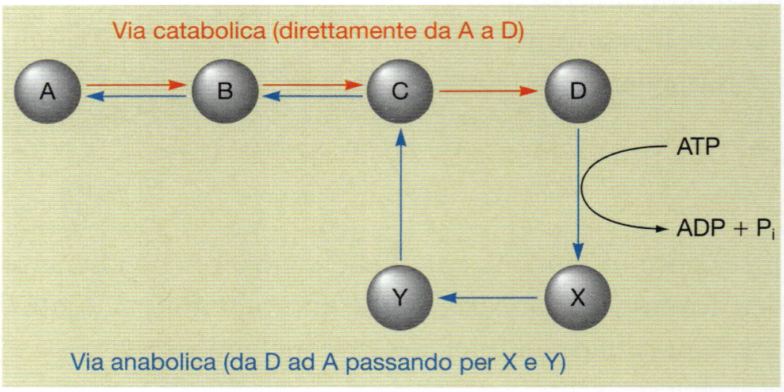

▸ Le vie metaboliche sono convergenti, divergenti e cicliche

Le vie metaboliche sono strutturate in modo diverso a seconda che appartengano al catabolismo, al metabolismo terminale o all'anabolismo.

Il catabolismo sfrutta moltissime biomolecole degradabili – siano esse monosaccaridi, acidi grassi o amminoacidi – per produrre un numero limitato di prodotti detti **cataboliti**. Le vie cataboliche sono dunque **convergenti**, cioè partono da numerosi substrati diversi e portano a poche molecole semplici.

Nella maggior parte delle cellule le vie cataboliche convergono portando alla formazione di un piccolo catabolita noto come *acetil-CoA*. Quest'ultimo alimenta la via metabolica chiamata *ciclo dell'acido citrico* (o ciclo di Krebs) che ha un caratteristico andamento **ciclico** e che porta alla liberazione di CO_2.

Il ciclo dell'acido citrico è una via metabolica *terminale*. Il **metabolismo terminale** completa l'ossidazione e la degradazione delle molecole di partenza e produce una serie di coenzimi ridotti che, come vedremo, partecipano alla *catena di trasporto elettronico* (o *catena respiratoria*). Queste reazioni gettano le basi per la produzione della maggior parte dell'ATP di cui la cellula ha bisogno.

Le vie anaboliche, al contrario di quelle cataboliche, partono da pochi precursori semplici per dare origine a numerose molecole complesse diverse. L'anabolismo è pertanto costituito da un insieme di vie **divergenti** (**Figura B2.6**).

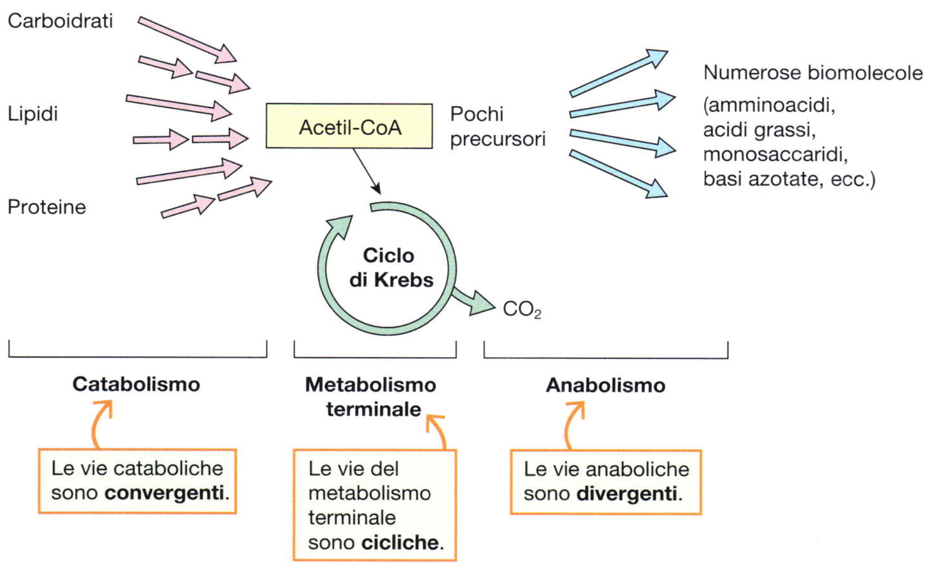

Figura B2.6
Le vie del metabolismo cellulare.

Le vie metaboliche sono conservate dall'evoluzione

Organismi diversi presentano vie metaboliche caratteristiche. Questa differenza è evidente soprattutto se si considerano organismi molto distanti nella scala evolutiva: una muffa che si sviluppa sul legno di alberi morti, un batterio del terreno che vive fissando l'azoto atmosferico, una pianta che utilizza il CO_2 dell'aria per sintetizzare materiale organico o un animale che consuma biomolecole per produrre energia hanno metabolismi almeno in parte differenti. Se sono diverse le sostanze da cui questi organismi traggono i loro nutrienti, sono differenti almeno alcune delle reazioni che permettono l'impiego metabolico di tali sostanze.

Tuttavia, nonostante queste differenze, le principali vie metaboliche per ottenere energia chimica dalle sostanze sono rimaste invariate in tutte le specie esistenti. Per esempio, il glucosio è il combustibile cellulare per eccellenza e viene degradato attraverso la *glicolisi*, un'antica via metabolica conservata in tutti gli organismi oggi esistenti. Anche l'antenato comune di tutti i viventi, **LUCA** (*Last Universal Common Ancestor*), sarebbe stato un procariote in grado di attuare la glicolisi. Un altro esempio è dato dalla produzione di ATP nei mitocondri: questo processo si realizza attraverso meccanismi e vie metaboliche identici in tutti gli eucarioti e di cui esistono modelli anche nei procarioti.

Una pianta di fragole e la muffa che cresce sui frutti sono organismi molto diversi, ma condividono alcune vie metaboliche conservate nel corso dell'evoluzione.

L'ATP è la principale fonte di energia per le reazioni metaboliche

PER SAPERNE DI PIÙ

La vita media di una molecola di ATP nella cellula è di circa 1 minuto. È stato calcolato che un essere umano produce e consuma giornalmente 40 kg di ATP!

Le cellule ottengono energia dall'ossidazione di sostanze organiche, i nutrienti. Tale energia viene immagazzinata nelle molecole di ATP che rappresentano, con poche eccezioni, la principale fonte energetica nelle cellule.

L'**ATP** è una molecola ad *alta energia di idrolisi.*

Questo significa che nella reazione di **idrolisi dell'ATP** (ATP + H_2O → ADP + P_i) quando viene idrolizzato uno dei suoi due legami fosfato-fosfato (di solito l'ultimo) si libera una quantità di energia molto superiore a quella liberata dall'idrolisi di un normale legame covalente (**Figura B2.7**).

Figura B2.7
La reazione di idrolisi dell'ATP.

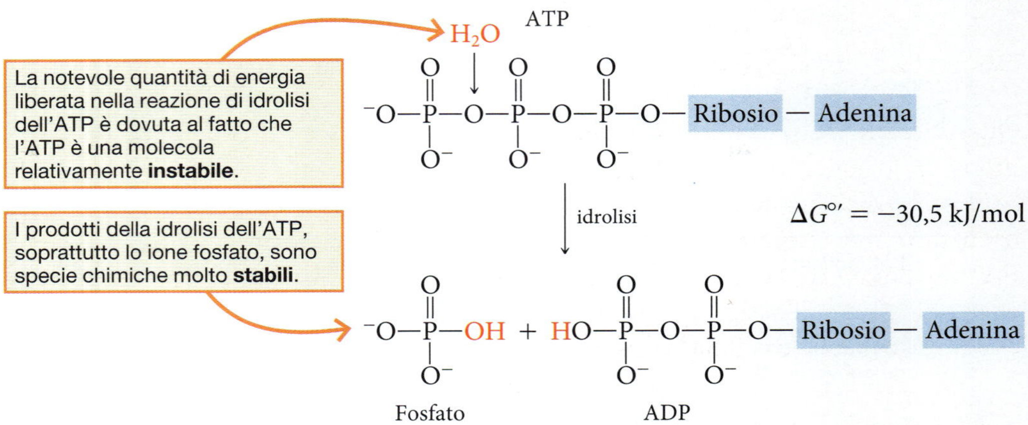

TI RICORDI?

La notazione $\Delta G^{\circ\prime}$ indica la variazione di energia libera in *condizioni standard*: $P = 1$ atm, $T = 25$ °C, concentrazioni di reagenti e prodotti pari a 1 M e pH 7,0.

Nel metabolismo cellulare, gran parte delle reazioni cataboliche sono reazioni *esoergoniche* che possono avvenire spontaneamente ($\Delta G < 0$). Al contrario, molte delle reazioni anaboliche che si svolgono all'interno delle cellule sono *endoergoniche* ($\Delta G > 0$) e, di fatto, non dovrebbero svolgersi (**Figura B2.8**). In realtà, queste reazioni possono svolgersi perché sono *accoppiate* a reazioni fortemente esoergoniche, come la reazione di idrolisi dell'ATP.

Questo processo di **accoppiamento energetico** è il «motore» di numerosi processi fisiologici che richiedono energia per svolgersi: ne sono un esempio lo scorrimento dei filamenti delle proteine actina e miosina per la contrazione muscolare, il ripiegamento (*folding*) delle proteine e la generazione dello stimolo nervoso.

Figura B2.8
Reazioni esoergoniche ed endoergoniche.

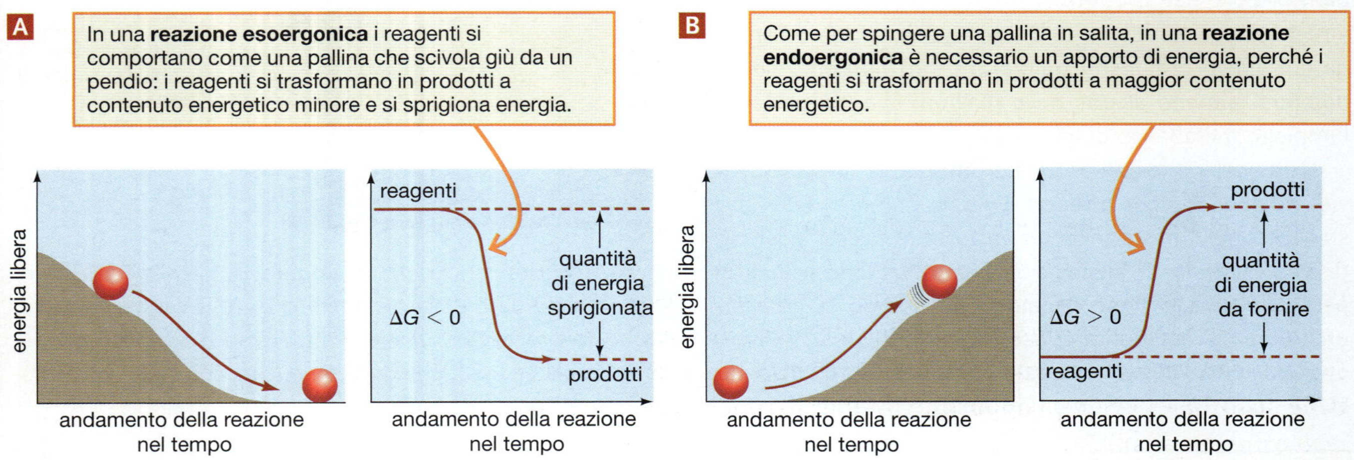

NAD e FAD sono importanti agenti ossidanti

Il metabolismo energetico di tutti gli organismi si basa su **reazioni di ossidoriduzione** (redox), in cui specifici agenti ossidanti acquistano elettroni dal substrato che deve essere ossidato, riducendosi a loro volta.

La molecola di ossigeno è il più potente agente ossidante cellulare e agisce quasi esclusivamente come ultimo accettore di elettroni: per la sua elevata reattività, la molecola di O_2 è potenzialmente pericolosa e in grado di generare specie reattive che possono danneggiare strutture cellulari. Per questo motivo, la sua azione all'interno della cellula è per lo più circoscritta all'interno di reazioni finemente controllate.

Per limitare l'utilizzo delle molecole di ossigeno e i rischi correlati, negli organismi superiori l'evoluzione ha favorito l'impiego di due coenzimi come principali agenti ossidanti: NAD^+ e FAD (*vedi* Capitolo B1).

Il **FAD** e il **NAD^+** sono i principali agenti ossidanti delle reazioni redox cellulari. I due coenzimi legano gli elettroni trasformandosi nella forma ridotta, rispettivamente, **$FADH_2$** e **NADH**.

Questi coenzimi giocano un ruolo chiave nel metabolismo ossidativo cellulare, in cui la maggior parte delle reazioni di ossidoriduzione è catalizzata da enzimi *deidrogenasi* associate a NAD^+ o FAD. Gli elettroni sono trasferiti dai substrati ai coenzimi, che vengono convertiti nella corrispondente forma ridotta, NADH e $FADH_2$. Sono proprio questi ultimi a trasferire gli elettroni nella catena di trasporto elettronico fino all'ossigeno, gettando le basi per la produzione della maggior parte dell'energia di cui la cellula ha bisogno (**Figura B2.9**).

TI RICORDI?
Un atomo **si ossida** quando perde elettroni, mentre **si riduce** quando acquista elettroni.

PER SAPERNE DI PIÙ
L'ATP è la principale molecola a elevata energia libera di idrolisi, ma non è l'unica. Anche il **GTP** (guanosin trifosfato), l'**UTP** (uridin trifosfato) o il **CTP** (citidin trifosfato) promuovono specifici processi endoergonici.

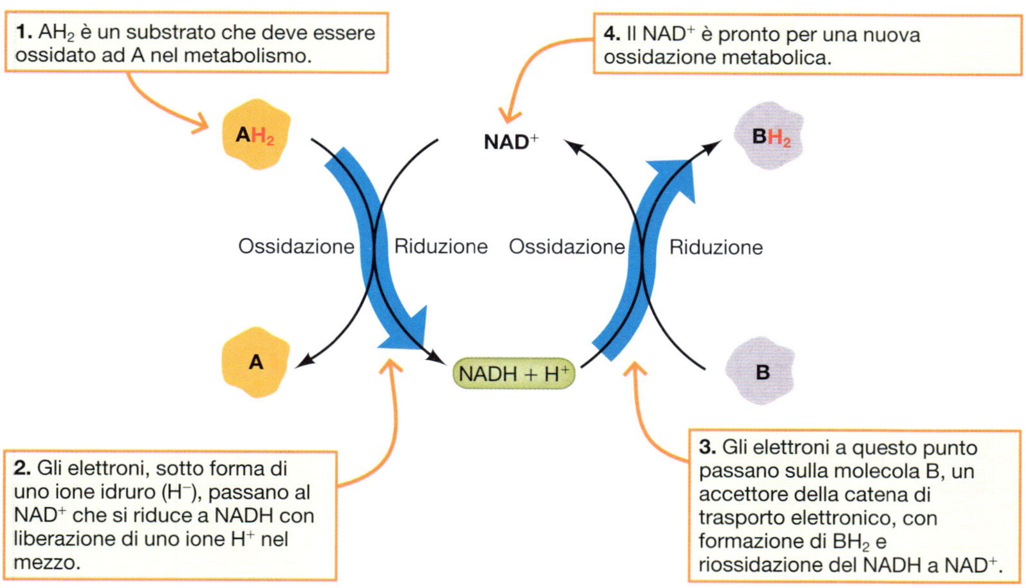

Figura B2.9
Schema dei processi di ossidoriduzione in cui è coinvolto il NAD^+. Le frecce blu indicano il percorso degli elettroni trasferiti in queste reazioni.

I processi metabolici sono finemente regolati

Il metabolismo cellulare è un complesso intreccio di reazioni organizzate in vie anaboliche e cataboliche. Per mantenere le funzioni dell'organismo in diverse condizioni, l'attività metabolica cellulare deve essere regolata con precisione. Tale regolazione avviene secondo il *principio della massima economia*: vengono prodotte (o degradate) solo le sostanze di cui esiste (o non esiste) effettiva necessità e soltanto nelle quantità e nei tempi opportuni. In questo modo la cellula evita di sprecare molecole indispensabili.

La regolazione del metabolismo avviene secondo tre meccanismi generali, che descriviamo qui di seguito.

1. Controllo dell'attività catalitica degli enzimi

In particolare, la rapida regolazione di una specifica via metabolica avviene mediante il **controllo dell'attività dell'enzima che catalizza la reazione più lenta** che è la *tappa chiave* dell'intera via. Come si verifica in una tubatura per l'acqua, la portata dell'intero condotto è determinata dalla portata della sezione più ristretta (contrassegnata dal numero 4 nella **Figura B2.10**): allargando o restringendo questa sola sezione si aumenta o si riduce la portata dell'intero condotto. Analogamente, il flusso metabolico è determinato dalla tappa chiave, in genere una delle prime reazioni della via metabolica, che è catalizzata da un enzima la cui attività è finemente regolata. L'enzima in questione è definito **enzima chiave** della via metabolica.

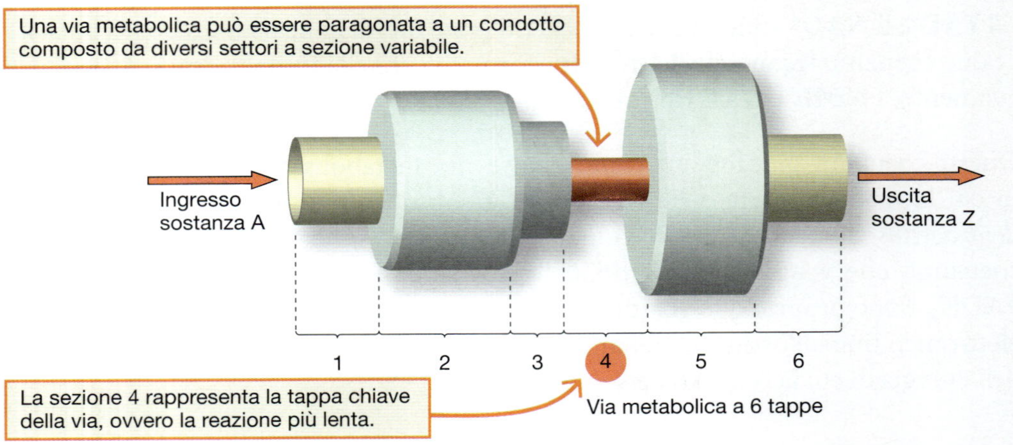

Figura B2.10
Regolazione di una via metabolica generica costituita da sei reazioni.

L'attività catalitica degli enzimi può essere regolata rapidamente attraverso tre meccanismi principali: allosterismo, modificazioni covalenti o inibizione enzimatica (*vedi* Capitolo B1). Inibitori ed effettori allosterici di un enzima chiave sono spesso i prodotti ultimi della via metabolica controllata. Questa particolare strategia di regolazione, detta **a feedback negativo**, consente il controllo retrogrado dell'attività di numerosi enzimi chiave ed evita lo spreco di substrati essenziali (**Figura B2.11**).

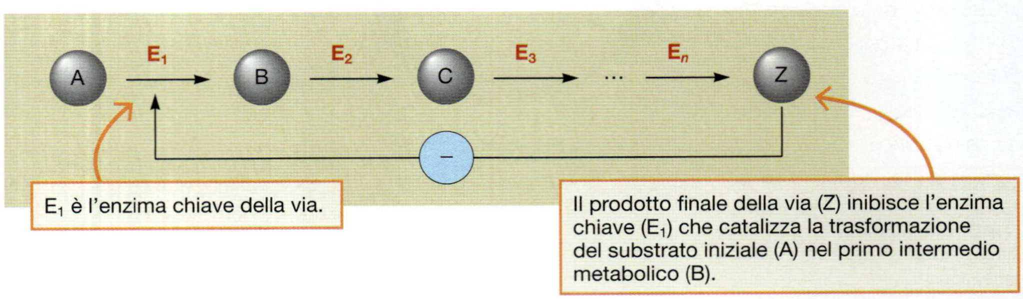

Figura B2.11
Controllo a feedback negativo di una via metabolica.

2. Controllo delle concentrazioni degli enzimi

Il secondo meccanismo di controllo di una via metabolica è più lento e si basa sulla **variazione delle concentrazioni intracellulari degli enzimi chiave**. La concentrazione intracellulare di un enzima può essere variata favorendo o ostacolando due processi opposti: la *biosintesi* e la *degradazione intracellulare* dell'enzima. Un aumento della biosintesi di un enzima associato alla riduzione della sua degradazione determina l'*incremento* della concentrazione intracellulare dell'enzima; al contrario, un aumento del processo degradativo non accompagnato da adeguata biosintesi si traduce nella *riduzione* della concentrazione dell'enzima.

HAI CAPITO?

- In che modo può aumentare la biosintesi di un enzima chiave?

3. Compartimentazione delle vie metaboliche

La terza modalità di controllo consiste nella **compartimentazione** di enzimi e substrati in specifici distretti cellulari: per esempio, alcune vie metaboliche si realizzano solo nel citoplasma, mentre altre si svolgono solo nel reticolo endoplasmatico liscio oppure nei mitocondri o in più di un distretto. In questo modo, gli intermedi di vie metaboliche diverse si trovano separati da barriere fisiche, rappresentate dalle membrane che circondano gli organuli cellulari, e la loro concentrazione nelle varie sedi dipende anche dall'efficienza dei sistemi di trasporto attraverso le membrane (**Figura B2.12**).

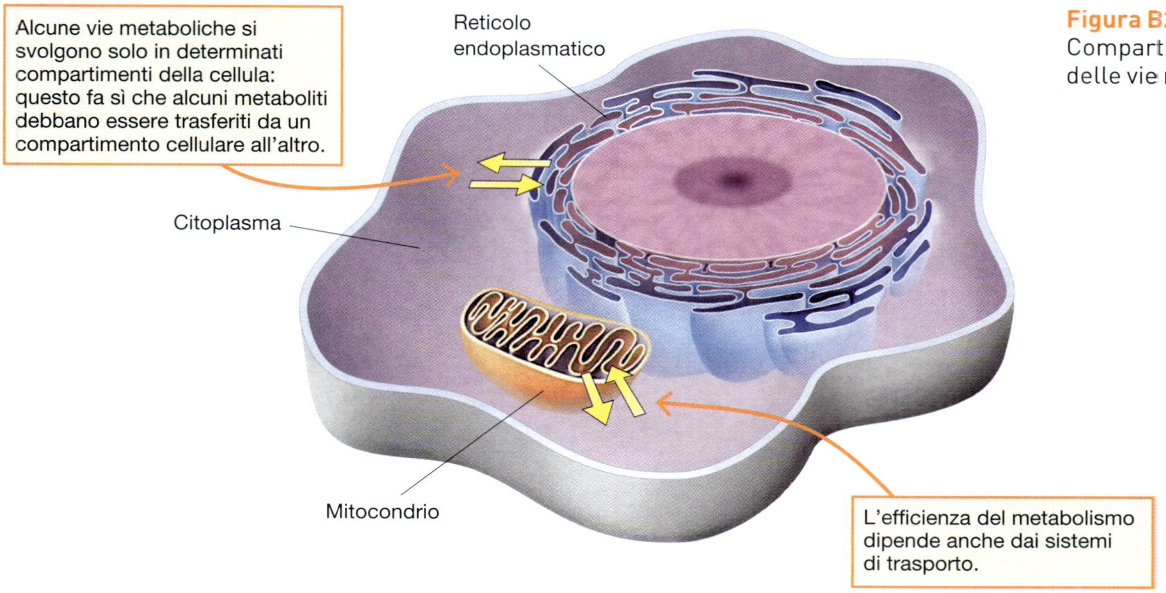

Figura B2.12 Compartimentazione delle vie metaboliche.

Errori congeniti del metabolismo

SCIENZA E SALUTE

Quasi tutte le reazioni del metabolismo richiedono l'azione concertata di diversi enzimi. Come tutte le proteine, anche gli enzimi vengono prodotti sulla base dell'informazione genica contenuta nel DNA. Può dunque accadere che, a causa di un'alterazione genetica, un certo enzima non venga prodotto o venga sintetizzato in quantità insufficiente o in forma non funzionale. In questi casi, la via metabolica in cui è coinvolto l'enzima non potrà svolgersi normalmente, con conseguenze anche molto gravi per l'organismo.

Si definiscono **errori congeniti del metabolismo** le malattie che derivano da un deficit genetico di un determinato enzima implicato nel metabolismo. Gran parte dei deficit genetici riguardano vie metaboliche fondamentali che, se alterate, causano condizioni incompatibili con la vita.

Alcuni deficit genetici, tuttavia, si possono manifestare alla nascita: riconoscere precocemente i sintomi caratteristici di queste malattie permette in molti casi di limitare i danni metabolici grazie a terapie mirate. Un esempio è la **fenilchetonuria** (**PKU**), una malattia causata dal deficit dell'enzima *fenilalanina idrossilasi*, implicato nella reazione di conversione dell'amminoacido fenilalanina nell'amminoacido tirosina.

Questa condizione porta all'accumulo della fenilalanina e dei suoi derivati nell'organismo con gravi danni a carico del cervello e di altri organi. Alla nascita, i bambini affetti presentano carnagione, capelli e occhi chiari a causa del concomitante deficit di sintesi della *melanina*, il pigmento che deriva dalla tirosina e che è responsabile della colorazione della pelle, dell'iride e dei capelli. Per riconoscere questa condizione, oggi tutti i neonati sono sottoposti a esami specifici per la fenilchetonuria. Per i bambini che risultano portatori della mutazione la terapia consiste nell'eliminazione della fenilalanina dalla dieta e in uno stretto controllo nutrizionale che deve proseguire per tutta la vita.

Fra gli errori congeniti del metabolismo sono da ricordare *l'alcaptonuria* (che colpisce il metabolismo della fenilalanina e della tirosina), la *malattia delle urine a sciroppo d'acero* (che colpisce il metabolismo degli amminoacidi a catena ramificata) e le *glicogenosi* (che colpiscono il metabolismo del glicogeno). Si tratta, in tutti i casi, di malattie piuttosto rare.

2 Gli organismi viventi e le fonti di energia

Negli anni Ottanta del secolo scorso, lo studioso di archeobatteri Carl Woese propose una nuova classificazione degli organismi viventi, basata sulle somiglianze genetiche piuttosto che sulle analogie fenotipiche. Lo scienziato dimostrò che da un punto di vista genetico gli eucarioti sono più vicini agli archeobatteri che ai batteri. Propose così l'esistenza di tre *domini* della vita: batteri, archea ed eucarioti (**Figura B2.13**).

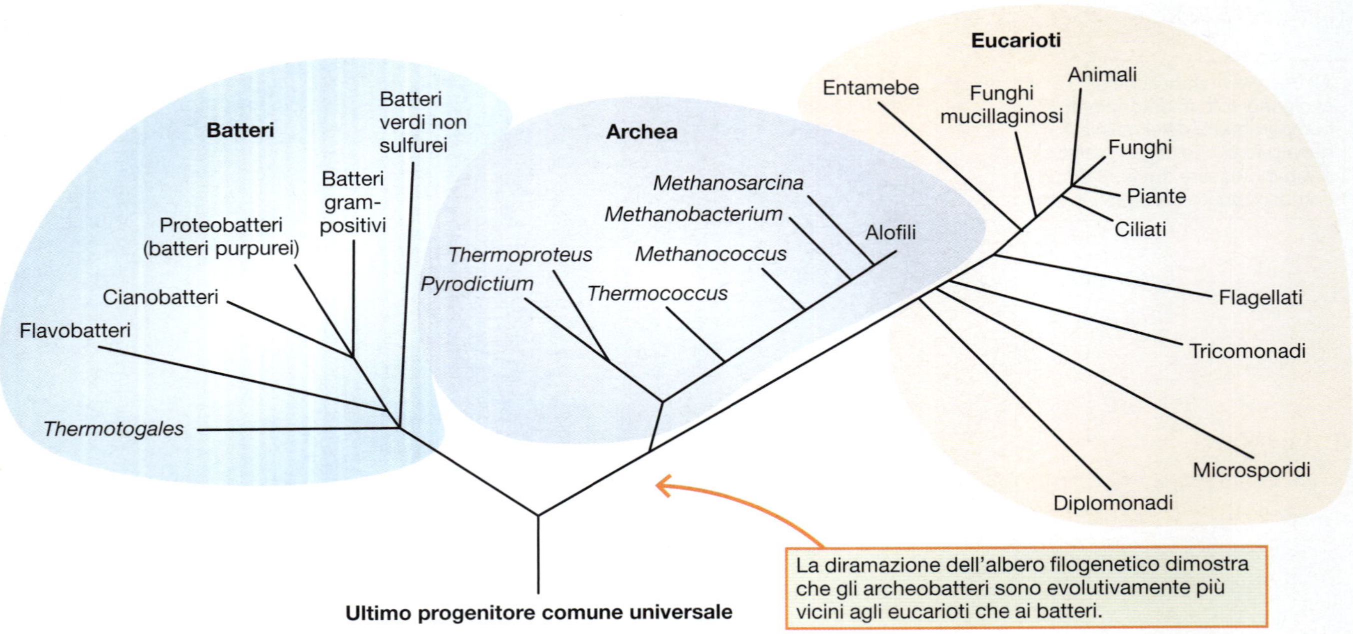

Figura B2.13
I tre domini della vita. La costruzione di questo albero filogenetico si basa sulla somiglianza genetica fra i diversi organismi.

Batteri e archeobatteri sono organismi unicellulari mentre gli eucarioti comprendono forme di vita molto diverse per aspetto: da organismi unicellulari di estrema semplicità a organismi pluricellulari sempre più complessi come funghi, piante e animali. Questi organismi si distinguono anche dal punto di vista metabolico.

> Gli organismi viventi che si sono adattati a vivere in presenza di ossigeno vengono definiti **aerobi**, mentre quelli che, come molti batteri e archea, vivono in ambienti privi di ossigeno sono **anaerobi**.

Negli organismi aerobi l'ossigeno serve da accettore finale di elettroni nelle attività metaboliche. Negli anaerobi i più comuni accettori di elettroni nelle reazioni di ossidazione sono invece i nitrati, i solfati e il CO_2. Certi organismi anaerobi sono *obbligati* a vivere in assenza di ossigeno e muoiono se vengono in contatto con O_2; altri sono invece anaerobi *facoltativi* e possono vivere anche in presenza di ossigeno (**Figura B2.14**).

Figura B2.14
Alcuni esempi di batteri anaerobi obbligati e facoltativi.

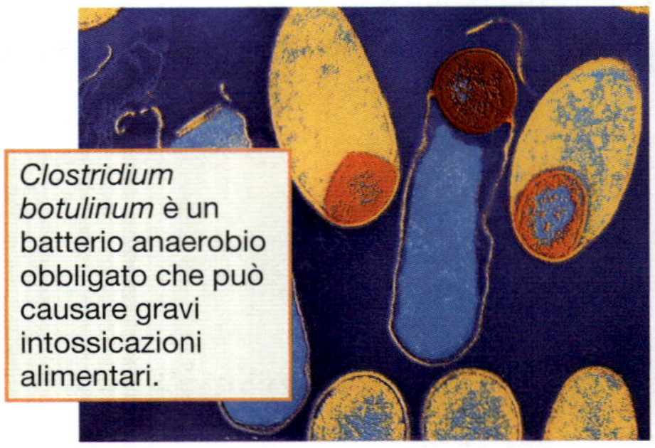

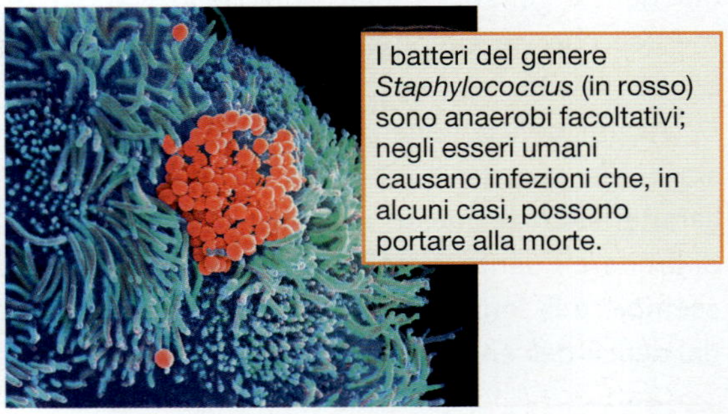

Gli organismi viventi utilizzano fonti chimiche diverse

Gli organismi viventi vengono classificati anche in base alla fonte chimica che usano per ottenere gli atomi di carbonio necessari per i loro processi metabolici.

Gli organismi **autotrofi** sintetizzano le molecole organiche a partire da composti inorganici, come CO_2 o altri composti; gli organismi **eterotrofi**, al contrario, usano come nutrienti le sostanze organiche prodotte da organismi autotrofi.

Gli organismi viventi sono classificati anche a seconda del modo con cui si procurano l'energia necessaria per lo svolgimento delle loro attività vitali.

Gli organismi **fototrofi** ottengono l'energia dalla luce solare; gli organismi **chemiotrofi** ottengono l'energia dall'ossidazione delle sostanze chimiche presenti nell'ambiente.

Gli organismi viventi possono quindi essere classificati in quattro categorie.

- *Fotoautotrofi*, come le piante, le alghe e alcuni batteri, che traggono energia dalla luce solare e fissano il CO_2.
- *Chemioautotrofi*, come i batteri litotrofi che ottengono l'energia dall'ossidazione di sostanze inorganiche come lo zolfo e alcuni suoi composti (solfuri e solfiti), i nitriti e gli ioni Fe^{2+}. Questi organismi fissano il CO_2.
- *Fotoeterotrofi*, come alcuni rari batteri che, pur utilizzando la luce solare come fonte di energia, assorbono sostanze organiche.
- *Chemioeterotrofi*, come gli animali, la maggior parte dei funghi, dei protisti e dei batteri che ossidano sostanze organiche per produrre energia.

Organismi autotrofi ed eterotrofi convivono sulla Terra mettendo in atto un riciclo di sostanze vitali (attraverso i cicli biogeochimici) che consente un reciproco sostegno: in questo gioco di scambi, la luce solare funge da motore inesauribile (**Figura B2.15**).

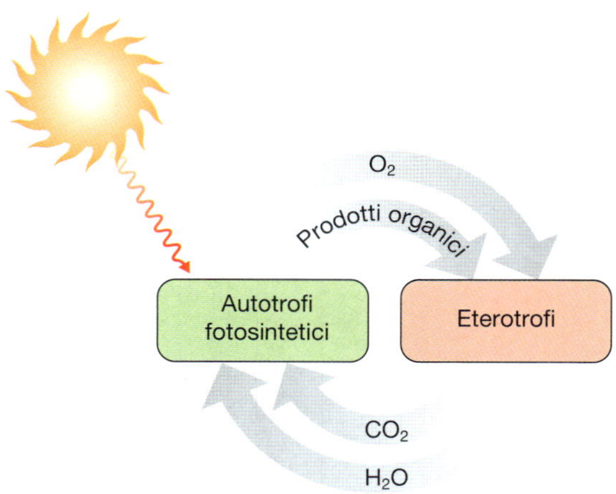

Figura B2.15 Riciclo di CO_2, O_2 e altre sostanze fra gli organismi autotrofi ed eterotrofi della biosfera.

Nei prossimi paragrafi esamineremo le strategie che gli organismi chemioeterotrofi, compreso l'uomo, mettono in atto per produrre l'energia chimica necessaria allo svolgimento delle loro funzioni fisiologiche.

Negli organismi più complessi, la produzione dell'energia necessaria per le attività cellulari si basa su due processi:

- l'ossidazione delle sostanze organiche nelle vie cataboliche presenti in tutti gli organismi;
- lo sfruttamento della luce del Sole nella fotosintesi clorofilliana effettuata da piante, alghe e cianobatteri (di cui parleremo in dettaglio nel Capitolo B3).

3 Il glucosio come fonte di energia

Il glucosio è il monosaccaride più diffuso negli organismi viventi. Il metabolismo di questo zucchero fornisce gran parte dell'energia di cui le cellule hanno bisogno, siano esse semplici batteri, organismi eucariotici unicellulari o parte di organismi più complessi come funghi, piante e animali. Per questo, la molecola di glucosio può essere considerata come un vero e proprio *combustibile universale* da cui tutti gli organismi possono ottenere energia (**Figura B2.16**).

Sulla fiamma, il glucosio contenuto nella provetta va incontro a un rapido annerimento: questo avviene perché lo zucchero si trasforma in carbone, liberando acqua e calore.

Figura B2.16
La combustione del glucosio libera energia.

Nel processo di produzione dell'energia cellulare, il **glucosio** rappresenta il principale combustibile.

La reazione fra il glucosio e l'ossigeno è un processo altamente esoergonico:

$$C_6H_{12}O_6 + 6O_2 \rightarrow 6CO_2 + 6H_2O \qquad \Delta G^{\circ\prime} = -2840 \text{ kJ/mol}$$

L'energia liberata dalla combustione completa di una mole di glucosio in condizioni standard sarebbe sufficiente per generare oltre 90 moli di ATP. Tuttavia, all'interno delle cellule il processo non si svolge in una singola tappa ma attraverso numerose reazioni organizzate in più vie metaboliche. Ciò non toglie che la demolizione di una molecola di glucosio a CO_2 e H_2O in presenza di ossigeno rappresenti per ogni cellula una risorsa indispensabile, alla base di vie metaboliche che si sono conservate nel corso dell'evoluzione.

Il glucosio può essere metabolizzato attraverso la respirazione cellulare o la fermentazione

In tutti gli organismi viventi, la demolizione della molecola di glucosio ha inizio con la **glicolisi**, una via metabolica che, attraverso una serie di reazioni, converte il glucosio a *piruvato* (una molecola a tre atomi di carbonio). La glicolisi può svolgersi in presenza di ossigeno (condizioni *aerobiche*) ma anche in assenza di ossigeno (condizioni *anaerobiche*), portando a un diverso destino del piruvato prodotto con importanti conseguenze sulla resa energetica dei processi catabolici (**Figura B2.17**).

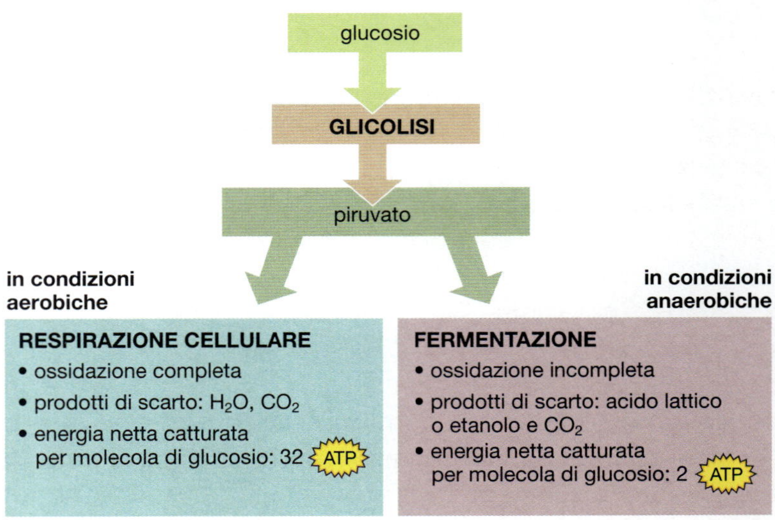

Figura B2.17
Visione d'insieme del catabolismo del glucosio. La glicolisi può procedere in presenza di ossigeno ed è parte della respirazione cellulare; in assenza di ossigeno, la glicolisi partecipa invece alla fermentazione.

Nel primo caso, la glicolisi è parte del processo che va sotto il nome di respirazione cellulare. La **respirazione cellulare** si svolge solo in condizioni aerobiche e comprende tutti i processi catabolici che portano alla degradazione completa delle biomolecole combustibili, siano esse glucosio, acidi grassi o amminoacidi. Per il glucosio, la respirazione cellulare si svolge in tre fasi principali (**Figura B2.18**).

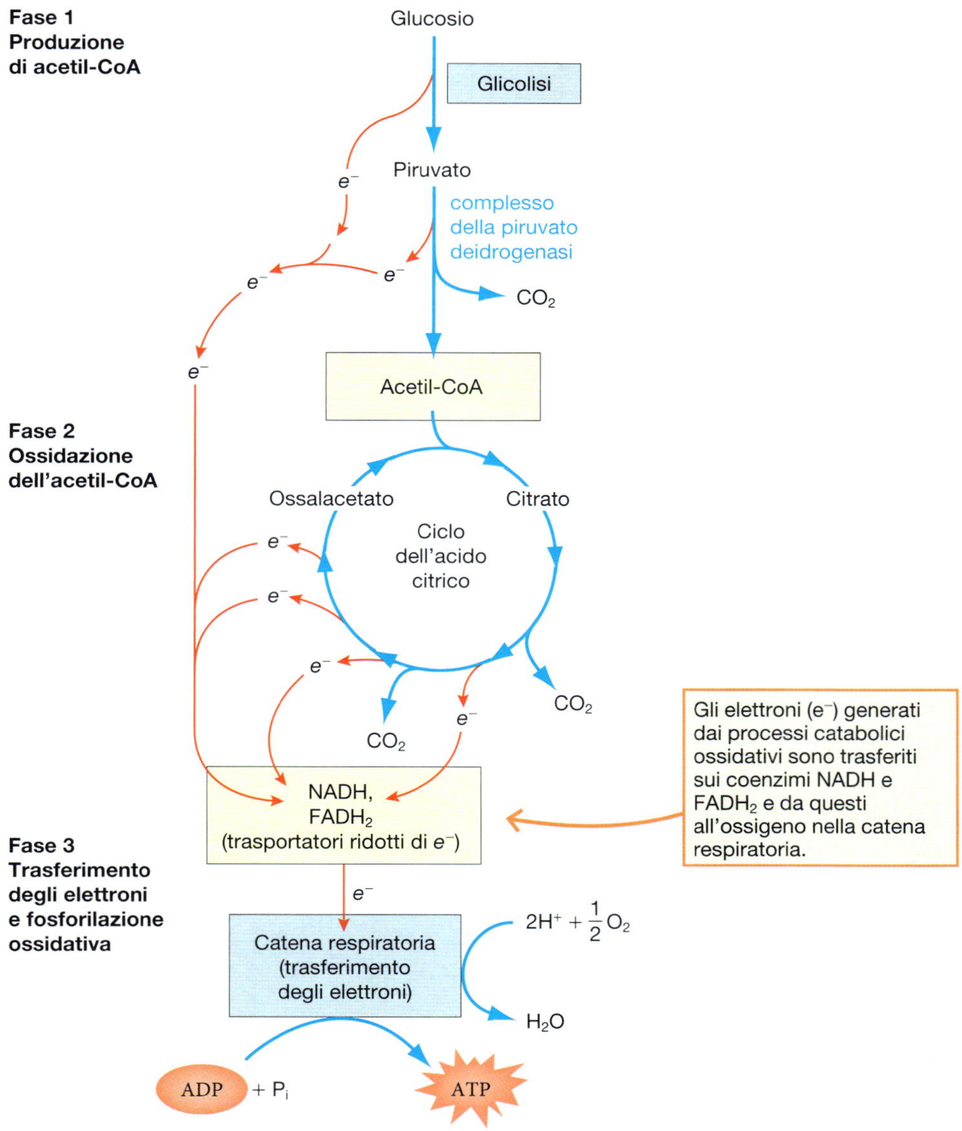

Figura B2.18 Le tre fasi della respirazione cellulare nel catabolismo del glucosio: glicolisi, ciclo dell'acido citrico e catena respiratoria accoppiata alla sintesi dell'ATP (fosforilazione ossidativa).

- Nel corso della **prima fase**, il glucosio viene metabolizzato nella glicolisi e il piruvato ottenuto è trasformato in *acetil CoA* con liberazione di una prima molecola di CO_2 e coenzimi ridotti (NADH).
- Nella **seconda fase**, i due atomi di carbonio del gruppo acetile dell'acetil CoA sono completamente ossidati nel *ciclo dell'acido citrico* con produzione di altre due molecole di CO_2 e coenzimi ridotti (NADH e $FADH_2$).
- Nella **terza fase**, NADH e $FADH_2$ vengono riossidati nella catena respiratoria, il processo durante il quale gli elettroni sono trasferiti alla molecola di ossigeno con produzione di H_2O. Il trasferimento elettronico è accoppiato alla produzione della maggior parte dell'energia, che viene immagazzinata sotto forma di ATP: questa fase della respirazione cellulare è nota con il nome di *fosforilazione ossidativa*.

In condizioni anaerobiche si ha invece la **fermentazione**, un processo che porta alla demolizione incompleta della molecola di glucosio. Il piruvato ottenuto dalla glicolisi viene infatti trasformato in sostanze come il *lattato* e l'*etanolo* che sono ancora ricche di energia.

La fermentazione produce una quantità di energia nettamente più bassa rispetto alla respirazione cellulare.

Scarica **GUARDA!** e inquadrami per guardare i video

4 La glicolisi e le fermentazioni

Il 60% dell'energia richiesta giornalmente dal nostro organismo per lo svolgimento delle attività fisiologiche proviene dalla degradazione intracellulare del glucosio. Il cervello utilizza il glucosio in modo esclusivo (circa 120 g al giorno) e solo in caso di digiuno prolungato può adattarsi ad altri tipi di molecole per ottenere energia.

Il glucosio è il monosaccaride più diffuso ed è il principale costituente dei polisaccaridi introdotti con l'alimentazione. Altri monosaccaridi, come fruttosio e galattosio, vengono facilmente convertiti in glucosio nelle cellule grazie a specifici enzimi cellulari.

In condizioni normali, il glucosio ricavato dalla digestione dei carboidrati contenuti nel cibo vene distribuito alle cellule dell'organismo; tuttavia, la maggior parte del glucosio è captata dal fegato, che lo deposita nelle sue cellule sotto forma di glicogeno o lo trasforma in grassi di riserva, trasferiti poi al tessuto adiposo. In caso di digiuno, il glucosio necessario all'organismo proviene dalla demolizione del glicogeno nel fegato ma anche da un processo di sintesi endogena (*gluconeogenesi*), a partire da precursori come acido lattico e amminoacidi.

La glicolisi è la principale via catabolica del glucosio

Video Come avviene la glicolisi?

La **glicolisi** è la più importante via metabolica attraverso cui la maggior parte degli organismi demolisce la molecola del glucosio allo scopo di trarne energia.

Dal punto di vista chimico, la glicolisi determina una **parziale ossidazione del glucosio**: da una molecola a sei atomi di carbonio si ottengono due molecole di acido piruvico (piruvato) a tre atomi di carbonio. Il processo si accompagna alla riduzione di due molecole di NAD^+ a NADH e fornisce l'energia necessaria per formare due molecole di ATP.

PER SAPERNE DI PIÙ

La digestione permette di assimilare i carboidrati alimentari

I glicidi alimentari introdotti con la dieta comprendono soprattutto carboidrati *complessi*, come l'amido contenuto nel pane, nella pasta, nel riso e nelle patate, e zuccheri più *semplici* come saccarosio, lattosio, fruttosio e glucosio contenuti nello zucchero da tavola, nel latte, nella frutta e nel miele. Di questi, solo le molecole dei monosaccaridi possono essere assorbite come tali a livello intestinale. L'amido e i disaccaridi assunti con la dieta devono invece andare incontro a un processo digestivo che si svolge nel canale alimentare, a partire dalla bocca per poi proseguire nel duodeno (la prima parte dell'intestino tenue). Lo stomaco non è coinvolto nella digestione dei carboidrati.

Nel corso della digestione dei carboidrati, le voluminose molecole di amido vengono idrolizzate progressivamente fino ad ottenere maltosio e *destrine*, oligosaccaridi in cui sono presenti le ramificazioni 1,6-glicosidiche. Gli enzimi coinvolti in tale processo sono l'**amilasi salivare** (o ptialina) presente nella saliva prodotta dalle ghiandole salivari e l'**amilasi pancreatica** contenuta nel succo digestivo prodotto dal pancreas, entrambi capaci di idrolizzare i legami α1,4-glicosidici dell'amido. La digestione di maltosio e destrine è completata dalle **maltasi** e dalle **destrinasi**, enzimi secreti dalle cellule delle ghiandole intestinali: questo processo porta alla liberazione di glucosio.

$$\text{Destrine} + n\,H_2O \xrightarrow[\text{destrinasi}]{} n\,\text{D-glucosio}$$

$$\text{Maltosio} + H_2O \xrightarrow[\text{maltasi}]{} 2\,\text{D-glucosio}$$

Lattosio e saccarosio sono idrolizzati da specifiche **lattasi** e **saccarasi** con produzione dei monosaccaridi costitutivi. Il glucosio e gli altri monosaccaridi sono assorbiti dalle cellule dell'intestino tenue per mezzo di trasportatori di membrana e infine riversati nel sangue, grazie al quale raggiungono il fegato dove saranno metabolizzati.

$$\text{Lattosio} + H_2O \xrightarrow[\text{lattasi}]{} \text{D-galattosio} + \text{D-glucosio}$$

$$\text{Saccarosio} + H_2O \xrightarrow[\text{saccarasi}]{} \text{D-fruttosio} + \text{D-glucosio}$$

L'intera via della glicolisi può essere riassunta nella seguente equazione netta:

$$\underset{\text{Glucosio}}{C_6H_{12}O_6} + 2\ ADP + 2\ P_i + 2\ NAD^+ \longrightarrow \underset{\text{2 Acido piruvico}}{2\ C_3H_4O_3} + 2\ ATP + 2\ NADH + 2\ H^+ + 2\ H_2O$$

La glicolisi si svolge nel citosol di tutte le cellule e ha una resa energetica limitata, corrispondente solo al 6% dell'energia chimica che una cellula può ricavare dalla completa ossidazione di una molecola di glucosio. Per questo, in presenza di ossigeno (*condizioni aerobiche*) la maggior parte delle cellule eucariotiche trasferisce il piruvato e il NADH nei mitocondri, dove si completa il processo di ossidazione: questo sistema porta a un guadagno di energia considerevole in termini di ATP prodotto.

In assenza di ossigeno (*condizioni anaerobiche*), la via metabolica prosegue invece con la fermentazione.

PER SAPERNE DI PIÙ

Al valore di pH intracellulare, tutti i **metaboliti acidi** sono in forma anionica. perché liberano ioni H^+. Per questo motivo, l'acido piruvico viene indicato come *piruvato*, l'acido lattico come *lattato*, l'acido glutammico come *glutammato* ecc.

La glicolisi è costituita da numerose reazioni chimiche

La glicolisi procede per tappe e comprende dieci diverse reazioni (**Figura B2.19**), ciascuna delle quali è catalizzata da uno specifico enzima.

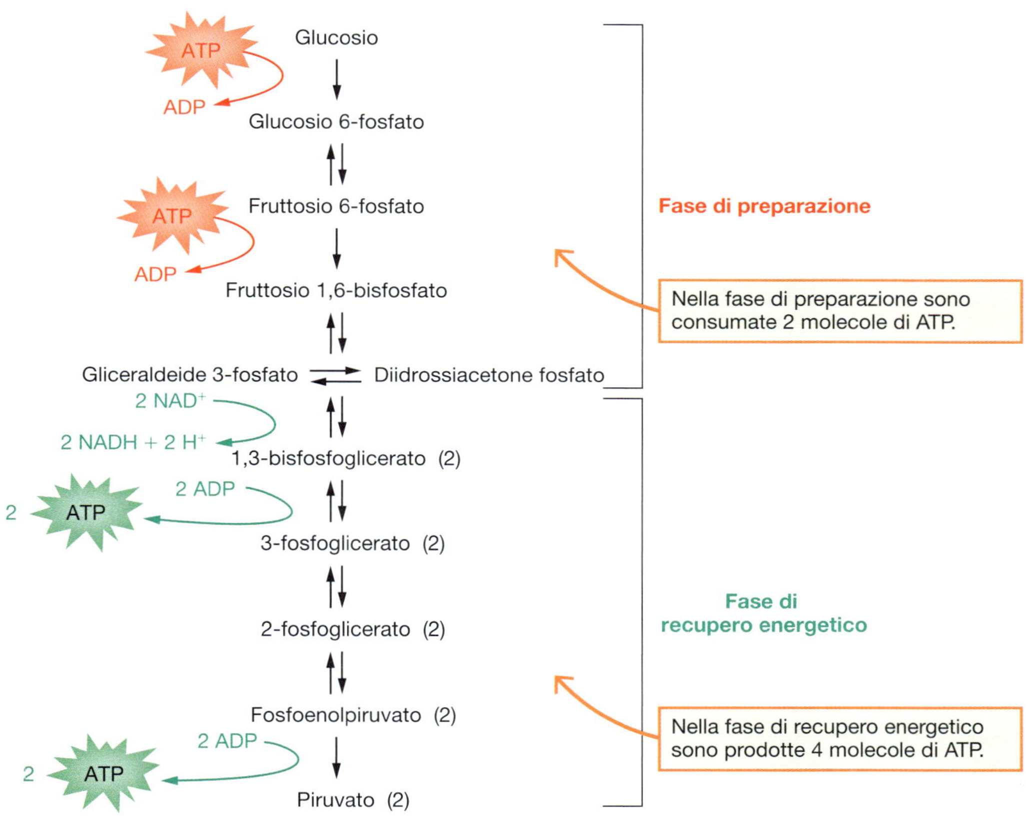

Figura B2.19 Schema complessivo della glicolisi. Il simbolo (2) indica che nella fase di recupero energetico le molecole sono doppie.

Osservando l'intera sequenza di reazioni della glicolisi, è possibile individuare due fasi ben distinte, ciascuna composta da cinque tappe:

1. nella prima, detta **fase di preparazione** (o *di innesco*), viene consumata energia sotto forma di ATP (fase *endoergonica*);
2. nella seconda, detta **fase di recupero energetico**, vengono prodotte molecole di ATP e NADH (fase *esoergonica*).

È importante sottolineare che nella glicolisi le molecole di zucchero si trovano sotto forma di *esteri fosforici*: il legame con un gruppo fosfato fornisce una carica negativa che impedisce alle molecole di glucosio e altri monosaccaridi di fuoriuscire dalla cellula attraversando la membrana citoplasmatica.

TI RICORDI?

Un **estere fosforico** si ottiene per reazione fra un composto con funzione alcolica (—OH) e una molecola di acido fosforico.

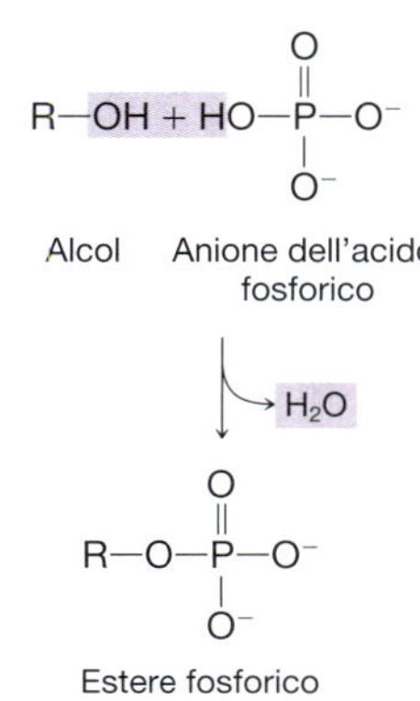

La fase di preparazione della glicolisi

Le cinque reazioni che caratterizzano la prima fase della glicolisi sono, nel complesso, **endoergoniche** (Figura B2.20). La cellula consuma energia sotto forma di due molecole di ATP per fosforilare la molecola di glucosio, preparandolo alla scissione in due molecole più piccole. I prodotti di queste reazioni sono rapidamente utilizzati nella fase successiva senza accumularsi.

Gli enzimi coinvolti in questa fase appartengono alle famiglie delle *trasferasi* (esochinasi/glucochinasi e fosfofruttochinasi), *isomerasi* (fosfoesoso isomerasi e triosofosfato isomerasi) e *liasi* (aldolasi).

Nella *prima reazione* della glicolisi, la molecola di glucosio viene fosforilata con formazione di glucosio 6-fosfato. La reazione è catalizzata dalla *glucochinasi* nel fegato e dalla *esochinasi* in tutte le altre cellule. È un passaggio fondamentale perché consente di mantenere bassa la concentrazione di glucosio libero all'interno della cellula, mantenendo il gradiente e favorendo così un continuo afflusso dello zucchero dall'esterno.

L'*ultima reazione* della fase preparatoria prevede la conversione del diidrossiacetone fosfato in **gliceraldeide 3-fosfato** che può proseguire nella fase di recupero energetico.

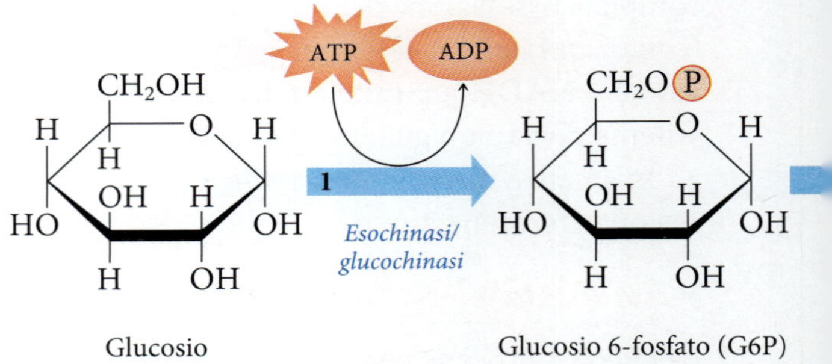

1. L'enzima **esochinasi** (**glucochinasi**) trasferisce un gruppo fosfato dall'ATP al C-6 del glucosio, con formazione di glucosio 6-fosfato e ADP.

Figura B2.20
Le tappe della fase di preparazione della glicolisi.

La fase di recupero energetico della glicolisi

La seconda fase della glicolisi (Figura B2.21) vede coinvolte due molecole di gliceraldeide 3-fosfato provenienti dalla fase di preparazione, per cui gli stessi processi si svolgono due volte. Le reazioni di questa fase sono, nel complesso, **esoergoniche**. L'energia liberata viene utilizzata per produrre quattro molecole di ATP e ridurre due molecole di NAD^+ a NADH.

Gli enzimi coinvolti in questa fase appartengono alle famiglie delle *ossidoreduttasi* (gliceraldeide-3-fosfato deidrogenasi), *trasferasi* (fosfoglicerato chinasi e piruvato chinasi), *liasi* (enolasi) e *isomerasi* (fosfoglicerato mutasi).

Nelle reazioni catalizzate dalla *fosfoglicerato chinasi* e dalla *piruvato chinasi*, i gruppi fosfato presenti in posizione 1 del 1,3-bisfosfoglicerato e nel fosfoenolpiruvato vengono trasferiti a molecole di ADP con formazione di molecole di ATP. Il processo prende il nome di **fosforilazione a livello del substrato** perché l'energia contenuta nelle molecole di 1,3-bisfosfoglicerato e fosfoenolpiruvato può essere utilizzata direttamente per sintetizzare ATP. Questo si distingue dalla modalità principale di produzione dell'ATP che si svolge nel mitocondrio, nota come *fosforilazione ossidativa* (*vedi* paragrafo 7).

L'ultima reazione della glicolisi porta alla formazione di **piruvato**: la demolizione di una molecola di glucosio attraverso la glicolisi genera quindi due molecole di piruvato.

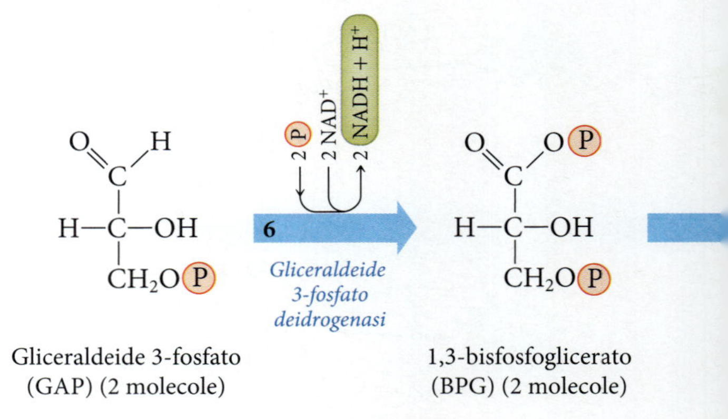

6. L'enzima **gliceraldeide 3-fosfato deidrogenasi** ossida il gruppo aldeidico della gliceraldeide 3-fosfato a gruppo carbossile con produzione di una molecola di NADH. Simultaneamente, viene legato un fosfato inorganico al nuovo gruppo carbossile, con formazione di 1,3-bisfosfoglicerato.

Figura B2.21
Le tappe della fase di recupero energetico della glicolisi.

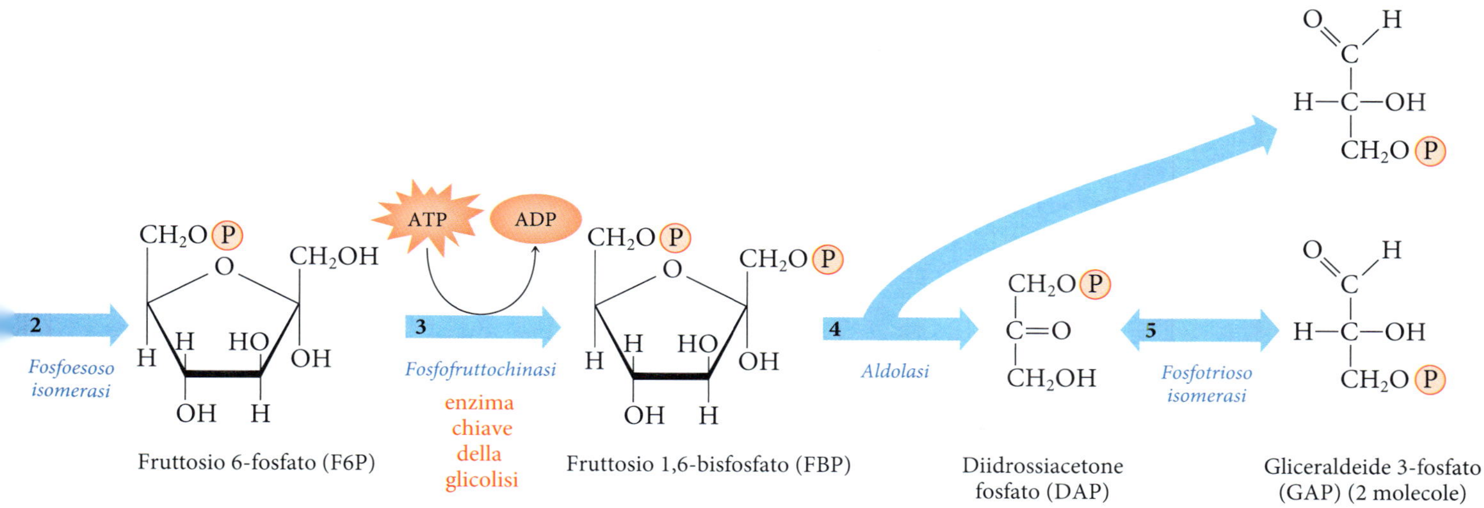

2. L'enzima **fosfoesoso isomerasi** converte il glucosio 6-fosfato, un aldoesoso, in fruttosio 6-fosfato, il chetoesoso corrispondente.

3. L'enzima **fosfofruttochinasi** trasferisce un gruppo fosfato dall'ATP al C-1 del fruttosio 6-fosfato, con formazione di fruttosio 1,6-bisfosfato e ADP. Il fruttosio 1,6-bisfosfato è pronto per la scissione.

4. L'enzima **aldolasi** scinde il legame fra gli atomi di carbonio 3 e 4 del fruttosio 1,6-bisfosfato, generando due molecole di zucchero a tre atomi di carbonio, la gliceraldeide 3-fosfato e il diidrossiacetone fosfato.

5. L'enzima **fosfotrioso isomerasi** catalizza la reazione di interconversione fra diidrossiacetone fosfato e gliceraldeide 3-fosfato.

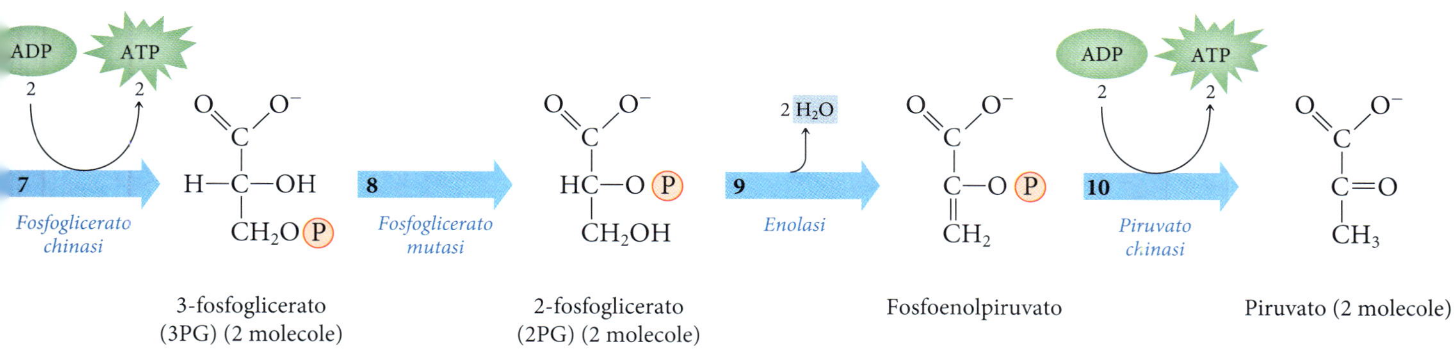

7. L'enzima **fosfoglicerato chinasi** catalizza il trasferimento del gruppo fosfato dall'1,3-bisfosfoglicerato all'ADP, con formazione di ATP e 3-fosfoglicerato.

8. L'enzima **fosfoglicerato mutasi** consente lo spostamento del gruppo fosfato dal C-3 al C-2 della catena, con formazione di 2-fosfoglicerato.

9. L'enzima **enolasi** catalizza la perdita di una molecola di acqua dalla molecola di 2-fosfoglicerato con formazione di un doppio legame fra il C-2 e il C-3. Si genera un composto enolico, il fosfoenolpiruvato.

10. L'enzima **piruvato chinasi** trasferisce il gruppo fosfato dal fosfoenolpiruvato all'ADP con formazione di ATP e piruvato.

GUARDA! i video

Il controllo della glicolisi

La glicolisi, come le altre vie metaboliche, è finemente regolata e si attiva solo in caso di necessità. Se non è necessaria la sintesi di nuovo ATP, il processo viene bloccato in alcuni punti particolari.

La **regolazione della glicolisi** avviene tramite il controllo allosterico della fosfofruttochinasi, l'enzima chiave. Questo enzima è attivato da AMP e fruttosio 2,6-bisfosfato, mentre è inibito da ATP e citrato.

- In condizioni di **abbondanza energetica** la cellula è ricca in ATP e citrato (proveniente dal mitocondrio) e quindi la glicolisi viene rallentata per evitare un inutile consumo di substrati;
- La **carenza energetica** nella cellula, che si traduce in un aumento di AMP nel citosol per l'idrolisi dell'ATP, porta invece all'attivazione della glicolisi e alla produzione di energia. In realtà, il prodotto principale di idrolisi dell'ATP è l'ADP. Nella cellula, tuttavia, l'enzima *adenilato chinasi* trasforma continuamente due molecole di ADP in una di ATP e una di AMP. Per questo motivo, la concentrazione di AMP aumenta quando vi è un consumo intenso di ATP. Il fruttosio 2,6-bisfosfato è prodotto nelle cellule stimolate dall'insulina, un ormone prodotto dopo i pasti. In queste condizioni, la glicolisi cellulare si attiva al massimo per smaltire il glucosio assorbito dall'intestino.

La glicolisi si può svolgere in due condizioni diverse

Lo svolgimento della glicolisi dipende dalla disponibilità di glucosio ma anche dalla presenza di quantità adeguate del coenzima NAD^+ che viene ridotto a NADH. Affinché la glicolisi possa procedere è necessario che il NAD^+ sia continuamente rigenerato attraverso un processo di *riossidazione del NADH*.

In presenza di ossigeno (**condizioni aerobiche**) si svolge la respirazione cellulare e il NADH viene trasferito nel mitocondrio dove è ossidato a NAD^+ dalla catena di trasporto elettronico, che usa l'ossigeno come accettore finale di elettroni. In queste condizioni, la glicolisi si conclude con la produzione di piruvato che viene trasferito nel mitocondrio dove va incontro a ulteriori processi metabolici ossidativi.

In assenza di ossigeno (**condizioni anaerobiche**), sono invece necessarie una o più reazioni aggiuntive, dette *reazioni di fermentazione*, che rigenerano il NAD^+ direttamente nel citoplasma. La glicolisi anaerobica trasforma quindi il piruvato con le fermentazioni in altre molecole senza trasferirlo nel mitocondrio (**Figura B2.22**).

HAI CAPITO?

- Quali sono i possibili destini del piruvato al termine della glicolisi?

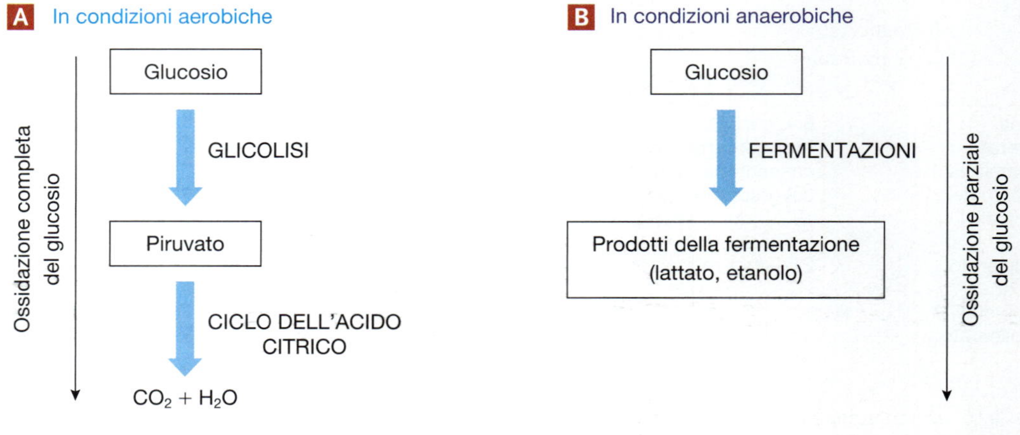

Figura B2.22 La glicolisi porta alla formazione di sostanze diverse a seconda che si svolga in condizioni aerobiche (**A**) o anaerobiche (**B**).

Le fermentazioni

Gli organismi anaerobi, che non possiedono mitocondri o organuli analoghi, utilizzano come accettori degli atomi di idrogeno del NADH il piruvato e l'aldeide acetica: il piruvato si trasforma così in *acido lattico* mentre l'aldeide acetica dà origine a *etanolo*, che la cellula elimina come sostanze di rifiuto. Questi due processi, noti rispettivamente come **fermentazione lattica** e **fermentazione alcolica**, rivestono una grande importanza nell'industria delle bevande alcoliche, della produzione di yogurt e della panificazione. Questi processi sfruttano la capacità di lieviti e batteri di utilizzare il glucosio presente nel mosto, nel latte o nella farina (**Figura B2.23**). Nel corso della fermentazione alcolica vengono prodotti etanolo e CO_2: l'etanolo è indispensabile per la produzione di bevande alcoliche, mentre il CO_2 favorisce la lievitazione del pane. Nella fermentazione lattica si ha invece la produzione di acido lattico, la sostanza che acidifica il latte e ne determina la trasformazione nella massa cremosa degli yogurt.

Video Come avviene la fermentazione?

Video Come funziona l'enzima alcol deidrogenasi?

Video How does the alcohol dehydrogenase work?

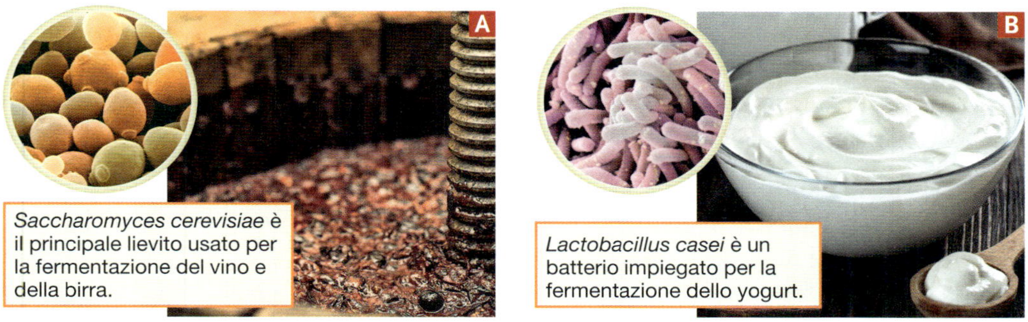

Figura B2.23
La fermentazione di lieviti e batteri.

Lo schema della **Figura B2.24** illustra le tappe metaboliche della fermentazione alcolica e di quella lattica.

La fermentazione non è però una prerogativa esclusiva di batteri e lieviti. Qualcosa di analogo avviene anche negli esseri umani. Per esempio, le cellule muscolari compiono a volte un lavoro così intenso da non ricevere sufficienti quantità di ossigeno dal sangue. In tali condizioni, le cellule muscolari si comportano come organismi anaerobi e producono lattato, la sostanza responsabile dell'indolenzimento che si prova ai muscoli al termine di uno sforzo molto intenso. In questo caso, tuttavia, il lattato non viene eliminato come sostanza di rifiuto, ma è recuperato dal fegato che lo trasforma in glucosio attraverso un processo di sintesi.

HAI CAPITO?

- In quali condizioni si svolgono le fermentazioni? Qual è il loro ruolo metabolico?

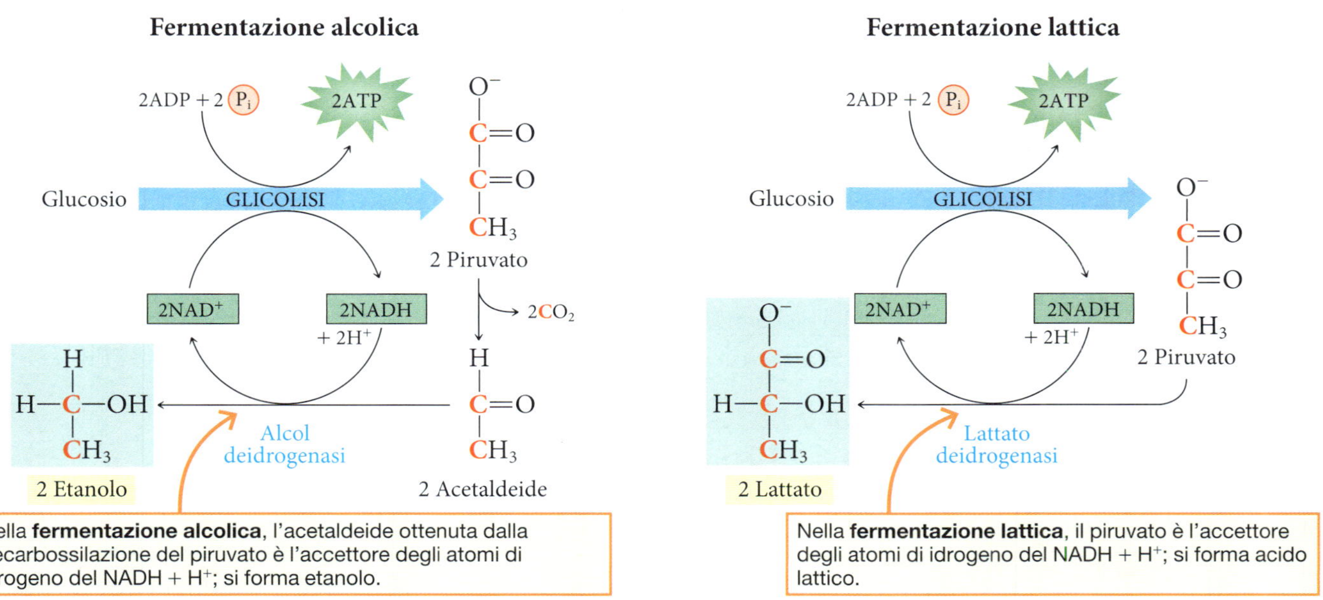

Figura B2.24
Fermentazione alcolica e fermentazione lattica.

GUARDA! il video

5 Il ciclo dell'acido citrico

La resa energetica della glicolisi è di per sé molto bassa ma il piruvato, suo prodotto finale in condizioni aerobie, può innescare una nuova via e fornire altra energia alla cellula. In presenza di ossigeno, una qualsiasi cellula provvista di mitocondri è in grado di ossidare completamente il piruvato fino a ottenere CO_2.

L'insieme delle reazioni ossidative che si svolgono nei mitocondri e garantiscono la produzione della maggior parte dell'energia cellulare prende il nome di **metabolismo terminale**.

Il metabolismo terminale coinvolge due processi: la *decarbossilazione ossidativa del piruvato* e il *ciclo dell'acido citrico*. Da questi si ottengono CO_2 e coenzimi ridotti (NADH e $FADH_2$) che funzionano come riserve di elettroni che verranno poi trasferiti sull'ossigeno nella successiva catena di trasporto elettronico, con formazione di H_2O. L'intero processo è accoppiato alla produzione di ATP. Queste vie metaboliche si svolgono nei mitocondri, gli organuli che nella cellula svolgono il ruolo di «centrali energetiche».

Video Come avviene la respirazione cellulare?

I mitocondri sono le fabbriche dell'energia

Negli eucarioti, compresi gli esseri umani, i processi ossidativi completi che avvengono dopo la glicolisi si svolgono nei **mitocondri**, organuli cellulari rivestiti da un doppio sistema di membrane (Figura B2.25).

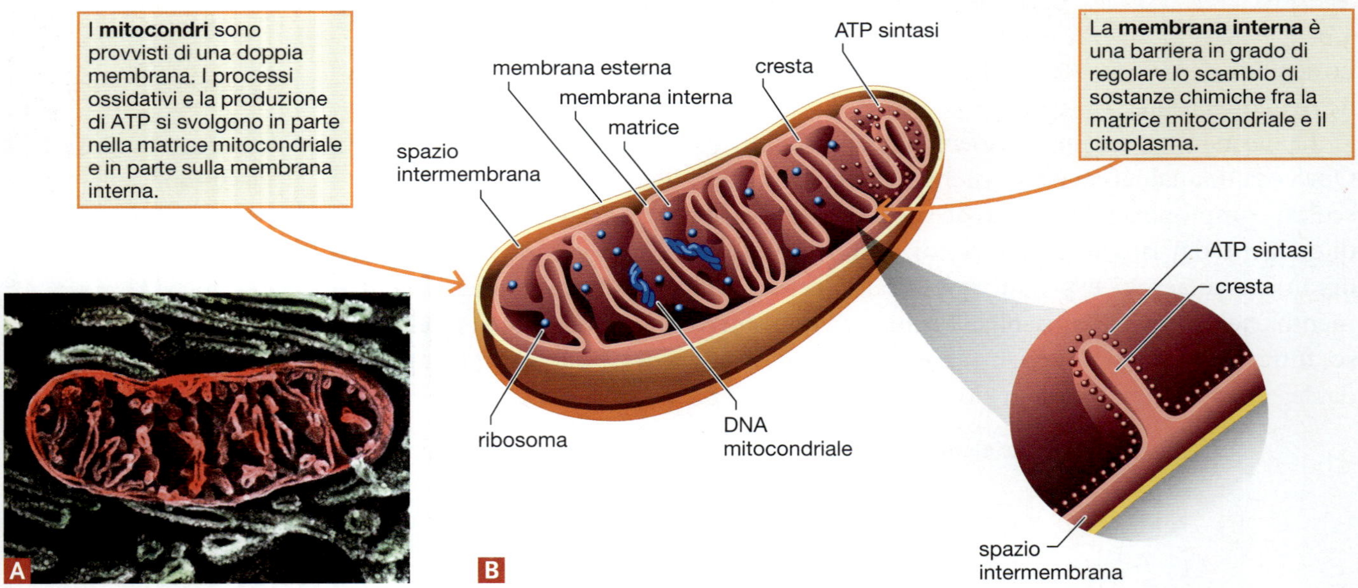

Figura B2.25 Il mitocondrio. (**A**) Immagine di un mitocondrio al microscopio elettronico e (**B**) la rappresentazione schematica della sua morfologia.

La membrana interna del mitocondrio si introflette a formare numerose pieghe, dette *creste mitocondriali*, che delimitano uno spazio interno, la *matrice mitocondriale*. La matrice è sede di molteplici vie metaboliche, fra cui la decarbossilazione ossidativa del piruvato e il ciclo dell'acido citrico. La membrana mitocondriale interna è sede della catena di trasporto elettronico e della produzione di ATP.

La decarbossilazione ossidativa dell'acido piruvico genera acetil-CoA

Il punto di passaggio fra la glicolisi e il ciclo dell'acido citrico consiste nella *decarbossilazione ossidativa del piruvato ad acetile* (un gruppo chimico a due atomi di carbonio) e nella trasformazione di questo in *acetil-CoA* grazie al legame con il coenzima A.

Il coenzima A (CoA) è un composto derivato dal pantotenato, una vitamina idrosolubile del gruppo B (*vedi* Capitolo B1).

Il processo inizia con l'ingresso della molecola di piruvato nei mitocondri grazie ad uno specifico trasportatore di membrana. A questo punto il piruvato diviene il substrato di una reazione catalizzata dal **complesso multienzimatico della piruvato deidrogenasi**, costituito da numerose subunità proteiche dotate di tre diverse attività enzimatiche e da cinque coenzimi: tiaminapirofosfato, CoA, lipoamide, FAD e NAD^+ (Figura B2.26).

PER SAPERNE DI PIÙ

Un **complesso multienzimatico** è formato da più catene polipeptidiche con attività enzimatica. Il substrato è trasformato in prodotto in molteplici passaggi senza che gli intermedi siano liberati nell'ambiente circostante. Ciò garantisce un'alta efficienza del sistema.

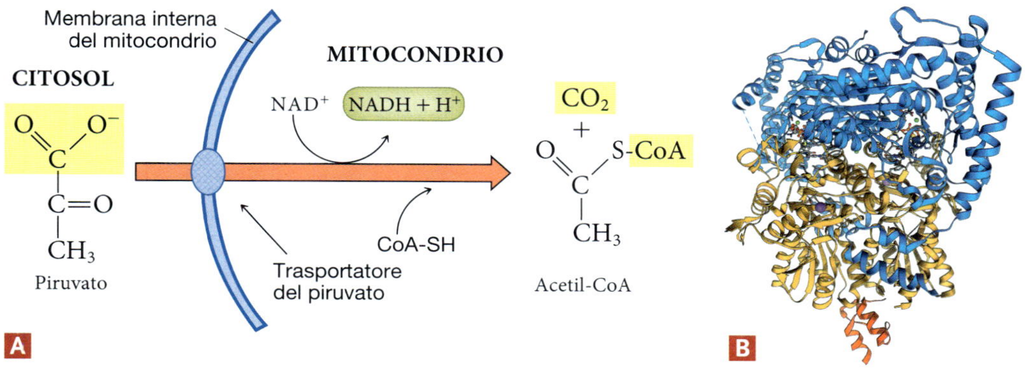

Figura B2.26
Reazione della piruvato deidrogenasi (**A**) e struttura molecolare dell'enzima (**B**).

La decarbossilazione ossidativa del piruvato è una reazione irreversibile in cui si ha la produzione di una molecola di acetil-CoA, accoppiata alla formazione di una molecola di NADH e alla liberazione di una molecola di CO_2. Il principale destino metabolico dell'acetil-CoA prodotto è quello di entrare nel ciclo dell'acido citrico per essere completamente ossidato. L'attività del complesso della piruvato deidrogenasi è finemente regolata in modo allosterico: ATP, NADH e acetil-CoA sono *inibitori*; AMP, CoA e NAD^+ sono invece *attivatori* del complesso.

HAI CAPITO?

- Ci sono analogie fra la regolazione della glicolisi e la regolazione della piruvato deidrogenasi?

▶ Il ciclo dell'acido citrico ossida l'acetil-CoA a CO_2

L'acetil-CoA che si genera all'interno dei mitocondri rappresenta un nodo metabolico fondamentale sul quale confluiscono tutti i processi catabolici. Oltre che dal catabolismo dei carboidrati, l'acetil-CoA si ottiene anche dal catabolismo degli acidi grassi e degli amminoacidi (Figura B2.27).

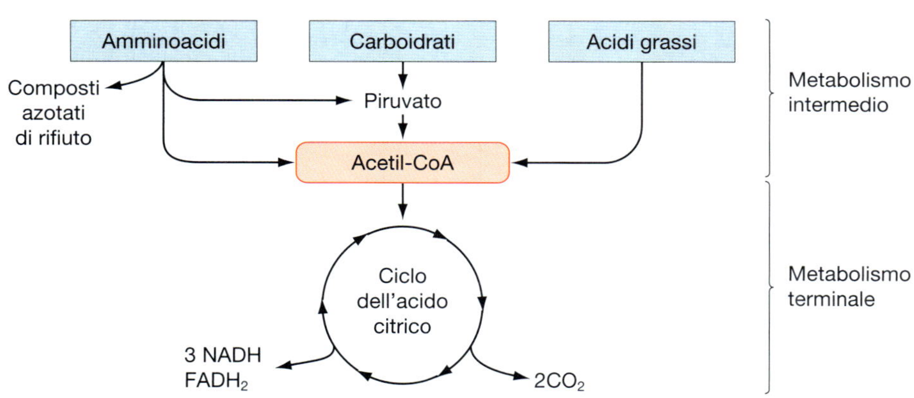

Figura B2.27
Schema riassuntivo del catabolismo della cellula.

Una volta formato, l'acetil-CoA entra in una via metabolica ciclica che va sotto il nome di **ciclo dell'acido citrico**, detto anche *ciclo degli acidi tricarbossilici* o *ciclo di Krebs*, dal nome dello scienziato che lo scoprì. Tutti gli enzimi del ciclo si trovano nella matrice mitocondriale; l'unica eccezione è data dalla *succinato deidrogenasi*, che si trova invece immersa nella membrana mitocondriale interna.

PER SAPERNE DI PIÙ

Nell'acetil-CoA è presente un **legame tioestere** fra il gruppo carbossile dell'acetato e il gruppo —SH del coenzima A.

LE PAROLE

Il ciclo dell'acido citrico prende anche il nome di **ciclo degli acidi tricarbossilici** perché l'acido citrico è un acido organico provvisto di tre gruppi carbossile.

Nel **ciclo dell'acido citrico** una molecola di acetil-CoA viene completamente ossidata con liberazione del CoA, di due molecole di CO_2, una molecola di GTP, tre molecole di NADH e una di $FADH_2$.

L'intero processo è riassunto dalla seguente equazione:

$$\text{Acetil-CoA} + 3\,NAD^+ + FAD + GDP + P_i + 2\,H_2O \rightarrow$$
$$\rightarrow 2\,CO_2 + 3\,NADH + 3\,H^+ + FADH_2 + GTP + CoA$$

A sua volta, il GTP cede un gruppo fosfato all'ADP per formare una molecola di ATP da sfruttare come energia diretta. L'intera via metabolica si sviluppa in *otto tappe*, ognuna della quali è catalizzata da un enzima specifico (**Figura B2.28**).

L'elevato numero di deidrogenasi coinvolte nel processo testimonia il carattere fortemente ossidativo del ciclo dell'acido citrico.

L'ingresso dell'acetil-CoA nel ciclo dell'acido citrico avviene grazie al trasferimento del gruppo acetile su una molecola di *ossalacetato*: questa reazione è catalizzata dall'enzima *citrato sintasi* e porta alla formazione del citrato. Quest'ultimo viene successivamente trasformato in una serie di intermedi fino alla rigenerazione dell'ossalacetato, che rientra nuovamente in gioco per legare un altro gruppo acetile.

Il ciclo dell'acido citrico genera in modo diretto solo una piccola quantità di ATP. Dobbiamo tuttavia ricordare che il ciclo dell'acido citrico si svolge in presenza di ossigeno e che i coenzimi NADH e $FADH_2$ prodotti saranno destinati a cedere elettroni alla molecola di O_2 attraverso la *catena di trasporto elettronico*: questo processo libera l'energia che permette la sintesi di grandi quantità di ATP. La stessa catena di trasferimento elettronico serve a rigenerare i coenzimi NAD^+ e FAD necessari per lo svolgimento di quasi tutte le reazioni ossidative del metabolismo.

La *velocità* con cui decorre il ciclo dell'acido citrico è regolata dalla richiesta di ATP da parte della cellula. Il principale enzima regolatore del ciclo di Krebs è la **citrato sintasi** che è inibita da ATP e NADH e attivata da ADP.

▶ Il ciclo dell'acido citrico ha un ruolo anche nell'anabolismo

È importante ricordare che il ciclo dell'acido citrico ha un ruolo **anfibolico**, ovvero partecipa sia al catabolismo sia all'anabolismo: oltre a rappresentare la via terminale del metabolismo ossidativo (catabolismo), il ciclo dell'acido citrico fornisce anche i precursori di alcune vie anaboliche. Per esempio, nelle *cellule del fegato* il citrato può essere trasferito nel citoplasma, dove viene degradato a ossalacetato e acetil-CoA. Quest'ultimo è utilizzato per la biosintesi degli acidi grassi e del colesterolo. Inoltre, molti amminoacidi possono essere sintetizzati direttamente o indirettamente dall'α-chetoglutarato e dall'ossalacetato, intermedi del ciclo dell'acido citrico.

Data l'importanza del ciclo dell'acido citrico nel metabolismo energetico, è fondamentale che gli intermedi della via siano sempre presenti in quantità adeguate. In caso contrario, la cellula morirebbe per carenza di energia. Per evitare che ciò accada, sono di particolare importanza le cosiddette **reazioni anaplerotiche** (reazioni di riempimento), in cui vengono prodotti intermedi del ciclo dell'acido citrico e grazie alle quali viene garantito il continuo rifornimento di tali composti alla cellula. La **Tabella B2.1** riporta alcuni esempi di reazioni anaplerotiche.

Tabella B2.1
Alcuni esempi di reazioni anaplerotiche.

Reagenti	Enzima	Prodotti
Piruvato + HCO_3^- + ATP	Piruvato carbossilasi	Ossalacetato + ADP + P_i
Fosfoenolpiruvato + CO_2 + GDP	PEP carbossichinasi	Ossalacetato + GTP
Piruvato + HCO_3^- + NAD(P)H + H^+	Enzima malico	Malato + $NAD(P)^+$

Figura B2.28
Dettaglio delle reazioni del ciclo dell'acido citrico: sono evidenziate le molecole di CO_2, i coenzimi che vengono consumati o liberati nel corso del ciclo e il GTP prodotto.

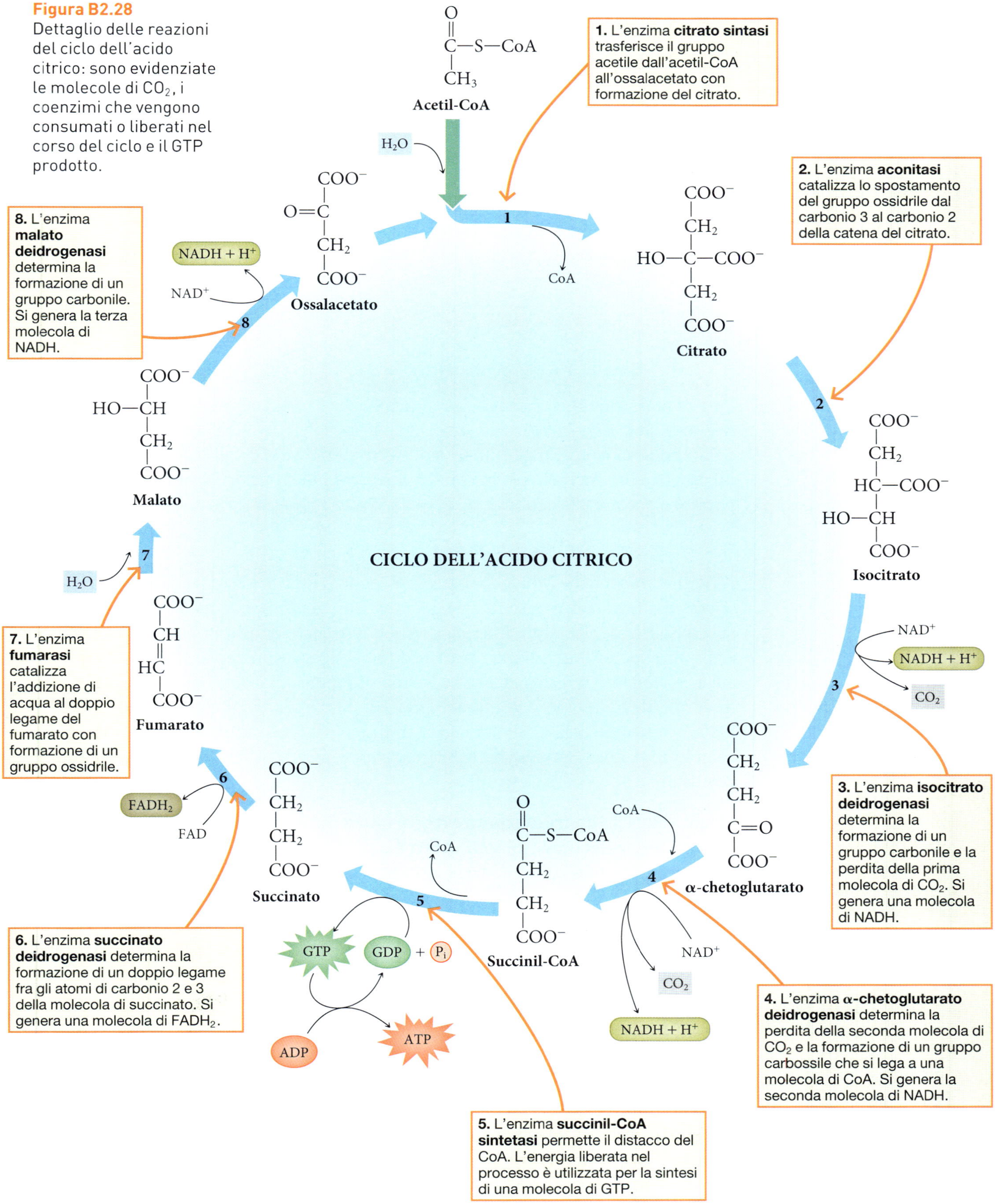

6 Il trasferimento di elettroni nella catena respiratoria

Dopo la glicolisi e il ciclo dell'acido citrico, affinché il metabolismo ossidativo possa svolgersi senza interruzioni, è necessario che i coenzimi NADH e $FADH_2$ siano riconvertiti alla loro forma ossidata, ovvero NAD^+ e FAD. Per fare questo, i coenzimi nella forma ridotta trasferiscono gli elettroni all'ossigeno attraverso una serie di reazioni redox cui partecipano i trasportatori di elettroni della **catena respiratoria** (detta anche *catena di trasporto elettronico*). L'energia che si libera in questo processo di trasferimento elettronico viene usata per la biosintesi della maggior parte dell'ATP prodotto dalla cellula.

Aspetti energetici del trasferimento elettronico

Consideriamo un'ipotetica reazione in cui il coenzima NADH ceda direttamente i suoi elettroni all'ossigeno:

$$NADH + H^+ + \tfrac{1}{2}O_2 \rightarrow NAD^+ + H_2O \qquad \Delta G^{\circ\prime} = -220 \text{ kJ/mol}$$

Questa reazione è fortemente esoergonica e libera 220 kJ per mole di elettroni trasferita. Se si pensa che la reazione di idrolisi dell'ATP ha $\Delta G^{\circ\prime} = -30{,}5$ kJ/mol, è facile comprendere come il trasferimento di elettroni dal NADH all'ossigeno abbia enormi potenzialità energetiche: in condizioni standard, il trasferimento di due elettroni potrebbe portare alla produzione di oltre *sette molecole di ATP*.

I trasportatori di elettroni

Nei mitocondri delle cellule il processo di ossidazione del NADH e del $FADH_2$ non si svolge tuttavia attraverso una singola reazione redox come quella appena illustrata. Se così fosse, l'energia liberata sarebbe dispersa completamente come calore e non potrebbe essere utilizzata per produrre ATP. Al contrario, circa il 40% di tale energia viene immagazzinata sotto forma di energia chimica con la formazione di molecole di ATP. Ciò è possibile perché il passaggio degli elettroni da NADH e $FADH_2$ alla molecola di O_2 si realizza in modo graduale, attraverso una serie di reazioni redox che coinvolgono numerosi *trasportatori*, ovvero molecole in grado di acquistare e poi cedere elettroni.

PER SAPERNE DI PIÙ
Il **potenziale di riduzione standard** (***E***°) esprime la tendenza di una specie chimica ad acquistare elettroni, ossia ridursi. Al crescere di *E*° aumenta la forza ossidante della specie.

Ogni volta che un **trasportatore** riceve uno o più elettroni si riduce, per riossidarsi immediatamente dopo, attraverso la cessione degli stessi elettroni a un altro trasportatore con potenziale di riduzione maggiore.

I trasportatori di elettroni che intervengono nel processo di trasferimento elettronico sono di diversi tipi.

1. Le **flavoproteine** sono proteine che contengono un gruppo prostetico flavinico (FMN o FAD) in grado di legare reversibilmente due elettroni.
2. Le **proteine ferro-zolfo** (Fe-S) possiedono *centri ferro-zolfo*, gruppi chimici costituiti da ioni ferro che formano complessi con atomi di zolfo, capaci di legare reversibilmente un elettrone alla volta.
3. I **citocromi** (cyt) sono proteine contenenti il gruppo *eme* in cui lo ione ferro può ridursi legando reversibilmente un elettrone per passare dalla forma Fe^{3+} a quella Fe^{2+}. Esistono più tipi di citocromi (per esempio, cyt *a*, cyt a_3, cyt b_L, cyt b_H, cyt *c*, cyt c_1), ognuno dei quali contiene un diverso tipo di eme (*a*, *b* e *c*).
4. Le **proteine contenenti ioni Cu** (Cu_A, Cu_B,) presentano centri binucleari Cu-Cu e Fe-Cu che agiscono in modo simile ai centri Fe-S, legando reversibilmente elettroni.

TI RICORDI?
I **gruppi prostetici** sono le porzioni non polipeptidiche delle proteine coniugate. La loro presenza è necessaria per la funzione della proteina.

5. Il **coenzima Q** (Q), detto anche *ubichinone*, è una molecola organica derivata dai terpeni che può legare reversibilmente due elettroni. L'ubichinone si trova in forma libera nella membrana mitocondriale interna e non è associato a catene polipeptidiche (**Figura B2.29**).

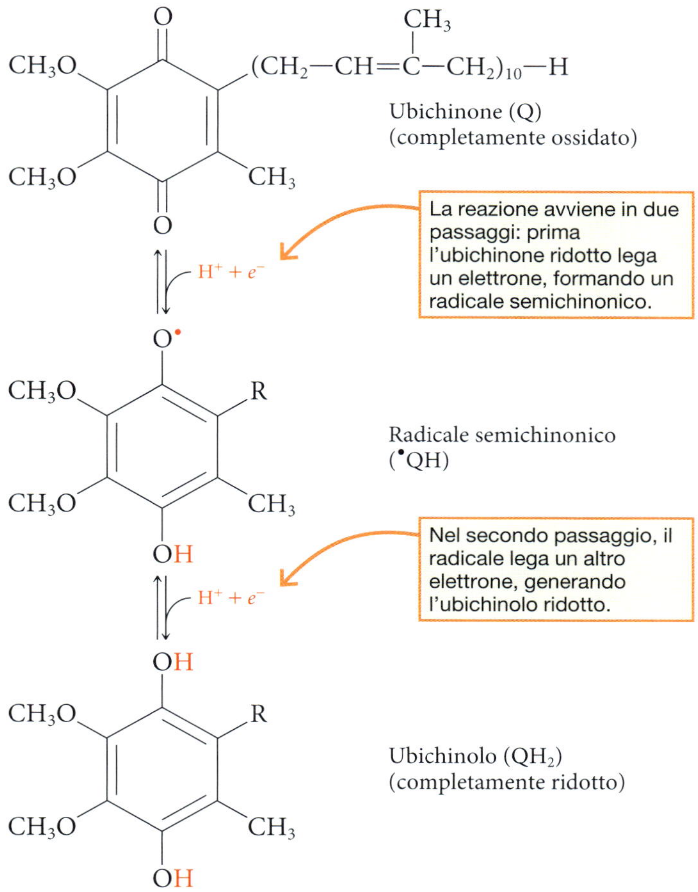

Figura B2.29
L'ubichinone o coenzima Q è in grado di legare reversibilmente due elettroni.

HAI CAPITO?
- Qual è il ruolo dei trasportatori nella catena respiratoria?

La catena di trasporto degli elettroni

La sequenza delle reazioni redox attraverso cui gli elettroni vengono trasferiti dai donatori iniziali, ovvero il NADH o il $FADH_2$, all'accettore finale, cioè O_2, prende il nome di **catena di trasporto degli elettroni** (o **catena respiratoria**).

Il processo si realizza nella membrana mitocondriale interna, dove sono localizzati i trasportatori di elettroni. Questi, a loro volta, sono in genere strutturati all'interno di voluminosi *complessi proteici* di membrana che comprendono numerose subunità polipeptidiche (**Tabella B2.2**).

Tabella B2.2
Complessi proteici della catena di trasporto degli elettroni nei mitocondri.

Complesso enzimatico/proteina		Massa (kDa)	Numero di subunità*	Gruppo(i) prostetico(i)
I	NADH deidrogenasi	850	43 (14)	FMN, Fe-S
II	Succinato deidrogenasi	140	4	FAD, Fe-S
III	Ubichinone: citocromo *c* ossidoreduttasi	250	11	Eme, Fe-S
	Citocromo *c***	13	1	Eme
IV	Citocromo *c* ossidasi	160	13 (3-4)	Eme; Cu_A, Cu_B

* Fra parentesi sono indicati i numeri di subunità degli equivalenti batterici.
** Si noti che il citocromo *c* non fa parte di nessun complesso enzimatico e può quindi spostarsi tra il Complesso III e il Complesso IV come una proteina solubile.

GUARDA! il video

La catena respiratoria è organizzata in modo tale che una molecola di ossigeno riceva *simultaneamente* quattro elettroni (e quattro ioni H^+) trasformandosi in due molecole d'acqua. Questo sistema evita che la molecola di ossigeno venga ridotta solo parzialmente e possa generare specie reattive ossidanti, quali l'anione superossido O_2^-, in grado di danneggiare in modo irreversibile le strutture cellulari.

I quattro complessi della catena respiratoria prendono i seguenti nomi:

- **complesso I** (*NADH: ubichinone ossidoreduttasi* o *NADH deidrogenasi*);
- **complesso II** (*succinato-ubichinone ossidoreduttasi* o *succinato deidrogenasi*);
- **complesso III** (*ubichinone: citocromo* c *ossidoreduttasi* o *citocromo* c *reduttasi*);
- **complesso IV** (*citocromo* c *ossidasi*).

A questi si aggiungono l'**ubichinone** e il **citocromo *c*** che non fanno parte di alcun complesso (**Figura B2.30**).

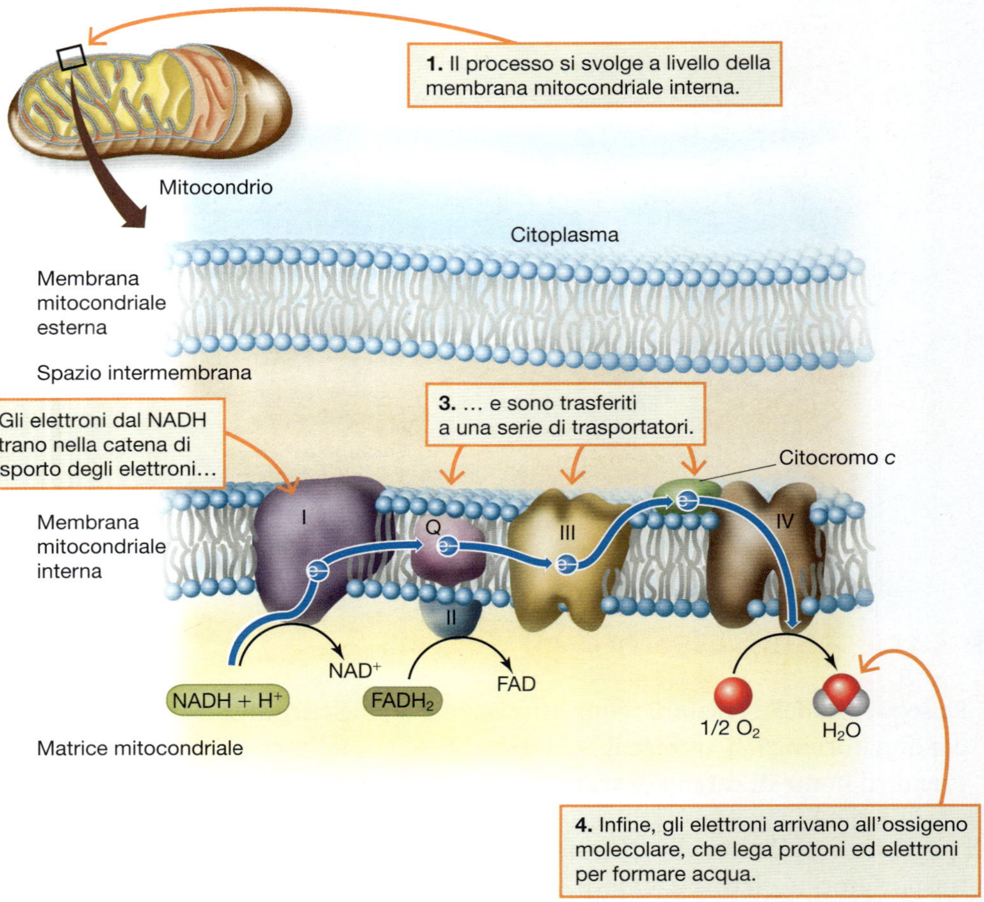

Figura B2.30
Il trasferimento di elettroni attraverso i quattro complessi molecolari della catena respiratoria.

Gli elettroni ceduti dalle molecole di NADH passano al *complesso I*, all'interno del quale gli elettroni fluiscono attraverso i numerosi trasportatori (una flavoproteina contenente FMN e diverse proteine Fe-S) fino a giungere al *coenzima Q*. Da qui gli elettroni sono trasferiti al *complesso III* che, attraverso l'azione di alcuni trasportatori, cede gli elettroni al citocromo *c*, un trasportatore isolato che agisce come una proteina solubile. Il citocromo *c* trasferisce gli elettroni al *complesso IV*. Quest'ultimo cede elettroni a un atomo di ossigeno (ovvero, mezza molecola di ossigeno) che si unisce a due idrogenioni e forma una molecola di acqua.

Gli elettroni del $FADH_2$ passano direttamente al *complesso II*, senza passare dal complesso I, e da questo, tramite alcuni trasportatori (flavoproteina contenente FAD e diverse proteine Fe-S), al coenzima Q per poi proseguire nel modo tradizionale fino all'ossigeno.

HAI CAPITO?

- Qual è la funzione della catena respiratoria?

Il gradiente protonico

Il processo di trasferimento degli elettroni all'ossigeno è accompagnato dal **passaggio di ioni H^+** dalla matrice mitocondriale allo spazio intermembrana. In particolare, il trasferimento di due elettroni comporta il passaggio di quattro ioni H^+ a livello del complesso I, quattro ioni H^+ a livello del complesso III e due ioni H^+ a livello del complesso IV. Il trasferimento di due elettroni dal NADH all'ossigeno pompa quindi dieci ioni H^+ nello spazio intermembrana. Dato che a livello del complesso II non si ha passaggio di ioni H^+, il trasferimento di due elettroni dal $FADH_2$ all'ossigeno determina il pompaggio di soli sei ioni H^+.

Video Che cos'è la forza proton-motrice?

L'**accumulo di ioni H^+** nello spazio intermembrana è proporzionale all'intensità del flusso di elettroni nella catena respiratoria.

Ai due lati della membrana mitocondriale interna si genera così un **gradiente protonico** (o *gradiente elettrochimico*) dovuto alla combinazione di due componenti:

- il **gradiente chimico** è generato dalla diversa concentrazione di protoni ai due lati della membrana mitocondriale interna;
- il **gradiente elettrico** è dovuto alla diversa distribuzione delle cariche positive degli ioni H^+, che si accumulano nello spazio intermembrana.

Come vedremo nel prossimo paragrafo, questo gradiente elettrochimico rappresenta la forza motrice del processo di sintesi dell'ATP (**Figura B2.31**).

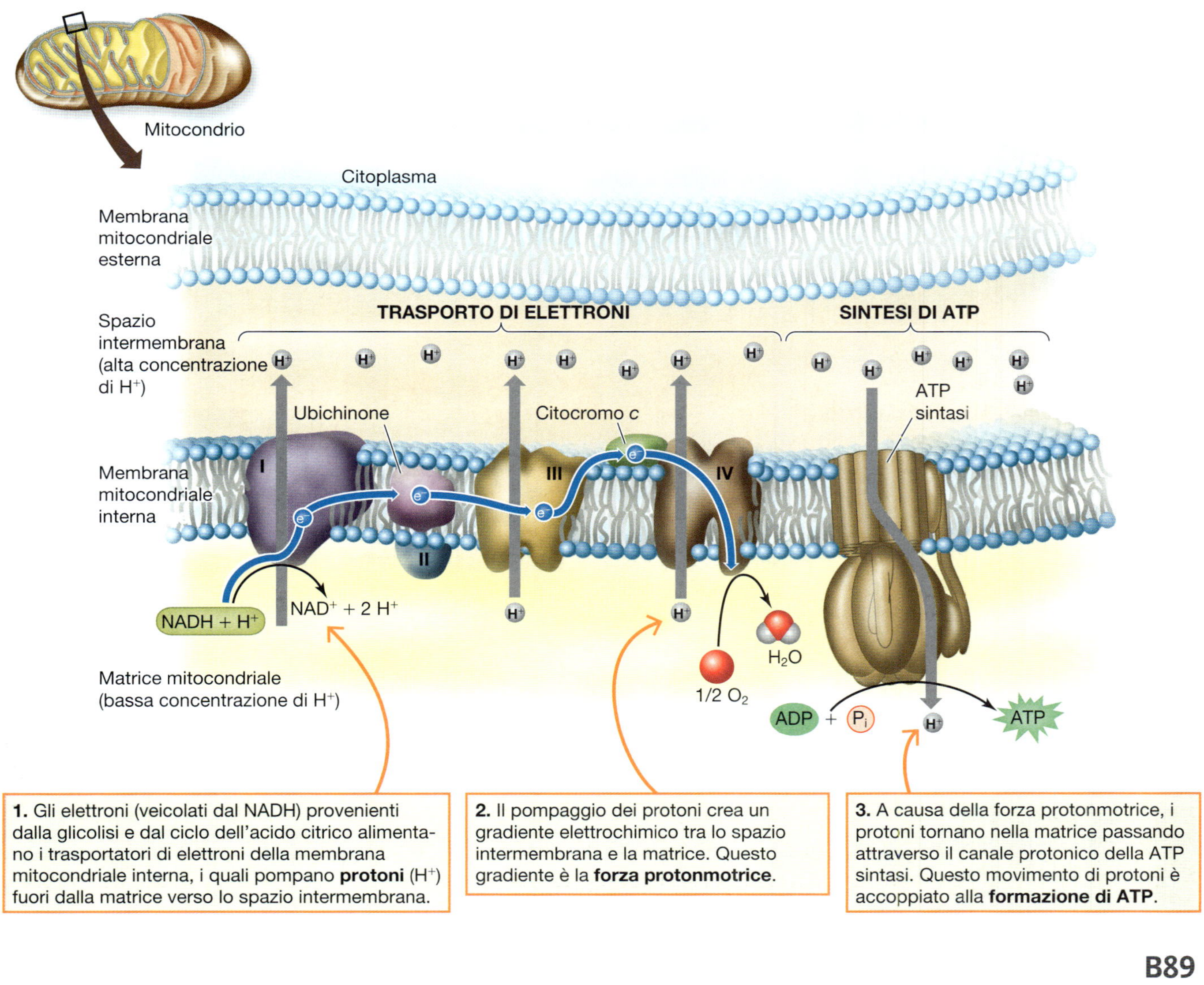

Figura B2.31 Il gradiente protonico generato dalla catena respiratoria.

PER SAPERNE DI PIÙ

I complessi della catena respiratoria possono essere inibiti

I complessi della catena respiratoria possono essere inibiti da alcune sostanze che agiscono come veleni. Per esempio, lo **ione cianuro** (**CN^-**) è uno dei veleni più potenti per l'uomo e mostra un'azione rapida e letale. Lo ione cianuro agisce inattivando il complesso IV della catena respiratoria, attraverso il legame irreversibile del CN^- agli ioni Fe^{3+} dei citocromi a e a_3. Il risultato dell'avvelenamento da cianuro è il blocco della respirazione cellulare con l'immediata caduta della produzione di ATP. Gli effetti più evidenti sono nelle cellule nervose, le più sensibili al deficit energetico.

Esistono degli antidoti che possono contrastare gli effetti letali del cianuro. La somministrazione di *nitriti* determina l'ossidazione di parte degli ioni Fe^{2+} dell'emoglobina a Fe^{3+} con formazione di *metemoglobina*. Questa è incapace di agire come trasportatore di ossigeno ma può competere con il complesso IV per il legame del cianuro formando un complesso metemoglobina-cianuro che impedisce al veleno di arrestare la catena respiratoria.

Un altro rimedio consiste nella somministrazione di *tiosolfato* ($S_2O_3^{2-}$), una sostanza che reagisce con lo ione cianuro formando tiocianato (SCN^-), non tossico, in una reazione catalizzata dall'enzima *rodanasi*:

$$CN^- + S_2O_3^{2-} \longrightarrow SCN^- + SO_3^{2-}$$

Oltre allo ione CN^- esistono altri esempi di sostanze in grado di bloccare i complessi della catena respiratoria. Il complesso I, per esempio, è inibito dall'*amital*, un farmaco della classe dei barbiturici con proprietà sedative, dal *rotenone*, un insetticida estratto dalle radici di alcune piante, e dall'antibiotico *piericidina A*. Il complesso III è bloccato dall'*antimicina A*, una sostanza tossica con azione antifungina. In entrambi i casi, il flusso elettronico risulta bloccato a livello del complesso inibito. Per la loro proprietà di inibire selettivamente i complessi della catena respiratoria, queste sostanze sono state fondamentali per chiarire come gli elettroni vengono trasferiti dai coenzimi ridotti all'ossigeno (**Figura A**).

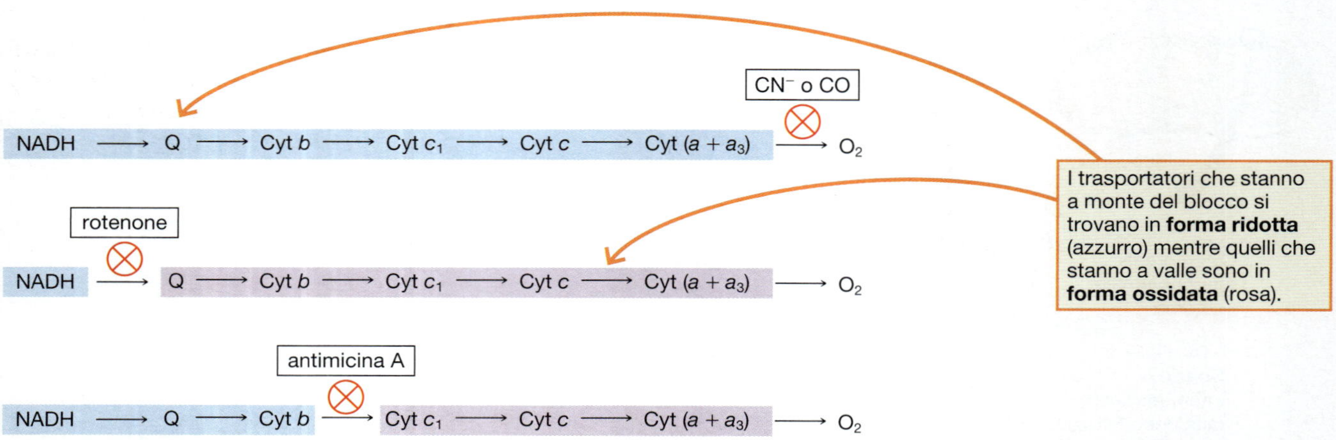

Figura A L'azione di specifici inibitori dei complessi della catena respiratoria, in presenza di coenzimi ridotti e ossigeno, determina il blocco del trasferimento elettronico in punti ben precisi.

GUARDA! i video

Video Come funziona la catena respiratoria?

Video How does the respiratory chain work?

7 La fosforilazione ossidativa e la biosintesi dell'ATP

Il trasferimento di elettroni lungo la catena respiratoria mitocondriale libera l'energia necessaria alla sintesi di molecole di ATP: il meccanismo molecolare che è alla base di questo processo prende il nome di fosforilazione ossidativa.

La **fosforilazione ossidativa** è il processo grazie al quale l'energia derivata dal catabolismo ossidativo viene impiegata per produrre molecole di ATP a partire da ADP e P_i.

Nel secolo scorso sono state proposte diverse teorie per spiegare il meccanismo molecolare alla base della biosintesi dell'ATP, ma solo la *teoria chemiosmotica* ha superato i test sperimentali.

La teoria chemiosmotica

Nel 1961, Peter D. Mitchell formulò la teoria chemiosmotica per spiegare in che modo l'energia liberata durante il trasporto di elettroni nella catena respiratoria potesse essere utilizzata per la sintesi dell'ATP.

In base alla **teoria chemiosmotica**, la biosintesi dell'ATP dipende dalla creazione di un gradiente elettrochimico ai due lati della membrana mitocondriale interna; la formazione di questo gradiente deriva, a sua volta, dal trasferimento di elettroni nella catena respiratoria.

Questa teoria ha trovato conferma nei dati sperimentali con la dimostrazione dell'esistenza di un gradiente di ioni H^+ ai due lati della membrana mitocondriale interna e la determinazione della struttura del complesso proteico responsabile della sintesi dell'ATP, grazie al lavoro di John E. Walker negli anni Novanta del Novecento.

PER SAPERNE DI PIÙ
Il biochimico britannico **Peter D. Mitchell** (1920-1992) ha vinto il Premio Nobel per la Chimica nel 1978 per aver formulato la teoria chemiosmotica alla base della sintesi dell'ATP.

L'ATP sintasi

Come abbiamo visto, in concomitanza con il trasferimento degli elettroni da NADH e $FADH_2$ all'ossigeno attraverso i complessi della catena respiratoria si ha il passaggio di ioni H^+ dalla matrice mitocondriale allo spazio intermembrana. Questo gradiente elettrochimico che si viene a creare tra i due lati della membrana mitocondriale interna è associato a un'energia potenziale che può essere impiegata per generare molecole di ATP. La sintesi di ATP avviene a livello dell'**ATP sintasi** (o **F_oF_1ATPasi**), un complesso proteico associato alla membrana mitocondriale interna.

Il complesso della **ATP sintasi** usa l'energia associata al gradiente protonico ai due lati della membrana mitocondriale interna per sintetizzare ATP da ADP e P_i.

PER SAPERNE DI PIÙ
L'**ATP sintasi** è inibita dagli antibiotici venturicidina e oligomicina. La sensibilità della porzione **F_o** all'oligomicina ha dato il nome alla porzione stessa, dove il pedice "o" indica l'oligomicina.

L'ATP sintasi è separata dai complessi che costituiscono i trasportatori degli elettroni e presenta una struttura particolare. In questo complesso si possono identificare due porzioni collegate fra loro (Figura B2.32).

- Una *testa* rotondeggiante (**F_1**), sporgente verso la matrice e composta da molte subunità; contiene il sito catalitico di *sintesi dell'ATP*;
- Un *corpo* allungato (**F_o**), ovvero una porzione immersa nella membrana mitocondriale interna anch'essa costituita da varie subunità e in contatto con la testa; questa è la porzione con funzione di *canale per gli ioni H^+*.

Alcune parti del complesso, per esempio le subunità catalitiche di F_1, sono fisse e costituiscono il cosiddetto *statore* della ATP sintasi (in giallo e viola nella figura); altre, per esempio gran parte della porzione F_o e lo stelo ad essa collegato, sono invece mobili e costituiscono il *rotore* del sistema (in verde nella figura).

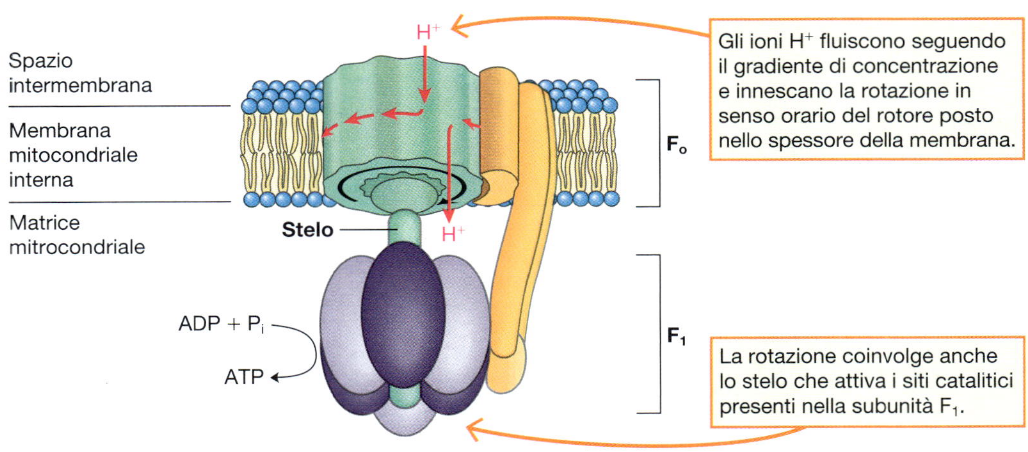

Figura B2.32 La struttura della ATP sintasi.

SCIENZA E SALUTE

Le sostanze ad azione disaccoppiante

La catena di trasporto elettronico e la sintesi di ATP sono due processi strettamente accoppiati: quando sono presenti i substrati della catena respiratoria, per esempio il succinato che alimenta il complesso II, e quelli della ATP sintasi, ADP e P_i, il consumo di ossigeno e la sintesi dell'ATP procedono di pari passo (**Figura A**). Il blocco di uno dei due processi si accompagna invariabilmente al blocco dell'altro.

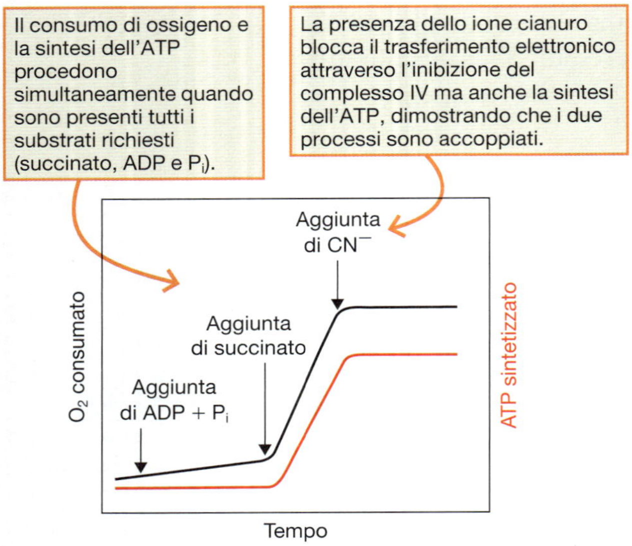

Figura A Esperimenti condotti su mitocondri isolati per dimostrare l'accoppiamento fra catena respiratoria e sintesi di ATP.

All'inizio del secolo scorso, il **2,4-dinitrofenolo** (**DNP**) era utilizzato come farmaco dimagrante. Tuttavia, alla fine degli anni Trenta il suo impiego fu proibito per i gravi effetti collaterali che determinava, in particolare l'*ipertermia*, un grave surriscaldamento del corpo che può portare a morte.

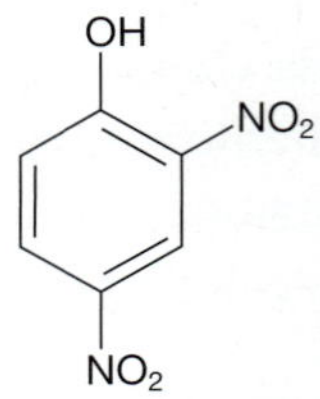

2,4-dinitrofenolo (DNP)

Oggi sappiamo che il DNP è una **sostanza disaccoppiante**, in grado di dissipare il gradiente di ioni H^+ senza che sia attivata l'ATP sintasi. In questo modo, il consumo di substrati e ossigeno non è accompagnato dalla produzione di ATP: questo disaccoppiamento della catena respiratoria dalla sintesi dell'ATP porta alla liberazione dell'energia sotto forma di calore (**Figura B**).

Il DNP è un acido debole e agisce come un trasportatore di ioni H^+: lega ioni H^+ nello spazio intermembrana, dove il pH è leggermente più basso in virtù dell'accumulo protonico, diffonde liberamente nella membrana mitocondriale interna e rilascia lo ione H^+ nella matrice mitocondriale, dove il pH è leggermente più elevato.

Il tessuto adiposo bruno, tipico degli animali che vanno in letargo e dei neonati, esprime una proteina mitocondriale nota come **termogenina**. Anche questa proteina agisce come agente disaccoppiante, favorendo il consumo dei grassi accumulati senza che sia prodotto ATP e causando la produzione di calore. In questo caso, l'azione disaccoppiante della termogenina è fondamentale per la sopravvivenza, perché genera il calore di cui hanno bisogno gli animali durante il letargo o i neonati nei primi giorni di vita.

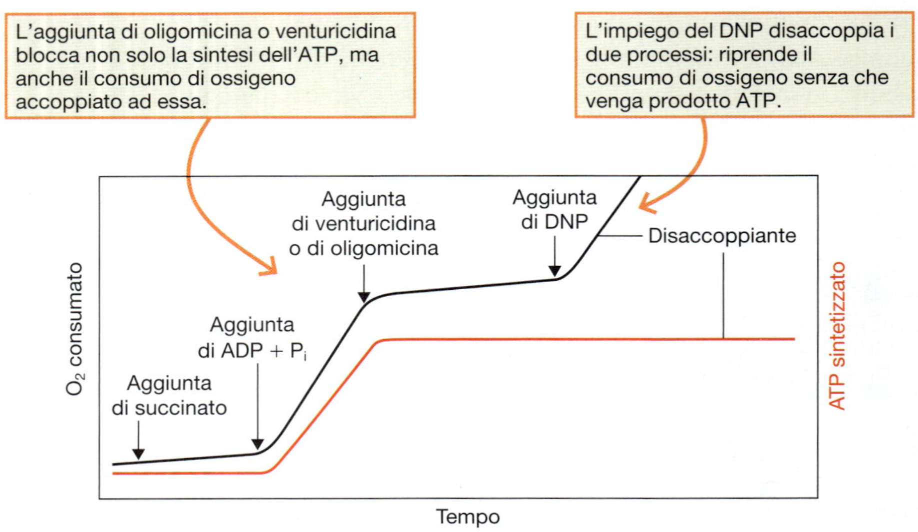

Figura B Le condizioni sperimentali sono analoghe a quelle della Figura A.

La sintesi dell'ATP

Il gradiente elettrochimico transmembrana creato dalla catena di trasporto elettronico tende a essere annullato dal flusso spontaneo degli ioni H^+ che dallo spazio intermembrana ritornano verso la matrice mitocondriale attraversando la subunità F_o della ATP sintasi. Il passaggio degli ioni H^+ attraverso il canale induce una rotazione in senso orario del rotore; questa movimento si trasmette allo stelo che, a sua volta, innesca modificazioni conformazionali nelle subunità catalitiche della porzione F_1. Questo causa una serie di eventi molecolari che, a partire da ADP e P_i, portano al rilascio dell'ATP sintetizzato secondo la reazione:

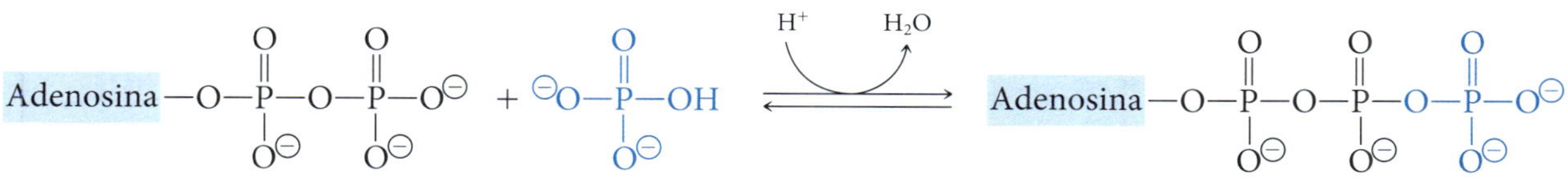

ADP P_i ATP

> **PER SAPERNE DI PIÙ**
> L'ATP sintasi è un ottimo esempio di **catalisi rotatoria**: il movimento e i cambiamenti conformazionali di alcune parti della struttura permettono lo svolgimento della funzione catalitica.

Vediamo ora il **bilancio quantitativo** del processo di sintesi dell'ATP.

La cessione di due elettroni da parte di una molecola di *NADH* alla catena respiratoria determina la sintesi e il rilascio di **2,5 molecole di ATP**.

Se il donatore iniziale di elettroni è il $FADH_2$, il gradiente elettrochimico generato è minore perché non viene coinvolto il complesso I della catena respiratoria: la conseguenza è una minore produzione di energia chimica.

La cessione di due elettroni da parte di una molecola di *$FADH_2$* alla catena respiratoria determina la sintesi e il rilascio di **1,5 molecole di ATP**.

8 La resa energetica dell'ossidazione completa del glucosio a CO_2 e H_2O

Adesso che conosciamo il bilancio energetico della fosforilazione ossidativa è possibile rivedere in termini quantitativi i processi relativi alla completa ossidazione di una molecola di glucosio da parte delle cellule.

La **Tabella B2.3** illustra il bilancio energetico dell'ossidazione completa di una molecola di glucosio in condizioni aerobie:

$$C_6H_{12}O_6 + 6O_2 \longrightarrow 6CO_2 + 6H_2O$$

Tabella B2.3
Resa energetica dell'ossidazione completa di una molecola di glucosio.

Processo metabolico	Metabolita	Prodotti nella via	ATP prodotto
Glicolisi	Glucosio ↓	2 ATP 2 NADH	2 5
Ossidazione del piruvato	2 Piruvato ↓ → 2 CO_2	2 NADH	5
Ciclo dell'acido citrico	2 AcetilCoA ↓ 4 CO_2	6 NADH 2 $FADH_2$ 2 GTP	15 3 2
Totale			**32**

Oltre alle due molecole di ATP provenienti dalla glicolisi e alle due molecole di GTP generate nel ciclo dell'acido citrico, rientrano nel bilancio complessivo anche le dieci molecole di NADH e le due di $FADH_2$ che partecipano alla catena respiratoria.

Nel complesso, si producono **32 molecole di ATP** per ogni molecola di glucosio ossidata completamente a CO_2 e H_2O.

Si tratta di un notevole guadagno di energia, soprattutto se si pensa che la demolizione del glucosio a lattato in condizioni anaerobiche produce appena due molecole di ATP. La resa complessiva rispetto alla combustione chimica del glucosio è di circa il 40%, molto superiore a quella di un comune motore a scoppio.

9 Il metabolismo di carboidrati, lipidi e amminoacidi

La demolizione aerobica di una molecola di glucosio a CO_2 e H_2O rappresenta l'insieme di vie cataboliche più importante per la produzione di energia chimica sotto forma di ATP. Tuttavia, questo processo è solo una piccola parte dell'intero metabolismo che coinvolge tutte le classi di biomolecole che abbiamo studiato finora.

Le attività metaboliche si articolano in modo molto complesso, ma è possibile individuare alcuni elementi principali che regolano le trasformazioni di carboidrati, lipidi e amminoacidi all'interno delle cellule viventi.

Il metabolismo dei carboidrati

Il glucosio è al centro del metabolismo cellulare dei carboidrati (**Figura B2.33**). Come abbiamo visto, il glucosio può essere degradato a piruvato attraverso la glicolisi o a lattato con la fermentazione. Alternativamente, il glucosio può prendere la **via dei pentoso fosfati**, un processo catabolico che si svolge in tutte le cellule, la cui funzione è quella di produrre zuccheri a cinque atomi di carbonio (come il ribosio) e il coenzima NADPH, usato come agente riducente nei processi di biosintesi dei grassi.

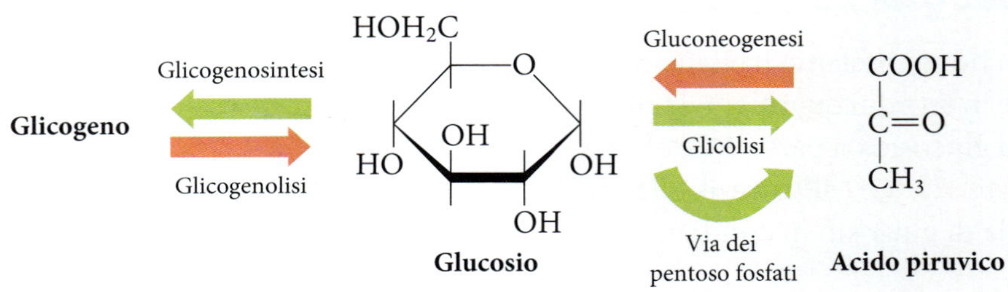

Figura B2.33 Le vie metaboliche in cui è coinvolto il glucosio.

Nei muscoli e nel fegato, dopo un pasto, il glucosio può essere immagazzinato come riserva sotto forma di glicogeno attraverso la **glicogenosintesi**. Il glicogeno accumulato è poi demolito a glucosio al momento del bisogno attraverso la **glicogenolisi**: nel caso del muscolo, la glicogenolisi si attiva quando le cellule muscolari sono sottoposte a intensa attività e devono produrre l'energia necessaria per la contrazione; nel fegato, le cellule epatiche rigenerano glucosio da immettere in circolo per impedire un calo eccessivo della glicemia (la concentrazione di glucosio nel sangue) durante i periodi di digiuno, per esempio durante la notte.

Il fegato ha anche la capacità di produrre glucosio a partire da precursori diversi, come lattato, piruvato e alcuni amminoacidi. Questo processo biosintetico, noto come **gluconeogenesi**, è molto importante in condizioni di digiuno prolungato, quando le riserve di glicogeno del fegato sono esaurite. È proprio il glucosio generato dal fegato attraverso la gluconeogenesi a consentire il mantenimento della glicemia, garantendo così un apporto costante di zucchero al cervello.

HAI CAPITO?

- Qual è la funzione della glicogenosintesi? E quella della gluconeogenesi?

Il metabolismo dei lipidi

I lipidi forniscono il 25% dell'energia richiesta dal nostro organismo. Fra questi, i trigliceridi sono molecole idrofobiche che possono essere accumulate in notevole quantità nel tessuto adiposo, fino a generare una riserva di circa 550 000 kJ in un uomo di 70 kg.

La **lipolisi** è l'insieme dei processi che permettono di usare le riserve di grassi del tessuto adiposo per produrre energia (Figura B2.34). La demolizione dei trigliceridi di riserva genera acidi grassi e glicerolo. Il glicerolo è utilizzato dal fegato nella glicolisi. Gli *acidi grassi*, provvisti di lunghe code idrocarburiche, sono distribuiti per via ematica e possono essere ulteriormente degradati in tutte le cellule dell'organismo; fanno eccezione le cellule del sistema nervoso centrale, dove gli acidi grassi non possono arrivare perché non possono attraversare la barriera ematoencefalica. Il processo di demolizione degli acidi grassi, noto come **β-ossidazione**, si svolge nei mitocondri e porta alla formazione di acetil-CoA, NADH e $FADH_2$. L'acetil-CoA entra nel ciclo dell'acido citrico per essere ossidato a CO_2; i coenzimi ridotti cedono elettroni ai trasportatori della catena respiratoria.

Le cellule del fegato sono in grado di sintetizzare acidi grassi a partire da acetil-CoA e NADPH con consumo di energia (**biosintesi degli acidi grassi**). Gran parte dell'acetil-CoA necessario per questo scopo proviene dal catabolismo del glucosio, soprattutto dopo un pasto: il fegato è dunque in grado di trasformare i carboidrati alimentari in lipidi destinati alla costituzione delle riserve energetiche. Gli acidi grassi sintetizzati dal fegato servono per formare trigliceridi che vengono inviati al tessuto adiposo dove sono immagazzinati: il questo modo si completa il processo di **liposintesi** (*vedi* Figura B2.34).

HAI CAPITO?

- Qual è il ruolo della β-ossidazione?

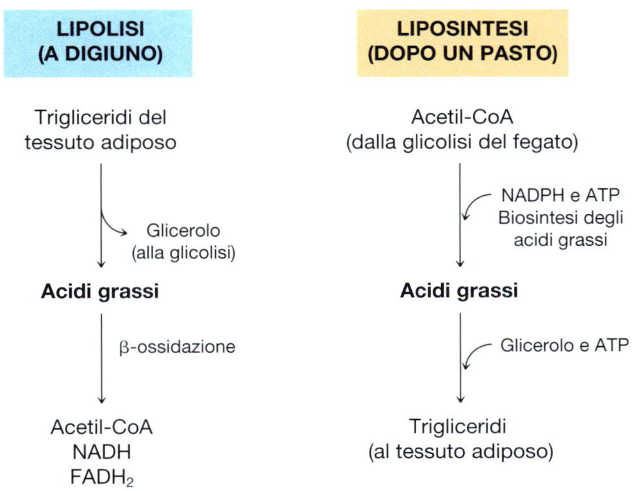

Figura B2.34 Schema riassuntivo del metabolismo dei lipidi.

Anche il colesterolo è sintetizzato dal fegato attraverso la **biosintesi del colesterolo**, un processo metabolico che si svolge nel citosol a partire da acetil-CoA e NADPH con consumo di energia. La sintesi del colesterolo è un processo molto complesso: uno degli intermedi di questa via è lo *squalene* (vedi Capitolo B1). Il colesterolo può essere successivamente inviato a tutte le cellule dell'organismo.

Il fegato è in grado di trasformare l'acetil-CoA proveniente dalla demolizione degli acidi grassi in **corpi chetonici** (il più importante dei quali è l'*acetoacetato*). Queste molecole possono essere utilizzate dal cervello come fonte di energia durante il digiuno. I corpi chetonici sono prodotti in quantità molto alte nei pazienti con il diabete mellito; questa condizione, detta *chetoacidosi*, può avere gravi conseguenze per la salute e deve essere monitorata con attenzione.

GUARDA! il video

Il metabolismo degli amminoacidi

Gli amminoacidi sono molecole utilizzate in prevalenza per la biosintesi di proteine (**anabolismo proteico**). Gli amminoacidi sono impiegati anche come precursori per la sintesi di importanti molecole quali ormoni, neurotrasmettitori, ammine biogene, eme e basi azotate (**Figura B2.35**).

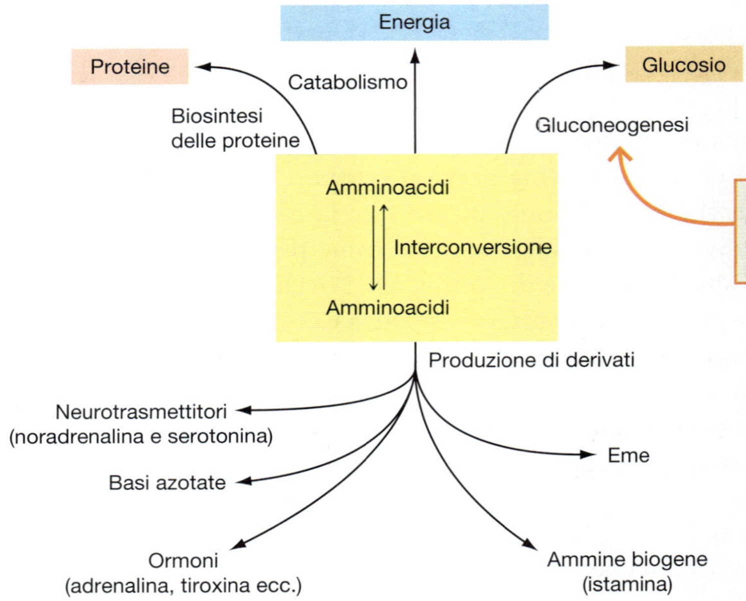

Figura B2.35 Il destino metabolico degli amminoacidi.

Ciononostante, il 15% dell'energia richiesta dall'organismo proviene dal **catabolismo degli amminoacidi**. La prima tappa del processo comporta l'eliminazione del gruppo amminico legato al carbonio α. Ciò avviene grazie all'accoppiamento di una reazione di transaminazione con una deaminazione ossidativa. Nella reazione di **transaminazione** il gruppo NH_2 viene spostato dall'amminoacido all'α-chetoglutarato per generare un α-chetoacido e glutammato; in seguito, la reazione di **deaminazione ossidativa** del glutammato, catalizzata dalla glutammato deidrogenasi, porta alla formazione di α-chetoglutarato e ione ammonio (**Figura B2.36**).

In questo modo, qualsiasi amminoacido perde il proprio gruppo amminico e può essere degradato fino a produrre acetil-CoA, che entra nel ciclo dell'acido citrico, o intermedi utili per la sintesi di glucosio (da **amminoacidi glucogenici**) o corpi chetonici (da **amminoacidi chetogenici**). Lo ione ammonio NH_4^+ è eliminato attraverso un processo noto come **ciclo dell'urea** che si svolge nelle cellule del fegato. Lo ione NH_4^+ è un composto tossico che non può accumularsi nell'organismo e viene pertanto trasformato in urea, una sostanza innocua eliminabile con le urine. I mammiferi (esseri umani compresi) e gli anfibi che eliminano azoto sotto forma di urea sono detti **ureotelici**; gli organismi che eliminano l'azoto degli amminoacidi sotto forma di acido urico, come uccelli e serpenti, sono detti **uricotelici**, mentre quelli che eliminano direttamente lo ione ammonio, come i pesci, sono detti **ammoniotelici**.

HAI CAPITO?

- In quali modi gli organismi eliminano l'eccesso di azoto?

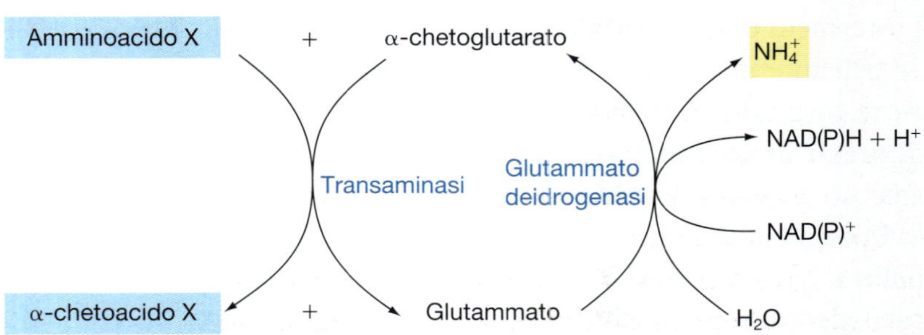

Figura B2.36 L'eliminazione del gruppo amminico legato al carbonio α è mediata dall'accoppiamento tra le reazione di transaminazione e di deaminazione ossidativa del glutammato.

10 La glicemia e la sua regolazione

La variabile biochimica interna più importante per il nostro organismo è la **glicemia**, cioè la concentrazione di glucosio nel sangue. Le attività metaboliche di qualsiasi cellula, tessuto o organo dipendono dal mantenimento della glicemia a valori costanti. L'intervallo di normalità della glicemia a digiuno è 65-110 mg/dL (Figura B2.37).

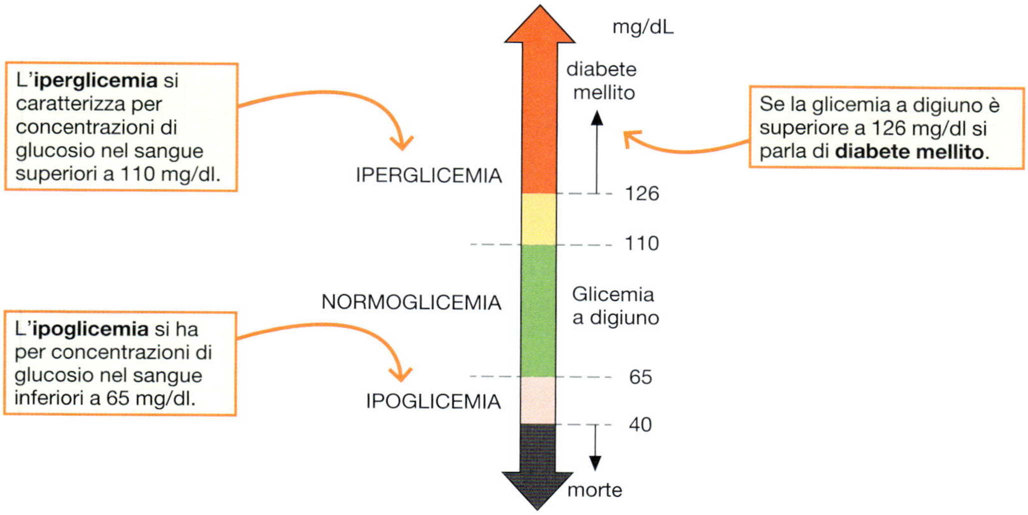

Figura B2.37 Gli intervalli dei valori di glicemia.

Quando i valori scendono al di sotto dei 65 mg/dL si parla di **ipoglicemia**. Per esempio, se una persona digiuna per molto tempo, può diventare leggermente ipoglicemica: l'insufficiente apporto di glucosio al cervello causa i sintomi caratteristici dell'ipoglicemia, ovvero il giramento di testa, il senso di stordimento e la difficoltà a concentrarsi. Nel nostro organismo esistono meccanismi fisiologici che prevengono l'ipoglicemia anche in caso di digiuno prolungato, ma se la glicemia scende al di sotto dei 45 mg/dL, il mancato apporto di glucosio al cervello può portare al coma e alla morte.

Video Che cos'è il diabete?

Per valori superiori a 110 mg/dL si ha **iperglicemia**. Una condizione di iperglicemia transitoria è normale dopo un pasto. Tuttavia, quando si manifesta iperglicemia a digiuno con valori superiori a 126 mg/dL si parla di *diabete mellito*, una malattia comune che ha un importante impatto socio-economico nei paesi industrializzati. Il diabete, se non adeguatamente trattato, ha gravi conseguenze, fra cui danni renali, oculari e cardiovascolari. Si distinguono due forme di diabete mellito: una insorge in età giovanile e può essere trattata con la somministrazione di insulina; un'altra forma si manifesta nell'età adulta, non risponde alla terapia insulinica (insulino-resistenza) e deve essere trattata con farmaci diversi.

La glicemia è soggetta a un controllo omeostatico molto stretto mediato dal pancreas, un organo che produce gli ormoni insulina e glucagone. Dopo un pasto, le cellule β del pancreas endocrino rilevano un aumento della glicemia e rispondono liberando insulina in circolo. L'**insulina** è una piccola proteina costituita da 51 amminoacidi che svolge la propria azione legandosi a specifici recettori di membrana. La maggior parte delle cellule dell'organismo risponde all'azione dell'insulina, ma gli effetti principali sono sul metabolismo del fegato.

Nel complesso, l'insulina promuove tre funzioni (Figura B2.38, a pagina seguente):
- la captazione del glucosio dal sangue e il suo utilizzo nel metabolismo di organi e tessuti (azione *ipoglicemizzante*);
- l'accumulo di grassi nel tessuto adiposo (azione *lipogenetica*);
- la sintesi delle proteine muscolari (effetto *anabolizzante*).

HAI CAPITO?
- Quali sono i rischi per la salute dell'ipoglicemia? E quelli dell'iperglicemia?

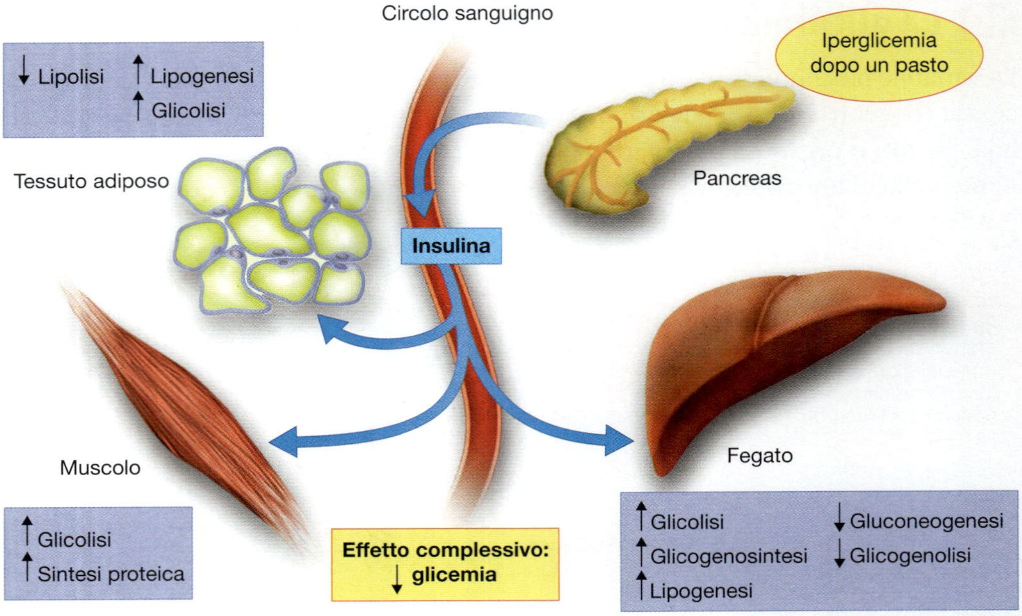

Figura B2.38 Le azioni metaboliche dell'insulina dopo un pasto.

In una persona sana, la glicemia torna a valori normali circa due ore dopo il pasto. Il tasso glicemico si mantiene grossomodo costante fino al pasto successivo, nonostante il glucosio presente nel sangue continui a essere usato per rifornire di energia tessuti e organi, primo fra tutti il cervello. Infatti, questa continua tendenza verso condizioni di ipoglicemia durante il digiuno è contrastata dal **glucagone**, il principale ormone iperglicemizzante, prodotto e immesso in circolo dalle cellule α del pancreas. Il glucagone è un polipeptide di 29 amminoacidi che svolge la propria azione legandosi a specifici recettori posti sulla membrana delle cellule del fegato e del tessuto adiposo.

Il glucagone svolge tre azioni principali sul metabolismo cellulare (**Figura B2.39**):

- promuove l'immissione di glucosio nel sangue da parte del fegato (azione *iperglicemizzante*);
- attiva la mobilizzazione dei grassi dal tessuto adiposo (azione *lipolitica*);
- promuove la produzione di corpi chetonici (*chetogenesi*).

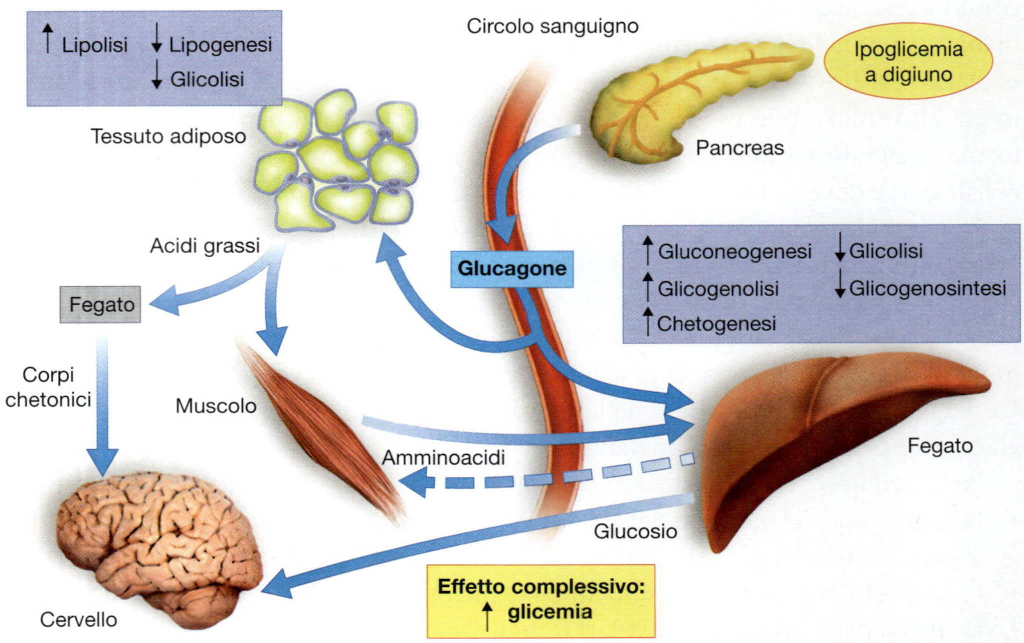

Figura B2.39 Le azioni metaboliche del glucagone (a digiuno).

METABOLISMO

Insieme di reazioni chimiche cellulari con TRE FUNZIONI
1. ricavare **ENERGIA** degradando nutrienti
2. convertire i nutrienti in **MOLECOLE UTILI** (coenzimi, proteine, ...)
3. sintetizzare **MACROMOLECOLE** e **POLIMERI** a partire da precursori

In base a processi metabolici, gli organismi sono classificati in base a due criteri
- **FONTE CHIMICA DI CARBONIO**: AUTOTROFI, ETEROTROFI
- **FONTE DI ENERGIA**: FOTOTROFI, CHEMIOTROFI

Le cellule possiedono vie metaboliche anche per le altre biomolecole
- **CARBOIDRATI** (via dei pentoso fosfati, glicogenosintesi, glicogenolisi, gluconeogenesi)
- **LIPIDI** (lipolisi e liposintesi)
- **AMMINOACIDI** (anabolismo e catabolismo proteico)

Il metabolismo comprende 2 fasi
- **CATABOLISMO** → libera energia
- **ANABOLISMO** → assorbe energia

Il principale combustibile per le cellule è il **GLUCOSIO**

Le demolizione inizia con la **GLICOLISI**, che porta alla formazione di **PIRUVATO**

La glicolisi è divisa in 2 fasi:
- fase **PREPARATORIA**: 5 tappe con consumo di ATP
- fase di **RECUPERO**: produzione di ATP e NADH

Il piruvato può seguire due destini

In condizioni ANAEROBICHE si ha la **FERMENTAZIONE**
- ossidazione incompleta
- produzione di acido lattico o etanolo e CO_2
- energia: 2 ATP per molecola di glucosio

In condizioni AEROBICHE si ha la **RESPIRAZIONE CELLULARE**
- ossidazione completa
- produzione di H_2O e CO_2
- energia: 32 ATP per molecola di glucosio

Per il GLUCOSIO, la respirazione cellulare si svolge in 3 fasi:
1. Produzione di acetil-CoA da glucosio
2. Ciclo dell'acido citrico
3. Catena di trasporto degli elettroni e fosforilazione ossidativa (sintesi di ATP nei mitocondri)

Le reazioni sono organizzate in **VIE METABOLICHE**
- **CONVERGENTI** (catabolismo)
- **DIVERGENTI** (anabolismo)
- **CICLICHE** (metabolismo terminale)

Il metabolismo è finemente REGOLATO, attraverso il controllo della:
1. ATTIVITÀ CATALITICA DEGLI ENZIMI
2. CONCENTRAZIONE DEGLI ENZIMI
3. COMPARTIMENTAZIONE delle VIE METABOLICHE

Quesiti e problemi

1 Le trasformazioni chimiche nella cellula

1 Quali sono le funzioni del metabolismo cellulare?

2 Quali molecole sono necessarie per far procedere tutte le reazioni metaboliche a velocità sufficiente per sostenere le funzioni di una cellula?

3 Tra le seguenti molecole, distingui quelle generate dai processi catabolici e quelle generate dai processi anabolici.

ATP, NAD^+, $FADH_2$, NADPH, NADH, ADP, FAD, $NADP^+$, HPO_4^{2-}

4 Se il metabolismo fosse rappresentabile con una equazione, quale sarebbe la più idonea tra quelle proposte?

A Metabolismo = catabolismo + anabolismo

B Anabolismo = catabolismo + metabolismo

C Catabolismo = anabolismo + metabolismo

D Metabolismo = anabolismo − catabolismo

5 Se il catabolismo e l'anabolismo fossero rappresentabili ciascuno con un'equazione, quale sarebbero quelle corrette per ciascuno dei due? Completa lo schema.

a. varie sostanze semplici + energia = una o poche sostanze complesse ....

b. una sostanza complessa = più sostanze semplici + energia ....

6 Come si classificano le vie metaboliche in base alla sequenza di tappe che le contraddistinguono?

7 Che cosa si intende per metabolismo terminale?

8 Rappresenta lo schema di reazione della sintesi e dell'idrolisi dell'ATP considerando anche il contributo energetico E come se fosse un reagente.

9 Sapendo che l'energia liberata dall'idrolisi di una mole di ATP è −7,3 kcal/mol, quante moli di ATP occorrono per sintetizzare, a partire dagli elementi, un'ipotetica biomolecola il cui $\Delta G° = +686$ kcal/mol?

10 Con il termine catabolismo si intende:

A l'insieme di processi che portano all'ossidazione del glucosio in piruvato.

B le reazioni di degradazione di carboidrati, acidi grassi e amminoacidi.

C le reazioni di fosforilazione delle molecole coinvolte nel ciclo dell'acido citrico.

D la liberazione di CO_2 da parte delle cellule.

11 Una reazione si definisce endoergonica se

A consente la liberazione di energia per la cellula.

B è sia anabolica sia catabolica.

C non consuma ATP ed è spontanea.

D non è spontanea e consuma ATP.

12 Una via metabolica è

A una sequenza di reazioni chimiche catalizzate da enzimi diversi.

B l'insieme degli intermedi metabolici che si formano per l'azione ripetuta di uno stesso enzima.

C la fase di recupero energetico della glicolisi.

D l'insieme delle reazioni che avvengono nei mitocondri di una cellula.

13 I mitocondri

A in animali, funghi e piante svolgono la medesima attività metabolica.

B nelle piante non esistono.

C nelle piante e nei funghi non esistono.

D negli animali sono coinvolti nella respirazione, nelle piante partecipano alla fotosintesi.

14 Quale tra le seguenti affermazioni è errata?

A L'ATP è l'unico nucleoside trifosfato prodotto e utilizzato dalle cellule.

B Nella cellula tutti i nucleosidi trifosfato hanno un ruolo di valuta energetica.

C L'ATP è un derivato nucleotidico.

D ATP, GTP, CTP e GTP hanno legami ad alta energia di idrolisi.

15 Quale tra le seguenti affermazioni riguardanti la regolazione dei processi metabolici è corretta?

A Gli enzimi sono sempre presenti in elevata quantità.

B In una via metabolica occorre regolare l'enzima dello stadio più veloce.

C Gli enzimi coinvolti nelle vie metaboliche si trovano tutti nella stessa zona della cellula.

D Gli enzimi chiave sono spesso controllati da feedback negativo.

2 Gli organismi viventi e le fonti di energia

16 Che cosa si intende per organismo aerobico e organismo anaerobico?

17 Che cosa sono gli organismi litotrofi? Si tratta di autotrofi o eterotrofi?

18 Quali sono le fonti energetiche a cui si affidano eterotrofi e autotrofi per ottenere le sostanze organiche di cui hanno bisogno per sopravvivere?

19 Gli organismi anaerobi obbligati possono sopravvivere in presenza di ossigeno nell'ambiente? Motiva.

20 Qual è la differenza tra organismi fototrofi e organismi chemiotrofi? Cita un esempio per ciascuno dei due gruppi.

3 Il glucosio come fonte di energia

21 La respirazione cellulare è
- A l'insieme dei processi ossidativi e di produzione di ATP della cellula.
- B il meccanismo mediante il quale viene fornito O_2 alle cellule dell'organismo ed eliminata CO_2.
- C la fase della glicolisi che segue la cosiddetta «fase di preparazione».
- D un altro modo di chiamare la fotosintesi.

22 In condizioni anaerobiche, dopo la glicolisi come procede il metabolismo energetico?

4 La glicolisi e le fermentazioni

23 Per quale motivo la glicolisi non porta all'ossidazione completa del glucosio?

24 Quali sono le due fasi principali della glicolisi e in cosa differiscono tra loro?

25 Quali sono i prodotti della glicolisi?

26 Qual è l'enzima chiave della glicolisi? In quale modo viene regolato?

27 Qual è il significato fisiologico della fermentazione?

28 Per quale motivo la fermentazione alcolica è utilizzata nel processo di panificazione?

29 La fermentazione lattica è
- A l'insieme delle reazioni anaerobiche che consentono la conversione del piruvato in lattato.
- B la via catabolica che consente l'ossidazione del glucosio in acido lattico.
- C la principale via metabolica attuata dalle cellule in presenza di ossigeno.
- D un processo industriale utilizzato per produrre pane e birra.

30 When alcoholic fermentation produces ethanol from glucose, the reaction of acetaldehyde to form ethanol directly
- A generates ATP.
- B produces NADH.
- C regenerates NAD^+.
- D contributes to the proton motive force.

31 Voluntary muscle cells allow the following metabolic pathway:

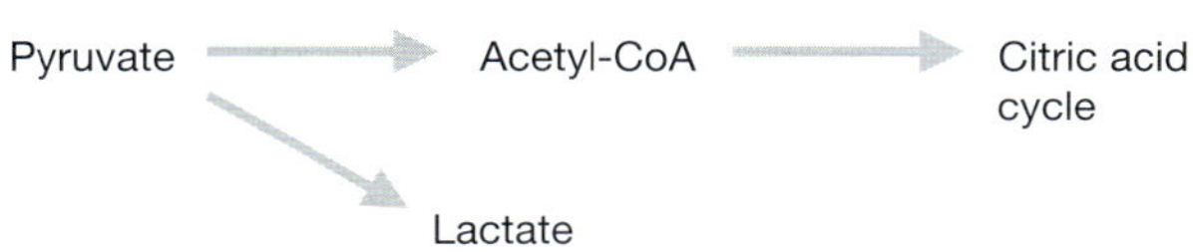

If the enzyme responsible of the conversion of pyruvate to acetyl CoA was inhibited, what would happen?
- A Pyruvate levels would increase; acetyl CoA and lactate levels would decrease.
- B Pyruvate and lactate levels would increase; acetyl CoA levels would decrease.
- C Pyruvate, acetyl CoA, and lactate levels would increase.
- D Pyruvate, acetyl CoA, and lactate levels would all decrease.

32 Indica i due completamenti corretti.
Per ogni molecola di glucosio catabolizzata nella glicolisi
- A si formano 2 molecole di acido piruvico.
- B si formano 4 molecole di ATP.
- C si formano 2 molecole di ATP.
- D si formano 4 molecole di NADH.
- E si forma 1 molecola di NADH.

33 Durante la glicolisi
- A non viene consumata energia da parte della cellula.
- B il glucosio viene ossidato completamente.
- C si ha la produzione di molecole di ATP grazie a sostanze fosforilate.
- D l'accettore finale di elettroni è il piruvato.

34 Le cellule muscolari hanno un metabolismo
- A anaerobico obbligato.
- B anaerobico facoltativo.
- C aerobico.
- D sia aerobico che anaerobico obbligato.

35 Which of the following enzymes catalyzes substrate-level phosphorylation?
- A Hexokinase
- B Glycerol kinase
- C Pyruvate kinase
- D Phosphofructokinase

5 Il ciclo dell'acido citrico

36 Quali sono i processi coinvolti nel metabolismo terminale?

37 Quale funzione ha il complesso multienzimatico della piruvato deidrogenasi?

38 Quali sono gli altri due nomi con cui viene indicato il *ciclo dell'acido citrico*?

39 Quali sono i prodotti che si ottengono dal ciclo dell'acido citrico e attraverso quante tappe?

40 Il ciclo dell'acido citrico porta all'ossidazione completa dell'acetil-CoA prodotto dal catabolismo di carboidrati, acidi grassi e amminoacidi; per ogni molecola di acetil-CoA ossidata viene prodotta una sola molecola di ATP. È quindi possibile affermare che il ciclo dell'acido citrico ha una funzione energetica per la cellula?

41 Quale enzima regola la velocità con cui si realizza il ciclo dell'acido citrico e da quali prodotti viene inibito?

42 Il coenzima A (CoA) è
- A un derivato della vitamina C.
- B un composto dotato di un gruppo tiolico (—SH) in grado di reagire con un gruppo carbossilico dell'acido grasso.
- C un prodotto di scarto della degradazione degli acidi grassi.
- D una proteina utile per il trasporto sanguigno degli acidi grassi.

43 Il ciclo dell'acido citrico è considerato «anfibolico» perché
- A svolge sia il ruolo di via anabolica sia quello di via catabolica.
- B avviene soltanto in ambienti privi di acqua.
- C si svolge in condizioni di anaerobiosi.
- D può essere chiamato in tre modi diversi.

44 Il metabolismo terminale
- A avviene nel citoplasma delle cellule epatiche.
- B consente la degradazione del piruvato a CO_2 e H_2O e la formazione di coenzimi ridotti.
- C è l'espressione con cui si intende la respirazione cellulare.
- D è la via metabolica che segue la glicogenolisi.

45 La piruvato deidrogenasi
- A ha come substrato l'acetil-CoA.
- B catalizza la reazione di idrogenazione della molecola di piruvato.
- C è una proteina costituita da quattro subunità come l'emoglobina.
- D è un complesso multienzimatico dall'elevato peso molecolare.

46 Tutte le vie cataboliche
- A convergono nel ciclo dell'acido citrico attraverso l'acetil-CoA.
- B consumano ATP e producono NADH.
- C riforniscono di prodotti intermedi le vie anaboliche.
- D conducono all'ossidazione dei substrati.

47 Tra gli enzimi coinvolti nel ciclo dell'acido citrico ci sono:
- A citrato sintasi, fumarasi e malato deidrogenasi.
- B fumarasi, malato idrogenasi, succinil-CoA.
- C isocitrato ossidasi, malato deidrogenasi, succinil-CoA sintestasi.
- D aconitasi, α-chetoglutarato deidrogenasi, isocitrato decarbossilasi.

6 Il trasferimento di elettroni nella catena respiratoria

48 Qual è il ruolo di un trasportatore di elettroni? Quali caratteristiche chimiche deve avere?

49 Quali tipi di trasportatore sono coinvolti nella catena respiratoria?

50 Quanti elettroni sono in grado di legare reversibilmente le flavoproteine?

51 Quali sono i complessi della catena respiratoria?

52 Che cosa si intende per gradiente elettrochimico?

53 Dove tendono ad accumularsi nel mitocondrio gli ioni H^+ provenienti dalla catena respiratoria? Quale forza genera questo accumulo?

54 Nella catena respiratoria
- A l'ossigeno è l'accettore finale di elettroni e dunque si riduce.
- B l'ossigeno è il donatore finale di elettroni e dunque si riduce.
- C l'ossigeno è l'accettore finale di elettroni e dunque si ossida.
- D l'ossigeno è il donatore finale di elettroni e dunque si riduce.

7 La fosforilazione ossidativa e la biosintesi dell'ATP

55 Che cosa si intende per fosforilazione ossidativa? Qual è la differenza rispetto alla fosforilazione a livello del substrato che si svolge nella glicolisi?

56 Che cosa afferma la teoria chemiosmotica di Mitchell?

57 Che cos'è l'ATP sintasi e di quali parti è costituita?

58 Qual è il contributo di $FADH_2$ e NADH in termini di produzione di molecole di ATP al termine della fosforilazione ossidativa? Da cosa dipende questa differenza?

59 Nella seguente figura è rappresentato lo spazio intermembrana del mitocondrio, delimitato dalla membrana esterna e da quella interna delle creste mitocondriali. Disegna l'ATP sintasi correttamente orientata e nella posizione giusta. Con una freccia indica il flusso spontaneo di ioni H^+ che permette la sintesi dell'ATP.

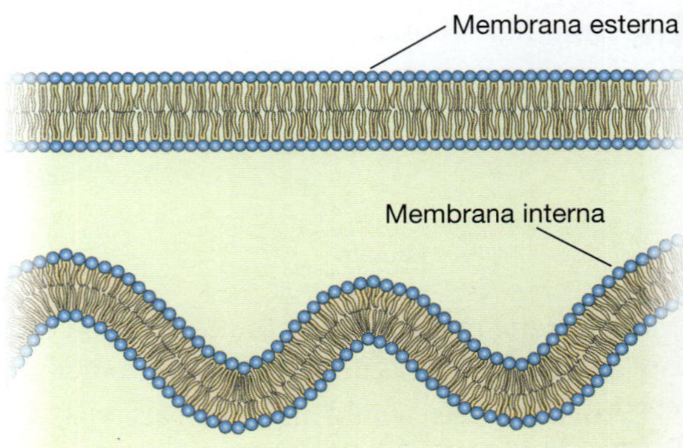

8 La resa energetica dell'ossidazione completa del glucosio a CO_2 e H_2O

60 Completa la seguente tabella in cui è riassunta la resa energetica dell'ossidazione completa del glucosio. Inserisci per ciascuna fase i prodotti corrispondenti.

Localizzazione cellulare	Fase	Numero di molecole prodotte				
		ATP o GTP	NADH	$FADH_2$	CO_2	ATP totali
Citoplasma						
	Decarbossilazione ossidativa					
Matrice mitocondriale						
	Catena di trasporto degli elettroni					
	Fosforilazione ossidativa					

61 La combustione completa di 1 mol di glucosio in un calorimetro libera 686 kcal. La sintesi dell'ATP richiede 7,3 kcal/mol. Calcola il valore percentuale, e quindi la resa del processo, dell'energia chimica del glucosio che viene recuperata nella sintesi di 32 molecole di ATP.

9 Il metabolismo di carboidrati, lipidi e amminoacidi

62 Quella dei pentoso fosfati è una via
A metabolica parallela alla glicogenosintesi.
B anabolica che forma zuccheri a sei atomi di carbonio.
C metabolica che consente la formazione di ribosio.
D anabolica che consente la formazione di ATP.

63 La gluconeogenesi è una via
A anabolica che avviene nel fegato e consente la formazione di glucosio.
B anabolica che consente di recuperare il lattato muscolare e convertirlo in acetil-CoA.
C catabolica che consente la conversione del glucosio in glicogeno.
D catabolica che coinvolge il glicogeno.

64 La β-ossidazione è
A la principale via che porta alla degradazione degli acidi grassi.
B una via catabolica alternativa a quella dell'α-ossidazione.
C un insieme di reazioni caratteristiche dei globuli rossi e dei neuroni.
D un processo che permette l'idrogenazione degli acidi grassi.

65 A partire dagli amminoacidi, oltre alle proteine, è possibile ottenere
A acidi grassi e trigliceridi.
B disaccaridi e polisaccaridi.
C ormoni e ammine biogene.
D ribosio e desossiribosio.

66 La sintesi di acidi grassi
A è un processo inutile per l'organismo perché il glicogeno è più semplice da degradare.
B avviene nel tessuto adiposo, mentre nel muscolo gli acidi grassi vengono convertiti in trigliceridi.
C avviene nel fegato, mentre nel tessuto adiposo gli acidi grassi sono immagazzinati come trigliceridi.
D ha come precursori gli amminoacidi.

67 Quali affermazioni tra le seguenti sono errate?
A I lipidi vengono utilizzati come fonte energetica soltanto dai muscoli.
B Gli acidi grassi sono lunghe catene di idrocarburi con un gruppo carbonilico a un'estremità.
C È possibile soltanto la conversione dei carboidrati in lipidi e non il processo inverso.
D La β-ossidazione degli acidi grassi porta alla formazione di acetil-CoA.

68 Indica il completamento errato.
Il glutammato
A è un amminoacido glucogenico.
B è convertito in α-chetoglutarato per deaminazione ossidativa.
C dal punto di vista chimico è un'ammide.
D è coinvolto nel processo di eliminazione dell'azoto in eccesso.

69 Quali tra le seguenti affermazioni sono corrette?
A La valina è un amminoacido chetogenetico.
B L'azoto è un composto vitale e l'organismo non lo espelle, ma ne conserva il più possibile all'interno del citoplasma.
C Urea e urina sono sinonimi.
D In condizioni di digiuno prolungato l'organismo può sintetizzare da solo molecole di glucosio.

70 Which biomolecule(s) can generate acetyl CoA?
- A Carbohydrates.
- B Fats.
- C Proteins.
- D Both carbohydrates and fats.
- E Carbohydrates, fats and proteins.

10 La glicemia e la sua regolazione

71 Il diabete mellito è
- A una malattia caratterizzata da iperglicemia a digiuno.
- B una malattia dovuta a carenza di zucchero in circolo nel sangue.
- C la grandezza che indica il livello fisiologico di zucchero nel sangue.
- D una porzione endocrina del pancreas.

72 Il livello glicemico normale in un adulto è
- A 65-110 mg/dl, sopra 110 si ha iperglicemia.
- B 65-110 g/dl, sopra 110 si ha iperglicemia.
- C 65-110 g/L, sotto 65 si ha iperglicemia.
- D 65-110 μg/ L, sopra 110 si ha ipoglicemia.

73 Indica i due completamenti corretti.
La glicemia è regolata nel seguente modo:
- A dopo i pasti aumenta e viene prodotta insulina.
- B dopo i pasti aumenta e viene prodotto glucagone.
- C lontano dai pasti diminuisce e viene prodotta insulina.
- D lontano dai pasti diminuisce e viene prodotto glucacone.

Trattazione sintetica degli argomenti

Sviluppa i seguenti argomenti riportando gli aspetti più significativi in un testo di 8-10 righe.

74 Che cos'è il metabolismo e quali sono le funzioni che svolge?

75 Indica le differenze tra anabolismo e catabolismo e fai degli esempi per ognuno di essi.

76 Che cosa si intende per *feedback* negativo? A che cosa è riferito?

77 Descrivi la struttura e la funzione biologica svolta dall'ATP nella cellula.

78 Che cos'è la glicolisi dal punto di vista chimico? Per quale scopo viene attuata?

79 Spiega il significato dei termini «aerobico» e «anaerobico» facendo alcuni esempi.

80 Qual è il significato metabolico della fermentazione? Descrivi quali sono i suoi possibili utilizzi a livello industriale.

81 Spiega il ruolo del glicogeno, collegandolo ai relativi processi di degradazione e sintesi.

82 Qual è il bilancio complessivo della β-ossidazione di una molecola di palmitoil-CoA? Ricorda che l'acido palmitico ha 16 atomi di carbonio.

83 Che cosa sono i corpi chetonici e qual è la loro funzione nell'organismo?

84 Spiega il concetto di «transaminazione» e fai almeno un esempio.

85 Che cos'è l'urea dal punto di vista chimico e come viene prodotta?

86 Qual è la funzione dell'acido citrico nella respirazione cellulare? Descrivi le tappe fondamentali del suo ciclo.

87 In che modo il ciclo dell'acido citrico può essere considerato parte della fase anabolica?

88 Che cos'è la catena respiratoria e quali ruoli svolge per il metabolismo cellulare?

89 Disegna un mitocondrio e indica quali processi avvengono nei suoi vari compartimenti.

90 La glicemia è un parametro ematochimico molto importante: descrivi i fattori che possono causarne una variazione.

Sviluppa in una presentazione di 10 diapositive al massimo i seguenti argomenti, trattandoli in modo esauriente con il lessico specifico e curando sia l'iconografia sia l'esposizione. Dai alla tua presentazione un titolo sintetico ed efficace.

91 Ripercorri sinteticamente le tappe principali del catabolismo del glucosio fino alla produzione dell'ATP.

92 Quali vie metaboliche si svolgono nel citoplasma di una cellula? Descrivi brevemente una di queste.

93 Descrivi l'importanza metabolica della fosforilazione dei composti e indica gli enzimi responsabili di questo processo.

94 Descrivi come si suddividono gli organismi vertebrati in base al catabolismo dei composti azotati. A quale categoria appartengono gli esseri umani?

95 Quante molecole di NADH e $FADH_2$ vengono prodotte nel corso del ciclo dell'acido citrico e qual è il loro ruolo?

96 In una cellula in salute i vari metabolismi devono funzionare in modo efficiente: illustra i principali meccanismi regolatori che permettono alla cellula di mantenere il controllo metabolico.

Leggi attentamente la traccia seguente, documentati se necessario e svolgi la prova curando l'esposizione e la terminologia.

97 Anabolismo e catabolismo si uniscono a dare il metabolismo. Fai una panoramica delle principali vie metaboliche, descrivendone le relazioni e la loro utilità per l'organismo.

Il laboratorio delle competenze

Collega e Classifica

98 La seguente tabella riporta le varie fasi dell'ossidazione del glucosio a partire dalla glicolisi. Per ciascuna fase, indica con una crocetta in quale compartimento cellulare si svolge.

Processo	Citoplasma	Membrana mitocondriale esterna	Spazio intermembrana	Membrana mitocondriale interna	Matrice mitocondriale
Glicolisi					
Decarbossilazione ossidativa del piruvato					
Ciclo dell'acido citrico					
Catena di trasporto elettronico					
Fosforilazione ossidativa					

99 Abbina a ognuno degli enzimi del ciclo dell'acido citrico il substrato su cui agisce e il tipo di reazione che catalizza, scegliendoli tra quelli proposti.

Substrati:
isocitrato, α-chetoglutarato, malato, ossalacetato, succinato, citrato, succinil-CoA, fumarato.

Tipi di reazione:
Condensazione, idratazione, ossidazione, decarbossilazione ossidativa, isomerizzazione, sintesi.

Enzima	Substrato	Tipo/i di reazione
Citrato sintasi		
Aconitasi		
Isocitrato deidrogenasi		
α-chetoglutarato deidrogenasi		
Succinil-CoA sintetasi		
Succinato deidrogenasi		
Fumarasi		
Malato deidrogenasi		

Ipotizza

100 L'energia liberata dal catabolismo potrebbe sostenere da sola il fabbisogno energetico delle reazioni anaboliche? Perché?

Progetta

101 Progetta il percorso di una possibile via metabolica lineare, che consiste di 6 tappe successive, con una ramificazione dopo la terza tappa. Scegli l'enzima chiave e prevedi come poterlo regolare in tutte le diverse modalità studiate.

Analizza

102 Le fibre muscolari della nostra muscolatura volontaria si classificano in tre tipi. Le *fibre rosse*, o di tipo I, sono di colore rosso vivo, sono ricche di mitocondri e di mioglobina e sono irrorate abbondantemente da capillari sanguigni. Sono inoltre ricche di enzimi ossidativi come la succinato deidrogenasi, mentre hanno poca lattato deidrogenasi. Le *fibre bianche*, o di tipo IIb, di colore bianco-pallido, sono invece povere di mitocondri, di mioglobina e scarsamente irrorate. Sono inoltre dotate di più riserve di glicogeno e ricche di enzimi come la glicerolo-fosfato deidrogenasi. Esistono infine le *fibre intermedie* o IIa, che hanno caratteristiche intermedie tra le altre due.

a. Quali sono le fibre che si affidano al metabolismo aerobio e quali quelle anaerobie che possono ricorrere alla fermentazione lattica? Da cosa lo deduci?

b. Quali fibre lavorano efficientemente sia in condizioni anaerobiche che aerobiche?

Deduci

103 Una via metabolica lineare si sviluppa attraverso le seguenti tappe, in cui E1, E2 e E3 sono gli enzimi coinvolti nella trasformazione dei substrati nei rispettivi prodotti:

$$A1 \xrightarrow{E1} A2 \xrightarrow{E2} A3 \xrightarrow{E3} A4$$

a. Se lo stadio chiave è rappresentato dalla tappa A2 → A3, quale prodotto tende ad accumularsi nella cellula?

b. Su quale enzima il prodotto A4 può agire da inibitore allosterico?

Organizza e interpreta i dati

104 Tra gli esperimenti che portarono Hans Krebs a scoprire il ciclo dell'acido citrico, vi furono alcune indagini sull'assorbimento di ossigeno dovuto all'attività muscolare.
L'assorbimento di ossigeno fu misurato nel muscolo in assenza di qualsiasi tipo di substrato e poi misurato per confronto con l'aggiunta di citrato.
La seguente tabella mostra i risultati originali ottenuti dallo scienziato.

Tempo (min)	Senza substrato aggiunto (μl di ossigeno assorbito)	Con 0,15 mL di citrato 0,012 M (μl di ossigeno assorbito)
30	645	682
60	1055	1520
90	1132	1938
150	1187	2080

Illustra in un grafico le due serie di valori e rispondi alle seguenti domande:

a. Che cosa accade alla quantità di ossigeno assorbito dal muscolo se si aggiunge citrato?

b. Come puoi giustificare questo aumento?

Applica

105 Nella reazione catalizzata dall'esochinasi, le due semireazioni hanno i seguenti valori di $\Delta G°'$:

$$ATP + H_2O \rightleftarrows ADP + P_i \qquad \Delta G°' = -31 \text{ kJ} \cdot \text{mol}^{-1}$$

$$P_i + \text{glucosio} \rightleftarrows \text{glucosio-6-P} + H_2O \qquad \Delta G°' = +14 \text{ kJ} \cdot \text{mol}^{-1}$$

a. Qual è il $\Delta G°'$ totale della reazione accoppiata per la trasformazione della molecola di glucosio in glucosio-6-P?

b. Per quale motivo è necessario fosforilare il glucosio?

c. Come avviene questo processo?

Ricerca

106 Aiutandoti con una ricerca in rete, confronta il modo il cui il colesterolo viene presentato dalla pubblicità con il ruolo che questa molecola svolge all'interno dell'organismo.

a. Qual è la funzione metabolica del colesterolo?

b. Il colesterolo svolge anche funzioni strutturali nell'organismo? Quali?

c. Quali azioni del colesterolo vengono messe in luce nella pubblicità?

d. Quali alimenti sono particolarmente ricchi di colesterolo?

Completa infine la tua ricerca descrivendo le caratteristiche della malattia ereditaria chiamata ipercolesterolemia famigliare.

e. Quali livelli di colesterolo nel sangue caratterizzano le persone portatrici di questa malattia?

f. Esistono farmaci efficaci per abbassare la colesterolemia? Come agiscono?

Descrivi e progetta

107 Descrivi le tappe fondamentali del controllo della glicemia operato dagli ormoni insulina e glucagone. Progetta poi un diagramma di flusso che colleghi le varie tappe e mostri i meccanismi a feedback che intervengono per mantenere l'omeostasi della glicemia.

A scuola di lavoro

108 La malaria è la malattia infettiva che registra il più alto tasso di mortalità al mondo dopo la tubercolosi. L'agente patogeno è il *plasmodio della malaria*, un protozoo parassita che si riproduce nel fegato e nel sangue umano dopo che l'uomo viene infettato tramite la puntura di zanzare *Anopheles*. Il plasmodio si affida alla fermentazione lattica per ottenere l'energia di cui ha bisogno. I ricercatori stanno cercando dei farmaci per bloccare il ciclo riproduttivo del plasmodio. In particolare trova particolare efficacia la *clorochina* che inibisce la lattato deidrogenasi.

a. Con quale tipo di meccanismo inibitorio pensi che possa agire la clorochina?

b. Se tu fossi un ricercatore incaricato di identificare altri possibili farmaci per bloccare il ciclo infettivo del plasmodio, quali altre strategie potresti sperimentare?

Cerca in Rete le informazioni necessarie.

109 Molte imprese condotte da giovani sono impegnate nella produzione di birra artigianale. Se tu volessi iniziare un'attività di questo tipo dovresti procurarti le materie prime: l'orzo, il luppolo, il lievito e gli zuccheri. Compi una ricerca in rete e fai un report sulle fasi della birrificazione (chiamata anche con il termine inglese *brewing*) e sul ruolo biochimico di ciascuna delle materie prime da utilizzare.

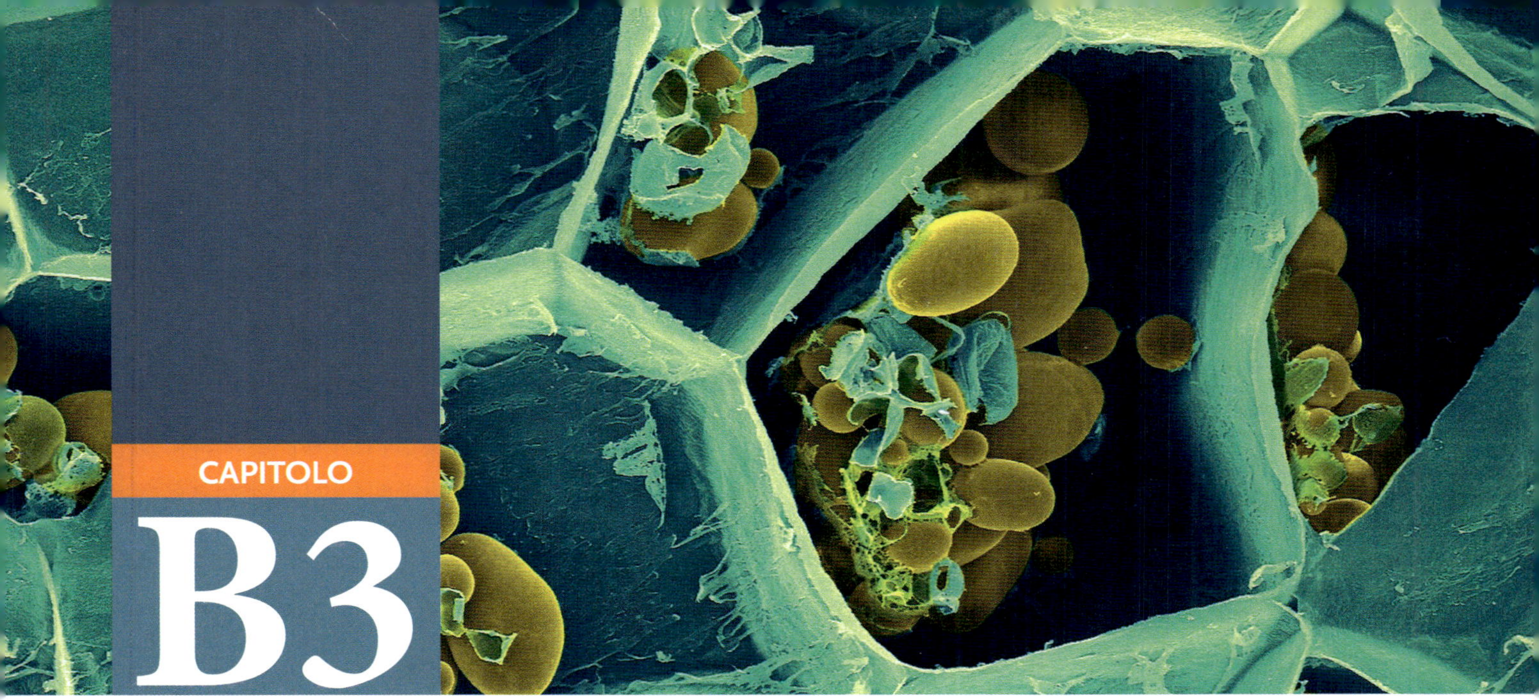

CAPITOLO

B3

La fotosintesi clorofilliana

1 La trasformazione della luce del Sole in energia chimica

Gli organismi autotrofi fotosintetici, come batteri, alghe o piante, sono in grado di utilizzare l'energia solare per generare l'ATP e il potere riducente necessari per fissare il CO_2 e produrre sostanze organiche come i carboidrati. Il processo prende il nome di **fotosintesi clorofilliana** ed è riassunto in una semplice reazione che, dal punto di vista chimico, può essere considerata l'opposto della respirazione cellulare. L'equazione netta è infatti la seguente:

$$CO_2 + H_2O \xrightarrow{\textit{luce}} (CH_2O) + O_2$$

CH_2O indica la formula minima di un carboidrato.

TI RICORDI?

Gli organismi che basano il proprio metabolismo sulla fotosintesi sono detti **fotoautotrofi**: in questi organismi la sintesi di composti organici dipende dalla radiazione solare.

I due principali processi usati dalle cellule per produrre energia – ovvero la respirazione cellulare e la fotosintesi – sono accomunati dallo stesso meccanismo.

L'energia necessaria per la sintesi dell'ATP a partire da ADP e P_i si ottiene da una serie di reazioni in cui si ha *trasferimento di elettroni* fra specie chimiche diverse.

Nella fotosintesi, la molecola di H_2O funge da donatore di elettroni per ridurre il coenzima $NADP^+$ a NADPH. A questo flusso di elettroni è accoppiata la creazione di un gradiente protonico che, come nella respirazione cellulare, costituisce la forza motrice per l'ATP sintasi, l'enzima responsabile della sintesi di ATP.

HAI CAPITO?

- Confronta le equazioni che descrivono la fotosintesi e la respirazione cellulare.

I cloroplasti sono la sede della fotosintesi

Oltre ai mitocondri in cui svolgono i processi ossidativi, le cellule delle piante possiedono anche altri organuli, i **cloroplasti**: al loro interno è contenuto l'apparato molecolare che, con la fotosintesi, capta l'energia luminosa e la trasforma nell'ener-

Scarica **GUARDA!** e inquadrami per guardare i video

gia chimica dell'ATP e in potere riducente (NADPH). Queste sostanze saranno poi utilizzate per fissare il CO_2 all'interno di nuove molecole organiche.

Come i mitocondri, anche i cloroplasti sono provvisti di un doppio sistema di membrane: la membrana esterna è relativamente liscia e permeabile a piccole molecole e ioni, mentre la membrana interna, molto compartimentata, è più selettiva. Il compartimento interno, chiamato *stroma*, contiene molte vescicole appiattite, dette **tilacoidi**. I tilacodi formano pile chiamate *grani* e contengono i pigmenti e gli enzimi coinvolti nella fotosintesi (**Figura B3.1**).

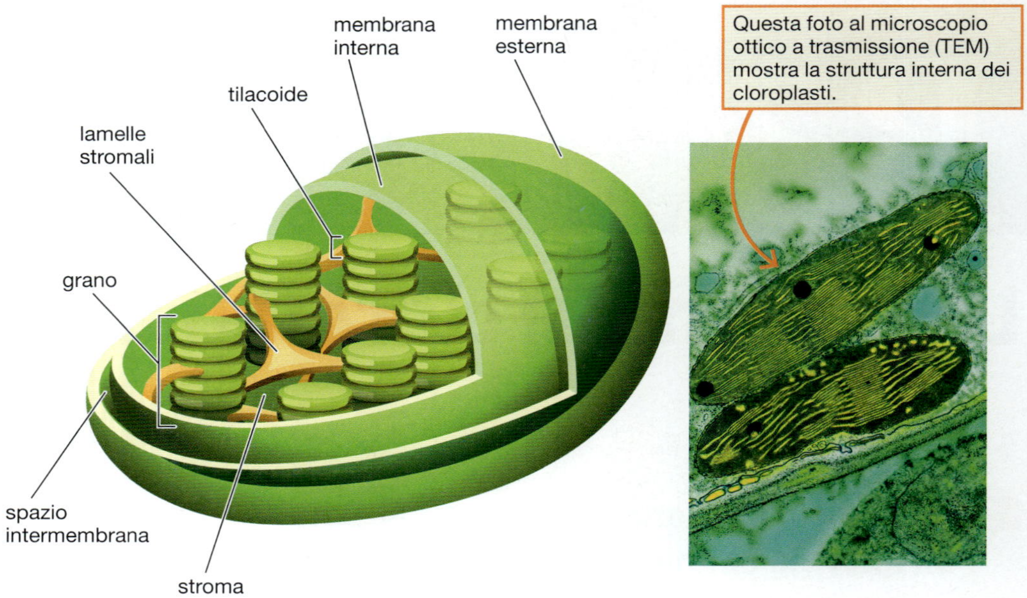

Figura B3.1
A Rappresentazione schematica di un cloroplasto. **B** Fotografia al microscopio a trasmissione di due cloroplasti.

Le due fasi della fotosintesi

Video **Come avviene la fotosintesi?**

Nelle piante, la fotosintesi avviene attraverso una complessa serie di reazioni che può essere suddivisa in due fasi distinte.

1. La *prima fase* si svolge nei tilacoidi solo quando la pianta è illuminata e comprende le **reazioni dipendenti dalla luce** (o *reazioni alla luce*): i pigmenti della pianta catturano l'energia luminosa che viene usata per generare ATP e NADPH e rilasciano l'ossigeno prodotto dall'ossidazione dell'acqua.
2. La *seconda fase*, che si svolge invece nello stroma, è costituita dalle **reazioni di fissazione del carbonio** che si svolgono senza il contributo energetico della luce e per questo sono anche dette, in modo improprio, *reazioni al buio*. Durante questa fase l'energia e il potere riducente ottenuti nella prima fase vengono utilizzati per assimilare il CO_2 atmosferico con produzione di molecole organiche, soprattutto carboidrati (**Figura B3.2**).

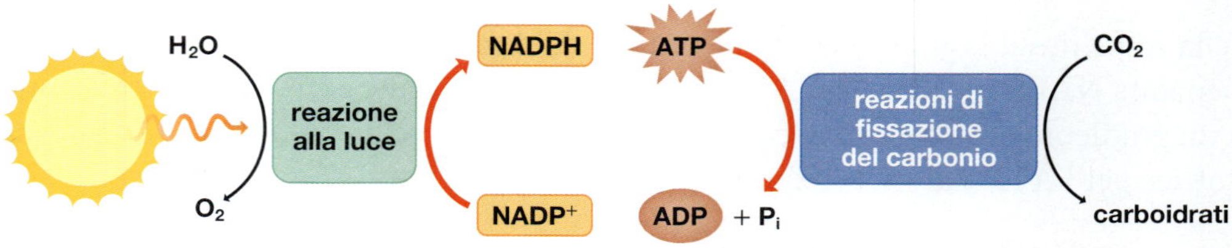

Figura B3.2
Le reazioni alla luce della fotosintesi producono molecole ricche di energia, come ATP e NADPH, che possono essere usate per fissare il carbonio sotto forma di composti organici, come i carboidrati.

HAI CAPITO?

- Qual è la relazione tra la prima e la seconda fase della fotosintesi?

2 Le reazioni dipendenti dalla luce

La luce visibile è una banda della radiazione elettromagnetica con una lunghezza d'onda (λ) compresa fra 380 e 750 nm (**Figura B3.3**).

La radiazione luminosa è formata da unità distinte chiamate *fotoni*. L'energia di un fotone si ricava dalla seguente relazione (*legge di Planck*):

$$E = \frac{hc}{\lambda}$$

dove h è la costante di Planck e c è la velocità della luce nel vuoto.

La **quantità di energia** associata a un fotone è inversamente proporzionale alla *lunghezza d'onda* della radiazione: tanto maggiore è la lunghezza d'onda della radiazione tanto minore è l'energia a essa associata, e viceversa.

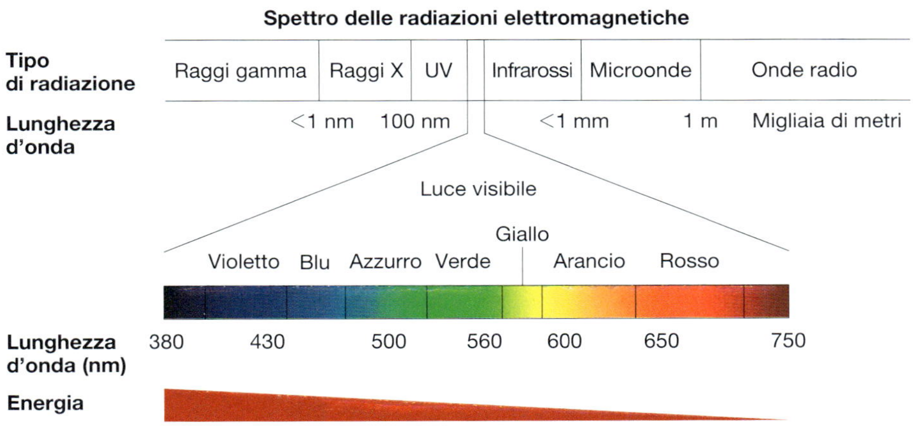

Figura B3.3
Lo spettro della luce visibile si estende dai 380 ai 750 nm.

L'assorbimento della luce

La radiazione luminosa può essere assorbita da molecole dette **pigmenti**. In questo processo, il fotone viene catturato dalla molecola del pigmento che passa da uno *stato fondamentale* a uno *stato eccitato*: con l'assorbimento dell'energia luminosa, un elettrone del pigmento transita rapidamente da un orbitale molecolare a energia inferiore a uno a energia superiore. Altrettanto rapidamente l'elettrone torna nell'orbitale di partenza, la molecola torna allo stato fondamentale e l'energia che era stata assorbita viene ora emessa rilasciando luce, calore o producendo un lavoro (**Figura B3.4**). Tale energia può essere ceduta da una molecola di pigmento all'altra, con trasferimento dello stato di eccitazione: l'energia fluisce dai pigmenti che assorbono la luce a lunghezza d'onda minore (con maggiore energia) a quelli che la assorbono a lunghezza d'onda maggiore. È quello che accade nelle reazioni dipendenti dalla luce della fotosintesi.

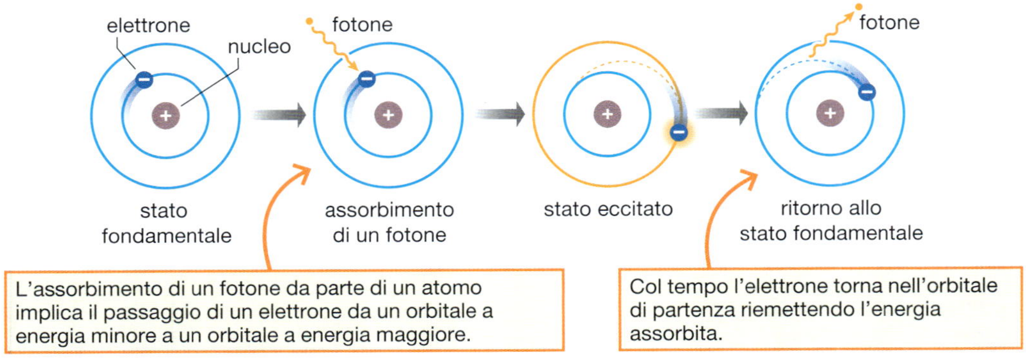

Figura B3.4
L'assorbimento di fotoni da parte dei pigmenti delle piante.

GUARDA! i video

PER SAPERNE DI PIÙ

Negli organismi fotosintetici più semplici, come alghe e cianobatteri, i pigmenti sono rappresentati dalle **ficobiline**, molecole che assorbono la radiazione luminosa tra il giallo e l'arancione.

I pigmenti

Nelle piante superiori le molecole dei pigmenti sono di due tipi: le clorofille e i pigmenti accessori.

Le **clorofille** sono molecole con una struttura simile a quella dell'eme presente nell'emoglobina, ma con alcune differenze:

- le clorofille hanno al centro della struttura ad anelli uno ione Mg^{2+} che sostituisce l'atomo di ferro presente nell'emoglobina;
- è presente un quinto anello che si aggiunge ai quattro anelli pirrolici;
- una lunga catena laterale àncora il pigmento a proteine integrali immerse nella membrana del tilacoide.

Le clorofille *a* e *b* e le batterioclorofille sono i principali composti responsabili dell'assorbimento della radiazione luminosa. Le loro molecole sono tra loro quasi identiche, salvo alcune differenze evidenziate in **Figura B3.5**.

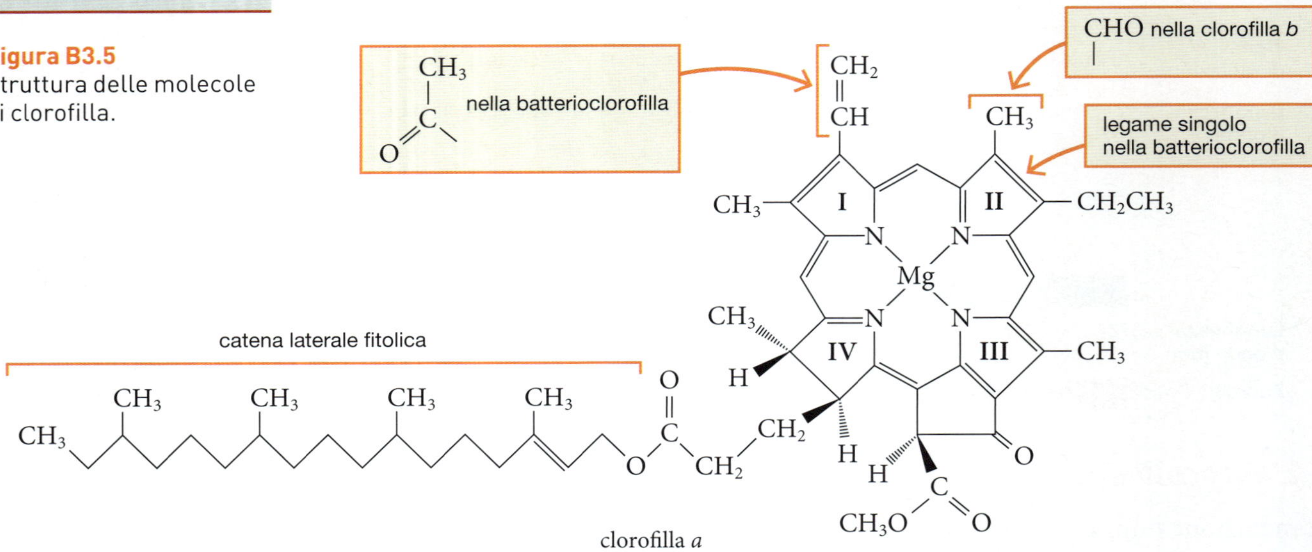

clorofilla *a*

Figura B3.5 Struttura delle molecole di clorofilla.

Fra i **pigmenti accessori**, rivestono particolare importanza i *carotenoidi* come il β-carotene, di colore rosso-arancione, e la luteina, di colore giallo. I pigmenti riflettono la luce che non assorbono: per questo, il colore delle piante dipende dagli spettri di assorbimento dei principali pigmenti contenuti nelle loro foglie (**Figura B3.6**).

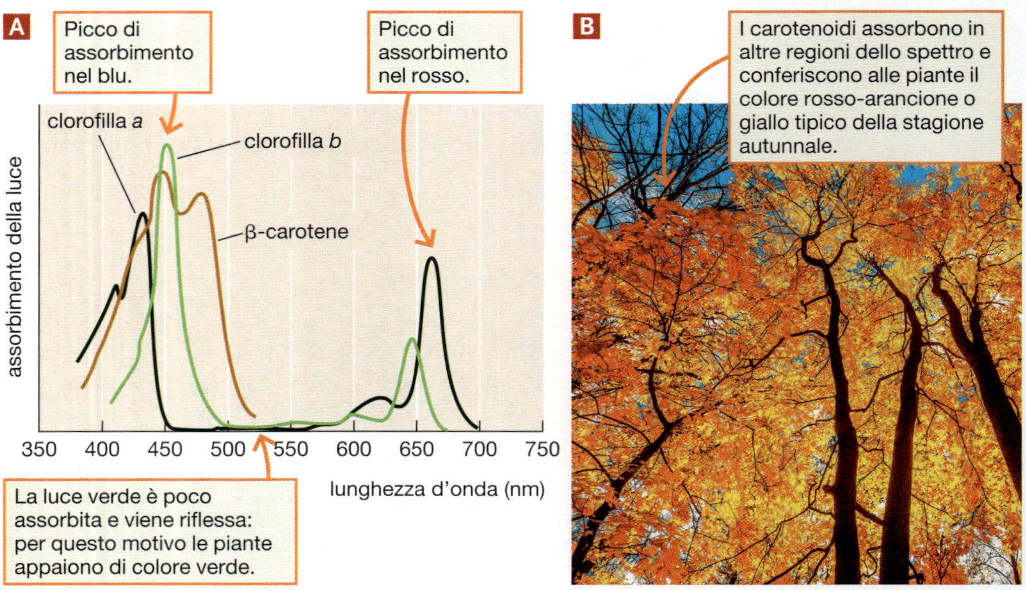

Figura B3.6
A Lo spettro di assorbimento delle clorofille mostra bande di assorbimento nelle regioni della luce rossa e di quella blu.
B In autunno il contenuto di clorofilla nelle foglie diminuisce e prevalgono i pigmenti accessori.

I fotosistemi

I pigmenti che assorbono la luce sono organizzati in strutture complesse chiamate fotosistemi.

Video Come avviene la fase luminosa della fotosintesi?

Video How does the light phase of photosynthesis work?

I **fotosistemi** sono formati da molecole di clorofilla e di pigmenti accessori uniti a proteine e si trovano immersi nella membrana del tilacoide.

Ciascun fotosistema può contenere qualche centinaio di molecole di clorofilla e fino a cinquanta copie di molecole di carotenoidi. La presenza di numerose molecole di pigmento rende infatti molto più efficiente il processo di captazione della luce.

La maggior parte delle molecole di clorofilla e di carotenoidi ha una funzione di **pigmenti antenna**: esse raccolgono la radiazione luminosa e la trasmettono a molecole di pigmento vicine attraverso un processo di *propagazione dell'eccitazione*. Solo alcune molecole di clorofilla, invece, fanno parte del **centro di reazione fotochimica** e, una volta eccitate, sono in grado di cedere un elettrone, dando luogo al flusso di elettroni (Figura B3.7). La funzione dei fotosistemi è dunque quella di trasformare l'energia trasmessa dalla luce in un flusso di elettroni.

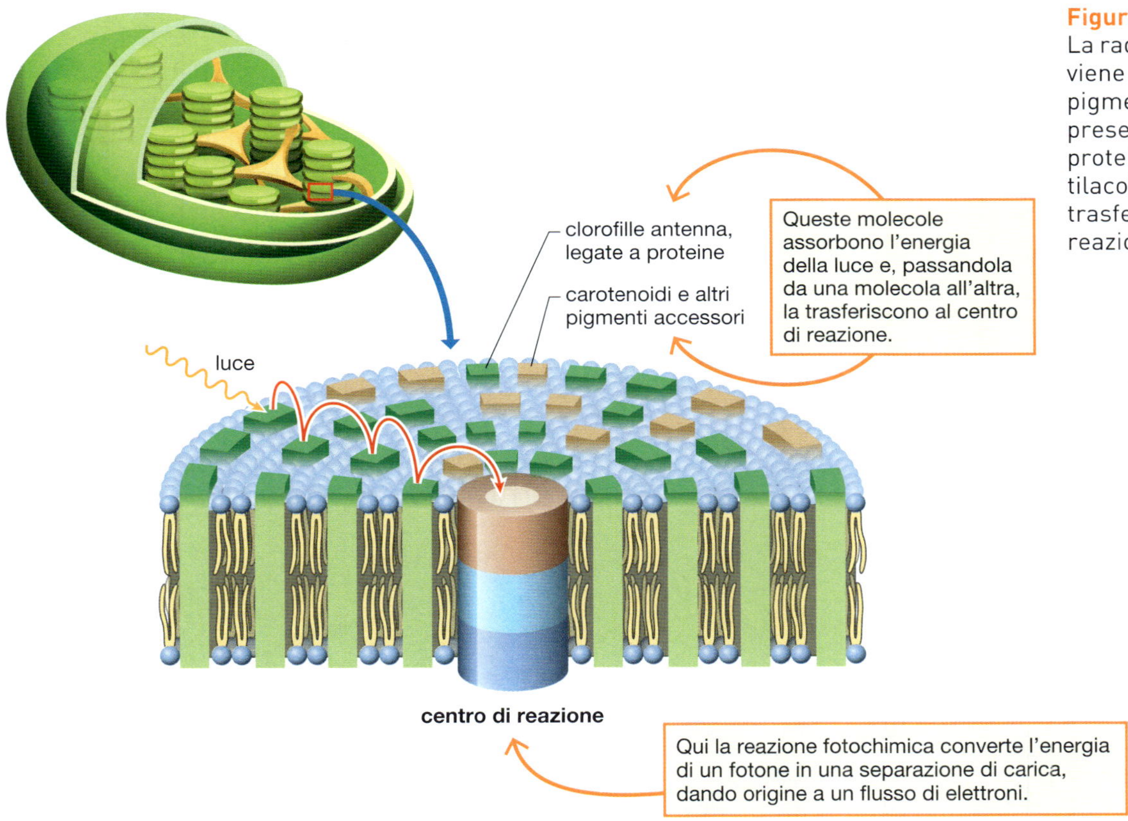

Figura B3.7 La radiazione luminosa viene assorbita dai pigmenti antenna presenti all'interno di proteine integrali del tilacoide e da questi trasferita al centro di reazione fotochimica.

Gli organismi fotosintetici più semplici, come i batteri fotosintetici, hanno un solo tipo di fotosistema; le piante possiedono invece due tipi diversi di fotosistemi, ognuno con un proprio centro di reazione e un sistema antenna: il **fotosistema II (PSII)** e il **fotosistema I (PSI)**. Entrambi questi fotosistemi contengono nel loro centro di reazione una molecola di clorofilla *a*: nel PSII questa molecola è indicata come P_{680}, mentre nel PSI è presente la clorofilla P_{700}. Il numero al pedice indica la lunghezza d'onda in corrispondenza della quale la clorofilla del centro di reazione manifesta la massima capacità di assorbimento della radiazione luminosa (a 680 nm per P_{680} e a 700 nm per P_{700}).

Il flusso di elettroni fra i fotosistemi

Le membrane tilacoidali dei cloroplasti possiedono numerose copie dei due fotosistemi che agiscono in sequenza con un meccanismo simile. Entrambi assorbono fotoni e trasferiscono elettroni secondo una sequenza precisa di eventi.

- Nel **PSII** i fotoni sono raccolti dal sistema antenna e trasferiti al centro di reazione P_{680}. La clorofilla viene eccitata dai fotoni in arrivo dai pigmenti e cede un elettrone a un trasportatore di elettroni: P_{680} si trasforma così in P^+_{680}.
- Le molecole di clorofilla P^+_{680} tornano allo stato di partenza acquistando gli elettroni prodotti dall'ossidazione dell'acqua (*fotolisi*): ogni due molecole di H_2O ossidate si liberano quattro elettroni, quattro ioni H^+ e una molecola di O_2.
- Il PSII incanala gli elettroni verso una **catena di trasporto degli elettroni** simile a quella vista nei mitocondri. Il trasferimento degli elettroni è mediato da numerose molecole che agiscono da trasportatori di elettroni, come la *feofitina,* i *plastochinoni* e il *citocromo* b_6f; queste molecole sono immerse nella membrana dei tilacoidi e fanno sì che gli elettroni raggiungano il PSI.
- Durante il trasporto elettronico fra PSII e PSI si genera un **gradiente protonico** che porta all'accumulo di ioni H^+ nel lume dei tilacoidi. Come per la fosforilazione ossidativa nei mitocondri, il gradiente protonico è la forza motrice per la sintesi di ATP. Nella membrana dei tilacoidi esiste una **ATP sintasi** molto simile a quella mitocondriale, in grado di produrre molecole di ATP a partire da ADP e P_i quando gli ioni H^+ la attraversano per tornare nello stroma del cloroplasto. Per le analogie con quanto avviene nella membrana mitocondriale interna, la produzione dell'ATP a livello dei cloroplasti è stata definita **fotofosforilazione.**
- Come nel PSII, a livello del **PSI** i fotoni raccolti dal sistema antenna eccitano il centro di reazione P_{700}: la clorofilla eccitata cede elettroni a una serie di trasportatori trasformandosi in P^+_{700}. Gli elettroni raggiungono infine la molecola di *ferredossina.* A sua volta, la ferredossina trasferisce gli elettroni al $NADP^+$ che, acquistando ioni H^+ dal lume tilacoidale, viene ridotto a NADPH.
- Infine, il centro P^+_{700} recupera gli elettroni dalla catena di trasporto elettronico che collega PSII a PSI.

La **Figura B3.8** illustra le reazioni che si svolgono alla luce, rappresentate dal cosiddetto *schema Z* per la sua forma simile alla lettera Z.

HAI CAPITO?

- In che cosa consiste la fotofosforilazione?

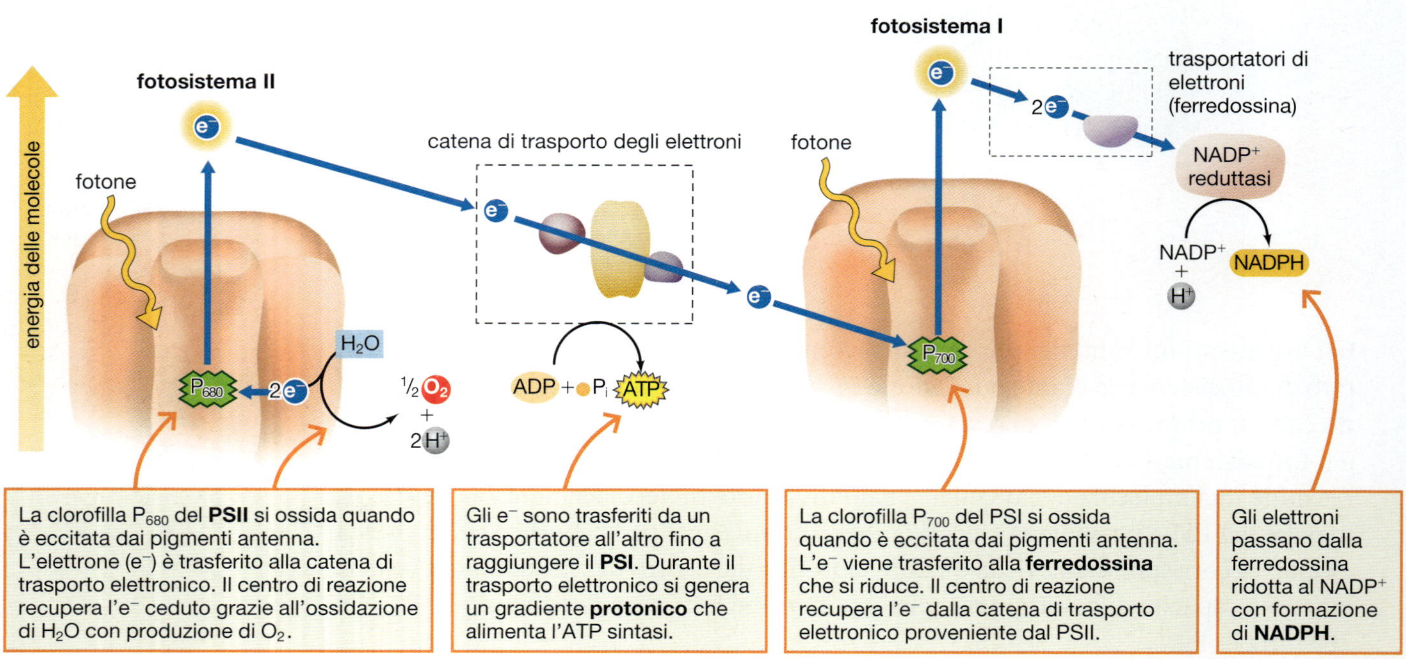

Figura B3.8
Lo schema Z: nonostante il processo completo sia sequenziale, i due fotosistemi sono attivati in parallelo in modo che il processo non subisca soste.

Nel loro complesso, le **reazioni alla luce** della fotosintesi sfruttano l'energia luminosa per generare O_2, NADPH e ATP.

Gli elettroni passano dalle molecole di H_2O al PSII, quindi alla catena di trasporto elettronico e al PSI, e infine giungono al $NADP^+$, l'accettore finale degli elettroni. La stechiometria complessiva del processo è rappresentata dalla seguente equazione:

$$2\ H_2O + 2\ NADP^+ + 8\ \text{fotoni} \rightarrow O_2 + 2\ NADPH + 2\ H^+$$

Per rendere più completa la descrizione del processo, possiamo integrare l'equazione precedente con il processo di produzione dell'ATP collegato alla catena di trasporto degli elettroni:

$$2\ H_2O + 2\ NADP^+ + 8\ \text{fotoni} + {\sim}3\ ADP + {\sim}3\ P_i \rightarrow O_2 + 2\ NADPH + 2\ H^+ + {\sim}3\ ATP$$

Come si può vedere dai coefficienti stechiometrici, il numero di molecole di ATP prodotte è incerto perché gli scienziati devono ancora definirlo con esattezza.

3 Le reazioni di fissazione del carbonio nelle piante

Grazie alle reazioni dipendenti dalla luce, gli organismi fotosintetici sono in grado di convertire l'energia luminosa a livello dei tilacoidi nell'energia chimica contenuta nelle molecole di ATP e NADPH.

Le **reazioni di fissazione del carbonio** della fotosintesi determinano la produzione di carboidrati a partire da CO_2, NADPH + H^+ e ATP.

Rispetto alle reazioni dipendenti dalla luce, le reazioni di fissazione del carbonio presentano alcune differenze:
- si svolgono nello stroma dei cloroplasti;
- non richiedono energia luminosa (da cui il nome alternativo di *reazioni al buio*);
- portano alla riduzione del CO_2 a zuccheri a tre atomi di carbonio grazie alle molecole di NADPH e ATP prodotte nelle reazioni dipendenti dalla luce.

In questo modo, l'energia luminosa, inizialmente convertita nell'energia chimica contenuta nell'ATP e nel NADPH, viene depositata nelle molecole di triosi. A partire da queste molecole di zuccheri la pianta è poi in grado di produrre tutti i carboidrati di cui ha bisogno: polimeri con funzione strutturale (cellulosa), polimeri con funzione di riserva energetica (amido) e altri monosaccaridi che fungono da precursori di molecole diverse (**Figura B3.9**). È grazie a questo processo che gli organismi fotosintetici sono autotrofi.

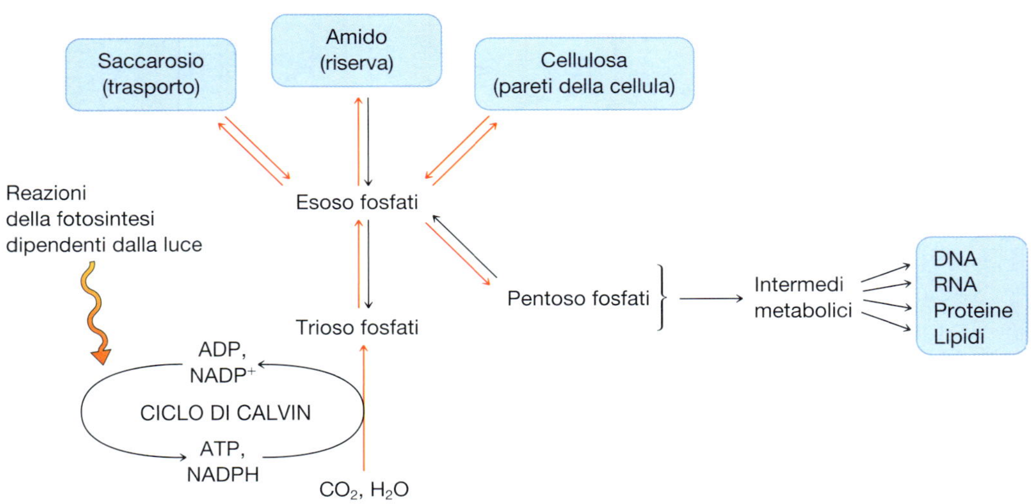

Figura B3.9
La fase della fotosintesi che si svolge alla luce fornisce l'energia chimica necessaria per la sintesi a partire da CO_2 di numerose molecole di carboidrati, alcune con funzione strutturale, altre con funzione di riserva energetica, altre ancora con funzione di precursore.

Il ciclo di Calvin

PER SAPERNE DI PIÙ

Melvin Calvin (1911-1997), biochimico statunitense, è stato insignito del premio Nobel per la chimica nel 1961 per i suoi studi sulla fotosintesi.

La riduzione del CO_2 a trioso nella fase luce-indipendente avviene attraverso una via metabolica ciclica detta **ciclo di Calvin** (o *ciclo della riduzione fotosintetica del carbonio*) dal nome di uno dei suoi scopritori. Nel ciclo di Calvin il CO_2 si combina con uno zucchero a cinque atomi di carbonio (*ribulosio 1,5-bisfosfato*) che funge da molecola accettrice e che viene rigenerata al termine di ogni ciclo di reazioni. Il ciclo di Calvin può essere suddiviso in tre fasi consecutive: fissazione, riduzione e rigenerazione.

Nella **fase della fissazione** gioca un ruolo fondamentale l'enzima *ribulosio 1,5-bisfosfato carbossilasi/ossigenasi*, più noto con il nome di **RuBisCO**. Si tratta di un enzima che utilizza lo ione Mg^{2+} come cofattore e che rappresenta più della metà delle proteine totali dello stroma dei cloroplasti. La RuBisCO è probabilmente la proteina più abbondante nella biosfera.

LE PAROLE

Il termine **organicazione** è sinonimo di fissazione o riduzione: il carbonio passa da n.o. +4 a n.o. compreso tra 0 e −4, una forma in cui è più ricco di energia chimica.

Quando la concentrazione di CO_2 è abbastanza elevata e la quantità di ossigeno disponibile non è troppo alta, la RuBisCO catalizza una reazione di *carbossilazione* in cui una molecola di CO_2 si lega a una molecola di ribuloso 1,5-bisfosfato con formazione di due molecole di 3-fosfoglicerato (3PG). Nel corso di questa reazione, il CO_2 atmosferico viene *organicato* all'interno di una molecola di zucchero, che contiene una maggiore quantità di energia potenziale chimica. In definitiva, nel corso di questa fase, le molecole di CO_2 sono fissate su molecole di ribulosio 1,5-bisfosfato, uno zucchero a cinque atomi di carbonio, per formare molecole di 3-fosfoglicerato a tre atomi di carbonio.

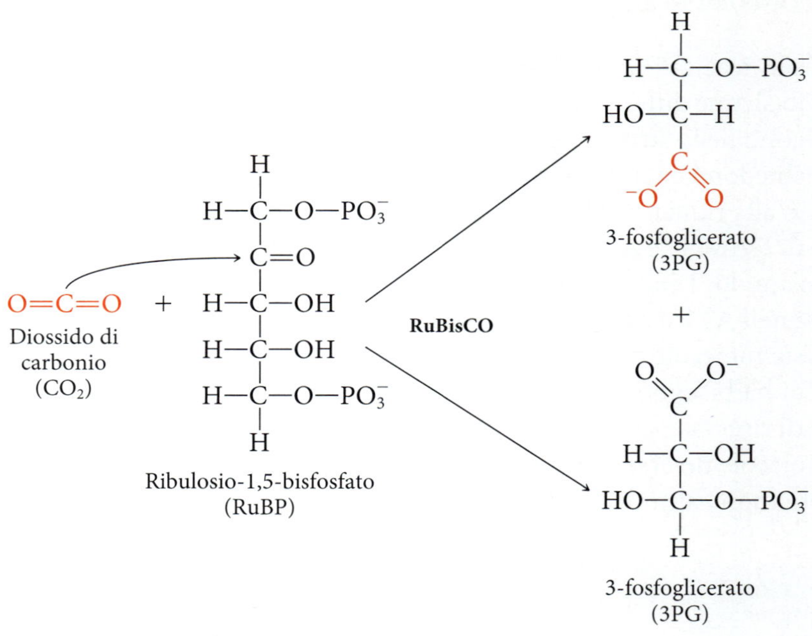

Nella **fase della riduzione**, il 3-fosfoglicerato viene fosforilato a 1,3-bisfosfoglicerato con consumo di una molecola di ATP; l'1,3-bisfosfoglicerato è successivamente ridotto a gliceraldeide 3-fosfato grazie a un enzima che utilizza come agente riducente il NADPH prodotto dalle reazioni alla luce.

Nell'ultima fase, detta **fase della rigenerazione**, gran parte delle molecole di gliceraldeide 3-fosfato si ricombinano fra loro e, attraverso reazioni di interconversione, rigenerano il ribuloso 1,5-bisfosfato (con consumo di altre molecole di ATP). Una piccola parte delle molecole di gliceraldeide 3-fosfato prodotta nella fase della riduzione fuoriesce dal ciclo e viene utilizzata per generare altri carboidrati.

Le fasi del ciclo di Calvin sono riassunte nella **Figura B3.10**.

HAI CAPITO?

- Quali sono le tre fasi del ciclo di Calvin?

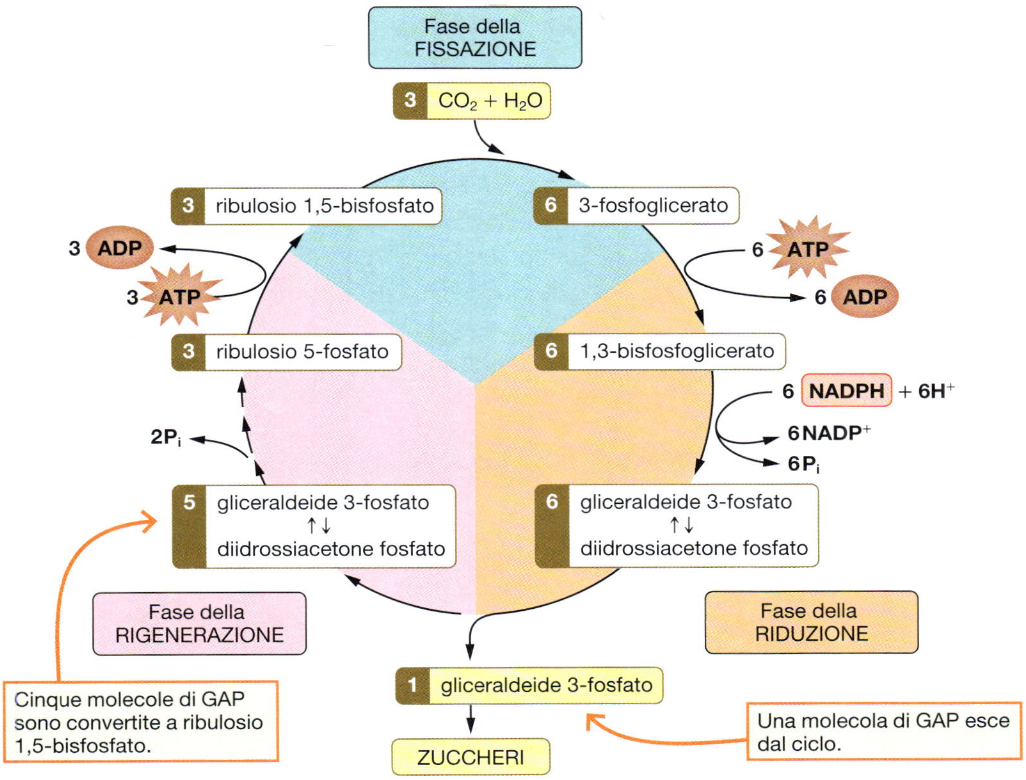

Figura B3.10 Fasi e stechiometria del ciclo di Calvin. I numeri a lato indicano il numero di molecole coinvolte.

Stechiometria del ciclo di Calvin

Per comprendere meglio gli effetti del ciclo di Calvin consideriamo come punto di partenza tre molecole di ribulosio 1,5-bisfosfato, con quindici atomi di carbonio complessivi, e tre molecole di CO_2 con tre atomi di carbonio.

L'azione della RuBisCO porta alla formazione di sei molecole di 3-fosfoglicerato (diciotto atomi di carbonio complessivi), che sono a loro volta fosforilate a sei molecole di 1,3-bisfosfoglicerato, con consumo di sei molecole di ATP.

La successiva reazione di riduzione porta alla formazione di sei molecole di gliceraldeide 3-fosfato con l'impiego di sei molecole di NADPH. Delle sei molecole di gliceraldeide 3-fosfato:

- cinque molecole (per un totale di quindici atomi di carbonio) proseguono nel ciclo attraverso la fase delle interconversioni: in questo modo vengono prodotte tre molecole di ribulosio 1,5-bisfosfato che, iniziando un nuovo ciclo, potranno legare altre tre molecole di CO_2;
- la sesta molecola (tre atomi di carbonio) esce invece dal ciclo e viene utilizzata in vario modo; di fatto, i tre atomi di carbonio della gliceraldeide 3-fosfato che fuoriesce dal ciclo di Calvin sono quelli provenienti dalle tre molecole di CO_2 assimilate nella reazione di carbossilazione catalizzata dalla RuBisCO.

Il **bilancio** complessivo del ciclo di Calvin può essere riassunto dalla seguente equazione:

$$3\ CO_2 + 9\ ATP + 6\ NADPH + 6\ H^+ + 3\ H_2O \rightarrow$$
$$\rightarrow \text{Gliceraldeide 3-fosfato} + 9\ ADP + 8\ P_i + 6\ NADP^+$$

La fissazione di una singola molecola di CO_2 ha quindi un costo energetico pari a tre molecole di ATP e due molecole di NADPH.

HAI CAPITO?

- Qual è il destino delle sei molecole di gliceraldeide 3-fosfato prodotte nel ciclo di Calvin?

Questa fotografia al microscopio a scansione (SEM) mostra i grani di amido (in grigio) che si accumulano all'interno dei cloroplasti (in verde).

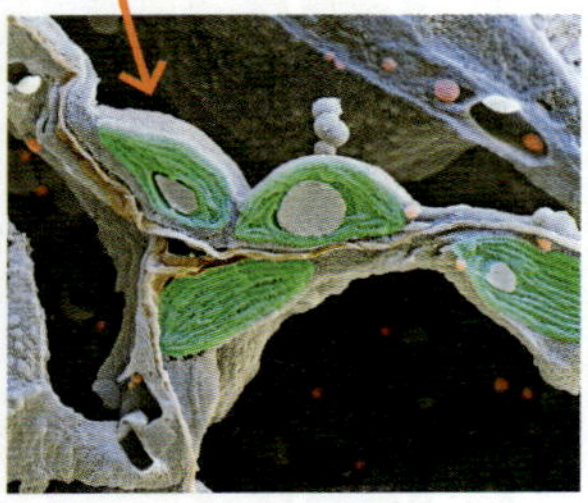

Figura B3.11
La gliceraldeide 3-fosfato prodotta dal ciclo di Calvin può essere usata per accumulare amido all'interno della pianta.

Il destino della gliceraldeide 3-fosfato

Durante il dì le piante producono ossigeno e gliceraldeide 3-fosfato grazie alle reazioni alla luce e al ciclo di Calvin che procedono di pari passo. Quando l'illuminazione cessa, le reazioni al buio possono proseguire solo per il tempo limitato in cui rimangono disponibili l'ATP e il NADPH prodotti dalle reazioni alla luce. La RuBisCO, infatti, è un enzima particolarmente attivo durante le ore luminose: quando la pianta è illuminata il pH dello stroma è leggermente alcalino a causa del gradiente protonico e gli ioni Mg^{2+}, di cui la RuBisCO ha bisogno per funzionare, sono più concentrati.

La gliceraldeide 3-fosfato prodotta dal ciclo di Calvin può essere utilizzata dalle piante in molti modi diversi: dalla sintesi di **amido** all'interno dello stroma (**Figura B3.11**), alla generazione di energia attraverso la **glicolisi** nel citoplasma, fino alla produzione di **saccarosio**, una molecola che serve a trasferire gli zuccheri in altre parti della pianta.

Durante la notte, il processo di fotosintesi è inattivo e le piante si comportano esattamente come gli organismi eterotrofi, utilizzando a scopo energetico le sostanze organiche e l'ossigeno attraverso la respirazione cellulare. Il bilancio netto dei processi fotosintetici diurni e di quelli della respirazione notturni degli organismi fotoautotrofi è comunque in favore della produzione di ossigeno e di sostanze organiche, di cui tutti gli organismi eterotrofi possono beneficiare in modo diretto o indiretto.

La fotorespirazione

Le piante attuano anche un altro processo che consuma ossigeno e produce CO_2. Si tratta della **fotorespirazione**, chiamata così perché dipende dalla luce e perché è dovuta a una seconda reazione catalizzata dalla RuBisCO, che avviene soprattutto quando vi è carenza di CO_2 e abbondanza di ossigeno. Ciò si verifica, per esempio, a temperature molto elevate: in queste condizioni, la pianta riduce gli scambi gassosi per minimizzare la perdita di acqua per evapotraspirazione e favorisce il consumo fotosintetico di CO_2 e l'accumulo di ossigeno.

In questi casi, l'enzima RuBisCO può agire come una *ossigenasi* e, invece di utilizzare come substrato il diossido di carbonio, lega l'ossigeno (O_2) al ribulosio 1,5-bisfosfato. La reazione porta alla formazione di 3-fosfoglicerato e 2-fosfoglicolato (una molecola a due atomi di carbonio):

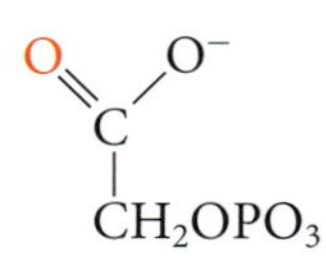

2-fosfoglicolato

Dal punto di vista metabolico, il **2-fosfoglicolato** è un prodotto inutile, il cui recupero comporta il consumo di una seconda molecola di ossigeno e il rilascio di una molecola di CO_2.

La fotorespirazione è dunque un *effetto collaterale* della fotosintesi e agisce in competizione con il processo di fissazione del CO_2. In condizioni normali, solo il 75% degli atomi di carbonio è fissato dal ciclo di Calvin per generare materia organica; il 25% viene invece disperso come CO_2 dalla fotorespirazione.

Diversamente dalla respirazione mitocondriale, la fotorespirazione non conserva energia e, in certe condizioni, può inibire la formazione della biomassa organica fino al 50%.

HAI CAPITO?

- In che cosa consiste la fotorespirazione?

Le piante C_3, C_4 e CAM

Le strategie per la fissazione degli atomi di carbonio non sono le stesse per tutte le piante.

Il metabolismo C_3

Le piante che fissano il carbonio legando il CO_2 a ribulosio 1,5-bisfosfato per produrre 3-fosfoglicerato sono dette **piante C_3** (il nome deriva dal numero di atomi di carbonio contenuti nel 3-fosfoglicerato). Grano, riso e altre piante che vivono in ambienti non troppo caldi utilizzano questo sistema di fissazione del carbonio (**Figura A**). Tuttavia, quando sono esposte a temperature più elevate, queste piante danno luogo alla fotorespirazione, che riduce la produzione di biomassa. In questi casi, infatti, le cellule del mesofillo, situate sotto la superficie della foglia, chiudono i loro stomi per minimizzare la perdita di acqua a causa del calore: ciò riduce gli scambi gassosi con accumulo di O_2 e diminuzione di CO_2: come abbiamo visto, in queste condizioni l'enzima RuBisCO agisce più specificamente come ossigenasi.

Il metabolismo C_4

Al contrario, le piante tropicali, come il mais e la canna da zucchero, mettono in atto una strategia diversa che riflette l'adattamento alle temperature più elevate (**Figura B**). Queste sono dette **piante C_4**, poiché le loro cellule del mesofillo possiedono l'enzima *fosfoenolpiruvato* (PEP) *carbossilasi* che fissa la molecola di CO_2 sul fosfoenolpiruvato e produce *ossalacetato*, una molecola con quattro atomi di carbonio. L'enzima PEP carbossilasi è in grado di operare anche quando gli stomi delle foglie sono chiusi. L'ossalacetato è trasformato in malato e questo è trasferito alle cellule della guaina del fascio vascolare, più profonde. Qui il malato si scinde in piruvato e CO_2 che viene fissato dalla RuBisCO sul ribulosio 1,5-bisfosfato mettendo in moto il ciclo di Calvin. Il piruvato torna alle cellule del mesofillo dove viene riconvertito in fosfoenolpiruvato.

Figura B Il mais è un esempio di pianta C_4.

Il metabolismo CAM

Le piante succulente, come i cactus e l'ananas, che vivono in ambienti molto caldi e asciutti, sono dette **piante CAM** (acronimo derivato da *Crassulacean Acid Metabolism*, metabolismo acido delle *Crassulaceae*; **Figura C**). Queste piante si comportano in modo simile alle piante con metabolismo C_4 con una piccola differenza nell'ordine temporale degli eventi. Di notte, quando gli stomi sono aperti per la minore temperatura, le cellule del mesofillo fissano il CO_2 nell'ossalacetato con produzione di malato, che viene accumulato all'interno di grandi vacuoli; di giorno, quando la temperatura elevata induce la chiusura degli stomi, le stesse cellule del mesofillo liberano il CO_2 dal malato che viene invece fissato dalla RuBisCO.

Figura A La soia è un esempio di pianta C_3.

Figura C Un esempio di piante CAM sono le *Crassulaceae* appartenenti alle «piante succulente».

Mappa visuale

FOTOSINTESI

Processo anabolico che cattura l'energia luminosa per generare ATP e NADPH necessari per la FISSAZIONE DEL CARBONIO e la SINTESI di CARBOIDRATI

si svolge nei **CLOROPLASTI**

TILACOIDI

↓

Reazioni **LUCE-DIPENDENTI**

↓

Assorbimento della luce mediato da **PIGMENTI**

PIGMENTI
- clorofilla *a* e *b*
- pigmenti accessori (carotenoidi)

Ogni pigmento ha uno specifico **SPETTRO DI ASSORBIMENTO** della luce

↓

I pigmenti sono organizzati in **FOTOSISTEMI** (PSII e PSI)

↓

La clorofilla *a* di ciascun fotosistema capta energia e avvia il flusso di elettroni descritto dallo **SCHEMA Z**

Si forma un **GRADIENTE PROTONICO**

Sintesi di ATP mediata dalla **ATP SINTASI** e sintesi di NADPH mediata dalla **NADPH REDUTTASI**

STROMA

↓

Reazioni **LUCE-INDIPENDENTI**

↓

Fissazione del **CARBONIO**

↓

Riduzione del CO_2 mediante la via metabolica del **CICLO DI CALVIN**

Il ciclo di Calvin comprende 3 FASI:
1. **FISSAZIONE** (catalizzata dalla RuBisCO)
2. **RIDUZIONE**
3. **RIGENERAZIONE**

↓

Produzione di **GLICERALDEIDE 3-FOSFATO** usata per la sintesi di ZUCCHERI

- **CELLULOSA**
- **AMIDO**
- **SACCAROSIO**

Quesiti e problemi

1 La trasformazione della luce del Sole in energia chimica

1 Scrivi l'equazione netta della fotosintesi. Per quale motivo si può considerare l'opposto della respirazione cellulare?

2 Descrivi la struttura di un cloroplasto e trova le analogie con la struttura mitocondrio.

3 Quali sono le fasi in cui si articola la fotosintesi?

4 Perché la fase di fissazione del carbonio è detta impropriamente anche *fase al buio* o *fase oscura*?

2 Le reazioni dipendenti dalla luce

5 Quanta energia in J trasporta un fotone rosso ($\lambda = 700$ nm)?

6 Cosa sono i pigmenti fotosintetici? Quali sono quelli tipici delle piante superiori?

7 In autunno le foglie cambiano colore perché
- A la clorofilla è in quantità minore dei pigmenti accessori.
- B la clorofilla assorbe a lunghezze d'onda del verde pertanto riflette i colori giallo-arancio.
- C si producono pigmenti fotosintetici di natura diversa dalle clorofille.
- D i pigmenti fotosintetici scompaiono del tutto.

8 Which of the following compounds have electrons becoming excited?
- A H_2O
- B ATP
- C Glucose
- D Chlorophyll

9 Come avviene l'assorbimento di un fotone luminoso da parte di una molecola di pigmento?

10 L'assorbimento di un fotone determina l'ossidazione o la riduzione nella molecola di pigmento accessorio? E nel caso in cui il fotone sia assorbito dal centro di reazione?

11 Per quale motivo le foglie delle piante sono tipicamente verdi?

12 Che cosa sono i fotosistemi e in quale zona del cloroplasto si ritrovano? Quanti tipi di fotosistema esistono e in che cosa si differenziano?

13 Cita tre esempi di trasportatori di elettroni che ritroviamo nella catena di trasporto nel cloroplasto.

14 Come si instaura il gradiente protonico nel cloroplasto? Quali sono le analogie e le differenze rispetto al gradiente protonico del mitocondrio?

15 Che cosa si intende per fotofosforilazione?

16 Disegna lo schema Z della fotosintesi evidenziando il flusso di elettroni attraverso i due fotosistemi PSI e PSII.

17 Per quale motivo i due fotosistemi sono detti P_{680} e P_{700}? Quale dei due è direttamente legato alla fotofosforilazione?

18 Quali sono i prodotti che si ottengono dalle reazioni alla luce?

19 Qual è il ruolo delle molecole d'acqua nella fotosintesi? Quale differenza sussiste rispetto alla respirazione cellulare?

3 Le reazioni di fissazione del carbonio nelle piante

20 Che cosa si intende per fissazione del carbonio?

21 Quali sono i «motori» che promuovono rispettivamente la fase dipendente dalla luce e la fase di fissazione del carbonio?

22 Quali sono le fasi in cui si articola il ciclo di Calvin? Quale significato ha ciascuna di esse?

23 Quale molecola si rigenera al termine nel Ciclo di Calvin?

24 Qual è l'enzima chiave del ciclo di Calvin? Come viene regolato in presenza di abbondante CO_2 e scarso O_2? Come agisce su di esso lo ione Mg^{2+}?

25 Ogni quanti «giri» del ciclo di Calvin viene prodotta una molecola di gliceraldeide 3-fosfato?

26 Qual è il costo energetico della fissazione di una singola molecola di CO_2?

27 Quali sono i possibili destini della gliceraldeide 3-fosfato?

28 Which of the following pathways correctly represents how electrons flow during photosynthesis?
- A NADPH → O_2 → CO_2
- B NADPH → chlorophyll → Calvin cycle
- C NADPH → electron transport chain → O_2
- D H_2O → photosystem I → photosystem II

29 A che cosa è dovuta la fotorespirazione? Perché non ha la stessa utilità energetica della respirazione cellulare?

30 The enzyme ribulose 1,5-bisphosphate carboxylase is located in which of the following organelles?
- A Peroxisomes
- B Chloroplasts
- C Mitochondria
- D Lysosomes

31 Nelle piante C_4
A non si ha il ciclo di Calvin.
B l'enzima fosfoenolpiruvato carbossilasi sostituisce l'enzima RuBisCO.
C l'enzima fosfoenolpiruvato carbossilasi opera a stomi chiusi.
D non si svolgono le reazioni alla luce.

32 Which of the following organisms is the most sensitive to photorespiration?
A C_4 plants
B Heterotrophs
C C_3 plants
D CAM plants

33 Quale delle seguenti affermazioni è falsa?
A Le piante non consumano ossigeno, ma si limitano a produrlo.
B Le piante svolgono sia la fotosintesi sia la respirazione cellulare.
C I cloroplasti sono presenti solo negli organismi fotoautotrofi eucarioti.
D La fotosintesi si affida a meccanismi chemiosmotici come la respirazione cellulare.

34 La clorofilla ha al centro della sua molecola
A un atomo di rame.
B un atomo di ferro.
C un atomo di magnesio.
D un atomo di fosforo.

Trattazione sintetica degli argomenti

Sviluppa i seguenti argomenti riportando gli aspetti più significativi in un testo di 8-10 righe.

35 Perché, dal punto di vista chimico, la fotosintesi si può considerare l'opposto della respirazione cellulare? Confronta le equazioni di ciascun processo.

36 Che cos'è la RuBisCO? In quale fase della fotosintesi è attiva?

37 Descrivi il processo e la funzione della fotorespirazione nelle piante.

38 Confronta il metabolismo delle piante C_3, C_4 e CAM.

Sviluppa in una presentazione di 10 diapositive al massimo i seguenti argomenti, trattandoli in modo esauriente con il lessico specifico e curando sia l'iconografia sia l'esposizione. Dai alla tua presentazione un titolo sintetico ed efficace.

39 Descrivi le differenze tra mitocondri e cloroplasti in relazione alle funzioni che svolgono.

40 L'energia della luce solare viene raccolta dagli organismi fotosintetici per essere trasformata in energia chimica e consentire la vita nelle sue più diverse forme. Riepiloga i passaggi biochimici fondamentali che guidano questo straordinario percorso.

Il laboratorio delle competenze

Collega e Classifica

41 Rispetto alle piante superiori, le alghe verdi, rosse e brune, che vivono in ambiente acquatico, utilizzano pigmenti diversi per compiere la fotosintesi.

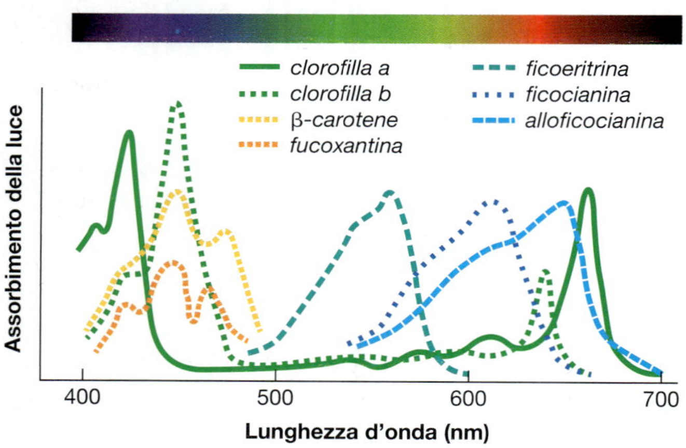

- Quali sono i pigmenti tipici delle alghe?
- Le alghe che contengono ficoeritrina sono verdi?
- Nelle acque marine limpide la profondità di penetrazione dei colori della luce è diversa: il rosso è assorbito nei primi 10 m, il verde giunge fino a oltre 30 m. Sai attribuire una possibile profondità di crescita per le piante contenenti ficoeritrina?

Organizza e Interpreta i dati

42 L'*Elodea* è una pianta superiore adattata all'ambiente di acqua dolce e comune negli acquari. Tre piantine vengono illuminate con luce solare e luci monocromatiche di diverso colore per verificare se le diverse radiazioni hanno la stessa efficacia sulla fotosintesi. La misura dell'efficienza fotosintetica viene valutata contando le bollicine di ossigeno rilasciate dalla pianta nell'unità di tempo.

Campione	Tempo	Numero di bollicine di O_2/min			
		Luce solare	Luce rossa	Luce blu	Luce verde
1	5 minuti	26	36	29	16
2	5 minuti	27	37	30	15
3	5 minuti	28	39	31	14

Aiutandoti con i dati riportati nella tabella, rispondi alle seguenti domande.

a. Qual è la variabile indipendente?
b. Qual è la variabile dipendente?
c. Come colleghi la variabile dipendente con la fotosintesi?
d. Come giustifichi il numero di bollicine di O_2 ottenute con la luce verde?

Deduci

43 Come nell'esperimento precedente, a tre campioni di *Elodea* esposti alla luce solare si aggiunge del bicarbonato di sodio, sempre alla medesima concentrazione, e si ottengono i dati seguenti.

Campione	Tempo	Concentrazione bicarbonato di sodio	Luce solare (Numero di bollicine di O_2/min)
A	2 minuti	2 g/100 mL	32
B	2 minuti	2 g/100 mL	37
C	2 minuti	2 g/100 mL	38

a. Quale effetto ha avuto il bicarbonato sulla fotosintesi?

b. Cosa determina chimicamente il bicarbonato nell'acqua in cui vive l'*Elodea*?

Ipotizza

44 Nei primi studi sulla fotosintesi non era ben chiaro se l'ossigeno liberato al termine del processo derivasse tutto dal CO_2, tutto dall'acqua, oppure da entrambi i composti. Il biochimico Bernardus Van Niel riuscì a dimostrare questa provenienza marcando con ossigeno pesante (^{18}O) il CO_2 di alcuni campioni.
Quale delle seguenti ipotesi fu confermata alla fine dell'esperimento?

A Se ^{18}O si ritrova solo nell'ossigeno molecolare liberato, significa che esso proviene da CO_2.

B Se ^{18}O non si trova nell'ossigeno liberato, significa che esso non proviene da CO_2 ma da H_2O.

C Se ^{18}O si trova in parte nell'ossigeno liberato e in parte nella foglia, allora proviene in parte da CO_2 e in parte da H_2O.

D Se ^{18}O si trova nell'ossigeno liberato, allora proviene da H_2O.

Analizza

45 Il reattivo di Lugol colora l'amido di viola scuro-marrone. Se si estrae la clorofilla da una foglia di una pianta lasciata alla luce, immergendola in alcol etilico, essa appare sbiancata. Se si applica poi qualche goccia di Lugol, la foglia diventa completamente viola.
Una pianta viene lasciata per giorni al buio. Viene quindi prelevata una sua foglia e immersa in alcol. Con il saggio al Lugol, la foglia rimane bianca. La pianta viene ora posta alla luce, ma una delle sue foglie viene coperta con un cartoncino nero, con due fori circolari sopra. Dopo qualche giorno al buio, si ripete il saggio col Lugol: come apparirà la foglia?

A Completamente colorata di viola.

B Solo le due zone dei fori e la base saranno viola.

C Le due zone dei fori e la base saranno bianche.

D Saranno bianche solo le due zone dei fori.

E La foglia sarà di nuovo completamente bianca.

A scuola di lavoro

46 La ricerca di fonti di energia rinnovabili ed ecosostenibili ha di recente portato l'attenzione di molti ricercatori sulla fotosintesi per cercare di riprodurre questo processo chimico naturale mediante processi industriali.
Le *celle voltaiche a pigmento* utilizzano pigmenti estratti dai frutti rossi e neri, come i mirtilli, riuscendo a erogare una differenza di potenziale apprezzabile che può essere convertita in corrente elettrica.
Per ottimizzare il processo occorre sapere quale radiazione solare è più energetica e anche quale è emessa in maggiore quantità (*emittanza*). Inoltre è necessario orientare in modo ottimale i pannelli fotovoltaici alle varie latitudini per ricavarne la maggiore energia possibile.
Suggerimento: ricorda quanto studiato nel fenomeno delle stagioni.

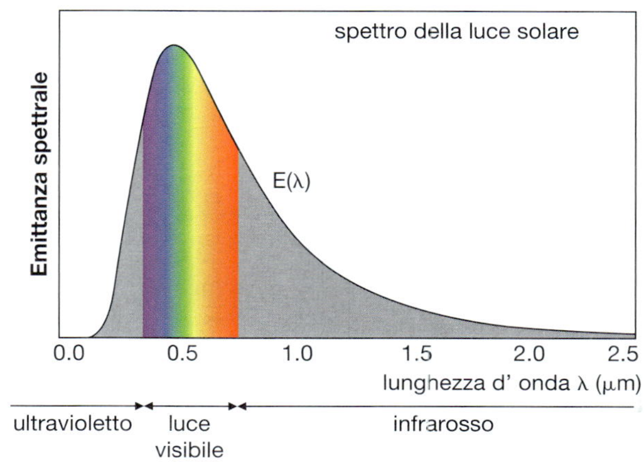

- Esamina lo spettro della luce solare e stabilisci quali fotoni si potrebbero sfruttare meglio per una «fotosintesi industriale».
- Ricerca in rete quale estratto di frutti è in grado di assorbire meglio i fotoni «ideali».
- Progetta la tua cella voltaica, proponendo anche considerazioni valide ai fini dell'orientamento spaziale dei pannelli (per esempio orientamento in base ai punti cardinali, inclinazione rispetto ai raggi solari).

47 Come architetto paesaggista, sei chiamato a progettare il giardino di una villa storica restaurata di recente, presente nelle località in cui vivi.

a. Ricerca in rete le caratteristiche climatiche della tua zona di interesse, facendo particolare attenzione ai valori di temperatura media annuale e a quelli di piovosità.

b. Valuta se piante ornamentali appartenenti alla famiglia delle *Crassulacee* e delle *Cactacee* potrebbero essere usate per ornare le aiuole e motiva la tua scelta.

Verso l'Università

1 Quale dei seguenti composti biochimici non ha un numero pari di atomi di carbonio?

A Deossiribosio
B Glucosio
C Amilopectina
D Amilosio
E Maltosio

[dalla prova di ammissione a Medicina e Chirurgia, Odontoiatria e Protesi dentaria, 2015/2016]

2 Alcune plastiche biodegradabili vengono trattate con batteri termofili, capaci di vivere ad una temperatura di 60 °C. Quale/i delle seguenti affermazioni relative agli enzimi dei batteri termofili è/sono corretta/e?

1. Gli enzimi nei batteri termofili non vengono denaturati per effetto di una temperatura inferiore ai 60 °C.
2. Gli enzimi nei batteri termofili non funzionano mai a 37 °C.
3. Sia gli enzimi dei batteri comuni che di quelli termofili sono costituiti da amminoacidi.

A Solo 1 e 2
B Solo 1 e 3
C Solo 2 e 3
D Solo 2
E Tutte

[dalla prova di ammissione a Medicina e Chirurgia, Odontoiatria e Protesi dentaria, 2015/2016]

3 Quali legami possono essere presenti nella molecola di un enzima digestivo?

1. Legame peptidico
2. Legame disolfuro
3. Legame ionico
4. Legame idrogeno

A Solo 1, 2 e 3
B Solo 1, 2 e 4
C Solo 2, 3 e 4
D Solo 1, 3 e 4
E Tutti

[dalla prova di ammissione a Medicina e Chirurgia, Odontoiatria e Protesi dentaria, 2014/2015]

4 Quale delle seguenti sostanze è composta solo di carbonio, idrogeno ed ossigeno?

A Piruvato
B ATP
C NADH
D DNA
E Metionina

[dalla prova di ammissione a Medicina e Chirurgia, Odontoiatria e Protesi dentaria, 2013/2014]

5 Durante la fase aerobica della respirazione cellulare, la demolizione del glucosio rilascia diossido di carbonio. Per ogni molecola di glucosio, quante molecole di diossido di carbonio vengono rilasciate rispettivamente nella decarbossilazione ossidativa del piruvato (L) e nel ciclo di Krebs (K)?

A L = 2; K = 4
B L = 1; K = 2
C L = 4; K = 2
D L = 2; K = 1
E L = 2; K = 2

[dalla prova di ammissione a Medicina e Chirurgia, Odontoiatria e Protesi dentaria, 2014/2015]

6 Quali delle seguenti molecole può essere prodotta in una cellula fotosintetica in assenza di luce?

1. NADH
2. $FADH_2$
3. $NADP^+$

A Solo 1 e 2
B Solo 2 e 3
C Solo 3 e 1
D Tutte
E Nessuna

[dalla prova di ammissione a Medicina e Chirurgia, Odontoiatria e Protesi dentaria, 2014]

7 In quale dei sotto indicati processi sono coinvolti i citocromi?

A Sintesi di elettroni
B Trasporto di elettroni
C Ciclo di Krebs
D Glicolisi
E Sintesi di proteine

[dalla prova di ammissione a Medicina e Chirurgia, Odontoiatria e Protesi dentaria, 2016/2017]

8 Quale delle seguenti alternative meglio descrive la funzione dell'ATP?

A È la molecola in cui viene immagazzinata l'energia a livello cellulare.
B È l'organulo cellulare in cui viene immagazzinato l'ossigeno e per questo motivo è una riserva di energia per la cellula.
C È la molecola che serve a trasportare gli elettroni che partecipano alla catena di trasporto, liberando grandi quantità di energia.
D È una molecola che consente esclusivamente il funzionamento delle pompe per il trasporto attivo attraverso la membrana cellulare.
E Nessuna delle altre alternative è corretta.

[dalla prova di ammissione a Medicina e Chirurgia, Odontoiatria e Protesi dentaria, 2016/2017]

9 Quale tra i composti elencati di seguito non è un prodotto del ciclo di Calvin?

A Fosfato inorganico
B $NADP^+$
C Trioso fosfato
D Diossido di carbonio
E ADP

[dalla prova di ammissione a Medicina e Chirurgia, Odontoiatria e Protesi dentaria, 2015/2016]

10 Quale delle seguenti affermazioni descrive correttamente il glicogeno umano?

1. È un polimero del glucosio.
2. È un ormone prodotto dal pancreas.
3. Può essere accumulato come fonte di energia in cellule epatiche e muscolari.

A Solo 2
B Solo 1 e 2
C Solo 1 e 3
D Solo 1
E Solo 3

[dalla prova di ammissione a Medicina e Chirurgia, Odontoiatria e Protesi dentaria, 2015/2016]

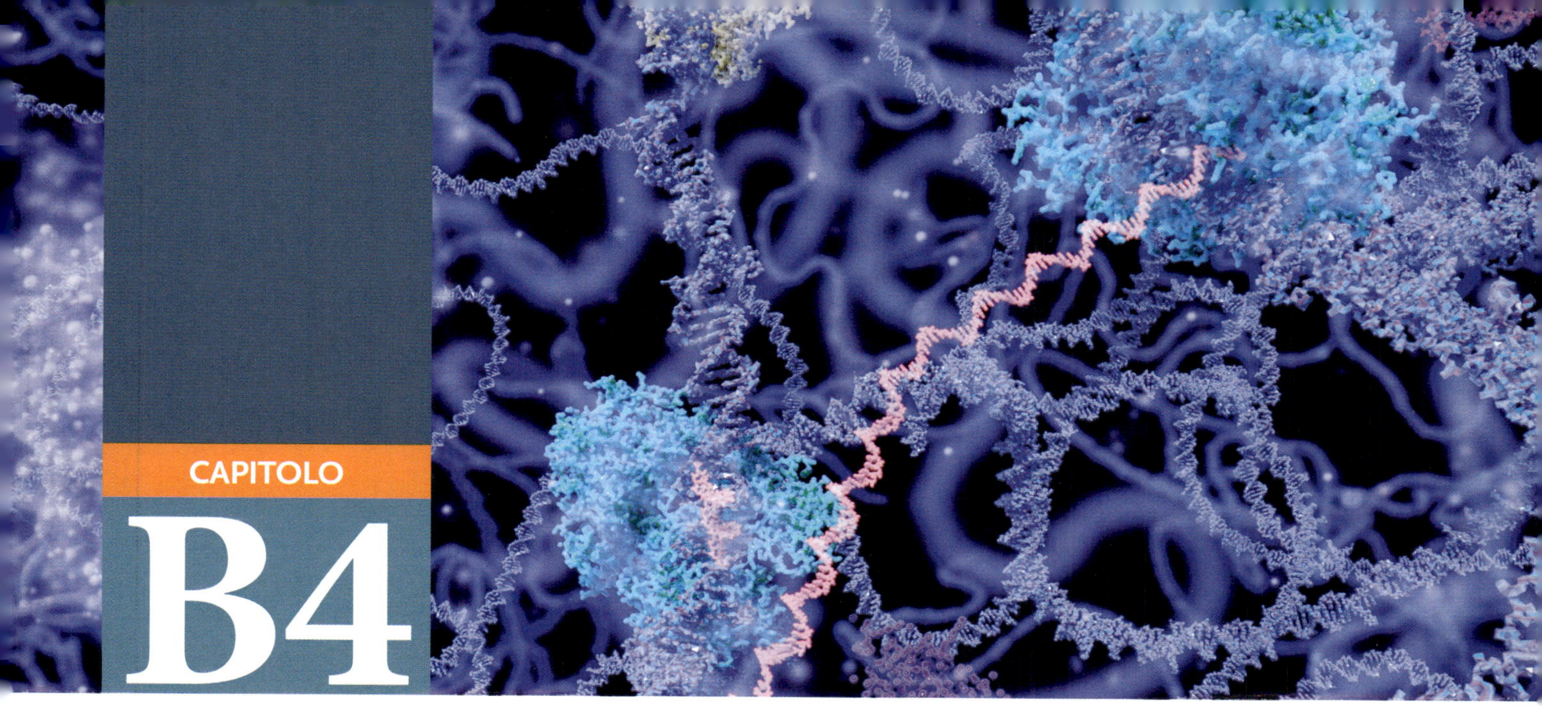

CAPITOLO

B4

Dal DNA alla genetica dei microrganismi

1 La struttura della molecola di DNA

Le informazioni genetiche di tutti gli organismi viventi sono contenute in una classe di biomolecole uniche nel loro genere: gli **acidi nucleici**.

Nelle cellule si trovano due tipi di acidi nucleici: l'*acido desossiribonucleico* (o DNA) e l'*acido ribonucleico* (o RNA). Il depositario delle informazioni genetiche è, con l'eccezione di qualche virus, il DNA. Tuttavia, per dirigere le diverse funzioni dell'organismo, l'informazione contenuta nel DNA deve essere trasferita a una molecola di RNA. Un primo passo fondamentale per comprendere come l'informazione genetica viene conservata e utilizzata è stato la determinazione della struttura del DNA.

Le molecole di **acido desossiribonucleico** o **DNA** sono polimeri lineari formati dall'unione di un grandissimo numero di desossiribonucleotidi di quattro tipi diversi: dAMP, dGMP, dTMP e dCMP.

Queste unità sono collegate fra loro attraverso i gruppi fosfato di ciascun nucleotide che si legano al gruppo —OH in posizione 3′ del desossiribosio di un altro nucleotide mediante un *legame fosfodiestere*. Questo legame avviene tra un gruppo ossidrile portato dal carbonio C-3 di un nucleotide e il gruppo fosfato legato al carbonio C-5 del nucleotide successivo. Grazie a questa organizzazione strutturale si originano lunghissime catene polinucleotidiche che mostrano un preciso orientamento: a un'estremità, considerata per convenzione l'inizio della catena, esiste un gruppo fosfato libero in posizione 5′ (**estremità 5′**) mentre all'estremo opposto si trova un gruppo —OH libero in posizione 3′ (**estremità 3′**) (Figura B4.1).

La *sequenza* di un filamento di DNA è dunque la successione delle basi azotate appartenenti ai vari nucleotidi della catena, letta nel senso 5′ → 3′; questa viene rappresentata indicando ciascuna base azotata con la sua sigla (A, G, C, T). A causa dell'orientamento di ogni filamento, non è la stessa cosa scrivere una sequenza ATGCA o il suo contrario ACGTA, perché indicano due polinucleotidi diversi.

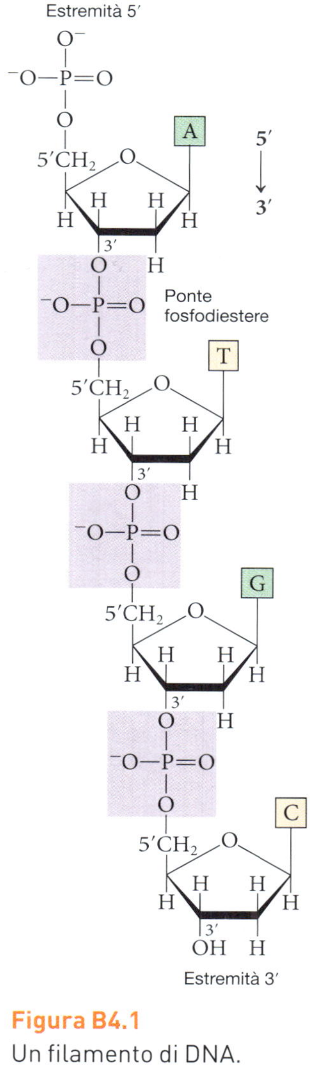

Figura B4.1
Un filamento di DNA.

Scarica **GUARDA!** e inquadrami per guardare i video

Figura B4.2
James Watson (a sinistra) e Francis Crick (a destra) fotografati accanto al loro modello del DNA.

La doppia elica del DNA

L'organizzazione strutturale del DNA è stata ricostruita nel 1953 da James Watson e Francis Crick. Per farlo, i due scienziati partirono dai risultati ottenuti da Rosalind Franklin e Maurice Wilkins per mezzo della cristallografia a raggi X di fibre di DNA. Watson e Crick costruirono così un *modello tridimensionale* che giustificava tutte le prove sperimentali disponibili e che si dimostrò essenzialmente corretto (**Figura B4.2**).

Il **modello tridimensionale del DNA** ha alcune caratteristiche che consentono di comprendere le sue specificità funzionali. Il DNA è formato da due filamenti polinucleotidici *antiparalleli*, cioè uno con direzione 3′ → 5′ e l'altro con direzione opposta 5′ → 3′, che si associano fra loro e assumono un andamento elicoidale intorno a un asse comune formando una **doppia elica** (**Figura B4.3**).

In questo modello, le basi puriniche e pirimidiniche dei due filamenti sono dirette le une verso le altre all'interno dell'elica, formando coppie che possono essere viste come i gradini di un'ipotetica scala a chiocciola il cui corrimano è rappresentato dallo scheletro zucchero-fosfato (Z-P), posto all'esterno; l'accoppiamento delle basi avviene lungo direzioni perpendicolari all'asse della doppia elica.

Fra le coppie di basi azotate esiste una strettissima specificità di appaiamento: l'adenina (A) può associarsi solo con la timina (T) e viceversa; la guanina (G) può appaiarsi solo con la citosina (C) e viceversa. Le coppie che possono formarsi sono quindi esclusivamente A-T (e T-A) e G-C (e C-G). L'appaiamento delle basi avviene grazie a specifici *legami a idrogeno* che si formano all'interno di ciascuna coppia.

La specificità di appaiamento delle basi era già stata proposta da Erwin Chargaff nel 1950 (*regole di Chargaff*). Watson e Crick si avvalsero anche di questo elemento per la costruzione del loro modello.

La determinazione della struttura a doppia elica del DNA è stato un passo fondamentale, che ha consentito di comprendere il meccanismo con cui l'informazione genetica viene replicata e trasmessa alle generazioni successive.

HAI CAPITO?

- Qual è il filamento complementare della seguente sequenza nucleotidica? 5′-AATGCATAGGTT-3′

Video Che cosa sono gli acidi nucleici?

Video Come è stato scoperto il ruolo del DNA?

Video Come è stato confermato che il DNA è il materiale genetico?

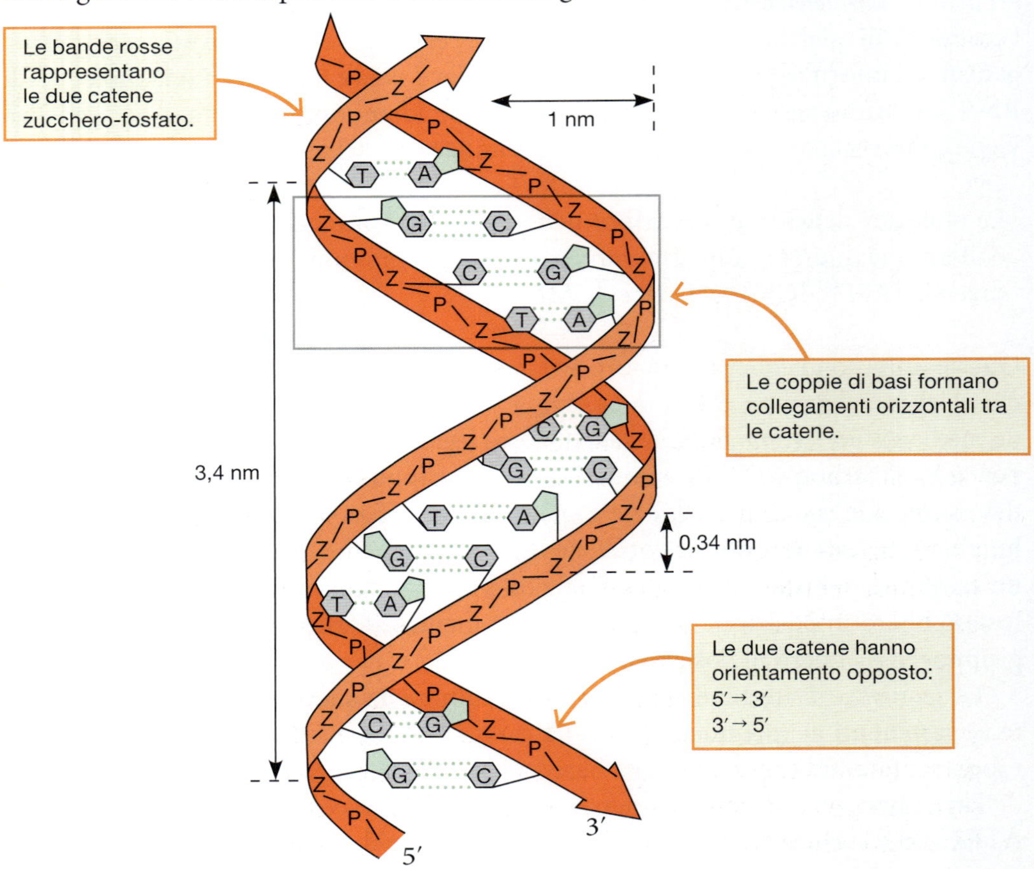

Figura B4.3
Rappresentazione schematica della molecola di DNA, con lo scheletro formato dalla successione di zuccheri (Z) e fosfati (P).

La replicazione del DNA è semiconservativa

Quando una cellula, sia essa procariotica o eucariotica, si divide, la molecola di DNA in essa contenuta deve essere replicata e suddivisa equamente tra le cellule figlie, in modo che l'informazione genetica venga trasmessa alla progenie.

Questo processo, che si chiama **replicazione del DNA**, deve essere allo stesso tempo accurato e rapido. Per questo, la sua esecuzione è affidata all'azione di specifici enzimi, che si uniscono a formare il **complesso di replicazione**. L'azione sequenziale di questi enzimi, porta all'apertura della doppia elica di DNA con la formazione di una *bolla replicativa*, in cui due complessi di replicazione iniziano a duplicare ciascun filamento. Si formano così due forcelle replicative che procedono in direzioni opposte. Uno schema di una tipica forcella replicativa è mostrato nella **Figura B4.4**.

In tutti gli organismi il complesso di replicazione è formato da diversi enzimi.

- La **DNA elicasi**, che apre la doppia elica, esponendo i singoli filamenti che fungeranno da stampo per la DNA polimerasi.
- La **DNA topoisomerasi**, che insieme all'elicasi srotola il DNA davanti alla forcella replicativa e ne consente l'avanzamento.
- L'enzima **primasi**, che sintetizza un breve *primer* (innesco) di RNA complementare al filamento di DNA, permettendo l'inizio dell'attività della DNA polimerasi.
- La **DNA polimerasi**, che aggiunge un nucleotide alla volta all'estremità 3′ del primer, generando il nuovo filamento procedendo sempre in direzione 5′ → 3′; in seguito il primer di RNA viene eliminato e sostituito da un tratto di DNA.
- La **DNA ligasi**, che unisce i frammenti di DNA in un filamento unico.

TI RICORDI?

I batteri si dividono per **scissione binaria**: dopo aver duplicato la loro unica molecola di DNA genomico, formano un setto che divide le due cellule figlie. Nelle cellule eucariotiche il DNA è diviso in diverse molecole di DNA lineare: i cromosomi. Negli eucarioti la divisione avviene per **mitosi**.

Figura B4.4
Il complesso della duplicazione comprende molte proteine, la principale delle quali è la DNA polimerasi.

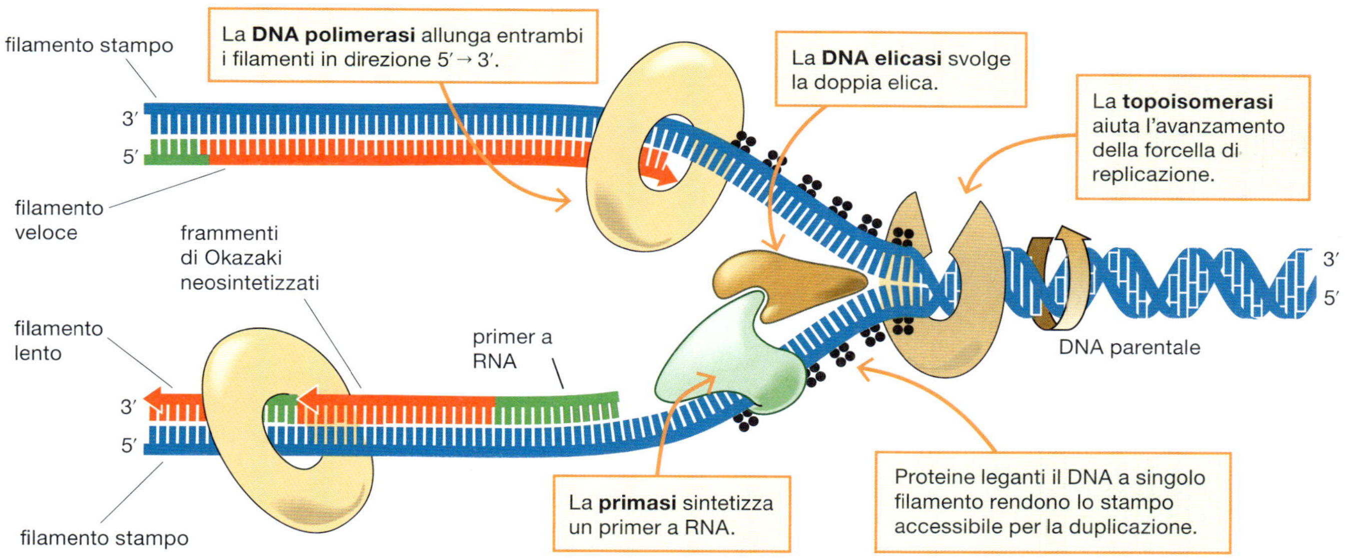

La DNA polimerasi funziona solo in direzione 5′ → 3′, ovvero può aggiungere nucleotidi solo all'estremità 3′ del *primer* a RNA. Tuttavia, i due filamenti di DNA che si avvolgono a doppia elica sono antiparalleli: questo fa sì che la sintesi di DNA durante la replicazione debba avvenire in modo diverso sui due filamenti complementari.

- La sintesi del **filamento veloce** procede in modo continuo, poiché l'estremità 3′ dei *primer* è libera e la DNA polimerasi può aggiungere nucleotidi via via che la forcella di replicazione si apre.
- La sintesi dell'altro filamento, chiamato **filamento lento**, è invece discontinua, perché deve procedere a ritroso. Mentre la forcella di replicazione si apre, vengono sintetizzate piccole sequenze di 100-200 nucleotidi (negli eucarioti). Questi segmenti isolati di DNA, detti **frammenti di Okazaki**, sono sintetizzati come il filamento veloce, in direzione 5′ → 3′, e sono poi riuniti dalla DNA ligasi.

GUARDA! i video

Durante la replicazione ciascun filamento del DNA originario funge da stampo per la DNA polimerasi, che sintetizza il nuovo filamento complementare seguendo le regole dell'appaiamento delle basi viste sopra: si generano così due copie identiche del DNA di partenza (**Figura B4.5**).

La replicazione del DNA viene detta **semiconservativa**, perché al termine del processo ognuna delle due copie di DNA a doppia elica generate avrà un filamento proveniente dal DNA originale e uno invece neosintetizzato.

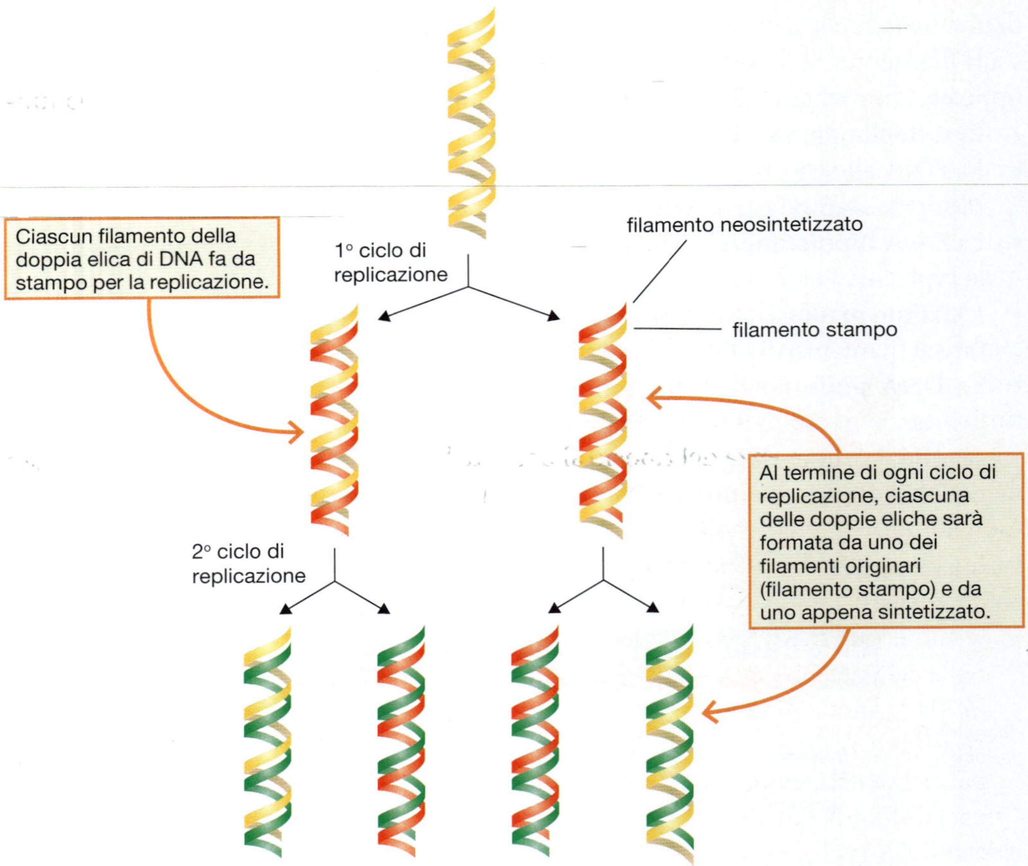

Figura B4.5 La replicazione semiconservativa del DNA.

HAI CAPITO?

- Che cosa sono le telomerasi? Qual è la loro funzione? Esistono telomerasi batteriche?

Oltre a quelli elencati, esistono altri enzimi che svolgono funzioni specifiche solo per la replicazione del DNA in certi organismi. Per esempio, l'informazione genetica nelle cellule eucariotiche è presente sotto forma di molecole di DNA lineare, dette **cromosomi**. Quando una forcella replicativa raggiunge un'estremità del cromosoma, non riesce a ricopiare il tratto terminale del DNA; questo causa l'accorciamento progressivo del cromosoma. Il completamento della replicazione avviene allora grazie all'enzima **telomerasi**, che aggiunge sequenze ripetitive dette *telomeri*, alle estremità dei cromosomi eucariotici, evitandone l'accorciamento. I procarioti, che hanno invece un DNA circolare, non necessitano della telomerasi.

Sia nei procarioti sia negli eucarioti, la molecola di DNA non viene replicata a partire da un punto qualsiasi. Esistono infatti delle specifiche sequenze di DNA, dette **origini di replicazione**, che legano il complesso replicativo. È a livello di queste origini che vengono generate le bolle di replicazione. Nei procarioti, che possiedono un DNA di lunghezza limitata, una o poche origini di replicazione sono sufficienti a consentire la duplicazione dell'intero DNA in poco tempo. Gli eucarioti, invece, che possiedono molecole di DNA migliaia di volte più lunghe di quelle dei procarioti, iniziano la replicazione contemporaneamente in numerose origini di replicazione sparse lungo i loro cromosomi.

Video Come avviene la replicazione del DNA?

Video Come avviene la replicazione?

Video How does DNA replication work?

2 La struttura delle molecole di RNA

Per essere utilizzata per lo svolgimento delle funzioni cellulari, l'informazione contenuta nel DNA deve essere trasferita all'**acido ribonucleico** o **RNA**.

Il ruolo dell'RNA è quello di anello di collegamento tra l'informazione chimica contenuta nel DNA, sotto forma di sequenze nucleotidiche, e le proteine, che sono specifiche sequenze di amminoacidi.

Con l'eccezione dei virus con un genoma a RNA (per esempio, il virus dell'influenza e l'HIV), in cui è l'acido ribonucleico che codifica l'informazione necessaria per la replicazione e per la sintesi proteica, nelle attuali forme di vita l'RNA non ha la funzione di materiale genetico: non esistono cioè cellule i cui cromosomi siano costituiti da acido ribonucleico.

Anche l'RNA, come il DNA, è un polimero, ma composto da **ribonucleotidi**, cioè da nucleotidi in cui lo zucchero è il *ribosio*, invece del desossiribosio presente nella molecola di DNA.

I ribonucleotidi che formano l'RNA (AMP, GMP, CMP e UMP) contengono anch'essi quattro basi azotate. Tre (adenina, guanina e citosina) sono le stesse che si trovano nel DNA. La quarta, detta *uracile*, è presente solo nell'RNA e sostituisce la timina che è invece presente solo nel DNA.

Al di là della presenza del ribosio al posto del desossiribosio e dell'uracile al posto della timina, le maggiori differenze tra RNA e DNA riguardano la **struttura tridimensionale** della molecola:

- le catene di RNA sono piuttosto brevi: la loro lunghezza è sempre inferiore rispetto a quelle di DNA;
- le molecole di RNA sono quasi sempre costituite da un singolo filamento, ma nelle cellula sono spesso ripiegate su se stesse: all'interno di uno stesso filamento di RNA, l'appaiamento tra basi complementari G-C (o C-G) e A-U (o U-A) favorisce la formazione di complesse strutture secondarie in cui alcune regioni sono parzialmente a doppia elica.

Queste differenze strutturali riflettono le molteplici funzioni biologiche che le molecole di RNA svolgono all'interno della cellula.

TI RICORDI?
Il **ribosio** e il **desossiribosio** sono monosaccaridi pentosi a cinque atomi di carbonio. Differiscono per il sostituente del carbonio in posizione 2′ dello zucchero: nel ribosio c'è un gruppo —OH, mentre nel desossiribosio c'è un —H. Questa minima differenza fa sì che l'RNA sia più «fragile», ovvero più soggetto a idrolisi spontanea.

HAI CAPITO?
- Elenca gli aspetti in comune e le differenze tra DNA e RNA.

Esistono diversi tipi di RNA con funzioni distinte

Nelle cellule eucariotiche e procariotiche sono presenti diversi tipi di RNA, le cui differenze strutturali sono alla base della loro diversa funzione nel processo di biosintesi delle proteine. In base alla localizzazione o alla funzione svolta, gli RNA cellulari si distinguono in *RNA messaggero* (mRNA), *RNA ribosomiale* (rRNA) e *RNA transfer* (tRNA). A queste tre classi principali si aggiungono gli *RNA non codificanti* (ncRNA) (**Tabella B4.1**).

Tabella B4.1
Molecole di RNA del batterio *E. coli*.

Tipo	Sigla	Quantità relativa (%)	Numero di nucleotidi
RNA ribosomiale	**rRNA**	80	3700 (23S)
			1700 (16S)
			120 (5S)
RNA transfer	**tRNA**	15	75
RNA messaggero	**mRNA**	3	~1200 (valore medio)
RNA non codificanti	**ncRNA**	2	50-1000

RNA messaggero (mRNA)

L'informazione genetica contenuta nel DNA serve alla cellula per dirigere la sintesi di tutte le sue proteine. Tuttavia, questa informazione deve essere prima ricopiata in una molecola di **RNA messaggero** (**mRNA**), che fornisce all'apparato della sintesi proteica una copia del messaggio in codice contenuto nel DNA.

Le molecole di mRNA sono filamenti poliribonucleotidici, sintetizzati da particolari enzimi detti *RNA polimerasi*, usando come stampo i filamenti di DNA con sequenza complementare a quella che codifica le diverse proteine cellulari. Questo processo si chiama *trascrizione* e verrà illustrato in dettaglio più avanti in questo capitolo. Quindi, ciascuna delle migliaia di differenti proteine della cellula è sintetizzata a partire da un diverso mRNA.

Gli mRNA degli eucarioti presentano alcune caratteristiche peculiari rispetto a quelli procariotici.

- All'estremità 5′ della molecola possiedono dei *cappucci* costituiti da un residuo terminale di **7-metilguanosina**, un nucleotide guaninico modificato che rende la molecola più stabile e resistente ai sistemi di degradazione cellulari.
- All'estremità 3′ si trova invece una lunga ripetizione di adenine lunga 150-200 nucleotidi (**coda di poli-A**), anch'essa con il compito di aumentare la stabilità dell'mRNA.

RNA ribosomiale (rRNA)

Nelle cellule, l'apparato che sintetizza le catene polipeptidiche sulla base dell'informazione dell'mRNA è il **ribosoma**: un grande complesso formato da proteine associate all'**RNA ribosomiale** (**rRNA**) e costituito da due subunità. Gli rRNA sono sintetizzati usando come stampo il DNA presente nel nucleolo, ovvero la zona del nucleo delle cellule eucariotiche in cui viene avviato l'assemblaggio dei ribosomi. Per l'elevata concentrazione di RNA e proteine, il nucleolo appare al microscopio elettronico come un'area molto densa del nucleo. Nel complesso, gli rRNA costituiscono la maggior parte dell'RNA cellulare e della massa dei ribosomi.

I ribosomi delle cellule procariotiche contengono tre tipi di rRNA, detti 23S, 16S e 5S. Nei ribosomi delle cellule eucariotiche ci sono quattro tipi di rRNA: 28S, 18S, 5,8S e 5S. Gli rRNA associati alle proteine dei ribosomi svolgono funzioni essenziali, legando gli mRNA e facilitando la sintesi delle catene polipeptidiche.

LE PAROLE

Nelle molecole di rRNA, la **lettera S** sta per *svedberg* o *coefficiente di sedimentazione*. Più grande è una molecola, più grande è il suo valore in svedberg (S).

RNA transfer (tRNA)

Gli **RNA transfer** (**tRNA**) sono le più piccole tra le molecole di acido ribonucleico, costituite da una catena di 75-90 nucleotidi. Il nome di questo tipo di RNA deriva dalla funzione svolta nella biosintesi delle proteine: i tRNA infatti legano in modo specifico i singoli amminoacidi e li trasportano al complesso ribosoma-mRNA. Qui gli amminoacidi sono incorporati nella catena polipeptidica in costruzione, nell'ordine esatto codificato dalla sequenza delle basi della molecola di mRNA. Di conseguenza, per ognuno dei 20 α-amminoacidi che formano le proteine esiste almeno uno specifico tRNA.

La conformazione tridimensionale di una molecola di tRNA è piuttosto compatta e risulta dall'avvolgimento del filamento su sé stesso. Si formano così tratti a doppio filamento alternati a zone in cui i due capi del filamento si allontanano formando delle anse.

Una delle anse, presente costantemente all'estremità inferiore della molecola, contiene una sequenza di tre basi detta **anticodone**, che è diversa per ciascun tRNA, ognuno specifico per un diverso amminoacido. L'anticodone gioca un ruolo centra-

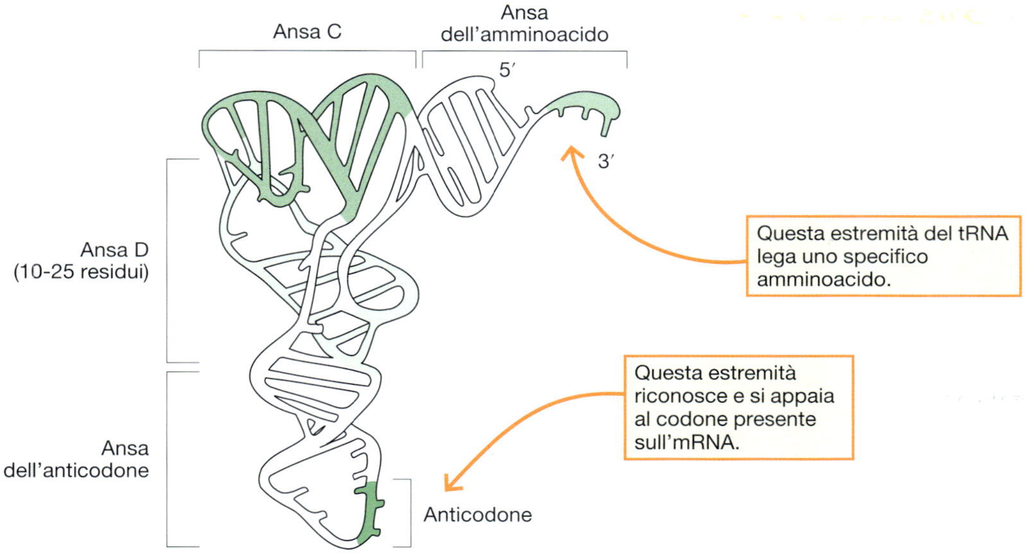

Figura B4.6
Schema di un tRNA: le aree in verde sono quelle più importanti per la funzione della molecola.

le nel determinare l'ordine in cui gli amminoacidi vengono legati nella proteina da sintetizzare: esso infatti si lega al **codone** corrispondente costituito da una tripletta di basi complementari sull'mRNA.

In generale, le molecole di tRNA possono essere considerate come veri «traduttori» del linguaggio genetico, perché decodificano l'informazione contenuta nel filamento di mRNA in quella, chimicamente diversa, della proteina corrispondente (**Figura B4.6**).

RNA non codificanti (ncRNA)

Tutte le cellule, sia procariotiche che eucariotiche, sintetizzano anche delle molecole di RNA che non servono per la sintesi di proteine. Questi sono detti **RNA non codificanti (ncRNA)**.

I ncRNA sono molto eterogenei e possono avere dimensioni che variano da poche decine a centinaia o migliaia di nucleotidi. Le loro funzioni non sono ancora del tutto note, tuttavia si pensa che svolgano importanti ruoli nella regolazione dell'espressione dell'informazione genetica. Alcuni ncRNA sono dotati di attività catalitica (*ribozimi*) e intervengono, per esempio, nella rimozione degli introni dagli mRNA eucariotici.

PER SAPERNE DI PIÙ

Il mondo a RNA

In base ad alcune recenti teorie evolutive, l'RNA sarebbe stata la prima molecola in grado di trasportare l'informazione genetica e di autoreplicarsi grazie alla propria attività catalitica. Questo avrebbe creato i presupposti per un primordiale **mondo a RNA**, in cui gli organismi più antichi sarebbero stati provvisti di sole molecole di RNA grazie alle quali avrebbero potuto accrescersi e replicarsi. L'espressione «mondo a RNA» è stata coniata nel 1986 da Walter Gilbert, uno dei vincitori del premio Nobel per la Chimica nel 1980 per l'invenzione delle tecniche di sequenziamento del DNA (*vedi* Capitolo B5).

Secondo una delle teorie del mondo a RNA, un virus a RNA sarebbe stato il progenitore comune di tutti gli organismi a DNA appartenenti ai tre attuali domini della vita (*Archaea*, *Eubacteria* e *Eukarya*). Solo in tempi più recenti, il DNA – per la sua stabilità – e le proteine – per la loro flessibilità funzionale – avrebbero sostituito l'RNA come molecole alla base della vita. Una caratteristica unica delle molecole di RNA – e di cui sono invece prive quelle di DNA – consiste infatti nella capacità di ripiegarsi in conformazioni tridimensionali che possiedono attività catalitica: gli RNA organizzati in queste strutture prendono il nome di **ribozimi**. Ancora oggi i ribozimi sono parte integrante di numerosi processi che si svolgono all'interno delle cellule, come la sintesi proteica e lo *splicing*. Esperimenti in laboratorio sono stati in grado di generare anche ribozimi con *attività polimerasica*, in grado quindi di replicare altre molecole di RNA.

GUARDA! i video

3 Il flusso dell'informazione genetica: dal DNA all'RNA alle proteine

I filamenti del DNA contengono le informazioni necessarie per la sintesi di tutte le proteine di un organismo. Tali informazioni sono codificate nell'ordine in cui si susseguono i nucleotidi. La porzione di DNA la cui sequenza specifica un preciso prodotto proteico è detta **gene**.

Furono gli americani George Beadle e Edward Tatum che, negli anni Quaranta del Novecento, studiando la muffa *Neurospora crassa* dimostrarono che l'informazione contenuta in un gene era utilizzata per sintetizzare una specifica proteina. Questa loro scoperta li portò a formulare l'ipotesi «un gene, una proteina», che valse loro il premio Nobel nel 1958.

Nello stesso anno, Francis Crick, uno degli scopritori della struttura del DNA, formulò quello che viene definito il «**dogma centrale della biologia**»: l'informazione genetica passa obbligatoriamente dal DNA all'RNA e infine alle proteine, e mai viceversa. Studi successivi hanno però dimostrato che anche l'informazione genetica contenuta in una molecola di RNA può essere trasferita al DNA, in un processo detto *trascrizione inversa*, che ritroveremo nel prossimo capitolo quando studieremo l'enzima trascrittasi inversa dei retrovirus, una particolare classe di virus a RNA. Invece, non è possibile ritrasferire agli acidi nucleici l'informazione contenuta nelle proteine, per cui l'ultimo passaggio del flusso dell'informazione genetica (da RNA a proteine) è davvero irreversibile. Allo stesso modo non è possibile passare direttamente da DNA a proteine senza utilizzare un intermedio a RNA (**Figura B4.7**).

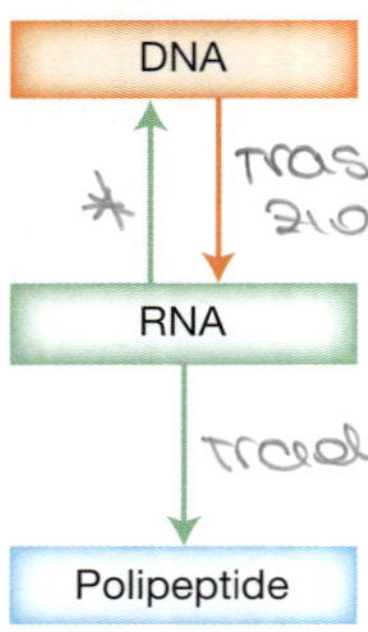

Figura B4.7
Il dogma centrale della biologia è stato in parte rivisitato.

Oggi noi sappiamo che non tutte le molecole di RNA servono a produrre proteine. Quindi, rispetto all'ipotesi originale di Beadle e Tatum, oggi possiamo dare una definizione biomolecolare più corretta di gene.

Un **gene** è un segmento di DNA che dirige la sintesi di uno specifico RNA.

La trascrizione e la traduzione rendono possibile il flusso dell'informazione genetica

Le informazioni per la sintesi delle proteine contenute nella sequenza nucleotidica del DNA sono scritte in codice: per la precisione, nella molecola di DNA a ogni **tripletta di basi** corrisponde un amminoacido. Poiché le basi azotate sono quattro, le possibili triplette sono 4^3, cioè 64 (di cui 61 codificano per amminoacidi e 3 sono *codoni di stop* che arrestano la trascrizione). Dato che nelle proteine sono contenuti solo 20 tipi di amminoacidi diversi, ne segue che ciascuno di essi può essere codificato da più di una tripletta. Le lunghe catene di amminoacidi che formano ciascuna proteina sono codificate da una lunga serie di triplette nella sequenza del gene: il trasferimento dell'informazione avviene attraverso due processi sequenziali, la trascrizione e la traduzione.

La trascrizione

Il primo passaggio per rendere disponibile l'informazione per la sintesi proteica consiste nella sintesi di una molecola di RNA, che contenga la stessa sequenza di triplette del gene. Questo processo avviene nel nucleo ed è detto **trascrizione**.

Nella doppia elica del DNA possiamo distinguere:

- il filamento codificante (detto filamento «senso»), la cui sequenza di triplette corrisponde alla proteina da esso specificata;
- il filamento «antisenso», con sequenza complementare al filamento «senso».

Durante la trascrizione, il filamento antisenso è utilizzato come stampo per sintetizzare un filamento complementare di mRNA. Il filamento di mRNA prodotto è

Video Come avviene la trascrizione?

Video Come avviene la trascrizione del DNA?

Video How does DNA transcription work?

quindi la copia fedele del DNA, ma presenta il nucleotide uracile al posto della timina. L'mRNA possiede quindi una sequenza di triplette, identiche a quelle presenti sul filamento «senso» di DNA, che codificano per i vari amminoacidi della proteina.

La trascrizione è operata dall'enzima **RNA polimerasi**, che funziona in modo analogo alla DNA polimerasi, solo che utilizza i ribonucleotidi invece che i desossiribonucleotidi come substrato per la sintesi del polimero. Nella trascrizione si possono identificare tre fasi principali:

- **inizio**: l'enzima RNA polimerasi si lega alla sequenza iniziale, detta promotore, e inizia a svolgere i filamenti di DNA;
- **allungamento**: la RNA polimerasi legge il filamento stampo e inizia la sintesi dell'mRNA aggiungendo nucleotidi in direzione 5′ → 3′;
- **terminazione**: la RNA polimerasi giunge al sito di terminazione, si stacca dal filamento stampo e libera l'mRNA.

Negli eucarioti la trascrizione avviene nel nucleo, mentre la sintesi delle proteine avviene nel citoplasma. Quindi, negli eucarioti l'mRNA deve andare incontro a delle modificazioni che ne consentono l'uscita dal nucleo. Queste comprendono il cappuccio al 5′ e la coda di poli (A) che abbiamo visto sopra. Nei procarioti, invece, trascrizione e sintesi proteica sono accoppiate, in quanto il DNA non è avvolto dalla membrana nucleare.

Video Come avviene la traduzione?

Video Come avviene la sintesi proteica?

Video How does protein synthesis work?

Video Come è stato decriptato il codice genetico?

La traduzione

L'informazione codificata nei filamenti di mRNA è utilizzata per la sintesi di un polipeptide. Questo avviene grazie ai ribosomi cellulari durante il processo della **traduzione** che avviene nel citoplasma. Ogni tripletta contenuta nella sequenza degli mRNA viene chiamata **codone** e la corrispondenza tra codoni e amminoacidi costituisce il **codice genetico** (Figura B4.8).

Figura B4.8
I 64 codoni e gli amminoacidi corrispondenti.

Seconda lettera

Prima lettera	U	C	A	G	Terza lettera
U	UUU UUC Fenilalanina UUA UUG Leucina	UCU UCC UCA UCG Serina	UAU UAC Tirosina UAA UAG Codoni di stop	UGU UGC Cisteina UGA Codone di stop UGG Triptofano	U C A G
C	CUU CUC CUA CUG Leucina	CCU CCC CCA CCG Prolina	CAU CAC Istidina CAA CAG Glutammina	CGU CGC CGA CGG Arginina	U C A G
A	AUU AUC AUA Isoleucina AUG Metionina; codone di inizio	ACU ACC ACA ACG Treonina	AAU AAC Asparagina AAA AAG Lisina	AGU AGC Serina AGA AGG Arginina	U C A G
G	GUU GUC GUA GUG Valina	GCU GCC GCA GCG Alanina	GAU GAC Acido aspartico GAA GAG Acido glutammico	GGU GGC GGA GGG Glicina	U C A G

Quando gli mRNA si legano ai ribosomi, l'informazione viene decodificata in base all'ordine dei codoni: è questo a determinare la sequenza degli amminoacidi della proteina finale. Fondamentale, in questa fase, è l'azione del tRNA, che porta il corretto amminoacido al ribosoma e consente il suo inserimento nella catena polipeptidica in via di formazione (grazie all'anticodone). La traduzione comincia sempre con l'inserimento di un amminoacido *metionina* in corrispondenza del codone AUG dell'mRNA, che viene per questo chiamato *codone d'inizio*.

TI RICORDI?

Il **legame peptidico** è un legame covalente tra due amminoacidi. La reazione di condensazione avviene tra l'atomo di idrogeno legato all'azoto del gruppo amminico di un amminoacido e il gruppo ossidrilico legato all'atomo di carbonio carbossilico di un altro amminoacido, con liberazione di una molecola di acqua.

Le fasi della traduzione si svolgono nel citoplasma in rapida sequenza; anche in questo caso, possiamo distinguere tre passaggi chiave (**Figura B4.9**):

- **inizio**: si forma il complesso di inizio in corrispondenza del codone AUG dell'mRNA e le due subunità del ribosoma si uniscono;
- **allungamento**: il primo tRNA scorre nella *subunità maggiore* del ribosoma e il secondo tRNA vi entra. L'rRNA della subunità maggiore catalizza la scissione del legame tra tRNA e amminoacido e la formazione del legame peptidico tra amminoacidi. Il primo tRNA si stacca, il secondo scorre di una posizione e il terzo entra nel ribosoma; il processo si ripete man mano che l'mRNA viene letto;
- **terminazione**: quando nel ribosoma entra uno dei tre *codoni di stop*, un fattore di rilascio lega l'mRNA e causa la separazione del polipeptide dal ribosoma. Il processo continua finché l'intero mRNA non è stato totalmente tradotto. Una volta completata la sintesi della proteina, l'mRNA si stacca dai ribosomi e viene successivamente demolito.

Il polipeptide così formato dovrà essere ripiegato e acquisire la propria conformazione nativa prima di finire nel compartimento cellulare cui è destinato per svolgere la sua funzione.

Figura B4.9
Le fasi della traduzione.

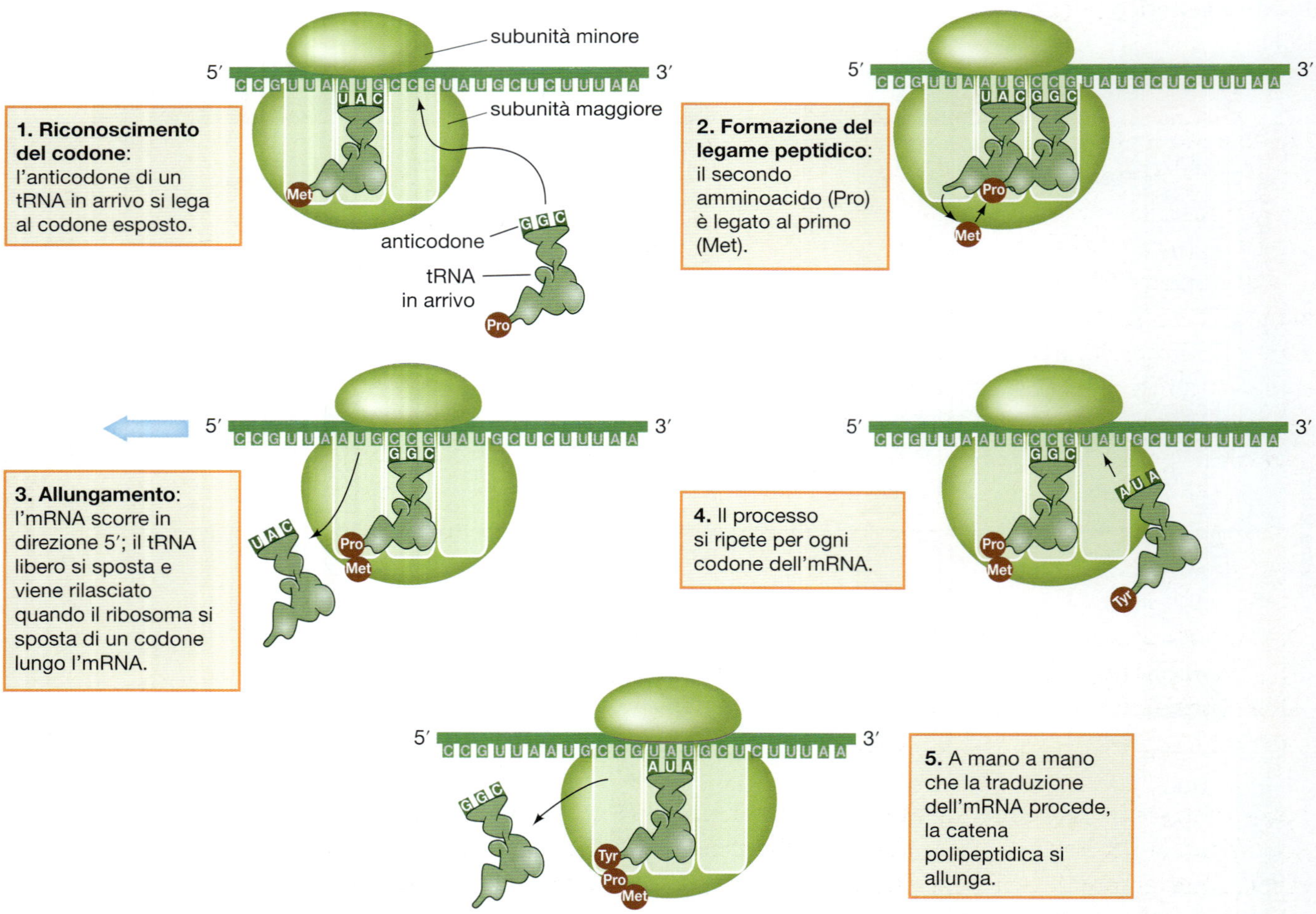

4 L'organizzazione dei geni e l'espressione genica

La trascrizione e la traduzione sono i processi attraverso i quali l'informazione contenuta nel DNA è convertita in una molecola funzionale: nel complesso, questa serie di eventi è chiamata **espressione genica**. Le modalità con cui le cellule regolano l'espressione dei geni sono svariate e questa varietà rispecchia la diversità degli organismi.

Un'importante differenza tra genomi procariotici ed eucariotici è che, in questi ultimi, molti geni non codificano proteine. Negli esseri umani, per esempio, oltre il 98% dell'informazione contenuta nel DNA non serve per dirigere la sintesi di proteine. È sempre vero, invece, che il DNA degli eucarioti porta, mediante la trascrizione, alla sintesi di diversi tipi di RNA (mRNA, rRNA, tRNA e altri RNA con funzione di regolazione come i ncRNA). Inoltre, negli eucarioti un singolo gene può portare alla produzione di più proteine. Questo avviene perché nella maggior parte degli organismi eucariotici possiedono **geni interrotti** (Figura B4.10).

Le sequenze codificanti che contengono l'informazione per la sintesi della proteina, dette **esoni**, sono intercalate da blocchi di sequenze non codificanti, dette **introni**, lunghe anche decine di migliaia di nucleotidi.

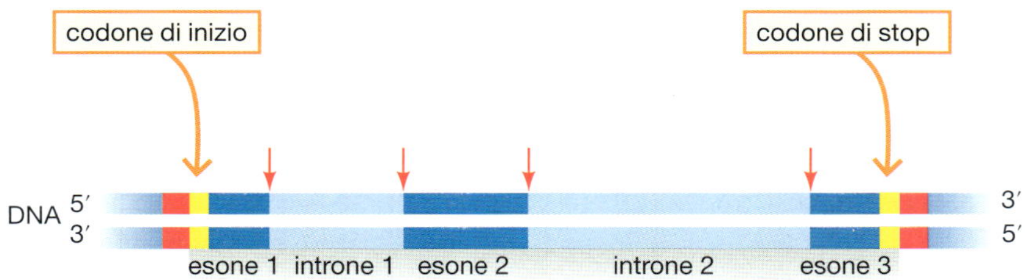

Figura B4.10 La struttura di un gene interrotto, tipico degli eucarioti.

I diversi esoni presenti in un gene possono essere saldati secondo combinazioni diverse che generano proteine differenti. Questo tipo di organizzazione conferisce ai geni eucariotici una versatilità molto maggiore dei geni dei procarioti che, essendo privi di introni, codificano ciascuno per una singola proteina.

Per un corretto svolgimento delle funzioni cellulari, è importante che la trascrizione e la traduzione siano coordinate con le condizioni della cellula o dell'organismo. I geni presenti nel genoma non sono quindi espressi sempre e comunque, ma solo in specifici momenti della vita della cellula. Il processo con cui alcuni geni sono trascritti attivamente e altri sono mantenuti inattivi si chiama **regolazione dell'espressione genica**. Prendiamo l'esempio degli eucarioti pluricellulari: tutte le cellule che compongono l'individuo – siano esse epatociti, neuroni o leucociti – derivano dallo zigote e possiedono lo stesso DNA, ma il loro aspetto e le loro funzioni sono diversificate.

La *specializzazione* o **differenziamento** delle cellule è dovuta all'espressione di geni differenti, che è possibile grazie alla **regolazione spaziale e temporale dell'espressione genica**: in base al programma di sviluppo di un certo tessuto, verranno espressi solo certi geni e solo in determinati momenti.

I procarioti sono organismi unicellulari e, a differenza degli organismi pluricellulari, non hanno la necessità di guidare la specializzazione di tessuti diversi. Tuttavia, la regolazione temporale dell'espressione genica è importante per adeguare il loro metabolismo agli stimoli ambientali.

GUARDA! i video

5 La regolazione dell'espressione genica

Per fare in modo che i geni vengano espressi in modo controllato sia dal punto di vista temporale sia spaziale, gli organismi (procarioti ed eucarioti) devono integrare gli stimoli provenienti dall'ambiente esterno con quelli del proprio programma genetico di sviluppo. Per farlo, si affidano a complessi schemi di regolazione dell'espressione genica.

▶ L'espressione genica è regolata da sequenze di DNA e da fattori di trascrizione

L'enzima responsabile della sintesi di una molecola di RNA a partire da un filamento di DNA stampo è la *RNA polimerasi*. Perché questo enzima possa operare la trascrizione in maniera precisa, è necessario che sulla molecola di DNA siano presenti speciali *sequenze regolatrici*: i **promotori**, che determinano il punto di inizio della trascrizione e sono posizionati sempre a monte del gene, e i **terminatori**, che segnalano il punto in cui la trascrizione di quel particolare gene da parte della RNA polimerasi deve terminare.

La sequenza di DNA compresa tra un promotore e il suo terminatore, che dirige la sintesi di uno specifico RNA, è detta **unità trascrizionale**.

Le sequenze regolatrici sono i segnali per il reclutamento di quelli che sono considerati i principali regolatori dell'espressione genica: i fattori trascrizionali.

I **fattori trascrizionali** sono un ampio gruppo di proteine regolatrici che modulano dal punto di vista temporale e spaziale l'espressione differenziale dei geni.

I fattori trascrizionali possono agire *reprimendo* oppure *inducendo* l'espressione dei geni (**Figura B4.11**).

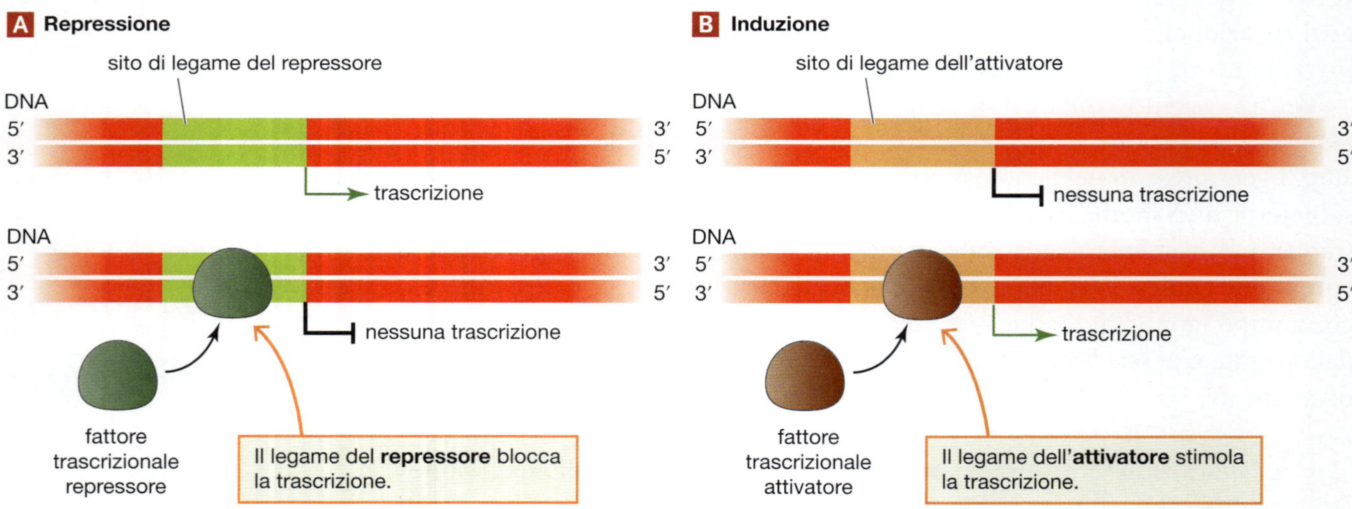

Figura B4.11 Regolatori positivi e negativi dell'espressione genica. **A** I repressori inibiscono il legame dell'RNA polimerasi al promotore, **B** mentre gli attivatori lo favoriscono; in questo modo è possibile controllare la trascrizione, e quindi l'espressione, di un determinato gene.

Ci sono fattori trascrizionali che sono sempre in grado di legarsi al loro sito di riconoscimento sul DNA. Altri, invece, si legano al sito bersaglio solo quando questo è reso accessibile da modificazioni della struttura della cromatina, di cui parleremo più avanti nel capitolo.

Nelle prossime pagine descriveremo alcuni meccanismi che regolano l'espressione genica nei procarioti e negli eucarioti.

Gli operoni dirigono l'espressione dei geni nei procarioti

Nei procarioti, i geni che svolgono funzioni correlate sono organizzati in unità trascrizionali dette **operoni**.

> Ogni operone contiene due sequenze regolatrici: un **promotore** a cui si lega l'RNA polimerasi e un **operatore** che si trova nelle vicinanze del promotore e lega un fattore di trascrizione.

Gli operoni sono di due tipi: *inducibili* e *reprimibili*. L'operone *lac* di *Escherichia coli* è un esempio di operone inducibile in cui la regolazione è operata da un **repressore** che normalmente è legato all'operatore e blocca la trascrizione.

In presenza di lattosio, nella cellula si accumula un suo metabolita, l'*allolattosio*, che funziona da **induttore**. L'allolattosio si lega al repressore, che nella forma complessata all'induttore non può più legarsi all'operatore. In questo modo il promotore è accessibile alla RNA polimerasi e la trascrizione può iniziare. La produzione delle proteine enzimatiche codificate dall'operone *lac* porta alla degradazione del lattosio. In questo modo la concentrazione dell'induttore diminuisce fino a quando non riesce più a bloccare il repressore, che torna a spegnere la trascrizione (**Figura B4.12**).

Video Come funziona l'operone *lac*?

Video How does the *lac* operon work?

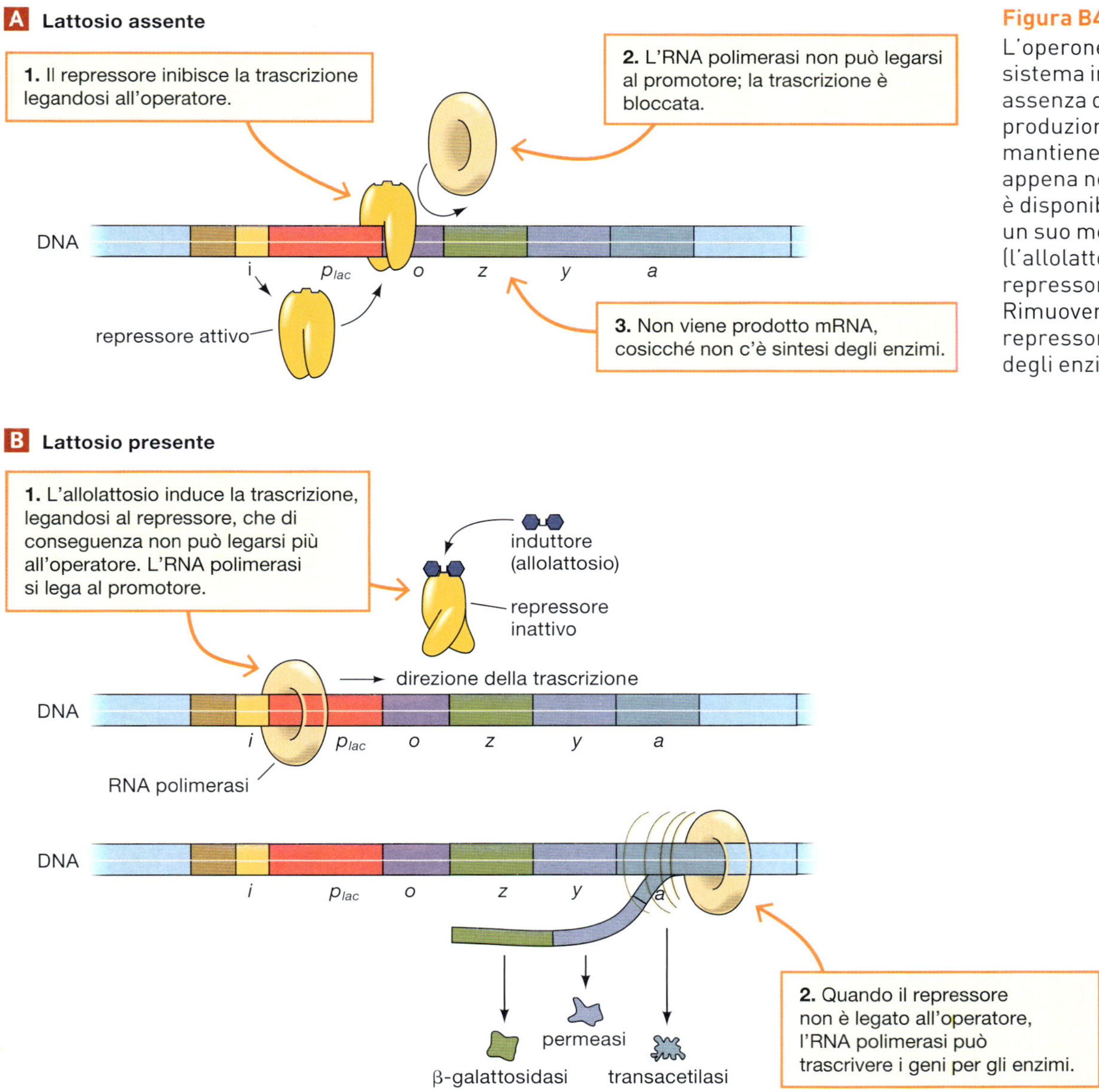

Figura B4.12
L'operone *lac* è un sistema inducibile. **A** In assenza di lattosio, la produzione di enzimi si mantiene bassa. **B** Non appena nell'ambiente è disponibile lattosio, un suo metabolita (l'allolattosio) si lega al repressore e lo inibisce. Rimuovendo il blocco del repressore, la sintesi degli enzimi può iniziare.

GUARDA! i video

Video **Come funziona l'operatore *trp*?**

L'operone *trp*, che controlla l'espressione dei geni per la sintesi dell'amminoacido triptofano, è invece un esempio di operone *reprimibile*. L'operatore normalmente non è legato dalla sua specifica proteina repressore. Quando nella cellula si accumula un eccesso di triptofano, e quindi non è più necessario produrlo, è l'amminoacido stesso a fungere da **co-repressore** legandosi alla proteina repressore, conferendole la capacità di legarsi all'operatore. In questo modo il promotore dell'operone *trp* viene bloccato e la trascrizione si arresta. Quando il triptofano è esaurito, il repressore è presente nella sua forma libera e quindi non lega più l'operatore, per cui la via biosintetica per il triptofano riprende (**Figura B4.13**).

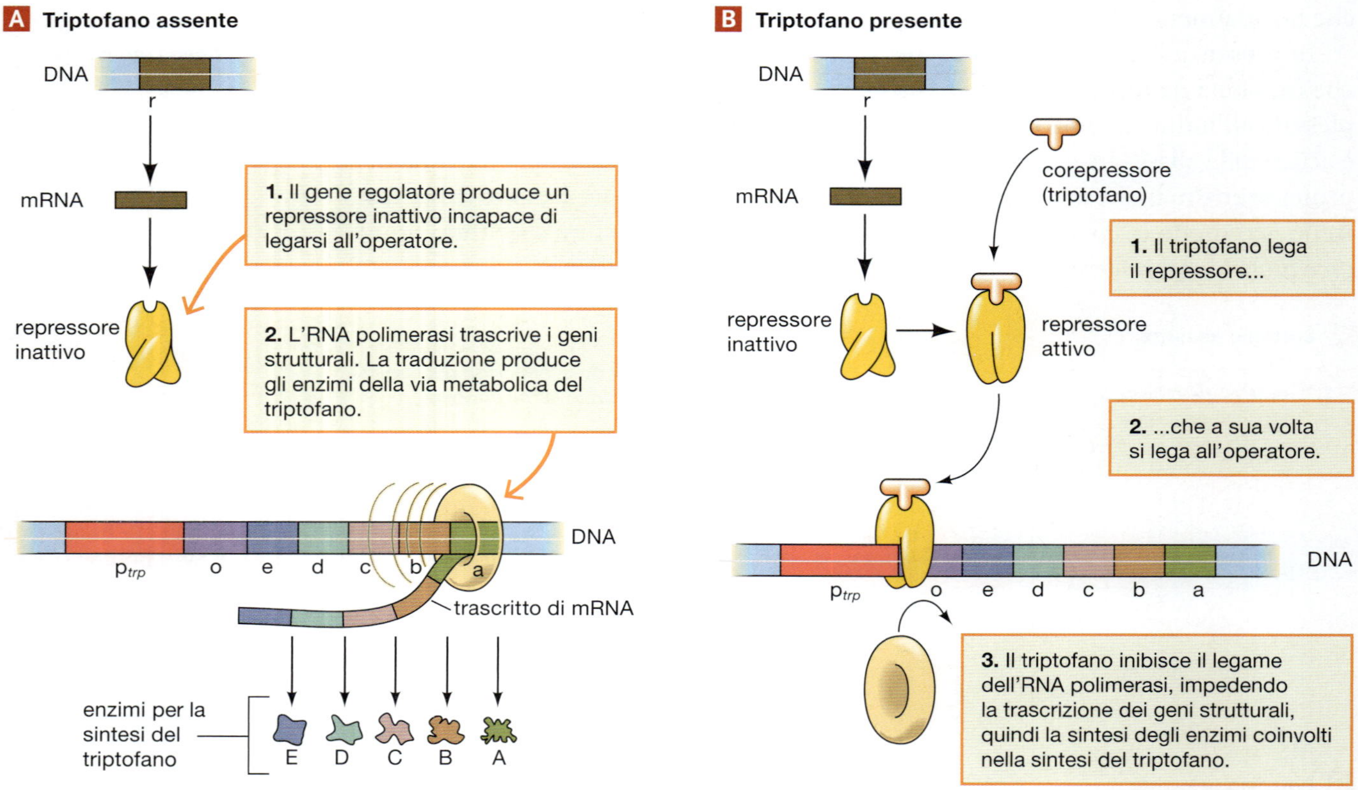

Figura B4.13
L'operone *trp* è un sistema reprimibile.

Negli eucarioti, l'espressione genica è regolata a diversi livelli

A differenza dei procarioti, negli eucarioti la regolazione dell'espressione genica è un processo molto più complesso, che comprende un controllo a diversi livelli (**Figura B4.14**). Per iniziare a incasellare le varie componenti in un contesto generale, suddividiamo i meccanismi di regolazione in quattro passaggi principali.

1. **Regolazione pre-trascrizionale**: comprende i meccanismi attraverso i quali la cellula regola l'accessibilità del genoma. Nel nucleo il DNA si trova avvolto attorno agli **istoni**, una famiglia di proteine con le quali forma dei complessi chiamati **nucleosomi**. Come vedremo, questa organizzazione strutturale, oltre a compattare il DNA nel nucleo, permette anche di modulare l'espressione dei geni perché regola l'interazione del DNA con i fattori di trascrizione e la RNA polimerasi.
2. **Regolazione trascrizionale**: permette o meno la trascrizione di un gene e regola la quantità di trascritto prodotto. In questa fase gli attori protagonisti sono i fattori di trascrizione, la cui interazione con le sequenze di DNA permette di esprimere o silenziare (reprimere) un gene.

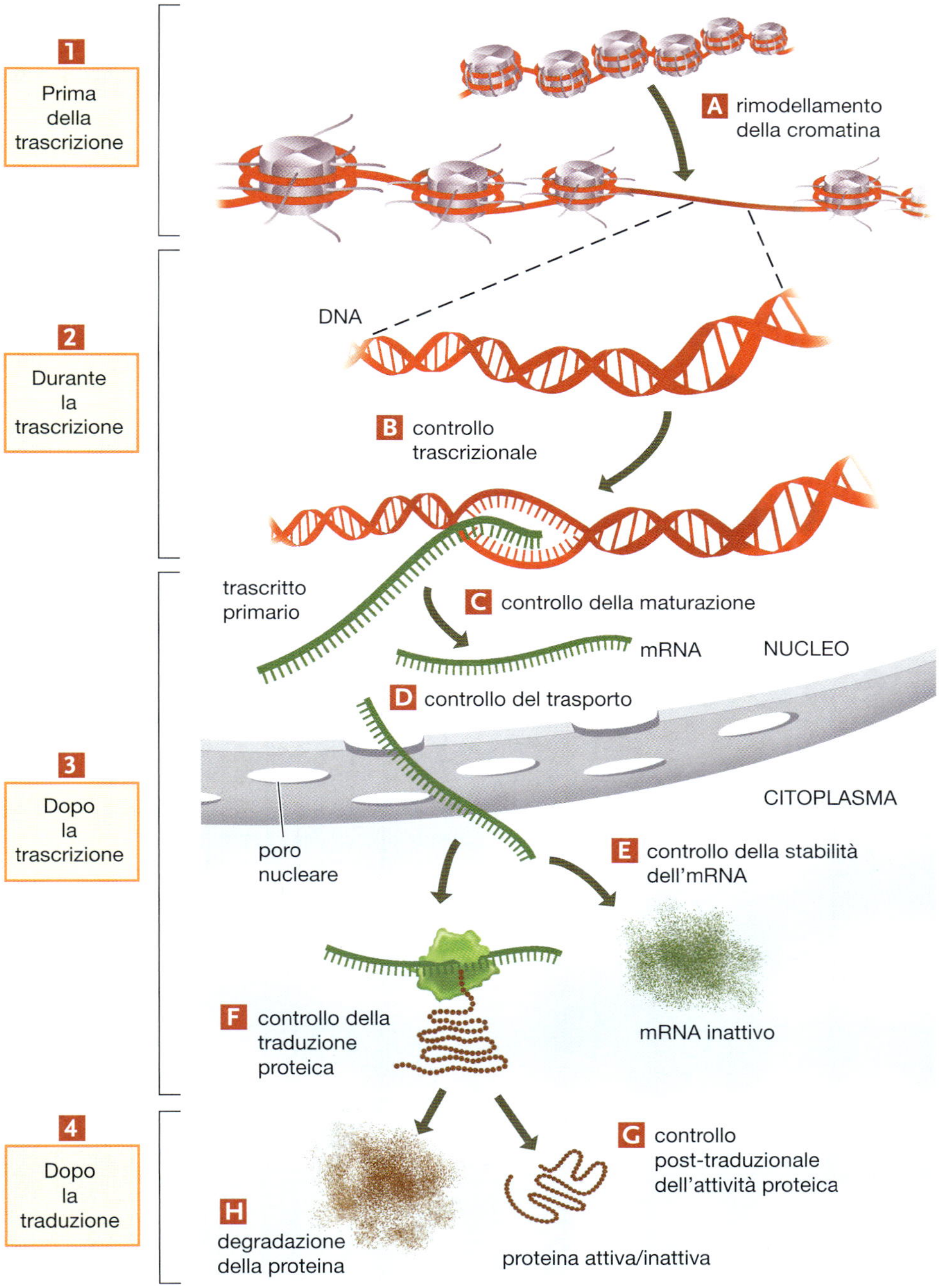

Figura B4.14 Diversi punti di regolazione dell'espressione genica.

3. **Regolazione post-trascrizionale**: comprende i meccanismi attraverso i quali un trascritto eucariotico va incontro a traduzione e dà quindi origine a una proteina.

   A differenza di quanto avviene nei procarioti, dove la sintesi proteica si verifica simultaneamente alla trascrizione, negli eucarioti non tutti i trascritti sono tradotti. Il principale meccanismo di regolazione post-trascrizionale è lo *splicing*, che porta alla rimozione degli introni dagli mRNA.

4. **Regolazione post-traduzionale**: anche qualora la traduzione porti alla produzione di una proteina, il suo destino finale dipende da svariate modifiche post-traduzionali che ne modulano la funzione e la distribuzione all'interno dei compartimenti cellulari. Queste modificazioni possono portare a proteine attive o inattive, oppure possono contribuire alla loro degradazione.

Video Come avviene lo splicing dell'RNA?

Video How does RNA splicing work?

6 La struttura della cromatina e la trascrizione

La trascrizione negli organismi eucariotici avviene nel nucleo. Grazie alle proteine chiamate **istoni**, il DNA nei cromosomi delle cellule eucariotiche è densamente compattato nella *cromatina*.

Studiando la struttura della cromatina, si è visto che nel nucleo il DNA è presente in due stati di condensazione differenti.

L'**eucromatina** è la forma più aperta ed è tipica dei geni attivamente trascritti; l'**eterocromatina** è invece la forma più condensata in cui la trascrizione genica è repressa.

Grazie a opportune tecniche di colorazione, è possibile distinguere l'eterocromatina (più compatta e scura) dalla eucromatina (più chiara e meno compatta). In questo modo è possibile riconoscere alcune regioni cromosomiche poco trascritte, come i centromeri, che sono formati principalmente da eterocromatina (**Figura B4.15**).

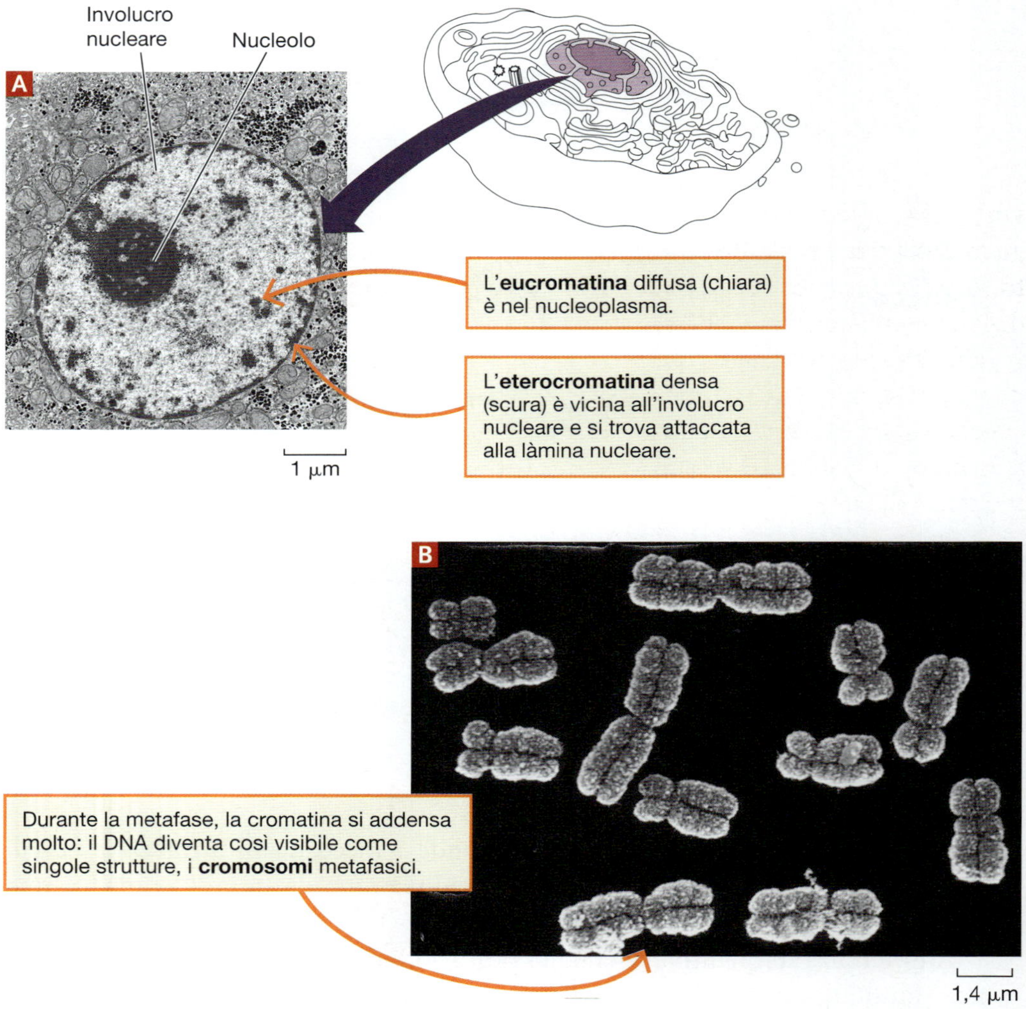

Figura B4.15
Gli stati di condensazione della cromatina.

La transizione tra forma aperta e chiusa della cromatina è reversibile e dipende da modificazioni chimiche introdotte sulle proteine istoniche. Gli istoni hanno una porzione all'N-terminale ricca in amminoacidi carichi positivamente, soprattutto lisine, che interagiscono con le cariche negative dello scheletro zucchero-fosfato del DNA avvolto attorno al nucleosoma: queste interazioni mantengono la struttura della cromatina nella forma chiusa. Esistono tuttavia enzimi, detti **istone acetilasi**, che possono aggiungere gruppi acetile carichi negativamente alle lisine delle code

HAI CAPITO?

- Qual è la differenza tra eucromatina ed eterocromatina?

istoniche. In questo modo il legame tra istoni e DNA viene allentato, generando la forma aperta della cromatina. Quindi, l'*acetilazione* di specifiche lisine degli istoni è in grado di favorire la trascrizione. Una volta trascritto, il DNA può ricompattarsi in eterocromatina, grazie alle **istone deacetilasi**, enzimi in grado di rimuovere i gruppi acetile dalle lisine (**Figura B4.16**).

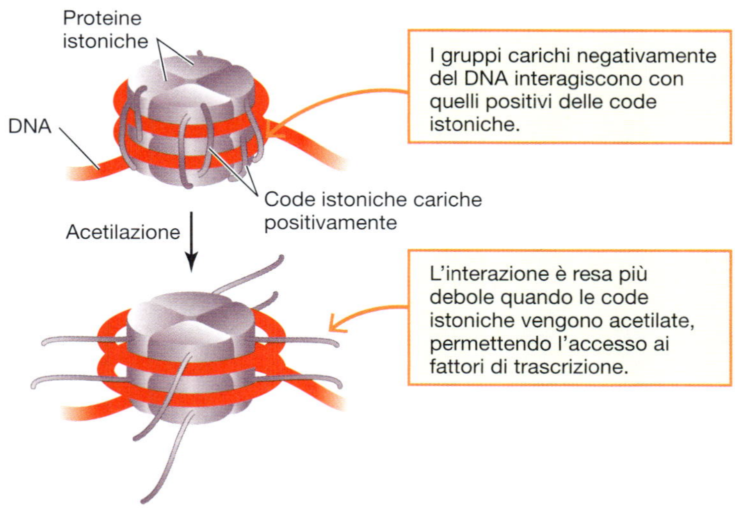

Figura B4.16
La presenza di gruppi acetile sugli istoni è uno dei meccanismi per regolare l'espressione genica, modulando il livello di compattezza del DNA.

Un'altra modificazione molto comune è l'aggiunta di gruppi metile alle lisine, eseguita dalle **istone metiltransferasi**. La *metilazione* degli istoni ha un effetto inibitorio sulla trascrizione. Anche questa modificazione è reversibile grazie all'azione degli enzimi **istone demetilasi**.

Uno stesso istone può contenere, a livello delle sue lisine, diverse combinazioni di gruppi acetile e metile. Queste diverse combinazioni possono influenzare l'efficienza con cui un particolare tratto di DNA viene trascritto. Si viene in questo modo a formare un **codice istonico**, che si sovrappone al codice genetico che risiede nella sequenza di DNA.

Alcune modificazioni degli istoni permangono durante la mitosi o la meiosi e vengono ereditate dalle cellule figlie. Anche le basi del DNA, in particolare le citosine, possono essere metilate. La presenza nel DNA di regioni con differenti percentuali di citosine metilate è in grado di determinare una diversa espressione dei geni.

HAI CAPITO?

- Che cos'è il codice istonico? Come funziona?

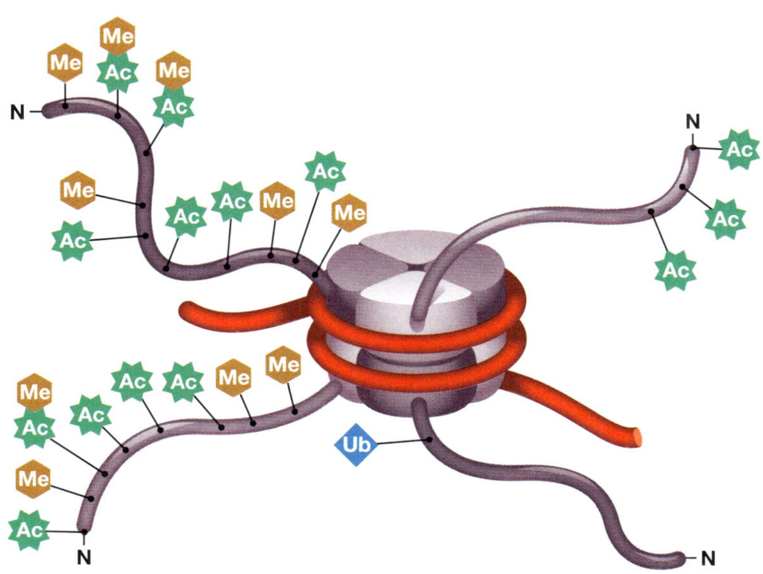

PER SAPERNE DI PIÙ

Il DNA è contenuto nei cromosomi

Sia il DNA presente nelle cellule procariotiche sia quello presente nelle cellule eucariotiche è costituito da molecole filamentose molto lunghe. Il DNA presente in una cellula umana è formato complessivamente da due filamenti costituiti da circa $3{,}3 \times 10^9$ coppie di basi; se tutte le molecole di questo DNA fossero unite linearmente otterremmo una doppia elica della lunghezza di circa 2 m. Anche considerando che il DNA è presente in tante molecole quanti sono i cromosomi, ne risulta che ciascuna di queste molecole ha una lunghezza circa 5000 volte superiore al diametro medio della cellula stessa. Il DNA cellulare deve quindi avvolgersi in un modo molto complesso, di cui la struttura a doppia elica rappresenta solo il primo e più semplice livello (**Figura A**).

L'organizzazione dei cromosomi nel nucleo delle cellule eucariotiche è resa complessa non solo dall'estrema lunghezza della doppia elica, ma anche dalla sua associazione con numerose proteine come gli **istoni**. Le unità organizzative fondamentali della cromatina, dette **nucleosomi**, sono formate dalla associazione degli istoni al DNA del diametro di circa 10 nm. I nucleosomi possono essere considerati il primo livello di ripiegamento del DNA nei cromosomi. Il ripiegamento prosegue con la formazione di **fibre di 30 nm** costituite dall'associazione di più nucleosomi adiacenti e poi di motivi più complessi con un grado di compattazione sempre più alto (**domini ad ansa** o fibre di 300 nm). Il DNA nei cromosomi eucariotici è ulteriormente condensato ma i livelli superiori di ripiegamento devono ancora essere chiariti.

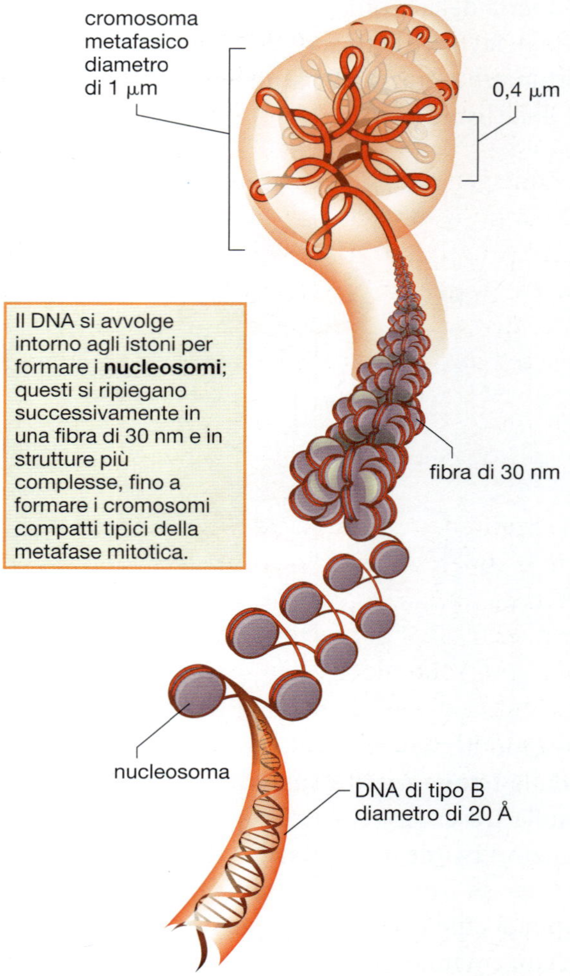

Figura A Il DNA presenta diversi livelli di avvolgimento.

7 L'epigenetica

L'**epigenetica** studia l'effetto che le modificazioni ereditarie agli istoni e al DNA producono sul fenotipo delle generazioni successive.

Le modificazioni epigenetiche non cambiano l'informazione genetica (ovvero la sequenza del DNA), ma solo la sua accessibilità (ovvero la possibilità che una certa informazione venga espressa).

Esempi di modificazioni epigenetiche ereditarie sono le modificazioni degli istoni o la metilazione del DNA. Nei mammiferi circa l'1% di questi marcatori epigenetici presenti nel DNA materno e paterno permane nello zigote e viene trasmesso alle generazioni successive. Una delle conseguenze è che una regione cromosomica dei figli ha le stesse modificazioni epigenetiche di uno dei due genitori: si parla di **imprinting** materno o paterno, a seconda che le modificazioni istoniche o la metilazione del DNA siano ereditate dal DNA della madre o del padre. La trasmissione di marcatori epigenetici è stata correlata ad alcune malattie genetiche nell'uomo: in questi casi, l'inattivazione di un certo gene non dipende da una mutazione nella sequenza del DNA, ma dal permanere di una particolare organizzazione dell'eterocromatina o di una metilazione del promotore.

LE PAROLE

Il termine inglese **imprinting** indica letteralmente l'azione di lasciare un'impronta. In genetica viene usato per indicare il «marchio» impresso sul DNA dalle modificazioni chimiche degli istoni e delle basi azotate.

8 La dinamicità del genoma

Il genoma non è un «contenitore» statico dell'informazione genetica. Al contrario, l'informazione genetica è regolata in modo molto *dinamico* per esprimere i geni e trasmetterli alle generazioni successive. Questa dinamicità è visibile anche quando i genomi di organismi diversi interagiscono tra di loro, scambiandosi pezzetti di informazione genetica. Con le moderne tecniche di biologia molecolare si è scoperto che in natura c'è un intenso scambio di materiale genetico tra organismi diversi. I genomi sono quindi una sorta di *collage* genetico. Questo scambio di materiale genetico tra organismi diversi è definito **flusso genico orizzontale**, per distinguerlo dalla trasmissione *verticale* dell'informazione genetica, che avviene invece da cellula madre a cellula figlia (o dalla generazione parentale alla progenie).

Il flusso genico orizzontale è mediato da **elementi genetici mobili**, in grado di spostare orizzontalmente l'informazione genetica da una cellula all'altra.

Qui di seguito descriveremo tre esempi di flusso genico orizzontale.
- I virus rimescolano la loro informazione genetica con quella della cellula che infettano (*cellula ospite*), sia acquisendo geni cellulari sia trasferendo all'ospite parte della propria informazione genetica.
- I *plasmidi* sono elementi genici mobili che possono diffondere rapidamente la resistenza agli antibiotici nelle popolazioni batteriche.
- I *trasposoni* sono elementi genici mobili che possono interrompere geni o causare la ricombinazione tra regioni cromosomiche diverse.

HAI CAPITO?

- Qual è la differenza tra flusso genetico orizzontale e flusso genetico verticale?

9 Le caratteristiche biologiche dei virus

I virus sono **parassiti endocellulari obbligati**, ovvero dipendono dal metabolismo della cellula ospite per potersi riprodurre.

I virus sono unici perché, contrariamente agli organismi viventi, non hanno una struttura cellulare. I virus sono costituiti da un involucro proteico, detto **capside**, al cui interno si trova il **genoma**, che può essere costituito da uno o più filamenti di DNA o di RNA. I virus vengono suddivisi in due grandi gruppi – *virus a DNA* e *virus a RNA* – a seconda dell'acido nucleico che forma il loro genoma. I virus sono le uniche entità biologiche che possono usare l'RNA sia per l'espressione dei geni sia per la trasmissione alla progenie dell'informazione genetica. Inoltre, i virus sono anche gli unici a possedere molecole di DNA genomico formate da un singolo filamento, invece che da una doppia elica. In alcuni virus, il capside è circondato da una membrana detta **envelope** (involucro), costituita da un frammento di membrana citoplasmatica derivata dalla cellula infetta (Figura B4.17).

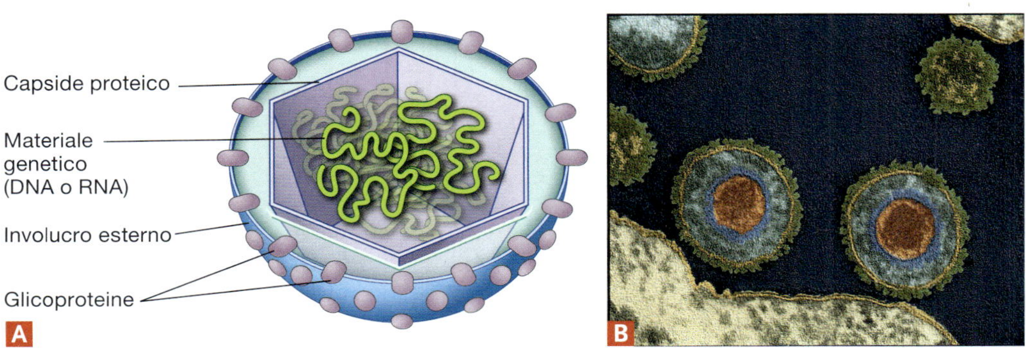

Figura B4.17
A Il materiale genetico dei virus è racchiuso in un capside proteico che, in alcuni virus, è a sua volta ricoperto da una membrana (envelope).
B Immagine al microscopio elettronico di due particelle virali di *Herpes virus*.

GUARDA! il video

TI RICORDI?

1 nanometro (nm) = 10^{-9} metri = 10^{-6} mm

1 micrometro (μm) = 10^{-6} metri = 10^{-3} mm

Un'altra caratteristica che contraddistingue i virus è quella di avere **dimensioni** molto piccole, comprese tra i 50 nm e i 100 nm. I virus, in media, sono quindi circa 50 volte più piccoli di una tipica cellula batterica, le cui dimensioni variano da 2 μm a 5 μm (**Figura B4.18**).

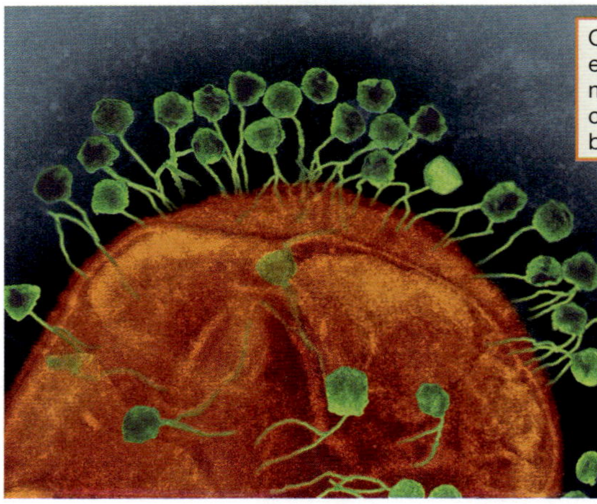

Questa immagine al microscopio elettronico a trasmissione (TEM) mostra tanti piccoli virus (in verde) che stanno per infettare una cellula batterica (in arancione).

Figura B4.18
Le dimensioni relative di virus e batteri.

Anche il **genoma** dei virus è più piccolo di quello dei procarioti. I virus sono infatti parassiti e, come tali, richiedono un numero molto limitato di geni, perché la maggior parte delle funzioni metaboliche viene offerta dalla cellula infettata. In generale, il genoma virale codifica per le proteine del capside e per alcuni enzimi essenziali per la *penetrazione* nella cellula, per la *replicazione* del loro genoma e per l'*espressione genica*. I virus non hanno, invece, apparati per la traduzione delle proteine o per la produzione di energia: per queste funzioni, il virus dipende completamente dalle risorse offerte dalla cellula che ha infettato. Il virus dell'influenza, per esempio, codifica per appena una dozzina di proteine, ma esistono anche eccezioni significative: per esempio, alcuni virus che infettano i protozoi hanno dimensioni di circa 500 nm e un genoma che codifica per oltre 1000 geni.

Il ciclo vitale dei virus

Ogni virus ha la capacità di infettare una o poche specie ospiti. I virus sono quindi molto specifici. All'esterno della cellula ospite le singole particelle virali sono prive di attività metabolica e sono indicate con il nome di **virioni**.

Il ciclo vitale di un virus può essere distinto in cinque fasi principali.

1. Al momento dell'**adesione**, la particella virale si attacca alla membrana esterna della cellula ospite attraverso l'interazione con proteine cellulari dette *recettori.*
2. Segue poi la **penetrazione**, durante la quale il virus entra nella cellula. Questo passaggio può avvenire in diversi modi, ma termina sempre con il rilascio del genoma virale all'interno della cellula infetta.
3. A questo punto inizia l'**espressione dei geni** virali e la **replicazione del genoma**. Questo porta all'accumulo delle molecole di genoma e delle proteine necessarie per assemblare le nuove particelle virali.
4. All'interno della cellula si ha l'**assemblaggio** dei capsidi, all'interno dei quali verranno inseriti i genomi virali.
5. Il ciclo proliferativo termina con il **rilascio** delle nuove particelle virali all'esterno delle cellula. Per alcuni virus, questo passaggio può comportare la rottura della membrana citoplasmatica e la morte della cellula infettata.

Tutte queste fasi richiedono l'espressione coordinata, nel tempo e nello spazio, dei geni virali.

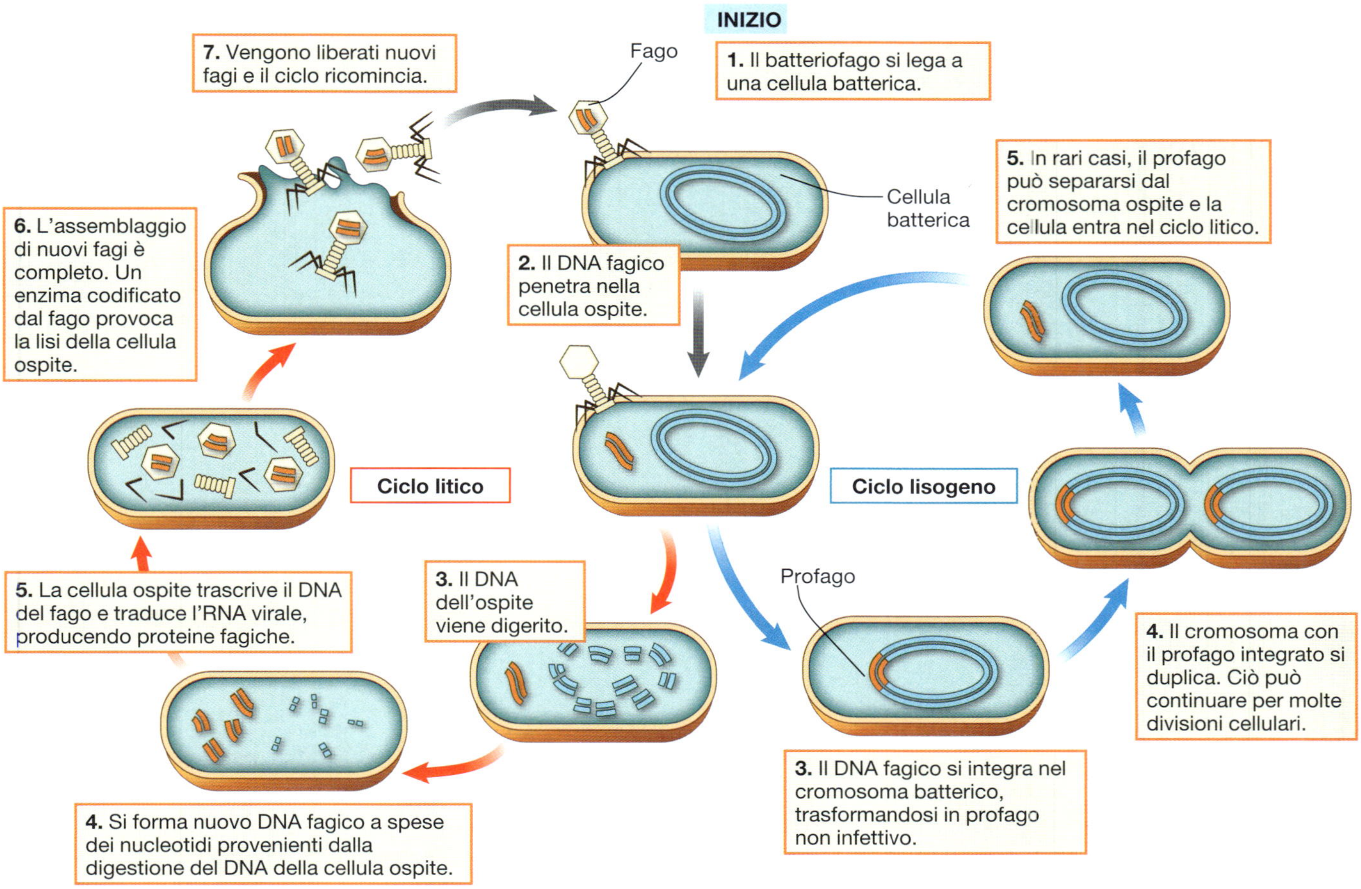

Figura B4.19 Le diverse fasi del ciclo litico (a sinistra) e del ciclo lisogeno (a destra) di un virus.

Alcuni virus hanno cicli vitali ancora più complessi, in cui alternano la *fase di produzione* di nuovi virioni, detta **ciclo litico** perché causa la lisi cellulare, a una *fase di latenza,* detta **ciclo lisogeno,** in cui il genoma virale permane nella cellula ospite senza produrre nuovi virus (**Figura B4.19**). L'alternanza tra queste fasi è stata studiata in particolare nei batteriofago λ. I **batteriofagi**, comunemente chiamati anche *fagi*, sono virus che infettano le cellule batteriche (**Figura B4.20**). Come vedremo più avanti in questo capitolo, i batteriofagi promuovono il trasferimento orizzontale di geni nei batteri.

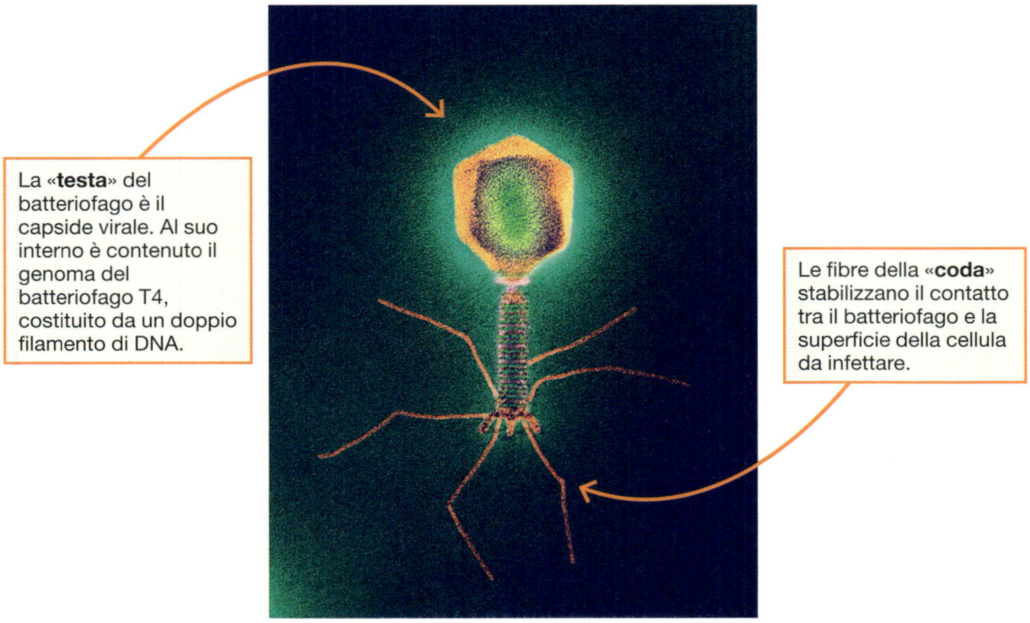

Figura B4.20 Un'immagine al microscopio elettronico a trasmissione di un batteriofago T4.

Video Quali sono le differenze tra ciclo litico e ciclo lisogeno?

GUARDA! il video

10 La ricombinazione omologa

Il meccanismo principale con cui un segmento di DNA può essere incorporato all'interno di un frammento di DNA più grande (per esempio, il DNA di un fago all'interno del genoma batterico) è la **ricombinazione omologa**. Perché avvenga, è necessario che le due molecole di DNA che si uniranno abbiano dei tratti di sequenza identici (cioè *omologhi*).

Esistono diversi meccanismi di ricombinazione, ma tutti hanno in comune gli stessi passaggi fondamentali. La ricombinazione prende avvio quando le sequenze omologhe identiche si appaiano. In seguito all'appaiamento si forma una struttura a X chiamata *chiasma*. Grazie all'intervento di enzimi specifici, il chiasma viene poi tagliato, liberando le due molecole ricombinanti che contengono le porzioni di DNA scambiate tra di loro (**Figura B4.21**).

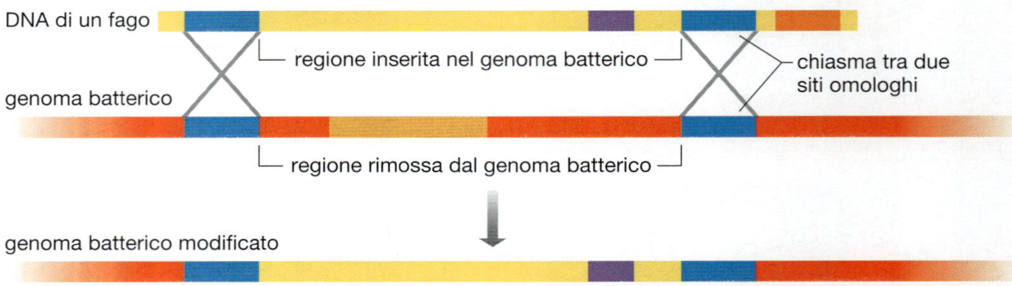

Figura B4.21 Rappresentazione schematica di una ricombinazione omologa.

La **ricombinazione omologa** opera in tutti gli organismi e svolge un ruolo fondamentale nel rimescolare l'informazione genetica, sia all'interno di uno stesso organismo sia tra organismi diversi.

Anche il **crossing over** è un esempio di ricombinazione omologa: durante la meiosi, i cromatidi fratelli si scambiano porzioni di DNA; negli eucarioti pluricellulari, questo scambio è essenziale per generare variabilità genetica nelle cellule della linea germinale.

11 Il trasferimento di geni nei batteri

Lo scambio di materiale genetico tra cellule batteriche può avvenire con tre diverse modalità: la trasduzione, la trasformazione e la coniugazione. Questi tre meccanismi si distinguono per il modo in cui il DNA è trasferito da una cellula all'altra e per gli eventi di ricombinazione che integrano il DNA della cellula *donatrice* nel genoma della cellula *ricevente*.

La trasduzione batterica

La trasduzione è un importante meccanismo di variabilità genetica nei batteri.

La **trasduzione** si verifica quando il materiale genetico viene trasferito mediante un batteriofago da un batterio a un altro.

Una delle conseguenze dell'infezione dei batteriofagi è infatti la ricombinazione di DNA batterico proveniente da due cellule diverse.

Durante il *ciclo litico*, il batteriofago utilizza alcuni suoi enzimi per frammentare il DNA batterico; in questo modo si procura i nucleotidi che gli servono per sintetizzare il suo DNA. Nelle fasi finali dell'infezione, le nuove particelle virali vengono

LE PAROLE
Il termine **trasduzione** deriva dal latino *trans*, «al di là», e *ducere*, «condurre». In biologia indica lo spostamento di materiale genetico mediante un batteriofago da una cellula batterica all'altra.

riempite con il DNA del virus. Tuttavia, questo processo non è sempre preciso e a volte anche un pezzo di DNA batterico può essere incorporato all'interno delle particelle virali. Quando il virus così formato infetterà un'altra cellula, trasferirà alla nuova cellula ospite sia il suo DNA sia quello batterico acquisito dalla cellula precedente. Il DNA batterico trasferito in questo modo può ricombinarsi con il cromosoma del batterio ricevente a livello delle sequenze omologhe. Dato che il frammento di DNA batterico viene incapsulato nel virus in maniera del tutto causale, si parla di **trasduzione generalizzata** (**Figura B4.22**).

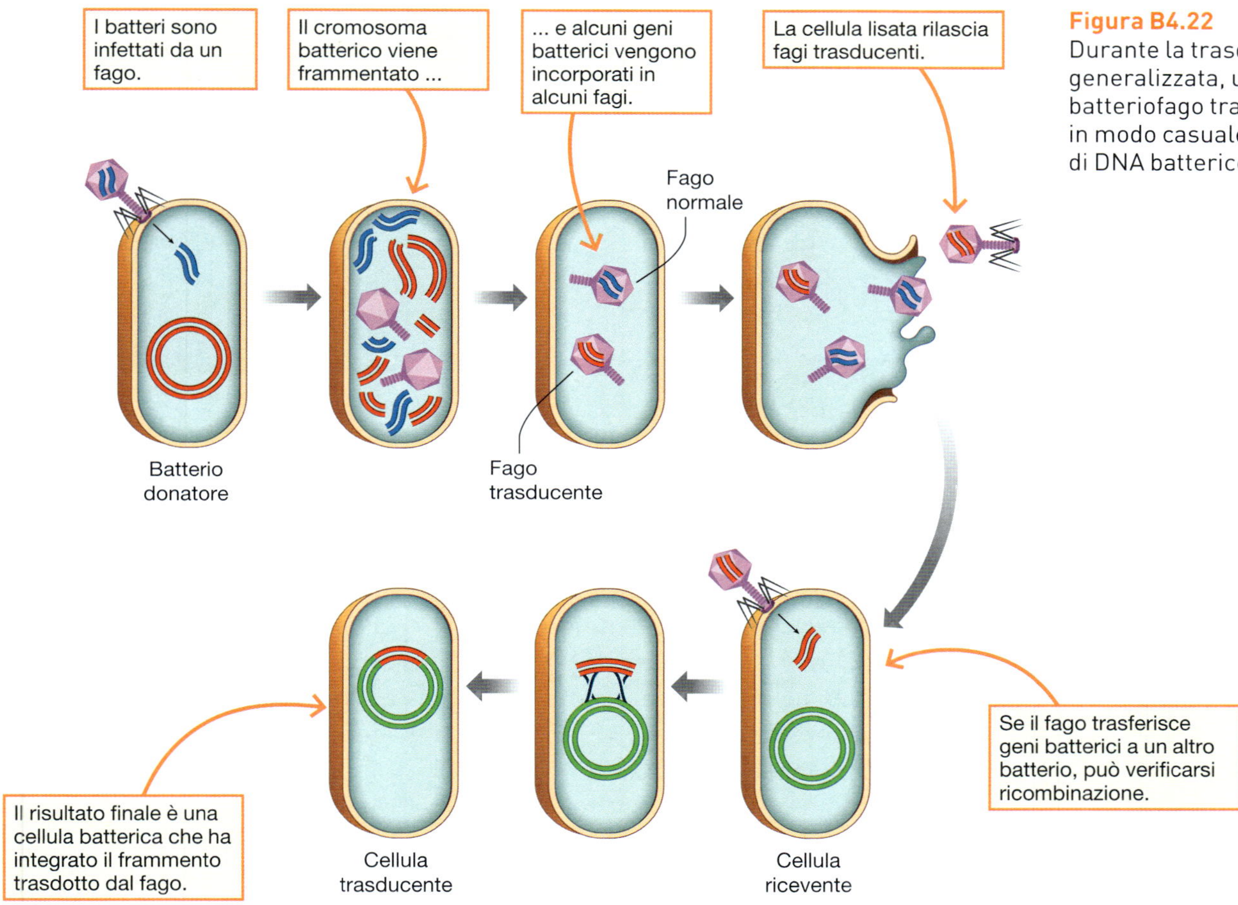

Figura B4.22
Durante la trasduzione generalizzata, un batteriofago trasferisce in modo casuale porzioni di DNA batterico.

Un caso diverso di trasduzione si osserva invece durante il *ciclo lisogeno*, durante il quale il DNA virale si integra all'interno del cromosoma batterico sotto forma di **profago** (*vedi* **Figura B4.18**). In particolari condizioni di stress cellulare, il profago può riemergere dalla fase lisogena e dare inizio a un nuovo ciclo litico. Per fare da stampo per la replicazione virale il profago deve essere rimosso dal cromosoma batterico, ma anche questo meccanismo non è preciso e a volte rimangono attaccate al profago le sequenze di DNA cromosomico fiancheggianti. Queste sequenze batteriche verranno duplicate insieme al DNA virale e incapsulate all'interno dei nuovi virioni. Quando il virus così formato infetterà un'altra cellula, trasferirà al suo interno sia il DNA virale sia quello batterico a esso contiguo. Una volta infettata una nuova cellula ospite, le sequenze di DNA batterico trasportate dal batteriofago potranno ricombinarsi con il DNA della cellula infetta grazie alle omologie di sequenza. In questo caso si parla di **trasduzione specializzata**, perché molti batteriofagi integrano il loro DNA in punti specifici del cromosoma batterico e tenderanno quindi a portarsi dietro sempre lo stesso frammento di DNA batterico.

Video **Che cos'è la trasduzione batterica?**

GUARDA! i video

Video Che cos'è la trasformazione batterica?

La trasformazione batterica

Il secondo meccanismo di trasferimento di informazioni genetiche tra batteri si basa sui plasmidi, molecole di DNA separate dal cromosoma batterico (che contiene invece il genoma).

I **plasmidi** sono molecole extracromosomiche di DNA circolare che contengono alcune informazioni genetiche accessorie (**Figura B4.23**).

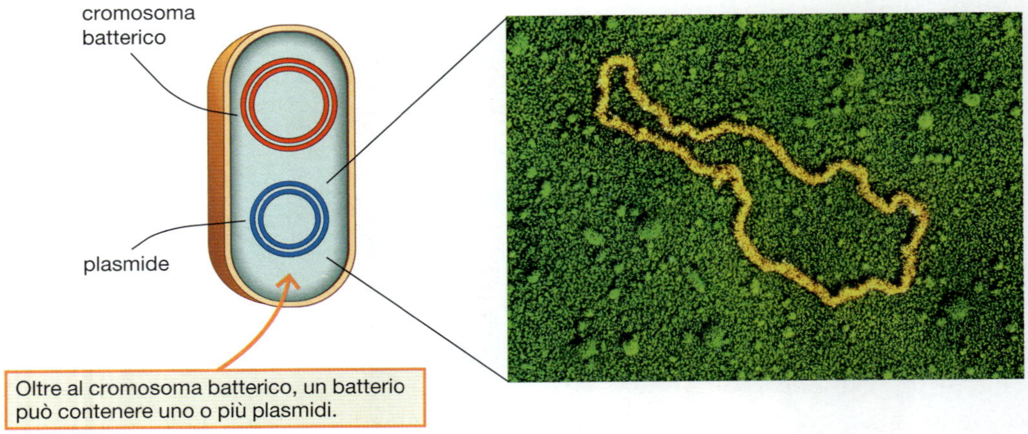

Figura B4.23 La fotografia di un plasmide al microscopio elettronico a trasmissione (i colori sono solo indicativi).

I plasmidi sono da 10 a 100 volte più piccoli del cromosoma batterico, ma hanno una loro *origine di replicazione*, grazie alla quale possono duplicarsi autonomamente all'interno del batterio. In alcune cellule, possono essere presenti anche 100 copie di un plasmide. Per la loro duplicazione i plasmidi sfruttano l'apparato replicativo delle cellule batteriche, in quanto non contengono geni per gli enzimi replicativi, come la DNA polimerasi. A partire da un'unica bolla replicativa, si generano due forcelle di replicazione che procedono in senso opposto. Poiché il plasmide è circolare, quando le due forcelle si incontrano, la replicazione termina e genera due molecole identiche del plasmide (**Figura B4.24**).

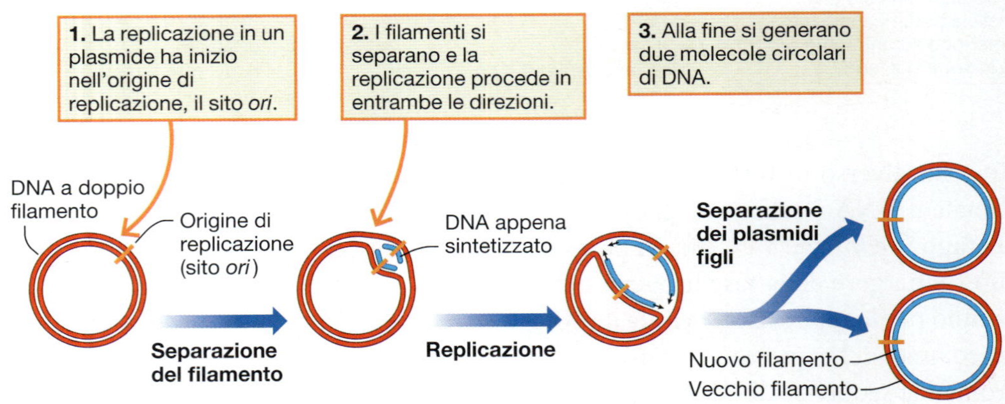

Figura B4.24 La replicazione di un plasmide batterico.

I plasmidi possono passare facilmente da un batterio all'altro. Per esempio, quando una cellula batterica muore o viene lisata, i plasmidi rilasciati sono assorbiti da cellule batteriche adiacenti attraverso il processo di **trasformazione batterica**.

I plasmidi modificati in laboratorio sono diventati un importante strumento nell'ambito delle tecnologie del DNA ricombinante. Vedremo nel prossimo capitolo come essi vengano sfruttati, insieme al meccanismo della trasformazione, per trasferire geni da un organismo all'altro.

La coniugazione batterica

I batteri si riproducono mediante scissione binaria. Il risultato è la generazione di due **cloni**, cioè due cellule figlie geneticamente identiche alla cellula progenitrice (a meno di mutazioni casuali). Tuttavia, nei miliardi di anni della loro storia evolutiva, i batteri si sono differenziati in migliaia di specie diverse. Le sole mutazioni casuali (che sono eventi rari) non sono sufficienti a spiegare questa variabilità genetica. Come fanno allora i batteri a differenziarsi e a rimescolare i loro geni? Le cellule batteriche possono scambiarsi il materiale genetico attraverso un processo chiamato coniugazione.

Video Che cos'è la coniugazione batterica?

La **coniugazione** richiede l'unione fisica tra due cellule batteriche, attraverso un canale filamentoso proteico, detto **pilo sessuale**, che mette in comunicazione il citoplasma delle due cellule.

Come nella riproduzione sessuale si ha l'unione di un individuo maschio e di una femmina, anche nella coniugazione si ha l'unione di un **batterio donatore** o F-positivo (**F^+**) e uno **ricevente** o F-negativo (**F^-**). La distinzione si basa sulla presenza (o meno) del **plasmide F**, che porta i geni per la sintesi del pilo e per il trasferimento del DNA. Nei ceppi F^+ il plasmide F può essere presente sia libero nel citoplasma sia integrato nel cromosoma batterico. Quando una cellula F^+ si unisce tramite il pilo sessuale a una F^-, il plasmide F fluisce attraverso il pilo dal donatore al ricevente. Se in origine il plasmide F era integrato nel cromosoma batterico, il processo può causare il trasferimento da una cellula all'altra dei geni batterici fiancheggianti. Il frammento di DNA trasferito potrà poi ricombinarsi con il cromosoma batterico della cellula ricevente. In questo modo si ha lo scambio di geni tra due batteri appartenenti alla stessa popolazione (**Figura B4.25**). Oltre al plasmide F, esistono molti tipi di plasmidi che conferiscono ai batteri proprietà importanti come, per esempio, la resistenza a un antibiotico.

LE PAROLE

I plasmidi F devono il proprio nome al termine «fattore di *fertilità*» con cui vengono spesso chiamati.

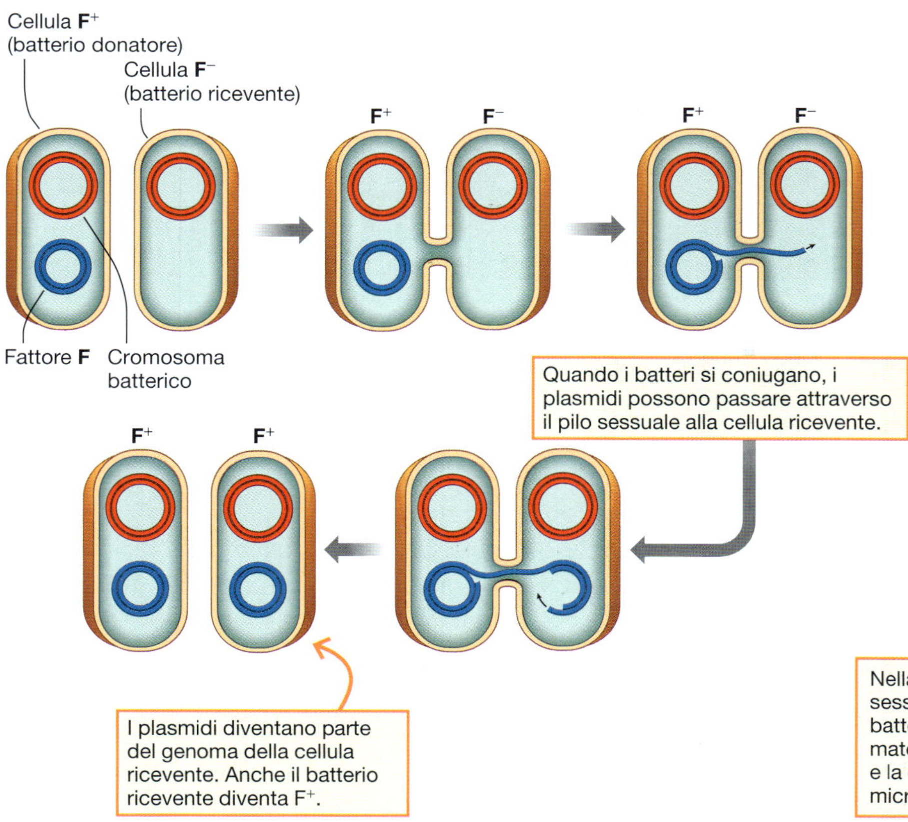

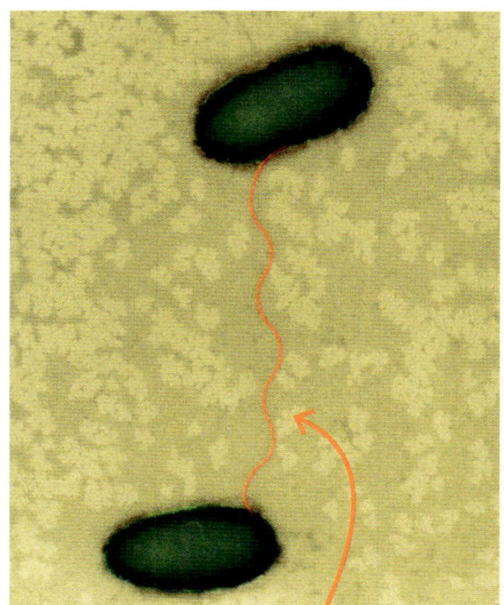

Figura B4.25 La coniugazione batterica.

12 Geni che saltano: i trasposoni

LE PAROLE

Il termine **trasposone** (dall'inglese *transposon*, a sua volta derivato dal termine *transposition*, «trasposizione») indica «ciò che va incontro a trasposizione», cioè si sposta da un luogo all'altro.

Un altro meccanismo di rimescolamento genico che contribuisce a plasmare la struttura del genoma è basato sulla **trasposizione genica**. Questo fenomeno si verifica sia nei procarioti sia negli eucarioti ed è mediato da sequenze di DNA mobili chiamate trasposoni.

Un **trasposone** è una sequenza di DNA in grado di spostarsi autonomamente da un sito cromosomico a un altro, *all'interno della stessa cellula*: si tratta cioè di elementi genetici mobili.

I trasposoni possono alterare la struttura dei cromosomi in due modi.

1. **Interruzione genica**. L'elemento mobile può inserirsi direttamente all'interno di un gene, interrompendolo e causandone l'inattivazione, oppure può alterare una sequenza di DNA con funzioni regolative (per esempio un promotore o un terminatore). Il diverso colore, bianco o viola, di alcuni chicchi di mais è dovuto a una mutazione causata da un trasposone che inattiva il gene normale. Lo stesso trasposone può «saltare» nuovamente in un'altra posizione: quando questo avviene, la funzione del gene e il colore del chicco vengono ripristinati (**Figura B4.26**).
2. **Ricombinazione omologa**. La presenza di numerose copie dello stesso elemento mobile sui cromosomi crea numerose regioni di omologia (cioè che contengono la stessa sequenza di DNA), a livello delle quali può avvenire la ricombinazione omologa. Come conseguenza, si può avere lo scambio delle regioni cromosomiche comprese tra due copie dello stesso trasposone, con un fenomeno analogo al crossing-over che si verifica durante la meiosi.

Il colore delle cariossidi (chicchi) del mais è controllato da un gene: la versione normale del gene *C* causa il colore viola, la forma mutata *c* porta invece a chicchi incolori.

L'allele *C* viene inattivato per inserzione di un trasposone. Tuttavia, il trasposone può continuare a saltare e passare a un altro sito del genoma. Quando questo accade, l'allele *C* torna a essere funzionale.

Figura B4.26
I trasposoni sono stati scoperti negli anni Cinquanta del Novecento dalla ricercatrice Barbara McClintock, vincitrice del premio Nobel per la medicina nel 1983.

L'**origine dei trasposoni** è stata a lungo dibattuta. Questi elementi mobili si ritrovano in organismi appartenenti a *phyla* differenti e in passato questo ha fatto ipotizzare che i trasposoni fossero comparsi in un momento molto precoce della storia della vita. Tuttavia, oggi gli studiosi ritengono più probabile che i trasposoni siano comparsi più volte e in modo indipendente nel corso dell'evoluzione. L'ipotesi più accreditata è che in origine i trasposoni fossero virus, il cui genoma si è integrato nel corredo genetico delle cellule infettate. Questa integrazione non è però stabile e all'interno del genoma i trasposoni possono continuare a «saltare» da un sito genomico all'altro.

I trasposoni possono causare anche malattie ereditarie. Per esempio, nel moscerino della frutta *Drosophila melanogaster* sono presenti dei trasposoni (chiamati *elementi P*) che possono causare alterazioni cromosomiche che portano a sterilità. Anche negli esseri umani l'attività dei trasposoni può causare alcune malattie genetiche, quali l'emofilia e la distrofia muscolare.

Rosalind Franklin e la doppia elica del DNA

Il 10 dicembre del 1962 Francis Harry Compton Crick, James Dewey Watson e Maurice Hugh Frank Wilkins hanno ritirato il premio Nobel per la medicina «per le loro scoperte riguardo la struttura molecolare degli acidi nucleici e i loro significati per il trasferimento di informazione nel materiale vivente»: avevano scoperto la struttura del DNA e il suo meccanismo di replicazione. Alla lista mancava un nome: **Rosalind Franklin**. Le sue fotografie ai raggi X del DNA sono state descritte come «le più belle fotografie ai raggi X di qualsiasi sostanza che siano mai state fatte» e hanno fornito la prova chiave per il modello della doppia elica di Watson e Crick. Rosalind Franklin non fu tra i premiati di Stoccolma del 1962 anche perché alcuni suoi colleghi non hanno né saputo, né voluto difendere il suo lavoro.

Dalla chimica alla cristallografia

Rosalind Franklin nasce in Inghilterra il 25 luglio del 1920. Fin da ragazzina vuole «fare scienza», come scrive lei stessa, e la famiglia la iscrive al Newnham College di Cambridge, dove studia chimica.

Durante la Seconda guerra mondiale Rosalind presta servizio alla British Coal Utilisation Research Association, dove studia la microstruttura di diversi tipi di carbone e il modo in cui questa determina proprietà come la permeabilità ai gas e ai liquidi a diverse temperature. Questa esperienza è alla base dei suoi studi di dottorato, che ottiene nel 1945 all'Università di Cambridge. Due anni più tardi si sposta a Parigi, dove l'ambiente è più aperto nei confronti delle donne professioniste e, oltre a guadagnare fiducia in sé, si trova per la prima volta in contatto con le tecniche di **cristallografia a raggi X**: le vuole applicare allo studio del carbone.

La cristallografia per studiare il DNA

Nel 1951, Rosalind Franklin è già una ricercatrice affermata a livello internazionale, specialista dello studio del carbone ma anche di cristallografia. Un bagaglio culturale che le apre le porte del King's College di Londra, dove il direttore John T. Randall vuole metterla al servizio di uno dei settori più effervescenti di quel periodo: lo studio della **struttura del DNA**.

Nel 1943, grazie agli esperimenti del gruppo di Oswald Avery, si sapeva che il *principio trasformante*, ovvero quella «cosa» che permette il passaggio dell'informazione genetica da un cellula a un'altra, era il DNA. Ma nessuno aveva idea di che struttura avesse. Comprenderne la struttura molecolare significava anche capire il segreto che permetteva il trasporto dell'informazione (quello che oggi chiamiamo *replicazione*).

La *Photograph 51*

Mentre Rosalind Franklin mette a punto la strumentazione e la tecnica per riuscire a ottenere immagini sempre più nitide del DNA, a Cambridge Francis Crick e James Watson cominciano a elaborare ipotesi sulla struttura del DNA in base ai dati a disposizione a quei tempi, ma bisognava riuscire a *immaginare* quale potesse essere la soluzione.

Tra la fine del 1951 e l'inizio del 1952, Rosalind Franklin ottiene una serie di foto straordinariamente nitide del DNA, tra cui la famosa ***Photograph 51***, ottenuta con un'esposizione lunghissima (circa 100 ore) di una singola fibra di DNA posta a una distanza di 15 millimetri dalla fonte di raggi X. Quelle che vediamo sulla lastra fotografica sono macchie scure determinate dalla massa degli atomi che compongono la molecola di DNA: la foto 51 mostra una caratteristica distribuzione spaziale che è compatibile solamente con una **struttura a doppia elica**.

Rosalind Franklin è convinta che questa sia la struttura del DNA, ma ritiene che sia necessario raccogliere più dati per poter trarre delle conclusioni definitive.

Il Nobel mancato

Nel 1953 «Nature» pubblica una serie di articoli scientifici sulla struttura del DNA, il più famoso dei quali è quello firmato da Watson e Crick. Questi ultimi hanno avuto a disposizione la prova definitiva della loro intuizione grazie all'aiuto di Maurice Wilkins, che lavorava nella stanza accanto alla Franklin al King's College: una sorta di caso di «spionaggio industriale».

Rosalind Franklin muore nel 1958, a soli 37 anni, per un tumore all'ovaio, dovuto probabilmente all'eccessiva esposizione ai raggi X. Non avrebbe perciò potuto essere premiata con il Nobel. Ma avrebbe meritato di esserci? Sì, perché i suoi dati hanno confermato il modello del duo di Cambridge, che senza prova sperimentale non sarebbe stato sufficiente come dimostrazione della struttura del DNA. A posteriori, nessuno dei protagonisti della vicenda ha mai dato il **giusto credito al lavoro di Rosalind**, anzi Watson ha più volte usato frasi sessiste rivolte alla memoria della Franklin. A rimettere nella giusta prospettiva la storia è stata la giornalista americana Brenda Maddox, che nel 2002 ha pubblicato la più accurata biografia dell'autrice di una delle fotografie più importanti della storia della scienza.

B4 Mappa visuale

INFORMAZIONI GENETICHE
contenute negli ACIDI NUCLEICI

Nel **GENOMA** l'informazione genetica è scambiata in modo **DINAMICO** tra gli organismi

FLUSSO GENICO ORIZZONTALE mediato da **ELEMENTI MOBILI**
- VIRUS
- PLASMIDI batterici
- TRASPOSONI

DNA
- acido desossiribonucleico
- polimero lineare di desossiribonucleotidi (AMP, GMP, TMP, CMP)
- lunghe catene a doppio filamento
- struttura 3D a doppia elica

La trasmissione dell'informazione avviene in due modi

REPLICAZIONE SEMICONSERVATIVA per trasferire l'informazione genetica alla progenie

TRASCRIZIONE per convertire l'informazione contenuta nei GENI in RNA

L'**ESPRESSIONE GENICA** è regolata da
- SEQUENZE DI DNA (promotori e terminatori)
- FATTORI DI TRASCRIZIONE (promuovono o inibiscono la trascrizione)

Nei **PROCARIOTI** l'espressione genica è regolata dagli OPERONI

Negli **EUCARIOTI**, l'espressione genica è regolata a più livelli:
- regolazione PRE-TRASCRIZIONALE (struttura cromatina, epigenetica)
- regolazione TRASCRIZIONALE (fattori di trascrizione)
- regolazione POST-TRASCRIZIONALE (splicing)
- regolazione TRADUZIONALE

RNA
- acido ribonucleico
- polimero di ribonucleotidi (AMP, GMP, UMP, CMP)
- catene brevi a singolo filamento
- esistono diversi tipi di RNA con diversa struttura 3D: rRNA, tRNA, mRNA, ncRNA

mRNA: converte l'informazione genetica in PROTEINE mediante la TRADUZIONE

Quesiti e problemi

1 La struttura della molecola di DNA

1 Quali parti compongono un nucleotide del DNA? Qual è la parte variabile tra un nucleotide e l'altro?

2 In due nucleotidi adiacenti quali sono le posizioni interessate dalla formazione del legame fosfodiestere? Individua l'errore nel seguente disegno:

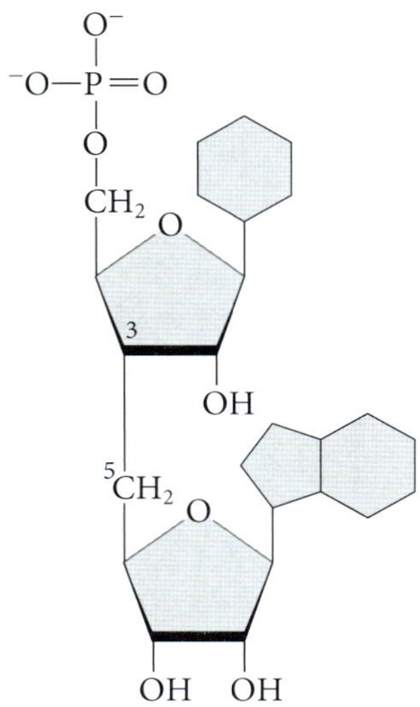

3 Come si legge la sequenza su questo frammento di DNA?

5′…CAGT…3′
3′…GTCA…5′

4 Il disegno rappresenta in modo schematico un frammento di DNA. Inserisci nelle posizioni corrette:

a. le basi azotate mancanti;
b. l'orientamento dei due filamenti;
c. i legami a idrogeno necessari tra le basi.

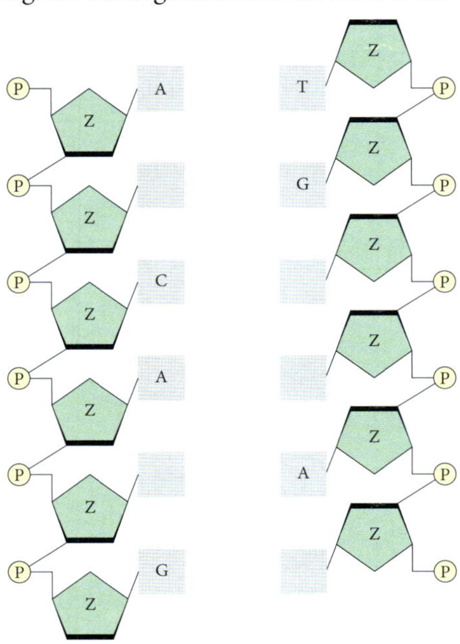

5 Completa la seguente tabella inserendo le misure riguardanti la molecola del DNA.

DNA	Distanza in nm
Spessore della doppia elica	
Distanza tra due nucleotidi	
Distanza ogni 10 nucleotidi	
Distanza delle catene zucchero-fosfato dall'asse della doppia elica	

6 Quali tra le seguenti affermazioni riguardanti la struttura del DNA sono corrette?

1. I due filamenti sono antiparalleli perché decorrono in verso opposto.
2. I due filamenti sono complementari perché A si appaia a T e C si appaia a G.
3. I due filamenti sono tenuti insieme da legami fosfodiesterici.

A 1 e 2
B 1, 2 e 3
C 2 e 3
D 1 e 3

7 Quanti legami a idrogeno ci sono in tutto tra le basi che formano il doppio filamento del seguente tratto di DNA?

ACCTTCCGCGTT

8 Qual è l'importanza della replicazione del DNA per gli esseri viventi?

9 Per quale motivo la replicazione del DNA è definita semiconservativa?

10 La replicazione del DNA può iniziare in qualsiasi punto lungo la sequenza nucleotidica?

11 Assegna a ognuno degli enzimi coinvolti nel processo di replicazione del DNA la rispettiva funzione, selezionandola dalla seguente lista:

a. aggiunge nucleotidi all'estremità 3′;
b. sintetizza il primer di RNA;
c. aggiunge sequenze ripetitive alle estremità dei cromosomi;
d. consente l'avanzamento della duplicazione oltre la forcella;
e. unisce i frammenti di DNA prodotti;
f. rompe i legami a idrogeno aprendo la doppia elica.

Enzima	Funzione
Primasi	
DNA polimerasi	
Ligasi	
Elicasi	
Topoisomerasi	
Telomerasi	

12 Riordina gli enzimi dell'esercizio precedente, in base al momento del loro intervento durante la replicazione del DNA.

13 Osserva attentamente la Figura B4.4 e individua le affermazioni false tra quelle riportate.

A La DNA polimerasi procede in direzione 5′→3′.

B La DNA polimerasi procede nello stesso verso sui due filamenti.

C I primer servono a indicare alla DNA polimerasi l'origine della duplicazione.

D La topoisomerasi richiude il doppio filamento una volta passata la DNA polimerasi.

E La DNA polimerasi va in un verso in un filamento e nel verso opposto nell'altro.

14 Descrivi le regole di appaiamento delle basi azotate nel DNA, specificando il numero di legami idrogeno coinvolti.

2 La struttura delle molecole di RNA

15 Per quale motivo riferendosi alla molecola del DNA si usa il singolare, mentre per l'RNA ci si riferisce più correttamente al plurale?

16 Ricostruisci le funzioni dei vari tipi di RNA a ritroso: che cosa accadrebbe alla produzione delle proteine se i diversi RNA non fossero presenti nella cellula? Completa la tabella, scegliendo le possibili conseguenze tra quelle elencate qui di seguito.

a. Non sarebbe trasferito il messaggio genetico del DNA alla sintesi proteica.

b. Non sarebbero riconosciuti gli amminoacidi da disporre nel punto giusto lungo una catena polipeptidica.

c. Non sarebbero sintetizzate le subunità ribosomiali.

d. Alcuni geni non sarebbero regolati in modo adeguato.

Assenza di	Funzioni compromesse
mRNA	
tRNA	
rRNA	
ncRNA	

17 Quali differenze chimiche e strutturali esistono tra DNA e RNA? Riassumi le differenze in una tabella.

18 Quali tra le seguenti affermazioni riguardanti i vari tipi di RNA sono vere?

A Sono formati da ribonucleotidi.

B Sono formati a partire da uno stampo di DNA.

C Presentano tutti gli anticodoni.

D Si trovano soltanto nel nucleolo della cellula.

E Sono lunghi al massimo 25 ribonucleotidi.

19 Quali sono le parti che caratterizzano una molecola di tRNA?

3 Il flusso dell'informazione genetica: dal DNA all'RNA alle proteine

20 Qual è la definizione biomolecolare di gene secondo la più recente interpretazione?

21 Se il codice genetico fosse determinato da coppie di basi, anziché triplette, quante combinazioni diverse si otterrebbero? Per quale motivo questo codice ipotetico non è plausibile?

22 Quante sono le triplette del codice genetico realmente codificanti? Per quale motivo non tutte sono codificanti?

23 Riordina la sequenza delle fasi necessarie per giungere alla sintesi di un polipeptide partendo dalla trascrizione fino al termine della traduzione.

a. La RNA polimerasi legge le basi azotate libere del filamento stampo e aggiunge i nucleotidi, in direzione 5′→3′.

b. L'mRNA prodotto è sottoposto a maturazione negli eucarioti.

c. La RNA polimerasi si lega alla sequenza di inizio (promotore) e la apre.

d. L'mRNA si unisce alla subunità minore in corrispondenza del codone AUG (codone di inizio).

e. Il fattore di rilascio entra in corrispondenza del codone di stop e la sintesi del polipeptide termina.

f. Inserimento dell'amminoacido di inizio (metionina).

g. Allungamento della catena polipeptidica.

h. La subunità maggiore si unisce al complesso.

i. I tRNA giungono in successione, ciascuno con l'amminoacido corrispondente.

24 An antibiotic makes the ribosome unable to move. What is the effect of this drug on a bacterial cell?

A Protein synthesis will be partially affected.

B The protein synthesized will be shorter than normal.

C The protein synthesized will be longer than normal.

D No proteins will be produced.

4 L'organizzazione dei geni e l'espressione genica

25 Cosa si intende per espressione genica?

26 Per quale motivo l'espressione genica deve essere regolata?

27 Per quale motivo i geni degli eucarioti sono definiti «interrotti»?

28 Which of the following statements about introns is true?
A Introns may be involved in exon shuffling.
B Introns are the parts of mRNA that are translated.
C Introns have no function.
D In general, human genes have fewer introns than genes of other organisms.

29 Cosa si intende per «regolazione spaziale e temporale» dell'espressione genica?

5 La regolazione dell'espressione genica

30 Che cosa si intende per unità trascrizionale? Da quali sequenze è delimitata?

31 Quale differenza esiste tra i termini «unità trascrizionale» e «fattore trascrizionale»?

32 Con quali modalità agisce un fattore trascrizionale sull'espressione di un gene?

33 The term «gene expression» refers to
A the double helix of DNA.
B the process by which proteins origin from DNA.
C the process by which genetic information in the DNA is converted into a gene product.
D the fact that biological processes involve chemical reactions.

34 Che cos'è un operone?

35 Ricostruisci la sequenza di azioni che regolano l'operone *lac*. Distingui le fasi che riguardano l'operone *attivo* da quelle che riguardano l'operone *inattivo*.
a. L'allolattosio si lega al repressore.
b. L'operatore è libero.
c. L'RNA polimerasi non può trascrivere.
d. Il repressore diventa inattivo.
e. Dal trascritto si ottiene la sintesi di tre enzimi responsabili della demolizione del lattosio.
f. Il lattosio non è presente nell'ambiente.
g. Il repressore è legato all'operatore.
h. Il lattosio è presente nell'ambiente.
i. L'RNA polimerasi si lega al promotore e inizia a trascrivere.

36 A colony of *E. coli* contains a DNA strain with a deletion of the *lacZ* gene. Which of the following statements is correct about this kind of *E. coli*?
A It is not able to use glucose as energy source.
B It is not able to use lactose as energy source.
C It is not able to replicate DNA.
D It is able to use lactose as energy source.

37 Con quale meccanismo di feedback agisce un operone reprimibile? In cosa differisce da un operone inducibile?

38 Quali tra le seguenti affermazioni riguardanti gli operoni sono corrette?
A Lo stesso operone può essere sia inducibile sia reprimibile.
B L'operone si trova tipicamente nei batteri.
C L'operone consiste di esoni e introni.
D Con gli operoni le cellule risparmiano risorse.
E Un operone reprimibile inibisce un operone inducibile.

39 Quali tipi di regolazione sono tipiche degli eucarioti?

40 Which of the following gene regulation mechanisms do both bacteria and eukaryotes share?
A Translational control
B Transcriptional control
C Post-transcriptional control
D Post-translational control
E Control of passage across the nuclear membrane

41 Costruisci una tabella che riassuma i vari meccanismi di regolazione genica studiati. Per ogni meccanismo organizza i tuoi dati in modo da indicare il distretto cellulare in cui si verifica la regolazione (nucleo, citoplasma o involucro nucleare), la molecola o la struttura che viene regolata, e infine quali sono le molecole chiave e gli eventi che determinano la regolazione.

6 La struttura della cromatina e la trascrizione

42 Che cosa sono gli istoni? Quale ruolo svolgono nella cromatina degli eucarioti?

43 Quali interazioni chimiche esistono tra istoni e DNA?

44 Nella seguente immagine ripresa al TEM, a cosa corrispondono i punti evidenziati?

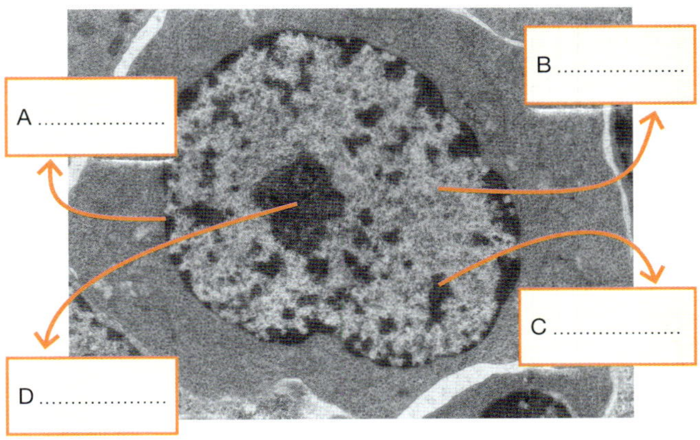

Rispondi alle seguenti domande.
a. In quale/i distretto/i avviene la trascrizione?
b. In quale distretto avviene la sintesi delle subunità ribosomiali?
c. In quale distretto si ha il passaggio delle molecole di RNA verso il citoplasma?
d. In quale/i distretto/i si ha la presenza di istoni?

45 Quale enzima agevola il distacco degli istoni dal DNA della cromatina?

46 Spiega il senso delle seguenti affermazioni.

a. L'acetilazione favorisce la trascrizione.

b. La deacetilazione inibisce la trascrizione.

47 In che cosa consiste il codice istonico? In che modo il codice istonico si sovrappone al codice genetico?

48 Quali tra le seguenti affermazioni riguardanti la struttura del cromosoma eucariotico sono false?

A Un singolo cromosoma contiene tutto il DNA di una cellula.

B Il cromosoma viene compattato completamente durante la divisione cellulare.

C Il nucleosoma è fatto soltanto da DNA.

D La sequenza delle dimensioni nella compattazione è 2-10-30-300 nm.

E Gli istoni sono degradati durante la compattazione.

7 L'epigenetica

49 Qual è l'oggetto di studio dell'epigenetica?

50 Che cosa alterano le modificazioni epigenetiche?

51 In che cosa consiste l'imprinting epigenetico?

8 La dinamicità del genoma

52 Che cosa si intende per flusso genico orizzontale? Qual è la differenza rispetto al flusso genico verticale?

53 Elenca le diverse tipologie di flusso genico orizzontale.

9 Le caratteristiche biologiche dei virus

54 Quali sono le componenti di un tipico virus?

55 Quali particolarità presenta un virus rispetto a un organismo unicellulare?

56 Quali sono le fasi fondamentali in cui si articola il ciclo vitale di un virus?

57 Descrivi le fasi del ciclo litico e del ciclo lisogenico di un batteriofago. Come si collegano tra loro?

10 La ricombinazione omologa

58 Quale ruolo svolge la ricombinazione omologa?

59 Quale condizione è indispensabile affinché si verifichi la ricombinazione omologa tra due molecole di DNA?

60 Qual è la funzione del chiasma nella ricombinazione omologa?

11 Il trasferimento di geni nei batteri

61 Quali processi permettono ai batteri di scambiarsi reciprocamente materiale genetico?

62 Associa le modalità di trasferimento genico nei batteri con la struttura attraverso la quale ciascuno di essi si realizza:

a. trasduzione	1. fago
b. trasformazione	2. pilo sessuale
c. coniugazione	3. plasmide

63 Quale differenza esiste tra la trasduzione generalizzata e quella specializzata?

64 Durante il ciclo lisogeno, quale sequenza di eventi permette la trasduzione di un frammento di DNA batterico da una cellula a un'altra?

65 Quali sono gli eventi che permettono l'ingresso di un plasmide in una cellula batterica nel processo di trasformazione?

66 In che cosa differisce il processo di coniugazione da quello di trasformazione?

12 Geni che saltano: i trasposoni

67 Che cosa sono i trasposoni e quale tipo di rimescolamento genico determinano?

68 Con quali modalità i trasposoni possono alterare la struttura dei cromosomi?

69 Quale tra le seguenti affermazioni riguardanti i trasposoni sono errate?

A Furono scoperti nelle piante del mais.

B Un trasposone è una sequenza ben definita, che si sposta lungo un cromosoma.

C L'elemento mobile non può essere presente in più copie.

D I trasposoni possono essere trasferiti da una specie all'altra.

E Alcuni trasposoni sono legati a malattie ereditarie.

70 Quali patologie umane sono causate da trasposoni? Ricordi dal programma di genetica formale quale modello di ereditarietà seguono queste patologie?

Trattazione sintetica degli argomenti

Sviluppa i seguenti argomenti riportando gli aspetti più significativi in un testo di 8-10 righe.

71 Descrivi la struttura della doppia elica del DNA.

72 Descrivi come si verifica la sintesi proteica nella cellula eucariote.

73 Descrivi i meccansimi epigenetici.

74 Descrivi i processi di ricombinazione omologa.

Sviluppa in una presentazione di 10 diapositive al massimo i seguenti argomenti, trattandoli in modo esauriente con il lessico specifico e curando sia l'iconografia sia l'esposizione. Dai alla tua presentazione un titolo sintetico ed efficace.

75 Descrivi i differenti ruoli del DNA e dell'RNA nella cellula.

76 Confronta la sintesi proteica negli eucarioti e nei procarioti.

77 Argomenta la seguente affermazione: *esoni dello stesso gene possono essere congiunti in modo diverso per dare origine a proteine differenti.*

78 Descrivi tutti i possibili meccanismi studiati riguardanti la regolazione genica degli eucarioti, specificando se vengono attuati nel nucleo o nel citoplasma.

Leggi attentamente la traccia seguente, documentati se necessario e svolgi la prova curando l'esposizione e la terminologia.

79 La genetica e la biologia molecolare hanno fatto progressi enormi nel comprendere come ogni individuo sia diverso da tutti gli altri. Dalle leggi di Mendel che descrivevano i geni come «fattori» ereditabili in modo probabilistico, si è passati alla visione di geni «egoisti» che come pacchetti si tramandano sempre uguali a se stessi. La ricerca recente ci fa capire come la realtà del materiale genetico sia molto più dinamica, con la certezza che ogni organismo è il frutto delle interazioni tra il proprio genoma e l'ambiente. L'ambiente può addirittura modificare il materiale genetico nel corso della vita e le modificazioni possono essere trasmesse da una generazione all'altra. Discuti queste affermazioni riferendoti alle basi scientifiche studiate.

Il laboratorio delle competenze

Collega

80 Associa ognuno dei seguenti nomi di scienziati, o coppie di scienziati, alla rispettiva scoperta.

a. Barbara McClintock
b. Chargaff
c. Beadle e Tatum
d. Jacob e Monod
e. Watson e Crick

1. Operone
2. Doppia elica del DNA
3. Trasposoni
4. Un gene-un enzima
5. Regole di complementarietà

Classifica

81 Classifica ogni enzima coinvolto nella regolazione degli istoni, indicando la sua azione specifica e gli effetti sulla trascrizione che ne sono conseguenza.

Enzima	Azione chimica svolta sugli istoni	Effetti sulla trascrizione (attivazione/inibizione)
Istone acetilasi		
Istone deacetilasi		
Istone metiltransferasi		
Istone demetilasi		

82 Definisci i termini seguenti. Classificali poi in base alla loro natura biochimica.

a. Virione
b. Profago
c. Plasmide
d. Pilo sessuale

Organizza e interpreta dati

83 È stato individuato un nuovo agente patogeno. L'analisi del suo materiale genetico mostra le seguenti percentuali in peso delle basi azotate.

G: 30% A: 35% U: 15% C: 20%.

Rispondi alle seguenti domande.

a. L'agente patogeno ha entrambi i tipi di acido nucleico, DNA e RNA?
b. Vengono rispettate le regole di complementarietà tra le basi? Perché?
c. Con questa informazione si riesce a conoscere quale sia la sequenza nucleotidica del genoma del patogeno?
d. Quale tipo di agente pensi che sia tra i seguenti?
   A Virus a DNA a doppio filamento
   B Virus a RNA a doppio filamento
   C Virus a DNA a filamento singolo
   D Virus a RNA a filamento singolo
   E Virus contenente sia DNA sia RNA (ibrido)

Applica

84 In un tratto genico, il filamento stampo ha la seguente sequenza.

5′-ATACCGGCGAATTGA-3′

Scrivi:

1. la sequenza complementare antisenso sul DNA;
2. la sequenza di RNA complementare al filamento stampo;
3. gli anticodoni sul tRNA;
4. la sequenza di amminoacidi codificata (usa per la codifica la tabella di Figura B4.8).

85 Scrivi il tratto di DNA e il tratto di RNA complementari alla sequenza CTAATGT.

86 Qual è l'anticodone della tripletta AGC?

Analizza e deduci

87 La duplicazione semiconservativa del DNA fu dimostrata con un esperimento condotto da Meselson e Stahl nel 1958. I due scienziati fecero crescere i batteri *E. coli* su un terreno di coltura contenente ^{15}N, un isotopo pesante dell'azoto. Poi continuarono a far crescere le colonie in presenza dell'isotopo leggero ^{14}N e sottoposero il DNA delle cellule a una centrifugazione in gradiente di densità con cloruro di cesio CsCl. I dati furono i seguenti: all'inizio il DNA è tutto «pesante» e si posiziona come un'unica banda sul fondo della provetta. Dopo una replicazione, si ottengono due bande, una pesante sul fondo e una in posizione intermedia; nelle replicazioni successive sparisce la banda pesante sul fondo e compare una banda «leggera» che permane poi insieme a quella intermedia.

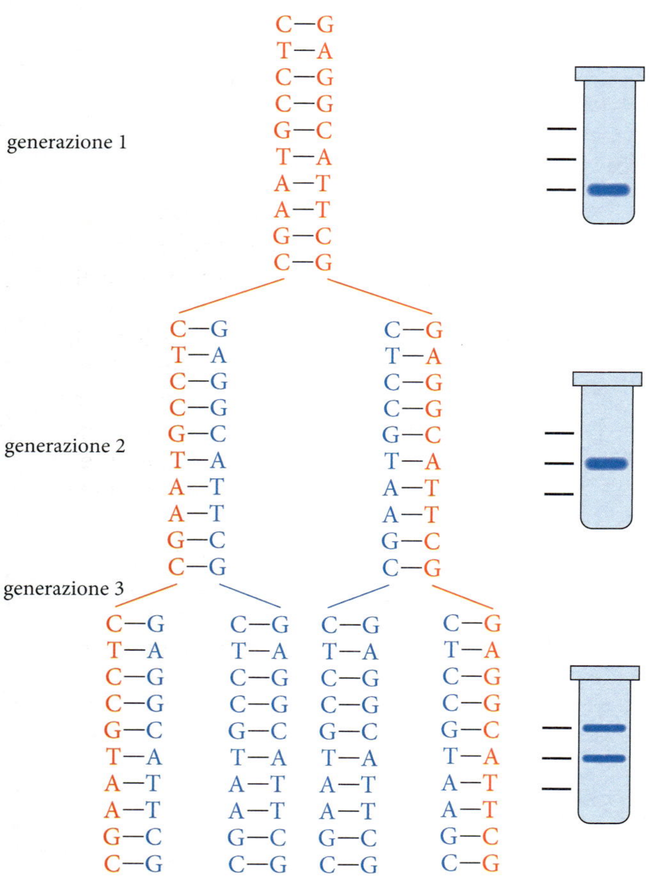

Cosa puoi dedurre riguardo alla posizione delle bande? Cancella il completamento errato.

a. La banda pesante è costituita da DNA *con* ^{15}N*/con* ^{14}N.

b. La banda intermedia è costituita da DNA *solo con* ^{15}N*/sia con* ^{15}N *sia con* ^{14}N.

c. La banda leggera è costituita da DNA *solo con* ^{15}N*/solo con* ^{14}N.

Ipotizza

88 Se nell'esperimento di Meselson e Stahl (vedi esercizio precedente) la duplicazione fosse stata conservativa, cioè avesse portato alla formazione di una doppia elica interamente vecchia e una interamente nuova (completamente neoformata), quali bande si sarebbero osservate?

Progetta

89 Progetta un operone ipotetico che abbia i seguenti requisiti:

a. deve essere reprimibile;

b. il gene regolatore deve trovarsi a una certa distanza prima del promotore;

c. i geni funzionali sono quattro, dopo l'operatore, e portano alla produzione di quattro enzimi diversi (AX, BY, CZ, DW);

d. l'enzima DW controlla in modo allosterico il repressore;

e. il repressore legato all'enzima DW diventa attivo.

A scuola di lavoro

90 Per la tua attività di alternanza scuola lavoro hai la possibilità di seguire uno studio veterinario.
La veterinaria ti spiega che anche negli animali possono comparire tumori e che al momento sono allo studio nuovi farmaci che contengono come principio attivo un inibitore dell'enzima istone deacetilasi (HDACi).
Sul quaderno ti sei segnato i seguenti appunti sulla spiegazione che ti ha dato la dottoressa sulle cellule tumorali e sul funzionamento degli HDACi:

> a. le cellule cancerose non hanno più un ciclo cellulare regolato e si riproducono senza sosta;
> b. nei tumori, i geni repressori del ciclo cellulare sono inibiti;
> c. l'HDACi stimola l'azione della metiltransferasi;
> d. la metilazione sempre più massiccia del DNA porta le cellule cancerose a una forma di suicidio cellulare chiamato apoptosi.

Le potenzialità di questi nuovi farmaci antitumorali ti hanno così appassionato che al termine del tuo stage hai deciso di presentare il tuo report finale per l'ASL proprio su questi studi. Proponi il tuo report sotto forma di una presentazione o di un documento scritto, spiegando in dettaglio le basi biochimiche e biomolecolari dei farmaci HDACi.

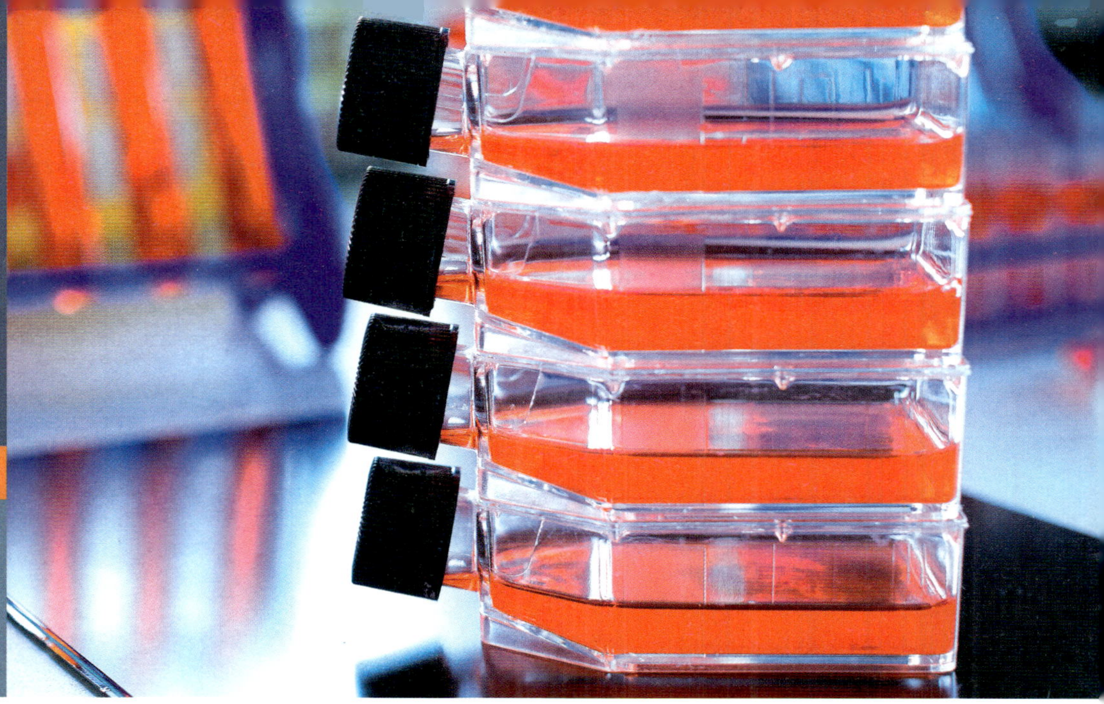

CAPITOLO
B5

Manipolare il genoma: le biotecnologie

1 Che cosa sono le biotecnologie

Alla fine del Novecento, la comprensione dei meccanismi della replicazione del DNA e dell'espressione dei geni ha portato allo sviluppo della **tecnologia del DNA ricombinante** o **ingegneria genetica**, un insieme di tecniche che consentono la manipolazione dell'informazione genetica degli esseri viventi.

Queste tecniche permettono di trasferire e fare esprimere l'informazione genetica in organismi anche molto distanti dal punto di vista evolutivo: si ottengono così gli **organismi geneticamente modificati** o **OGM**. La tecnologia del DNA ricombinante ha portato alla nascita delle *moderne biotecnologie*, che agiscono sul genotipo degli organismi per ottenere nuovi fenotipi utili.

Secondo la definizione data dall'ONU nella Convenzione mondiale per la tutela della biodiversità,

le **biotecnologie** sono applicazioni tecnologiche che utilizzano organismi viventi o loro derivati per realizzare prodotti e processi per usi specifici.

Le possibili applicazioni delle biotecnologie sono molteplici e riguardano ambiti molto diversi. Esse permettono di:
- usare cellule o interi organismi come **bioreattori** per produrre molecole di interesse industriale o farmaceutico;
- generare **piante transgeniche** resistenti ai parassiti o dotate di caratteristiche nutrizionali particolari;
- correggere i difetti genetici alla base di molte patologie grazie alla **terapia genica**;
- individuare le terapie più efficaci basandosi sul profilo genetico degli individui con la **farmacogenomica**;
- ricavare l'identikit genetico di una persona grazie alle **biotecnologie** forensi;
- ridurre l'inquinamento ambientale con il **biorisanamento**;
- produrre nuove forme di energia, come i **biocombustibili**.

TI RICORDI?

Il **genotipo** è la costituzione genetica di un individuo, ovvero l'insieme di tutti gli alleli di uno o più geni presenti nel genoma. Il **fenotipo** è invece l'insieme delle caratteristiche morfologiche e funzionali di un organismo, determinate dall'espressione del suo genotipo.

Le applicazioni biotecnologiche si arricchiscono grazie al continuo miglioramento delle conoscenze scientifiche e delle tecniche sperimentali. A seconda del campo di applicazione, le biotecnologie si dividono in tre aree (**Figura B5.1**): *green biotech* (ambientali), *white biotech* (chimico-farmaceutiche) e *red biotech* (biomediche).

Figura B5.1
I campi di applicazione delle biotecnologie sono molto ampi.

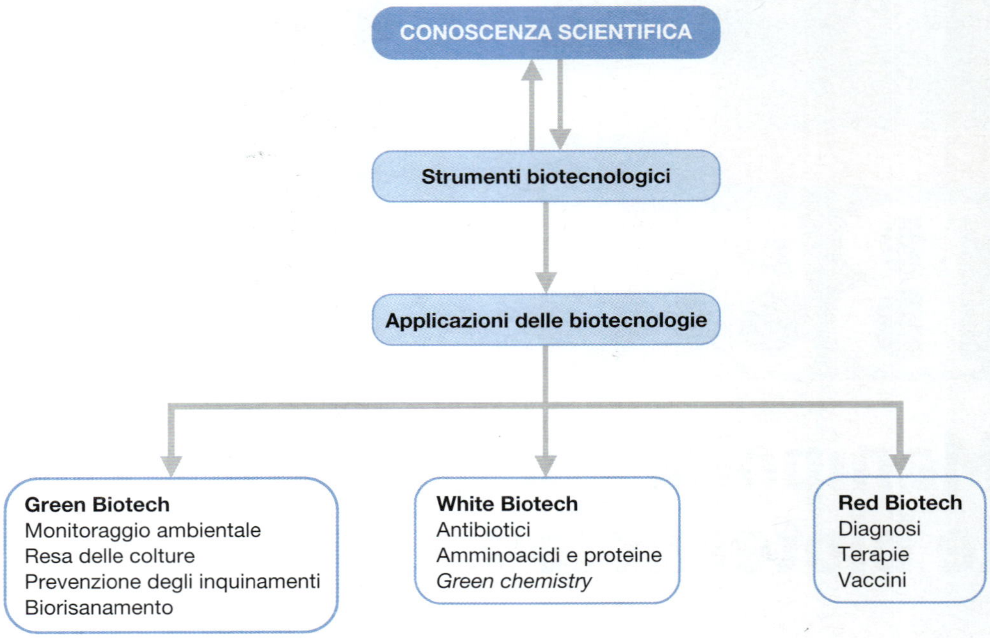

2 Le origini delle biotecnologie

TI RICORDI?
Nella **fermentazione alcolica** l'acido piruvico generato dalla demolizione dello zucchero è convertito in acetaldeide; si libera CO_2 gassoso che causa il ribollire tipico della fermentazione.

L'uomo ha da sempre utilizzato gli organismi viventi a proprio vantaggio, spesso modificandone anche la struttura genetica. Un esempio è dato dalla produzione di pane, birra e vino. Si pensa che la panificazione sia stata sviluppata dagli antichi Egizi oltre 5000 anni fa, mentre la produzione della birra e del vino era probabilmente già diffusa 6000-7000 anni fa. Tutti questi processi sfruttano la **fermentazione** operata dai lieviti, quindi sono a tutti gli effetti una forma di biotecnologia.

Anche la **domesticazione** delle piante e degli animali, iniziata nel Neolitico, è una forma di biotecnologia che nel corso dei millenni ha modificato la struttura genetica degli organismi. Attraverso gli incroci tra specie diverse e la selezione della progenie che presentava i tratti più favorevoli, il frumento è passato dai 32 000 geni della specie originaria, il *tritico*, ai 96 000 geni dell'attuale grano tenero. Le specie ottenute per incrocio e selezione tradizionale, quindi, sono a tutti gli effetti degli organismi geneticamente modificati (**Figura B5.2**).

Figura B5.2
La domesticazione del mais.

La tavola periodica
Zanichelli

Scarica la tavola periodica interattiva:
tavolaperiodica.zanichelli.it

Scarica la app da:
App Store
Google Play

Nuovi pittogrammi di pericolo secondo il regolamento CLP (*Classification Labelling and Packaging*) dell'Unione europea del 2008 (testo integrale su **eur-lex.europa.eu**).

Pittogramma di pericolo	Significato
	Pericolo di esplosione
	Sostanza altamente infiammabile
	Sostanza comburente, che può provocare un incendio o un'esplosione
	Contiene gas sotto pressione, che può esplodere se riscaldato; oppure contiene un gas refrigerato che può provocare ustioni
	Può essere corrosivo per i metalli; causa gravi lesioni alla pelle e agli occhi

Pittogramma di pericolo	Significato
	Sostanza nociva per la salute (se ingerita, inalata o messa a contatto con la pelle) e per l'ambiente (danni all'ozono). Irritante per le vie respiratorie, per la pelle e per gli occhi. Può causare reazioni allergiche, sonnolenza o vertigini
	Letale o tossico se ingerito, inalato o messo a contatto con la pelle
	Tossico per gli organismi acquatici, con effetti a lungo termine
	Dannoso per la salute. Se ingerito o inalato può essere letale o danneggiare gli organi; può nuocere alla fertilità o al feto. Può essere cancerogeno o causare alterazioni genetiche

SCIENZE ZANICHELLI

GRUPPI

PERIODI

nome — idrogeno
numero atomico — 1
simbolo — H
massa atomica (u)[(1)] — 1,008
−259 — temperatura di fusione (°C)
−253 — temperatura di ebollizione (°C)
1312 — energia di prima ionizzazione (kJ/
2,20 — elettronegatività (secondo Pauling
0,0899 — densità[(2)]
±1 — numeri di ossidazione
$1s^1$ — configurazione elettronica

(1) Per gli elementi radioattivi che non hanno isotopi stabili, della massa atomica è quello dell'isotopo a vita più lung viene riportato tra parentesi quadre [ ].
(2) Per i solidi e i liquidi la densità è espressa in g/mL a 20 per i gas in g/L a 0 °C e a 1 atm.

Gruppo	Periodo	nome	numero atomico	simbolo	massa atomica (u)	temperatura di fusione (°C)	temperatura di ebollizione (°C)	energia di prima ionizzazione	elettronegatività	densità	numeri di ossidazione	configurazione elettronica
1 I	1	idrogeno	1	H	1,008	−259	−253	1312	2,20	0,0899	±1	$1s^1$
1 I	2	litio	3	Li	6,941	181	1342	513	0,98	0,53	+1	$[He]2s^1$
2 II	2	berillio	4	Be	9,012	1288	2471	899	1,57	1,85	+2	$[He]2s^2$
1 I	3	sodio	11	Na	22,99	98	883	496	0,93	0,97	+1	$[Ne]3s^1$
2 II	3	magnesio	12	Mg	24,31	650	1090	738	1,31	1,74	+2	$[Ne]3s^2$
1 I	4	potassio	19	K	39,10	63	760	419	0,82	0,86	+1	$[Ar]4s^1$
2 II	4	calcio	20	Ca	40,08	842	1484	590	1,00	1,53	+2	$[Ar]4s^2$
3	4	scandio	21	Sc	44,96	1541	2836	631	1,36	2,99	+3	$[Ar]3d^1 4s^2$
4	4	titanio	22	Ti	47,87	1668	3287	658	1,54	4,55	+2+3+4	$[Ar]3d^2 4s^2$
5	4	vanadio	23	V	50,94	1910	3407	651	1,63	6,11	+2+3+4+5	$[Ar]3d^3 4s^2$
6	4	cromo	24	Cr	52,00	1907	2672	653	1,66	7,19	+2+3+6	$[Ar]3d^5 4s^1$
7	4	manganese	25	Mn	54,94	1244	2061	717	1,55	7,43	+2+3+4+6+7	$[Ar]3d^5 4s^2$
8	4	ferro	26	Fe	55,85	1535	2861	759	1,83	7,86	+2+3	$[Ar]3d^6 4s^2$
9	4	coba	27	Co	58,93						+2+	[Ar]3d
1 I	5	rubidio	37	Rb	85,47	39	686	403	0,82	1,53	+1	$[Kr]5s^1$
2 II	5	stronzio	38	Sr	87,62	777	1384	549	0,95	2,60	+2	$[Kr]5s^2$
3	5	ittrio	39	Y	88,91	1523	3345	616	1,22	4,47	+3	$[Kr]4d^1 5s^2$
4	5	zirconio	40	Zr	91,22	1852	4409	660	1,33	6,49	+4	$[Kr]4d^2 5s^2$
5	5	niobio	41	Nb	92,91	2468	4742	664	1,60	8,57	+3+5	$[Kr]4d^4 5s^1$
6	5	molibdeno	42	Mo	95,95	2617	4639	685	2,16	10,20	+1+2+3+4+5+6	$[Kr]4d^5 5s^1$
7	5	tecnezio	43	Tc	[98,91]	2157	4265	702	1,90	11,50	+4+5+6+7	$[Kr]4d^5 5s^2$
8	5	rutenio	44	Ru	101,1	2334	4150	711	2,20	12,5	+2+3+4+5+6+7	$[Kr]4d^7 5s^1$
9	5	rod	45	Rh	102,9						+3	[Kr]4d
1 I	6	cesio	55	Cs	132,9	28	669	376	0,79	1,87	+1	$[Xe]6s^1$
2 II	6	bario	56	Ba	137,3	727	1897	503	0,89	3,59	+2	$[Xe]6s^2$
3	6	57-71										
4	6	afnio	72	Hf	178,5	2233	4602	642	1,30	13,3	+4	$[Xe]4f^{14} 5d^2 6s^2$
5	6	tantalio	73	Ta	180,9	3017	5425	761	1,50	16,7	+5	$[Xe]4f^{14} 5d^3 6s^2$
6	6	tungsteno	74	W	183,8	3422	5655	770	2,36	19,3	+2+3+4+5+6	$[Xe]4f^{14} 5d^4 6s^2$
7	6	renio	75	Re	186,2	3186	5627	760	1,90	21,0	+4+6+7	$[Xe]4f^{14} 5d^5 6s^2$
8	6	osmio	76	Os	190,2	3033	5027	839	2,20	22,6	+2+3+4+6+8	$[Xe]4f^{14} 5d^6 6s^2$
9	6	irid	77	Ir	192,2						+3+	$[Xe]4f^{14}$
1 I	7	francio	87	Fr	[223]	27	677	380	0,70	1,00	+1	$[Rn]7s^1$
2 II	7	radio	88	Ra	[226]	700	1140	509	0,90	5,00	+2	$[Rn]7s^2$
3	7	89-103										
4	7	rutherfordio	104	Rf	[261]	2673	6073	409	—	—	+4	$[Rn]5f^{14} 6d^2 7s^2$
5	7	dubnio	105	Db	[262]	—	—	640	—	—	—	$[Rn]5f^{14} 6d^3 7s^2$
6	7	seaborgio	106	Sg	[266]	—	—	730	—	—	—	$[Rn]5f^{14} 6d^4 7s^2$
7	7	bohrio	107	Bh	[264]	—	—	660	—	—	—	$[Rn]5f^{14} 6d^5 7s^2$
8	7	hassio	108	Hs	[265]	—	—	750	—	—	—	$[Rn]5f^{14} 6d^6 7s^2$
9	7	meitn	109	Mt	[268]						—	$[Rn]5f^{14}$
		lantanio	57	La	138,9	920	3454	538	1,10	6,17	+3	$[Xe]5d^1 6s^2$
		cerio	58	Ce	140,1	798	3424	528	1,12	6,77	+3+4	$[Xe]4f^1 5d^1 6s^2$
		praseodimio	59	Pr	140,9	931	3520	523	1,13	6,77	+3	$[Xe]4f^3 6s^2$
		neodimio	60	Nd	144,2	1010	3074	530	1,14	7,00	+3	$[Xe]4f^4 6s^2$
		promezio	61	Pm	[145]	1080	2457	523	—	7,22	+3	$[Xe]4f^5 6s^2$
		samario	62	Sm	150,4	1072	1778	543	1,17	7,54	+2+3	$[Xe]4f^6 6s^2$
			63	E	152,							
		attinio	89	Ac	[227]	1051	3159	499	1,10	10,10	+3	$[Rn]6d^1 7s^2$
		torio	90	Th	232,0	1750	4788	587	1,30	11,7	+4	$[Rn]6d^2 7s^2$
		protoattinio	91	Pa	231,0	1572	3756	568	1,50	15,4	+4+5	$[Rn]5f^2 6d^1 7s^2$
		uranio	92	U	238,0	1135	4131	584	1,38	19,0	+3+4+5+6	$[Rn]5f^3 6d^1 7s^2$
		nettunio	93	Np	[237]	640	3902	597	1,36	20,4	+3+4+5+6	$[Rn]5f^4 6d^1 7s^2$
		plutonio	94	Pu	[244]	641	3228	585	1,28	19,7	+3+4+5+6	$[Rn]5f^6 7s^2$
		a	95	A	[24						+	

10	11	12	13 III	14 IV	15 V	16 VI	17 VII	18 VIII
								elio 2 **He** −272 −269 2372 — 0,18 4,003 — $1s^2$
			boro 5 **B** 2300 3650 801 2,04 2,47 10,81 +3 $[He]2s^22p^1$	**carbonio** 6 **C** 3550 — 1086 2,55 2,26 12,01 +2±4 $[He]2s^22p^2$	**azoto** 7 **N** −210 −196 1402 3,04 1,25 14,01 +2±3+4+5 $[He]2s^22p^3$	**ossigeno** 8 **O** −219 −183 1314 3,44 1,43 16,00 −2 $[He]2s^22p^4$	**fluoro** 9 **F** −220 −188 1681 3,98 1,70 19,00 −1 $[He]2s^22p^5$	**neon** 10 **Ne** −249 −246 2081 — 0,90 20,18 — $[He]2s^22p^6$
			alluminio 13 **Al** 660 2519 578 1,61 2,70 26,98 +3 $[Ne]3s^23p^1$	**silicio** 14 **Si** 1414 3280 786 1,90 2,33 28,09 +2±4 $[Ne]3s^23p^2$	**fosforo** 15 **P** 44 280 1012 2,19 1,82 30,97 ±3+5 $[Ne]3s^23p^3$	**zolfo** 16 **S** 115 445 1000 2,58 2,09 32,07 −2+4+6 $[Ne]3s^23p^4$	**cloro** 17 **Cl** −101 −35 1251 3,16 3,21 35,45 ±1+3+5+7 $[Ne]3s^23p^5$	**argon** 18 **Ar** −189 −186 1521 — 1,78 39,95 — $[Ne]3s^23p^6$
nichel 28 **Ni** 1455 2913 737 1,91 8,90 58,69 +2+3 $[Ar]3d^84s^2$	**rame** 29 **Cu** 1084 2567 745 1,90 8,96 63,55 +1+2 $[Ar]3d^{10}4s^1$	**zinco** 30 **Zn** 420 907 906 1,65 7,14 65,38 +2 $[Ar]3d^{10}4s^2$	**gallio** 31 **Ga** 30 2204 579 1,81 5,91 69,72 +3 $[Ar]3d^{10}4s^24p^1$	**germanio** 32 **Ge** 937 2830 762 2,01 5,32 72,63 +2+4 $[Ar]3d^{10}4s^24p^2$	**arsenico** 33 **As** 817 — 947 2,18 5,73 74,92 ±3+5 $[Ar]3d^{10}4s^24p^3$	**selenio** 34 **Se** 221 685 941 2,55 4,81 78,96 −2+4+6 $[Ar]3d^{10}4s^24p^4$	**bromo** 35 **Br** −7 59 1140 2,96 3,12 79,90 ±1+3+5 $[Ar]3d^{10}4s^24p^5$	**cripton** 36 **Kr** −157 −152 1351 3,00 3,75 83,80 — $[Ar]3d^{10}4s^24p^6$
palladio 46 **Pd** 1553 2963 805 2,20 12,0 106,4 +2+4 $[Kr]4d^{10}$	**argento** 47 **Ag** 962 2162 731 1,93 10,5 107,9 +1 $[Kr]4d^{10}5s^1$	**cadmio** 48 **Cd** 321 765 868 1,69 8,65 112,4 +2 $[Kr]4d^{10}5s^2$	**indio** 49 **In** 157 2072 558 1,78 7,31 114,8 +3 $[Kr]4d^{10}5s^25p^1$	**stagno** 50 **Sn** 232 2602 709 1,96 7,29 118,7 +2+4 $[Kr]4d^{10}5s^25p^2$	**antimonio** 51 **Sb** 631 1587 834 2,05 6,68 121,8 ±3+5 $[Kr]4d^{10}5s^25p^3$	**tellurio** 52 **Te** 450 988 869 2,10 6,24 127,6 −2+4+6 $[Kr]4d^{10}5s^25p^4$	**iodio** 53 **I** 114 184 1008 2,66 4,93 126,9 ±1+5+7 $[Kr]4d^{10}5s^25p^5$	**xenon** 54 **Xe** −112 −107 1170 2,60 5,90 131,3 — $[Kr]4d^{10}5s^25p^6$
platino 78 **Pt** 1768 3827 868 2,28 21,4 195,1 +2+4 $[Xe]4f^{14}5d^96s^1$	**oro** 79 **Au** 1064 2856 890 2,54 19,3 197,0 +1+3 $[Xe]4f^{14}5d^{10}6s^1$	**mercurio** 80 **Hg** −39 357 1007 1,90 13,6 200,6 +1+2 $[Xe]4f^{14}5d^{10}6s^2$	**tallio** 81 **Tl** 304 1473 589 2,04 11,8 204,4 +1+3 $[Xe]4f^{14}5d^{10}6s^26p^1$	**piombo** 82 **Pb** 328 1740 716 2,33 11,4 207,2 +2+4 $[Xe]4f^{14}5d^{10}6s^26p^2$	**bismuto** 83 **Bi** 271 1560 703 2,02 9,8 209,0 +3+5 $[Xe]4f^{14}5d^{10}6s^26p^3$	**polonio** 84 **Po** 254 962 812 2,00 9,2 [209] +2+4+6 $[Xe]4f^{14}5d^{10}6s^26p^4$	**astato** 85 **At** 302 337 930 2,20 — [210] ±1+3+5+7 $[Xe]4f^{14}5d^{10}6s^26p^5$	**radon** 86 **Rn** −71 −62 1037 — 9,72 [222] — $[Xe]4f^{14}5d^{10}6s^26p^6$
darmstadio 110 **Ds** — — — — — [271] — —	**roentgenio** 111 **Rg** — — — — — [272] — —	**copernicio** 112 **Cn** — — — — — [285] — —	**nihonio** 113 **Nh** — — — — — [284] — —	**flerovio** 114 **Fl** — — — — — [289] — —	**moscovio** 115 **Mc** — — — — — [288] — —	**livermorio** 116 **Lv** — — — — — [293] — —	**tennessinio** 117 **Ts** — — — — — [294] — —	**oganessio** 118 **Og** — — — — — [294] — —

…pio 822 1597 547 — 5,24 …3 …$6s^2$	**gadolinio** 64 **Gd** 1311 3273 592 1,20 7,89 157,3 +3 $[Xe]4f^75d^16s^2$	**terbio** 65 **Tb** 1356 3230 564 1,20 8,27 158,9 +3 $[Xe]4f^96s^2$	**disprosio** 66 **Dy** 1409 2567 572 1,22 8,53 162,5 +3 $[Xe]4f^{10}6s^2$	**olmio** 67 **Ho** 1470 2720 581 1,23 8,80 164,9 +3 $[Xe]4f^{11}6s^2$	**erbio** 68 **Er** 1522 2868 589 1,24 9,05 167,3 +3 $[Xe]4f^{12}6s^2$	**tulio** 69 **Tm** 1545 1950 596 1,25 9,33 168,9 +2+3 $[Xe]4f^{13}6s^2$	**itterbio** 70 **Yb** 824 1427 603 1,10 6,98 173,0 +2+3 $[Xe]4f^{14}6s^2$	**lutezio** 71 **Lu** 1656 3315 524 1,27 9,84 175,0 +3 $[Xe]4f^{14}5d^16s^2$	**LANTANIDI**
…icio 1176 2011 579 1,30 13,7 …5+6 …$7s^2$	**curio** 96 **Cm** 1345 — 581 1,30 13,5 [247] +3 $[Rn]5f^76d^17s^2$	**berkelio** 97 **Bk** 1050 — 601 1,30 14,8 [247] +3+4 $[Rn]5f^97s^2$	**californio** 98 **Cf** 1060 — 608 1,30 — [251] +3 $[Rn]5f^{10}7s^2$	**einsteinio** 99 **Es** 860 — 619 1,30 15,1 [252] +3 $[Rn]5f^{11}7s^2$	**fermio** 100 **Fm** 1527 — 627 1,30 — [257] +3 $[Rn]5f^{12}7s^2$	**mendelevio** 101 **Md** 827 — 637 1,30 — [258] +2+3 $[Rn]5f^{13}7s^2$	**nobelio** 102 **No** — — 642 1,30 — [259] +2+3 $[Rn]5f^{14}7s^2$	**laurenzio** 103 **Lr** — — — 1,30 — [262] +3 $[Rn]5f^{14}6d^17s^2$	**ATTINIDI**

GRUPPI

comportamento degli ossidi: A = acido B = basico AN = anfotero; + = fortemente − = debolmente

Legenda (esempio): 20 Ca B^+ calcio — numero atomico e simbolo; nome; dimensione relativa degli atomi; raggio atomico (10^{-10} m): 1,97; energia di prima ionizzazione (eV)(1): 6,11; abbondanza sulla crosta terrestre (ppm)(2): $3,4 \cdot 10^4$; anno di scoperta: 1808

(1) 1 eV = 23,06 kcal/mol = $1,6 \cdot 10^{-19}$ joule

(2) Il segno ▲ indica una concentrazione dell'elemento inferiore a 0,003 ppm.

Gli elementi con il nome colorato in **verde** sono sintetici.

PERIODI DELLE SCOPERTE: Antichità | Alchimia | Secolo XVIII | Secolo XIX | Secoli XX e XXI

Formato delle celle: numero atomico, simbolo, comportamento dell'ossido / nome / raggio atomico / energia di prima ionizzazione, abbondanza / anno di scoperta

PERIODI	1 I	2 II	3	4	5	6	7	8	9	10	11	12	13 III	14 IV	15 V	16 VI	17 VII	18 VIII
1	1 H AN idrogeno 0,30 13,6 $8,7 \cdot 10^3$ 1766																	2 He — elio 0,93 24,58 $3 \cdot 10^3$ 1895
2	3 Li B^+ litio 1,55 5,39 65 1817	4 Be AN berillio 1,12 9,32 6 1798											5 B A^- boro 0,98 8,30 3 1808	6 C A^- carbonio 0,91 11,26 800 Antichità	7 N A^+ azoto 0,92 14,53 300 1772	8 O — ossigeno 0,66 13,61 $4,95 \cdot 10^5$ 1774	9 F — fluoro 0,64 17,42 270 1771	10 Ne — neon 1,60 21,56 ▲ 1898
3	11 Na B^+ sodio 1,90 5,14 $2,6 \cdot 10^4$ 1807	12 Mg B^+ magnesio 1,60 7,64 $1,9 \cdot 10^4$ 1755											13 Al AN alluminio 1,43 5,98 $7,5 \cdot 10^4$ 1827	14 Si AN silicio 1,32 8,15 $2,57 \cdot 10^5$ 1823	15 P A^- fosforo 1,28 10,48 $1,2 \cdot 10^3$ Alchimia	16 S A^+ zolfo 1,04 10,36 600 Antichità	17 Cl A^+ cloro 0,99 13,01 $1,9 \cdot 10^3$ 1774	18 Ar — argon 1,91 15,76 400 1894
4	19 K B^+ potassio 2,35 4,34 $2,4 \cdot 10^4$ 1807	20 Ca B^+ calcio 1,97 6,11 $3,4 \cdot 10^4$ 1808	21 Sc B^- scandio 1,60 6,54 5 1879	22 Ti AN titanio 1,46 6,82 $5,8 \cdot 10^3$ 1791	23 V AN vanadio 1,34 6,74 150 1830	24 Cr A cromo 1,27 6,76 200 1797	25 Mn A^+ manganese 1,26 7,43 $1 \cdot 10^3$ 1774	26 Fe AN ferro 1,26 7,87 $4,7 \cdot 10^4$ Antichità	27 Co AN cobalto 1,25 7,68 23 1735	28 Ni B^- nichel 1,24 7,63 80 1751	29 Cu B^- rame 1,28 7,72 70 Antichità	30 Zn AN zinco 1,33 9,39 132 1746	31 Ga AN gallio 1,41 6,00 15 1875	32 Ge AN germanio 1,37 7,86 7 1886	33 As A^- arsenico 1,39 9,81 5 Antichità	34 Se A^+ selenio 1,40 9,75 0,09 1817	35 Br A^+ bromo 1,14 11,84 1,62 1826	36 Kr — cripton 2,0 14,00 ▲ 1897
5	37 Rb B^+ rubidio 2,48 4,18 310 1861	38 Sr B^+ stronzio 2,15 5,69 300 1790	39 Y B^- ittrio 1,79 6,38 28 1794	40 Zr AN zirconio 1,60 6,84 220 1789	41 Nb A^- niobio 1,46 6,88 24 1801	42 Mo A molibdeno 1,39 7,1 8 1778	43 Tc A tecnezio 1,36 7,28 – 1937	44 Ru A^- rutenio 1,33 7,36 ▲ 1844	45 Rh AN rodio 1,34 7,46 ▲ 1803	46 Pd B^- palladio 1,38 8,33 0,01 1803	47 Ag AN argento 1,44 7,57 0,1 Antichità	48 Cd B^- cadmio 1,54 8,99 0,15 1817	49 In AN indio 1,66 5,79 0,1 1863	50 Sn AN stagno 1,62 7,34 ▲ Antichità	51 Sb A^- antimonio 1,59 8,64 1 Alchimia	52 Te A^- tellurio 1,60 9,01 ▲ 1782	53 I A^+ iodio 1,33 10,45 0,3 1811	54 Xe — xenon 2,20 12,14 ▲ 1898
6	55 Cs B^+ cesio 2,67 3,89 7 1860	56 Ba B^+ bario 2,22 5,21 250 1808	57–71	72 Hf AN afnio 1,58 7,00 4,5 1923	73 Ta A^- tantalio 1,46 7,88 2,1 1802	74 W A^- tungsteno 1,39 7,98 34 1781	75 Re A^- renio 1,37 7,87 ▲ 1925	76 Os A^- osmio 1,34 8,7 ▲ 1803	77 Ir B^- iridio 1,36 9,1 ▲ 1803	78 Pt B^- platino 1,38 8,96 $5 \cdot 10^{-3}$ 1735	79 Au AN oro 1,44 9,22 $5 \cdot 10^{-3}$ Antichità	80 Hg B^- mercurio 1,57 10,43 0,3 Antichità	81 Tl B^- tallio 1,71 6,11 1,8 1861	82 Pb AN piombo 1,75 7,42 16 Antichità	83 Bi A^- bismuto 1,70 7,29 0,2 1739	84 Po AN polonio 1,76 8,43 ▲ 1898	85 At — astato 1,40 9,50 ▲ 1940	86 Rn — radon 2,50 10,75 ▲ 1900
7	87 Fr B^+ francio 2,72 4,0 ▲ 1939	88 Ra B^+ radio 2,20 5,28 ▲ 1898	89–103	104 Rf — rutherfordio – – 1839	105 Db — dubnio – – 1803	106 Sg — seaborgio – – 1885	107 Bh — bohrio – – 1885	108 Hs — hassio – – 1947	109 Mt — meitnerio – – 1982	110 Ds — darmstadio – – 1994	111 Rg — roentgenio – – 1994	112 Cn — copernicio – – 1996	113 Nh — nihonio – – 2004	114 Fl — flerovio – – 1999	115 Mc — moscovio – – 2004	116 Lv — livermorio – – 2000	117 Ts — tennessinio – – 2010	118 Og — oganessio – – 2006

LANTANIDI	57 La B lantanio 1,87 5,61 18,3 1839	58 Ce B^- cerio 1,61 5,47 46,1 1803	59 Pr B^- praseodimio 1,82 5,42 5,53 1885	60 Nd B^- neodimio 1,82 5,49 23,6 1885	61 Pm B^- promezio – – 1947	62 Sm B^- samario 1,66 5,6 6,47 1879	63 Eu B^- europio 2,04 5,67 1,06 1896	64 Gd B^- gadolinio 1,79 6,16 6,36 1880	65 Tb B^- terbio 1,77 6,74 0,91 1843	66 Dy B^- disprosio 1,77 6,82 4,47 1886	67 Ho B^- olmio 1,76 – 1,15 1879	68 Er B^- erbio 1,75 6,08 2,47 1843	69 Tm B^- tulio 1,74 5,81 0,20 1879	70 Yb B^- itterbio 1,92 6,2 2,66 1878	71 Lu B^- lutezio 1,58 6,15 0,75 1907
ATTINIDI	89 Ac — attinio 1,88 6,90 ▲ 1899	90 Th B^- torio 6,95 11,5 1828	91 Pa B^- protoattinio – ▲ 1917	92 U AN uranio 6,10 4 1789	93 Np AN nettunio – – 1940	94 Pu AN plutonio 5,10 – 1940	95 Am — americio 6,00 – 1944	96 Cm — curio – – 1944	97 Bk — berkelio – – 1949	98 Cf — californio – – 1950	99 Es — einsteinio – – 1952	100 Fm — fermio – – 1953	101 Md — mendelevio – – 1955	102 No — nobelio – – 1958	103 Lr — laurenzio – – 1961

3 I vantaggi delle biotecnologie moderne

Secondo le leggi dell'ereditarietà mendeliana nella progenie di un incrocio tra due individui della stessa specie, ma con genotipi diversi, gli alleli vanno incontro ad *assortimento indipendente*. Inoltre, la percentuale di individui in cui si manifesterà il carattere desiderato dipende dal numero degli alleli e dalle loro caratteristiche di dominanza o recessività.

Il frumento odierno, per esempio, ha 42 cromosomi ed è *esaploide*, possiede cioè sei alleli per ogni gene. In questa specie, la probabilità di ottenere una particolare combinazione di alleli da un incrocio casuale è circa 1/280 000. Questo significa che per ottenere una nuova varietà dotata di una determinata caratteristica sono necessari migliaia di incroci. Inoltre, le piantine figlie non riassortiranno solo gli alleli desiderati, ma a ogni incrocio il loro intero genoma si rimescola in modo casuale, generando combinazioni indesiderate. A questo si aggiunge la variabilità generata dal crossing-over nella meiosi, che riduce ancora di più la possibilità di ottenere esattamente le combinazioni alleliche desiderate.

Rispetto alle biotecnologie tradizionali, le **biotecnologie moderne** offrono numerosi vantaggi.

1. Le tecniche basate sull'ingegneria genetica sono più efficaci perché consentono di trasferire solo i geni desiderati.
2. I geni trasferiti possono provenire da specie anche molto distanti dal punto di vista evolutivo rispetto alla specie ricevente: si generano così varietà impossibili da ottenere con gli incroci tradizionali.
3. Le moderne biotecnologie agiscono in modo mirato e permettono di ottenere le caratteristiche desiderate con un'alterazione genetica minima, spesso limitata a un singolo gene (o a una parte di esso) tra le migliaia che compongono il genoma.

La tecnica fondamentale alla base di tutte le applicazioni biotecnologiche moderne è il clonaggio genico.

HAI CAPITO?

- Confronta le biotecnologie moderne con quelle tradizionali.

4 Il clonaggio genico

Che cosa significa clonare un gene? Per rispondere a questa domanda, esaminiamo i passaggi fondamentali di un tipico esperimento di clonaggio genico.

1. Innanzitutto, il gene di interesse viene separato dagli altri geni presenti nell'organismo di partenza, che può essere un animale, una pianta o un batterio.
2. Il gene va poi inserito all'interno di una molecola di DNA plasmidico modificata, detta **vettore di clonaggio**. Vedremo nel paragrafo successivo come si svolge questa operazione: al momento è importante ricordare solo che il risultato di questo inserimento è un **DNA ricombinante**, ovvero una molecola di DNA costituita da porzioni provenienti da individui diversi. Nell'esempio che abbiamo considerato, il DNA ricombinante è dato dal DNA batterico del plasmide fuso al gene dell'organismo di partenza (**Figura B5.3**).
3. Il DNA ricombinante può essere inserito all'interno di una cellula ospite, di solito un batterio, attraverso il processo di **trasformazione** (*vedi* Capitolo B4).

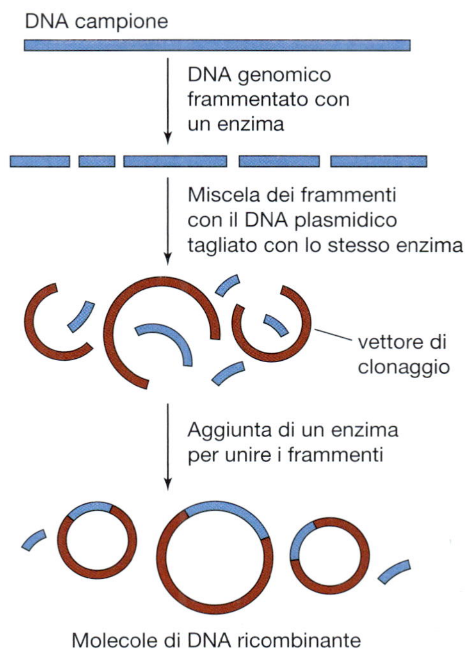

Figura B5.3 La creazione di un plasmide ricombinante.

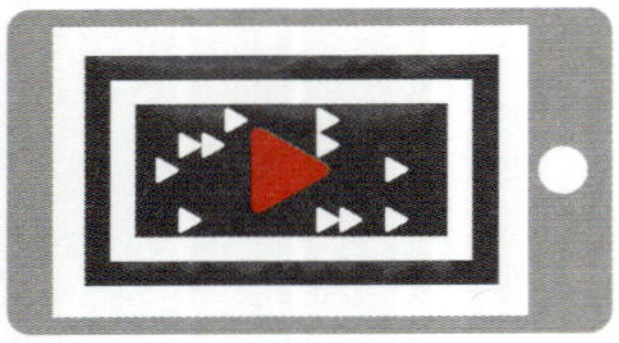

Scarica **GUARDA!** e inquadrami per guardare i video

Video **Come si fa il clonaggio molecolare?**

Video **Come si coltivano i batteri in laboratorio?**

4. Le cellule batteriche *trasformate* vengono poi deposte su piastre di terreno agar assicurandosi che i singoli batteri siano separati gli uni dagli altri e possano formare colonie distanziate.
   Il passaggio successivo è isolare le cellule batteriche che hanno incorporato il plasmide, e che quindi sono state trasformate con il DNA ricombinante, da quelle che non lo hanno ricevuto. Questo è possibile grazie alla presenza, all'interno del vettore, di un **marcatore di selezione**, di solito un gene che conferisce resistenza a un antibiotico. Facendo crescere le cellule in un terreno di coltura arricchito con l'antibiotico, solo i batteri che contengono il plasmide ricombinante, e quindi il marcatore di selezione, riusciranno a sopravvivere.
5. All'interno della cellula trasformata, il vettore può replicarsi grazie alla presenza del *sito di origine della replicazione* del plasmide: in questo modo si formano molte copie del vettore e quindi anche del gene che abbiamo inserito, che può essere così isolato e studiato (**Figura B5.4**).

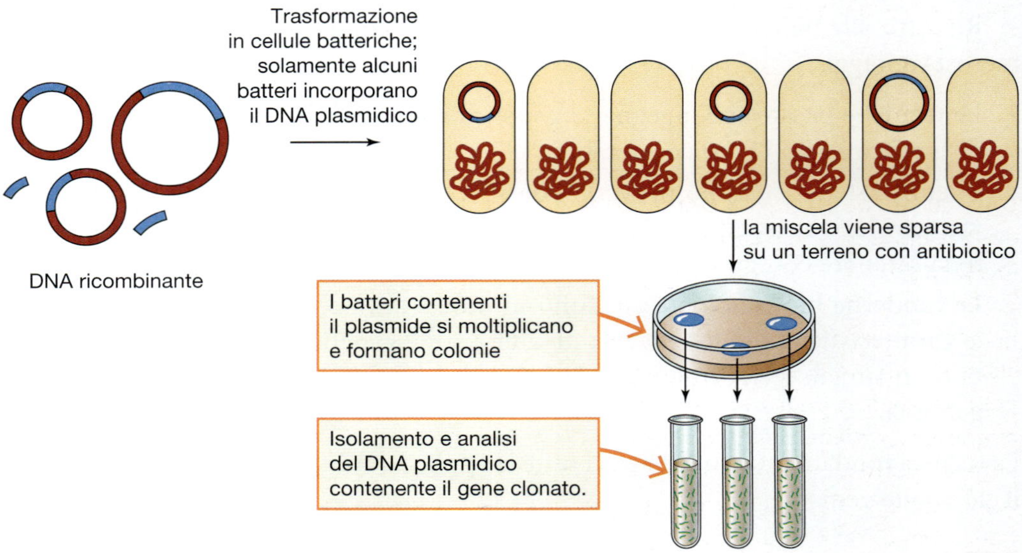

Figura B5.4 Il clonaggio di DNA in plasmidi batterici ricombinanti. Solo i batteri che hanno incorporato il plasmide ricombinante sopravvivono nel terreno con l'antibiotico e danno origine a colonie.

Quando il batterio si divide, le copie del vettore si ripartiscono tra le cellule figlie: da ogni singola cellula batterica si genera così una colonia di cellule identiche, o **clone**, ciascuna contenente molte copie del gene introdotto nel vettore ricombinante. Si dice a questo punto che il gene è stato **clonato**.

Grazie al **clonaggio genico** è possibile generare diversi cloni di cellule batteriche, ciascuno dei quali contiene milioni di copie del gene di interesse.

TI RICORDI?

Nel **legame fosfodiesterico** del DNA l'atomo di fosforo lega due atomi di ossigeno, a loro volta legati ai carboni 5′ e 3′ degli zuccheri di due nucleotidi adiacenti. Un'endonucleasi di restrizione lascia il fosforo legato all'ossigeno al 5′ di un nucleotide; nel nucleotide adiacente si forma un'estremità 3′-OH.

5 Tagliare il DNA con gli enzimi di restrizione

Il primo passaggio del clonaggio è l'isolamento di uno specifico frammento di DNA che ci interessa clonare. Per separare un frammento dalla molecola di DNA che lo contiene, per esempio un cromosoma, si sfrutta l'azione di una particolare classe di enzimi: le **endonucleasi di restrizione**. Questi enzimi fanno parte dei sistemi di difesa naturali dei batteri, che li producono per degradare il DNA dei virus che li infettano. Le endonucleasi di restrizione sono enzimi che idrolizzano il legame fosfodiesterico tra due nucleotidi adiacenti all'interno di una doppia elica di DNA. Questi enzimi sono ideali per il clonaggio per la loro capacità di tagliare entrambi i filamenti di una molecola di DNA a doppia elica in corrispondenza di una specifica **sequenza bersaglio**.

Uno degli enzimi più usati per il clonaggio è EcoRI (il nome identifica il batterio di origine, in questo caso *Escherichia coli*), che riconosce la sequenza palindroma GAATTC e taglia il DNA tra la G e la A all'estremità 5′ di entrambi i filamenti:

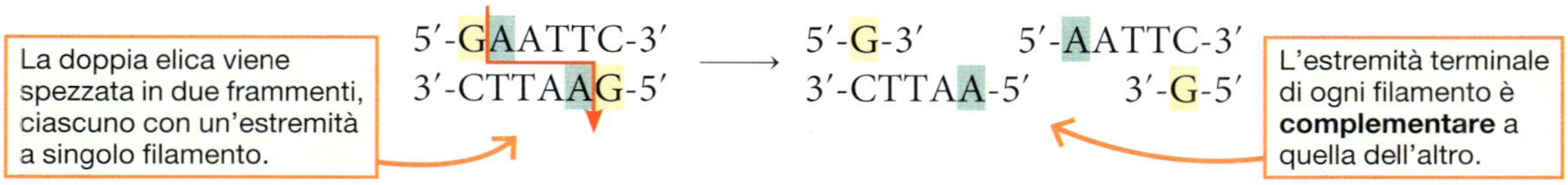

Gli enzimi endonucleasi come EcoRI producono delle **estremità coesive** (chiamate ***sticky ends*** in inglese) che sono molto utili per il clonaggio.

PER SAPERNE DI PIÙ

Non tutti gli enzimi di restrizione tagliano in posizioni sfalsate: alcuni enzimi tagliano nel mezzo della sequenza generando **estremità piatte** (*blunt ends*).

In natura esistono centinaia di endonucleasi di restrizione diverse, ciascuna in grado di riconoscere una determinata sequenza di nucleotidi sul DNA. Questo riconoscimento specifico è uno strumento molto utile, che permette di isolare fisicamente un gene compreso tra due sequenze di taglio dal resto della molecola d'origine (per esempio il cromosoma batterico). I frammenti che si ottengono dalla reazione di restrizione sono poi separati e visualizzati grazie a una tecnica chiamata **elettroforesi su gel**.

PER SAPERNE DI PIÙ

L'elettroforesi su gel per separare e visualizzare le molecole di DNA

Durante il clonaggio è utile visualizzare le molecole di DNA per verificare che il frammento da clonare abbia le dimensioni attese. Questo è possibile grazie all'**elettroforesi su gel**.

Questa tecnica sfrutta il fatto che il DNA ha una carica netta negativa a causa dei suoi numerosi gruppi fosfato. All'interno di un campo elettrico, il DNA migra dal polo negativo (catodo) a quello positivo (anodo). Se la migrazione avviene all'interno di un gel con una matrice porosa, i filamenti polimerici che formano il gel agiscono come le maglie di un setaccio e permettono di separare i frammenti di DNA sulla base della loro lunghezza.

Il polimero più usato per l'elettroforesi del DNA è l'**agarosio**, un polisaccaride naturale estratto dalle alghe e formato da residuidi D- e L-galattosio legati tra di loro. Allo stato solido, i polimeri lineari di galattosio formano una rete le cui maglie hanno dimensioni di 50-200 nM: è attraverso questi «pori» che il DNA può migrare. I frammenti più piccoli passeranno facilmente attraverso tutti i pori, mentre quelli più grandi potranno scivolare solo tra le maglie più grosse della rete e quindi si muoveranno più lentamente. La **Figura A** riassume i passaggi principali per eseguire un'elettroforesi su gel di frammenti di DNA generati da due enzimi di restrizione.

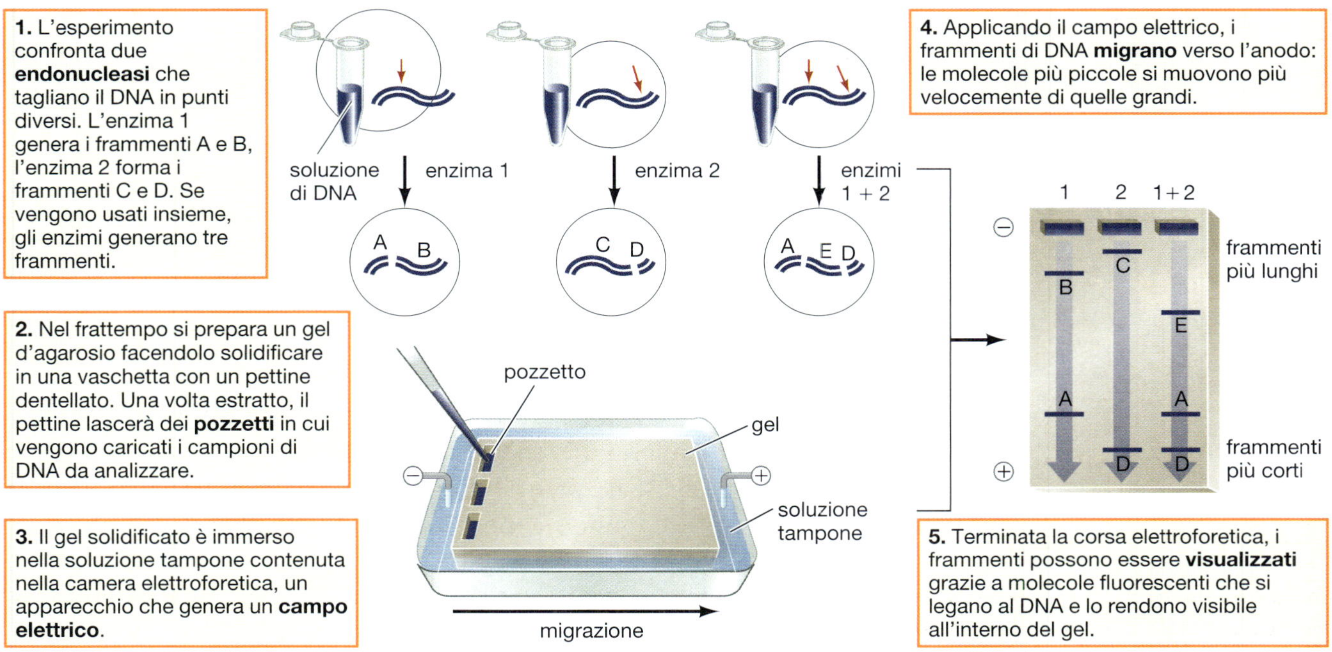

Figura A La separazione di frammenti di DNA con l'elettroforesi su gel.

GUARDA! i video

6 Saldare il DNA con la DNA ligasi

Una volta ottenuto il frammento di DNA da clonare è necessario inserirlo nel vettore plasmidico per ottenere il DNA ricombinante. Ancora una volta è la natura a venirci in aiuto, fornendoci l'enzima necessario: la DNA ligasi.

La **DNA ligasi** è in grado di ricostituire il legame fosfodiesterico tra due nucleotidi adiacenti utilizzando l'ATP (o in alcuni casi il NAD) come cofattore.

Tutte le cellule viventi possiedono la DNA ligasi, che è essenziale per le reazioni di replicazione e riparazione del DNA.

A questo punto possiamo sfruttare gli enzimi di restrizione e la loro capacità di formare estremità coesive. Il vettore e il frammento genico da incorporare nel vettore di clonaggio vengono tagliati entrambi con lo stesso enzima di restrizione, per esempio EcoRI, e poi mescolati. In questo modo, le estremità coesive presenti sul frammento possono unirsi spontaneamente alle estremità complementari presenti nel vettore formando legami a idrogeno (**Figura B5.5**).

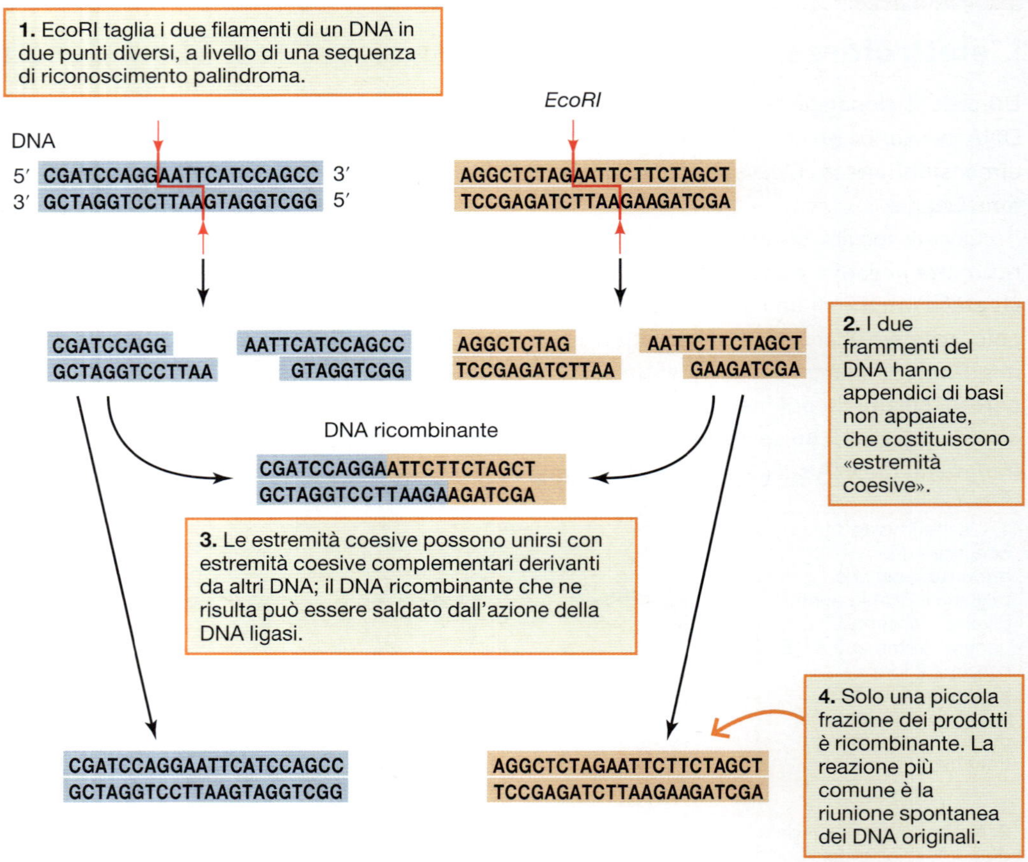

Figura B5.5
Come si taglia, si unisce e si salda il DNA. Due frammenti di DNA (in azzurro e arancione) possono essere tagliati con un enzima come EcoRI e ricuciti con una DNA ligasi per formare un frammento di DNA ricombinante.

L'appaiamento mediato da legami a idrogeno può tuttavia dare origine solo a una debole unione tra i due filamenti. Per ovviare a questo, alla reazione è necessario aggiungere anche la DNA ligasi e l'ATP: in questo modo le due molecole di DNA si uniscono covalentemente e in modo stabile grazie alla formazione di legami fosfodiesterici.

Alcune DNA ligasi, come quella del batteriofago T4, sono in grado anche di saldare estremità piatte, cioè non coesive. Tuttavia questa reazione è meno efficiente, perché i due frammenti sono privi delle estremità complementari e non possono unirsi spontaneamente.

HAI CAPITO?

- Come funziona la DNA ligasi?

Le endonucleasi di nuova generazione: TALEN e CRISPR/Cas

Esistono molte endonucleasi di restrizione naturali in grado di tagliare in corrispondenza di sequenze diverse. Tuttavia, non sempre è possibile trovare i siti di riconoscimento adatti proprio nella posizione in cui si vorrebbe tagliare una molecola di DNA. Questa limitazione è stata superata grazie alle tecniche di ingegneria genetica, che hanno portato alla sintesi di due nuove classi di endonucleasi chiamate TALEN e CRISPR/Cas.

Le nucleasi TALEN

Le nucleasi **TALEN** si basano sui fattori trascrizionali **TAL** dei batteri del genere *Xanthomonas* che riconoscono in modo specifico le sequenze dei promotori a cui legarsi. Il legame avviene grazie all'accoppiamento tra le basi del DNA del promotore e gli amminoacidi presenti in una particolare regione dell'enzima deputata al legame con il DNA.

Una volta scoperta quale combinazione di amminoacidi corrisponde a ogni specifica base del DNA, è stato possibile generare in laboratorio diverse versioni di questi attivatori TAL. Semplicemente cambiando l'ordine degli amminoacidi della proteina con le tecniche dell'ingegneria genetica è possibile fare in modo che ciascuna variante si leghi alla sequenza di DNA desiderata. Queste diverse versioni di TAL sono state poi combinate con una endonucleasi (**EN**), ovvero un enzima che taglia il DNA, generando così i TALEN.

Quando un TALEN viene espresso nella cellula da modificare, la porzione TAL guida la proteina verso una specifica sequenza di DNA, che la porzione EN, ossia la endonucleasi, va a tagliare.

Il sistema CRISPR/Cas

Il sistema **CRISPR/Cas** è ancora più sofisticato e si basa su un meccanismo naturale con cui i batteri si difendono dai virus. In questo caso, la endonucleasi batterica **Cas9** è legata a un corto filamento di RNA, detto *RNA guida*, in grado di appaiarsi al DNA complementare. L'RNA conduce l'endonucleasi alla posizione desiderata dove verrà operato il taglio (**Figura A**).

Oggi esistono librerie di RNA guida sintetizzati chimicamente, in grado di appaiarsi virtualmente a tutti i geni umani e di molti altri organismi: questo fa di CRISPR/Cas uno dei sistemi più versatili per modificare il genoma di una cellula.

Di tutte le tecnologie usate dai biotecnologi per modificare una sequenza di DNA, il sistema CRISPR/Cas9 è il più versatile e preciso. Questo ha contribuito a diffondere le tecniche di **genome editing** (o *editing del genoma*): come suggerisce il nome, si tratta di tecnologie che permettono di operare interventi mirati sulle sequenze di DNA e di «correggere» la sequenza di un gene non funzionante, proprio come si farebbe con gli strumenti di «taglia e incolla» in un file di testo.

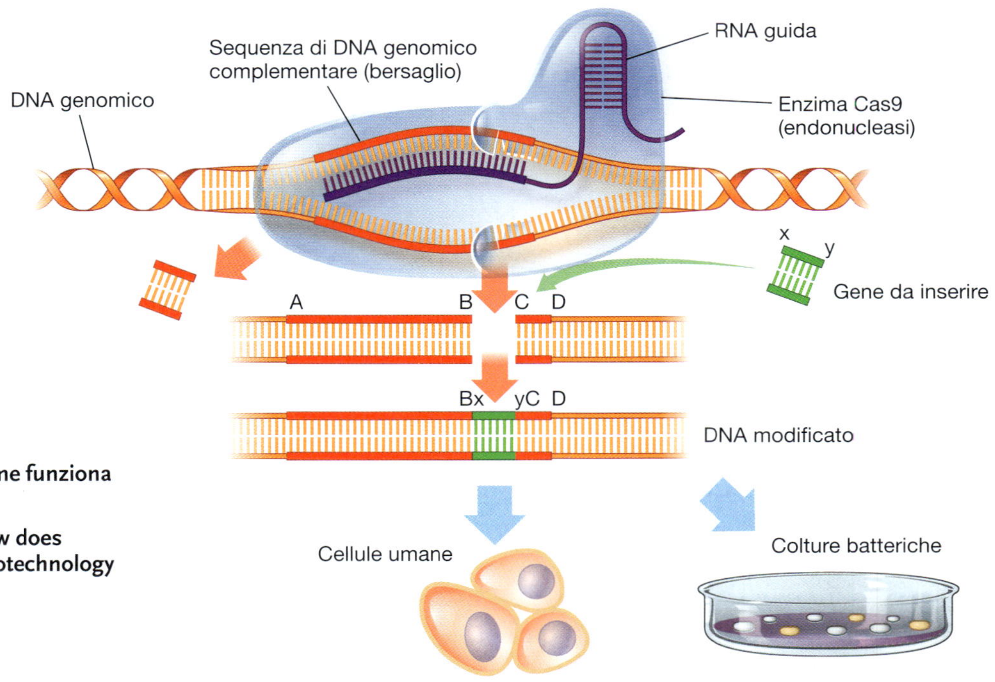

Video Come funziona CRISPR?

Video How does CRISPR biotechnology work?

Figura A Grazie alla endonucleasi Cas9, il sistema CRISPR/Cas permette di inserire un gene esogeno in un punto specifico del genoma.

7 I vettori plasmidici

I vettori plasmidici usati per il clonaggio sono ottenuti da plasmidi batterici naturali tramite manipolazioni genetiche.

I **vettori plasmidici** sono molecole di DNA circolare a doppia elica lunghi alcune migliaia di nucleotidi.

Tutti i vettori contengono alcuni elementi essenziali (**Figura B5.6**):

- un'**origine di replicazione** per consentire la replicazione del plasmide a ogni divisione cellulare;
- uno o più geni per la **resistenza ad antibiotici**, che agiscono come marcatori per selezionare le cellule che hanno incorporato il vettore;
- un **sito multiplo di clonaggio** o **polilinker** in cui sono presenti, una vicina all'altra, numerose sequenze di riconoscimento per diversi enzimi di restrizione: questa è la regione in cui, grazie a tagli di restrizione, viene inserito il frammento di DNA da clonare.

Il plasmide pBR322, per esempio, è stato uno dei primi plasmidi usati come vettori nelle tecnologie del DNA ricombinante; la seguente *mappa* indica la posizione dei siti di taglio dei principali enzimi di restrizione con cui è possibile «digerire» il plasmide pBR322 per inserire al suo interno frammenti di DNA.

Il plasmide pBR322 presenta un'origine di replicazione (*ori*) per permettere la replicazione autonoma del plasmide e i geni per la resistenza all'ampicillina (*amp*) e alla tetraciclina (*tet*).

HAI CAPITO?

■ Quali sono gli elementi essenziali di un vettore di espressione? Qual è la loro funzione?

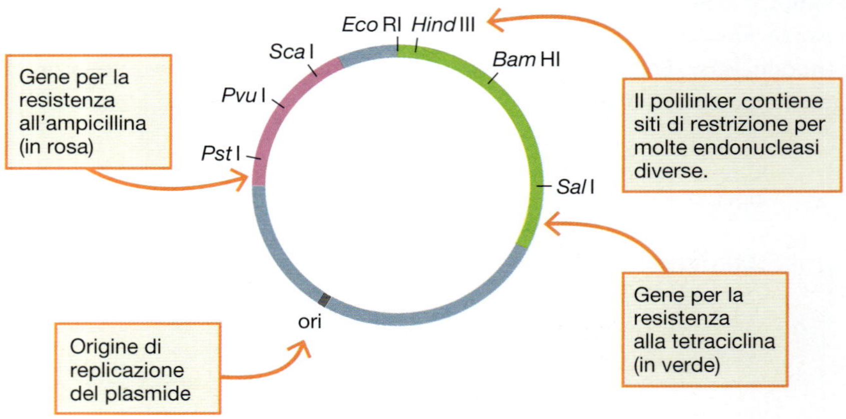

Figura B5.6
La mappa del plasmide pBR322.

Esistono diversi metodi per inserire vettori plasmidici all'interno delle cellule. La tecnica più utilizzata è la *trasformazione batterica* (*vedi* Capitolo B4), che sfrutta la capacità dei batteri di inglobare frammenti di DNA se stimolati in modo opportuno, per esempio tramite il calore o campi elettrici.

Tuttavia, non tutte le cellule acquisiscono facilmente come i batteri il DNA esogeno. Nel caso delle cellule animali, per esempio, il DNA può essere iniettato direttamente al loro interno mediante una procedura chiamata *microiniezione*.

Un'altra tecnica, chiamata **biolistica** o *gene gun*, permette letteralmente di «sparare» il DNA nelle cellule dopo averlo caricato su microproiettili di materiali inerti come l'oro o il tungsteno. Questa tecnica è uno dei metodi più utilizzati per trasferire plasmidi all'interno delle cellule vegetali, che per le loro maggiori dimensioni costituiscono il bersaglio più adatto; tuttavia, in alcuni casi il *gene gun* è stato applicato con successo anche a cellule animali.

Clonare interi organismi: la clonazione

Oltre che singoli geni, oggi è possibile clonare anche interi organismi. In questo caso si parla di **clonazione** invece che di *clonaggio*.

Il primo mammifero clonato è stata la pecora Dolly. Questo traguardo storico è stato raggiunto nel 1996 da Ian Wilmut e dai suoi colleghi del Roslin Institute di Edimburgo (**Figura A**). Da allora, decine di animali di specie differenti sono stati clonati.

Figura A Un'immagine della pecora Dolly con lo scienziato Ian Wilmut.

La tecnica utilizzata per clonare Dolly è basata sul **trasferimento nucleare** (**Figura B**). Una cellula adulta viene prelevata dall'animale da clonare (nel caso di Dolly, una cellula di una ghiandola mammaria) e il suo nucleo viene aspirato. In parallelo, si preleva un oocita non fecondato da una seconda femmina della stessa specie e se ne elimina il nucleo, lasciando intatta la membrana e il citoplasma. A questo punto, si inserisce il primo nucleo aspirato della cellula somatica all'interno dell'ovulo enucleato: si forma in questo modo uno zigote con un corredo diploide, che dividendosi in provetta genera un embrione.

L'embrione viene coltivato *in vitro* per i primi giorni e poi impiantato nell'utero di una terza pecora, la cosiddetta *madre surrogata*. Dato che il DNA delle cellule dell'embrione deriva dal nucleo della cellula somatica, l'individuo che nascerà sarà geneticamente identico a quello che aveva donato il nucleo: sarà cioè un suo **clone**.

Grazie a questa tecnica sono stati generati cloni di molti animali dotati di caratteristiche pregiate, dai tori resistenti alle malattie alle capre *cashmere*. La clonazione animale offre anche l'opportunità di preservare specie in via di estinzione. Nel 2001, un gruppo di ricerca italiano è riuscito a clonare il muflone europeo, una pecora selvatica a rischio di estinzione.

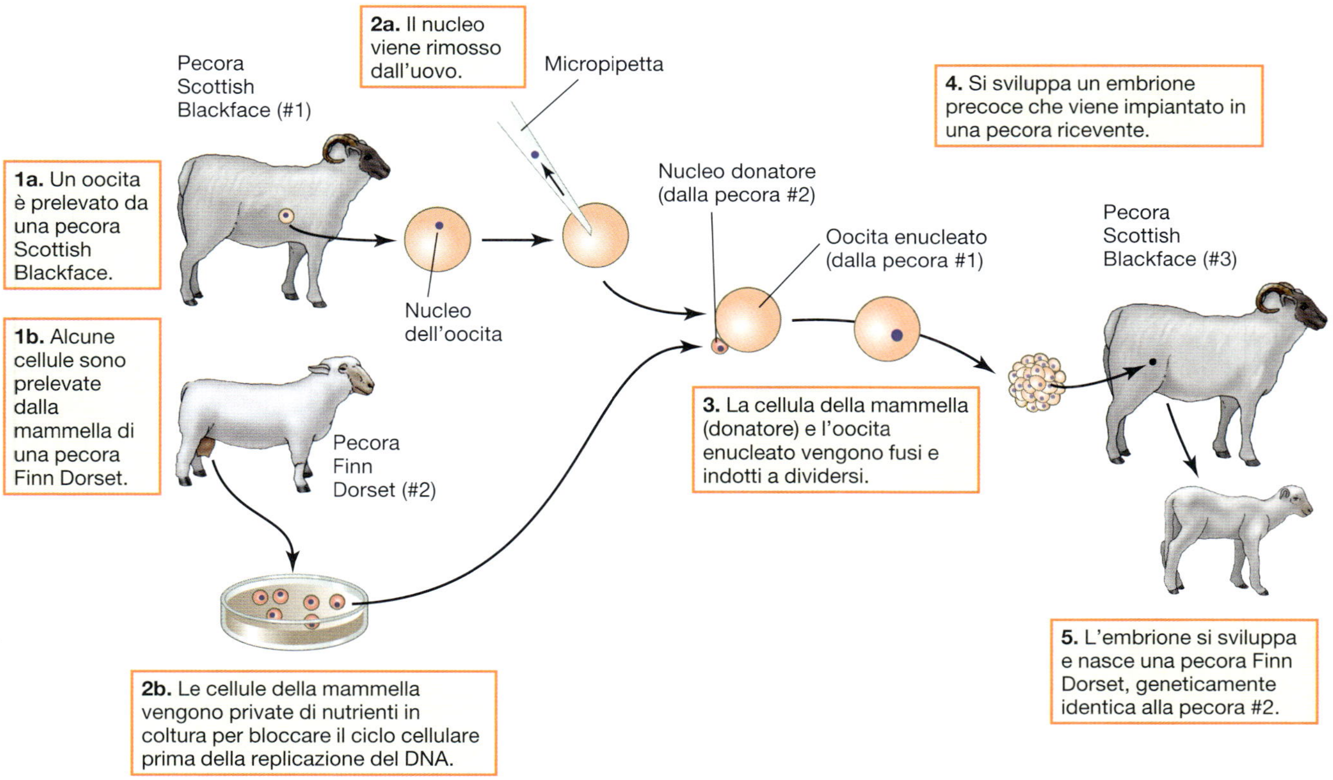

Figura B La pecora Dolly è stata clonata con la tecnica del trasferimento nucleare.

8 Le librerie genomiche

Le tecniche di clonaggio descritte non sono limitate all'isolamento di un singolo gene ma sono usate anche per costruire librerie genomiche.

LE PAROLE
L'acronimo **cDNA** deriva da *complementary DNA*. La sequenza di nucleotidi del cDNA è infatti complementare a quella del corrispondente mRNA.

Le **librerie genomiche** o **genoteche** sono collezioni di cloni batterici ciascuno contenente un diverso frammento di DNA.

Con questo sistema si può creare una serie di cloni che, nel loro insieme, racchiudono tutto il genoma di un organismo da cui poi estrarre il frammento di DNA che interessa (**Figura B5.7A**).

Nelle genoteche i frammenti genici contengono sia le sequenze codificanti (*esoni*) sia le sequenze non codificanti (*introni*). Spesso, tuttavia, il modo più conveniente per isolare e clonare un gene eucariotico consiste nel partire dal corrispondente mRNA, perché tutti gli introni sono già stati rimossi durante lo splicing. Tuttavia, non è possibile clonare direttamente una molecola di RNA all'interno di un vettore a DNA. Per farlo, è prima necessario convertire il filamento singolo dell'mRNA nella sua copia a DNA, chiamata **cDNA**. Questi frammenti sono poi usati per creare una **libreria a cDNA** che contiene quindi solo i *geni espressi* dalla cellula (**Figura B5.7B**). Per generare la molecola di cDNA si utilizza l'enzima *trascrittasi inversa* dei retrovirus, che è in grado di utilizzare un RNA a singolo filamento per generare una copia a DNA a doppia elica.

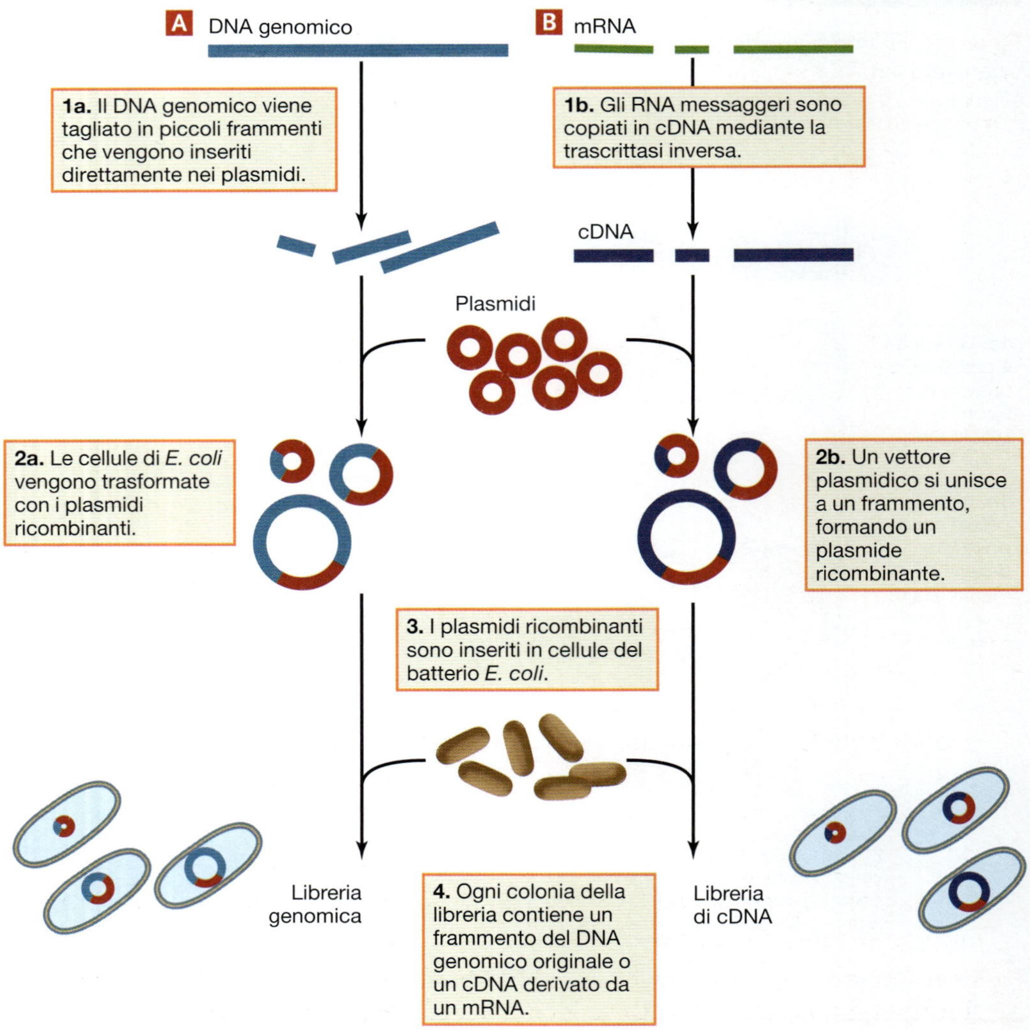

Figura B5.7 La costruzione di una libreria genomica (**A**) o di una libreria a cDNA (**B**) avviene in modo simile.

L'uso di sonde di ibridazione consente di isolare i cloni di interesse

Una volta generata una libreria di cDNA, è necessario selezionare, tra le migliaia di cloni, quello contenente il gene che ci interessa. A questo scopo si sfrutta la reazione di **ibridazione**, ovvero la capacità del DNA a singola elica di legarsi spontaneamente a un filamento con sequenza complementare. Questa proprietà è fondamentale per «consultare» la libreria: per farlo è necessario conoscere la sequenza nucleotidica di almeno una piccola porzione del gene che vogliamo recuperare. Questa informazione si può ricavare in due modi:

- a partire dalla sequenza degli amminoacidi della proteina, applicando a ritroso il codice genetico;
- con un'analisi comparativa di sequenze dello stesso gene già note in altre specie, identificando le porzioni più conservate: questa piccola porzione del gene, una volta identificata, viene usata come punto di partenza per sintetizzare chimicamente una **sonda a DNA**, ovvero un oligonucleotide con la sequenza desiderata.

Per l'analisi di ibridazione si parte dalla piastra contenente le colonie della libreria (**Figura A**). Ad essa viene fatto aderire un filtro di nitrocellulosa, un materiale carico positivamente. Le cellule di ciascuna colonia aderiranno al filtro, che viene poi immerso in una soluzione che lisa le cellule, liberando gli acidi nucleici. Essendo carichi negativamente, gli acidi nucleici rimangono attaccati alla nitrocellulosa. Il DNA così esposto viene denaturato in modo da separare i due filamenti.

A questo punto si aggiunge una sonda a DNA radioattiva per la presenza dell'isotopo ^{32}P. La sonda a singolo filamento si ibriderà alla sequenza complementare presente nella colonia che contiene il cDNA del gene di interesse. La sonda è radioattiva e può emettere particelle ad alta energia che impressionano una lastra fotografica e rivelano la posizione della colonia sul filtro. Il filtro è una specie di «fotografia» della piastra che permette di identificare quale clone conteneva il cDNA cercato. Questo sarà prelevato e fatto moltiplicare, ottenendo così una coltura pura contenente solo il cDNA del gene che ci interessa.

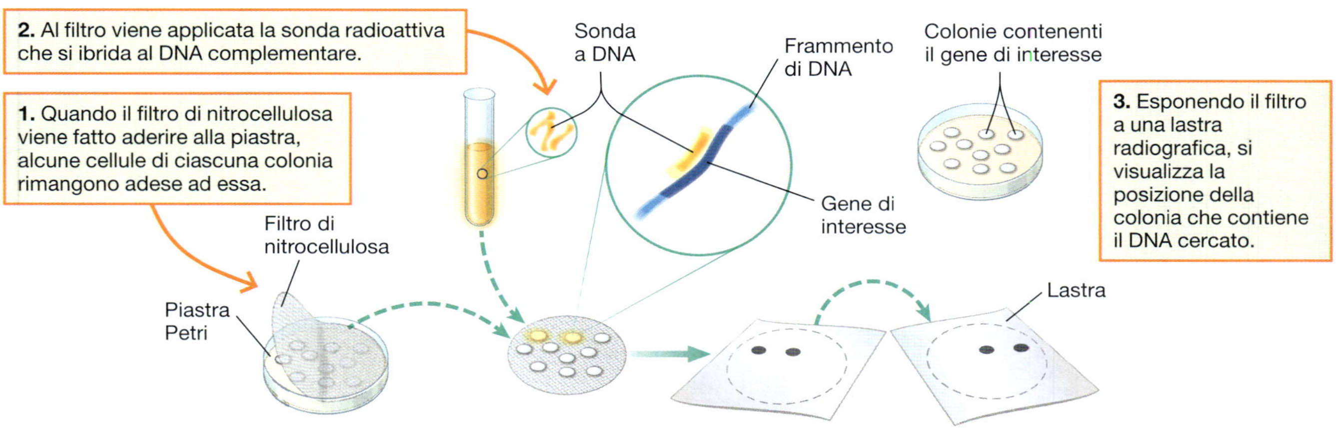

Figura A L'ibridazione consente di isolare un singolo cDNA.

▶ La creazione di una libreria a cDNA

Rispetto alle librerie genomiche, la costruzione di una libreria a cDNA richiede alcuni passaggi aggiuntivi per convertire gli mRNA in cDNA.

1. Il primo passo è l'**isolamento degli mRNA cellulari**. Per fare questo, le cellule vengono lisate, cioè frammentate con l'uso di appositi tamponi. L'estratto ottenuto viene applicato a una *resina cromatografica* contenente corti oligonucleotidi poli(T) che si appaiano in modo complementare alla coda di poli(A) presente al 3′ di tutti gli mRNA. In questo modo gli mRNA vengono catturati dalla matrice e separati da tutte le altre componenti cellulari.
2. Gli mRNA purificati sono convertiti in cDNA dalla trascrittasi inversa.
3. Con la DNA ligasi, alle estremità di ciascun cDNA sono saldati dei corti oligonucleotidi con la sequenza di riconoscimento per un enzima di restrizione. In questo modo, tagliando i cDNA e un opportuno vettore con lo stesso enzima, si formeranno estremità coesive identiche, adatte per il clonaggio.

HAI CAPITO?

- Qual è la differenza tra librerie genomiche e librerie a cDNA?

GUARDA! il video

4. L'ultimo passaggio consiste nel trasformare una cellula ospite (di solito il batterio *Escherichia coli*) con la miscela di vettori ottenuti, ciascuno contenente un diverso cDNA. Le cellule trasformate vengono poi selezionate grazie al marcatore di selezione. I cloni batterici così generati conterranno ciascuno migliaia di copie di un singolo cDNA cellulare e, nell'insieme, costituiranno la libreria di cDNA.

La **libreria di cDNA** è quindi una genoteca che contiene tutti i geni espressi da una determinata cellula.

9 La reazione a catena della polimerasi o PCR

PER SAPERNE DI PIÙ

Per l'invenzione della PCR, il biochimico americano Kary Mullis ha ottenuto nel 1993 il premio Nobel per la chimica.

Immaginiamo adesso di voler isolare nuovamente in forma pura un cDNA già inserito all'interno di un clone della libreria a cDNA. In passato questa fase comportava una serie molto lunga e complessa di passaggi. Oggi il compito è facilitato dalla tecnica della **reazione a catena della polimerasi** o **PCR** (*Polymerase Chain Reaction*), messa a punto dal biochimico Kary Mullis.

La **PCR** sfrutta due fenomeni naturali: la tendenza di due filamenti di DNA con sequenza complementare ad appaiarsi spontaneamente e la capacità dell'enzima DNA polimerasi di copiare un filamento di DNA stampo.

TI RICORDI?

Nella replicazione del DNA i primer sono formati da frammenti di RNA.

Il **DNA stampo** di una reazione di PCR può essere di qualunque tipo: da un corto frammento di DNA a un intero genoma. Nel nostro caso, il DNA stampo sarà il vettore di clonaggio contenente il cDNA che stiamo cercando nella libreria. Prima di procedere alla PCR, questo vettore deve essere estratto e purificato lisando le cellule batteriche che lo contengono. Una volta estratto, il DNA stampo viene inserito nella miscela di reazione della PCR, in cui è presente una coppia di oligonucleotidi di DNA, detti **primer**, ciascuno complementare all'inizio e alla fine della sequenza da amplificare: i primer forniscono l'*innesco* per la reazione di polimerizzazione.

Dato che le sequenze dei vettori di clonaggio sono note, è oggi possibile usare per la PCR coppie di **primer universali** che sono complementari alle sequenze a monte e a valle del *polilinker* di uno specifico vettore. Questi primer universali possono essere usati anche per amplificare tramite PCR qualsiasi frammento di DNA clonato, senza bisogno di conoscerne la sequenza.

La PCR avviene attraverso la ripetizione ciclica di una sequenza standard di reazioni. Ogni ciclo di reazione della PCR comprende tre fasi.

1. **Denaturazione**: il DNA di partenza viene riscaldato fino a 90 °C, in modo da separare la doppia elica ed esporre il singolo filamento che servirà da stampo per la DNA polimerasi.
2. **Ibridazione**: la temperatura viene abbassata fino a circa 50 °C, per consentire l'appaiamento dei primer al DNA stampo.
3. **Allungamento**: la DNA polimerasi sintetizza la prima copia della porzione del DNA stampo compresa tra i due primer. La reazione avviene a temperature intorno ai 60 °C per garantire la specificità della reazione: a queste temperature solo i primer appaiati alle sequenze perfettamente complementari rimarranno legati al DNA stampo. Perché l'allungamento possa avvenire a temperature così elevate è necessario ricorrere a **DNA polimerasi termoresistenti,** come la *Taq polimerasi* del batterio termofilo *Thermus aquaticus*. Le normali DNA polimerasi operano infatti a 30-37 °C e si inattivano a temperature superiori ai 45 °C (**Figura B5.8**).

HAI CAPITO?

- La variazione di quale variabile permette alle fasi della PCR di ripetersi in modo ciclico?

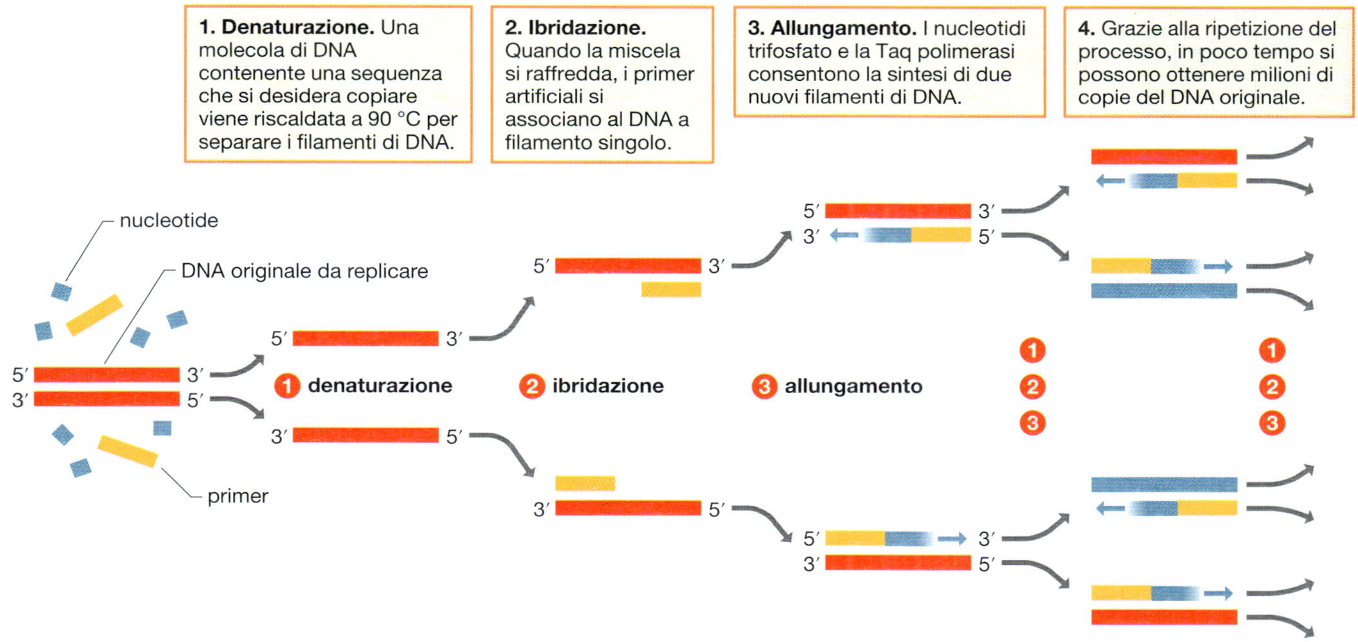

Figura B5.8
La PCR è data dalla ripetizione ciclica di tre fasi.

Terminata la fase di allungamento il campione viene riportato a 90 °C e si ha una nuova denaturazione, in cui tutte le molecole di DNA a doppio filamento si aprono; comincia così un nuovo ciclo di reazione.

Partendo da una singola copia di una sequenza di DNA stampo, dopo un primo ciclo di replicazione si otterranno due copie. Se si ripete la reazione per n cicli, si otterranno 2^n copie. Per esempio, dopo 30 cicli si avranno $2^{30} = 1\,073\,741\,824$ copie della sequenza originaria.

Questo processo è detto **amplificazione del DNA** e rappresenta uno dei grandi vantaggi della PCR.

Video **Come si diagnostica una malattia genetica?**

A partire da un picogrammo (ovvero 10^{-12} grammi) di DNA, che è circa il contenuto di DNA di una singola cellula umana, è possibile in circa cinque ore ottenere un milligrammo del gene desiderato, un peso pari al contenuto totale di DNA di un miliardo di cellule. In questo modo la PCR permette di disporre di una quantità di DNA sufficiente per condurre le analisi chimiche e le manipolazioni genetiche. Attualmente, i cicli di amplificazione vengono eseguiti in modo automatico da appositi strumenti detti *termociclatori*.

10 L'impronta genetica

Oggi le biotecnologie sono diventate un importante strumento delle **scienze forensi** per la lotta al crimine. Per esempio, è possibile isolare le tracce di DNA presenti sulla scena di un delitto e, grazie alla PCR, amplificare la minuscola quantità di DNA presente in un capello, una goccia di sangue o qualsiasi altro materiale biologico. Una volta ottenuto il DNA, è possibile ricostruire l'identikit genetico della persona a cui appartiene. Vediamo come.

Ogni individuo contiene un'**informazione genetica unica** e individui diversi presentano minime ma significative differenze di sequenza. Queste differenze permettono di stabilire se due campioni di DNA appartengono allo stesso individuo oppure no.

GUARDA! i video

La tecnica più utilizzata è l'analisi dei **polimorfismi dei frammenti di restrizione** (**RFLP**, dall'inglese *Restriction Fragment Length Polymorphism*). Abbiamo visto che esistono centinaia di endonucleasi di restrizione, ognuna delle quali è in grado di riconoscere una specifica sequenza di DNA. Se tra due individui esiste, all'interno di una determinata sequenza, una differenza anche di un singolo nucleotide, l'endonucleasi corrispondente non sarà più in grado di tagliare il DNA in quel punto: l'analisi RFLP si basa su questo principio.

I campioni di DNA da analizzare, provenienti da due individui diversi, vengono digeriti con diversi enzimi di restrizione, ciascuno specifico per una certa sequenza. La miscela di frammenti di DNA viene poi analizzata mediante elettroforesi su gel di agarosio. Questo permette di separare i frammenti e di visualizzarli sotto forma di singole bande di dimensioni differenti. Se i due campioni di DNA provengono dallo *stesso individuo*, i siti di taglio per le endonucleasi saranno identici e la dimensione dei frammenti ottenuti coinciderà. Se invece i due campioni provengono da *individui diversi*, sul gel compariranno bande diverse; infatti, se in uno dei due individui esistono differenze nella sequenza bersaglio di uno degli enzimi, l'enzima non potrà tagliare e il frammento corrispondente non verrà generato. In questo modo è possibile stabilire, per esempio, se il DNA presente sulla scena del crimine appartiene o no a uno dei sospettati.

LE PAROLE

Il termine **polimorfismo** deriva dalle parole greche «molto» e «forma». In biologia indica l'esistenza di fenotipi diversi nella stessa popolazione; in genetica, indica la presenza, in due genomi a confronto, di nucleotidi diversi nella stessa posizione.

Una tecnica più recente, più rapida e più sensibile, è quella dell'**impronta genetica** o **DNA fingerprinting**. Tramite la PCR si amplificano delle **corte sequenze ripetute in tandem** o **STR** presenti nel nostro DNA. Si tratta di corti tratti di DNA presenti in diverse parti del genoma come blocchi (chiamati *loci*) formati da molte copie della stessa sequenza; il numero di copie determina quindi la lunghezza dei prodotti ottenuti dall'amplificazione (**Figura B5.9**). Di solito si amplificano 13 diversi loci STR; la probabilità che due persone abbiano frammenti di lunghezza identica per tutti e 13 i loci STR è pari a 1×10^{-15}, ovvero una probabilità su un milione di miliardi. Dato che la popolazione umana è meno di dieci miliardi, questa analisi fornisce la certezza pressoché assoluta di poter identificare due campioni di DNA che appartengano alla stessa persona.

Video Come si fa il DNA fingerprinting?

Il DNA fingerprinting e l'analisi RFLP trovano ampia applicazione nella **genetica forense**, per esempio per stabilire a chi appartiene il DNA sulla scena del crimine oppure per gli accertamenti di paternità.

HAI CAPITO?

- Confronta i polimorfismi RFLP con le sequenze STR.

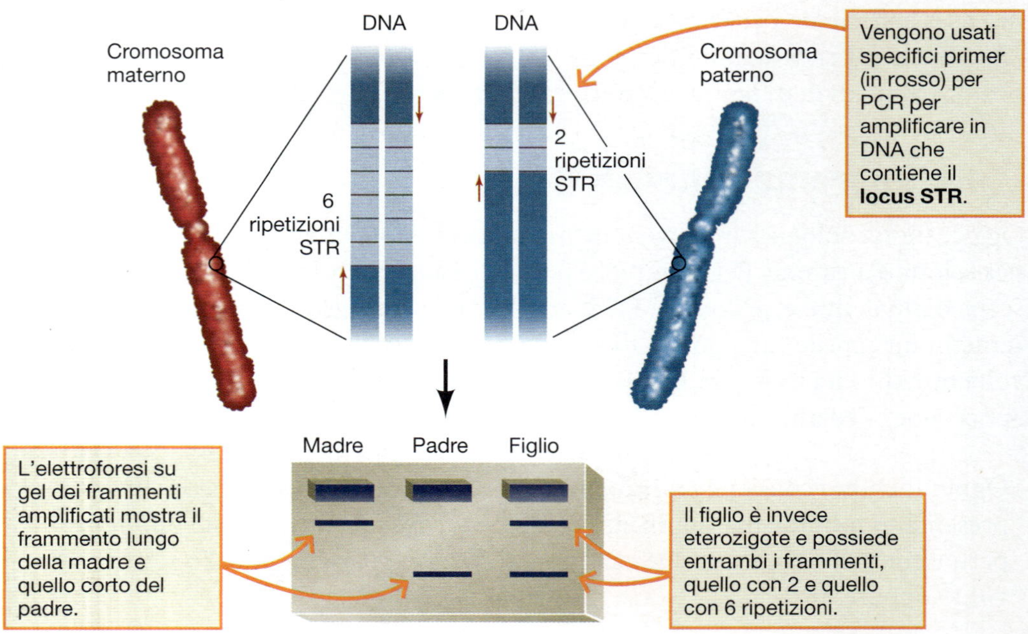

Figura B5.9
L'identità genetica di un individuo può essere determinata mediante l'analisi dei loci STR.

11 Il sequenziamento del DNA

Un gene può essere descritto come un'*unità di informazione*. Per comprendere la funzione di un gene è quindi necessario estrarre e decodificare l'informazione genetica in esso contenuta.

Il **sequenziamento genico** permette di ricostruire l'ordine in cui le basi si susseguono lungo il filamento di DNA.

Video Come avviene il sequenziamento del DNA?

Video How does DNA sequencing work?

La tecnica fondamentale per il sequenziamento è stata messa a punto nel 1977 da Frederick Sanger all'Università di Cambridge ed è basata sull'utilizzo di nucleotidi modificati detti **didesossinucleotidi** che, una volta incorporati nella catena di DNA nascente, ne bloccano l'allungamento. I didesossinucleotidi mancano infatti del gruppo 3′-ossidrile dello zucchero, necessario alla formazione del legame fosfodiesterico con il nucleotide successivo; per questo sono anche chiamati **terminatori di catena**.

Per sequenziare il DNA, si sfrutta la capacità della DNA polimerasi di generare una copia di un filamento stampo (**Figura B5.10**). Dopo essere stato denaturato per separare i due filamenti di DNA, il frammento da sequenziare viene appaiato a un primer, che fornisce l'innesco per la reazione di sintesi. A questo punto il campione viene distribuito in quattro provette separate, ciascuna contenente:

- la miscela di reazione per la reazione di polimerizzazione;
- i quattro desossinucleotidi (dATP, dCTP, dTTP, dGTP);
- uno dei quattro didesossinucleotidi (ddATP, ddCTP, ddTTP, ddGTP) a una concentrazione più bassa del corrispondente desossinucleotide.

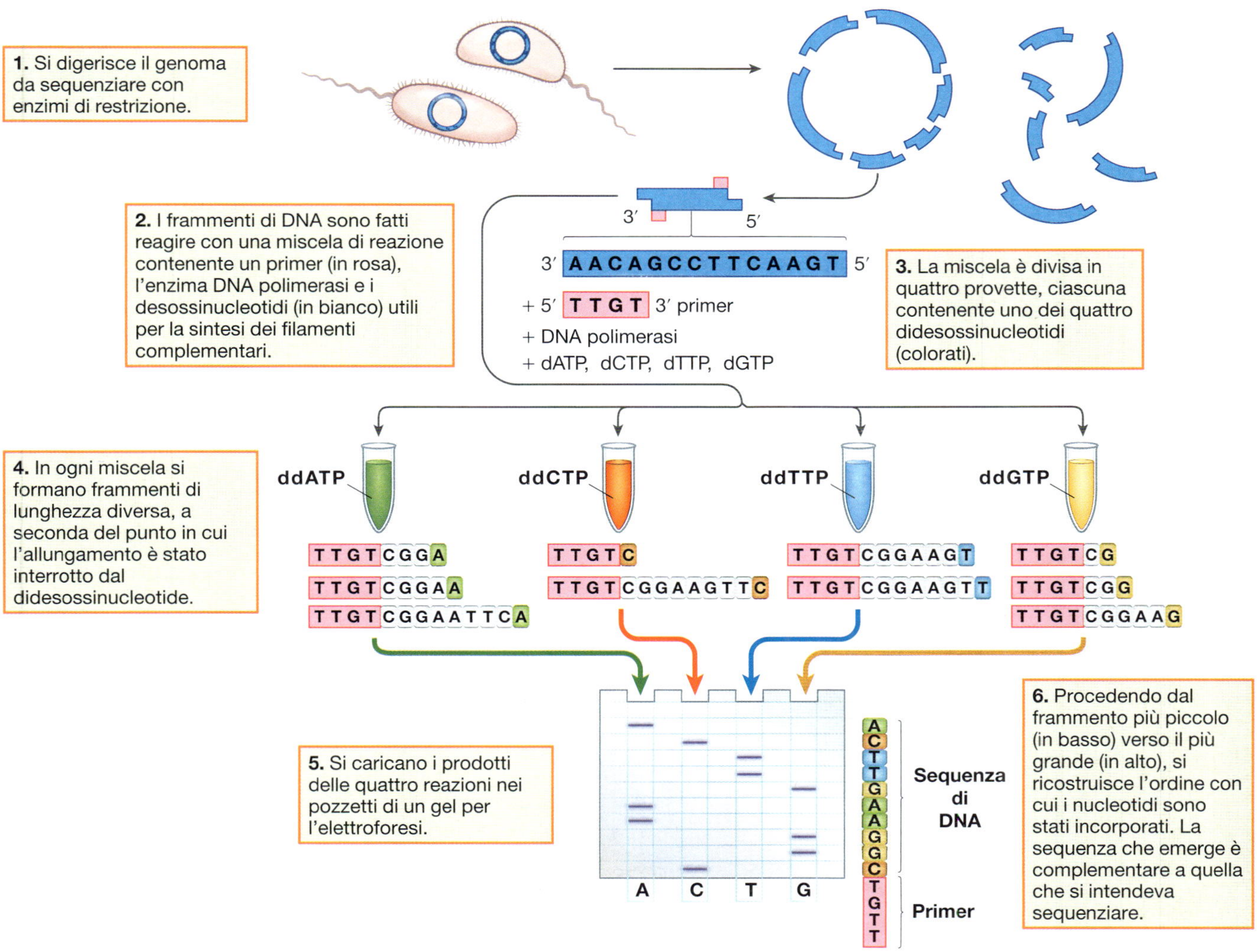

Figura B5.10 Il sequenziamento del DNA con il metodo di Sanger.

Al procedere della reazione, in ogni provetta si formano filamenti di lunghezza diversa, a seconda del punto in cui il didesossinucleotide è stato incorporato e ha fatto terminare l'allungamento. All'interno della stessa miscela i frammenti terminano tutti con lo stesso didesossinucleotide. Alla fine del processo, avremo così una provetta in cui saranno evidenziate tutte le posizioni in cui è stata incorporata una A, un'altra in cui sono rivelate tutte le posizioni in cui è stata incorporata una T, e così per le G e le C.

Al termine della reazione, i frammenti vengono analizzati mediante elettroforesi su gel: la lunghezza delle bande permetterà di leggere la sequenza – cioè l'ordine in cui sono stati incorporati i didesossinucleotidi – a partire dal frammento più piccolo (che corrisponde al primo nucleotide) fino a quello più grande (l'ultimo nucleotide incorporato).

Nei moderni **sequenziatori automatici** la tecnica di Sanger è accoppiata alla sensibilità e velocità della PCR. Il DNA da sequenziare è amplificato in una reazione di PCR in presenza dei didesossinucleotidi, a cui però è attaccato un *marcatore fluorescente* il cui colore è diverso per ciascuna delle quattro basi. A mano a mano che vengono generati, i prodotti della reazione sono separati in base alla dimensione attraverso una forma molto più sofisticata di elettroforesi, che sfrutta un gel inserito in un tubo capillare. Ogni volta che nella reazione di PCR viene incorporato un didesossinucleotide fluorescente, un raggio laser ne registra il colore (che corrisponde a una specifica base). In questo modo la sequenza può essere ricostruita «passo a passo» da un computer, senza bisogno di allestire quattro miscele separate come nel metodo originale, ma semplicemente associando il colore della fluorescenza alla base corrispondente (**Figura B5.11**).

La prima sequenza ottenuta manualmente da Sanger nel 1977 è stata quella del genoma del batteriofago φX184, lungo 5375 paia di basi. Oggi, con i moderni sequenziatori automatici, è possibile leggere interi genomi lunghi milioni o miliardi di nucleotidi, come per esempio quello umano.

HAI CAPITO?

- Che cosa si intende per «sequenziamento» del DNA?

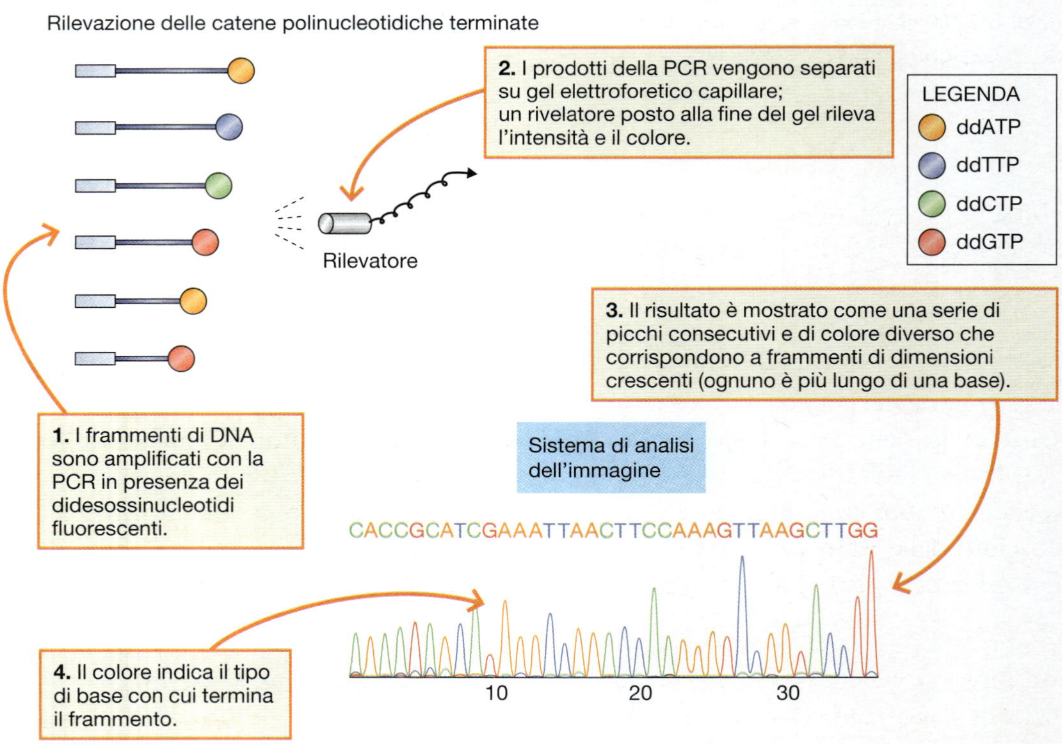

Figura B5.11 Sequenziamento automatico del DNA con il metodo Sanger accoppiato alla PCR.

PER SAPERNE DI PIÙ

La genomica studia l'informazione contenuta in tutti i geni degli organismi

La capacità di costruire librerie genomiche e di sequenziare tutti i geni in esse contenuti permette di studiare la struttura e le funzioni dei genomi dei diversi organismi. In questo modo è possibile distinguere i geni maggiormente conservati nel corso dell'evoluzione che sono fondamentali per tutte le specie (come quelli per la glicolisi) da quelli che svolgono funzioni particolari all'interno di un gruppo di organismi (come i geni per la produzione di anticorpi nei vertebrati).

La disciplina che si occupa dello studio dell'intera informazione genetica contenuta negli organismi è detta **genomica** ed è suddivisa in diverse specializzazioni.

- La **genomica funzionale** cerca di identificare tutti i geni di un organismo e di determinarne la funzione.
- La **genomica comparativa** confronta i genomi per stabilire le parentele evolutive tra organismi: maggiore è la differenza tra le sequenze nucleotidiche di due genomi, tanto più lungo sarà il tempo che separa le due specie dall'ultimo progenitore comune (**Figura A**).
- La **metagenomica** studia la variabilità genetica naturale delle specie analizzando la sequenza dei diversi genomi presenti in un determinato ambiente.

Tutte le applicazioni descritte si basano sull'analisi comparativa di una grandissima quantità di informazioni: migliaia di sequenze geniche, ciascuna costituita da milioni o miliardi di nucleotidi. È stato quindi necessario sviluppare strumenti informatici in grado di processare questa enorme mole di dati. L'insieme di queste tecniche prende il nome di **bioinformatica**.

La possibilità di generare librerie di cDNA a partire dagli mRNA cellulari e di analizzarle tramite le tecniche di ibridazione permette anche di studiare i geni espressi da una cellula in un particolare momento, ovvero il suo **trascrittoma**. La disciplina che si occupa di questo tipo di analisi è detta **trascrittomica**.

Oltre che tra un tipo cellulare e un altro, le differenze a livello di espressione genica sono presenti anche tra cellule sane e cellule malate, per esempio quelle tumorali. Identificare quali specifici geni si attivano in un particolare tipo cellulare rispetto a un altro, in condizioni normali o patologiche oppure in risposta a determinati stimoli ambientali, ci permette di mettere a punto terapie più mirate: l'efficacia di un farmaco, infatti, dipende in ultima analisi dal metabolismo della cellula e quindi da quali geni sono espressi. Questo tipo di studi prende il nome di **farmacogenomica**.

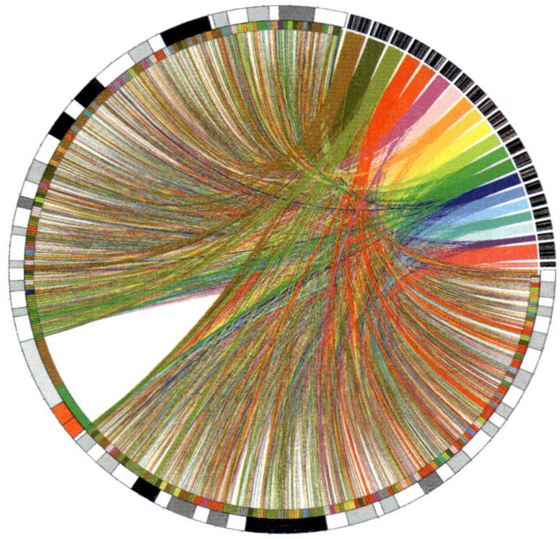

Figura A Mappa circolare che confronta il cromosoma 1 umano con l'intero genoma di topo. Le linee colorate collegano i geni simili tra le due specie.

12 I vettori di espressione

Uno dei vantaggi offerti dalle moderne biotecnologie è la possibilità, una volta clonato un gene, di farlo esprimere in un organismo differente da quello da cui deriva.

Si parla in questo caso di **organismo geneticamente modificato** o **OGM**.

Per costruire un OGM è innanzitutto importante conoscere come viene regolata l'espressione dei geni nei diversi organismi. L'espressione genica dipende dalla presenza di elementi in *cis* (cioè sequenze di DNA come il promotore o l'operatore) e in *trans* (come i fattori trascrizionali). Entrambi questi tipi di elementi sono di solito specifici per un certo organismo: per esempio, un promotore batterico non è riconosciuto dalle RNA polimerasi eucariotiche e viceversa. Come è possibile, allora, fare esprimere geni procariotici in organismi eucariotici o viceversa?

Per raggiungere questo scopo si usano dei vettori plasmidici particolari: i **vettori di espressione** consentono di fare esprimere il gene clonato al loro interno in una qualsiasi cellula ricevente.

HAI CAPITO?

- Come funziona un vettore di espressione?

GUARDA! il video

Video Come si distinguono le proteine cellulari?

Nei vettori di espressione, il sito multiplo di clonaggio è posizionato tra il promotore e il terminatore, in modo che qualsiasi gene clonato possa essere espresso (**Figura B5.12**). Esistono plasmidi contenenti i segnali per l'espressione di geni clonati in cellule batteriche, animali o vegetali. Inserendo i segnali opportuni, è possibile anche fare esprimere il gene solo in un determinato tipo cellulare o tessuto di un organismo.

La possibilità di trasferire in maniera selettiva e fare esprimere geni in virtualmente ogni organismo vivente ha aperto la strada a numerose applicazioni delle moderne biotecnologie in molti ambiti, come l'agricoltura, l'industria e la medicina.

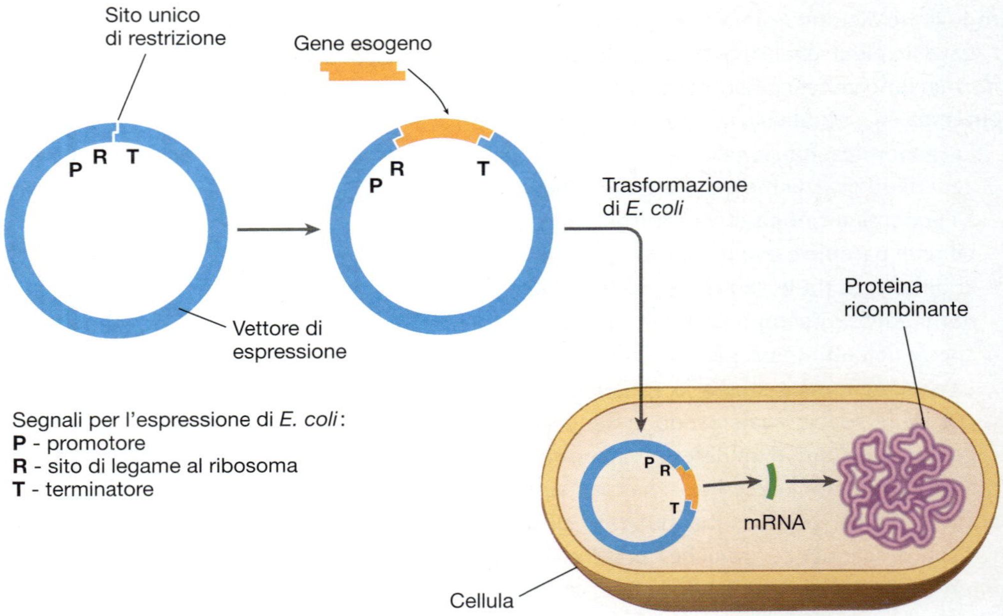

Figura B5.12
I vettori di espressione permettono di esprimere il gene clonato e produrre la proteina corrispondente.

13 La produzione biotecnologica di farmaci

Grazie agli organismi geneticamente modificati, le biotecnologie moderne hanno ampliato enormemente le possibilità di produrre molecole di interesse farmaceutico. Sintetizzare chimicamente molecole da testare come nuovi farmaci è spesso un processo molto difficile e dispendioso.

Grazie alle biotecnologie è possibile inserire il gene per la proteina di interesse in cellule facili da coltivare, come i batteri; l'apparato metabolico cellulare permette poi di sintetizzarla a costi minori e con un impatto ambientale più ridotto. In questo caso si parla di organismi **bioreattori**.

Il primo farmaco ottenuto grazie alle biotecnologie è stato l'insulina nel 1978. Questo ormone è un importante regolatore del metabolismo del glucosio e la sua mancanza causa il diabete (*vedi* Capitolo B2). Prima dell'introduzione dell'**insulina ricombinante**, i pazienti diabetici dovevano assumere insulina bovina purificata, che però poteva causare gravi effetti collaterali. Le tecniche di ingegneria genetica hanno permesso di clonare il gene dell'insulina umana e di farlo esprimere in batteri, in modo da ottenerne grandi quantità in forma pura. Oltre all'insulina, vengono oggi prodotti nei bioreattori molte altre proteine di interesse farmacologico: ormoni, fattori per la coagulazione, anticorpi e vaccini.

HAI CAPITO?

- Che cos'è un farmaco ricombinante? Fai un esempio.

Non solo i microrganismi, ma anche le piante servono per produrre farmaci. Per esempio, le piantine di tabacco sono usate per produrre **anticorpi umani** utilizzati nella terapia di molte patologie, dalle infezioni virali al cancro. Il gene per l'anticorpo desiderato viene introdotto nelle piante clonate e si accumula nei tessuti vegetali, da cui può essere facilmente purificato. Uno dei vantaggi nell'utilizzo delle piante è che queste, in quanto organismi eucarioti, hanno un apparato per la sintesi e la modificazione post-traduzionale delle proteine molto più simile a quello umano rispetto ai batteri.

Infine, è possibile modificare geneticamente gli embrioni di animali da allevamento come mucche, pecore o capre per ottenere animali transgenici che producano la molecola di interesse nel loro latte. Per esempio, sono state generate mucche transgeniche il cui latte ha proprietà nutritive simili al latte materno, oppure pecore il cui latte contiene alte quantità di ormone della crescita umano, usato per curare patologie legate a ritardi della crescita nei bambini. Nell'insieme, queste tecnologie sono chiamate **pharming** (Figura B5.13).

LE PAROLE

Il termine **pharming** deriva dall'unione di due parole inglesi: ***pharmaceuticals***, farmaci, e ***farming***, allevamento agricolo.

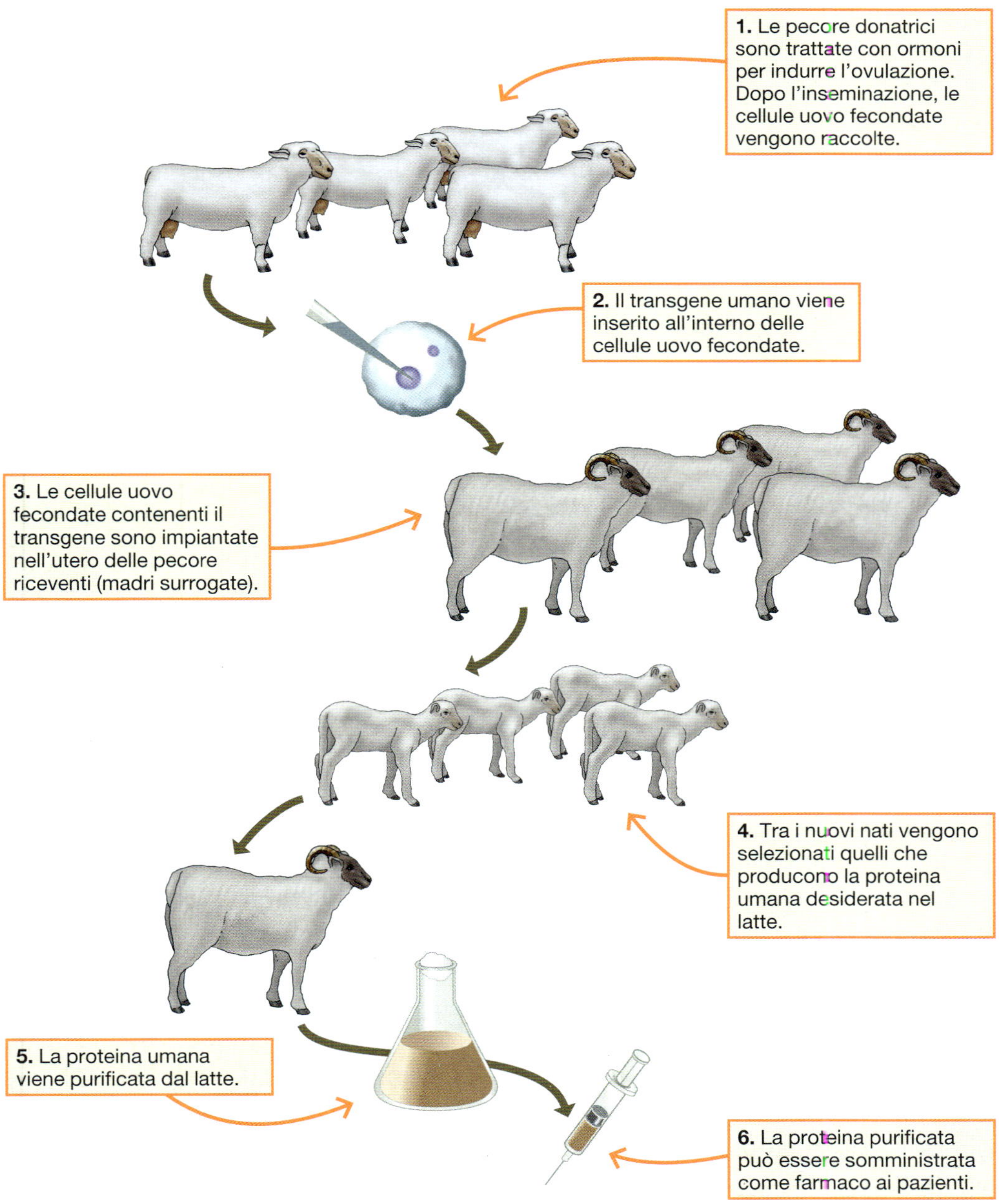

Figura B5.13
La tecnologia del pharming permette di modificare geneticamente gli animali da allevamento; molecole utili come farmaci possono così essere rilasciate direttamente nel latte.

GUARDA! il video

14 I modelli animali transgenici

Oltre a modificare il genoma degli organismi per produrre sostanze utili, le biotecnologie permettono di generare modelli animali transgenici. Il topo è un animale modello molto utilizzato per la ricerca perché condivide con gli esseri umani il 97,5% dei geni e gli apparati biochimici alla base del metabolismo sono molto simili.

Le biotecnologie consentono di modificare il genoma degli animali modello, così da ottenere per esempio **topi transgenici** utili per lo studio di molte malattie umane (**Figura B5.14**).

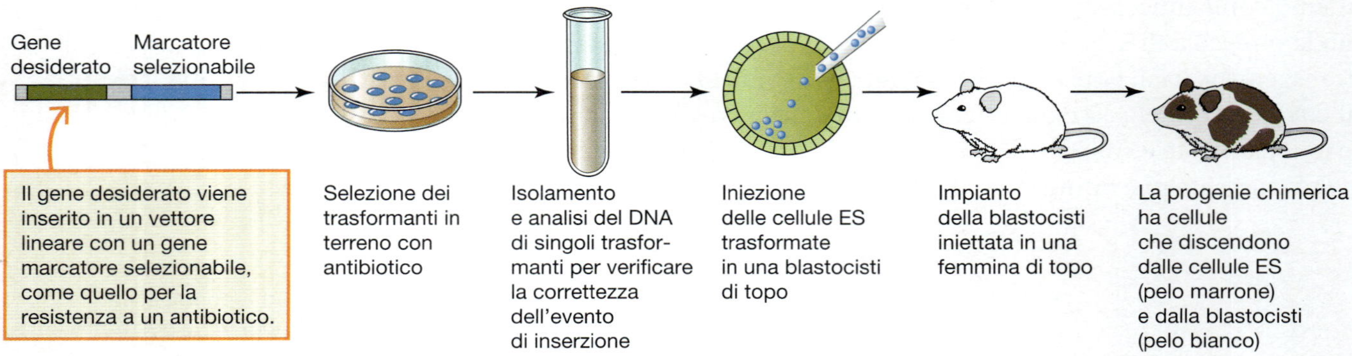

Figura B5.14 Come si crea un topo transgenico partendo da cellule staminali embrionali.

Agendo sulle cellule embrionali, è anche possibile trasferire nel topo il gene che causa una certa malattia nella specie umana: in questo modo si riproduce la malattia nel topo ed è più facile studiarne gli effetti e le possibili terapie. In alternativa, si possono generare topi privi di un gene: questi animali sono detti **topi knock-out** e sono uno strumento chiave per comprendere le funzioni dei singoli geni (**Figura B5.15**).

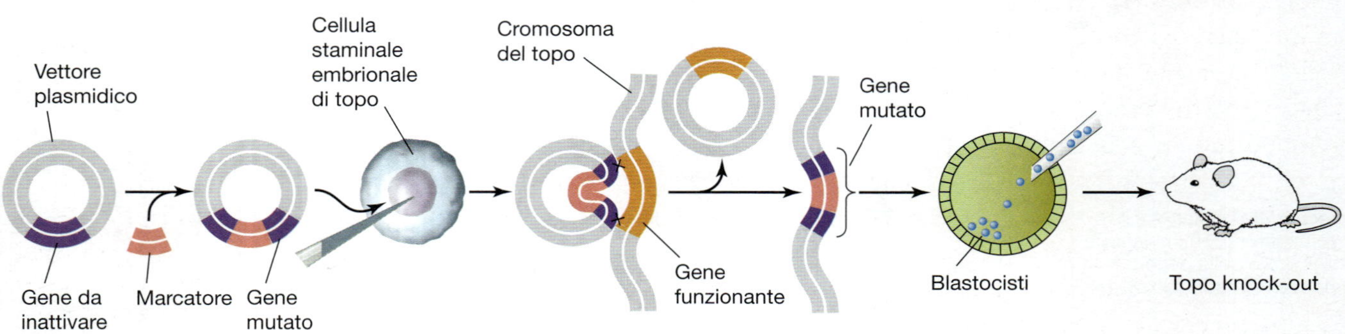

Figura B5.15 Come si crea un topo knock-out.

15 La terapia genica

Grazie alle biotecnologie, oggi è possibile non solo disattivare un gene in un organismo (come nel caso dei topi knock-out), ma anche sostituire un gene non funzionale con la sua copia corretta. Queste tecniche, che sono alla base della cosiddetta **terapia genica**, stanno rivoluzionando la cura di gravi malattie genetiche umane.

Video **Come si diagnostica una malattia genetica?**

Diverse patologie infatti sono causate da proteine che non funzionano correttamente. In alcuni casi, questo è dovuto a proteine difettose per la presenza di una o più mutazioni nel gene che le codifica; in altri casi, è l'inattivazione di un gene a causare la mancanza totale della corrispondente proteina.

Per esempio, il **deficit dell'enzima ADA** (*adenosina deaminasi*), dovuto a un difetto genetico, causa una grave forma deficienza immunitaria. Nel 1990 una bambina affetta da questa malattia è stata curata per la prima volta con la terapia genica. Un gruppo di ricercatori americani ha utilizzato un vettore virale modificato (ottenuto da un retrovirus) per inserire il gene ADA umano nelle cellule del midollo osseo prelevate dalla bambina. Le cellule che avevano inserito nel loro DNA

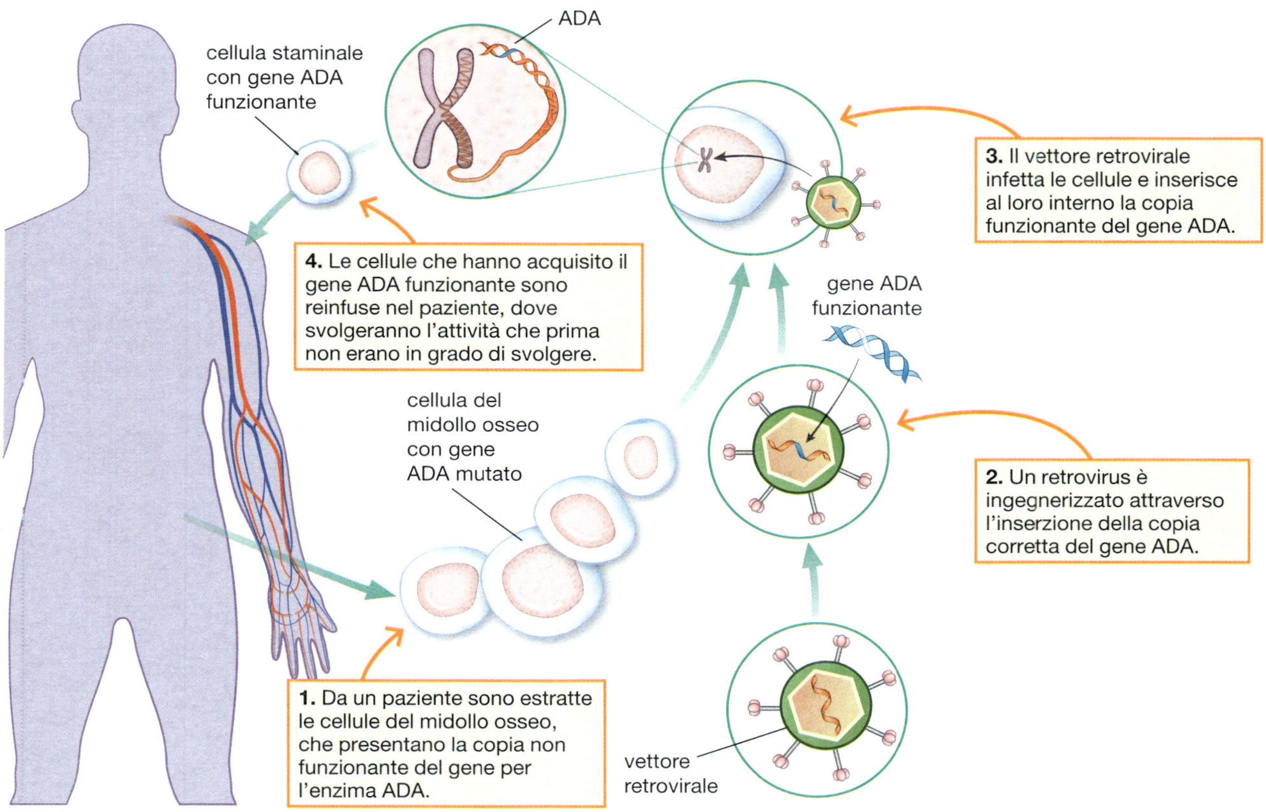

Figura B5.16
Il deficit di enzima ADA può essere curato mediante terapia genica.

il gene mancante sono state poi iniettate nuovamente nel paziente, dove hanno iniziato a produrre l'enzima ADA (**Figura B5.16**). L'esperimento ha avuto successo e in circa sei mesi il sistema immunitario della bambina è ritornato efficiente. Nel 2013, in Europa è stato approvato il primo farmaco basato sulla terapia genica. Oggi questi trattamenti sono ancora in fase sperimentale, ma rappresentano una grande opportunità per le malattie che al momento sono ancora prive di cure efficaci.

Uno dei successi più recenti della terapia genica riguarda un caso di **epidermolisi bollosa giunzionale**. Nel 2017 un bambino con una mutazione nel gene *LAMB3* ha ricevuto un trapianto di pelle geneticamente modificata, in cui il gene mutato era stato sostituito dalla copia funzionante. In questo modo è stato rigenerato l'80% della superficie del corpo del bambino.

PER SAPERNE DI PIÙ

L'**epidermolisi bollosa** è una malattia genetica che può portare a gravi lesioni della pelle e delle mucose. Una delle mutazioni che può portare alla malattia riguarda il gene *LAMB3*, che codifica per una delle subunità della proteina *laminina*.

Video **Perché si donano le cellule staminali?**

16 Le terapie con le cellule staminali

Nelle prime fasi dello sviluppo l'embrione è formato da cellule non differenziate: sono le **cellule staminali**. Esistono diversi tipi di cellule staminali, sia nell'embrione sia nell'organismo adulto, che si distinguono in base al livello di differenziamento, ovvero della capacità di dare origine ai diversi tipi di tessuti e cellule di un organismo:

- Le cellule staminali **totipotenti** sono in grado di dare origine a tutti i tipi cellulari e quindi, potenzialmente, a un intero organismo. Negli esseri umani, lo zigote e le cellule che formano l'embrione durante le prime due o tre divisioni cellulari sono esempi di cellule staminali totipotenti.
- Le cellule staminali **pluripotenti** possono differenziarsi in uno dei tre foglietti embrionali (mesoderma, ectoderma ed endoderma) ma non possono generare un intero individuo. Sono le cellule dell'embrione nella fase di *blastocisti*.
- Le cellule staminali **multipotenti** generano un limitato numero di tipi cellulari. Un esempio sono le *cellule staminali ematopoietiche*, che producono tutte le cellule del sangue. Queste cellule si trovano nell'organismo adulto.

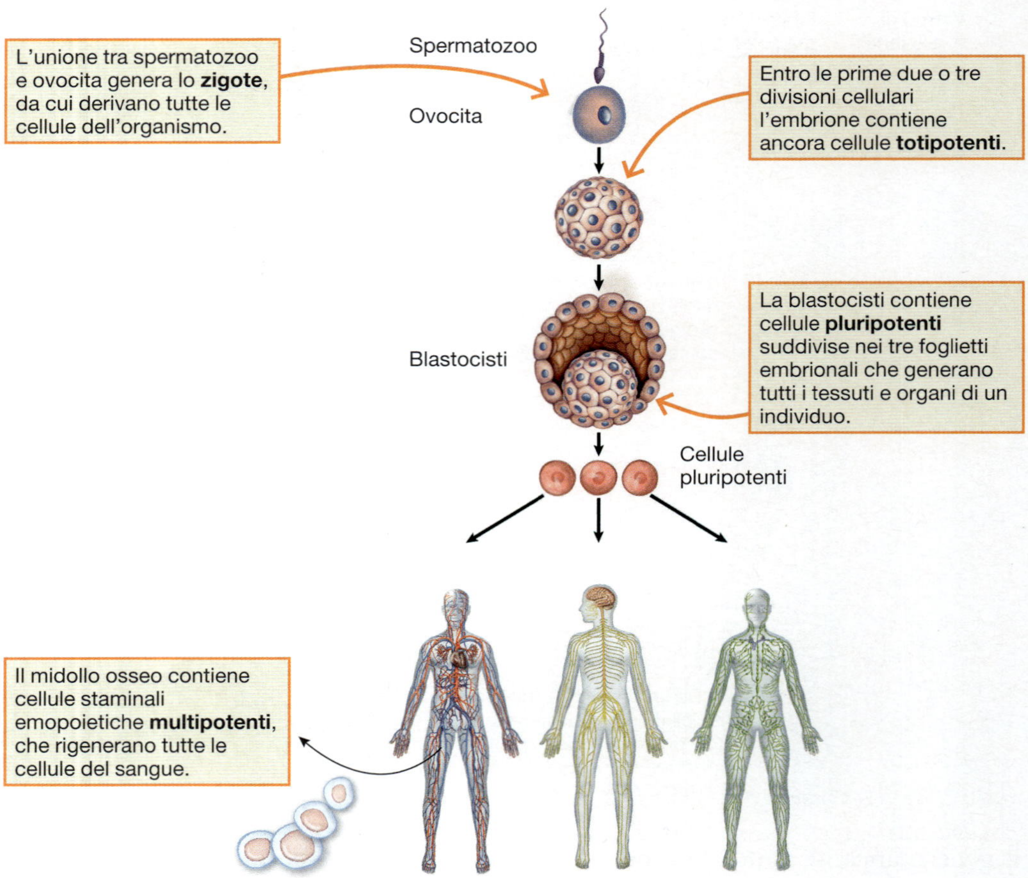

Figura B5.17
Le cellule staminali dell'embrione e dell'adulto.

La **Figura B5.17** riassume la organizzazione gerarchica delle staminali dell'embrione e dell'adulto. Oggi è possibile isolare sia le cellule **staminali embrionali** pluripotenti (**ESC**, dall'inglese *Embryonic Stem Cells*) sia le cellule staminali multipotenti adulte dette **staminali somatiche** (**SSC**, da *Somatic Stem Cells*) e mantenerle in coltura in laboratorio. Questo consente, almeno in teoria, di avere a disposizione una riserva per differenziare diversi tipi di cellule o addirittura interi organi. Tuttavia esistono diversi ostacoli. Le cellule staminali embrionali umane possono essere prodotte solo generando *in vitro* embrioni umani, una procedura che pone importanti questioni di ordine etico. Questo problema non esiste nel caso delle cellule staminali adulte, che in molti casi possono essere ottenute senza danneggiare il donatore. Tuttavia le cellule staminali adulte sono molto rare e difficili da separare e il loro potenziale di differenziamento – ovvero la capacità di dare origine a tessuti specializzati – è molto inferiore a quella delle cellule staminali embrionali.

Ancora una volta le biotecnologie offrono un soluzione a questi problemi. Il ricercatore giapponese Shinya Yamanaka, premio Nobel per la Medicina nel 2012, ha ideato un metodo per generare in laboratorio un terzo tipo di cellule staminali, dette **staminali pluripotenti indotte** (**iPSC**, *induced Pluripotent Stem Cells*).

Le **iPSC** si ottengono dalla *riprogrammazione* di cellule adulte già differenziate.

Mediante opportuni vettori di espressione, alcuni geni specifici delle staminali embrionali vengono espressi in cellule già differenziate. Questi geni codificano per fattori trascrizionali che de-differenziano la cellula adulta riportandola indietro nel processo di differenziamento e facendole riacquistare la pluripotenza. Il vantaggio di questa tecnica è che non si basa su embrioni e può essere applicata a qualsiasi cellula adulta.

HAI CAPITO?

- Elenca le analogie e le differenze tra cellule staminali embrionali e iPSC.

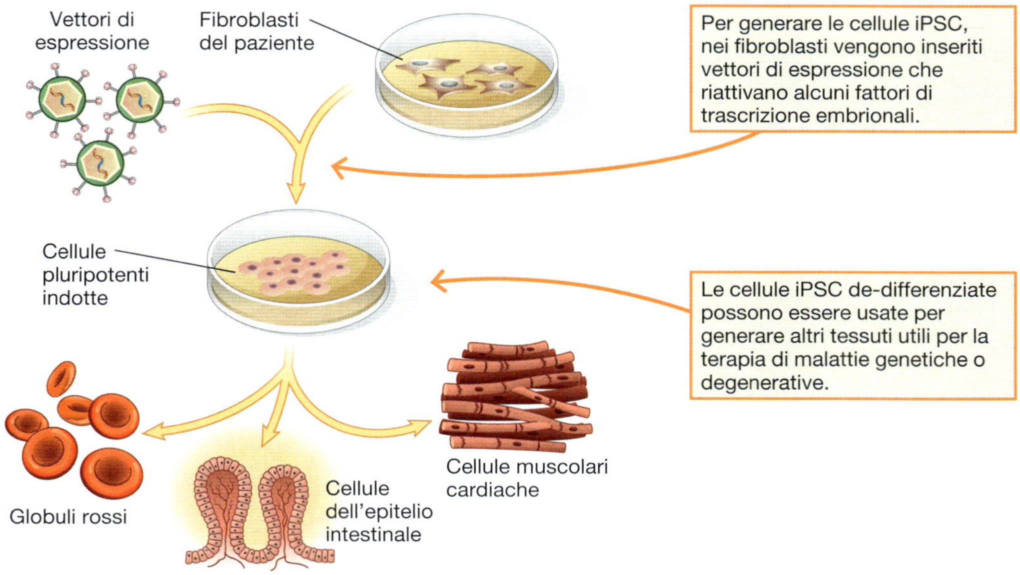

Figura B5.18 La tecnica di Yamanaka permette di riprogrammare cellule già differenziate, come i fibroblasti, in iPSC.

Le iPSC rappresentano uno strumento ideale per la terapia genica. Partendo da una cellula qualsiasi del paziente, per esempio un fibroblasto, si potrebbe renderla pluripotente, correggerne il difetto genetico e poi farla differenziare nel tipo cellulare desiderato, per esempio una cellula muscolare (**Figura B5.18**). Anche se è ancora in fase di sperimentazione, questa procedura in futuro potrebbe aiutare a risolvere i problemi riguardanti la terapia genica di cellule difficili da isolare, per esempio le cellule nervose.

17 Le applicazioni delle biotecnologie in agricoltura

Grazie alle biotecnologie possiamo modificare il patrimonio genetico di qualsiasi organismo, incluse le piante. Per esempio, è possibile ingegnerizzare piante di interesse agro-alimentare per dotarle di nuove caratteristiche vantaggiose, come la resistenza ai parassiti.

Il batterio *Bacillus thuringiensis*, che vive nel suolo, possiede un gene (chiamato *cry*) che si trova su un plasmide e che codifica una proteina tossica per molti insetti parassiti. La proteina si lega alle cellule dell'intestino degli insetti, compromettendone la funzione; l'insetto di conseguenza non riesce più a cibarsi e muore. La tossina è specifica per le cellule delle larve d'insetto, mentre è assolutamente innocua per gli animali e per molti insetti benefici, come le api. Il gene *cry* è stato inserito in molte specie di interesse agricolo come mais, cotone e riso.

Le piante transgeniche che esprimono il gene *cry*, dette **piante Bt** dal nome del batterio *Bacillus thuringiensis*, sono naturalmente resistenti a molti parassiti.

Il vantaggio immediato è che, per coltivare le piante Bt, non è più necessario usare i pesticidi chimici, che sono un'importante fonte di inquinamento ambientale. Nel caso del mais, c'è poi un altro vantaggio: le lesioni causate dagli insetti parassiti favoriscono infatti la crescita di un fungo parassita, il *Fusarium*, che produce una tossina pericolosa per l'uomo e gli animali. Il mais contaminato da questa tossina non è utilizzabile per l'alimentazione. Il mais Bt, invece, essendo resistente ai parassiti, è naturalmente privo di questa tossina. Oltre alla resistenza ai parassiti, si possono introdurre nei vegetali geni che aumentano la *resistenza a stress ambientali* come freddo, siccità o elevate concentrazioni saline.

HAI CAPITO?

- Che cosa si intende per piante Bt?

Un'altra applicazione delle biotecnologie in agricoltura è la generazione di *piante arricchite di nutrienti*, come il ***Golden Rice***, una varietà di riso arricchito di vitamina A. La vitamina A, presente in molti alimenti come carote, uova o burro, è un importante precursore di molte molecole essenziali al metabolismo e alla crescita cellulare. Tuttavia, in India e nell'Estremo Oriente, il principale alimento è il riso, che invece è povero di vitamina A. Una dieta carente di questa vitamina può causare cecità infantile: circa 250 milioni di bambini soffrono di questa carenza, che causa 2 milioni di decessi all'anno.

Un gruppo di ricercatori svizzeri ha realizzato un riso transgenico contenente due geni per la sintesi della vitamina A, derivati dal narciso (o dal mais) e dal batterio *Erwinia uredovora*. In questo riso, la vitamina si accumula nei chicchi conferendo un caratteristico colore giallo-dorato, da cui il nome *Golden Rice*. Il *Golden Rice* è attualmente in fase di sperimentazione in Asia (**Figura B5.19**).

Figura B5.19
Il Golden Rice è una varietà di riso transgenico arricchito con vitamina A.

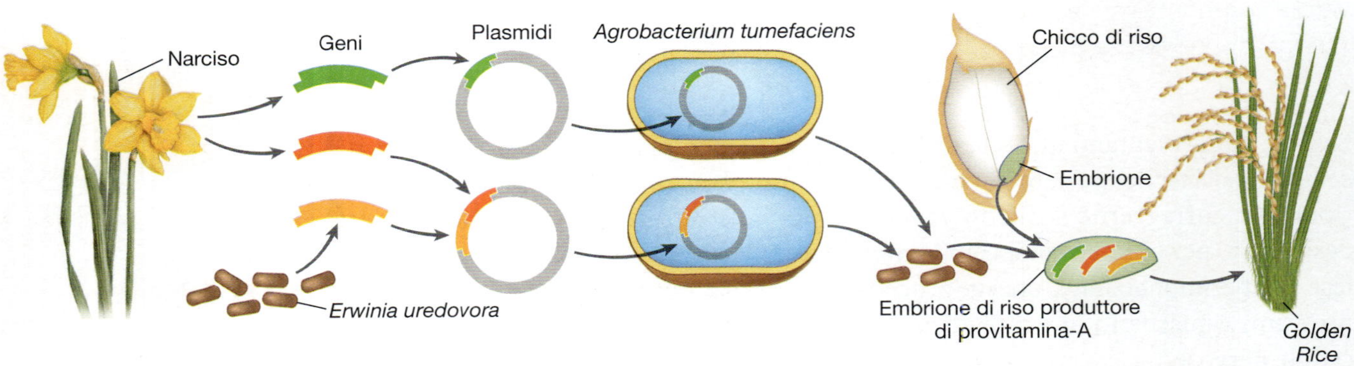

18 La produzione di biocombustibili

Grazie alle moderne biotecnologie è possibile inserire anche più di un gene alla volta in un organismo, generando nuove vie metaboliche non esistenti in natura. Un campo di applicazione molto importante di queste tecniche riguarda la produzione di biocarburante da scarti vegetali.

La principale fonte di energia nel mondo è costituita ancora dai combustibili fossili: carbone e petrolio. Questi hanno lo svantaggio di essere fonti non rinnovabili e, soprattutto, di aumentare l'immissione di CO_2 nell'atmosfera, contribuendo al riscaldamento globale.

Un'alternativa rinnovabile ai combustibili fossili è rappresentata dai **biocombustibili** come il *bioetanolo* o il *biodiesel*, sintetizzati per fermentazione a partire da masse vegetali.

Una fonte conveniente per la produzione di biocarburanti è rappresentata dalle biomasse vegetali di scarto (prodotti di rifiuto della lavorazione del legno o dei raccolti di mais e frumento, fusti di alberi morti, sterpaglie, buccia dei frutti ecc). Queste biomasse sono ricche in carboidrati sotto forma di molecole complesse a struttura fibrosa come la lignina, l'emicellulosa e la cellulosa. Per rendere sfruttabili gli scarti è necessario digerire queste molecole, liberando gli zuccheri di cui sono composte. Le vie enzimatiche per la degradazione dei carboidrati complessi sono presenti in

HAI CAPITO?

- Qual è la differenza tra biocombustibili e combustibili fossili?

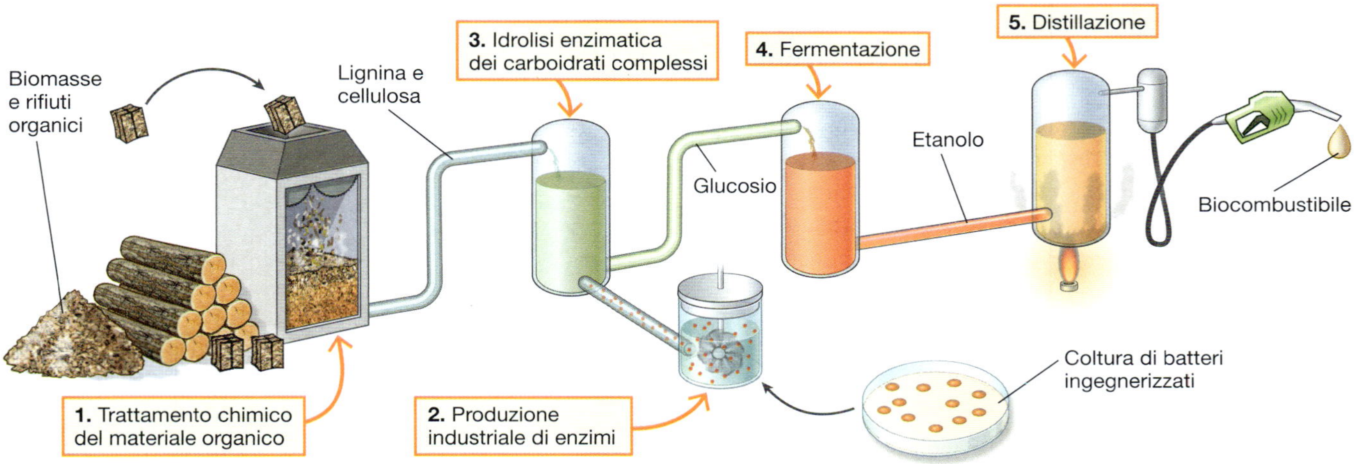

Figura B5.20 Le biotecnologie permettono di produrre biocombustibili a partire da biomasse e rifiuti organici.

numerosi microrganismi; sono così stati generati **microrganismi OGM** contenenti gli operoni di differenti specie batteriche per la *degradazione della cellulosa* e quelli per la *sintesi di acidi grassi*, utili per la produzione di biodiesel. Questi ceppi sono capaci di accoppiare la degradazione della cellulosa delle masse vegetali di scarto alla fermentazione, producendo biocombustibile (**Figura B5.20**).

19 Le biotecnologie per l'ambiente

La possibilità di riprogrammare il metabolismo delle cellule trova importanti applicazioni anche nella lotta all'inquinamento come il sistema per il **biorisanamento**. Tra gli inquinanti più pericolosi e difficili da eliminare ci sono i *metalli pesanti* (come mercurio, piombo o cadmio), rilasciati da scarichi industriali che spesso contaminano le falde acquifere. In batteri del genere *Escherichia coli* sono stati inseriti i geni *MerT* e *MerP* provenienti da un trasposone batterico; questi geni codificano per un sistema di trasporto del mercurio attraverso la membrana della cellula batterica. Inoltre è stato aggiunto il gene per la *metallotionina* di lievito, una proteina che lega il mercurio intrappolandolo all'interno della cellula. I batteri ingegnerizzati in questo modo possono essere immobilizzati su una matrice solida per creare dei **biofiltri** in grado di assorbire il mercurio presente nelle acque (**Figura B5.21**).

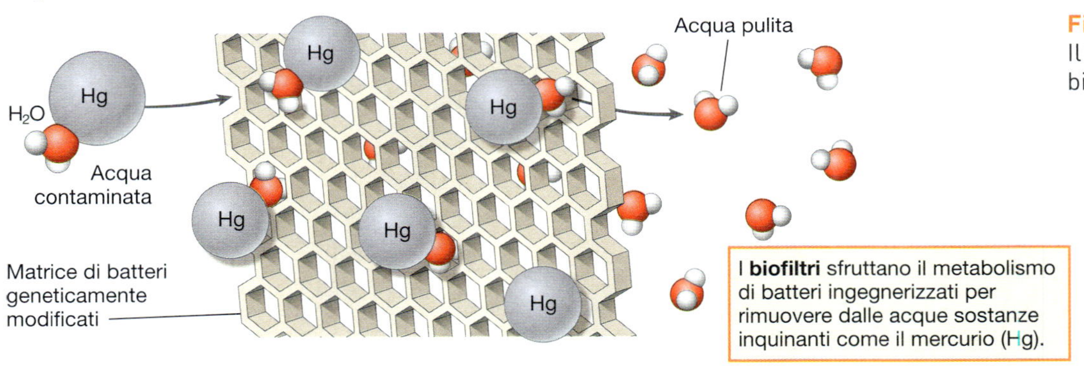

Figura B5.21 Il funzionamento di un biofiltro per il mercurio.

Oltre ai biofiltri, è possibile generare anche **biosensori** batterici che rilevano la presenza di sostanze inquinanti nell'acqua o nel suolo. I batteri sono stati ingegnerizzati con il gene per la proteina fluorescente verde **GFP** (*Green Fluorescent Protein*) delle meduse che rende il batterio bioluminescente e facilmente individuabile. L'espressione del gene della GFP è regolata da un promotore che si attiva solo se sono presenti sostanze inquinanti come gli idrocarburi. Se i batteri sono posti in contatto con materiale contaminato, emettono bioluminescenza segnalando la presenza della sostanza inquinante.

HAI CAPITO?

- Come funziona un biofiltro? E un biosensore?

BIOETICA

Le biotecnologie e il dibattito etico

Le biotecnologie sono tecniche che impiegano organismi viventi per realizzare prodotti o processi per un vasto campo di applicazioni: dalla medicina, all'agricoltura, dalla produzione industriale alla tutela dell'ambiente. Lo strumento fondamentale delle biotecnologie è l'**ingegneria genetica** o **tecnica del DNA ricombinante**, che permette il trasferimento di materiale genetico tra individui anche di specie evolutivamente molto distanti tra di loro. In questo modo vengono generati organismi dotati di nuove caratteristiche: gli **organismi geneticamente modificati** o **OGM**.

Le tecniche fondamentali dell'ingegneria genetica sono state messe a punto già negli anni Settanta, ma negli ultimi due decenni le biotecnologie hanno visto l'evolversi di strumenti sempre più sofisticati, a loro volta tradotti in applicazioni sempre più rivoluzionarie (**Figura A**): dalla clonazione di interi organismi, alla generazione di piante transgeniche, alla terapia genica sia negli individui adulti sia negli embrioni. E la continua evoluzione tecnologica spinge sempre più in là i confini del possibile.

Trattandosi di una tecnologia relativamente nuova e in continua trasformazione, la percezione che l'opinione pubblica ha delle biotecnologie è ambivalente: da un lato si riconoscono le enormi potenzialità benefiche, dall'altro si teme per le possibili conseguenze per l'ambiente e per la salute.

Il dibattito sulle biotecnologie comporta la valutazione di problematiche che vanno oltre gli aspetti scientifici e tecnologici. Infatti, se da un lato le biotecnologie possono aprire prospettive straordinarie per il progresso e il benessere della società, il loro uso distorto potrebbe arrecare danni all'ambiente o alla salute, favorire discriminazioni sociali o generare nuove forme di sfruttamento.

Tra i temi che più suscitano interrogativi bioetici, spiccano il dibattito sulla clonazione e quello sull'impiego di OGM.

La clonazione

Le biotecnologie offrono in teoria la possibilità di generare individui geneticamente identici. Il quesito morale più importante, come sottolinea anche il relativo documento del Comitato Nazionale di Bioetica, è se questa applicazione leda in qualche modo l'*identità individuale* dell'essere vivente.

Nella clonazione si duplica l'identità genetica di un individuo con un procedimento completamente artificiale. Da un lato, la *clonazione di viventi non umani* è considerata lecita poiché rientra nell'ambito dell'utilizzo di animali per scopi benefici per l'uomo, come nel caso dell'uso alimentare di animali. Tuttavia, la **clonazione umana** pone interrogativi più importanti.

Figura A Le colture batteriche sono uno strumento indispensabile per le biotecnologie.

Il fondamentale *principio dell'autodeterminazione*, secondo cui nessuno può decidere a priori ciò che un altro individuo debba essere, si scontra con la clonazione dell'uomo, che equivale alla «programmazione artificiale» di un individuo. Proprio per questo, la comunità internazionale condanna, attraverso diversi documenti, la clonazione umana a scopo riproduttivo.

Esiste invece un ambito in cui la comunità è tutt'ora divisa, che è quello della **clonazione a scopo terapeutico**. Si tratta di una procedura volta a generare *in vitro* embrioni umani clonati per ottenere cellule staminali embrionali geneticamente identiche a quelle del donatore. Lo scopo è quello di usare queste cellule embrionali per sviluppare terapie più efficaci di quelle disponibili al momento con le terapie tradizionali. In questo caso, gli embrioni non vengono quindi fatti differenziare e non arrivano mai a generare un individuo, ma sono sacrificati ai primi giorni di sviluppo. Questo non azzera il problema etico legato all'utilizzo di embrioni, ma lo sposta dal rispetto dell'identità individuale a quello del rispetto dell'identità dell'embrione umano. Diversi sistemi etici di riferimento (per esempio, morale religiosa e morale laica o religioni differenti) danno una diversa interpretazione dell'identità dell'embrione umano; per questo, la questione della liceità della clonazione a scopo terapeutico può essere sentita in modo diverso.

Gli OGM in agricoltura e nell'alimentazione umana

Le biotecnologie hanno permesso di inserire nuove informazioni genetiche in molte specie agricole per dotarle di caratteristiche nuove. Le possibilità offerte dalle biotecnologie in questo campo sono enormi: in questo modo sono state create, per esempio, specie agricole più nutrienti (come il riso *Golden Rice* arricchito di vitamina A), specie naturalmente resistenti ai parassiti che non richiedono quindi l'uso di pesticidi (come il *mais Bt*), piante in grado di crescere in zone molto aride o in terreni altamente salini che al momento non sono

Figura B Esperimenti in laboratorio su riso geneticamente modificato.

sfruttabili per le coltivazioni (**Figura B**). Tuttavia, lo sviluppo di queste varietà al momento è confinato al loro utilizzo per l'alimentazione animale e la produzione di biocarburanti; soprattutto in Europa e negli Stati Uniti permane una forte diffidenza dei consumatori verso l'uso degli OGM come alimenti per l'uomo. Questa diffidenza nasce, da un lato, dal timore che le modificazioni genetiche indotte negli OGM possano avere effetti sul *consumatore* (ad esempio allergie o effetti tossici) e che questi effetti non siano stati attentamente valutati o non siano prevedibili. Dall'altro, gli OGM rappresentano varietà che non esistono in natura, per cui si teme che la loro diffusione possa alterare in maniera imprevedibile e negativa gli equilibri dell'*ecosistema*. Su queste considerazioni, si innesta poi un atteggiamento critico nei confronti delle multinazionali che hanno il diritto di sfruttamento esclusivo degli OGM e del possibile monopolio delle *sementi* che ne potrebbe derivare.

Per quanto riguarda la comunità scientifica, c'è un consenso pressoché assoluto sul fatto che le varietà OGM per consumo umano o animale non rappresentano a oggi un pericolo né per la salute né per l'ambiente. Già nel 2006, una dichiarazione congiunta di ben 19 società scientifiche italiane affermava che, sulla base della letteratura scientifica disponibile, le piante transgeniche non differiscono dalle varietà convenzionali. Anche le maggiori società scientifiche di molte nazioni, quali USA, Regno Unito e Francia, hanno pubblicato simili rapporti ufficiali. Nel 2010, la Commissione Europea ha pubblicato un rapporto che riassumeva i risultati di dieci anni di studi portati avanti da centri di ricerca accademici indipendenti e che raggiungeva la stessa conclusione. Nel 2016, l'Accademia delle Scienze degli USA ha pubblicato un rapporto che analizzava oltre 1000 studi effettuati negli ultimi 30 anni e concludeva che non ci sono evidenze che le coltivazioni OGM causino danni all'ambiente. In futuro è auspicabile che una corretta informazione, unita a un rigoroso controllo della sicurezza, possa generare un atteggiamento più aperto nei confronti delle produzioni OGM. Allo stesso tempo, è necessario che lo sfruttamento degli OGM, nel rispetto degli interessi di chi investe per la loro messa a punto, sia ispirato a principi etici e non generi forme di sfruttamento.

I principi etici delle biotecnologie

Le biotecnologie sono un prodotto dell'attività umana, destinato a rispondere a precise esigenze dell'uomo. È quindi chiaro che esse hanno anche una dimensione etica. Le biotecnologie aprono nuove possibilità, ma non hanno in sé stesse le ragioni dell'uso che se ne deve fare. In altre parole, il giudizio morale sulla fattibilità appartiene a un ordine diverso da quello strettamente scientifico e tecnico. Dipende invece dalle regole che ogni società si dà e che, nel loro insieme, determinano se un certo utilizzo delle biotecnologie possa considerarsi accettabile oppure no.

Da queste considerazioni discendono alcuni principi fondamentali, che guidano le decisioni della società sulle applicazioni biotecnologiche.

1. **Il diritto alla formazione.** È di importanza fondamentale fornire gli strumenti per una corretta, rigorosa e completa formazione degli operatori nel campo delle biotecnologie, attraverso un sistema educativo pubblico e trasparente che eviti la concentrazione del sapere nelle mani di pochi, ma lo renda invece patrimonio comune.
2. **Il diritto all'informazione.** È fondamentale che la società nel suo insieme sia informata sui benefici e sui rischi delle biotecnologie, al fine di creare nella coscienza collettiva una consapevolezza basata su dati oggettivi e verificabili. Solo in questo modo si potrà arrivare a decisioni condivise e consapevoli in merito all'utilizzo delle biotecnologie.
3. **Il diritto di accesso universale alle biotecnologie e ai suoi vantaggi.** Essendo le biotecnologie al servizio dell'uomo, queste non possono essere detenute da monopoli ristretti, ma devono essere messe a disposizione di tutti, soprattutto dei Paesi più poveri, laddove la loro applicazione possa portare benefici alla salute, combattere le carenze alimentari e, in generale, creare sviluppo.
4. **Il diritto alla tutela dell'ambiente e della salute.** Le biotecnologie non sono prive di rischi. Lo possono diventare solo se valutate con attenzione e sviluppate all'interno di regole trasparenti e condivise. Ogni applicazione biotecnologica, così come ogni tecnologia innovativa, prima di essere destinata all'utilizzo da parte della società deve passare attraverso verifiche sperimentali condotte in maniera indipendente e secondo metodiche rigorose e riproducibili.

Mappa visuale

BIOTECNOLOGIE

TRADIZIONALI
- fermentazione
- domesticazione

MODERNE

VANTAGGI
- più efficaci
- più versatili
- più mirate

Lo **STUDIO** dei geni e del genoma
- PCR
- IMPRONTA GENETICA (genetica forense)
- SEQUENZIAMENTO del DNA

Se a essere clonato è un intero organismo: CLONAZIONE (per es. Dolly)

Il CLONAGGIO GENICO che richiede più fasi:

1. TAGLIO CON ENZIMI DI RESTRIZIONE per isolare il gene da clonare
2. Il gene è inserito in un VETTORE DI CLONAGGIO tagliato con lo stesso enzima
3. La DNA LIGASI unisce il gene al vettore e forma una molecola di DNA RICOMBINANTE
4. Trasformazione dei batteri con il DNA ricombinante e selezione con MARCATORE DI SELEZIONE (per es. resistenza ad antibiotico)

Le molecole di DNA ottenute si possono analizzare con l'ELETTROFORESI su gel di agarosio

Plasmide circolare con:
- orgine di replicazione
- gene per resistenza ad antibiotici
- polilinker

Il **GENE CLONATO** può essere inserito in **VETTORI DI ESPRESSIONE** da inserire in organismi diversi (OGM)

Il clonaggio è usato per creare anche:
- **LIBRERIE GENOMICHE** (DNA)
- **LIBRERIE A cDNA**

Per «consultare» le librerie si ricorre all'**IBRIDAZIONE CON SONDE**

Utile per:
- produrre FARMACI RICOMBINANTI (insulina) → WHITE BIOTECH (chimico-farmaceutiche)
- creare MODELLI ANIMALI TRANSGENICI
- sostituire geni mutati con TERAPIA GENICA
- generare CELLULE STAMINALI iPSC

→ RED BIOTECH (biomediche)

- produrre PIANTE TRANSGENICHE (piante *Bt*)
- produrre BIOCARBURANTI
- il BIORISANAMENTO (biofiltri, biosensori)

→ GREEN BIOTECH (ambientali)

Quesiti e problemi

1 Che cosa sono le biotecnologie

1 Qual è la definizione di biotecnologie secondo l'ONU?

2 Quali affermazioni riguardanti le biotecnologie sono false?
- A Le biotecnologie permettono di inserire geni di una specie nel DNA di altre specie.
- B Le biotecnologie fanno mutare il DNA di una specie con le radiazioni nucleari.
- C Le piante transgeniche sono prodotte per resistere a parassiti e malattie.
- D La terapia genica corregge difetti nel DNA delle persone.
- E Con le biotecnologie c'è il rischio di inserire dei geni indesiderati nel DNA umano.

3 Un bioreattore è
- A un apparecchio dove si duplica il DNA.
- B un insieme di organismi viventi utilizzati per sperimentare un farmaco biotecnologico.
- C una cellula o un organismo che produce molecole utili all'uomo.
- D una cellula o un organismo da cui è prelevato un gene di interesse.

4 Quale tra i seguenti personaggi di fantasia potrebbe essere un prodotto biotecnologico?
- A L'Uomo Ragno
- B Il Minotauro
- C Pegaso
- D Ercole

5 Abbina a ognuno dei seguenti prodotti o processi il settore biotecnologico di pertinenza.

Prodotto o processo	Tipo di biotecnologie (R = rossa, V = verde o B = bianca)
Batteri produttori di idrogeno	
Produzione di fragole resistenti al congelamento	
Produzione di interferone per la cura della sclerosi multipla	
Farina di grano contenente acido folico	

2 Le origini delle biotecnologie

6 Le biotecnologie sono
- A un settore scientifico nato nel Novecento e riservato a laboratori altamente attrezzati.
- B una pratica millenaria che si è affinata nei secoli a partire dai contadini mesopotamici ed egizi.
- C un insieme di tecniche utili per produrre cibi più gustosi.
- D un settore scientifico di rilevanza limitata.

7 Perché un cagnolino di razza può essere considerato un OGM?

8 Quali tra le seguenti pratiche antiche possono essere considerate di tipo biotecnologico? Indica le tre risposte corrette.
- A Produzione del sapone
- B Produzione della birra
- C Tintura delle stoffe
- D Concia delle pelli
- E Estrazione mineraria
- F Allevamento ovino e bovino
- G Coltivazione della vite

3 I vantaggi delle biotecnologie moderne

9 Per ottenere combinazioni alleliche favorevoli e utili agli scopi umani è più efficace affidarsi alle biotecnologie che all'assortimento indipendente degli alleli. Spiega per quale motivo.

10 Quali tra i seguenti aspetti si possono considerare vantaggi oggettivi dell'uso delle biotecnologie?
- A Si può fare evolvere più rapidamente una specie.
- B Si può far rivivere una specie estinta.
- C Si può ottenere prole fertile da ibridi che normalmente non sono interfecondi.
- D Si può ottenere la riparazione di geni mutati.
- E Si può far produrre un antibiotico dal latte di una pecora.

4 Il clonaggio genico

11 Che cos'è un vettore di clonaggio?

12 Disponi le fasi del clonaggio genico nell'ordine giusto in cui devono essere svolte.
- a. Le cellule ospiti sono messe in coltura in presenza di antibiotico.
- b. Inserimento del gene nel vettore di clonaggio contenente il marcatore di selezione.
- c. Inserimento del DNA ricombinante nella cellula ospite.
- d. Prelievo del gene di interesse.
- e. Il vettore e le cellule ospiti risultano clonati.

13 Quale tra le seguenti affermazioni è errata? Il marcatore di selezione
- A è costituito da DNA.
- B si trova dentro il vettore di clonaggio.
- C chi lo possiede risulta resistente a un antibiotico.
- D si trova nel gene di interesse.
- E si trova nel DNA ricombinante.

14 In che cosa consiste il DNA ricombinante?

15 Quale processo tipico dei batteri viene utilizzato per permettere l'ingresso del vettore di clonaggio in un batterio?

16 Qual è la differenza tra i termini *clone batterico*, *clonazione* e *clonaggio*?

5 Tagliare il DNA con gli enzimi di restrizione

17 Che cosa sono le endonucleasi di restrizione?

18 EcoRI è un enzima di restrizione che nel taglio del DNA genera estremità adesive. Esso riconosce la sequenza bersaglio

5′ GAATTC 3′
3′ CTTAAG 5′

effettuando il taglio tra G ed A su entrambi i filamenti.

a. Dove agirà EcoRI nel seguente tratto genico?

5′ ATCGCTGAATTCAAACGT 3′
3′ TAGCGACTTAAGTTTGCA 5′

b. Quanti e quali frammenti si ottengono dopo il taglio?

19 Per quale motivo i frammenti di DNA migrano in un campo elettrico? Da quale polo?

20 L'elettroforesi viene usata

A *in vivo*, per eseguire uno screening delle cellule di un paziente.

B per verificare la presenza di un frammento di DNA o di una proteina in un campione.

C per stimare il tempo di mutazione di un tratto di DNA.

D per amplificare un frammento di genoma a scopi forensi.

21 Quali tra le seguenti affermazioni sono vere?
Gli enzimi di restrizione

A riconoscono sequenze palindromiche.

B sono contenuti naturalmente in tutte le cellule dei procarioti e degli eucarioti.

C tagliano il DNA attraverso una reazione di idrolisi.

D rompono i legami a idrogeno della doppia elica del DNA.

E separano solo i nucleotidi posti all'interno della sequenza di riconoscimento.

6 Saldare il DNA con la DNA ligasi

22 Quale reazione catalizza la DNA ligasi? Perché è necessaria la sua azione di «saldatura» genica?

23 In quali processi cellulari la DNA ligasi svolge comunemente la sua azione?

24 Che cos'è l'RNA guida? In quale sistema cellulare svolge la sua azione?

7 I vettori plasmidici

25 Che cosa sono i vettori plasmidici?

26 Quali sono gli elementi essenziali presenti in un vettore plasmidico?

27 In che cosa consiste la tecnica biolistica?

28 Quale tra le seguenti affermazioni è vera?
La pecora Dolly

A è stato il primo esempio di clonazione prodotta dall'uomo.

B era un clone della pecora che l'ha ospitata nel proprio utero per tutta la gravidanza.

C è stata ottenuta da una cellula staminale trasformata in embrione.

D era un ibrido di due razze di pecora diverse.

E era un clone della pecora donatrice della cellula diploide somatica.

29 Biolistics (gene-gun) is a technique useful for

A constructing recombinant DNA by joining with vectors.

B transformation of plant cells.

C disarming pathogen vectors.

D DNA fingerprinting.

8 Le librerie genomiche

30 Che cos'è una libreria genomica e a quali scopi può servire?

31 Quale differenza sussiste tra un cDNA e il DNA genomico del medesimo gene?

32 In che cosa differisce una libreria a cDNA da una libreria genomica?

33 Per quale motivo per la creazione di cDNA occorre affidarsi all'enzima trascrittasi inversa e non alla DNA polimerasi?

9 La reazione a catena della polimerasi o PCR

34 Che cosa indica la sigla PCR? Quali caratteristiche del DNA sfrutta questa tecnica?

35 PCR consists in three different steps promoted by temperature that are in order:

A Annealing, elongation, denaturation

B Denaturation, annealing, elongation

C Denaturation, elongation, annealing

D Elongation, denaturation, annealing

36 Che cosa sono e quale funzione svolgono i *primer* nella PCR? Perché è necessario usare una coppia di *primer* e non solo uno?

37 Quale vantaggio forniscono i *primer* universali rispetto ai comuni *primer*?

38 Quali sono le fasi di un singolo ciclo di reazione della PCR? Elencale sottolineando il ruolo della temperatura in ciascuna fase.

39 In una reazione di PCR, quale vantaggio offre un enzima come la *Taq* polimerasi?

40 Qual è la funzione di un termociclatore? Per quale metodica viene usato?

41 Mediante la PCR è possibile

A produrre milioni di copie di RNA a partire da un frammento di DNA.

B ricavare informazioni sulle mutazioni presenti nel genoma.

C salvare cellule che hanno perso la capacità di duplicare il proprio DNA.

D amplificare un frammento di DNA.

42 Quali tra le seguenti affermazioni sono corrette?

A La PCR permette di ottenere miliardi di copie di DNA identiche in breve tempo.

B La PCR si può applicare soltanto a frammenti di DNA prelevati da scene del crimine.

C La PCR sfrutta enzimi presenti in natura.

D I cicli di amplificazione possono essere condotti anche senza la presenza in soluzione di desossinucleotidi.

E Nel termociclatore si creano anche frammenti di DNA con sequenze completamente diverse rispetto al campione iniziale.

10 L'impronta genetica

43 Su quali principi generali si basano le tecniche utilizzate dalle scienze forensi per l'analisi dei campioni di DNA?

44 Su quale principio si basa l'analisi RFLP dei polimorfismi dei frammenti di restrizione?

45 In che cosa consiste il *DNA fingerprinting* o impronta genetica?

46 Quali tra le seguenti affermazioni riguardanti l'impronta genetica di due individui sono errate?

A La probabilità che due individui, non imparentati tra loro, abbiano esattamente lo stesso DNA è 10^{-15}.

B La tecnica STR non richiede l'utilizzo di campioni di controllo.

C Si analizzano delle corte sequenze di DNA ripetute molte volte, ma in modo diverso nei due individui.

D Le corte sequenze del genoma non codificano per alcuna proteina.

E Le corte sequenze sono frammenti a sé stanti che si possono visualizzare nella corsa elettroforetica.

47 Which of the four suspects (A, B, C and D) is guilty of the crime?

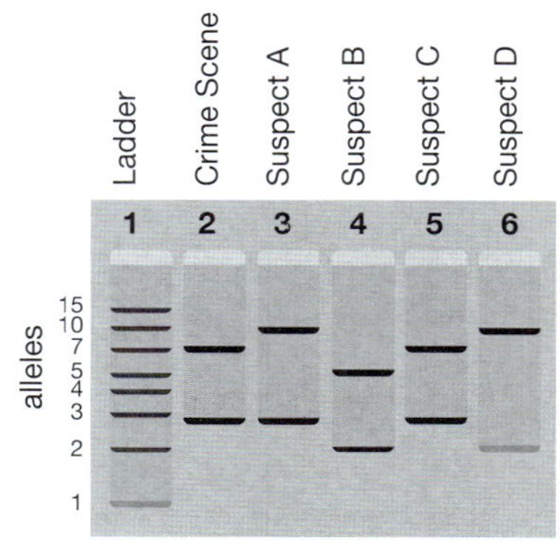

11 Il sequenziamento del DNA

48 In che cosa consiste il sequenziamento del DNA e perché è importante sequenziare un gene o un genoma?

49 Che cosa sono i didesossinucleotidi e perché furono utilizzati da Sanger?

50 Come operano i sequenziatori automatici?

51 Quanti colori fluorescenti sono necessari per sequenziare in modo automatico l'intero genoma di un organismo? Perché?

12 I vettori di espressione

52 Qual è la differenza tra vettore di clonaggio e vettore di espressione?

53 Dov'è collocato il sito multiplo di clonaggio in un vettore di espressione?

54 Un OGM è

A un batterio, una pianta o un animale che è stato clonato.

B un batterio in cui è stato immesso l'intero genoma di un'altra specie.

C un organismo vivente da cui si estraggono sostanze utili all'uomo.

D un organismo che presenta geni diversi da quelli che avrebbe comunemente.

13 La produzione biotecnologica di farmaci

55 Com'è stata ottenuta l'insulina ricombinante? Quali vantaggi presenta rispetto all'impiego di insulina bovina?

56 Elenca cinque esempi di sostanze a scopo terapeutico che sono state ottenute tramite la produzione biotecnologica.

14 I modelli animali transgenici

57 Quale impiego hanno gli animali transgenici? Per quale motivo è utilizzato soprattutto il topo?

58 Riordina le fasi operative che permettono di ottenere un topo transgenico.

a. La progenie chimerica ha cellule che discendono dalle cellule ES (pelo marrone) e dalla blastocisti (pelo bianco).

b. Impianto della blastocisti iniettata in una femmina di topo.

c. Il vettore lineare è inserito in una cellula staminale embrionale ES.

d. Isolamento e analisi del DNA di singoli trasformanti per verificare la correttezza dell'evento di inserzione.

e. Selezione delle ES trasformanti in terreno con antibiotico.

f. Iniezione delle cellule ES trasformate in una blastocisti di topo.

g. Il gene desiderato viene inserito in un vettore lineare con un gene marcatore.

15 La terapia genica

59 Come possono essere utilizzati i topi knock-out nella terapia genica?

60 Quali patologie sono state curate con successo attraverso la terapia genica?

16 Le terapie con le cellule staminali

61 Che cosa sono le cellule staminali?

62 Abbina a ciascuna tipologia di cellula staminale il relativo livello di «potenzialità».

a. Totipotente	1. Può generare un numero limitato di tipi cellulari.
b. Pluripotente	2. Può generare tutti i tipi cellulari.
c. Multipotente	3. Può differenziarsi in uno dei tre foglietti embrionali.

63 Quale tra le seguenti affermazioni è vera?
Le cellule staminali

A hanno tutte la stessa potenzialità delle cellule staminali embrionali.

B sono tutte in grado di generare ogni tessuto, organo e anche individui completi.

C il loro livello di differenziamento può essere diverso a seconda della loro localizzazione all'interno dell'individuo.

D possono essere utilizzate al posto dello zigote e impiantate nell'utero.

64 A quale tipologia di cellule staminali appartengono le cellule staminali ematopoietiche che producono gli elementi figurati del sangue (globuli rossi, globuli bianchi e piastrine)?

65 Che cosa sono le cellule staminali pluripotenti indotte o iPSC? Quale vantaggio presentano rispetto alle cellule staminali adulte?

66 Nella seguente tabella, abbina il tipo di cellula alla categoria di staminali a cui appartiene, scelta tra: cellula *totipotente*, *pluripotente*, *multipotente*.

Cellula	Tipologia di staminale
Zigote	
Cellula ematopoietica del midollo rosso	
Cellule della blastocisti	
Cellula iPSC	

17 Le applicazioni delle biotecnologie in agricoltura

67 Quale caratteristica presentano le piante Bt?

68 Che cos'è il *Golden Rice*?

18 La produzione di biocombustibili

69 Che cosa si intende per biocombustibile o biocarburante?

70 Quale caratteristica hanno i microrganismi OGM che vengono impiegati nella produzione di biocarburante?

19 Le biotecnologie per l'ambiente

71 In che cosa consiste il biorisanamento? Fornisci qualche esempio.

72 Qual è la differenza tra biofiltro e biosensore?

73 Which of the following pairs is correctly matched?

A Ligase - Molecular scissors

B *Thermus aquaticus* - *Bt* gene

C *Bacillus thuringiensis* - Bioethanol

D Hind II - Plasmid vector

74 Esistono prove scientifiche che i prodotti alimentari OGM siano dannosi per la salute umana?

75 Quali sono i principi fondamentali che guidano le decisioni della società nella applicazione delle biotecnologie?

Trattazione sintetica degli argomenti

Sviluppa i seguenti argomenti riportando gli aspetti più significativi in un testo di 8-10 righe.

76 Che cosa sono le biotecnologie? Quale differenza esiste tra il concetto di biotecnologie e quello di OGM?

77 Che cosa si intende per «coltura cellulare»?

78 Quali enzimi giocano un ruolo chiave nella tecnologia del DNA ricombinante?

79 Che cosa sono i *primer* e i terminatori? Quale funzione hanno?

80 Dovendo confrontare due individui, uno sano e uno malato a causa della mancanza di una proteina, quale delle tipo di libreria sarebbe più utile?

81 In che cosa consiste la tecnica del clonaggio?

82 Quali differenze esistono tra la tecnica del «clonaggio» e quella della «clonazione»?

Sviluppa in una presentazione di 10 diapositive al massimo i seguenti argomenti, trattandoli in modo esauriente con il lessico specifico e curando sia l'iconografia sia l'esposizione. Dai alla tua presentazione un titolo sintetico ed efficace.

83 Quali differenze esistono tra le biotecnologie classiche e moderne?

84 Quali sono le tappe fondamentali della tecnologia del DNA ricombinante?

85 Descrivi le diverse tipologie di cellule staminali indicando almeno un esempio per ognuna di esse.

Leggi attentamente la traccia seguente, documentati se necessario e svolgi la prova curando l'esposizione e la terminologia.

86 Cellule staminali e clonazione sono due degli argomenti che maggiormente infiammano il dibattito etico e scientifico nel settore biotecnologico. A partire dalla scheda *Le biotecnologie e il dibattito etico* alle pagine B182-B183, scegli un argomento e approfondisci i nodi salienti della questione, con particolare attenzione ai toni e alla proprietà di linguaggio utilizzati dai media.

Il laboratorio delle competenze

Collega

87 Abbina ognuna delle seguenti tecniche utilizzate dalle biotecnologie al reagente chiave che le caratterizza, scegliendoli tra i termini proposti qui di seguito.

a. enzimi di restrizione
b. cDNA
c. gel di agarosio
d. *Taq* polimerasi
e. didesossinucleotidi

Tecnica	Reagente chiave
Elettroforesi	
PCR	
Tecnica RFLP	
Sequenziamento genico	
Libreria genomica	

Classifica

88 Classifica ognuno dei seguenti prodotti in base alla corrispondente area o tecnica biotecnologica.

a. Topo knock-out
b. Pianta Bt
c. Bioetanolo
d. iPSC
e. Biofiltro
f. *Golden Rice*
g. Anticorpi umani

Deduci

89 Le esonucleasi sono enzimi che tagliano il DNA partendo dai nucleotidi posti all'estremità della doppia elica. Perché le esonucleasi non sono utili ai fini delle tecniche di clonaggio?

90 Rispetto ai desossinucleotidi, i didesossinucleotidi mancano del gruppo —OH in posizione 3′ nel pentoso. Il loro inserimento nella tecnica di Sanger quale reazione va a impedire?

Organizza e interpreta i dati

91 Il CODIS è una banca dati sul DNA in cui sono conservati i profili genetici di molte persone, tra cui quelli di chi ha commesso reati. Questi profili sono stati ottenuti sulla base di 13 loci genici contenenti corte sequenze ripetute in tandem (STR), le cui caratteristiche sono riassunte nella tabella seguente.

STR	Cromosoma	Numero di ripetizioni
TAGA	5	da 5 a 16 volte
TCAT	11	da 3 a 14 volte
GAAT	2	da 4 a 16 volte
CTTT	4	da 12 a 51 volte
TCTG/TCTA	12	da 10 a 25 volte
TCTG/TCTA	3	da 8 a 21 volte
TCTG/TCTA	8	da 7 a 20 volte
TCTG/TCTA	21	da 12 a 41 volte
AGAT	5	da 7 a 18 volte
GATA	7	da 5 a 16 volte
TACT	13	da 13 a 16 volte
GATA	18	da 5 a 16 volte
AGAA	18	da 7 a 39 volte

Rispondi alle seguenti domande.

a. Quale sequenza è ripetuta il maggior numero di volte e in quale cromosoma?
b. Tra le STR elencate, ne esistono alcune posizionate nei cromosomi sessuali?
c. Esistono sequenze diverse ripetute nel medesimo cromosoma?
d. Le due sequenze TAGATAGATAGATAGATAGA e GATAGATAGATAGATAGATA possono appartenere alla medesima persona o sono di sicuro di due persone diverse?

Applica

92 Alcuni allevatori hanno identificato in una razza bovina da latte un carattere favorevole che induce una maggiore produzione. È stato verificato che il carattere compare con la combinazione allelica *AB*.

a. Calcola quante combinazioni AB si potrebbero ottenere da un incrocio tra due individui $AaBb \times AaBb$.

b. In percentuale, qual è la probabilità corrispondente?

93 Partendo da un campione di 10^{-13} g di DNA, dopo 20 cicli di amplificazione quante copie si formano? Quanti g di DNA si ottengono?

Ipotizza

94 Nell'elettroforesi su gel, nel primo pozzetto viene sempre inserito un *DNA ladder*, cioè un insieme di frammenti di DNA di lunghezza nota che, come quelli dei campioni incogniti, migrano e si posizionano a varie distanze nel gel di agarosio, dopo essere stati sottoposti a una differenza di potenziale imposta dall'operatore. Sai ipotizzare qual è la funzione del DNA *ladder*?

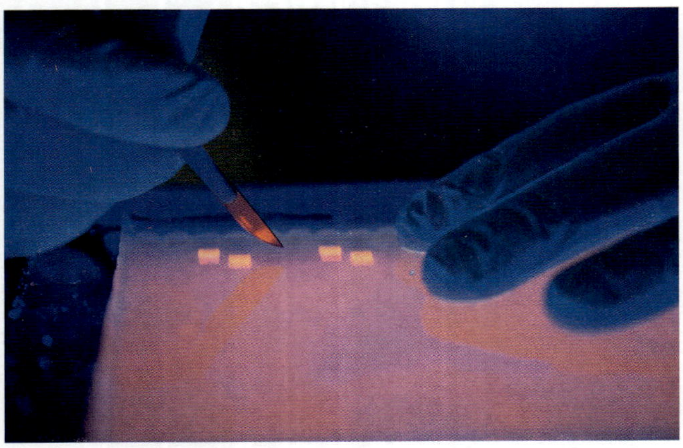

95 I ricercatori di una Med School delle Hawaii hanno recentemente prodotto un curioso maialino che al buio ha il muso e le zampe fluorescenti grazie all'introduzione nel suo genoma del gene che codifica per la proteina verde fluorescente GFP, che in natura è prodotta da alcune meduse. Sulla base di queste informazioni, quale tra le seguenti affermazioni ritieni sia falsa?

A Il maialino dimostra come sia possibile inserire geni desiderati nel genoma degli eucarioti e farli esprimere.

B L'espressione del gene per la GFP nel maialino è un primo passo per mettere a punto i protocolli di terapia genica.

C Il maialino è un animale transgenico.

D Il maialino è ottenuto per clonazione dalla medusa.

Analizza

96 Il gene per la produzione biotecnologica di insulina è stato inserito tramite un vettore di clonaggio in *E. coli*. Si procede alla coltura dei trasformanti di *E. coli* in tre condizioni diverse:

- con terreno minimo;
- con terreno minimo e l'antibiotico amoxicillina;
- con terreno minimo, amoxicillina e tetraciclina.

Nel vettore, oltre al gene sono stati inseriti il marker per la resistenza all'amoxicillina e quello per la resistenza alla tetraciclina. Solo i batteri in cui il clonaggio ha avuto successo saranno in grado di produrre correttamente la proteina. Il corretto inserimento del gene nel plasmide causa l'interruzione e l'inattivazione del gene per la tetraciclina.

a. Tra quelle rappresentate qui sotto, quale piastra colturale corrisponde a ciascuno dei tre tipi di terreno?

b. Quale colonia risulta correttamente trasformata?

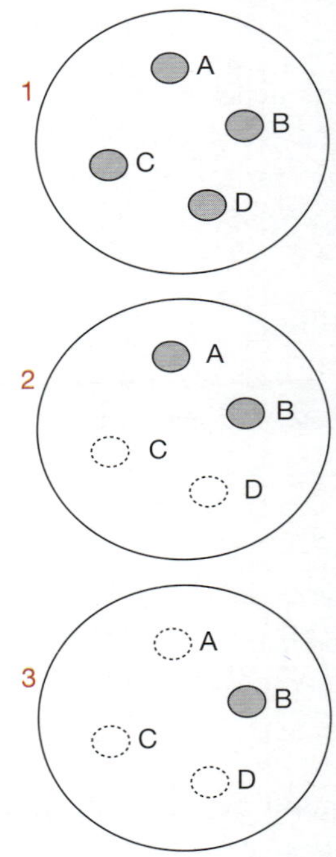

97 Nel confronto tra genoma umano e genoma dello scimpanzé ti aspetti che il numero dei geni in comune sia maggiore o minore rispetto a quelli che il topo ha in comune con gli esseri umani? Motiva la tua risposta.

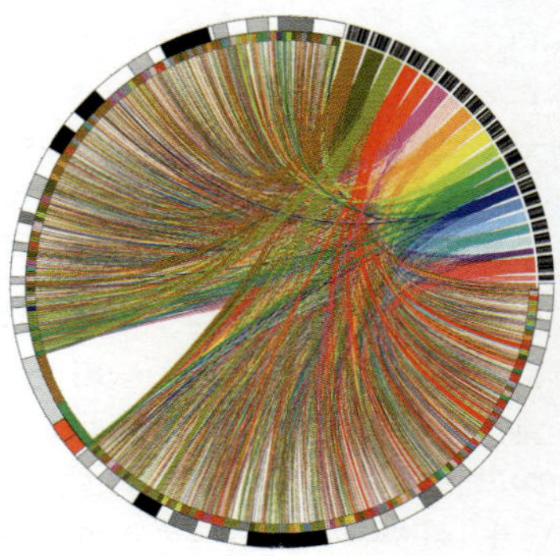

A scuola di lavoro

98 Il mestiere del biotecnologo prevede una fase di studio del DNA dell'organismo oggetto di studio, dal quale ricavare per esempio un gene da sottoporre a clonaggio. Una parte di questo studio coinvolge la ricerca degli enzimi di restrizione più idonei, in modo da prevedere quanti frammenti si otterranno dopo la digestione e quale sarà la loro lunghezza. La bioinformatica consente di velocizzare questo tipo di analisi, tramite apposite banche dati come la NCBI e software di elaborazione (per esempio *Webcutter*).

La ricercatrice responsabile del laboratorio in cui lavori ti incarica di analizzare il DNA del batteriofago T4 e di prevedere gli esiti dell'elettroforesi che condurrai dopo la digestione con EcoRI. Il DNA del batteriofago T4 è lungo soltanto 48 502 paia di basi. EcoRI taglia tra G ed A nella sequenza bersaglio

5′ GAATTC 3′
3′ CTTAAG 5′

che nel genoma del fago T4 si trova nelle posizioni 21 226, 26 104, 31 747, 39 168 e 44 972.

Rispondi alle seguenti domande.

a. Quanti frammenti si otterranno dalla restrizione del DNA del fago T4?
b. Quale lunghezza avrà ogni segmento dopo la digestione enzimatica?
c. Come si dispongono le bande relative a ogni frammento nella corsa elettroforetica schematizzata qui in basso? Segna la posizione approssimativa di ogni segmento con la matita.
d. Quali frammenti saranno poco distinguibili tra loro?

Corsa elettroforetica	
Anodo +	
Lunghezza del frammento in migliaia di basi	
2	
4	
6	
8	
10	
12	
14	
16	
18	
20	
22	
24	
26	
Catodo –	

Verso l'Università

1 Da quante triplette è costituito il codice genetico?
A Un numero variabile a seconda della specie considerata.
B 64
C 20, come gli amminoacidi che codifica.
D 12, a causa della ridondanza degli amminoacidi.
E 36

[dalla prova di ammissione a Medicina e Chirurgia, Odontoiatria e Protesi dentaria, 2016/17]

2 Nelle cellule eucariotiche, il trascritto primario di mRNA (o pre-mRNA)
A viene prodotto dalla DNA polimerasi.
B può uscire dal nucleo non appena è stato sintetizzato.
C contiene sia introni sia esoni.
D può essere immediatamente tradotto in proteina.
E è presente nel citoplasma.

[dalla prova di ammissione a Medicina e Chirurgia, Odontoiatria e Protesi dentaria, 2016/17]

3 Secondo le regole di Chargaff, relative ai rapporti tra le 4 basi azotate del DNA:
A esiste un rapporto di 1 : 1 tra le basi puriniche (Citosina – Guanina) e le basi pirimidiniche (Timina – Adenina) contenute nel DNA di una cellula.
B esiste un rapporto di 1 : 1 tra le basi puriniche (Adenina – Guanina) e le basi pirimidiniche (Uracile – Citosina) contenute nel DNA di una cellula.
C esiste un rapporto di 1 : 1 tra le basi puriniche (Adenina – Guanina) e le basi pirimidiniche (Timina – Citosina) contenute nel DNA di una cellula.
D esiste un rapporto di 1 : 1 tra le basi pirimidiniche (Adenina – Guanina) e le basi puriniche (Timina – Citosina) contenute nel DNA di una cellula.
E esiste un rapporto di 1 : 1 tra le basi puriniche (Adenina – Timina) e le basi pirimidiniche (Guanina – Citosina) contenute nel DNA di una cellula.

[dalla prova di ammissione a Medicina e Chirurgia, Odontoiatria e Protesi dentaria, 2017/2018]

4 Date le seguenti tre modalità di regolazione dell'espressione genica in eucarioti, quale/i avviene/avvengono prima della traduzione?

1. Splicing alternativo di pre-mRNA.
2. Alterazione epigenetica del DNA attraverso metilazione.
3. Rimozione per via enzimatica di peptidi segnale da una proteina precursore.

A Solo 1 e 2
B Tutte
C Solo 2 e 3
D Solo 1
E Solo 3

[dalla prova di ammissione a Medicina e Chirurgia, Odontoiatria e Protesi dentaria, 2015/16]

5 Un gene viene trasferito da una cellula animale di una specie X ad una cellula di un altro organismo Y. Quale dei seguenti organismi indicati di seguito potrebbe essere Y?

1. Un altro animale di specie X.
2. Un animale di un'altra specie.
3. Un batterio.

A Solo 1 e 2
B Solo 1 e 3
C Solo 2 e 3
D Solo 3
E Tutti

[dalla prova di ammissione a Medicina e Chirurgia, Odontoiatria e Protesi dentaria, 2015/16]

6 Cosa sono gli introni?

A Le sequenze codificanti di un gene strutturale che si attivano nel nucleo.
B Piccole proteine cariche positivamente che nelle cellule eucariotiche sono costituenti fondamentali della cromatina, insieme al DNA.
C Sequenze non codificanti di un gene strutturale che interrompono la sequenza codificante.
D Complessi formati da rRNA e ribonucleotidi.
E Sequenze di riconoscimento per la traduzione dell'mRNA.

[dalla prova di ammissione a Medicina e Chirurgia, Odontoiatria e Protesi dentaria, 2017/2018]

7 Quale tra i seguenti completamenti <u>non</u> è corretto? I trasposoni sono sequenze di DNA che

A costituiscono un'alta percentuale del genoma umano.
B sono in grado di replicarsi indipendentemente dal cromosoma in cui si trovano.
C possono spostarsi nel DNA di una cellula.
D sono responsabili della trasformazione batterica.
E possono essere coinvolti nell'insorgenza dei tumori.

[dalla prova di ammissione a Medicina e Chirurgia, Odontoiatria e Protesi dentaria, 2012/2013]

8 Quale delle seguenti proprietà <u>non</u> può essere usata per distinguere la molecola di DNA da quella di mRNA maturo?

A Tipo di zucchero presente
B Presenza di una doppia elica
C Presenza di introni
D Presenza di uracile
E Presenza di legami fosfodiesterici

[dalla prova di ammissione a Medicina e Chirurgia, Odontoiatria e Protesi dentaria, 2014/2015]

9 In un frammento di DNA, vengono calcolate le percentuali di ognuna delle quattro basi azotate presenti. In quale/i dei seguenti casi la somma dei valori ottenuti rappresenta sempre il 50% del totale delle basi?

1. % adenina + % timina
2. % citosina + % guanina
3. % guanina + % timina

A Solo 1
B Solo 2
C Solo 3
D Solo 1 e 2
E Tutti

[dalla prova di ammissione a Medicina e Chirurgia, Odontoiatria e Protesi dentaria, 2013/2014]

10 Nel 1965 i due scienziati F. Jacob e J. Monod ricevettero il premio Nobel per la medicina per i loro studi su

A gli enzimi di restrizione.
B lo splicing nei geni eucariotici.
C il virus HIV.
D il sequenziamento del DNA.
E l'operone lac nei batteri.

[dalla prova di ammissione a Medicina e Chirurgia, Odontoiatria e Protesi dentaria, 2012/2013]

11 Un frammento di DNA a doppia elica contiene 12 molecole di timina e 15 molecole di guanina. Quanti singoli legami idrogeno tra basi azotate sono complessivamente presenti all'interno di questo frammento di DNA?

A 54 B 69 C 27 D 66 E 81

[dalla prova di ammissione a Medicina e Chirurgia, Odontoiatria e Protesi dentaria, 2014/15]

12 Quale tra le seguenti affermazioni relative al codice genetico è <u>falsa</u>?

A Contiene dei segnali di fine lettura, rappresentati da tre codoni di stop.
B I codoni del codice sono costituiti da coppie di nucleotidi, che rendono possibili 64 combinazioni.
C Dato un codone, questo specifica sempre un unico amminoacido.
D È ridondante, vale a dire che quasi tutti gli amminoacidi sono specificati da più di un codone.
E Contiene un segnale di inizio, rappresentato dal codone AUG.

[dalla prova di ammissione a Medicina e Chirurgia, Odontoiatria e Protesi dentaria, 2017/2018]

Rachel Carson contro l'abuso di insetticidi

La storia dell'ambientalismo conosce un prima e un dopo, e a fare da spartiacque c'è un momento preciso: il 27 settembre 1962. È la data di pubblicazione di *Primavera silenziosa*, un libro che condensa anni di ricerca sui pericoli che i Paesi occidentali correvano a inizio anni Sessanta con l'impiego massiccio di insetticidi ed erbicidi sintetici. A scriverlo fu **Rachel Carson**, una biologa marina che, dopo il successo di una trilogia di libri dedicati al mare (di cui in Italia è stato tradotto solamente *Il mare intorno a noi*), ha potuto dedicarsi completamente alla saggistica scientifica. Il libro ha avuto una circolazione enorme ed è diventato uno dei testi di riferimento del nuovo movimento ambientalista che si stava consolidando negli Stati Uniti, culminato nel 1970 con la celebrazione della prima Giornata Mondiale della Terra.

Primavera silenziosa è un libro-indagine che assomiglia a un moderno rapporto per studiare un argomento a partire dalla letteratura scientifica più aggiornata e farne conoscere le conseguenze a un pubblico più ampio. La Carson si occupa dei pericoli che derivano dall'abuso di insetticidi, come il *clorano*, l'*eptacloro*, la *dieldrina*, l'*aldrina* e l'*endrina*, oltre al più famoso di tutti: il **DDT** (Dicloro-Difenil-Tricloroetano). L'autrice li suddivide in idrocarburi clorurati (come il DDT) e insetticidi a base di fosforo, che si degradano più facilmente ma presentano una tossicità elevata e imprevedibile quando si combinano in alcuni composti, come il *parathion* e il *malathion*. La Carson si occupa anche degli erbicidi dell'epoca, alcuni dei quali a base di arsenico, che inquinano le acque. La tesi di fondo di *Primavera silenziosa* non è l'eliminazione di queste sostanze, ma di impiegarle nelle quantità minori possibili e consapevoli delle loro conseguenze sull'ambiente.

Il bioaccumulo, un killer silenzioso

Un mondo con meno zanzare che trasportano la malaria e meno piante infestanti nei campi dove coltiviamo ciò che poi mangiamo sono due prospettive che nessun essere umano razionale si sentirebbe di ostacolare. Con i primi studi scientifici alla mano, Rachel Carson mostra ciò che ancora non sapevamo fino in fondo: quali fossero gli effetti per gli organismi viventi, esseri umani compresi, sul medio e lungo periodo, visto che l'esposizione a queste sostanze agisce anche per **accumulo progressivo** dovuto alla ripetuta esposizione. «Come la piccola goccia che, con il suo continuo stillicidio, scava la roccia, i veleni entrano a contatto con il nostro corpo da quando nasciamo fino all'ora della morte determinando, talvolta, conseguenze funeste. Ciascuna di queste ripetute esposizioni – anche se di modesta entità – contribuisce al progressivo aumento di sostanze chimiche nel nostro corpo e di conseguenza al cosiddetto avvelenamento cumulativo».

Per spiegare il fenomeno del **bioaccumulo**, la Carson racconta un esempio concreto, legato all'idea di natura incontaminata dell'America di quegli anni. Si tratta del Clear Lake, un lago montano della California, habitat perfetto per *Chaoborus astictopus*, un insetto simile alla zanzara che però non diffonde malattie, sebbene possa dare fastidio ai villeggianti. Nel 1949 l'amministrazione locale decide di eliminarlo usando il DDD (1,1-dicloro-2,2-bis(p-clorofenil)etano), un parente del DDT che avrebbe dovuto essere meno nocivo per i pesci che vivono nel lago. Tutto sembra andare bene fino al 1954, quando l'insetto ritorna e perciò si ripete il trattamento. Gli insetti spariscono di nuovo, ma si nota una diminuzione sensibile del numero di svassi, uccelli che si nutrono dei pesci del lago. Che cosa è successo? Nel lago furono immessi 0,02 parti per milione (ppm) di insetticida. Ma nel 1954 il fitoplancton conteneva 5 ppm di DDD. La stessa misura sui pesci erbivori, che si nutrono del fitoplancton, arrivava a 300 ppm e per i pesci carnivori che si cibavano dei pesci erbivori addirittura 2500 ppm. Gli svassi morti avevano accumulato nel loro corpo fino a 1600 ppm di DDD: una quantità più che sufficiente a ucciderli.

Ricostruire l'equilibrio tra esseri umani e natura

Questo racconto mette in evidenza la pericolosità sul medio e lungo termine del bioaccumulo, i cui effetti non sono immediati, ma si propagano lungo la catena alimentare, senza risparmiare anche gli esseri umani. Motivo per cui la Carson invita, con questo e molti altri esempi abbondantemente argomentati, a stabilire un nuovo tipo di **relazione tra gli esseri umani e la natura**. Le nuove basi devono essere una profonda conoscenza della natura stessa, un uso accorto delle sostanze chimiche sintetiche impiegate in agricoltura e per la disinfestazione degli insetti, e la ricerca di un equilibrio che non solo permette alla biosfera di mantenersi in salute, ma garantisce il sostentamento necessario anche agli esseri umani.

Nel finale di *Primavera silenziosa*, la Carson ne parla in questi termini: «Ci troviamo oggi a un bivio: ma le due strade che ci si presentano non sono ambedue egualmente agevoli come quelle che Robert Frost ci descrive in una delle sue più note poesie. La via percorsa finora ci sembra facile, in apparenza: si tratta di una bellissima autostrada su cui possiamo procedere a elevata velocità ma che conduce a un disastro. L'altra strada – che raramente decidiamo di imboccare – offre l'ultima e unica possibilità di raggiungere una meta che ci consenta di conservare l'integrità della Terra».

Carl e Gerty Cori svelano il metabolismo del glicogeno

Tutti gli animali, esseri umani compresi, sono in costante movimento. Da dove prendono l'energia necessaria per tutte le loro attività? Per cercare di rispondere a questa domanda, una coppia di scienziati, Carl e Gerty Cori, è andata alla ricerca e ha poi scoperto il processo attraverso il quale le cellule dei muscoli producono e immagazzinano l'energia. Il «**ciclo di Cori**», come è stato battezzato in loro onore, è un processo biochimico alla base del metabolismo degli zuccheri e ha importanti ricadute anche sulla terapia del diabete, una malattia in cui il ciclo scoperto dai due ricercatori non funziona correttamente. Per i risultati delle loro ricerche, nel 1947 hanno ricevuto insieme il premio Nobel per la medicina.

Figura A I coniugi Cori in laboratorio, intorno al 1947.

Praga e il crollo dell'Impero austro-ungarico

Carl e Gerty Cori hanno lavorato per la maggior parte della loro vita negli Stati Uniti, diventando cittadini di quel paese, ma sono originari del cuore dell'Europa centrale, in Boemia. Nascono entrambi nel 1896 a Praga, all'epoca città dell'Impero austro-ungarico. Gerty è figlia di Otto Radnitz, un chimico ebreo che lavora come dirigente in una raffineria di zucchero, ma a infonderle la passione per le scienze è lo zio, un medico pediatra, che la sostiene quando vuole proseguire gli studi, in un'epoca in cui le donne erano incoraggiate a occuparsi solamente delle faccende domestiche.

I due futuri sposi si conoscono alla Carlo Ferdinando, l'Università tedesca della città, e non si lasceranno mai, vivendo e lavorando assieme tutta la vita. Carl descrive la futura moglie come una donna «di fascino, vitalità, intelligenza, con un forte senso dell'umorismo e un grande amore per la vita all'aperto: ne fui immediatamente innamorato» (**Figura A**).

A cambiare definitivamente le sorti delle loro vite è la Prima Guerra mondiale, alla cui conclusione l'Impero austro-ungarico viene smembrato e scompare dalla carta geografica dell'Europa. Nella nuova nazione cecoslovacca, di cui Praga è la capitale, si risvegliano però sentimenti antisemiti e i due capiscono che se vogliono trovare entrambi un lavoro nella ricerca scientifica devono emigrare.

L'America e il metabolismo dei carboidrati

Dal 1922 al 1931 i Cori lavorano a Buffalo, nello stato di New York, pubblicando a doppio nome ottanta articoli scientifici. Il loro campo di interesse è il metabolismo dei carboidrati, in particolare il meccanismo che regola il **livello di zuccheri nel sangue**. I loro esperimenti in questi anni si concentrano sulle cellule muscolari che, per produrre l'energia di cui hanno bisogno, rompono molecole di glicogeno, ovvero la loro riserva energetica pronta all'uso. Nel corso di questo processo, il glicogeno viene convertito in lattato che, tramite il circolo sanguigno, viene poi trasportato fino al fegato. Qui, attraverso una serie di reazioni biochimiche, il lattato viene nuovamente convertito in glicogeno epatico che, a sua volta, può essere scomposto in caso di bisogno e rilasciato nel sangue sotto forma di molecole di glucosio. Una volta giunto ai muscoli, il glucosio viene immagazzinato come glicogeno. In estrema sintesi, questo è il **ciclo di Cori**, un processo ciclico che svela per la prima volta il rapporto indissolubile tra il funzionamento dei muscoli e il fegato, e viceversa (**Figura B**).

Per spiegare fino in fondo da dove si generi l'energia che gli animali usano per far funzionare i muscoli, mancano però ancora diversi passaggi del processo. I due coniugi si sono nel frattempo spostati a St. Louis, alla Washington University, dove lavorano per tutto il resto della vita insieme. Qui i Cori si concentrano per anni a studiare i minimi dettagli quantitativi di ogni singolo passaggio del loro ciclo e cercano di individuare le sostanze intermedie che lo caratterizzano. Probabilmente la più importante di quest'ultime è il **glucosio 1-fosfato**, che deriva dalla reazione catalizzata dalla *glicogeno fosforilasi*, un enzima scoperto dai Cori stessi. La loro dimostrazione che il glicogeno si forma anche nella reazione inversa è una delle prime prove sperimentali della sintesi di una macromolecola in provetta, e la spinta finale che li porta a Stoccolma a ritirare il premio Nobel.

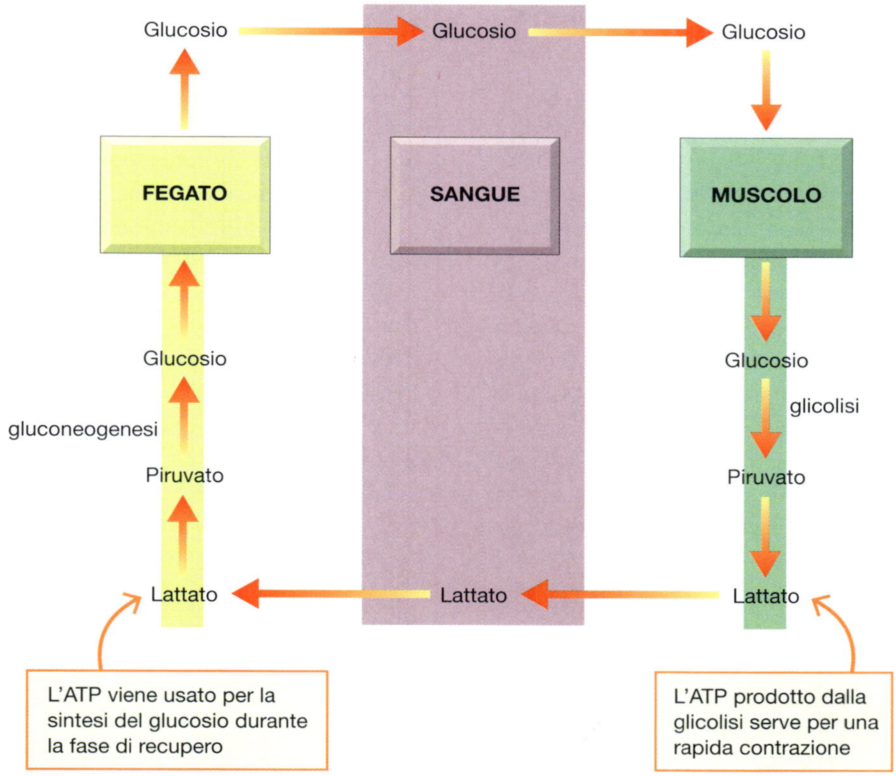

Figura B Le tappe fondamentali del ciclo di Cori.

L'eredità di Gerty e Carl Cori

Oltre che spinta dalla curiosità scientifica, Gerty ha studiato il metabolismo degli zuccheri per ricavarne indicazioni terapeutiche per i pazienti, un'ispirazione che probabilmente le veniva dallo zio pediatra. Oggi un particolare tipo di *glicogenosi*, un gruppo di malattie causate dall'eccessivo accumulo di glicogeno nel fegato e che si riscontra più frequentemente in età pediatrica, è detta **malattia di Cori** (o *glicogenosi di tipo III*) perché dovuta a un'alterazione proprio del ciclo di Cori.

Le loro ricerche sono anche alla base delle successive terapie per il **diabete**, una malattia che è provocata proprio dall'inabilità del corpo di regolare correttamente i livelli di glucosio in circolo nel sangue. Ma Gerty e Carl Cori, oltre che aver indicato una possibile via per lo sviluppo di terapie per questa malattia, sono da considerarsi dei veri pionieri perché hanno gettato le fondamenta per la comprensione del metabolismo dei carboidrati.

Nel 1947 i Cori ricevono il premio Nobel per la Medicina insieme al fisiologo argentino Bernardo Alberto Houssay (1887-1971). Gerty è la prima donna a ricevere questo riconoscimento, e solo la terza nella storia del premio in ambito scientifico, dopo Marie Curie e Irène Joliot-Curie. In onore di questo primato, nel 1979 un cratere lunare è stato battezzato con il suo nome.

Per approfondire

I primi scienziati a comprendere il ruolo del pancreas nel diabete nei cani sono stati gli scienziati **Joseph von Merig** (1849-1908) e **Oskar Miknowski** (1858-1931), il fratello del matematico Hermann, alla fine del XIX secolo.

Tuttavia, è soltanto **Edward Albert Sharpey-Schafer** (1850-1935) nel 1910 a suggerire che chi soffre di diabete presenta una deficienza di insulina: l'ormone prodotto dal pancreas.

Nel 1921 **Frederick Grant Banting** (1891-1941) e **Charles Herbert Best** (1899-1978) confermano i risultati di von Mering e Minkowski ripetendo gli esperimenti sui cani: senza pancreas gli animali sviluppano rapidamente i tipici sintomi del diabete. Ma i due scienziati dimostrano anche il fenomento inverso, vale a dire che la somministrazione di insulina a cani sani era in grado di indurre i sintomi caratteristici del diabete.

La malattia di Cori (glicogenosi di tipo III) è stata studiata a fondo da **Gilbert Burnett Forbes** (1915-2003), motivo per cui è nota anche come malattia di Forbes. Il pediatra americano ha descritto una delle caratteristiche della patologia: il ruolo del deficit dell'enzima deramificante necessario per la conversione completa del glicogeno in glucosio.

Kary Mullis e l'invenzione della PCR

Ogni volta che entriamo nella vasca da bagno, il livello dell'acqua al suo interno sale. Lo sapeva anche il matematico Archimede (287 a.C. circa-212 a.C. circa). Ma un giorno, proprio mentre si sta immergendo si rende conto che il volume d'acqua spostato al momento del suo ingresso deve essere esattamente uguale al volume del proprio corpo. Secondo la leggenda, è in questo momento di intuizione che esclama «Eureka!», una parola greca che potremmo tradurre con «ho trovato». Questo breve racconto è diventato lo stereotipo per le scoperte scientifiche improvvise, più simili forse alla loro rappresentazione cinematografica che alla realtà. Ma è esattamente quello che **Kary Mullis** racconta gli sia successo nel 1983 quando ha inventato la reazione a catena della polimerasi (o *Polymerase Chain Reaction*, PCR), una tecnica che ha rivoluzionato lo studio del DNA.

È notte quando Mullis sta viaggiando sulla Highway 128 della California per raggiungere l'Anderson Valley, qualche ora di macchina a nord di San Francisco, dove si vuole concedere un weekend di riposo assieme alla sua fidanzata. Mullis sta pensando a come risolvere il problema su cui sta lavorando con i colleghi della *Cetus*, una delle prime aziende biotech che ha avuto tra i propri fondatori anche il premio Nobel per la fisica del 1960, Donald Glaser, l'inventore della camera a bolle per lo studio delle particelle elementari. Alla *Cetus* stanno cercando modi innovativi e rapidi per analizzare le mutazioni del DNA. Ma in realtà, ciò che gli fa dire «Eureka!» è un'idea su come riprodurre innumerevoli copie di una qualsiasi regione del DNA per poterla poi analizzare con calma. Accosta l'auto a bordo strada, fa qualche rapido calcolo e capisce che l'intuizione è corretta: la PCR è nata e Mullis è già sicuro che quanto ha scoperto sarà la motivazione del proprio premio Nobel.

Lo scrittore e il fornaio

Kary Mullis nasce nel 1944 a Lenoir, in North Carolina, e cresce nella Carolina del Sud (**Figura A**). Fin da bambino è sempre stato interessato a «pasticciare» con il Piccolo Chimico, al punto che la madre, che si occupa di proprietà immobiliari, è preoccupata che possa farsi del male. Arrivato senza grossi incidenti all'età dell'Università, può davvero intraprendere la carriera del chimico, grazie agli studi al Georgia Institute of Technology e, poi, all'Università della California a Berkley, lo stesso campus dove nel 1971 nasce la *Cetus* per cui lavorerà più tardi. Ma prima di diventare scienziato, prova a farsi strada – senza successo – come scrittore e, per due anni, lavora anche come gestore di un forno. Due parentesi che lasciano capire come Kary Mullis non corrispondesse all'immagine dello scienziato votato solo alla ricerca.

La laurea in chimica gli torna utile nel 1979 quando approda alla *Cetus* con un impiego, almeno inizialmente, di routine. Il suo compito è sintetizzare oligonucleotidi, brevi sequenze di nucleotidi (in genere meno di 20 basi azotate), secondo le esigenze dei diversi laboratori dell'azienda. Solo in un secondo momento viene coinvolto nell'ideazione di un sistema innovativo per l'analisi delle mutazioni che causano l'anemia falciforme. Nelle aspirazioni dell'azienda, qualsiasi sia il metodo scovato, deve essere rapido, per non far attendere troppo a lungo i malati e accelerare i tempi per le cure. Ma ciò si scontra con il fatto che normalmente si lavora con poco DNA prelevato dai pazienti stessi e questo è un vero e proprio collo di bottiglia. Per Mullis e i suoi colleghi sarebbe molto meglio disporre di una tecnologia che permetta di ottenere un numero infinito di copie di una determinata sequenza di DNA, su cui poi poter fare diverse analisi in parallelo. Un sistema di questo tipo permetterebbe di abbattere di molto i tempi necessari per le analisi.

La soluzione arriva quella notte del 1983 lungo l'Highway 128. Con la PCR è possibile replicare milioni di volte, in una semplice provetta, un singolo frammento di DNA. In laboratorio si sintetizzano degli oligonucleotidi (*primer*) che si appaiano ai due filamenti del segmento di DNA da replicare, precedentemente separati grazie a

Figura A Il premio Nobel per la chimica Kary Mullis a una conferenza di TED in California, nel 2009.

semplice aumento della temperatura. Il campione viene quindi raffreddato e si aggiunge l'enzima DNA polimerasi che è in grado di sintetizzare un nuovo filamento di DNA usando il segmento di partenza come stampo. A questo punto si rialza la temperatura per far separare di nuovo i due filamenti, quello *vecchio* e quello *nuovo*, in modo che la procedura possa essere ripetuta nuovamente. A ogni ciclo, il numero delle copie di DNA che si desidera raddoppia. Tutta la procedura, che Mullis sostiene di aver avuto già in testa fin dall'inizio, è relativamente semplice e tutto quello che serve, teoricamente, è una provetta (con nucleotidi e un enzima) e una fonte regolabile di calore. Oggi questo procedimento è automatizzato grazie a macchinari per la PCR (*termociclatori*) che gestiscono il ripetersi dei cicli della PCR in poche ore.

Le applicazioni della PCR

La reazione a catena della polimerasi è una delle più note e rivoluzionarie invenzioni degli anni pionieristici delle biotecnologie, quel periodo tra gli anni Ottanta e i primi anni Novanta del Ventesimo secolo, quando si sono messe a punto le prime tecniche per la manipolazione del DNA in laboratori di tutto il mondo. Oltre a velocizzare l'analisi del DNA, riducendo da giorni a ore i tempi di attesa, la PCR ha avuto moltissime applicazioni.

Per esempio, con la PCR è possibile individuare una quantità molto piccola di DNA estraneo all'interno di un organismo, velocizzando il riconoscimento di infezioni virali e batteriche, senza più la necessità di un lungo processo di coltura in laboratorio. La PCR è alla base anche delle moderne tecniche di indagine della polizia scientifica: oggi, infatti, si può analizzare il DNA contenuto in una singola goccia di sangue o in un capello trovati sulla *scena del crimine*. Ma ha anche permesso di studiare più facilmente il DNA contenuto nei resti fossili di organismi vissuti in ere precedenti, un'idea che ha ispirato anche Michael Crichton e il suo romanzo *Jurassic Park*. La PCR ha anche aperto la porta al **Progetto Genoma Umano**, un'impresa scientifica che ha portato nel 2003 al sequenziamento del nostro DNA.

Ballando nudi nel campo della mente

Dopo il premio Nobel, diviso a metà con Michael Smith (1932-2000) per «i suoi studi sulla mutagenesi a seguito della riorganizzazione degli oligonucleotidi e le sue implicazioni nello studio delle proteine», Kary Mullis non ha più lavorato in laboratorio e ha preferito costruirsi una carriera alternativa, in tutti i sensi. La sua grande passione è diventata il surf, sport che è il suo passatempo preferito quando non è impegnato come conferenziere. Ha provato a ritornare alla scrittura, anche se non nel campo della narrativa, ma come saggista. La sua raccolta di pensieri intitolata *Ballando nudi nel campo della mente* è diventato un bestseller mondiale, anche per alcune idee controverse che contiene, dall'ipotesi che la vita sulla Terra sia di origine aliena (*panspermia*) al fatto che l'HIV non sarebbe la causa dell'AIDS e che le sostanze psichedeliche servirebbero ad aprire porte percettive altrimenti chiuse.

All'interno della comunità scientifica il suo premio Nobel ha suscitato una grande discussione: era giusto che lo vincesse solo lui, senza che fossero premiati anche i colleghi della *Cetus* che hanno lavorato agli esperimenti sulla PCR? Alcuni commentatori hanno anche sottolineato che l'idea di Mullis, a dispetto del racconto epico che lui stesso ne fa, è arrivata dopo che altri scienziati hanno proposto soluzioni simili. Ma probabilmente, prima di prendere la prossima onda con la tavola, Mullis risponderebbe che è però stato lui l'unico a metterla in pratica fino in fondo, realizzando una tecnica che può essere usata praticamente in ogni laboratorio di biologia molecolare del mondo.

Per approfondire

Uno dei problemi tecnici da risolvere per ottenere una PCR utilizzabile su larga scala riguardava la DNA polimerasi umana, un enzima che non resiste alle temperature attorno ai 90 °C necessarie per denaturare il frammento di DNA che si vuole replicare. L'inconveniente è stato risolto impiegando l'enzima batterico *Taq polimerasi*. A isolarla è stato **Thomas Brock** (1926), un microbiologo americano che tra il 1965 e il 1975 ha studiato i microorganismi che sopravvivevano alle alte temperature dei geyser del Parco Nazionale di Yellowstone, negli Stati Uniti. In particolare, nella Mushroom Spring ha scoperto un batterio che prospera a temperature attorno ai 70 °C che è stato chiamato *Thermus aquaticus*.

Tra il 1990 e i 2003 il **Progetto Genoma Umano**, fortemente sostenuto dal premio Nobel italiano Renato Dulbecco (1914 - 2012), ha portato al sequenziamento dell'intero DNA dell'uomo, un'impresa scientifica che la PCR ha reso possibile, assieme ad altre tecniche di laboratorio, come i metodi di sequenziamento *shot gun* messi a punto dalla Celera Genomics di **Craig Venter** (1946). Il progetto mirava alla mappatura dei nucleotidi contenuti in un genoma aploide di riferimento, per un totale di oltre 3 miliardi di basi. Non si tratta quindi del genoma di un individuo specifico, ma un mosaico di diversi genomi costruito a partire da quello di un piccolo gruppo di persone. Nel 2011, però, è stato sequenziato il genoma di James Watson, uno dei padri del modello a doppia elica del DNA.

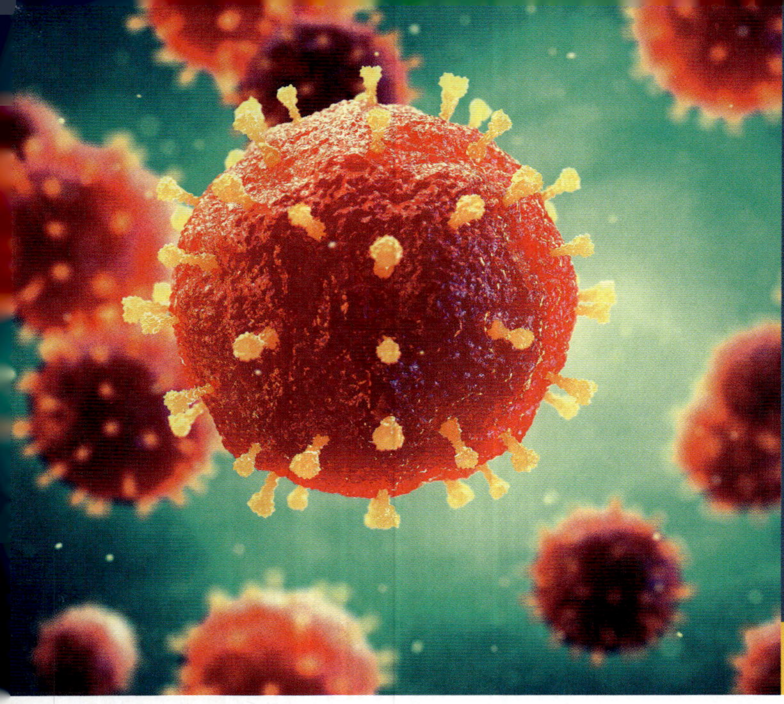

I vaccini

Verso l'esame: allenarsi con le prove esperte

Il 28 luglio 2017 è stato convertito in legge il decreto sui vaccini, grazie al quale il Ministero della Sanità si pone l'obiettivo di proteggere e tutelare i nostri figli e quelli delle generazioni future da malattie e infezioni. Per i minori di età compresa tra 0 e 16 anni sono state rese obbligatorie le seguenti vaccinazioni:

- **anti-polio**, **anti-difterica**, **anti-tetanica**, **anti-epatite B**, **anti-pertosse** e **anti-*Haemophilus influenzae* di tipo B**, somministrate in un'unica soluzione mediante un vaccino combinato *esavalente*;
- **anti-morbillo**, **anti-rosolia**, **anti-parotite**, **anti-varicella**, somministrabili con un'unica iniezione in un vaccino combinato *tetravalente*.

L'obbligatorietà delle vaccinazioni porta a una elevata *copertura vaccinale* (il termine con cui si indica la percentuale di individui vaccinati): un'alta percentuale di vaccinati impedisce agli agenti infettivi di circolare e scatenare epidemie. In questo modo, grazie al cosiddetto *effetto gregge* (o immunità di gruppo) vengono tutelate anche le persone più fragili, quelle che, per motivi di salute, non possono essere vaccinate. L'OMS (Organizzazione Mondiale Sanità) raccomanda un valore di soglia per la copertura vaccinale del 95%.

Le vaccinazioni obbligatorie sono richieste per poter iscrivere i propri figli ad asili nido e scuole d'infanzia e dovranno essere vaccinati anche gli studenti fino a 16 anni di età. Le sanzioni attualmente previste per chi non rispetta l'obbligo vanno da 100 a 500 euro.

L'argomento vaccini e vaccinazioni ti interessa perché vuoi sapere se sono veramente efficaci e sicuri: hai guardato, infatti, alcuni programmi televisivi sul tema, nel corso dei quali sono state date molte informazioni, che ti sono sembrate un po' confuse e anche controverse tra di loro, senza capire bene quali di queste fossero solo opinioni e quali invece costituissero fatti reali e comprovati. Nel corso di queste trasmissioni hai ascoltato anche il parere di alcuni genitori che manifestavano dubbi, preoccupazioni e una scarsa fiducia nei confronti di questa arma di prevenzione. Vuoi trovare, perciò, una risposta alle domande più frequenti che hai sentito fare.

Come funziona un vaccino? Il principio su cui si basa un vaccino è l'inoculazione, in una persona sana, di componenti molecolari, opportunamente trattate e rese innocue, che derivano dall'organismo patogeno da cui ci si vuole difendere: queste componenti sono chiamate antigeni e sono in grado di evocare una risposta immunologica, simile a quella causata dall'agente infettivo naturale, senza però causare la malattia e le sue complicanze. Di questo primo incontro con l'antigene estraneo, l'organismo conserva la «memoria» immunologica, ovvero la capacità di ricordarsi di esso e, in caso di una seconda esposizione allo stesso antigene, risponde in modo rapido ed efficace, debellandolo e impedendo il manifestarsi dei sintomi della malattia. La conclusione è che il vaccino istruisce in modo naturale il sistema immunitario, senza che l'organismo si ammali e subisca danni.

I vaccini sono sicuri? Un vaccino deve rispettare alcuni criteri fondamentali, tra cui quello di non causare realmente la malattia, di non avere effetti collaterali, di essere efficace contro uno specifico patogeno e di conferire una protezione di lunga durata. I vaccini sono tra i farmaci per cui si registra il minor numero di effetti indesiderati: non bisogna dimenticare che i rischi causati dalla malattia son di gran lunga superiori a quelli derivanti dai vaccini.

Studente .... Classe .... Data ....

Perché bisogna vaccinarsi? La vaccinazione è una procedura medica che conferisce resistenza a uno specifico invasore, che viene sconfitto prima della comparsa dei sintomi e delle complicanze della malattia. La vaccinazione è, ad oggi, l'unico strumento in grado di prevenire e controllare la diffusione di malattie infettive. Una vaccinazione di massa, inoltre, impedisce, che l'agente patogeno si diffonda, conferendo quella che viene chiamata *immunità di gruppo*.

Perché si inizia a vaccinare così presto? Il programma di vaccinazione parte dal compimento del secondo mese di vita perché, a questa età, il sistema immunitario del bambino è in grado di rispondere alla vaccinazione e, inoltre, perché ritardare non aumenta la sicurezza della vaccinazione ma espone il neonato a possibili infezioni, che possono invece essere prevenute con la vaccinazione.

Come si ottiene un vaccino? I vaccini attualmente in uso si dividono in vaccini tradizionali e ricombinanti.

I **vaccini tradizionali** sono preparati a partire da:

a. *virus o batteri attenuati*, cioè manipolati in modo da essere in grado di moltiplicarsi ma non di causare la malattia;
b. *virus o batteri inattivati*, costituiti da microrganismi uccisi mediante trattamenti chimico-fisici;
c. *componenti purificate da preparazioni di virus o batteri*, come proteine o lipidi di membrana, senza la presenza di altre componenti tossiche del microrganismo ma, tuttavia, in grado di stimolare il sistema immunitario.

I **vaccini ricombinanti** si ottengono grazie alla tecnologia del DNA ricombinante, che consente di rivisitare le strategie tradizionali rendendole più efficaci.

La poliomielite

Tua nonna ti ha raccontato che, quando lei era piccola, era solita vedere bambini con gli arti inferiori deformati e più sottili; per camminare, dovevano aiutarsi con scarponcini correttivi e con l'uso di stampelle. I bambini a cui si riferisce erano stati colpiti dalla **poliomielite** (chiamata anche, semplicemente, *polio*) o paralisi infantile, una malattia virale molto contagiosa e tra le malattie infettive più temute del Ventesimo secolo. Il virus che la causa, nell'1% dei casi, penetra nel sistema nervoso centrale, colpisce i motoneuroni e provoca prima debolezza muscolare e poi paralisi. Nella forma più comune (*polio spinale*) la paralisi spesso coinvolge le gambe ed è asimmetrica. Tra il 1940 e il 1950 la poliomielite ha ucciso o paralizzato 500 milioni di persone, colpendo soprattutto i bambini tra 0 e 14 anni.

Nel corso del Ventesimo secolo le tante epidemie di questa malattia hanno portato a una «corsa» per la formulazione di un vaccino che conferisse l'immunità a questo terribile virus, a cui si è arrivati nel 1950. Attualmente i vaccini antipolio disponibili sono due.

- Il **vaccino Salk**, il primo a essere formulato, nel 1954, e successivamente commercializzato; è costituito dal virus inattivato (ucciso) mediante formalina e somministrato con un'iniezione intramuscolo (IPV). Attualmente questo vaccino è stato potenziato e viene utilizzato da tutti i paesi industrializzati, in associazione con altri vaccini.
- Il **vaccino Sabin**, costituito dal virus attenuato, somministrato per via orale (OPV). È stato autorizzato a partire dal 1962 e in breve tempo è diventato l'unico usato a livello mondiale. Tuttavia, questo vaccino ha un problema rilevante, legato alla *retromutazione* genetica del virus attenuato: durante il transito intestinale, il virus può tornare a essere virulento. Ciò può comportare l'insorgenza di paralisi in 1 caso ogni 2,2 milioni di dosi complessive somministrate.

Non esiste cura per la polio, solo trattamenti che possono aiutare ad alleviare i sintomi, come la riabilitazione motoria e l'uso di scarpe correttive. In occasione dell'edizione 2017 del *World Polio Day*, l'OMS ha ricordato che questa malattia coinvolge soprattutto i bambini di età inferiore ai 5 anni e che una infezione su 200 porta alla paralisi irreversibile (tra queste, il 5%-10% porta a morte quando i muscoli respiratori si immobilizzano). Inoltre, nonostante i casi di polio siano diminuiti di oltre il 99% dal 1988 (da 350 000 casi stimati a 37 casi segnalati nel 2016), finché un solo bambino al mondo sarà infetto, tutti quelli degli altri paesi rimarranno a rischio di contrarre la malattia.

Le **Figure 1** e **2** a pagina seguente mostrano l'andamento dei casi di poliomielite in Italia e nel mondo negli ultimi decenni.

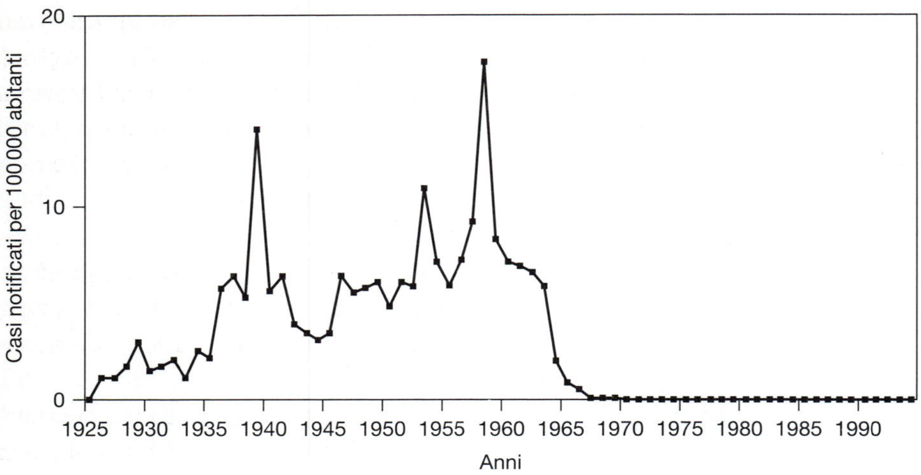

Figura 1
Andamento della poliomielite in Italia. (Fonte: Ministero della sanità)

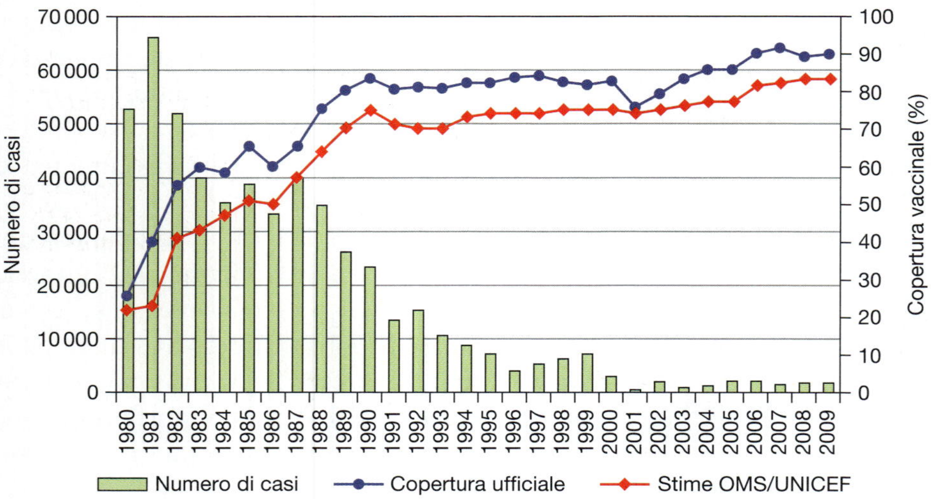

Figura 2
Casi di poliomielite a livello mondiale. La curva blu indica la copertura vaccinale secondo i dati provenienti dai vari paesi, la curva rossa indica la copertura vaccinale secondo le stime dell'OMS e dell'UNICEF.

QUESITO 1

Ritieni che la vaccinazione contro la poliomielite abbia dimostrato, nel tempo, di poter controllare il propagarsi dell'infezione e delle epidemie? Che tipo di considerazioni puoi fare sul suo andamento in Italia, prima e dopo il picco epidemico del 1958? Dal momento che in Italia non sono stati più registrati casi dal 1983, pensi che il nostro paese non sia più esposto al rischio di contrarre questa malattia? Motiva le tue risposte, analizzando attentamente le informazioni e i dati a tua disposizione.

....
....
....
....
....
....
....
....
....
....
....

 Studente .... Classe .... Data ....

Il morbillo

Il morbillo è una malattia infantile, che colpisce soprattutto i bambini da 1 a 3 anni, ma anche gli adolescenti e i giovani adulti. È una malattia molto contagiosa, causata da un virus che provoca un caratteristico esantema cutaneo. Hai scoperto, con tua grande sorpresa, che è diffusissima a livello mondiale e, ogni anno, è responsabile di un numero elevato di morti, circa 30-100 ogni 100 000 persone colpite: le **complicazioni** che il morbillo può dare – polmonite, encefalite e convulsioni, trombocitopenia (o ipopiastrinemia) – sono poco frequenti ma piuttosto severe. Nel nostro Paese la malattia continua a circolare e, periodicamente, si verificano delle epidemie: ad esempio, durante l'anno 2017, i casi segnalati dal 01/01/2017 al 10/12/2017 sono stati 4885 e i decessi 4. I dati provengono dal Sistema di Sorveglianza Integrata morbillo-rosolia, organo istituito nel febbraio 2013 (ex Sorveglianza Speciale) che si propone di eradicare a breve termine entrambe le malattie.

Il vaccino utilizzato per il morbillo appartiene ai *vaccini vivi attenuati* e viene utilizzato in combinazione con altri vaccini. La vaccinazione in due tempi, a 1 anno di età e con un richiamo a 5-6 anni, conferisce immunità per sempre.

Le **Figure 3** e **4** e la **Tabella 1** (a pagina seguente) riassumono il numero di casi di morbillo in Italia e la copertura vaccinale per questa malattia.

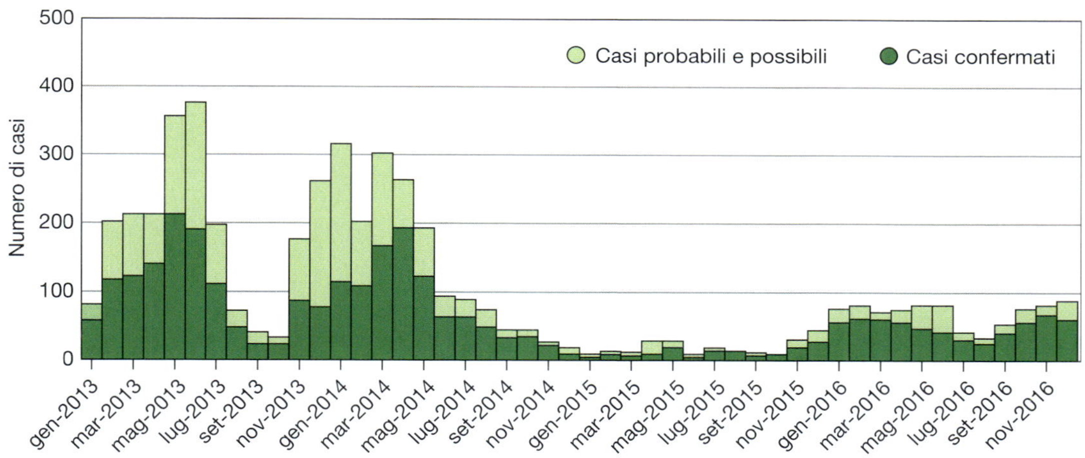

Figura 3
Casi di morbillo in Italia, notificati per anno, da gennaio 2013 (inizio Sorveglianza Integrata morbillo-rosolia) a novembre 2016.

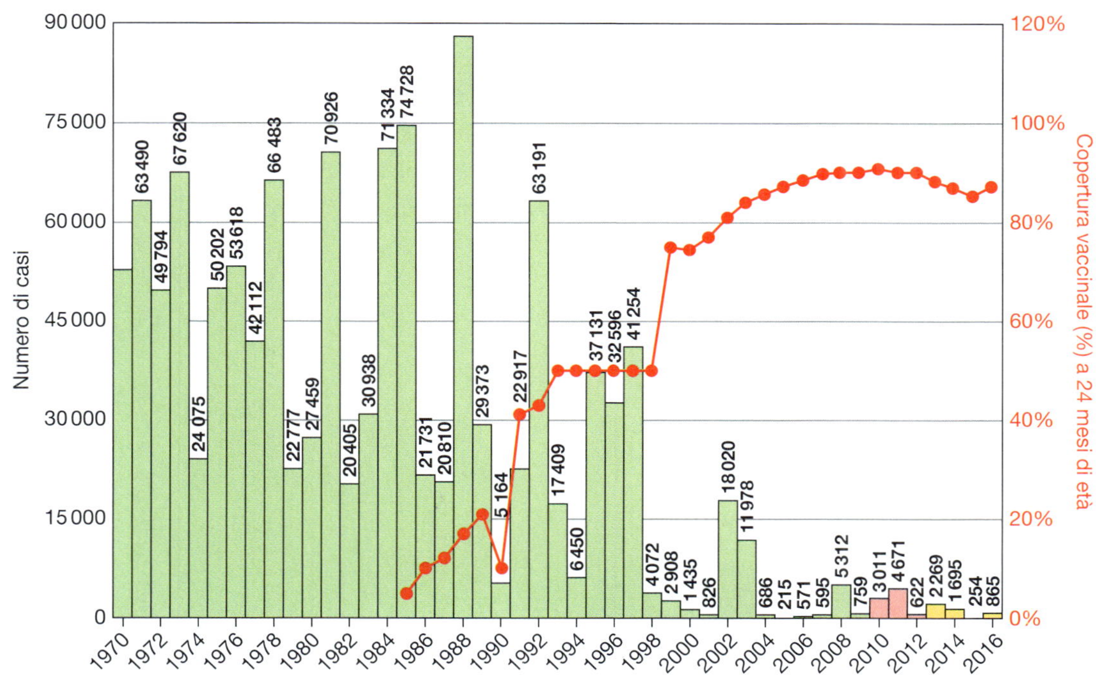

Figura 4
Casi di morbillo in Italia e copertura vaccinale (Fonte: Ministero della salute, Sorveglianza Speciale e Sorveglianza Speciale Integrata).

Tabella 1

Casi e stima delle complicanze del morbillo in Italia, in tre periodi con diversa copertura vaccinale (Fonte: Ministero della Salute e Istituto Superiore della Sanità). *Legenda*: cv = copertura vaccinale

	Anno	Numero casi	Media casi	cv %	Encefalite (0,1%)	Polmonite (4,1%)	Trombo-citopenia (0,9%)	Convulsioni (0,1%)	Otite (2,8%)	Ricoveri ospedale (29%)
Periodo con bassa copertura vaccinale (50%)	1993	17409		50	17	396	157	17	487	5049
	1994	6450		50	6	258	58	6	181	1871
	1995	37131		50	37	1485	334	37	1040	10768
	1996	32596		50	33	1304	293	33	913	9453
	1997	41254		50	41	1650	371	41	1155	11964
	1998	4072		50	4	163	37	4	114	1181
Dati: Ministero Salute	**TOT**	**138912**	**23152**		**139**	**5556**	**1250**	**139**	**3890**	**40284**
Periodo con copertura vaccinale intermedia (75-85%)	1999	2908		75	3	116	26	3	81	843
	2000	1435		74,1	1	57	13	1	40	416
	2001	826		76,9	1	33	7	1	23	240
	2002	18020		80,8	18	721	162	18	505	5226
	2003	11978		83,9	12	479	108	12	335	3474
	2004	686		85,7	1	27	6	1	19	199
Dati: Ministero Salute	**TOT**	**35853**	**5976**		**36**	**1434**	**323**	**36**	**1004**	**10397**
Periodo con alta copertura vaccinale (85-90%)	2010	3011		90,6	3	120	27	3	84	873
	2011	4671		90,1	5	187	42	5	131	1355
	2012	622		88,3	1	25	6	1	17	180
	2013	2269		86,7	2	90	20	2	63	655
	2014	1695		86,7	2	68	15	2	47	492
	2015	254		85,3	0	10	2	0	7	73
	2016	865		87,3						
Dati: Sorveglianza Speciale e Sorveglianza Integrata	**TOT**	**12508**	**2085**		**13**	**500**	**113**	**13**	**350**	**3627**

QUESITO 2

Quali sono le cause che hanno portato l'Italia all'obbligo della vaccinazione contro il morbillo? A partire dal 2010, quali sono state le conseguenze di una diminuzione della copertura vaccinale? Per rispondere utilizza e confronta i dati della **Tabella 1** e di **Figura 4**. Come puoi spiegare la relazione tra andamento del morbillo e copertura vaccinale?

....

....

....

....

....

....

....

....

....

....

....

 Studente .... Classe .... Data ....

I vaccini ricombinanti

Il vaccino che è attualmente in uso contro il virus dell'epatite B (HBV) appartiene alla classe dei vaccini ricombinanti. HBV è responsabile di gravi infezioni al fegato e il suo vaccino ricombinante si basa sulla proteina HBsAg. Per ottenere il vaccino, il gene per HBsAg è trasferito in un plasmide che viene clonato in *Escherichia coli*: le cellule di questo batterio sono utili per produrre grandi quantità del plasmide, ma non permettono la corretta espressione della proteina HBsAg. I plasmidi clonati vengono allora introdotti, in un secondo momento, nelle cellule di un particolare lievito, dove sono in grado di esprimere il gene, consentendo la corretta sintesi della proteina HBsAg: l'utilizzo del lievito come *sistema di espressione* serve a garantire che le proteine virali prodotte assumano la stessa conformazione che avrebbero in caso di infezione in cellule umane. Nelle cellule di lievito, così come in quelle umane, le proteine subiscono dopo la sintesi particolari modificazioni che sono importanti per il loro corretto funzionamento, in quanto le rendono biologicamente attive e stabili nel tempo.

Il plasmide, per essere clonato, deve possedere:

- l'*ori* del batterio *E. coli*;
- *uno o più geni marcatori*, necessari per selezionare le cellule di *E. coli* (e successivamente anche quelle di lievito) che hanno incorporato il plasmide ricombinante e distinguerle da quelle che ne sono prive;
- *un polilinker*, ovvero un sito di clonazione multipla.

Per esprimere il plasmide servono anche:

- una seconda *ori* (di un plasmide di lievito);
- un *promotore* per esprimere il gene *HBsAg*;
- un *gene reporter*, situato a valle del promotore e a monte del gene *HBsAg*; un esempio di un gene di questo tipo è il *gene GFP* (Green Fluorescent Protein) che codifica per una proteina che emette fluorescenza verde, facilmente rilevabile e quantificabile: quando il *promotore* è attivo viene prodotto un unico mRNA e vengono sintetizzate sia la proteina GFP sia la proteina HBsAg.

La proteina HBsAg, una volta prodotta e purificata, può essere usata per la preparazione del vaccino.

Qui sotto sono riportati:

1. il frammento di DNA che contiene il gene *HBsAg*, in cui sono evidenti solo le sequenze che lo fiancheggiano;

ACGGATCCGTACTACG-----GENE *HBsAg*------CGTAGTACGGATCCGT
TGCCTAGGCATGATGC-----GENE *HBsAg*------GCATCATGCCTAGGCA

2. le sequenze di riconoscimento degli enzimi di restrizione BamHI e PstI;

BamHI G↓GATCC / CCTAG↑G   PstI CTGCA↓G / G↑ACGTC

3. il plasmide di clonaggio per *E. coli*, in cui Amp^r indica il gene per resistenza all'antibiotico ampicillina e Tet^r il gene per resistenza all'antibiotico tetraciclina.

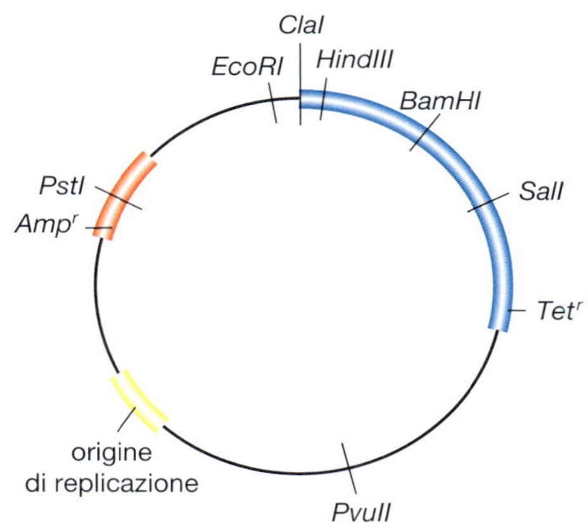

QUESITO 3

A partire dal frammento di DNA contenente il gene *HBsAg*, dagli enzimi di restrizione *BamHI* e *PstI* e dal plasmide di clonaggio per *E. coli*, descrivi la tecnica che useresti per inserire il gene di interesse (*HBsAg*) nel plasmide. Successivamente spiega come potresti selezionare le colonie di *E. coli* (e quelle di lievito) che contengono il plasmide ricombinante. Sottolinea, infine, l'importanza della presenza del promotore del gene *HBsAg*, nel momento in cui il gene deve essere espresso nelle cellule di lievito, e prova a disegnare il plasmide di espressione in modo che contenga tutte le caratteristiche necessarie, elencate nel testo, perché venga sintetizzata la proteina-antigene.

QUESITO 4

Produci un breve documento informativo (al massimo di 30 righe), scegliendo la modalità che preferisci, destinato a dei neogenitori, con l'obiettivo di renderli consapevoli dell'importanza della vaccinazione. Metti in evidenza, portando anche degli esempi, i vantaggi che i vaccini ricombinanti, rispetto ai vaccini tradizionali, possono conferire a questa pratica per renderla più sicura.

Studente .... Classe .... Data ....

Analyzing DNA molecules by agarose gel electrophoresis

Listen
Analyzing DNA molecules by agarose gel electrophoresis

It is possible to separate a mixture of DNA fragments, such as those obtained by restriction endonuclease digestion of a DNA molecule, by **agarose gel electrophoresis**.

Electrophoresis is a technique that separates molecules using differences in electrical charge. Since DNA molecules have a negative charge, when placed in an electrical field they migrate towards the positive pole (**Figure A**). The rate of migration depends on their shape and charge-to-mass ratio. DNA fragments have similar shapes, but molecules of different sizes have different mass-to-charge ratios. These differences are exploited to separate the molecules by applying an electrical field through agarose gel.

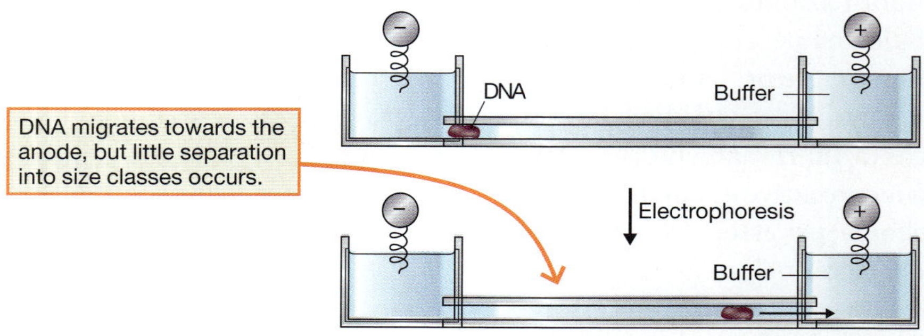

Figure A
Standard electrophoresis allows DNA migration, but almost no size separation occurs.

Agarose is a linear polymer consisting of repeating units of agarobiose, which is a disaccharide made up of D-galactose and L-galactopyranose. It is available as a white powder, which dissolves in near-boiling water, and forms a gel as it cools. When solidified, the fibres form a three-dimensional network of pores with a diameter ranging from 50 to more than 200 nm. Pore size depends on the concentration of agarose used to prepare the gel: higher agarose concentrations yield smaller pores.

When an electrical field is applied, the DNA molecules must travel through this network to reach the positive electrode. The smaller the DNA molecule, the faster it migrates through the gel. Thus, agarose gel electrophoresis separates DNA molecules according to their size (**Figure B**).

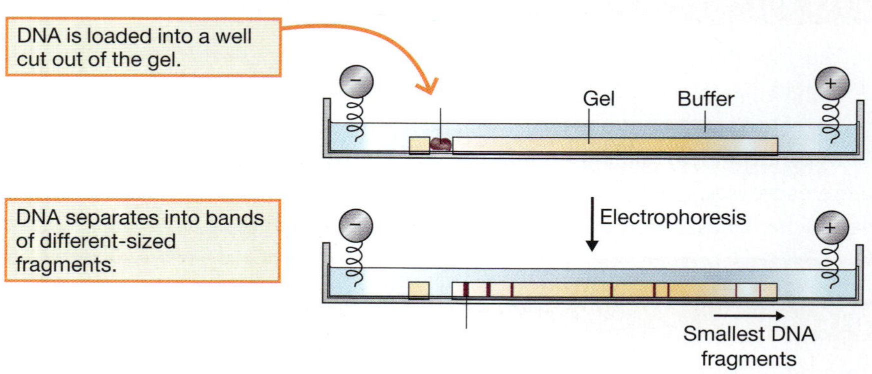

Figure B
Gel electrophoresis separates DNA fragments based on their size.

In order to separate the molecules, the mixture of DNA fragments is placed inside small wells, cut on the top of the gel, near the negative electrode. The electrical field is then applied for sufficient time to allow the complete separation of the molecules in the mixture.

At the end of the run, DNA molecules can be visualized by staining the gel with chemical compounds that make the DNA visible. One popular dye is **Ethidium Bromide (EtBr)**, which intercalates between the bases in the DNA double helix. When excited by UV light, the different DNA fragments containing EtBr become clearly visible in the gel as fluorescent orange bands (**Figure C**). Other DNA staining compounds do not require UV irradiation, but can be visualized by blue light. These dyes are now commonly used and are replacing EtBr, which is a powerful carcinogen, and UV light, which is also hazardous for the eyes and skin.

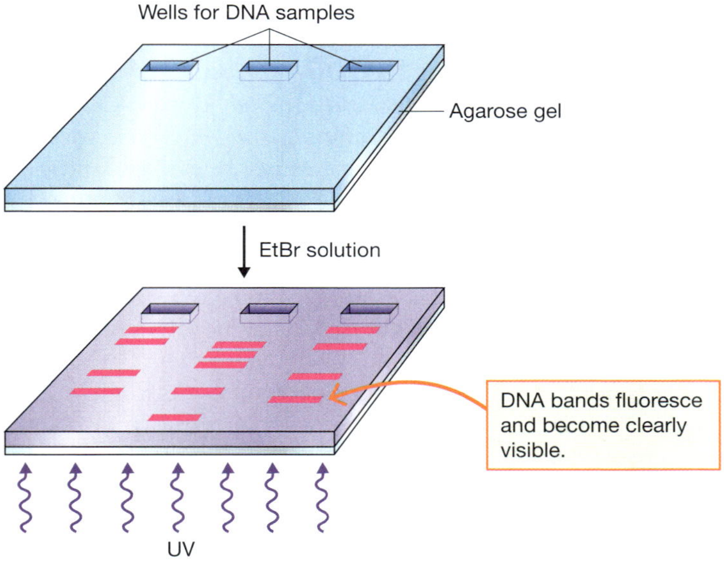

Figure C
DNA bands visualization through EtBr staining.

Agarose gel electrophoresis not only separates a mixture of DNA fragments, but also allows the size of the DNA fragments to be estimated. To do this, the DNA fragments are compared to the size of a reference DNA molecule (for example the bacteriophage λ DNA digested by the endonuclease HindIII). This reference sample is composed of a mixture of fragments of known size, which is resolved by electrophoresis into a series of discrete bands, called a **DNA ladder**. DNA fragments with similar size will tend to run at the same speed through the gel and will form similar bands. Therefore, by running this reference sample next to the mixture to be analyzed, it is possible to estimate the length of the unknown fragments by comparing their relative positions with the fragments of the DNA ladder (**Figure D**).

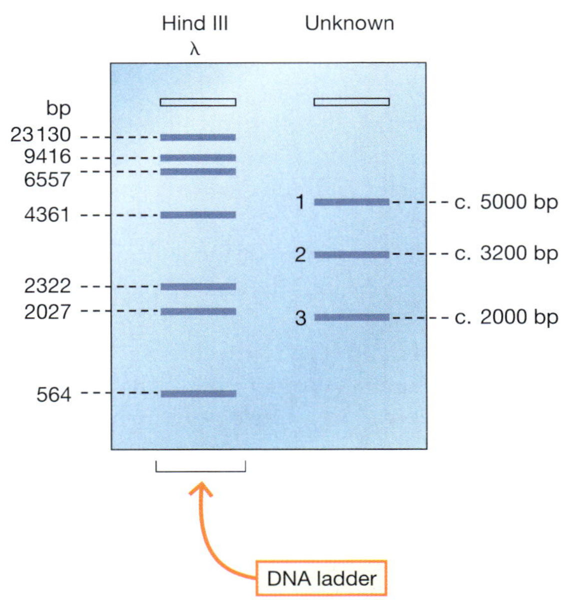

Figure D
DNA ladders help determine the size of DNA fragments.

DNA sequencing techniques

Listen
DNA sequencing techniques

One of the most important techniques used to study nucleic acids is **DNA sequencing**, which identifies the precise order of nucleotides in a DNA molecule. The conventional approach to DNA sequencing is called **chain termination method**. This procedure was invented by Frederick Sanger and colleagues in the 1970s and it is still widely used nowadays.

Chain termination sequencing requires a **thermostable DNA polymerase**; the most commonly used is **Taq polymerase**, the DNA polymerase I from the thermophilic bacterium *Thermus aquaticus*.

The different reaction steps that characterize DNA sequencing are controlled by cycling between temperatures: this allows repeated rounds of strand separation, primer attachment and DNA synthesis, in a manner very similar to polymerase chain reactions. However, two elements differentiate DNA sequencing from PCR:

- only one primer is used: this means that the reaction results in multiple copying of just one strand of the target DNA;
- together with normal nucleotides for DNA synthesis (dATP, dCTP, dGTP and dTTP), the reaction also contains four modified compounds called 2′,3′-dideoxynucleotides, or simply dideoxynucleotides (ddNTPs).

The **ddNTPs** are chain terminating nucleotides. During DNA synthesis, the addition of a nucleotide requires the formation of a phosphodiester bond between the 3′—OH group of the last nucleotide in the chain and the 5′—P group of the incoming nucleotide. Since ddNTPs lack the 3′—OH group, their incorporation does not allow subsequent elongation, thus terminating synthesis of the polynucleotide. In the sequencing reaction, the normal nucleotides are in excess of the ddNTPs. This means that DNA synthesis does not stop immediately after it has begun, and instead can continue for several hundred steps before a ddNTP is incorporated by chance and chain termination occurs. Each reaction cycle will thus generate a new set of chain-terminated molecules. At the end of the experiment, there will therefore be a *mixture of single-stranded products*, of differing lengths, each ending with a specific ddNTP (**Figure A**).

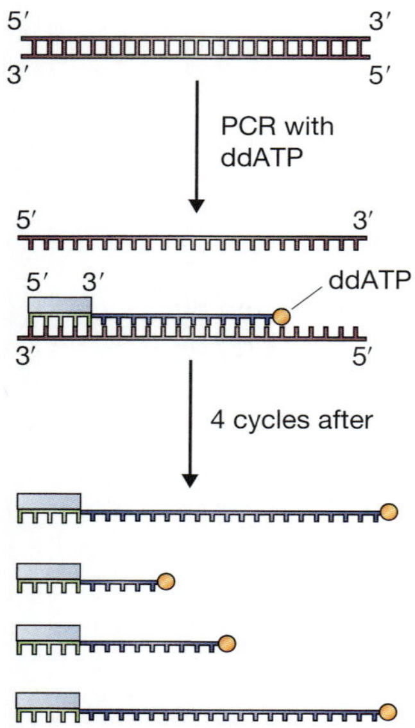

Figure A
The role of ddNTPs in a chain terminator sequencing experiment.

The key point of chain termination sequencing is that the terminal ddNTP identifies the nucleotide located at that position in the template DNA. For example, if the terminal ddNTP is ddA, the corresponding position on the DNA template must carry a thymine (T).

Thus, in order to determine the sequence of the DNA template, it is sufficient to follow two steps.

- First, separate the chain-terminated strands according to their lengths, from thr shortest to the longest. This can be achieved by electrophoresis through a thin capillary of polyacrylamide gel. Under appropriate conditions, polynucleotides differing in length by just a single nucleotide can be resolved.
- Secondly, identify which ddNTP is present at the end of each of the chain-terminated strands. This is possible if each of the four the ddNTPs used as substrates is labelled with a different fluorescent marker.

The sequence is therefore read by a fluorescence detector that identifies the signal emitted by each chain-terminated strand as it passes through the capillary gel (**Figure B**).

Up to 1000 nucleotides can be read in a single experiment. This means that over three million experiments would be needed to sequence an entire human genome. Because of this limitation, recent technologies have focused on the design of automated systems in which many sequencing experiments can be carried out at the same time: these methods are known as «**massively parallel**» **systems**. The most successful of these automated systems is able to acquire billions of sequences in a single run, each run taking less than a day to complete.

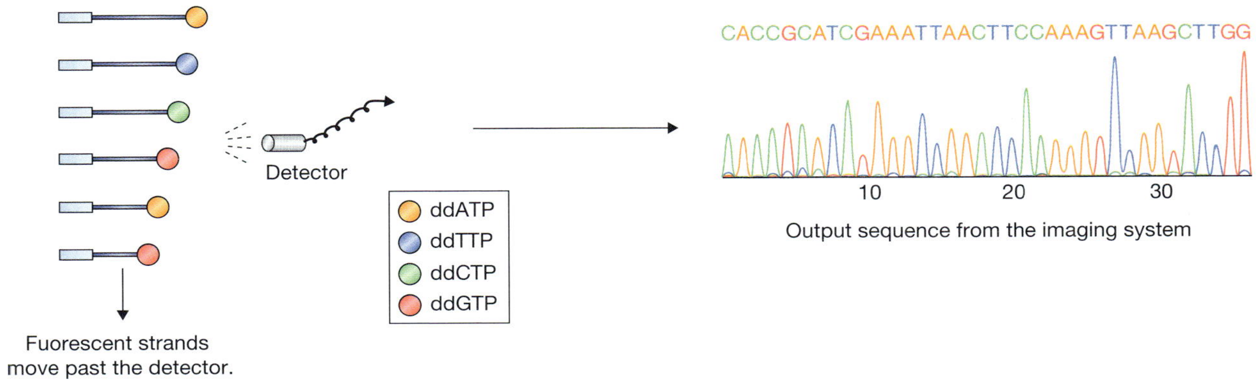

Figure B
Reading the sequence generated by a chain terminator experiment.

One popular method uses an approach similar to chain termination sequencing. The reaction mixture contains **terminator-dye nucleotides**, which have blocking groups attached to their 3'-carbons and also carry fluorescent labels. Unlike chain termination sequencing, only these modified nucleotides are present, so strand synthesis is blocked at the very first nucleotide addition. However, both the blocking group and the fluorescent label are removable, so once the fluorescent signal has been identified, indicating which of the four nucleotides has been incorporated, the block and label can be detached and the reaction can proceed to the next step: the second nucleotide is added to the strand and identified. This reaction cycle is repeated until the whole DNA templated is sequenced. Today, this system can be operated in a massively parallel format with can run multiple reactions at the same time (**Figure C**).

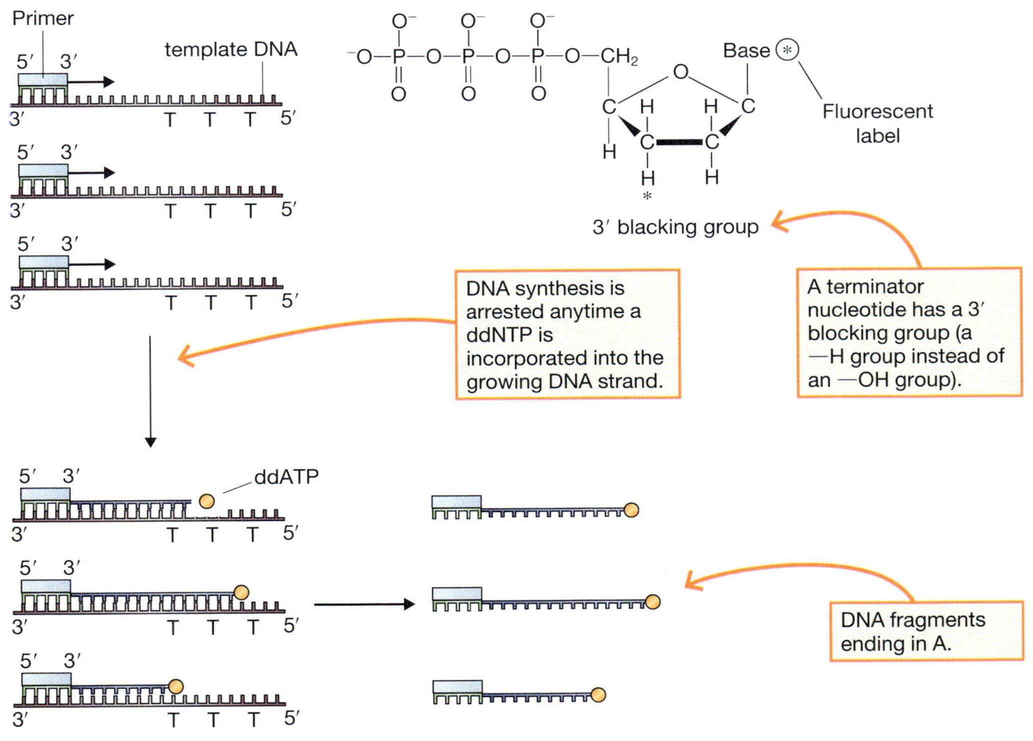

Figure C
Terminator-dye sequencing.

Studying the expression of whole genomes: transcriptomics

Listen
Studying the expression of whole genomes: transcriptomics

Identifying the genes expressed in a particular tissue at a particular time is key to identifying its specific gene expression profile and can have important medical applications. Thanks to recombinant DNA technology, nowadays it is possible to identify genes that are selectively expressed (or repressed) in both physiological and pathological conditions.

The basic difference between a gene that is expressed and one that is not, is that only the former is transcribed into an RNA molecule. The collection of all the RNA molecules present in a cell at a specific time is called **transcriptome** and the study of transcriptomes is called **transcriptomics**.

Transcriptomes are usually studied by **microarray analysis**. A microarray is a small glass slide where a large number of DNA molecules have been applied as ordered spots.

The DNA molecules are usually single-stranded oligonucleotides 100–150 nucleotides long, each of which has been chemically synthesised directly at its appropriate position on the slide. The latest technology in this field now allows half a million spots to be placed onto a single microarray, each containing multiple copies of a particular oligonucleotide.

The sequences of the oligonucleotides in the array match unique sequences of the genes in the genome. This means that each oligonucleotide is able to specifically base pair to the RNA transcript of its target gene.

RNA cannot be applied directly to the microarray, because it is not stable and is easily degraded. However, the enzyme **reverse transcriptase** can convert RNA molecules into DNA copies (cDNAs) in a reaction mixture containing all four deoxynucleotides. One deoxynucleotide is chemically modified with a fluorescent group: so that the resulting cDNA molecules are **labelled**, i.e. able to emit a fluorescent signal. The labelled cDNAs are then applied to the microarray. Thanks to a fluorescence detector, the oligonucleotides that base pair to the labelled cDNA molecules can be identified. Since labelled cDNAs derive from the total RNA originally in the tissue, microarray analyses provide a general picture of the tissue expression profile. The relative amounts of the different RNAs in the transcriptome can also be worked out, because abundant RNAs will give rise to more intense fluorescent signals.

By using different coloured fluorescent groups, it is also possible to differentially label the cDNA obtained from two distinct cell populations or tissues: this enables the simultaneous analysis of their transcriptomes. In this way, on a single microarray it is possible to detect genes that are differentially expressed by both cell types (**Figure A**).

Studying transcriptomes has been particularly valuable in **cancer research**. Any type of cancer is made up of a variety of different subtypes, and knowing which subtype a patient suffers from is critical to identifying the appropriate treatment. Transcriptome studies have enabled each of these subtypes to be associated with a different pattern of gene expression. In some cases, it has been possible to identify particular *gene combinations*: these expression patterns are useful to diagnose specific cancer subtypes and can be used as biomarkers.

Biomarkers are particularly valuable tools in early diagnosis, when the chances of halting the cancer are higher.

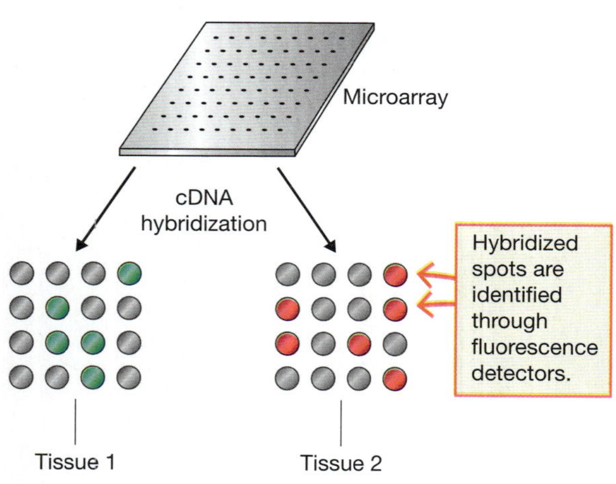

Figure A
Microarray analysis.

Gene transfer in plants with *Agrobacterium tumefaciens*

Agrobacterium tumefaciens is a gram-negative bacterium, which causes a cancer called **crown gall disease** in some plant species. The formation of the cell mass causing the crown gall is driven by the transfer of a segment of bacterial DNA to the plant genome. This DNA contains some *oncogenes* (cancer causing genes).

Several **virulence (vir) genes** are involved in directing the infection process. Infection occurs at a wound in the plant stem. When a plant root or a stem is wounded, the *vir* genes of *A. tumefaciens* activate a cascade of molecular events which eventually lead to the transfer of the oncogenes to the plant chromosomes. This DNA segment (about 20 kb long), called **transfer DNA** or **T-DNA**, is carried by a large bacterial plasmid called **Tumour-inducing (Ti) plasmid**. Once transferred, the T-DNA is integrated into the plant chromosome by recombination. Among the genes carried by the T-DNA are enzymes involved in the production of hormones which stimulate both tumour formation and the proliferation of *A. tumefaciens*. Cancerous cells thus become a source of nutrients for the infecting bacteria (**Figure A**).

Listen
Gene transfer in plants with *Agrobacterium tumefaciens*

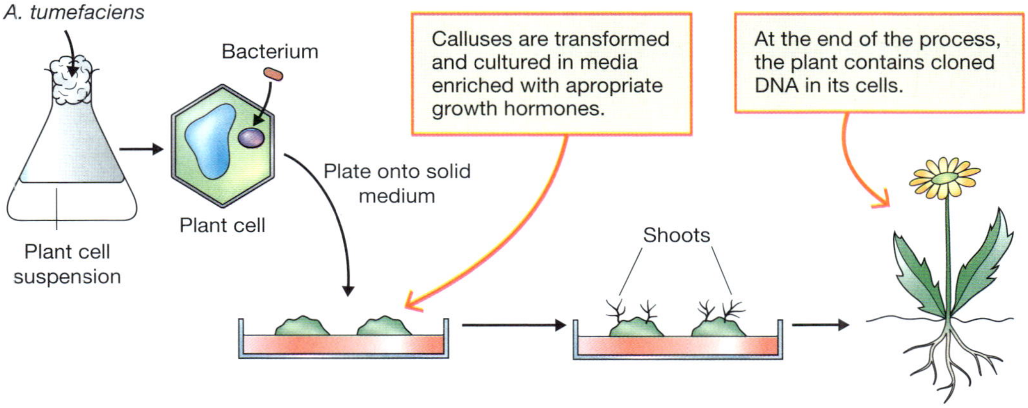

Figure A
Cloning with the Ti plasmid.

The molecular events that allow *A. tumefaciens* to transfer genes into the plant genome have been exploited by genetic engineers to generate special cloning vectors based on the Ti plasmid. The recombinant plasmid lacks the T-DNA region, with the exception of short sequences at its boundaries, but retains all the *vir* genes. The gene to be transferred is then cloned between the T-DNA boundary regions, in place of the original oncogenes. The procedure is based on events of homologous recombination with a standard *E. coli* cloning vector carrying the transgene between the same boundary sequences present on the Ti-plasmid. Recombinant Ti-plasmid vectors carry a **bacterial origin of replication**, to allow their propagation in *E.coli*, and **selectable antibiotic resistance marker genes** to identify the recombinant cells. These recombinant vectors are then inserted into *Agrobacterium* host strains, which are used to infect a culture of plant cells: the result is the integration of the transgene into the plant cells' chromosomes.

These recombinant plant cells are then grown on medium containing specific plant hormones, to induce the formation of masses of undifferentiated cells called **calli**. The culture medium also contains an antibiotic to select recombinant plant cells: only the cells that have efficiently integrated the recombinant plasmid can proliferate in the presence of the antibiotic. Calli can then be induced to generate a complete transgenic plant, which will carry the transgene in all of its cells. Thanks to this technique, several transgenic crops have been generated. For example, parasite resistant corn, **Bt maize**, contains the gene for the Bt, the insecticidal toxin obtained from the bacterium *Bacillus thuringiensis*.

FARE UNA PRESENTAZIONE SULLE ESPERIENZE DI LAVORO

All'esame dovrai cominciare il **colloquio** parlando dell'Alternanza Scuola-Lavoro: che compiti hai svolto e quali competenze hai acquisito. Hai davanti tutti i professori della commissione, con i quali vuoi fare bella figura.

Parlare in pubblico non è facile, ma alcuni accorgimenti ti aiuteranno a essere efficace e persuasivo. Lo avevano capito gli antichi Romani, che hanno perfezionato l'arte dell'**oratoria**: che cosa dire e come dirlo bene.

Cicerone, politico e scrittore romano vissuto nel primo secolo prima di Cristo (106 a.C.-43 a.C.), ha individuato cinque fasi per costruire un discorso: l'**inventio** (trova che cosa dire), la **dispositio** (metti in ordine quello che hai trovato), l'**elocutio**, (dillo bene), la **memoria** (imparalo a memoria) e l'**actio** (recitalo come un attore).

Segui i consigli di Cicerone. Hai a disposizione una **decina di minuti**. Devi essere **chiaro**, **efficace** e **interessante**.

Inventio

Trova che cosa dire
Inizia a mettere insieme le idee.

Che cosa vuoi raccontare?

A chi parli?

Quale messaggio vuoi trasmettere?

Dispositio

Metti in ordine quello che hai trovato

Organizza il discorso con una buona **struttura**.

- [x] Chi sono
- [ ] Dove ho fatto l'alternanza
- [ ] Quello di cui parlerò

- [ ] Come ho scelto il progetto
- [ ] Quello che ho fatto/visto/imparato
- [ ] Che cosa mi è piaciuto
- [ ] Che cosa mi ha arricchito e perché

➜ Procedi per punti, non dire più di 5 cose

- [ ] Chiusura a effetto

➜ Non concludere dicendo: **«Ho finito, ci sono domande?»**

➜ su.zanichelli.it/ascuoladilavoro

Elocutio

Dillo bene

Decidi che **stile** dare al tuo racconto.
Fai molti esempi per catturare l'attenzione.

APERTURA

Buongiorno a tutti, sono Valentina e voglio raccontarvi la mia esperienza di Alternanza Scuola Lavoro presso il Museo Civico. Vi spiegherò perché ho scelto questa esperienza, che cosa ho fatto in concreto e cosa ho imparato.

CUORE DEL DISCORSO

Mi piacciono molto i musei e il progetto in collaborazione con il Museo Civico mi ha incuriosito perché speravo di poter conoscere cosa si fa davvero in un museo. Durante le due settimane trascorse nel museo ho imparato che cosa si fa appena si apre: si controllano le luci, i bagni, la cartellonistica, la funzionalità di cassa e i computer.

Ho aiutato in biglietteria, ho monitorato le sale, ho assistito i visitatori. Ho anche avuto modo di conoscere le guide, i manager, il personale di sala: perché un museo non è solo gli oggetti che contiene ma il modo in cui viene fatto vivere!

CHIUSURA

Questa esperienza ha confermato il mio interesse per i musei e, soprattutto, mi ha reso davvero esperta del nostro Museo Civico: sono pronta a farvi da guida privata quando volete.
Grazie

Memoria

Imparalo a memoria

Prova molte volte il tuo discorso.
Fai partire il **cronometro** e **ripetilo** prima da solo, poi davanti a un amico.

Ti aiuterà a:

- Tenere sotto controllo il tempo
- Rendere fluido il discorso
- Correggere e modificare alcuni punti
- Diventare più sicuro e naturale

Actio

Recitalo come un attore

È il grande giorno: **vai in scena!**
Ricordati di sorridere e cerca di divertirti

usa un tono di voce chiaro e sostenuto

guarda i tuoi interlocutori negli occhi

mantieni una postura eretta

non gesticolare troppo

Aiuto multimediale

- Hai al massimo **10 minuti** non preparare più di **10 slide**
- Usa poco testo: il pubblico deve ascoltare te, non leggere belle slide
- Usa immagini significative dell'esperienza: poche, grandi e di impatto
- Usa caratteri standard, per esempio l'Arial e una grafica pulita e semplice
- Mentre parli non girare le spalle al pubblico per guardare le slide

➜ su.zanichelli.it/ascuoladilavoro

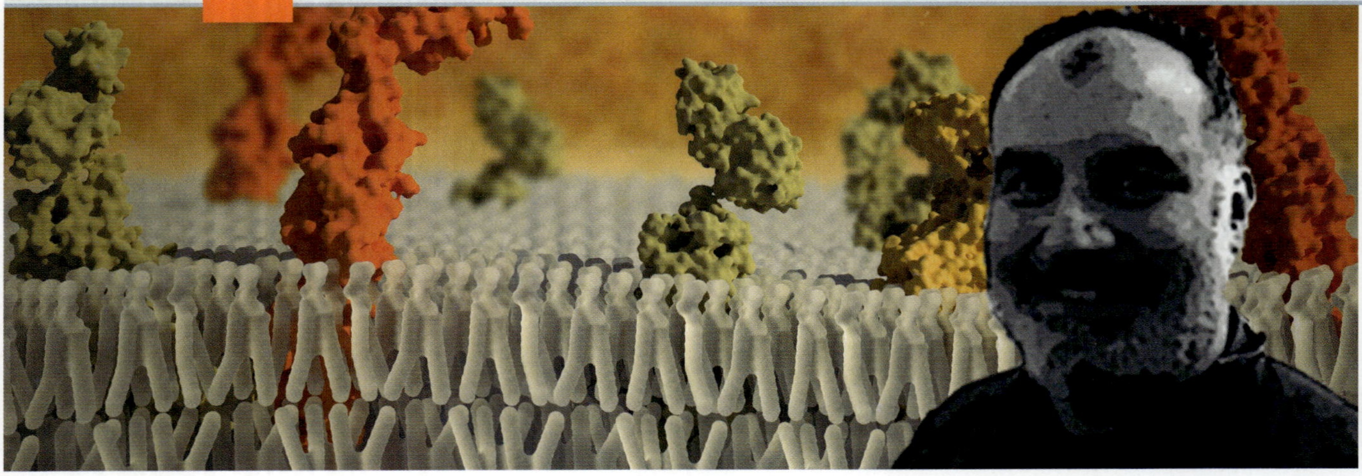

Il mestiere del biochimico: intervista a Niccolò Taddei

Niccolò Taddei è Professore ordinario dell'Università di Firenze presso il Dipartimento di Scienze Biomediche, Sperimentali e Cliniche «Mario Serio»

Chi è un biochimico?

Il biochimico è uno scienziato che si occupa della «chimica della vita». Fino a qualche anno fa i biochimici studiavano la struttura e la funzione delle biomolecole e i cambiamenti cui queste sostanze vanno incontro negli organismi viventi. Oggi il biochimico affronta questi studi in un contesto più ampio, considerando la cellula non come un'entità a sé stante, ma come parte di un organismo, e mettendo in evidenza nuovi aspetti, come la comunicazione fra le cellule, l'accrescimento, la divisione e la morte cellulare in condizioni di salute e di malattia.

Per anni i biochimici si sono cimentati con classiche tecniche di studio a livello molecolare, quali per esempio cromatografia, elettroforesi, spettrometria di massa, risonanza magnetica nucleare e cristallografia a raggi X; oggi i biochimici hanno una notevole familiarità con l'impiego delle colture cellulari e di altre tecnologie, come la microscopia confocale e la citometria a flusso.

> «Piano piano ho capito che la mia strada era quella del ricercatore che, grazie allo studio a livello molecolare dei meccanismi che portano alle malattie, può dare un piccolo contributo anche al campo della medicina.»

Come hai fatto a diventare biochimico?

Quasi quaranta anni fa ho iniziato i miei studi alla facoltà di Medicina e Chirurgia e sono rimasto affascinato da una delle discipline affrontate al secondo anno. Il mio professore di biochimica ci parlava di purificazione di proteine, del loro sequenziamento per scoprirne la struttura primaria, delle trasformazioni delle molecole nelle cellule. Piano piano ho capito che la mia strada non era quella del medico ma quella del ricercatore che, grazie allo studio a livello molecolare dei meccanismi che portano alle malattie, può dare un piccolo contributo anche al campo della medicina.

Una volta terminati gli studi in medicina ho passato un periodo di studio e ricerca all'estero, in Inghilterra. Quando sono rientrato in Italia mi sono specializzato in biochimica clinica e, successivamente, ho vinto un concorso come ricercatore di biochimica all'Università. In realtà, il mio percorso formativo è del tutto particolare: gran parte dei miei colleghi biochimici è infatti laureato in biologia, farmacia o chimica. Oggi esistono anche altri percorsi di studio, come biotecnologie, che possono portare alla formazione di un biochimico.

Che cosa ti aspettavi quando ti sei iscritto all'Università e che cosa ti ha sorpreso?

Quando mi sono iscritto all'università ero giovane e devo ammettere che non ero troppo convinto della mia scelta. Sapevo però di volermi occupare di una disciplina scientifica e avevo un particolare interesse per la salute. Nell'arco di due anni ho capito meglio quale poteva essere la mia strada e con il tempo ho apprezzato la professionalità e l'entusiasmo di molti dei miei insegnanti che sono riusciti a incrementare il mio impegno negli studi.

Già allora, come semplice studente, ho potuto rendermi conto che la «vita universitaria» del mio professore di biochimica non consisteva solo nel preparare le lezioni, ma richiedeva un impegno costante anche in altre attività, come la formazione di nuove leve e la ricerca di finanziamenti per sostenere l'attività dei ricercatori.

Qual è la tua «giornata tipo»?

Fortunatamente non esiste una «giornata tipo» per un professore universitario. Ogni giorno è diverso e questo rende il mio lavoro molto interessante. Nel periodo delle lezioni è importante aggiornare il materiale didattico con cura, utilizzando i testi più recenti e, a volte, anche i risultati delle proprie ricerche. Anche lo svolgimento degli esami di profitto è un'attività che richiede talvolta molto tempo e una notevole dose di pazienza!

La ricerca è sempre al centro della vita di un professore universitario. Da giovani ci si impegna direttamente nelle attività «al banco», conducendo gli esperimenti che sono stati pianificati insieme al proprio professore e discutendo poi insieme a lui i risultati. Più avanti si impara a proporre nuovi esperimenti sulla base della recente letteratura scientifica e a scrivere i risultati sotto forma di articoli scientifici che saranno pubblicati su riviste specialistiche. Nel periodo della maturità, è importante saper scrivere progetti scientifici che possano portare al reperimento di fondi per la ricerca da enti pubblici e privati.

Che cosa ti piace di più del tuo lavoro?

Mi piace molto che ogni giorno sia diverso dall'altro. Attività didattica, ricerca, programmazione a livello istituzionale sono gli ingredienti che, dosati di volta in volta in modo diverso, rendono ogni giorno unico. Se proprio devo fare una scelta, credo che la soddisfazione che si prova quando si ottengono dei risultati importanti nella propria ricerca sia difficilmente superabile.

> «Attività didattica, ricerca, programmazione a livello istituzionale sono gli ingredienti che, dosati di volta in volta in modo diverso, rendono ogni giorno unico.»

Quali sono le sfide che un biochimico deve affrontare?

Le sfide principali riguardano l'attività di ricerca. Compatibilmente con le risorse a disposizione, è importante riuscire a stare al passo dei tempi, svolgendo ricerche all'avanguardia su temi di frontiera. Non sempre questo è facile: per chi fa ricerca scientifica è quindi importante tessere collaborazioni con altri laboratori, anche a livello internazionale, per aumentare la possibilità di ottenere finanziamenti e portare avanti i propri studi. Questo è particolarmente vero nel campo della biochimica in cui il lavoro sperimentale è spesso molto oneroso.

Quali applicazioni della biochimica possiamo ritrovare nella nostra vita quotidiana?

La biochimica è una disciplina di base che fornisce conoscenze per molti altri campi di studio. La ricerca di nuovi farmaci si basa su conoscenze biochimiche del meccanismo di funzionamento di biomolecole come gli enzimi, ma anche delle caratteristiche molecolari delle cellule, come per esempio i recettori di superficie cellulare o meccanismi di segnalazione intracellulari. Solo cercando di chiarire questi aspetti biochimici sarà possibile progettare nuove strategie terapeutiche. Anche la nutrizione si basa sui principi biochimici dei processi di digestione e assimilazione dei nutrienti. Questi sono solo due esempi, ma la biochimica è importante anche per altri settori di ricerca come l'immunologia, la fisiopatologia, l'oncologia, le scienze del movimento e molti altri.

Il mestiere del biologo molecolare: intervista a Giovanni Maga

Giovanni Maga è Professore a contratto di Biologia Molecolare all'Università di Pavia e responsabile della Sezione di Enzimologia del DNA e Virologia Molecolare presso l'Istituto di Genetica Molecolare IGM-CNR di Pavia.

Chi è un biologo molecolare?

Un biologo molecolare è innanzitutto una persona curiosa, che non si ferma fino a quando non capisce il *perché* di un certo fenomeno e *come* funziona. Questa è una caratteristica di tutti gli scienziati: non limitarsi a *guardare* la complessità apparente delle cose ma cercare di *vedere* le connessioni nascoste tra le cose, che possono spiegare quella complessità. Il biologo molecolare è affascinato dagli aspetti più nascosti della vita. Perché gli organismi viventi sono come sono? Perché e come si sono evoluti e si evolvono? Come funzionano gli organismi? Il biologo molecolare cerca le risposte a queste domande nelle componenti più piccole delle forme viventi: le molecole. E lo fa cercando di definire le basi chimico-fisiche delle loro interazioni e studiando come si combinano in reti di complessità incredibile, per permettere agli organismi e alle cellule di svolgere le loro funzioni.

«La biologia molecolare ha un interesse particolare per la molecola fondamentale della vita: il DNA. Lo studio dei meccanismi con cui l'informazione genetica viene trasmessa e utilizzata dalle cellule rappresenta il fondamento di questa disciplina.»

La biologia molecolare ha un interesse particolare per la molecola fondamentale della vita: il DNA. Lo studio dei meccanismi con cui l'informazione genetica viene trasmessa e utilizzata dalle cellule rappresenta il fondamento di questa disciplina, che però poi spazia su orizzonti vastissimi: dall'analisi della struttura atomica delle proteine, allo studio dell'intero genoma o proteoma di un organismo, alla definizione delle basi molecolari che dirigono lo sviluppo dall'embrione all'organismo adulto. Fino alla manipolazione mirata del genoma grazie alle biotecnologie.

Come hai fatto a diventare biologo molecolare?

Il punto di partenza è essere innamorati della natura e della scienza. Essere affascinati, cioè, dalla complessità della vita e dal ragionamento scientifico necessario per comprendere quella complessità. Io ho fatto studi classici, pur essendo da sempre attratto dalle scienze biologiche, e devo dire che questi mi hanno permesso di conoscere altri modi di guardare al mondo: la filosofia, la letteratura, la poesia non sono che altrettanti tentativi di rappresentare e forse capire la realtà che ci circonda. Ma alla fine a me piaceva la scienza e così mi sono iscritto alla facoltà di Biologia, mi sono specializzato in Genetica Applicata e ho frequentato poi laboratori in Italia e all'estero per imparare il mestiere dello scienziato, sempre seguendo la mia passione per trovare una risposta a domande che ancora non l'avevano. È un percorso non facile. Richiede innanzitutto passione, senza la quale non si accettano i sacrifici che inevitabilmente una scelta del genere impone. Come la necessità di formazione permanente: nel mio lavoro non si finisce mai di studiare! O come l'incertezza sul futuro: fare ricerca vuol dire vivere di contratti precari per molti anni, senza certezze di avere una posizione stabile e spesso essendo costretti a «migrare» non solo da un laboratorio all'altro, ma anche da una nazione all'altra. Sempre però inseguendo un sogno. E poi va detto: non sempre gli esperimenti riescono, non sempre le risposte si trovano. C'è anche tanta frustrazione a cui solo una testardaggine indomita, che nasce dalla passione, può fare fronte.

Che cosa ti aspettavi quando ti sei iscritto all'Università e che cosa ti ha sorpreso?

Come molti ragazzi che intraprendono studi liceali, vedevo l'Università come il traguardo a cui la scuola superiore mi avrebbe portato. Non ho mai considerato l'idea di non proseguire dopo il liceo. Quando mi sono iscritto a Biologia mi aspettavo di entrare finalmente in un sistema in cui avrei potuto costruire il mio sapere sulla base dei miei interessi e mi sarei confrontato con la formazione accademica: il livello più alto, cioè, di conoscenza nel settore che mi interessava. Quindi ero sia intimorito sia entusiasta.

Quello di cui al tempo non mi rendevo bene conto era che all'Università il principale responsabile del percorso di studi ero io. Mia doveva essere la capacità di organizzare i tempi di studio, di decidere il mio percorso di formazione, di gestire anche gli aspetti pratici e burocratici della vita universitaria. In altre parole, mi ha stupito constatare che all'Università non si imparano solo delle nozioni, ma prima di tutto si impara a gestire autonomamente il proprio impegno. Insomma, è una scuola di responsabilità, oltre che di sapere. L'altra cosa che mi ha stupito, è stato poter interagire con «veri» scienziati, cioè con quelle persone, i miei docenti, che facevano il mestiere che avevo sempre sognato. È stato un momento davvero importante ed entusiasmante.

■ Qual è la tua «giornata tipo»?

Devo dire che la mia giornata è cambiata molto negli anni, in funzione delle diverse responsabilità che ho assunto. Durante e subito dopo la scuola di specializzazione, il mio impegno era esclusivamente dedicato alla ricerca. I miei supervisori mi affidavano un problema, un progetto di ricerca e io lo dovevo sviluppare. Arrivavo in laboratorio alla mattina e uscivo la sera (più spesso la notte), e per tutto il tempo progettavo esperimenti, li realizzavo, guardavo i risultati e cercavo di capirli per progettare nuovi esperimenti. In questo periodo ho appreso il metodo scientifico e anche come uno scienziato deve descrivere i propri risultati e renderli disponibili alla comunità scientifica, attraverso la pubblicazione dei lavori sulle riviste specializzate.

> «La ricerca scientifica è un lavoro creativo. Io lo paragono a quello di uno scrittore, di un artista, di un musicista.»

Adesso che dirigo un gruppo di ricerca, i compiti sono diversificati: faccio lezione, scrivo domande di finanziamento per reperire i soldi con cui lavorare, scrivo lavori scientifici, ascolto i ragazzi che lavorano per me, aiutandoli a progettare e interpretare gli esperimenti. Soprattutto, mia è la responsabilità di decidere quali direzioni prendere, quali domande porsi nella ricerca che si svolge nel mio laboratorio, così come mia è la responsabilità di guidare i giovani futuri scienziati che si affidano alla mia supervisione nell'imparare questo difficile ma bellissimo mestiere.

■ Che cosa ti piace di più del tuo lavoro?

La ricerca scientifica è un lavoro creativo. Io lo paragono a quello di uno scrittore, di un artista, di un musicista. Potrebbe sembrare una visione un po' idealistica, ma il fatto è che il prodotto del nostro lavoro è una realizzazione originale e personale. Lo svelare un piccolissimo frammento di realtà che fino ad allora era rimasto nascosto. Qualche cosa che nessuno ha mai detto prima e che altri potranno usare per avanzare le conoscenze in un certo campo. E che, in ultima analisi, aiuta la società a stare meglio. Credo che questa soddisfazione possa ripagare di tutte le fatiche e le frustrazioni che questo mestiere, come molti altri, si porta dietro. Un altro aspetto che mi è sempre piaciuto è il sentirsi parte di una comunità che non riconosce confini né geografici, né ideologici: gli scienziati di tutto il mondo sono della stessa pasta e parlano lo stesso linguaggio, quello della scienza. Poter incontrare persone di tutto il mondo accomunate dagli stessi interessi, al di là delle differenze culturali, è un'esperienza molto arricchente.

■ Quali sono le sfide che un biologo molecolare deve affrontare?

Oggi, una delle sfide maggiori è la complessità delle domande a cui si cerca di dare risposta. Anche solo un secolo fa, bastava appoggiare l'occhio ad un microscopio e quasi ogni cosa che si osservava era nuova. Oggi le nostre conoscenze si sono spinte a livelli di dettaglio così elevati e hanno rivelato una complessità dei sistemi molecolari così grande, che la ricerca in biologia molecolare richiede la collaborazione di molteplici discipline, oltre che l'utilizzo di macchinari sempre più sofisticati. Anche se lo strumento principale rimane sempre il cervello! Una conseguenza di questo è che la ricerca ha costi sempre più elevati, che impongono al ricercatore un impegno costante per ottenere i fondi necessari. Fondi che diventano sempre più difficili da ottenere, dato che la competizione tra scienziati per averli è sempre più forte. Insomma, oggi fare ricerca non è difficile solo da un punto di vista dello sforzo intellettivo e tecnologico, ma anche finanziario.

■ Quali applicazioni della biologia molecolare possiamo ritrovare nella nostra vita quotidiana?

La conoscenza delle basi molecolari della trasmissione e dell'utilizzo dell'informazione genetica ha gettato le basi per lo sviluppo della nostra capacità di manipolarla. Dalla biologia molecolare nascono infatti l'ingegneria genetica e le sue applicazioni: le biotecnologie. Oggi molti farmaci sono stati ideati e realizzati grazie alle tecniche della biologia molecolare e dell'ingegneria genetica. Per esempio, l'insulina umana viene prodotta da batteri e lieviti ingegnerizzati. Anche i componenti di molti vaccini come quello per l'influenza, la pertosse o la difterite sono prodotti grazie alle biotecnologie. L'analisi dei genomi ci ha consentito di identificare i geni responsabili di molte malattie ereditarie, come la fibrosi cistica, aprendo la strada a nuove terapie, inclusa la terapia genica. La possibilità di «leggere» quali geni sono espressi in una cellula in un certo momento ha consentito di creare gli identikit genetici di molti tumori, che a loro volta oggi sono usati per terapie farmacologiche mirate. In agricoltura, la generazione di piante resistenti a parassiti o in grado di crescere in ambienti prima non coltivabili rappresenta un'importante risorsa per l'alimentazione umana. Infine, non dimentichiamo le applicazioni forensi della biologia molecolare, come il DNA fingerprinting, reso popolare anche da famose serie televisive, che ha consentito di identificare i colpevoli di crimini non solo recenti, ma anche passati, grazie alla nostra capacità di rilevare le loro «impronte» di DNA.

Indice analitico

Tavola periodica degli elementi

nome — numero atomico — simbolo — massa atomica (u)[1] — temperatura di fusione (°C) — temperatura di ebollizione (°C) — energia di prima ionizzazione (kJ/mol) — elettronegatività (secondo Pauling) — densità[2] — numeri di ossidazione — configurazione elettronica

(esempio: idrogeno, 1, H, 1,008, −259, −253, 1312, 2,20, 0,0899, ±1, $1s^1$)

(1) Per gli elementi radioattivi che non hanno isotopi stabili, il valore della massa atomica è quello dell'isotopo a vita più lunga e viene riportato tra parentesi quadre [ ].
(2) Per i solidi e i liquidi la densità è espressa in g/mL a 20 °C; per i gas in g/L a 0 °C e a 1 atm.

PERIODI	GRUPPI	nome	numero atomico	simbolo	massa atomica	fusione (°C)	ebollizione (°C)	ionizzazione (kJ/mol)	elettronegatività	densità	numeri di ossidazione	configurazione elettronica
1	1 I	idrogeno	1	H	1,008	−259	−253	1312	2,20	0,0899	±1	$1s^1$
1	18 VIII	elio	2	He	4,003	−272	−269	2372	—	0,18	—	$1s^2$
2	1 I	litio	3	Li	6,941	181	1342	513	0,98	0,53	+1	$[He]2s^1$
2	2 II	berillio	4	Be	9,012	1288	2471	899	1,57	1,85	+2	$[He]2s^2$
2	13 III	boro	5	B	10,81	2300	3650	801	2,04	2,47	+3	$[He]2s^22p^1$
2	14 IV	carbonio	6	C	12,01	3550	—	1086	2,55	2,26	+2±4	$[He]2s^22p^2$
2	15 V	azoto	7	N	14,01	−210	−196	1402	3,04	1,25	+2±3+4+5	$[He]2s^22p^3$
2	16 VI	ossigeno	8	O	16,00	−219	−183	1314	3,44	1,43	−2	$[He]2s^22p^4$
2	17 VII	fluoro	9	F	19,00	−220	−188	1681	3,98	1,70	−1	$[He]2s^22p^5$
2	18 VIII	neon	10	Ne	20,18	−249	−246	2081	—	0,90	—	$[He]2s^22p^6$
3	1 I	sodio	11	Na	22,99	98	883	496	0,93	0,97	+1	$[Ne]3s^1$
3	2 II	magnesio	12	Mg	24,31	650	1090	738	1,31	1,74	+2	$[Ne]3s^2$
3	13 III	alluminio	13	Al	26,98	660	2519	578	1,61	2,70	+3	$[Ne]3s^23p^1$
3	14 IV	silicio	14	Si	28,09	1414	3280	786	1,90	2,33	+2±4	$[Ne]3s^23p^2$
3	15 V	fosforo	15	P	30,97	44	280	1012	2,19	1,82	±3+5	$[Ne]3s^23p^3$
3	16 VI	zolfo	16	S	32,07	115	445	1000	2,58	2,09	−2+4+6	$[Ne]3s^23p^4$
3	17 VII	cloro	17	Cl	35,45	−101	−35	1251	3,16	3,21	±1+3+5+7	$[Ne]3s^23p^5$
3	18 VIII	argon	18	Ar	39,95	−189	−186	1521	—	1,78	—	$[Ne]3s^23p^6$
4	1 I	potassio	19	K	39,10	63	760	419	0,82	0,86	+1	$[Ar]4s^1$
4	2 II	calcio	20	Ca	40,08	842	1484	590	1,00	1,53	+2	$[Ar]4s^2$
4	3	scandio	21	Sc	44,96	1541	2836	631	1,36	2,99	+3	$[Ar]3d^14s^2$
4	4	titanio	22	Ti	47,87	1668	3287	658	1,54	4,55	+2+3+4	$[Ar]3d^24s^2$
4	5	vanadio	23	V	50,94	1910	3407	651	1,63	6,11	+2+3+4+5	$[Ar]3d^34s^2$
4	6	cromo	24	Cr	52,00	1907	2672	653	1,66	7,19	+2+3+6	$[Ar]3d^54s^1$
4	7	manganese	25	Mn	54,94	1244	2061	717	1,55	7,43	+2+3+4+6+7	$[Ar]3d^54s^2$
4	8	ferro	26	Fe	55,85	1535	2861	759	1,83	7,86	+2+3	$[Ar]3d^64s^2$
4	9	cobalto	27	Co	58,93	1495	2927	758	1,88	8,80	+2+3	$[Ar]3d^74s^2$
4	10	nichel	28	Ni	58,69	1455	2913	737	1,91	8,90	+2+3	$[Ar]3d^84s^2$
4	11	rame	29	Cu	63,55	1084	2567	745	1,90	8,96	+1+2	$[Ar]3d^{10}4s^1$
4	12	zinco	30	Zn	65,38	420	907	906	1,65	7,14	+2	$[Ar]3d^{10}4s^2$
4	13 III	gallio	31	Ga	69,72	30	2204	579	1,81	5,91	+3	$[Ar]3d^{10}4s^24p^1$
4	14 IV	germanio	32	Ge	72,63	937	2830	762	2,01	5,32	+2+4	$[Ar]3d^{10}4s^24p^2$
4	15 V	arsenico	33	As	74,92	817	—	947	2,18	5,73	±3+5	$[Ar]3d^{10}4s^24p^3$
4	16 VI	selenio	34	Se	78,96	221	685	941	2,55	4,81	−2+4+6	$[Ar]3d^{10}4s^24p^4$
4	17 VII	bromo	35	Br	79,90	−7	59	1140	2,96	3,12	±1+3+5	$[Ar]3d^{10}4s^24p^5$
4	18 VIII	cripton	36	Kr	83,80	−157	−152	1351	3,00	3,75	—	$[Ar]3d^{10}4s^24p^6$
5	1 I	rubidio	37	Rb	85,47	39	686	403	0,82	1,53	+1	$[Kr]5s^1$
5	2 II	stronzio	38	Sr	87,62	777	1384	549	0,95	2,60	+2	$[Kr]5s^2$
5	3	ittrio	39	Y	88,91	1523	3345	616	1,22	4,47	+3	$[Kr]4d^15s^2$
5	4	zirconio	40	Zr	91,22	1852	4409	660	1,33	6,49	+4	$[Kr]4d^25s^2$
5	5	niobio	41	Nb	92,91	2468	4742	664	1,60	8,57	+3+5	$[Kr]4d^45s^1$
5	6	molibdeno	42	Mo	95,95	2617	4639	685	2,16	10,20	+1+2+3+4+5+6	$[Kr]4d^55s^1$
5	7	tecnezio	43	Tc	[98,91]	2157	4265	702	1,90	11,50	+4+5+6+7	$[Kr]4d^55s^2$
5	8	rutenio	44	Ru	101,1	2334	4150	711	2,20	12,5	+2+3+4+5+6+7	$[Kr]4d^75s^1$
5	9	rodio	45	Rh	102,9	1966	3695	720	2,28	12,4	+3	$[Kr]4d^85s^1$
5	10	palladio	46	Pd	106,4	1553	2963	805	2,20	12,0	+2+4	$[Kr]4d^{10}$
5	11	argento	47	Ag	107,9	962	2162	731	1,93	10,5	+1	$[Kr]4d^{10}5s^1$
5	12	cadmio	48	Cd	112,4	321	765	868	1,69	8,65	+2	$[Kr]4d^{10}5s^2$
5	13 III	indio	49	In	114,8	157	2072	558	1,78	7,31	+3	$[Kr]4d^{10}5s^25p^1$
5	14 IV	stagno	50	Sn	118,7	232	2602	709	1,96	7,29	+2+4	$[Kr]4d^{10}5s^25p^2$
5	15 V	antimonio	51	Sb	121,8	631	1587	834	2,05	6,68	±3+5	$[Kr]4d^{10}5s^25p^3$
5	16 VI	tellurio	52	Te	127,6	450	988	869	2,10	6,24	−2+4+6	$[Kr]4d^{10}5s^25p^4$
5	17 VII	iodio	53	I	126,9	114	184	1008	2,66	4,93	±1+5+7	$[Kr]4d^{10}5s^25p^5$
5	18 VIII	xenon	54	Xe	131,3	−112	−107	1170	2,60	5,90	—	$[Kr]4d^{10}5s^25p^6$
6	1 I	cesio	55	Cs	132,9	28	669	376	0,79	1,87	+1	$[Xe]6s^1$
6	2 II	bario	56	Ba	137,3	727	1897	503	0,89	3,59	+2	$[Xe]6s^2$
6	3	57-71										
6	4	afnio	72	Hf	178,5	2233	4602	642	1,30	13,3	+4	$[Xe]4f^{14}5d^26s^2$
6	5	tantalio	73	Ta	180,9	3017	5425	761	1,50	16,7	+5	$[Xe]4f^{14}5d^36s^2$
6	6	tungsteno	74	W	183,8	3422	5655	770	2,36	19,3	+2+3+4+5+6	$[Xe]4f^{14}5d^46s^2$
6	7	renio	75	Re	186,2	3186	5627	760	1,90	21,0	+4+6+7	$[Xe]4f^{14}5d^56s^2$
6	8	osmio	76	Os	190,2	3033	5027	839	2,20	22,6	+2+3+4+6+8	$[Xe]4f^{14}5d^66s^2$
6	9	iridio	77	Ir	192,2	2446	4550	878	2,20	22,5	+3+4	$[Xe]4f^{14}5d^76s^2$
6	10	platino	78	Pt	195,1	1768	3827	868	2,28	21,4	+2+4	$[Xe]4f^{14}5d^96s^1$
6	11	oro	79	Au	197,0	1064	2856	890	2,54	19,3	+1+3	$[Xe]4f^{14}5d^{10}6s^1$
6	12	mercurio	80	Hg	200,6	−39	357	1007	1,90	13,6	+1+2	$[Xe]4f^{14}5d^{10}6s^2$
6	13 III	tallio	81	Tl	204,4	304	1473	589	2,04	11,8	+1+3	$[Xe]4f^{14}5d^{10}6s^26p^1$
6	14 IV	piombo	82	Pb	207,2	328	1740	716	2,33	11,4	+2+4	$[Xe]4f^{14}5d^{10}6s^26p^2$
6	15 V	bismuto	83	Bi	209,0	271	1560	703	2,02	9,8	+3+5	$[Xe]4f^{14}5d^{10}6s^26p^3$
6	16 VI	polonio	84	Po	[209]	254	962	812	2,00	9,2	+2+4+6	$[Xe]4f^{14}5d^{10}6s^26p^4$
6	17 VII	astato	85	At	[210]	302	337	930	2,20	—	±1+3+5+7	$[Xe]4f^{14}5d^{10}6s^26p^5$
6	18 VIII	radon	86	Rn	[222]	−71	−62	1037	—	9,72	—	$[Xe]4f^{14}5d^{10}6s^26p^6$
7	1 I	francio	87	Fr	[223]	27	677	380	0,70	1,00	+1	$[Rn]7s^1$
7	2 II	radio	88	Ra	[226]	700	1140	509	0,90	5,00	+2	$[Rn]7s^2$
7	3	89-103										
7	4	rutherfordio	104	Rf	[261]	2673	6073	409	—	—	+4	$[Rn]5f^{14}6d^27s^2$
7	5	dubnio	105	Db	[262]	—	—	640	—	—	—	$[Rn]5f^{14}6d^37s^2$
7	6	seaborgio	106	Sg	[266]	—	—	730	—	—	—	$[Rn]5f^{14}6d^47s^2$
7	7	bohrio	107	Bh	[264]	—	—	660	—	—	—	$[Rn]5f^{14}6d^57s^2$
7	8	hassio	108	Hs	[265]	—	—	750	—	—	—	$[Rn]5f^{14}6d^67s^2$
7	9	meitnerio	109	Mt	[268]	—	—	840	—	—	—	$[Rn]5f^{14}6d^77s^2$
7	10	darmstadio	110	Ds	[271]	—	—	—	—	—	—	—
7	11	roentgenio	111	Rg	[272]	—	—	—	—	—	—	—
7	12	copernicio	112	Cn	[285]	—	—	—	—	—	—	—
7	13 III	nihonio	113	Nh	[284]	—	—	—	—	—	—	—
7	14 IV	flerovio	114	Fl	[289]	—	—	—	—	—	—	—
7	15 V	moscovio	115	Mc	[288]	—	—	—	—	—	—	—
7	16 VI	livermorio	116	Lv	[293]	—	—	—	—	—	—	—
7	17 VII	tennessinio	117	Ts	[294]	—	—	—	—	—	—	—
7	18 VIII	oganessio	118	Og	[294]	—	—	—	—	—	—	—

LANTANIDI

nome	numero atomico	simbolo	massa atomica	fusione (°C)	ebollizione (°C)	ionizzazione (kJ/mol)	elettronegatività	densità	numeri di ossidazione	configurazione elettronica
lantanio	57	La	138,9	920	3454	538	1,10	6,17	+3	$[Xe]5d^16s^2$
cerio	58	Ce	140,1	798	3424	528	1,12	6,77	+3+4	$[Xe]4f^15d^16s^2$
praseodimio	59	Pr	140,9	931	3520	523	1,13	6,77	+3	$[Xe]4f^36s^2$
neodimio	60	Nd	144,2	1010	3074	530	1,14	7,00	+3	$[Xe]4f^46s^2$
promezio	61	Pm	[145]	1080	2457	523	—	7,22	+3	$[Xe]4f^56s^2$
samario	62	Sm	150,4	1072	1778	543	1,17	7,54	+2+3	$[Xe]4f^66s^2$
europio	63	Eu	152,0	822	1597	547	—	5,24	+2+3	$[Xe]4f^76s^2$
gadolinio	64	Gd	157,3	1311	3273	592	1,20	7,89	+3	$[Xe]4f^75d^16s^2$
terbio	65	Tb	158,9	1356	3230	564	1,20	8,27	+3	$[Xe]4f^96s^2$
disprosio	66	Dy	162,5	1409	2567	572	1,22	8,53	+3	$[Xe]4f^{10}6s^2$
olmio	67	Ho	164,9	1470	2720	581	1,23	8,80	+3	$[Xe]4f^{11}6s^2$
erbio	68	Er	167,3	1522	2868	589	1,24	9,05	+3	$[Xe]4f^{12}6s^2$
tulio	69	Tm	168,9	1545	1950	596	1,25	9,33	+2+3	$[Xe]4f^{13}6s^2$
itterbio	70	Yb	173,0	824	1427	603	1,10	6,98	+2+3	$[Xe]4f^{14}6s^2$
lutezio	71	Lu	175,0	1656	3315	524	1,27	9,84	+3	$[Xe]4f^{14}5d^16s^2$

ATTINIDI

nome	numero atomico	simbolo	massa atomica	fusione (°C)	ebollizione (°C)	ionizzazione (kJ/mol)	elettronegatività	densità	numeri di ossidazione	configurazione elettronica
attinio	89	Ac	[227]	1051	3159	499	1,10	10,10	+3	$[Rn]6d^17s^2$
torio	90	Th	232,0	1750	4788	587	1,30	11,7	+4	$[Rn]6d^27s^2$
protoattinio	91	Pa	231,0	1572	3756	568	1,50	15,4	+4+5	$[Rn]5f^26d^17s^2$
uranio	92	U	238,0	1135	4131	584	1,38	19,0	+3+4+5+6	$[Rn]5f^36d^17s^2$
nettunio	93	Np	[237]	640	3902	597	1,36	20,4	+3+4+5+6	$[Rn]5f^46d^17s^2$
plutonio	94	Pu	[244]	641	3228	585	1,28	19,7	+3+4+5+6	$[Rn]5f^67s^2$
americio	95	Am	[243]	1176	2011	579	1,30	13,7	+3+4+5+6	$[Rn]5f^77s^2$
curio	96	Cm	[247]	1345	—	581	1,30	13,5	+3	$[Rn]5f^76d^17s^2$
berkelio	97	Bk	[247]	1050	—	601	1,30	14,8	+3+4	$[Rn]5f^97s^2$
californio	98	Cf	[251]	1060	—	608	1,30	—	+3	$[Rn]5f^{10}7s^2$
einsteinio	99	Es	[252]	860	—	619	1,30	—	+3	$[Rn]5f^{11}7s^2$
fermio	100	Fm	[257]	1527	—	627	1,30	—	+3	$[Rn]5f^{12}7s^2$
mendelevio	101	Md	[258]	827	—	637	1,30	—	+2+3	$[Rn]5f^{13}7s^2$
nobelio	102	No	[259]	—	—	642	1,30	—	+2+3	$[Rn]5f^{14}7s^2$
laurenzio	103	Lr	[262]	—	—	—	1,30	—	+3	$[Rn]5f^{14}6d^17s^2$